简明图解橡胶成形手册

吴生绪　编著

西北工业大学出版社

西　安

【内容简介】 本书是作者四十余年来在橡胶成形理论研究和生产一线实践经验总结的成果。书中以大量图片形式直观地展现橡胶成形工艺过程,以大量实践性的经验及统计数据为生产工艺过程和橡胶成形模具的设计提供依据,同时提供了常见橡胶配方、成形模具的设计与相关计算;介绍了现行橡胶模具书中没有的一些模具结构,如自动分型成形模具、侧拉侧顶成形模具、抽真空成形模具以及具有 3RT 脱模机构所用模具、导轨脱模机构所用模具的工作原理及过程等,可为设计人员提供参考和借鉴;对典型的模具结构,以三维图的形式描述其内部结构和各个部件之间的相互位置与装配关系,使读者一目了然;通过相关图片讲述生产过程中的模具运动变化,使读者更为深刻地了解模具的结构特点、工作原理、工作过程与设计步骤等。

本书既可以作为橡胶工业技术人员、生产现场管理人员的培训教材,也可以作为大专院校橡胶成形专业的教学参考书,还可以作为中等专业技术学校和橡胶企业技术工人的自修读物。

图书在版编目(CIP)数据

简明图解橡胶成形手册/吴生绪编著 . —西安:
西北工业大学出版社,2019.6
ISBN 978 - 7 - 5612 - 6432 - 4

Ⅰ.①简… Ⅱ.①吴… Ⅲ.①橡胶制品-成型-图解
Ⅳ.①TQ330.6 - 64

中国版本图书馆 CIP 数据核字(2019)第 081048 号

JIANMING TUJIE XIANGJIAO CHENGXING SHOUCE

简 明 图 解 橡 胶 成 形 手 册

责任编辑:胡莉巾		策划编辑:雷 鹏	
责任校对:王梦妮		装帧设计:李 飞	

出版发行:西北工业大学出版社
通信地址:西安市友谊西路 127 号　　　　邮编:710072
电　　话:(029)88491757,88493844
网　　址:www.nwpup.com
印 刷 者:兴平市博闻印务有限公司
开　　本:787 mm×1 092 mm　　　1/16
印　　张:51.25
字　　数:1 345 千字
版　　次:2019 年 6 月第 1 版　　　2019 年 6 月第 1 次印刷
定　　价:238.00 元

序

1987年秋，一个偶然的机会我认识了本书的作者吴生绪同志。说起认识的过程来还有一段故事。

记得那年国庆节刚过，我去沈阳开会，一下飞机，万里晴空，顿觉气清神爽。正是"素云追秋风，黄花满沈城"。

我走着走着，突然发现前面有一身材高大、体魄魁梧的人手中提了一捆书。出于职业和工作的敏感，我三步并作两步盯着那书赶了上去。走近一看，那书封面上印着一副模具结构图，书名是《橡胶模具设计与制造手册》。当时我突感惊喜，激动不已。又抢了一步，与提书的人并肩而行，问道："同志，请问您是来参加全国模具工作会议的吧？"他看了看我，和蔼地说："是的，您好。"我又问："这书是在会议上用的吧？"他一边走一边凝视着我说："是，送给与会的朋友。您是——"我高兴地做了自我介绍："我是中国模具协会的，我叫许发樾。""您就是许秘书长，久闻大名，今日得以相见，缘分也。我叫吴生绪，西安来的"。"幸会幸会。吴工，您这书——"他谦虚地说："不才，这是刚出版的，造诣不深，作为同行交流之用。""您客气了，能否送我一本？""成，请您多加赐教。"说着他将书捆置于地上，解开绳子，双手递书与我。随后捆好余书，我俩边走边聊，如故知久逢一般。

聊天中，我十分兴奋地说："现在改革开放了，咱们模具协会组织专家、学者编写、出版了许多模具技术方面的书，就是缺橡胶技术方面的，目前没有人写。您这本书填补了这项空白，您做了一件十分有益的事。"

这就是我们三十多年前相识的故事。

作者与中国模具协会、机械工业出版社以及国防工业出版社多次合作，先后编著了橡胶成形技术、塑料成形技术和金属锻造成形技术等方面的专著十余部；参与了中国模具协会和中国锻压协会组织编写的大型工具书《实用模具设计与制造手册》、锻件生产技术丛书《汽车典型锻件生产》分册的编写工作，为我国模具行业的技术发展做出了很大贡献。

近闻作者有专著《简明图解橡胶成形手册》即将出版，我甚为高兴。作者已是古稀之年的老同志了，依然不坠青云之志，把多年来在生产现场积累的知识和经验立著为书，奉献给国家的模具行业。这种为国家模具工业的发展锲而不舍、笔耕不缀、发挥余热的精神感人肺腑。为此，我便想起了一句古训（《周易·家人》）："君子以言有物，且行有恒。"以此作为序言的结尾。

中国模具协会原秘书长　许发樾

2019年4月

前　　言

　　人类对橡胶的认识和应用可以追溯到千年之前。由于橡胶具有奇妙而又独特的性能,引起了人类极大的兴趣和高度的重视。随着人类社会商业化和工业化的进展,橡胶也演绎了一个个感人的科学探索、技术进步及应用的故事。橡胶在现代工业和科学技术的各个领域都得到了十分广泛的应用,其各类制品在人类活动的各个方面(包括太空活动)扮演着极其重要的角色,如各类密封元器件、橡胶减震器、橡胶弹簧、橡胶缓冲器、摩擦传动制品,飞机、汽车、农用机械、轻型交通工具的内外轮胎以及橡胶水坝、包覆材料、各类胶管胶辊等等。橡胶还广泛地应用在工程机械、防化消防、救生器材、日常生活和体育用品等方面,特别是航天航空与军事领域中。我们无法想象,如果没有了橡胶,当今的人类社会将处于何种情景。

　　我国的橡胶工业经历了从无到有、从小到大的发展过程。特别是改革开放以来,无论是橡胶工业基础、技术基础、生产规模,还是产量、质量和高端产品的开发能力都有了很大的发展。近些年来,我国的橡胶消耗量以每年 7%~8.5% 的速度增长,已经步入了快速发展的通道。

　　在橡胶制品家族中,其模型制品占有极大的比例。因此,对成形橡胶模型制品所用的橡胶成形模具进行设计和制造技术方面的研究是十分必要的。

　　近些年来,我国汽车工业的快速发展,也带动了橡胶模型制品生产技术的提高。与此同时,不同类型的橡胶硫化设备的研制和生产,进一步促进了橡胶成形模具结构的多样化。此外,数字控制加工设备(数控机床、各种加工中心、高速精雕机、慢走丝线切割机和数控电脉冲加工机等)和技术也为橡胶成形模具的制造奠定了工艺装备基础。

　　自1972年开始至今,笔者一直从事橡胶成形技术的研究,撰写了我国第一部关于橡胶成形模具的工具书——《橡胶模具设计与制造手册》,并在陕西科学技术出版社的支持下于1987年出版发行。此后,在中国模具协会和机械工业出版社的邀请下参与了《实用模具设计与制造手册》大型工具书的组织和编写。此后撰写了《橡胶模具设计应用实例》《橡胶成形工艺技术问答》《图解橡胶成形技术》《图解橡胶模具实用手册》和《橡胶模具设计手册》等专著。此次编写的《简明图解橡胶成形手册》,以图解形式为主,简明扼要地介绍橡胶成形技术的基础、橡胶成形的生产工艺和橡胶成形的工艺技术应用以及各类橡胶成形模具的设计。这是一种尝试,从一个新的角度论述和普及橡胶成形技术。曾有同仁想撰写这方面的书,但由于种种原因而未能如愿。今完成此书是续同仁未竟之绪,以抛砖引玉。

　　知识源于实践,亦源于社会。笔者有责任将研究的技术、掌握的知识进行整理和总结反馈给社会和行业。鉴于此,笔者将数十年来,特别是将近年来关于橡胶成形技术和橡胶成形模具的设计粗略感受与体会编著成册,奉达于业内读者。

　　本书的特点是以大量图片形式直观地展现橡胶成形工艺过程,以大量实践性的经验及统计数据为生产和橡胶成形模具的设计提供依据,同时提供了常见橡胶成形模具的设计和相关计算。

　　由于工作的格局及经历有限,业务水平还有待提高,书中难免存在欠缺与疏漏之处。因此,渴望同行仁人不吝赐教,笔者由衷感谢。

吴生绪

2018 年 1 月

目　　录

第1章 橡胶成形基础

1.1 橡胶的基本特性与分类

材料科学及材料工程学是人类文明的物质基础。材料的研究和应用与一个国家生产力及科学技术的发展水平密切相关，材料的品种和产量是衡量一个国家的科学研究、生产技术、经济发展、国家实力以及人民生活水平的重要标志之一。

在工程应用中，材料可分为两大类：一类是结构材料，主要利用其强度、弹性等力学性能；另一类是功能材料，主要利用其声、光、电、磁等功能。橡胶既是重要的结构材料，又具有一定的功能。因此，橡胶是一种非常重要的工程材料，还可以将它归为战略物资之列。

橡胶是具有高弹性的高分子聚合物和化合物的总称。它具有高弹性性能、优异的抗疲劳强度、良好的耐磨性能、极好的电绝缘性能、理想的阻尼减震性、优良的气密性和不透水性、良好的成形工艺性以及化学稳定性等，是工程中一种非常重要的高分子材料。

作为三大合成材料（合成树脂、合成纤维、合成橡胶）之一的橡胶，已经成为我国工业体系中的一个重要支柱和重要的战略物资，广泛地应用在汽车、航空、航天、航海、机械、仪器仪表、化工、矿山、交通运输等行业以及农业、教育、医疗卫生和日常生活的各个方面。

就橡胶原料的形态而言，无论是天然橡胶还是人工合成橡胶，通常都呈现为板块状软固体形态。在对橡胶进行成形加工，特别是在预成形处理和硫化过程中，都要消耗很大的能量。不仅如此，而且加工费时费工，劳动强度很大，还要具备相应的大型设备。另外，橡胶制品零件的质量还会因为其中固态物质混合的非均匀性而受到一定的影响，同时这也影响到整个生产过程的加工周期、生产成本等各个方面。

为了进一步提高橡胶工业的经济效益和技术质量效果，科技人员对橡胶的形态和加工工艺进行了大量的研究，以便探寻新的橡胶原料形态，于是便出现了粉末橡胶、液态橡胶、颗粒橡胶和热塑性橡胶。这些橡胶在工艺和性能方面虽然还存在着一些尚待解决和改进的问题，但由于它们所具有的优点、性能的不断改善和用途的不断扩大，将会对橡胶工业产生很大的影响。

橡胶的种类很多，具体分类如下：

橡胶分类

按来源分类 — 天然橡胶(来源于三叶橡胶树、银叶橡胶菊)
合成橡胶(来源于石油化工原料、天然气等)
再生橡胶(以废轮胎、废橡胶制品为原料)

按用途分类 — 通用橡胶
特种橡胶
功能(专用)橡胶 — 防X射线橡胶
导电橡胶
磁性橡胶 — 软磁橡胶
硬磁橡胶
生物橡胶
导热橡胶
高强度橡胶
高减震橡胶
低摩擦橡胶
声学橡胶
光学橡胶
压敏橡胶
高真空性能橡胶
高耐腐蚀橡胶
吸水膨胀橡胶

按物化状态分类 — 生物胶
熟橡胶(硫化橡胶)
硬橡胶
混炼橡胶

按形态分类 — 板块固态橡胶
粉末橡胶
液体橡胶
热塑性橡胶

天然橡胶由橡胶树(即巴西三叶橡胶树)而来,如图1-1-1所示。天然橡胶的形态有块状、粉末状、液态和颗粒状,分别如图1-1-2～图1-1-5所示。

图1-1-1　天然橡胶、三叶橡胶树以及橡胶园和割胶现场

图 1-1-2　块状天然橡胶

图 1-1-3　粉末橡胶

液体丁腈橡胶 LNBR

图 1-1-4　液体橡胶

图 1-1-5　颗粒橡胶

1.2　橡胶的黏流态特征

1.2.1　黏流态的主要特点

当橡胶的温度升至黏流温度(或称为流动温度)之后,线型结构的高分子就从高弹态转变为黏流态(即流动态)。黏流是高分子聚合物分子运动的重要方式,处于黏流态的高分子聚合物在外力的作用下会产生永久形变,即不可逆形变,其本质是其分子间产生了明显的相对位移。高分子聚合物的流动具有以下特点。

(1)分段运动。低分子物质很容易整个通过分子间的孔道(空洞)移动,从而实现流动。但高分子聚合物的流动则不同,它不需要与整个大分子链一样大的空间,而只需要相当于链段一样大小的流动孔道。高分子链的流动是分段运动,即通过链段相继移动,使分子链重心沿外力(如切应力)方向移动,从而实现流动。对其运动进行形象的比喻,就是高分子链的移动就像蚯蚓的蠕动。

(2)黏度大则流动困难,但却具有流变性。普通低分子液体的黏度很小。例如,水在室温下的黏度仅为 0.001 Pa·s,而高分子聚合物的黏度则很大,塑炼胶的黏度可达 $10^4 \sim 10^5$ Pa·s,故流动很困难。高分子聚合物的黏度不仅很高,还不是一个常数,其黏度会随着外界因素的变化而变化。例如,橡胶的黏度随着加工机械速度的升高而下降,具有流变性。

(3)流动时的构象发生变化。橡胶的分子链在自由状态下是卷曲的,但是在外力的作用下产生流动时,分子链不仅会产生相对位移,还会舒展开来,其构象发生变化,于是产生高弹形变。

由于高分子聚合物在流动过程中,不仅有真实流动的塑性形变,而且伴随有非真实流动的高弹形变,所以在外力除去后便会产生回缩现象。例如,橡胶在压出后会产生直径方向的膨胀和长度方向的收缩,从而表现出具有弹性记忆的特性。

1.2.2　牛顿流体和牛顿型流动

通常,流动分为层流和湍流两种。层流也称为稳流,湍流也称为紊流。

层流和湍流的区分是以雷诺数(Re)为依据的,当 $Re < 4\ 000$ 时为层流,当 $Re > 4\ 000$ 时为湍流。英国物理学家雷诺(Reynolds)首先给出的流体流动状态由层流转变为湍流的条件是

$$Re = \frac{Dv\rho}{\eta} > Re_c \tag{1-2-1}$$

式中　Re ——雷诺数,为一无量纲的数群;

　　　D ——流体流动管道的直径(m);

　　　v ——流体的流速(m/s);

　　　ρ ——流体的密度(10^3 kg/m³);

　　　η ——流体的黏度(Pa·s);

　　　Re_c——临界雷诺数,其值与管道的断面形状和管道壁的表面粗糙度等有关,对于光滑的金属圆管,$Re_c = 2\ 000 \sim 2\ 300$。

由于 Re 与流体的流速成正比,与其黏度成反比,所以流体的黏度越大,其流动速度就越

小，越难以呈现湍流状态。各种橡胶在注射成形、压注成形和模压成形时都具有很大的黏度，故其流动时的 Re 值远小于 Re_c，一般不大于 10。因此橡胶成形流动时，其流动呈现为层流的流动状态。

一般，大多数低分子流体在以切变的方式流动时，其切应力与剪切速率之间存在着线性关系。通常，将符合这种关系的流体称为牛顿流体。

牛顿流体流动的特征是，当初应力 $\tau=0$ 时，剪切速率 $\dot{\gamma}=0$，它服从于牛顿黏度定律，即切应力与剪切速率成正比，即

$$\tau = \eta\dot{\gamma} \tag{1-2-2}$$

式中　τ —— 切应力（Pa）；

$\dot{\gamma}$ —— 剪切速率，表征垂直于流动方向的单位距离内的速度变化程度（1/s）；

η —— 剪切黏度系数（Pa·s）。

牛顿流体的流动曲线如图 1-2-1 所示（图中，$\tan\theta = \dfrac{\tau}{\dot{\gamma}} = \eta$）。

1.2.3　非牛顿流体

凡流体以切变方式流动，但其切应力与剪切速率之间为非线性关系的均称为非牛顿流体。非牛顿流体流动的特征是，不服从牛顿黏度的定律，其黏度不是一个常数，而是随着切应力和剪切速率的变化而变化。

非牛顿流体的类型有宾汉流体、假塑性流体和胀塑性流体等。非牛顿流体的流动曲线如图 1-2-2 所示。

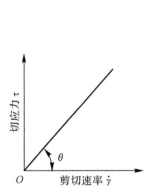

图 1-2-1　牛顿流体的流动曲线

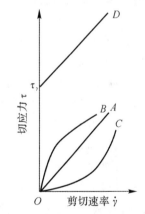

图 1-2-2　非牛顿流体的流动曲线

（1）宾汉流体。这种类型的流体也称为宾汉塑性体，如牙膏、油料、地质钻探用的泥浆等都是宾汉流体。其流动曲线如图 1-2-2 中的 D 曲线所示。它与牛顿流体的流动曲线（见图 1-2-2 中 A 曲线）特征相同，均为直线型，只是它不通过原点，其含义是只有切应力超过一定值 τ_y（屈服应力）之后才开始流动。这是因为只有超过 τ_y，才能破坏静止时形成的高度空间结构而实现流动。

（2）假塑性流体。如图 1-2-2 所示的 B 曲线为假塑性流体的流动特征曲线。该流体的流动曲线弯向剪切速率坐标轴一侧，表征其黏度随着切应力、剪切速率的增大而逐渐降低的特性，因此被称为切应力变稀的流体。大多数热塑性塑料、橡胶和高分子聚合物溶液等都属于此

类流体。

(3)胀塑性流体。如图 1-2-2 所示的 C 曲线为胀塑性流体的流动特征曲线。该曲线弯向切应力坐标轴一侧,表征其黏度随切应力、剪切速率的增大而逐渐升高的特性,因此被称为切应力增稠的流体。

1.2.4　影响橡胶黏度的因素

影响橡胶黏度(流动性)的因素如下所述。

(1)橡胶的分子结构。分子结构是由橡胶品种自身所决定的,橡胶流动性的好坏首先取决于橡胶分子链的结构,这是内因。

流体的黏度是分子间内摩擦性能的表现,若分子间作用力大,则分子链的柔顺性差;若分子间作用力小,则分子链的柔顺性好。分子链中的链段数越多,而且越短,则其链段的活动能力就越强,通过链段运动所产生的大分子相对位移也就越大,宏观表现出来的就是橡胶的流动性越好。在橡胶的分子结构中,影响其柔顺性的因素有主链组成、相对分子质量及其分布、取代基以及支化程度等。

(2)剪切速率。橡胶的黏度(流动性)随着剪切速率的增大而降低,于是将这种关系称为流变性。

流变性对于橡胶的加工工艺来说至关重要。剪切速率大,则黏度小,流动性好,胶料成形及充型也就容易;橡胶在停放时,因剪切速率为零,所以黏度增大,于是半成品具有较好的挺性。

但是,如果剪切速率太大,则分子链来不及松弛,此时所压出的半成品其膨胀或收缩较大,表面也较为粗糙。

橡胶流变性的大小与许多因素有关。例如,相对分子质量越大,流变性就越大,出现非牛顿流动的剪切速率值就越低。因为相对分子质量大,需要松弛的时间就长,流动过程中分子不易松弛收缩,于是就减少了收缩这部分的阻力。此外,因相对分子质量大,结点多,有些结点在力的作用下易于解脱,所以黏度也会有所下降。

相对分子质量分布宽的橡胶,其流变性较强,出现非牛顿流动的剪切速率值就较低,这个规律与相对分子质量分布宽者具有较高的相对分子质量级分有关。

对于不同的橡胶来说,其黏度对剪切速率的依赖性不同。例如,天然橡胶的黏度,其变化对剪切速率的敏感性较大。天然橡胶和丁苯橡胶的黏度,在加工前、后正好相反。对剪切速率敏感的橡胶,可以通过调节加工设备的速度来调节其流动性。相反,对剪切速率敏感性小的橡胶,则可通过调节温度来调节其流动性能。

在橡胶加工过程中,不能盲目地提高剪切速率,要具体情况具体分析,采取有针对性的技术措施,否则对于设备的安全运行是不利的。

(3)温度。橡胶的黏度随着温度的升高而降低。因为温度的升高使分子活动能力提高,分子间距离增大,内摩擦减小,所以其流动性提高。

此外,分子链在流动时用于克服分子间作用力所需要的能量会随着温度的升高而提高,由此也可以表征出流动性对温度的依赖性。也就是在一定范围内,温度升得越高,黏度降低得越多。

橡胶品种不同,随着温度的升高黏度下降的程度也不相同。一般来说,分子链柔顺性较好的橡胶(如天然橡胶),其分子链本来就比较容易活动,温度升高时,虽然分子活动性增大,但增大的幅度并不大,分子间作用力下降的幅度也有限,所以随着温度升高,其黏度下降并不太多。相反,丁苯橡胶、丁腈橡胶等刚性较大的橡胶其热塑性较大,对温度更加敏感。因此,在加工过程中要严格控制其成形温度。

(4)压力。由于高分子聚合物具有长链结构,分子内旋转容易产生较多的空洞,所以在其加工温度下的压缩比要比普通液体的压缩比大得多。在 10.13 MPa 的压力下,压缩比一般小于 1.0%,但压力高时体积收缩大,分子间作用力增大,黏度增大,有时甚至会增加一个数量级,这对于加工工艺来说是必须要考虑的。

黏度与压力的关系可用下式来表示:

$$\eta_p = \eta_{p_0} e^{b(p-p_0)} \tag{1-2-3}$$

式中　　η_p——压力 p 下的剪切黏度系数 $[kg/(m \cdot s)]$;

　　　　η_{p_0}——大气压 p_0 下的剪切黏度系数 $[kg/(m \cdot s)]$;

　　　　e ——自然对数的底,其值约为 2.718 28;

　　　　b ——压力系数,其值与空洞体积成正比,与热力学温度成反比,b 值约为 0.21 Pa^{-1};

　　　　p ——压力(MPa);

　　　　p_0——大气压(MPa)。

这意味着当压力增大到 68.9 MPa 时,黏度则提高 35%。由此可见,压力的效应非常明显。对于高分子聚合物的流动性来说,压力的增加相当于温度的降低。一般高分子聚合物在加工时,温度的降低将使其黏度增大。

(5)配合剂。对黏度影响较大的配合剂有炭黑及其他补强剂、填充剂和软化(增塑)剂。

炭黑在胶料中的用量较大,由于它与胶料既有物理结合,又有化学结合,所以一般加入炭黑后会增大胶料的黏度。

白炭黑加入硅橡胶会生成结合橡胶,从而使胶料的黏度随着白炭黑用量的增加而增大。如果在胶料中使用玻璃纤维,胶料的黏度也会随着玻璃纤维用量的增加而增大。

添加了炭黑等补强填充剂后的胶料,由于黏度较大而使流动性能变差。为了改善其流动性,常在配方中加入软化(增塑)剂,以减小橡胶分子间的作用力,同时也起到了稀释作用,使胶料的黏度降低。在一定的范围内,软化(增塑)剂的用量越多,胶料的黏度越小,加工时的流动性也就越好。

1.3　橡胶的力学状态

1.3.1　橡胶力学状态的特征

普通的低分子物质,其力学状态(或称物理状态)是气态、液态或固态。橡胶是高分子材料,高分子物质没有气态。因为这类物质的相对分子质量大,汽化的温度很高,如果对其加热,未等到汽化就被分解了。橡胶这类高分子物质的液态在常温时黏度很高,随着温度的升高,其黏度逐渐降低,在熔融状态下呈现为黏流态。

橡胶在固态时又呈现出多种力学状态,如线型分子结构的生橡胶(未硫化橡胶)具有突出的可塑性。如果进行了硫化反应,其线型分子就成为立体网状型结构。此时,橡胶的力学性能就更加丰富,如高弹性、高耐磨耗性、高硬度、高抗撕裂强度及高抗冲击振动等,此时的状态称为高弹态。如果温度降低到一定程度,橡胶就进入了玻璃态,呈现为硬而脆的力学状态。

上述就是橡胶所具有的黏流态、高弹态和玻璃态三种不同的力学聚集态。

由于这三种状态是在不同的温度范围内出现的,所以也称为橡胶的热-力学状态。各种状态的特征,主要通过其变形能力(一般以伸长率或压缩率来表示)表征高聚物从一个力学状态随着温度的改变而过渡到另一种力学状态,如图1-3-1所示。

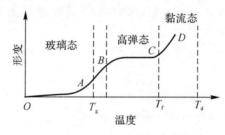

图1-3-1 线型橡胶在恒定应力作用下的变形温度曲线

A—玻璃态区;B—过渡区;C—高弹态区;D—黏流态区;
T_g—玻璃化转变温度;T_f—流动温度;T_d—分解温度

1.3.2 橡胶玻璃化转变的意义

在实际应用中,橡胶的玻璃化转变有着重要的意义。

作为高分子聚合物的橡胶,从其用途上来看,是要充分地利用其最为突出的高弹性性能。因此,在工程应用中,总是希望橡胶能在宽阔的温度范围内保持其高弹性状态。宽阔的温度范围,就是要求橡胶要具有尽可能低的玻璃化转变温度。

玻璃化转变温度越低,说明橡胶具有的耐寒性越好。因此,不论在橡胶的合成方面,还是在橡胶的加工方面,工程技术人员都在不断地从改进大分子化学结构上或配合剂的选用上进行研究,想方设法降低橡胶的玻璃化转变温度。

在橡胶的工程应用中,检验橡胶的耐寒性能时,不是直接测定橡胶的玻璃化转变温度,因为测定方法比较复杂。实际中,通过测定橡胶的脆化温度来确定其耐寒的能力。

橡胶脆化温度的工业测定方法是,在一定的外力冲击下,将试样的温度逐渐降低,直到试样断裂时的最高温度就是橡胶的脆化温度。

1.3.3 橡胶高弹态的特征

橡胶由玻璃态转变为高弹态时,其大分子没有运动,而是在其链段发生运动。可以这样设想,当温度高于橡胶的玻璃化转变温度时,再逐渐升高温度,则各原子的动能增大,运动增强。由于受到热的影响,大分子结构中增加了空穴的位置,这就给链段的运动创造了条件。

链段的运动依赖于键的自由旋转,所以,橡胶的高弹态是建立在其链段运动的基础上的,这种特征为高分子物质所独有。由于低分子物质不存在链段和链段运动,因而也就不具备高弹态和高弹性。

橡胶高弹态的特征如下所述。

(1)橡胶的弹性性质。随着温度的升高,当橡胶由玻璃态转变为高弹态时,链段运动的规模比原子振动大,所以反映出变形的能力较大。此外,链段运动是依赖于键的自由旋转的,所需要的力较小,故其变形模量较小。如图 1-3-2 所示,当橡胶的应力很小时,就会产生很大的变形。

橡胶的高形变能力与气体压缩张力有相似之处,两者在形变时发生的热效应也相似(橡胶和气体都是在形变时发热,在恢复原状时变冷)。因此,可以认为,两者的形变机理相似。

为了讨论橡胶高弹性的实质,必须将橡胶进行理想化来研究,使其满足以下两个条件:①橡胶的形变,只是其分子链形状的改变,并不涉及分子间距离的改变,即容积不变;②橡胶在形变时,分子间的作用力没有改变,且键长和键角不发生变化。因此,由橡胶分子之间的距离决定的橡胶分子相互作用的内能在形变时是不发生变化的。也就是说,在一定限定的形变中,橡胶的弹性也同气体一样,其弹性与分子间的相互作用无关。因气体的弹性是分子的热运动引起的,那么可以做出推断,理想化橡胶的弹性也取决于它的分子通过热运动所表现出来的高度活动性。

(2)橡胶弹性热力学。形变可以分平衡态的形变(可逆过程的形变)与非平衡态的形变(松弛过程)两种情况。

所谓平衡态是指热力学的平衡态,在橡胶这类高分子聚合物中,也就是指其分子链具有平衡态构象。平衡状态形变理论,在理论上有其意义,而在实际中,虽然不太可能达到完全的平衡,但却可以帮助人们去理解问题。

(3)橡胶的黏弹性性质。理想化的橡胶弹性变形行为,是以假想橡胶分子之间没有作用力、形变时其体积保持不变为基础的。形变时橡胶所产生的张力或应力完全是由于卷曲的分子形变所产生的,其应力和应变的关系完全处于平衡状态,与橡胶的化学组成无关。但是在实际中,橡胶却不是这样,其分子间有吸引力存在,而且橡胶品种不同,这种吸引力的大小也各不相同。一部分吸引力会妨碍分子链的运动,表现出橡胶有很大的黏性。而另一部分吸引力则用于使分子链变形,把黏性叠加到弹性上去,就成为橡胶所具有的实际的弹性,即橡胶的黏弹性。

橡胶的黏弹性行为赋予了橡胶在弹性形变时所表现出的一系列特殊现象,这对于橡胶的加工工艺过程以及橡胶制品的使用都有极大的影响。因此,对橡胶黏弹性形变时的特征进行讨论是必要的。

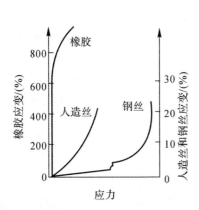

图 1-3-2　三种材料的应力-应变关系

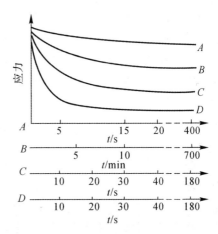

图 1-3-3　橡胶的应力松弛曲线

橡胶在黏弹性形变时所产生的特殊现象主要有形变时的应力松弛现象、在周期作用力下的松弛现象、蠕变现象以及形变时所产生的滞后现象等。

这些现象都从本质上反映出橡胶黏弹性性质,若对这些现象有所了解,就能进一步深刻地理解橡胶所具有的黏弹性。

1)应力松弛。迅速将一橡胶试片拉伸至一定长度,并保持此长度不变,则其应力因时间的延长而在逐渐减小,如图1-3-3所示,称这种现象为应力松弛。

此外,对于硫化橡胶的网状结构,在应力作用下,如果时间很短,橡胶的黏度又很大,力的作用是不可能均匀的。于是,有些链段没有被拉得很直,键角被扭,而有些大的链段还没有移动。此时,橡胶是处于紧张的状态,其内应力很大。

然而,经过一定的时间以后,橡胶的分子链逐渐适应了外力的作用而产生移动,使内应力逐渐消除,从而达到了平衡状态,此时的应力减小到了理想的平衡值。

由于橡胶的化学结构、相对分子质量以及硫化配合剂等的不同,即使是在相同的松弛条件下,应力松弛速度(应力减小的速度)的差异也是很大的。如图1-3-3所示的应力松弛过程,需要几秒钟乃至许多天。也就是说,应力松弛到平衡状态所需的时间差异很大。

生橡胶的应力松弛与硫化胶的应力松弛不同,因为生橡胶没有交联键存在,在变形时会产生塑性流动。因此,时间长了其应力就可以减小至零,此时去掉应力,便产生永久变形,不再恢复原状。

2)蠕变。在恒定应力作用下,橡胶的形变量随着时间的增加而增加的现象称为蠕变。橡胶发生蠕变的机理与应力松弛的机理很相似,研究蠕变也能说明橡胶的黏弹性性质,它和应力松弛的研究起着相互补充的作用。

3)滞后现象。研究滞后现象,首先来观察以下两种情况:

第一种情况。当用非常慢的变形速度拉伸或压缩橡胶时,由于松弛时间远大于变形时间,在这种情况下,橡胶的应力与应变是互相平衡的。

第二种情况。当拉伸力的速度非常快时,因橡胶分子链来不及张开,此时的形变属于晶体弹性,橡胶的应力与应变也是相互平衡的。

这两种情况均不出现应变滞后于应力的现象。

当橡胶的变形速度处于上述两种情况之间时,由于分子链受外力作用改变其构象时,自身的黏度使它不能立刻移动。所以,应力增加时,形变来不及完全发展,而应力减小时,其收缩亦跟不上,形变总是滞后于应力。这种现象称为橡胶的滞后现象。

橡胶滞后现象的产生也和松弛现象一样,其根本原因是由于橡胶大分子之间存在着黏性,即在外力作用和外力减小的过程中,橡胶分子链的形变一直落后于应力。

橡胶滞后损失的大小与应力作用的速度有关,也与温度的影响有关。在高温下,相当于应力作用的时间很长;在低温下,则相当于应力作用的时间很短。因此,在温度很高或很低时,滞后损失都很小。

滞后损失能量的大小可由滞后环的面积求得,损耗的机械能则转化为热能放出,使橡胶发热。因此,这与橡胶的疲劳有着直接的关系。

滞后现象的实质是橡胶的黏弹性性质,是应力松弛和蠕变现象的结果。

应力松弛现象和蠕变现象越显著,表现出来的滞后现象越明显。滞后现象对橡胶制品的使用性能和使用寿命会产生很大的影响。这种影响在有的情况下会产生不利因素,例如轮胎经过长时间行驶,其形变生热很高,甚至加速了轮胎的疲劳,增大了老化速度;在有的情况下却会发挥有利的作用,例如橡胶制品的消声与减震的作用。

4)橡胶的动态力学性质(在周期力作用下的松弛现象)。以上所描述的应力松弛及蠕变等性质,都是静态下橡胶的黏弹性性质。但实际上,橡胶制品多数都是在动态情况下使用的,例如滚动的轮胎、传动的胶带和各种吸收振动的减震器等,这些都是在外力不断反复作用下而使用的。因此,对于橡胶除了研究静态黏弹性性质外,还应研究其动态的力学性能。

柔性高分子聚合物流动的第一种特性是分段移动,即各链段在大分子中做无规则的布朗运动。所以,流动对链段来说,可以看作是一种扩散过程。第二种特性是橡胶的黏度随相对分子质量的增加而显著增大。普通液体的黏度约为 0.001 Pa·s,黏度很大的液体,其黏度约为 10^2 Pa·s,而橡胶的黏度则为 10^{12} Pa·s。第三种特性是橡胶在流动时,其分子链有构象的改变。

柔性高分子链在自由状态下总是卷曲着的,当在外力作用下流动时,其分子链伸展,此时便增加了与其他分子的接触面,相互之间摩擦力增加。因此,在流动过程中黏度逐渐增加,直到松弛现象完成为止。高分子的流动不是单纯的黏性流动,同时也伴随着高弹性形变,这使得黏性流动的理论复杂化,也常常易于使塑性与弹性混淆。在测定时必须等待很长的时间,使松弛达到平衡后,才能获得真实的黏度。

流动性是液体的重要特性之一。液体的流动速度取决于外力的大小和液体的黏度。其规律是,外力越小,流动速度越大;黏度越小,流动速度越大。

影响橡胶黏流温度高低的因素很多,最为明显的因素是橡胶的相对分子质量和其配方中的增塑剂。相对分子质量大的橡胶,其黏流温度就高;增塑剂的加入可以降低分子间的作用力,并增加其流动性,同时也可以降低橡胶的黏流温度。

对橡胶黏流态的研究具有工程应用的实际意义,例如汽车悬挂系统的减震器等。

对橡胶进行塑炼,目的就是要降低其黏流温度,使其在混炼的温度条件下处于黏流状态,以便使配合剂在混炼过程中能够进行有效分散。

对于压延和压出而言,同样要求胶料具有一定的黏流性,以利于片状半成品和其他各种断面半成品的制造,或者与布类织物黏着。也就是说,橡胶的加工成形过程必须通过黏流态来实现。

1.4　橡胶的弹性记忆效应

1.4.1　橡胶的弹性记忆特征

橡胶胶料被压出的尺寸和断面形状与口型的尺寸和形状不相同,这种膨胀与收缩的现象称为橡胶的"弹性记忆效应",也称为巴拉斯效应(Baras Effect)。这种现象就是橡胶黏弹性的表现。

它是由于橡胶分子链在压延、压出等加工过程中来不及松弛而形成的,即在流动过程中,不仅有可逆的塑性形变(真实流动),同时还有可逆的弹性形变(非真实流动)。

橡胶在压出流动过程中之所以有弹性形变,主要有以下两个原因:

第一,橡胶在压出流动过程中存在着"入口效应",即胶料进入口型(挤出成形模具)之前,由于料筒直径较大,胶料在其中的流动速率较小,进入口型后,流动面积变小,则流动速度大,在口型的入口处,胶料的流线是收敛的。所以,在此处出现了沿流动方向的速度梯度。于是,对胶料产生了拉伸力。拉伸力对其分子链起着拉伸作用,使分子链的一部分变直。此时,在体积基本不变的情况下,产生了可恢复的弹性形变。

胶料如果在口型中有足够的停留时间,即部分被拉直的分子链还可以得到松弛,就能够消除其弹性形变,不将形变带出口型之外,只带出真正的塑性形变。如果是这样,胶料压出后就不会有膨胀与收缩现象。然而,由于胶料被压出时的流速很快,虽然它在口型中流动方向的速度梯度已不复存在,但由于停留时间很短,部分被拉直的分子链还来不及在口型内松弛回缩,就被挤出到口型之外,即把弹性形变带出口型之外。胶料被压出离开口型之后,流速突然降低,分子在口型内的束缚条件突然消失。于是,部分被拉直的分子链很快地卷曲回缩,其结果是胶料在流动方向上收缩变小,而在直径方向上膨胀变大(长度缩短、直径或厚度变大)。橡胶似乎还记着进入口型之前的形状,在压出后要进行还原一样。

第二,胶料在口型中的剪切流动也伴随有弹性形变的现象。当胶料在口型中稳定流动时,由于切向应力和法向力之差也会使分子链的构象产生变化,从而导致弹性形变,其形状在压出之后亦会恢复。于是,便产生了膨胀收缩现象。

1.4.2　影响橡胶弹性记忆的因素

我们知道,弹性记忆效应的大小主要取决于胶料流动时可恢复的弹性变形量的大小和松弛时间的长短。如果可恢复的弹性形变量大,则弹性记忆效应就大。如果松弛时间短,则恢复就很快,还未等到观察效应的时候,恢复就已经结束,好像将发生过的形变忘掉了似的;如果松弛时间长,到观察的时候所存留的可恢复的形变量还很明显,于是就能够观察到这部分形变的恢复特性。所以,生橡胶的弹性模量和最大松弛时间是影响其弹性记忆效应的两个主要因素。

从分子链的结构来看,不同的橡胶有不同的膨胀率,天然橡胶的膨胀率比丁苯橡胶、丁腈橡胶、氯丁橡胶等的膨胀率小。例如,在制造轮胎胎冠时,天然橡胶胎冠的膨胀率为 33%,丁苯橡胶的膨胀率则高达 120%。

在相对分子质量和可塑度方面,如果相对分子质量大,则分子间的作用力大,黏度大,可塑度小,流动性差,松弛时间也长,从而使其在流动过程中所产生的弹性形变松弛的收缩就慢。所以,相对分子质量大的胶料,压出膨胀率就大。如果相对分子质量小,则相反。此外,相对分子质量的分布变宽,则膨胀率增大。分子链的支化程度高,由于长支链支化的缠绕,松弛时间延长,所以膨胀也就较大。

在胶料的配方因素中,含胶率高则弹性大,压出膨胀率亦大,压出半成品的表面也粗糙。如果在配方中加入一定量的再生橡胶,就可降低其膨胀率。

填充剂用量多的胶料,其含胶率就低,于是膨胀率就小。配方的软化增塑剂可以减小分子间的作用力,缩短松弛时间,故可降低膨胀率。

在成形工艺过程中,温度升高,胶料分子的活动能量增大,分子间的距离变大,分子间的作用力减小。于是松弛时间缩短,胶料易于变软和流动,弹性减小,因此膨胀率减小。

除温度升高之外,如果提高压出速度,则剪切速率增大,外力作用时间缩短。如果作用时间比松弛时间短,则会产生压出膨胀。压出速度高时,胶料的膨胀率就大;压出速度低时,其膨胀率就小。因此,通过调整压出速度,就能获得理想的半成品。

为了获得尺寸准确和表面光滑的理想半成品,通常可采用两种工艺方法:提高成形温度或降低挤出速度。这两种方法的技术效果是相同的。这是"时间-温度等效原理"在压出成形过程中的应用,其实质是对于胶料的黏度而言,高温度、短时间与低温度、长时间的作用结果是基本相同的。即提高温度可以缩短时间。除此之外,口型的长径比大,则膨胀率小;半成品的尺寸规格大者,膨胀率也小。

1.4.3　橡胶的时间-温度等效原理

橡胶在其玻璃化转变温度 T_g 以上时,高分子运动的特征之一就是其对时间和温度的依赖性,在宏观上表现出力学松弛现象。

对于同一力学松弛过程,既可以在较高的温度下和较短的时间(高频率)内观察到,也可以在降低的温度下和较长的时间(低频率)内观察到。因此,高温度、短时间观察与低温度、长时间观察这两种方法对高分子运动是等效的,对橡胶材料的黏弹性行为来说也是等效的。这就是对橡胶"时间-温度等效原理"的描述。

对于橡胶黏弹性行为,改变温度的效应相当于改变时间尺度。例如,要在室温来观察低温状态下的力学松弛现象,就可以用增快形变速率或提高频率的办法来达到。

高分子的松弛过程短则可为几秒,长则可达几个月甚至是几年。因此,可以说这是一个非常宽广的松弛时间谱。从样品和实验室设备的稳定性方面来看,不可能在这样长的时间内进行观察。于是,可以在较窄的时间范围内,测定不同温度下的松弛数据和曲线,再通过"时间-温度等效原理",把各种温度下所测得的松弛曲线,以某一温度作为基准(参考温度),沿着对数时间坐标平移并进行叠加,便可得到一条时间范围非常大的松弛曲线。称这条曲线为主曲线,它可以覆盖十多个数量级的时间(例如从 0.01 s 到 10^8 s$\approx$3.3 年)。显而易见,在一个温度下,直接来测得这条曲线是难以实现的。

"时间-温度等效原理"的应用价值在于利用时间和温度的这种对应关系,可以对不同温度或不同频率下测得的黏度及弹性数据进行比较和换算。这是因为温度不变时,频率的变化等价于频率不变时温度的某种变化,

1.5　橡胶分子的断裂

1.5.1　橡胶分子断裂的特征

在橡胶加工的工艺过程中,其流变性质主要是橡胶的黏度、弹性记忆和断裂过程中的力学特性,简称为"断裂特性"。从橡胶材料的本质来讲,加工性能的变化,主要是胶料的相对分子质量、相对分子质量分布以及长支链支化作用的结果。到目前为止,人们对橡胶断裂特性的研究主要集中在炼胶的工艺过程中。

在炼胶加工过程中,胶料发生着大形变和小形变,因此,其形变并非平缓和稳定,而是有屈服流动与破裂。在加工条件下的形状,还常常超过其断裂极限。橡胶胶料的许多基本流变特性并不能说明生橡胶的断裂特性,于是就采用了"干酪状"和"橡胶状"等术语来描述其断裂特征。

根据经验可知,"干酪状"或"破棉絮状"的胶料难以进行塑炼,炭黑的补强-填充剂不易分散。

有的观点认为,加工性能好的橡胶,应是塑性和弹性适度结合的胶料。虽然人们对硫化胶进行过不少的断裂分析,但却很少有人去对生橡胶分子的断裂进行分析。在国外,托基塔(To

Kita)等人则对生橡胶分子的断裂过程从力学角度做了非常重要的研究,并把断裂特性与生橡胶的加工性能和分子结构特征联系起来。简而言之,生橡胶的断裂特性主要是扯断伸长率、弹性和塑性。

在工业应用中,用生橡胶的拉伸强度和扯断伸长率这两个力学参数来表征其断裂过程。

橡胶断裂的特性与其分子结构有着如下关系:相对分子质量分布宽,其加工工艺性就好。如果相对分子质量分布窄,那么,随着相对分子质量的增大,弹性增高。对橡胶来说,就显得干涩,没有黏性,会在炼胶机辊距处(主动辊与从动辊之间间隙)被压成碎片和碎碴,很难加工。分子链支化程度增加,则弹性增大,使得加工困难。

可以说,橡胶分子的相对分子质量、相对分子质量分布和分子链支化程度是生橡胶断裂特性的主要影响因素,而断裂特性则是影响炼胶加工工艺性能的主要因素。

1.5.2 橡胶分子断裂与生橡胶的加工性能

先来观察生橡胶在开炼机辊筒上的形变状态。怀特和托基塔观察和分析了辊筒温度和生胶的包辊现象,首先系统地解释了橡胶在辊筒上炼胶时的行为。他们认为,随着辊筒温度由低变高,胶料在开炼机辊筒之间会出现四种界限分明的行为状态,如图1-5-1所示。

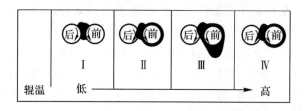

生橡胶 力学状态	弹性固体 ——→	高弹性 固体 ——→	黏弹性流体	
包辊现象	生橡胶不能 进入辊距, 或强制压入 时则成碎块	紧包前辊 成为弹性胶 带,不破裂 混炼分散好	脱辊,胶带 成袋囊形, 或破碎。不 能混炼	呈黏流态 薄片,包辊

图1-5-1 生橡胶在开炼机辊筒上的四种状态

在图1-5-1中的第Ⅰ区,辊筒温度较低时,如果生橡胶硬度高、弹性大,则易打滑,难以变形和通过辊距,而是以"弹性楔"的形式滞留在双辊辊隙的上方。在这种状态下,如果强行将胶块压入辊距,生橡胶块则会变成碎块(见图1-5-2)。因此,辊温低时不宜炼胶。

随着辊温的升高便进入第Ⅱ区的状态,生橡胶在第Ⅱ区比在第Ⅰ区容易变形。一般生橡胶会通过辊隙包于前辊之上形成一条弹性胶带。在这种状态下,生橡胶既有塑性流动,又有一定的弹性变形。此时由于胶带不易破裂,所以最适宜于炼胶的操作,混炼分散性也好,如图1-5-3所示。

如果辊筒温度进一步升高,其状况便进入到第Ⅲ区。此时,胶料的流动性增加,分子间力减小,胶带强度下降而不能紧包在开炼机辊筒之上,出现了脱辊或破裂的现象。第Ⅲ区是加工工艺的临界状态,无法进行炼胶操作,在加工过程中应当避免。

图 1-5-2　生橡胶不易进入辊距

图 1-5-3　生橡胶紧包前辊形成胶带不破裂

温度升到更高时,便是第 Ⅳ 区的状态。此时,生橡胶呈现黏性液体状态而包在辊筒上,并且产生了塑性流动,这种状态有利于橡胶压延成形前的炼胶操作。

由此可见,对各种胶料炼胶必须控制好操作条件,选择合适的辊温,使其在包辊的第 Ⅱ 区状态下进行混炼,防止其向第 Ⅰ 区和第 Ⅲ 区过渡转变,而将压延炼胶加工控制在第 Ⅳ 区状态下进行,如图 1-5-4 所示。

图 1-5-4　包前辊形成黏流态薄片

橡胶的黏弹性不仅受到温度的影响,还受到外力作用的速度或形变速度的影响。胶料在辊筒上进行加工,其形变速度与辊距及辊筒的速度比有关。因此,橡胶胶料在辊筒上的行为受辊筒温度、辊距及两辊筒速度之比的综合影响。

如图 1-5-1 所示,可以认为,橡胶在第 Ⅰ 区的强韧性,在第 Ⅱ 区的包辊紧密性,在第 Ⅳ 区撕裂,在 Ⅱ 区、Ⅳ 区既不碎裂也不被撕裂等行为(见图 1-5-3 和图 1-5-4)与橡胶的扯断伸长率有关。

橡胶在辊筒上的加工性能,既然与其模量和扯断伸长率有关,那就可以与其断裂特性联系起来进行研究。

当橡胶胶料处于较低温度或较高形变速度状态时,胶料就显得强韧,其模量也变得较低,伸长率就变得较高。此时,伸长率虽然较高,但是,当伸长率超过最大值后,又有所变小,而其弹性模量仍然较高。橡胶胶料之所以能够在辊筒上形成强韧的弹性胶带,是因为此时的胶料正处于第 Ⅱ 区。

1.5.3　影响橡胶加工性能的因素

影响橡胶胶料加工性能的因素有橡胶的相对分子质量及其分布、加工的温度和胶料在加工过程中的切变速率等。

(1)相对分子质量及其分布。胶料的相对分子质量大,其黏度就大。随着生橡胶相对分子质量的增加,黏流态的温度就要升高。于是,在加工中各状态区的转变温度也要提高。相对分子质量分布宽,会使第 Ⅱ 区向第 Ⅲ 区转变的温度提高,同时使第 Ⅱ 区的温度范围扩大。这时也会使黏流态的温度降低,使第 Ⅲ 区、第 Ⅳ 区的转变温度降低,同时使 Ⅲ 区的温度范围缩小。这两种状态对生橡胶的混炼加工都有利,所以相对分子质量分布适当宽一些的橡胶,其加工性能较好。

(2)加工的温度。各种生橡胶的玻璃化转变温度是不相同的,因此,各种胶料的包辊最佳温度也不同。天然橡胶和乳液丁苯橡胶在进行捏炼时只出现第Ⅰ区和第Ⅱ区,在一般操作温度下没有明显的第Ⅲ区,包辊性能好;顺丁橡胶要在较低的温度(40～50℃)下包辊,超过50℃则会脱辊,炼胶操作难以进行。但是,当辊温升到120～130℃时,其包辊性又会转好。

(3)切变速率。对于炼胶机来说,辊筒的直径、转速是一定的,此时胶料的剪切速率与辊距成反比。在生产实际中,如果发现胶料脱辊,则可通过调节辊距来改变剪切速率,从而能对改善胶料的脱辊发挥一定的作用。

1.5.4　橡胶的相容性

橡胶和塑料一样,都属于高分子材料,高分子的相容性在高分子材料科学与工程应用中有着非常重要的理论价值和实际应用价值。

通常,所谓相容性是指高分子与低分子之间,或者一种高分子与另一高分子之间形成热力学稳定的均相体系的能力,即实现分子相互分散的能力或水平。而高分子的相容性包括高分子与溶剂间的相容性和高分子与高分子间的相容性。

高分子与溶剂间的相容性体现了高分子溶液的性质。高分子溶液在生产实践中和科学实验中都得到了广泛的应用,高分子溶液的性质随其浓度的不同有很大的变化。

溶液的浓度通常在5%以下时称为稀溶液。例如,进行相对分子质量测定和分级时所用的溶液,其浓度在1%以下。稀溶液在多数情况下都很稳定,在没有化学变化的条件下,其性质不随时间的改变而变化。

溶液的浓度在5%以上时则属于浓溶液,例如胶浆、油漆、涂料及纺织液等,其中胶浆的浓度可达60%。浓溶液的黏度大,其稳定性差。

高分子与高分子之间的相容性,决定了高分子共混物的性质,是制备高分子"合金"的理论基础。

相容性的实质是两种物质分子相互混合的性质。对于高分子来说,达到相容混合平衡需要很长的时间。从理论上来讲,只要时间足够长,高分子混合体依然是一个热力学平衡体系。

第2章 工程橡胶基础

2.1 天然橡胶

2.1.1 胶乳的采集

天然橡胶的原生态呈现为胶乳状态,即胶乳储存在橡胶树的根、茎、叶、花和果实种子等器官的乳管之中。其中,树干下半部和根部的皮层中分布的乳管最多。

在采胶季节,采胶的时间是在每天的清晨。采胶也称为割胶。割胶是用锋利的割胶刀在距离地面1 m左右的树干上沿着橡胶树的皮层,按照一定的倾斜角度(螺旋线状)先切开树皮,再深入割口,将真皮皮层中的乳管割破,此时乳管中的胶乳因受树干中内部压力的作用而被迅速排出,胶乳便沿着螺旋状的割口流入安装在其下方的接胶杯中。胶乳中含有35%左右(质量分数)的橡胶成分。

橡胶树在排胶1~2 h之后,由于其内部压力随着胶乳的排出而渐渐降低,胶的流动速度也在渐渐地减慢,流量也在渐渐地减少。

胶乳中含有一种凝固酶,在胶乳排出很慢的时候,随着胶乳中水分的蒸发,胶乳变稠而无法流动。于是,变稠的胶乳就滞留在割口上不再流动,形成了一条白色的胶线,乳管割口自动封闭,排胶即完全停止。

通常,割胶多采用半螺旋线,即半树周割口隔日一次的采集方法。

橡胶树是使用种子种植、育苗。橡胶树成长5~8年才能开始割胶,期约为10~20年。一般30年后为其衰老期,此时的橡胶树失去了经济价值,需要重新种植、栽培。

采集到的胶乳必须经过一定的工艺加工才能使用。

2.1.2 固体天然橡胶的品种与生产

固体天然橡胶是用从橡胶树采集的胶乳经过一定工艺的加工而制成的块状干胶,也称为天然生胶。

应用于橡胶工业生产的天然橡胶品种很多,主要的传统品种有烟胶片和绉胶片两大类。除此之外,还有20世纪60年代开发生产的标准马来西亚橡胶,简称为颗粒胶。

2.1.2.1 烟胶片的生产工艺

烟胶片是天然橡胶中具有代表性的一个品种,其特点是生产工艺和设备比较简单,需求量大,产量也大,适合于中小型橡胶园生产。

烟胶片是以新鲜胶乳为原料,制成胶片后,熏烟干燥,因烟中含有酚类和有机酸物质成分,可使橡胶具有防腐和防老化的性能。因此,烟胶片的综合性能良好,储存时间长,是天然橡胶中物理-力学性能最好的一个品种。烟胶片的生产工艺流程如图2-1-1所示。烟胶片生产现场及生产出的烟胶片分别如图2-1-2和图2-1-3所示。

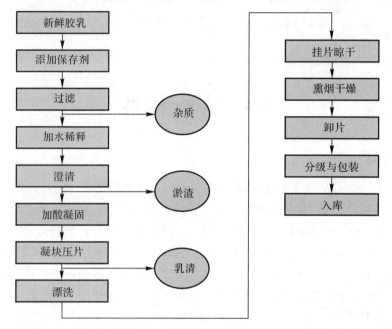

图2-1-1 烟胶片生产工艺流程

图2-1-2 烟胶片生产现场一角

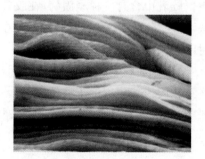

图2-1-3 烟胶片

2.1.2.2 绉胶片的生产工艺

根据生产时所使用的原料和工艺的不同,绉胶片分为胶乳绉胶片和杂胶绉胶片。

胶乳绉胶片是以胶乳为原料制作而成的,分为白绉胶片、浅色绉胶片和乳黄绉胶片。胶乳绉胶片的生产工艺流程如图2-1-4所示。

杂胶绉胶片分为胶园褐绉胶片、混合绉胶片、薄褐绉胶片、厚毡绉胶片(琥珀绉胶片)、平树皮绉胶片和纯烟绉胶片等六个品种。

杂胶有胶杯凝胶、自凝胶块、胶线、皮屑胶、泥胶、浮渣胶、未熏烟胶片和分级后被剪出的碎胶等。不同的原料加工制作成上述不同种类和级别的杂胶绉胶片,这类胶片的生产工艺流程如图 2-1-5 所示。

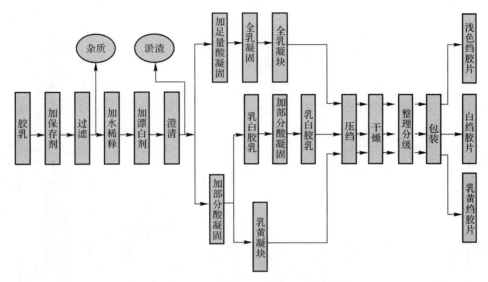

图 2-1-4　胶乳绉胶片生产工艺流程

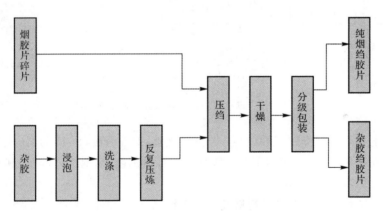

图 2-1-5　杂胶绉胶片生产工艺流程

杂胶绉胶片各个品种之间的质量差异很大。混合绉胶片、薄褐绉胶片、厚毡绉胶片等因为在原料中掺有烟胶片生产时裁下的下脚料、湿胶、皮屑胶等,其质量依次降低;平树皮绉胶片是用包括泥胶在内的低级杂胶制作而成,所以含有较多的杂质,质量也就最差。杂胶绉胶片一般用于制作一些对性能要求不高的橡胶制品。

2.1.2.3　标准马来西亚橡胶(颗粒胶)

标准马来西亚橡胶(又称为颗粒胶,其代号为 SMR),这一品种的开发,是为了提高天然橡胶的性能,与合成橡胶进行竞争。它打破了传统的烟胶片和绉胶片的生产工艺和分级方法,具有生产成本低、制造周期短、工艺先进、质量均匀而且易于控制、成胶率高、可进行大型化和连续化生产等优点。

我国在 1970 年就开始推广颗粒胶的生产。颗粒胶的生产原料有两种：一种是以鲜胶乳为原料，可以生产高质量的产品；另一种是以胶杯凝胶等杂胶为原料，生产中档和低档质量的产品。

颗粒胶的生产工艺流程如图 2-1-6 所示。

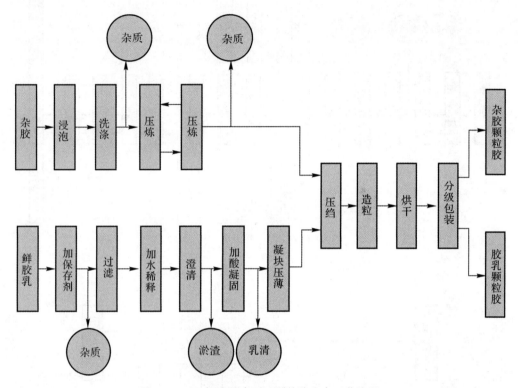

图 2-1-6　标准马来西亚颗粒胶生产工艺流程

天然生胶的技术分级橡胶（TSR）共分为五个级别，即 5 号胶（SCR 5）、10 号胶（SCR 10）、20 号胶（SCR 20）、10 号恒黏胶（SCR 10 CV）和 20 号恒黏胶（SCR 20 CV）。其具体的技术要求和技术参数见标准 GB/T 8081—2008。

标准马来西亚橡胶的主要品种规格及其分级指标见表 2-1-1。

表 2-1-1　标准马来西亚橡胶质量等级

项　目	级　别					
	SMR-EQ[①]	SMR-5L[②]	SMR-5[③]	SMR-10	SMR-20	SMR-50
机械杂质/(%)≤(44 μm 筛孔)	0.02	0.05	0.05	0.10	0.20	0.50
灰分/(%)≤	0.50	0.60	0.60	0.75	1.00	1.50
含氮量/(%)≤	0.65	0.65	0.65	0.65	0.65	0.65
挥发物/(%)≤	1.00	1.00	1.00	1.00	1.00	1.00
PRI 值/(%)≤	60	60	60	50	40	30

续 表

项 目	级 别					
	SMR－EQ[①]	SMR－5L[②]	SMR－5[③]	SMR－10	SMR－20	SMR－50
华莱式可塑度初值(p_0)≥	30	30	30	30	30	30
颜色限度(拉维邦色表最高数值)	3.5	6.0				

注：①SMR－EQ 是特号胶，EQ 表示特等质量，专供制造特纯的橡胶制品。
　　②SMR－5L 是浅色胶，5 表示杂质含量不超过 0.05%，L 表示透光的，用于浅色橡胶制品。
　　③SMR－5，SMR－5L，SMR－EQ 等产品，必须是由胶乳制成，不掺用杯凝胶等杂胶。

2.2　合　成　橡　胶

合成橡胶是将某些单体低分子化合物通过聚合反应或者缩聚反应而得到的具有高弹性的高分子聚合物。如图 2－2－1 所示为某合成橡胶生产基地。

图 2－2－1　某合成橡胶生产基地

2.2.1　合成橡胶的分类

合成橡胶的品种很多，目前世界各国对其命名和分类尚未统一，但人们的习惯是按原料单体成分来进行命名。例如，由丁二烯聚合的橡胶叫作丁二烯橡胶，由丁二烯和苯乙烯共聚的橡胶叫作丁苯橡胶等。

合成橡胶一般是按其性能及用途分为通用合成橡胶和特种合成橡胶两大类。如果再细分的话，还可分为功能性橡胶和热塑性橡胶等。

其实，各类橡胶之间并没有非常严格的界限，有的合成橡胶可能兼有几个类型橡胶的特性。例如，乙丙橡胶、氯丁橡胶，既可以归于通用橡胶之列，也可以归于特种合成橡胶之列。

按照用途，合成橡胶的分类如下：

丁苯橡胶
异戊橡胶
顺丁橡胶
通用合成橡胶
氯丁橡胶
乙丙橡胶
丁基橡胶

丁腈橡胶
聚硫橡胶
丙烯酸酯橡胶
氯醇橡胶
氯磺化聚乙烯橡胶
聚氨酯橡胶
特种合成橡胶
硅橡胶
氯醚橡胶
氟橡胶
丁吡橡胶
氢化丁腈橡胶
羧基丁腈橡胶

合成橡胶的分类
（按用途）

防 X 射线橡胶
导电橡胶
软磁橡胶
磁性橡胶
硬磁橡胶
功能性橡胶
导热橡胶
记忆橡胶
水声橡胶
光敏橡胶
生物工程橡胶

苯乙烯类(SBS,SIS,SEBS,SEPS)
热塑性弹性体
聚氨酯类
聚烯烃类(TPO,TPV,RTPO)

按照化学结构,橡胶的分类(包括天然橡胶)如下:

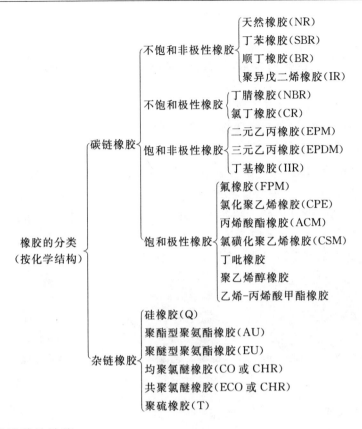

$$
\text{橡胶的分类}\atop(\text{按化学结构})
\begin{cases}
\text{碳链橡胶}
\begin{cases}
\text{不饱和非极性橡胶}
\begin{cases}
\text{天然橡胶（NR）}\\
\text{丁苯橡胶（SBR）}\\
\text{顺丁橡胶（BR）}\\
\text{聚异戊二烯橡胶（IR）}
\end{cases}\\
\text{不饱和极性橡胶}
\begin{cases}
\text{丁腈橡胶（NBR）}\\
\text{氯丁橡胶（CR）}
\end{cases}\\
\text{饱和非极性橡胶}
\begin{cases}
\text{二元乙丙橡胶（EPM）}\\
\text{三元乙丙橡胶（EPDM）}\\
\text{丁基橡胶（IIR）}
\end{cases}\\
\text{饱和极性橡胶}
\begin{cases}
\text{氟橡胶（FPM）}\\
\text{氯化聚乙烯橡胶（CPE）}\\
\text{丙烯酸酯橡胶（ACM）}\\
\text{氯磺化聚乙烯橡胶（CSM）}\\
\text{丁吡橡胶}\\
\text{聚乙烯醇橡胶}\\
\text{乙烯-丙烯酸甲酯橡胶}
\end{cases}
\end{cases}\\
\text{杂链橡胶}
\begin{cases}
\text{硅橡胶（Q）}\\
\text{聚酯型聚氨酯橡胶（AU）}\\
\text{聚醚型聚氨酯橡胶（EU）}\\
\text{均聚氯醚橡胶（CO 或 CHR）}\\
\text{共聚氯醚橡胶（ECO 或 CHR）}\\
\text{聚硫橡胶（T）}
\end{cases}
\end{cases}
$$

2.2.2　合成橡胶的性能

2.2.2.1　丁腈橡胶（NBR）

丁腈橡胶（见图 2-2-2）是由丁二烯和丙烯腈两种单体低分子材料，经乳液或溶液聚合而制得的一种高分子弹性体。工业上所用的丁腈橡胶大多数是采用乳液法制得的普通丁腈橡胶。

丁腈橡胶按照其丙烯腈的含量（质量分数）分为以下五个品级：

（1）极高丙烯腈丁腈橡胶（丙烯腈含量高于 43%）。

（2）高丙烯腈丁腈橡胶（丙烯腈含量为 36%～42%）。

（3）中高丙烯腈丁腈橡胶（丙烯腈含量为 31%～35%）。

（4）中丙烯腈丁腈橡胶（丙烯腈含量为 25%～30%）。

（5）低丙烯腈丁腈橡胶（丙烯腈含量低于 24%）。

国产丁腈橡胶的丙烯腈含量分为三个品级，即相当于上述高、中、低丙烯腈含量的品级。

2.2.2.2　氯丁橡胶（CR）

氯丁橡胶（见图 2-2-3）是以 2-氯-1,3-丁二烯为单体，经乳液聚合而制得的一种高分子弹性体。

氯丁橡胶按其性能和用途分类如下：

（1）硫黄调节型（G 型）。该型产品以硫黄来调节其相对分子质量的大小，硫黄为调节剂，秋兰姆为稳定剂。

（2）硫黄调节型（W 型）。该型产品在聚合时以十二碳硫醇作为分子调节剂，所以也称为硫醇调节型氯丁橡胶。

(3)黏结型氯丁橡胶。该型氯丁橡胶与G型氯丁橡胶的主要区别是聚合温度低(5～7℃),提高了反式-1,4结构的含量,使其分子结构更加规整,如国产CR-2442和日本的A-90。

(4)其他具有特殊用途的氯丁橡胶。这类氯丁橡胶是指专用于耐油、耐寒等其他在特殊环境下使用的产品,例如,耐寒性优良的氯苯橡胶(是2-氯-1,3-丁二烯和苯乙烯的共聚物)和耐油性优良的氯丙橡胶(是2-氯-1,3-丁二烯和丙烯腈的非硫调节共聚物)等。

2.2.2.3 丁基橡胶(IIR)

丁基橡胶(见图2-2-4)是异丁烯与异戊二烯单体在催化剂的作用下,经溶液聚合而成的一种线型无凝胶的弹性共聚物。按照不饱和程度的大小可将其分为五级:0.6%～1.0%,1.1%～1.5%,1.6%～2.0%,2.1%～2.5%和2.6%～3.3%。在各个级别中,又按照门尼黏度的高低和所用防老剂有无污染性而分为若干个牌号。

图2-2-2 丁腈橡胶　　　图2-2-3 氯丁橡胶　　　图2-2-4 丁基橡胶

2.2.2.4 乙丙橡胶

乙丙橡胶是以乙烯和丙烯,或者是丙烯和少量非轭双烯烃单体,在催化剂的作用下,采用溶液法或悬浮法进行共聚而制得的无规弹性体。

乙丙橡胶的品种分为二元乙丙橡胶(EPM)和三元乙丙橡胶(EPDM)两类。

2.2.2.5 硅橡胶(Q)

硅橡胶是由各种二氯硅烷经水解、缩聚而制得的一种有机弹性聚合物。

硅橡胶的品种很多,主要有二甲基硅橡胶(MQ),其电绝缘性能优异,耐温范围为－60～250℃;甲基乙烯基硅橡胶(MVQ),其耐温范围为－70～300℃;甲基苯基乙烯基硅橡胶(MPVQ)(其中,低苯基型为耐寒型,使用温度范围为－100～350℃,中苯基型为耐燃型,高苯基型为耐辐射型);腈硅橡胶(MNQ),其耐温范围为－70～200℃,其耐油和耐溶剂性能接近于氟硅橡胶;氟硅橡胶(MFQ),其耐温范围为－50～250℃,耐燃料油、耐溶剂和耐化学腐蚀性能优异。

2.2.2.6 氟橡胶(FPM)

氟橡胶是由含氟单体,经过聚合或缩聚而得到的分子主链或侧链的碳原子上连接有氟原子的弹性聚合物。

氟橡胶由于聚合时所用含氟单体数量的不同而分为许多品种,例如,含氟烯烃共聚物("凯尔-F型"——国产23型氟橡胶、"维通-A型"——国产26型氟橡胶、"维通-B型"——国产246型氟橡胶)、四丙氟橡胶(国产TB-1和TB-2型氟橡胶)以及亚硝基类氟橡胶(二元亚硝基氟橡胶、三元亚硝基氟橡胶)等。

氟橡胶的最大特点是使用温度范围宽,可在－100～300℃保持弹性,最高使用温度可以达到315℃;具有优良的耐化学腐蚀性能和耐油性能;对防臭氧老化、天候老化及辐射作用都很稳定等。但工艺性能较差。

2.2.2.7　聚丁二烯橡胶(顺丁橡胶 BR)

聚丁二烯橡胶(见图 2-2-5)是以 1,4-丁二烯为单体,在催化剂的作用下,通过溶液聚合而得到的一种通用合成橡胶。1956 年美国首先合成高顺式丁二烯橡胶。我国于 1967 年实现顺丁橡胶的工业化生产。在合成橡胶中,聚丁二烯橡胶的产量和消耗量仅次于丁苯橡胶,位居第二。

该型橡胶的品种有钴型聚丁二烯橡胶、镍型聚丁二烯橡胶、钛型聚丁二烯橡胶和锂型聚丁二烯橡胶。

按照顺式-1,4 结构含量(质量分数)的不同,该型橡胶还可分为高顺式(顺式含量为 96%~98%)、中顺式(顺式含量为 90%~95%)和低顺式(顺式含量为 40%以下)三个类型。

2.2.2.8　聚氨酯橡胶(U)

"聚氨酯橡胶"是聚氨酯甲酸酯橡胶的简称(颗粒聚氨酯橡胶如图 2-2-6 所示)。该橡胶是由二元醇(聚醚二醇、聚酯二醇或者聚烯烃二醇、含磷氯、氯、氟的聚醚二醇等)、二异氰酸酯,在催化剂的作用下,与扩链剂进行反应的产物。

聚氨酯橡胶根据所用原料的不同,可分为聚酯型聚氨酯橡胶(AU)和聚醚型聚氨酯橡胶(EU)两类;若按加工工艺方法的不同,可分为混炼型、浇注型和热塑型三类。

聚氨酯橡胶的特性是具有很高的拉伸强度(一般为 28~42MPa,特殊配方的产品可以达到 70MPa 以上)和撕裂强度;弹性好,拉断伸长率大(一般为 400%~600%,最大可以达到 1 000%);硬度范围宽(10~95 邵尔 A);耐油性和气密性良好;耐磨耗性非常好,比天然橡胶高 9 倍,比丁苯橡胶高 3 倍;耐氧、耐臭氧及耐紫外线辐射性能优异等。

2.2.2.9　氯醚橡胶

氯醚橡胶(见图 2-2-7)是指侧基上含有氯原子的聚醚型橡胶。该橡胶是由含有环氧基的环状醚开环聚合而得到的高分子弹性体,也称为氯醇橡胶。

氯醚橡胶有均聚型和共聚型两种类型。均聚型氯醚橡胶是由环氧氯丙烷均聚而成的,常用"CHR"来表示,我国用"CO"来表示;共聚型氯醚橡胶是由环氧氯丙烷和环氧乙烷共聚而成的,常用"CHC"来表示,我国则用"ECO"来表示。

均聚型氯醚橡胶的特点是具有良好的耐热、耐候、耐油性能和良好的气密性,共聚型氯醚橡胶则具有良好的耐寒、耐热、耐油和耐候等性能。

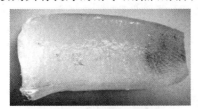

图 2-2-5　聚丁二烯橡胶　　　图 2-2-6　颗粒聚氨酯橡胶　　　图 2-2-7　氯醚橡胶

2.2.2.10　聚硫橡胶(T)

聚硫橡胶是由甲醛或有机二卤化物和碱金属组成的多硫化物,经缩聚反应而制得的一种在分子主链上含有硫原子的饱和弹性体。

聚硫橡胶的品种很多,从形态区分有固态聚硫橡胶、液态聚硫橡胶和胶乳三类。每类又各有许多品种和型号。

聚硫橡胶的最大特点是耐油、耐非极性溶剂的性能优良。此外,还具有耐氧、耐臭氧、耐天候老化性能和具有良好的气密性与不透水性。其缺点是使用温度范围窄,耐热、耐寒性较差;其生胶的冷流性大,密度大和物理-力学性能差;最令人不悦的是具有硫化物的气味。

2.2.2.11 丙烯酸酯橡胶(ACM)

丙烯酸酯橡胶是以丙烯酸烷基酯为主要单体,与少量带有可以提供交联反应活性基团的单体共聚而制得的一类弹性体。

丙烯酸酯橡胶的品种很多,按照其分子结构中含有不同的交联单体(加工时的硫化体系也随之不同),将其分为含氯多胺交联型、不含氯多胺交联型、自交联型、羧酸胺盐交联型和皂交联型等五大类型。此外,还有特种丙烯酸酯橡胶,例如,含有氟型及热塑型丙烯酸酯橡胶等。

丙烯酸酯橡胶耐矿物油和耐高温氧化性能优异,具有优良的抗臭氧性、气密性、耐屈挠性和抗裂口增长性,以及抗紫外线变色性等。

2.3 再 生 橡 胶

将废旧橡胶再生能够再次利用废旧橡胶中含有的大量有价值的橡胶、炭黑、氧化锌和软化剂等物质资源,扩大了橡胶原料的来源。不仅如此,这样做还改善了胶料的工艺性能、节约能耗、降低产品成本等,从而收到一系列技术和经济效果。

再生橡胶是以废旧轮胎(见图2-3-1)为主要原料(也有以非废旧轮胎的其他废旧硫化橡胶为原料的),将其粉碎,进行除杂、脱硫等一系列工艺加工(见图2-3-2)而得到的一种能够作为替代部分橡胶的原材料(见图2-3-3)。这是变废为宝、节约资源、改善环境的一项绿色工程。

图2-3-1 废旧轮胎　　图2-3-2 由废旧轮胎生产再生橡胶　　图2-3-3 再生橡胶
　　　　　　　　　　　　　　　　胶粉的生产线　　　　　　　　　　胶粉

由废旧轮胎生产再生橡胶胶粉的生产工艺流程如图2-3-4所示。

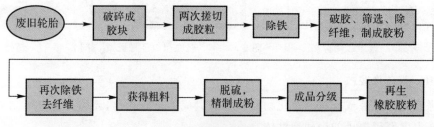

图2-3-4 再生橡胶胶粉生产工艺流程

图 2-3-5 为用废旧轮胎生产再生橡胶的生产车间。

2.3.1 再生橡胶生产工艺

再生橡胶的生产,目前主要有水油法和油法两种工艺。这两种工艺的主要区别是再生工序有所不同,其他工序基本上是一样的。

图 2-3-5 再生橡胶生产车间

再生橡胶油法生产工艺的再生过程(即脱硫工序)是在卧式脱硫罐中进行的。将去除金属、纤维等异物杂质的胶粉进行拌油,与定量的液体再生剂一起装入拌油机中搅拌混合;搅拌均匀后将胶料放在铁盘中送入卧式脱硫罐中进行蒸汽加热脱硫。

除了上述两种工艺方法之外,再生橡胶的生产工艺还有压出再生法、溶解法、室温塑化法、超速离心法、红外加热法、微波脱硫法和动态脱硫法等。详细的再生橡胶工艺流程如图 2-3-6 所示。

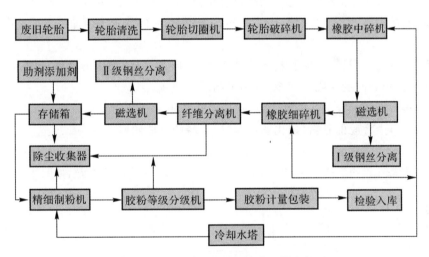

图 2-3-6 详细的再生橡胶工艺流程

通过相应再生工艺流程可以得到各种不同的再生橡胶的板材胶粉和胶粒(见图 2-3-7~图 2-3-10)。

图 2-3-7 再生乙丙橡胶

图 2-3-8 再生丁基橡胶

图 2-3-9 再生天然橡胶

图 2-3-10 再生天然橡胶胶粒

2.3.2 再生橡胶的性能

再生橡胶具有下列性能和优点：

(1)扯断强度可以达到 9～10 MPa，甚至更高一些。

(2)具有良好的塑性，易于和生胶及其他配合剂混合，使塑炼和混炼工序更加容易，降低能耗，节约工时。

(3)在相应的胶料中，掺入一定比例的再生橡胶，可使塑炼、混炼、热炼、压延和压出等工序过程生热减少，特别是对于炭黑含量高的胶料更是如此，从而减少了因加工温度过高可能出现的焦烧。

(4)掺和部分再生橡胶，可使胶料流动性变好，使压出、压延加工的速度变快，压延加工时的收缩性和压出加工时的膨胀性变小，提高了制品的质量。

(5)掺入再生橡胶的胶料热塑性小，因此制品在成形和硫化时变形量小。

(6)掺入了再生橡胶的胶料，硫化速度较快，胶料的返原倾向性变小。

(7)胶料的耐老化性能提高。

利用废旧橡胶生产再生橡胶是非常有意义的，可以形成一个新的产业链，如图 2-3-11 所示。

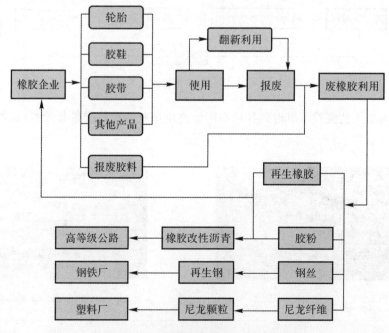

图 2-3-11 橡胶综合利用产业链示意图

2.4　橡胶代用品

2.4.1　聚乙烯(PE)

聚乙烯是低分子乙烯的均聚物,其状呈蜡状白色粉末或白色小颗粒或半透明热塑性树脂(见图 2-4-1),性柔而韧,无味、无臭且具有可燃性,无毒。根据其密度的大小可分为低密度聚乙烯(又称为高压聚乙烯)和高密度聚乙烯(又称低压聚乙烯)。

聚乙烯因是半结晶型塑料,其结晶温度范围相对较宽,结晶度随温度的升高而减少,无定形部分则相应增加,若将熔融的聚乙烯迅速冷却,使其分子来不及结晶而被冻结,则变为无定形。但是,由于聚乙烯的玻璃化温度低于室温,因而在常温下塑料件有较大的后结晶现象,使制品密度增加、体积减小;在变形过程中,熔体充模后冷却定型时发生结晶,而造成塑料件有较大的收缩率,一般收缩率为 1.5%～3.5%。聚乙烯塑料的流动性、热稳定性较好,一般在 300℃左右无明显的分解现象,是理想的橡胶代用品。

图 2-4-1　粉末聚乙烯和颗粒聚乙烯

聚乙烯分子为线型或支链型,其结构规整,结晶度较高,分子链呈饱和状态,不含有侧基和极性基团,具有良好的拉伸强度、抗压强度、抗弯强度和抗剪强度,具有耐磨性、耐冲击性、介电性能以及优异的低温性能和良好的耐化学腐蚀等性能。

聚乙烯能够与通用橡胶以及丁基、乙丙等橡胶并用。低密度聚乙烯能够提高橡胶的热塑性,改善胶料的工艺性能。高密度聚乙烯可以改进非结晶类橡胶的强度,也是含低活性填料(例如碳酸钙陶土等)有色橡胶的补强剂。

2.4.2　聚氯乙烯(PVC)

聚氯乙烯是氯乙烯的均聚物,为热塑性树脂(白色粉末)。

聚氯乙烯具有较高的机械强度,良好的耐磨耗性能、耐油和耐化学腐蚀性能,对氧、臭氧、氧化剂以及酸碱等都很稳定,透水汽率很低,具有很好的耐燃性和电绝缘性。

在橡胶工业中,聚氯乙烯常与丁腈橡胶并用,以改善丁腈橡胶的耐油、耐臭氧、耐天候老化性能,同时降低制造成本。它也可与氯丁橡胶、丁苯橡胶以及天然橡胶并用。

聚氯乙烯与丁苯橡胶并用还可减少胶料的压出收缩率。与天然橡胶、丁腈橡胶三者并用,可进一步提高橡胶的耐磨性。与丁腈橡胶、丁苯橡胶三者并用,可制作化工厂用的耐化学腐蚀橡胶。与氯丁橡胶并用,可进一步提高胶料的阻燃性。

2.4.3 聚丙烯(PP)

聚丙烯是丙烯的均聚物,为无色、无味、无毒的可燃性粉末或透明颗粒,如图2-4-2和图2-4-3所示。

聚丙烯具有优异的耐弯曲疲劳性能、电绝缘性能和气密性,还具有耐水性、耐热性、耐化学腐蚀性以及对极性有机溶剂(例如醇、酚、醛、酮等)的抗耐性。聚丙烯可与乙丙橡胶、丁基橡胶、顺丁橡胶等并用。

2.4.4 高苯乙烯树脂(HS)

高苯乙烯树脂是苯乙烯和丁二烯乳液的共聚物,为一种透明、耐冲击性良好的树脂,如图2-4-4所示。

图2-4-2 聚丙烯(PP)　　图2-4-3 高光聚丙烯　　图2-4-4 高苯乙烯

高苯乙烯树脂的分子结构、溶解度参数以及极性都与丁苯橡胶相近似。所以,它与丁苯橡胶并用的效果最好。此外,它也能与天然橡胶、顺丁橡胶、丁腈橡胶、氯丁橡胶等并用,但不宜同不饱和度低的橡胶(例如丁基橡胶、三元乙丙橡胶等)并用。

高苯乙烯树脂是橡胶的有效补强剂,能够提高并用橡胶的硬度、强度、刚度和耐磨性,还可以改善并用橡胶的介电性能和加工工艺性能(例如可使并用橡胶的压出和压延半成品表面更加光滑,减少胶料和制品的收缩性)等。

2.4.5 乙烯-乙酸乙烯酯共聚物(EVA)

该共聚物(见图2-4-5)具有一定的韧性、柔软性和弹性,在抗冲击强度、光学性能、黏结性能、耐低温和耐天候老化性能等方面都优于高密度聚乙烯,其脆性温度为-75℃。此外,它还具有优良的着色性以及与其他填充剂的掺和性。

乙烯-乙酸乙烯酯共聚物可与天然橡胶、丁苯橡胶、丁基橡胶等并用。在丁基内胎胶料中并用少量的乙烯-乙酸乙烯酯共聚物,可以改善胶料的冷流性,并提高胶料的抗撕裂强度。该共聚物若与天然橡胶或与天然橡胶、顺丁橡胶并用,所制作的微孔鞋底、拖鞋相对密度小,孔径细小均匀,尺寸与形状稳定,不产生塌陷,穿着舒适且色泽鲜艳。与天然橡胶、丁苯橡胶并用,在制造各种胶管时,能增加胶料的挺性,有利于无芯充气成形工艺,而且胶料还具有良好的黏着性。在使用该共聚物时应注意安全

图2-4-5 乙烯-乙酸乙烯酯(EVA)

问题,因为其粉体在空气中达到一定浓度时会形成爆炸性混合物,若遇明火会引起爆炸。在对其加热时会分解产生易燃气体。

2.5　生橡胶、塑炼橡胶、混炼橡胶和硫化橡胶

2.5.1　生橡胶

生橡胶只能作为橡胶制品(包括制作胶浆)的原料,而不能直接应用于制品。这是因为生橡胶不具备必要的物理-力学性能和化学性能。

生橡胶的性能特点是强度低、可塑性大,遇到溶剂则溶胀并进而溶解;所具有的弹性受温度的影响很大,遇冷变硬,遇热变软而且发黏。这是因为生橡胶的分子结构是卷曲的线型结构,这就决定了其具有上述基本性质。生橡胶是橡胶制品的原料,其形态是块状,如图 2-5-1 所示。

为了达到工程应用的性能,应对生橡胶进行一系列的工艺加工,即塑炼、混炼和硫化等。

2.5.2　塑炼橡胶

生橡胶的相对分子质量很高,分子之间的作用力也很大,表观上的质地强韧坚硬,弹性很高,给加工和成形带来了很多的困难。

在由生橡胶到制作成橡胶制品的各个加工工序过程中,都要求橡胶材料具有一定的塑性变形能力。然而,强韧坚硬的生橡胶的塑性变形能力却很小。要解决这个问题,就要对生橡胶进行塑炼加工。经过塑炼而得到的橡胶叫作塑炼橡胶。

在塑炼加工之前都要将生橡胶大块切成合适的小块。分切生橡胶的设备是切胶机,切胶机有各种形式,常用的如图 2-5-2 所示。

塑炼橡胶是为后续工序做准备,塑炼时只加入部分辅料。通常,在工程中使用密炼机对生橡胶进行塑炼,所得到的塑炼橡胶如图 2-5-3 所示。

图 2-5-1　生橡胶　　　　图 2-5-2　切胶机　　　　图 2-5-3　塑炼橡胶

2.5.3　混炼橡胶

为了提高橡胶制品的物理-力学性能、改善橡胶加工的工艺性、节约橡胶原料的用量、降低生产成本,必须按照配方的设计要求,在生橡胶中加入各类相关的配合剂。在炼胶机上,将各种配合剂按照工艺要求均匀地加入具有一定塑性的生橡胶中,经过混炼加工而得到的胶料,称为混炼橡胶。

混炼橡胶一般是用开炼机将塑炼橡胶和按照橡胶配方设计所需要的其他辅料以及硫化体系所要使用的各种小料一起加工成的供下道工序产品成形和硫化的橡胶半成品。开炼机、混炼过程和混炼橡胶如图 2-5-4~图 2-5-6 所示。

图 2-5-4 开炼机

图 2-5-5 混炼过程

图 2-5-6 混炼橡胶

2.5.4 硫化橡胶

硫化橡胶是经过硫化后的橡胶,俗称熟橡胶。

在一定的成形条件下,橡胶分子与所加入的硫化剂发生化学反应,使生橡胶的线型分子结构形式变为立体网状结构形式,从而使橡胶不再遇冷变硬、遇热变软而发黏,得到了坚实且富有弹性和所需强度的橡胶制品。这一变化,也称为交联反应。

平常所使用的橡胶制品,都是经过硫化工艺而制得的硫化橡胶。部分硫化橡胶制品如图2-5-7~图2-5-10所示。

图 2-5-7 橡胶扭力接头

图 2-5-8 橡胶水坝

图 2-5-9 橡胶轮胎

图 2-5-10 橡胶波纹管

2.6 橡胶的分子结构、硫化反应、硫化体系及硫化机理

2.6.1 橡胶的分子结构

橡胶的分子结构一般分为三种类型,即线型结构、支链型结构和立体网状型结构,如图2-6-1所示。

生橡胶的分子结构形态通常是卷曲的线型结构和支链型结构,硫化橡胶的分子由于交联反应而使线型的分子结构变为立体网状型结构。

生橡胶通过交联反应使其分子的结构形态发生了变化,从而提高了橡胶的物理-力学性能和化学性能。

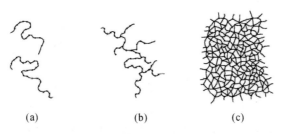

图 2-6-1　橡胶分子的结构模型

(a)线型结构；　(b)支链型结构；　(c)立体网状型结构

2.6.2　硫化反应

硫黄能够使橡胶的分子结构发生改变,这是美国科学家固特异(Goodgear)在 1839 年发现并将其应用在橡胶加工工艺中的,也是早期的橡胶硫化概念。虽然橡胶的硫化除了以硫黄作为硫化剂之外,还有多硫化合物、过氧化物、部分金属氧化物、醌类、胺类及部分树脂等也能使橡胶进行硫化,甚至采用高能辐射的方法也可使橡胶硫化,但是,迄今为止,人们仍然将橡胶的这一工艺过程习惯性地叫作"硫化"。这是一个广义的定义。

从更为专业的角度看,即从橡胶分子的化学变化过程来看,应当将这一变化过程称为"交联"。为了便于阅读,本书依然称其为"硫化"。

为了便于理解橡胶的硫化,先来看一下硫化的历程。通常,硫化的历程是用一条曲线来描述的,这条曲线就叫作"硫化曲线",如图 2-6-2 所示。

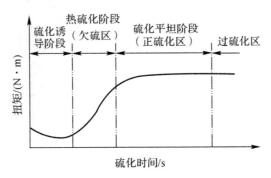

图 2-6-2　橡胶的硫化曲线

从硫化曲线可以看出,硫化历程分为四个阶段,即硫化诱导阶段、热硫化阶段、硫化平坦阶段和过硫化阶段。在橡胶配方设计中,设计硫化体系的根本原则就是正确控制胶料的硫化历程。正确的硫化历程应当满足以下四个条件:

(1)应有合理的焦烧时间,以满足加工操作过程的需要;

(2)应有较快的硫化速度;

(3)应有较长的硫化平坦期,以保证构成制品胶料的充分硫化(特别是厚度大的产品和使用多型腔模具生产的胶料);

(4)硫化体系的设计在满足上述要求的同时,还必须保证橡胶制品的性能要求和工艺过程的操作要求。

2.6.3　硫化体系

在一定的条件下,凡是能够使橡胶发生硫化反应(交联反应)的化学物质均可称为硫化剂(或交联剂)。

橡胶加工中所用的硫化剂种类很多,常用的有硫黄、硒、碲、含硫化合物、过氧化物、金属氧化物、酯类化合物、胺类化合物以及树脂类化合物等。

橡胶的硫化体系分为两大类,即硫黄硫化体系和非硫黄硫化体系。近年来已开发了氨基甲酸酯硫化体系和马来酰亚胺类硫化剂等。

通常,将硫黄、硒、碲及含有硫的化合物这一类物质归为硫黄硫化体系之列。

硫黄类硫化剂主要用于天然橡胶和丁苯橡胶、丁腈橡胶、顺丁橡胶、异戊橡胶等二烯类通用合成橡胶的硫化。此外,低不饱和度的丁基橡胶和部分流动速度较快的三元乙丙橡胶有时也可以使用硫黄进行硫化,橡胶工业中常用的硫黄粉末是由天然块状硫黄制粉而成的,如图2-6-3～图2-6-6所示。

图2-6-3　块状硫黄

图2-6-4　片状硫黄

图2-6-5　粉末硫黄

图2-6-6　袋装硫黄

2.6.4　硫黄硫化机理

在有活性剂存在的条件下,硫黄硫化反应的机理和过程大致可分为以下四个阶段:

(1)硫黄硫化体系各个组分之间相互作用、相互反应生成中间化合物,包括生成配位化合物。主要的中间化合物事实上是硫化剂。

(2)中间化合物与橡胶进行反应,在橡胶分子链上生成具有活性的促进剂——硫黄侧挂基团。

(3)橡胶分子链上的促进剂——硫黄侧挂基团和其他橡胶分子继续作用,形成交联键。

(4)交联键不断地与其他橡胶分子作用,使橡胶分子形成立体网状结构分子形式而成为硫化橡胶。

2.6.5　含硫化合物的无硫硫化机理

除了元素硫外,部分在硫化温度下能够释放出活性硫或含硫自由基的含硫化合物,也可以作为硫化剂使用。通常,这类化合物称为硫黄给予体(硫黄载体)。

工程中常用的硫黄给予体包括秋兰姆在内的二硫化物和多硫化物(例如 TMTD,TETD,TMTT,TRA 等)、含硫的吗啉衍生物(例如 DTDM,MDB 等)以及多硫聚合物(例如硫化剂 VA - 7)等。

最为常用的含硫化合物是 TMTD 和 DTDM。使用 DTDM 和 TMTD 可使硫化橡胶具有力学性能更高、抗焦烧性能更好和不喷霜等优点。

2.7　橡胶工业中的"硫黄-促进剂-活性剂"硫化体系

2.7.1　硫化促进剂及其种类

在橡胶的硫化过程中,凡是能够缩短硫化时间、降低硫化温度、减少硫化剂的用量、提高和改善硫化橡胶的物理-力学性能和化学稳定性的化学物质,统称为硫化促进剂,简称"促进剂"。

促进剂有无机促进剂和有机促进剂两种。早期使用无机促进剂(例如钙、镁、铝等金属氧化物),后来使用效果更好的有机促进剂(例如脂肪胺、环脂胺与杂环胺类化合物以及六次甲基四胺等)。20 世纪初,有机促进剂出现了飞跃性的发展,研究人员先后研究出了硫醇基苯并噻唑类促进剂和其他高效有机促进剂。

有机促进剂的品种很多,一般按照化学结构、酸碱性及其对硫化速度的影响这三方面进行分类。

(1)按照化学结构,有机促进剂可分为八个大类,即噻唑类、次磺酰胺类、秋兰姆类、胍类、二硫代氨基甲酸盐类、黄原酸盐类、醛胺类和硫脲类。

(2)按照酸碱性,有机促进剂可分为酸性、中性和碱性三类。噻唑类、秋兰姆类、二硫代氨基甲酸盐类和黄原酸盐类属于酸性促进剂,硫脲类和次磺酰胺类属于中性促进剂,胍类和醛胺类属于碱性促进剂。

(3)按照硫化速度的不同进行分类,国际上习惯以促进剂 M 作为标准。凡用于天然橡胶中硫化速度大于促进剂 M 的属于超速级或超超速级促进剂,硫化速度低于促进剂 M 的属于中速级或慢速级促进剂,硫化速度和促进剂 M 的相同或近似的为准超速级促进剂。按此标准,二硫代氨基甲酸盐类和黄原酸盐类为超超速级促进剂,秋兰姆类为超速级促进剂,噻唑类和次磺酰胺类为准超速级促进剂;胍类为中速级促进剂;醛胺类的大部分品种和硫脲类为慢速级促进剂。

2.7.2　各类促进剂的主要品种

(1)噻唑类促进剂常用品种:促进剂 M(MBT)、促进剂 DM(MBTS)和促进剂 MZ;

(2)次磺酰胺类促进剂常用品种:促进剂 CZ、促进剂 NS、促进剂 NOBS、促进剂 DIBS 和促进剂 DZ;

（3）秋兰姆类促进剂常用品种：促进剂 DMTD、促进剂 TMTM 和促进剂 TETD；

（4）胍类促进剂常用品种：促进剂 D（DPG）、促进剂 DOTG 和促进剂 BG；

（5）二硫代氨基甲酸盐类促进剂常用品种：促进剂 PZ（ZDMC）、促进剂 EZ（ZDC）和促进剂 PX；

（6）黄原酸盐类促进剂常用品种：促进剂 ZIP 和促进剂 ZBX；

（7）醛胺类促进剂常用品种：促进剂 H 和促进剂 808（A－32）；

（8）硫脲类促进剂常用品种：促进剂 NA－22 和促进剂 DBTV。

除了上述八大类促进剂外，随着科学技术的不断发展，新型促进剂也在不断地出现，例如三嗪促进剂、二硫代磷酸盐促进剂及硫代氨基甲酰胺类促进剂等。

新型促进剂在工程应用中促进橡胶硫化的效力更高，加工安全性更好，抗硫化返原性更强，耐老化性能更优。

常用的部分促进剂如图 2－7－1～图 2－7－5 所示。

图 2－7－1　促进剂 CZ

图 2－7－2　促进剂 NS

图 2－7－3　促进剂 DM

图 2－7－4　促进剂 M

图 2－7－5　促进剂 TMTD

2.7.3　促进剂的并用

无论是从橡胶的工艺性能来看，还是从其制品的性能来看，单一地使用一种促进剂常常不能收到理想的技术效果。例如，使用促进剂 D，虽然能够赋予硫化橡胶以较高的拉伸强度和定伸应力，但因硫化速度较慢，平坦性较差，硫化橡胶的耐热老化性也差；又如，改用促进剂 TMTD，虽然硫化速度较快，硫化程度较高，但工艺的安全性差，易于焦烧和过硫。

在橡胶工业中，为了进一步提高硫化工艺的技术效果和制品质量，常常在橡胶配方中对硫化体系的设计采用两种或三种促进剂并用的方案，以收到取长补短和相互活化的作用，从而达到优化生产工艺、提高产品质量和降低生产成本的目的。

2.7.3.1　并用的原则

在进行促进剂并用设计时，要注意以下原则：

通常,以一种促进剂为主(称这种促进剂为主促进剂或第一促进剂),以另外一种促进剂为辅(称这种促进剂为副促进剂或第二促进剂)。主促进剂用量较大,副促进剂用量较小(一般约为主促进剂用量的 10%～40%)。

2.7.3.2　并用的类型及特征

根据促进剂的酸碱性,可以将其分为酸性、碱性和中性,分别用 A,B 和 N 来表示。促进剂的并用类型有 AB 型、AA 型、BB 型、NA 型、NB 型和 NN 型等几个类型。工程中常用的是 AB 型、AA 型和 NA 型。

(1)AB 型。该型为相互活化型并用,是以酸性促进剂为主促进剂,以碱性促进剂为副促进剂的一种并用方法,其效果比单用 A 型或单用 B 型都好。

AB 型并用最典型的是噻唑类和胍类的并用。例如,促进剂 M 为准超速级,促进剂 D 为中速级,而并用后的效果却可以达到超速级(硫化起点快、速度快,硫化胶的拉伸强度、定伸应力、硬度、耐磨性等都比其中任何一种促进剂单用时高)。

(2)AA 型。该型为相互抑制型并用,是两种不同型号的酸性促进剂的并用,其并用后可使体系的活性在较低的操作温度下受到抑制,从而改善了焦烧性能(在此温度下仍能充分发挥快速硫化作用)。

典型的 AA 型并用体系有两种,即主促进剂为超速级或超超速级的(如 TMTD 或 ZDC)、副促进剂为准超速级的(M 或 DM)和主促进剂为 M(或 DM)、副促进剂为 TMTD。

AA 型并用特别适宜于模型制品的生产,制品虽然不像 AB 型那样增加了定伸应力,但却有较高的伸长率,而且,制品较为柔软。

(3)NA 型。该型并用起到了活化 N 型促进剂的作用,从而加快了体系的硫化速度。但是,这却在一定程度上缩短了次磺酰胺的焦烧时间。

典型的 NA 型并用体系有两种:CZ(或 NOBS)与 M(或 DM)并用和 CZ(或 NOBS)与 TMTD(或 ZDC)并用。NA 型并用可以代替噻唑和胍的并用,与其相比,NA 型并用具有用量少、硫化快、焦烧时间长、交联度有所增加和压缩永久变形较小等优点,其缺点是硫化平坦性较差。

2.7.4　硫化体系

随着工艺技术的不断进步和发展,在橡胶的硫化体系设计中出现了与传统硫化体系不同的硫化体系,有效硫化体系和半有效硫化体系也得到了发展和推广。

2.7.4.1　传统硫化体系

传统硫化体系也称为普通硫化体系或常规硫化体系。该体系是指一般企业在生产中通常采用的硫量(硫黄用量为 2～3 份)的硫黄-促进剂-活性剂体系,它能使硫化橡胶的结构产生70%以上的多硫交联键。因此,硫化橡胶的拉伸强度高,耐磨性和抗疲劳龟裂性好,但耐热老化性能差。

该体系的生产成本低,性能尚能达到一般橡胶制品的设计要求和使用要求。不仅如此,其加工安全性也好,不易发生焦烧现象。所以,目前许多橡胶企业的胶料配方大多采用这种传统的硫化体系。

2.7.4.2　有效硫化体系

有效硫化体系(EV)也叫作高效硫化体系。该硫化体系有两种:一种是低用量的硫黄(0.1～

0.5 份)＋高用量的促进剂(3.0～5.0 份);另一种是不用硫黄而采用高用量的高效硫载体作为硫化剂,例如,二硫化四甲基秋兰姆(TMTD)3.0～3.5 份或 N,N′-二硫代二吗啉(DTDM)1.5～3.0 份等。为增加体系的活性,也可以与促进剂配合使用。

有效硫化体系的优点如下:

(1)抗硫化返原性好,适宜于高温(160℃以上)快速硫化;

(2)硫化均匀性好,适宜于厚度大的制品的硫化;

(3)硫化橡胶的耐热性好,适宜于制作耐热制品;

(4)耐压缩变形性好,适宜于制作密封类制品;

(5)加工过程生热小,适宜于制作动态下使用的制品。

有效硫化体系的缺点是使用该体系的硫化橡胶,其耐磨性、抗疲劳龟裂性较差,生产成本较高。

2.7.4.3 半有效硫化体系

半有效硫化体系(SEV)也称作半高效硫化体系。该体系是指硫黄和促进剂的用量介于传统硫化体系和有效硫化体系之间或用硫黄给予体部分取代传统硫化体系中的硫黄而构成的硫化体系。其组成特点是硫黄用量为 0.8～1.5 份,促进剂用量(包括硫黄给予体在内)为 1.0～1.5 份,或者根据实际需要再稍提高一些。

半有效硫化体系可使硫化橡胶形成适当比例的低硫交联键和多硫交联键,其特点是除了保留有效硫化体系的优点之外,还大幅度提高了硫化橡胶的抗疲劳龟裂性能,如图 2-7-6 所示。因此,它适宜于中等耐热和动态条件下工作的橡胶制品的硫化成形。

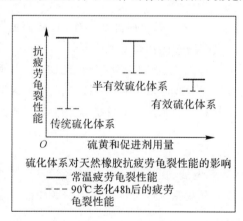

图 2-7-6　硫化体系对天然橡胶性能的影响

2.7.4.4 可溶硫化体系

由于部分促进剂(如 TETD,CZ,TMTD 等)在橡胶中的溶解度不高,硬脂酸和氧化锌反应生成的硬脂酸锌在橡胶中的溶解度也不高,所以,对二烯类橡胶进行硫化时,采用了一种新的硫化体系——可溶有效硫化体系,简称"可溶硫化体系"。

该体系的硫黄使用量通常不超过其在胶料中的溶解度,促进剂采用 TBTD 和 NOBS,并采用锌皂(2-乙基乙酸锌)替代氧化锌和硬脂酸作为活化剂。

可溶硫化体系的优点是硫化程度和硬度均匀,应力松弛,蠕变速度变慢,改变了制品的动态性能,松弛效率较高。

2.7.5　非硫硫化体系

在橡胶工业中,由于技术的不断发展,还有一类硫化体系——非硫硫化体系。该类硫化体系的品种很多,其分类如下:

```
                                 ┌ 过氧化二苯甲酰(BPO)
                                 │ 过氧化二异丙苯(DCP)
                  有机过氧化物类型 ┤ 2,5-二甲基-2,5-二(叔丁基过氧基)己烷(双2,5或AD)
                                 │ 二叔基过氧化物(DBP)
                                 └ 1,4-双(叔丁基过氧基异丙基)苯

                  金属氧化物类型(氧化锌、氧化镁、一氧化铅、四氧化三铅等)

                                 ┌ 对叔丁基苯酚甲醛树脂(2402# 树脂)
                  树脂类型 ───────┤ 对叔辛基苯酚甲醛树脂(2501# 树脂)
                                 └ 溴化对叔辛基苯酚甲醛树脂(201# 树脂)

非硫硫化体系的分类 ┤
                                      ┌ 醌类化合物 ┌ 对醌二肟(GM,BQD)
                                      │           └ 二苯甲酰基对醌二肟(GMF,DBQD)
                                      │
                                      │           ┌ 三亚乙基四胺(硫化剂 TETA)
                                      │           │ 四亚乙基五胺(硫化剂 TEPA)
                                      │ 胺类化合物类┤ 六亚甲基二胺(硫化剂 HMDA)
                  其他类型 ─────────────┤           │ 六亚甲基二胺氨基甲酸盐
                                      │           └ N,N-二亚肉桂级-1,6-己二胺(3号硫化剂)
                                      │
                                      │              ┌ N-苯基马来酰亚胺
                                      │ 马来酰亚胺衍生物┤ N,N-亚乙基双马来酰亚胺
                                      │              └ 4,4-二硫带双(苯基马来酰亚胺)
                                      │
                                      └ 氨基甲酸酯(尿烷类)
```

2.7.6　设计技巧

在设计有效和半有效硫化体系时,要选用足量的脂肪酸(月桂酸比硬脂酸效果好),以增加氧化锌在胶料中的溶解度,从而保证促进剂充分发挥活性作用。此外,促进剂应尽可能采取并用工艺,以提高硫化活性、减少促进剂的使用总量。

在促进剂的选择方面,以组成 AA 型、NA 型并用体系为最佳方案。这样,可以得到较好的抗焦烧性能和硫化平坦性,以适应高温快速硫化的工艺需求。

为了保证生产操作的安全,必要的时候可加入适量防焦剂。

2.7.7　硫化活性剂

凡是能够增加硫化促进剂的活性、提高胶料硫化速度和硫化效率与效果、改善硫化橡胶性能的化学物质统称外硫化活性剂,简称为"活性剂",也称作助促进剂。

常用的硫化活性剂有氧化锌、硬脂酸和碱式碳酸锌等,如图 2-7-7～图 2-7-9 所示。

图 2-7-7　氧化锌

图 2-7-8　硬脂酸

图 2-7-9　碱式碳酸锌

硫化活性剂的分类如下：

```
                    ┌ 无机活性剂 ┬ 金属氧化物类：氧化锌、氧化镁、氧化铅、氧化钙等
                    │            ├ 金属氢氧化物：氢氧化钙
                    │            └ 碱式碳酸盐：碱式碳酸锌、碱式碳酸铅
硫化活性剂 ┤
                    │            ┌ 脂肪酸类：硬脂酸、软脂酸、油酸、月桂酸等
                    │            ├ 皂类：硬脂酸锌、油酸铅等
                    └ 有机活性剂 ┼ 胺类：二苄基胺
                                 ├ 多元醇类：二甘醇、三甘醇等
                                 └ 氨基醇类：乙醇胺、二乙醇胺、三乙醇胺等
```

2.7.8　防焦烧剂

凡是少量加入到胶料中能够防止或者延缓胶料在硫化前的储存和加工过程中发生早期硫化(焦烧)现象的物质统称为防焦烧剂(又称为硫化迟延剂)。

从技术角度来讲，理想的防焦剂应具备下述条件：

(1)在提高储存安全性、加工操作安全性和有效防止焦烧的同时，在硫化开始之后不影响胶料的硫化速度，即不延长总的硫化时间。

(2)防焦烧剂本身不参加硫化反应。

(3)对硫化橡胶的外观质量、化学性能及物理-力学性能无不良影响。

(4)无毒性，成本低。

部分防焦烧剂如图 2-7-10 和图 2-7-11 所示。

图 2-7-10　防焦烧剂 CTP　　　　图 2-7-11　防焦烧剂氧化镁

防焦烧剂的种类如下：

```
                    ┌ 有机酸类 ┬ 水杨酸
                    │          ├ 邻苯二甲酸
                    │          └ 邻苯二甲酸酐
防焦烧剂 ┤
                    │ 亚硝基化合物(其代表品种是 N-亚硝基二苯胺) ┬ 防焦烧剂 NA
                    │                                          └ 防焦烧剂 NDPA
                    │
                    └ 硫化亚硝胺类化合物(其代表品种是 N-环己基硫化代邻苯二甲酰亚胺) ┬ 防焦烧剂 CTP
                                                                                └ 防焦烧剂 PVI
```

2.8　橡胶的填充与补强、填充剂与补强剂

加入橡胶之中的不仅有硫化体系的各种物质,还有加入量最大的各类填料。

对于橡胶来说,加入的各类填料是非常重要的。它们不仅能够改善硫化橡胶的物理-力学性能,同时还能改善胶料在加工过程中的加工工艺性能,特别是对于压延、压出、注压和注射等加工工序更是如此。而且,制造成本也因填料的加入而降低。

填料的种类很多,按其在橡胶中所起的主要作用可分为补强性填料和增容性填料。补强性填料的主要作用是提高硫化橡胶的物理-力学性能,例如硬度、拉伸强度、定伸应力和撕裂强度等,称这类填料为补强剂或活性填料;增容性填料的主要作用则是增加胶料的容积,以节约生橡胶,降低制造成本,称这类填料为填充剂、增容剂或惰性填料。

填料的补强性和填充性不能截然分开。通常,补强剂也有增容的作用,填充剂也有一定的补强作用。特别是由于生橡胶种类的不同,它们二者之间的界限更难以区分。

2.8.1　弹性能

在橡胶工业中,通常是以"弹性能",即"扯断功"的大小和变化来衡量各种填料对橡胶的补强作用的,如图 2-8-1 所示。

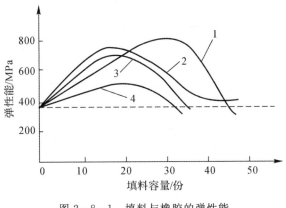

图 2-8-1　填料与橡胶的弹性能
1—炭黑；2—氧化锌；3—陶土；4—碳酸钙

所谓弹性能是指硫化橡胶在被扯断时所消耗的功。从图 2-8-1 中可以看出,炭黑和氧化锌具有良好的补强效果,通常称其为补强剂;而陶土和碳酸钙补强效果较小,通常称其为填充剂。

补强剂对橡胶的补强效果不仅取决于它自身的品种和质量,也会因橡胶的胶种和质量而不同。

2.8.2　补强因子

橡胶加入补强剂后的性能与纯橡胶的性能(包括胶料的加工性能及硫化橡胶的物理-力学性能,如硬度、耐磨性、拉伸强度、扯断应力等)之比,称为补强因子,记作 R.F。对于拉伸强度来说,常用橡胶的 R.F 大致为 PU1.0,IR1.4,NR1.6,CR1.7,ACM2.6,BR6.0,CSM6.5,NBR10.0,SBR13.0,EPDM20.0 和 MQ40.0 等。

补强剂(炭黑、白炭黑、陶土、碳酸钙及碳酸镁等)和填充剂对胶料的加工工艺性能及硫化

橡胶的物理-力学性能与化学性能的影响效应,取决于补强剂和填充剂的化学组成与化学结构以及物理化学性质。物理化学性质主要包括其粒子的大小与分布、结构性和粒子的表面化学性质。此外,用量也起着非常重要的作用。

2.8.2.1 炭黑

炭黑是橡胶最重要的补强剂,橡胶的物理-力学性能主要通过加入炭黑来实现。炭黑的粒度对橡胶的补强作用影响很大,粒度越小(纳米级的炭黑,其粒度一般是指 $1\sim100$ nm,100 nm以上则为微米级的),成本越高,且与橡胶结合的工艺难度越大。

炭黑不仅对橡胶有显著的补强作用,而且不同的炭黑品种有不同的补强作用,即使是同一种炭黑补强剂,对不同的胶料胶种,其补强效果也各不相同,见表 2-8-1。炭黑的微晶结构、不同类型和不同形状如图 2-8-2～图 2-8-5 所示。

表 2-8-1 同一炭黑对不同胶种的补强效果

橡胶类别		硫化橡胶的拉伸强度/MPa		补强倍数 (加入炭黑强度/未加炭黑强度)
		未加炭黑	加入炭黑	
结晶型橡胶	天然橡胶	20～30	30～34.5	1.0～1.6
	氯丁橡胶	15～20	20～28	1.0～1.8
非结晶橡胶	丁苯橡胶	2～3	15～25	5～12
	丁腈橡胶	2～4	15～25	4～12

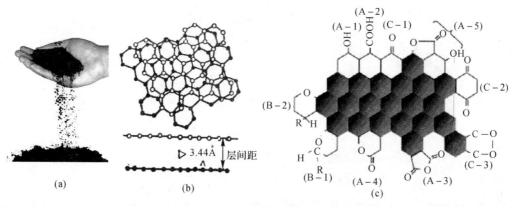

图 2-8-2 炭黑及其微晶的乱层结构

注:1Å=10^{-10} m

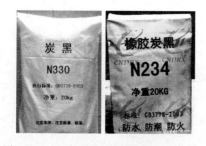

图 2-8-3 部分常用炭黑 N330 和 N234

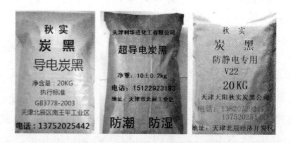

图 2-8-4 导电炭黑和防静电炭黑

图 2-8-5　形状不同的颗粒炭黑

1. 炭黑的分类

炭黑的分类方法较多,常用的分类方法如下:

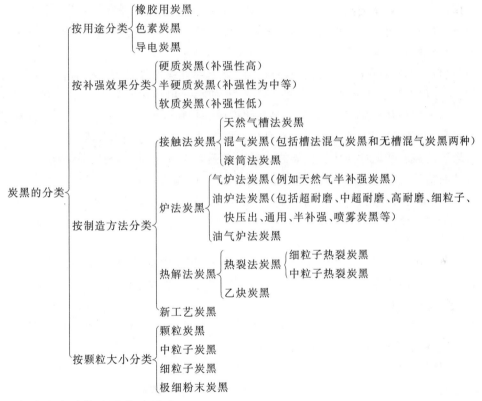

2. 炭黑性能对橡胶性能的影响

(1)炭黑的化学活性与橡胶性能的关系。化学活性大的炭黑,其补强作用就大;化学活性小的炭黑(如石墨化炭黑),其补强作用就非常小。这是因为化学活性大的炭黑,其表面的化学点多,在炼胶加工过程和硫化过程中,能与橡胶分子进行交联反应而形成立体网状型结构的数量多。这种立体网状结构便赋予硫化橡胶以强度。所以,炭黑的化学活性是构成补强性能的最基本要素,被称为影响炭黑补强性能的第一要素(强度要素)。

炭黑的化学活性越大,混炼时生成的结合橡胶就越多,从而使胶料的门尼黏度就越高。因此,橡胶在压出(口型)时,膨胀率和半成品收缩率变大,压出速度变慢,所得硫化橡胶的拉伸强度、撕裂强度、耐磨耗等性能也就变高。

（2）炭黑的粒径与橡胶性能的关系。由于炭黑的活性点存在于其表面上，所以，在质量相同的情况下，炭黑的粒径越小（比表面积越大），其表面的化学点也就越多。这就能更多地形成结合橡胶，从而提高补强性能。因此，炭黑的粒径是影响其补强性能的第二要素（广度要素）。

炭黑的粒径越小，硫化橡胶的拉伸强度、撕裂强度、定伸应力、耐磨性和硬度就越高，耐屈挠龟裂性能越好，回弹性和扯断伸长率越小。但是，事物总是存在着两面性，如果炭黑的粒径过小，因粒子间的凝聚力大而易于结团，从而导致分散困难，使胶料的可塑性下降，压出性能降低。

（3）炭黑的结构性与橡胶性能的关系。炭黑的结构性是影响炭黑补强性能的第三要素（形状要素）。炭黑的结构性高，则聚熔体形态复杂，枝丫、枝杈多，内部空隙大。当与橡胶混合后，形成的包容橡胶（即吸留橡胶）就多。由于炭黑聚熔体能够阻碍被吸留的橡胶分子链变形，所以对硫化橡胶的定伸应力、硬度等性能的提高有显著的作用，从而体现补强的功能。同时，吸留橡胶的形成，对于提高炭黑在混炼时的分散性以及改善压出操作性能等方面也起着显著的作用，即压出膨胀率和半成品收缩率减小，半成品挺性好，且表面光滑。

（4）炭黑的表面粗糙度与橡胶性能的关系。炭黑的表面粗糙度会对其补强性能产生不良影响，并使胶料的工艺性能降低。

当炭黑粒径相同时，增大其表面粗糙度会使炭黑的补强性能下降。这是由于橡胶分子链不能进入尺寸仅有零点几纳米炭黑表面孔隙之中，使得炭黑与橡胶能够产生相互作用的有效表面积减小，导致补强作用下降，其结果是硫化橡胶的拉伸强度、定伸应力、耐磨性和耐屈挠龟裂性能下降。但是，其回弹性、扯断伸长率以及受其影响的抗撕裂性能得到提高。

（5）炭黑的表面酸碱性与橡胶性能的关系。炭黑表面的酸碱性会直接影响胶料的硫化程度，呈酸性的槽法炭黑有延迟硫化的作用，一般不易引起焦烧，而呈碱性的炉法炭黑及热裂法炭黑则有促进硫化的作用。因此，当大量使用炉法炭黑时，有引起胶料焦烧的危险，这给操作工艺带来了不便，使用时应予以注意。

3. 常用炭黑的性能

（1）天然气槽法炭黑。该炭黑属于细粒酸性炭黑，易吸附促进剂、迟延硫化。其混炼时分散时间长，胶料压出速度慢，故常与其他炭黑并用。其特点是补强作用大，强伸性能高，可提高胶料的耐磨、耐撕裂及耐切割的性能。

（2）混气槽法炭黑。该炭黑与天然气槽法炭黑性能相似。因粒度相对较粗、结构性较高，故对加工工艺性能有所改善，但补强作用稍低。

（3）中超耐磨炉黑。该炉黑是粒径仅大于超耐磨炉黑的一个品种，能赋予硫化橡胶高的拉伸强度、定伸应力、撕裂强度和耐磨性能。其耐老化性能比槽法炭黑好，特别适用于轮胎胎面胶料。此外，它还具有优异的抗刺伤性能。

（4）高耐磨炉黑。该炉黑的性能与中超耐磨炉黑的性能相近，加工性能比中耐磨炉黑好，为硬质炭黑中最易加工者。它在橡胶中易分散，生热少，胶料压出半成品表面亮泽光滑。其硫化橡胶的耐磨性好，定伸应力高，永久变形小，耐老化性能好。其缺点是硬度偏高，弹性较差，扯断伸长率和撕裂强度较低。

（5）快压出炉黑。该炉黑的粒径比高耐磨炉黑稍粗，而结构性较高，粒子表面光滑，因而易于混炼，压出速度快，压出半成品收缩率小，尺寸稳定，表面光滑。硫化橡胶具有较高的定伸应力，耐磨性比天然气槽黑好，生热少，导热性良好，耐高温性能优越，但拉伸强度、硬度等比硬质炭黑要低。

（6）通用炉黑。该炭黑兼有高定伸炉黑较高的定伸应力、快压出炉黑良好的加工性能、半补强炉黑的高回弹性和细粒子炉黑的耐屈挠性,应用较广,故称为通用炉黑。它与半补强炉黑相比,粒径略小,结构性稍高,在胶料中易于分散。其硫化橡胶的拉伸强度、定伸应力较高,变形小,生热少,弹性好,耐屈挠,但扯断伸长率低。

（7）半补强炉黑。该炉黑加工性能好,大量使用时橡胶的加工性能和硫化橡胶的物理-力学性能无明显降低,故具有高填充而低成本的优点。其硫化橡胶的扯断伸长率高,生热少,弹性大,变形小,耐老化性能好,但拉伸强度、定伸应力及硬度较低。

（8）喷雾炭黑。该炭黑的粒子粗,结构较高,胶料易加工,可以大量填充。其硫化橡胶弹性大,生热少,变形小,低温性能良好,定伸应力较高,但拉伸强度低,补强性能差。

（9）热裂法炭黑。该炭黑的粒子是现有炭黑品种中粒径最粗的一种,其补强作用低,通常作为橡胶的优质填充剂使用,且能够使硫化橡胶具有高的弹性和扯断伸长率以及低的定伸应力与硬度。

（10）乙炔炭黑。该炭黑的粒径介于高耐磨炉黑和快压出炉黑之间,因其具有很高的结构性和含碳量高而电阻率低,主要用于导电和防静电橡胶制品的制造。其硫化橡胶的物理-力学性能良好,具有高的定伸应力和硬度。

（11）新工艺炭黑。该类炭黑是以炉法生产为基础,在生产工艺上做了改进而制作的新型炭黑,目前已有十多个品种。与相应的普通品种比较,其粒径小且粒径分布范围窄,粒子表面光滑,孔隙少,结构性高。因此,其加工性能和补强性能都得到了提高,而且价格便宜。

4. 炭黑的选用

（1）炭黑的选用原则。

1）根据制品的设计特性要求进行选择。炭黑的选择是橡胶配方设计中的一项重要工作,所选用的炭黑要能够使配方满足橡胶制品对使用性能的设计要求。例如,超耐磨、中超耐磨和高耐磨炉黑能赋予胎面极好的耐磨性;乙炔炭黑及其他导电炭黑可使硫化橡胶具有导电性能;如果要设计一种既具有一定强度,又要保持一定的柔软性的制品,则可选用半补强炭黑。

2）根据使用胶种及其制品的工艺性能要求进行选择。选择炭黑时,除了考虑制品的特性设计要求外,还要考虑所用胶料的性质及生产工艺性的要求。例如,低结构炭黑对结晶类橡胶的补强效果好（指拉伸强度和撕裂强度）;而高结构炭黑对非结晶性橡胶有较好的补强性能,并可较好地改善橡胶的加工工艺性能。

3）根据橡胶品种与炭黑品种最佳搭配性进行选择。各种橡胶对炭黑都有一定的选择性,表 2-8-2 可作为选用时的参考。

表 2-8-2　部分橡胶与炭黑的选用

橡胶品种	炭黑品种									
	超耐磨炉黑	中超耐磨炉黑	高耐磨炉黑	槽黑	快压出炉黑	半补强炉黑	通用炉黑	热裂炭黑	细粒子炉黑	高定伸炉黑
天然橡胶	※	※	※	※	※	※	※	※	※	※
丁苯橡胶	※	※	※	※	※	※	※	※	※	※

续 表

橡胶品种	炭黑品种									
	超耐磨炉黑	中超耐磨炉黑	高耐磨炉黑	槽黑	快压出炉黑	半补强炉黑	通用炉黑	热裂炭黑	细粒子炉黑	高定伸炉黑
丁基橡胶				※	※	※	※	※		
氯丁橡胶		※		※	※	※	※	※		
丁腈橡胶		※		※		※	※	※		
丙烯酸酯橡胶					※	※	※			
氯磺化聚乙烯橡胶				※	※	※		※		
顺丁橡胶		※	※	※	※	※	※			
异戊橡胶		※	※	※	※	※	※			
氯醚橡胶					※					
乙丙橡胶	※	※	※	※	※	※	※			
聚氨酯橡胶		※					※			
氟橡胶				※	※				※	

（2）炭黑的并用。

为了寻求更佳的工艺和性能效果,在橡胶工业中,选择炭黑时常常采用炭黑的并用方案。炭黑的并用有以下几方面好处：

1）可以获得多方面的性能要求。例如,选用细粒炉法炭黑可使硫化橡胶的拉伸强度、定伸应力和硬度得到提高,耐磨性也好。而选用槽法炭黑则可使硫化橡胶具有良好的弹性。若将二者并用,便能综合它们的优点。

2）优化工艺操作。例如,槽法炭黑补强效果虽然高,但其加工操作性能却较差。此时,若与快压出炉黑、半补强炉黑并用,就能收到改善工艺、便于加工操作的效果。

3）降低成本。如果能够较多地使用价格低廉的喷雾炉黑、热裂炭黑及半补强炉黑等品种,就可以达到降低成本的目的。当然,这是在保证制品质量的前提下进行炭黑的选择和并用的。

2.8.2.2 白炭黑

所谓白炭黑就是合成硅酸的俗称。从广义上来讲,凡是补强性与炭黑相当的白色填料,均可称为白炭黑。在橡胶工业中,白炭黑通常专指粒子极细的硅酸及硅酸盐等硅系白色补强剂。

白炭黑的制造方法主要有燃烧法和沉淀法两种,前者也称为气相法或者干法,后者则称为湿法。前者是以卤化硅（如四氯化硅 $SiCl_4$）为原料在高温条件下进行水解而制得颗粒极细的水和二氧化硅（$SiO_2 \cdot nH_2O$）,后者则是用可溶性硅酸盐以酸分解的方法而制成的水和二氧化硅。

白炭黑粒径小,比表面积大,表面活性强,具有很好的补强作用。白炭黑对橡胶性能的影响如下所述。

（1）对混炼工艺的影响。使用白炭黑易于生成大量凝胶,使胶料硬化,生热多,故混炼时应将其分批加入,以减轻生热并获得较好的分散效果。

（2）对胶料门尼黏度的影响。由于白炭黑与橡胶结合生成了凝胶，阻碍了橡胶分子及其链段的活动能力，从而使胶料的门尼黏度提高，故使用白炭黑时，需要适量多加入软化剂。

（3）对胶料硫化的影响。由于白炭黑的比表面积大，表面上的—OH 基对促进剂有较强的吸附作用，因此使硫化产生了迟缓作用（设计配方时在填充白炭黑的方案中，促进剂的用量应适当提高）。为减弱其对促进剂的吸附，可加入二甘醇、三乙醇胺、聚乙烯醇等，以吸附白炭黑表面上的—OH 基。白炭黑表面呈酸性，酸性本身也有迟延硫化的作用。

（4）对硫化橡胶性能的影响。白炭黑对硫化橡胶的补强作用由其粒子大小和表面所含—OH 基的数量与性质而定。粒子越小，补强效果越大；当粒子大小一定时，表面的—OH 基越多，补强作用越好。

白炭黑可使硫化橡胶具有较高的拉伸强度和撕裂强度，生热少，耐热性和电绝缘性好，但永久变形较大。

白炭黑对各种橡胶都有显著的补强作用，尤其是对硅橡胶的补强作用更好。在硅橡胶中加入气相法白炭黑后，可使其拉伸强度提高近 10 倍。

常用的白炭黑如图 2-8-6 所示。

图 2-8-6　常用粉末白炭黑和颗粒白炭黑

为了调试制品的颜色并兼顾其补强效果，也会使用各种色素炭黑，如图 2-8-7 所示。

图 2-8-7　色素炭黑

2.8.2.3　陶土

陶土就是黏土，其分子式为 $Al_2O_3 \cdot Si_2 \cdot nH_2O$，是黏土矿物的总称，又叫作高岭土。陶土是以含水硅酸铝为主要成分的硅酸盐之一。

陶土的结构呈现为层状，特点是在二氧化硅夹层间常存在氢氧化铝、氢氧化镁等，其粒子结晶呈薄六角板状体，而多晶高岭土结晶则呈中空管状和针状，是橡胶工业用量最大的无机填料。

就陶土的质量而言,目前国内数苏州地区所产质量为最高,其粒径在 $1.0\sim10\ \mu m$,颜色为白色到淡黄色,相对密度约为 2.6。

陶土分为硬质陶土和软质陶土两种。硬质陶土的粒子较小,粒径在 $2\ \mu m$ 以下的占 $87\%\sim92\%$,其补强效果较好,有半补强作用;软质陶土较粗,粒径在 $2\ \mu m$ 以下的占 50% 左右,在 $5\ \mu m$ 以上的占 $25\%\sim30\%$,在橡胶中几乎无补强作用,通常只作为填料。

从颜色来看,陶土分为白陶土和红陶土两种,分别如图 2-8-8 和图 2-8-9 所示。

图 2-8-8　白陶土原矿和白陶土粉　　　　图 2-8-9　红陶土原矿和红陶土粉

煅烧陶土具有很大的活性,通过煅烧加工工艺得到的陶土,性能有了很大的提高,即煅烧提高了陶土在橡胶中的分散性能。

陶土具有亲水性,吸湿性随空气湿度增大而提高;含水分高,在混炼时不易分散,这使得硫化橡胶易于起泡。

为了减少陶土的吸湿性,通常在使用时对其进行烘干,或用有机硅(如 5% 甲基苯基硅油或硅烷偶联剂)进行表面处理,使其成为亲油性陶土,以避免硫化橡胶起泡,提高其使用效果。

陶土是价廉易得的填充剂,添加陶土能提高胶料的黏性和挺性,减少硫化收缩率。当其用量在 30 份以内时,则具有一定的补强作用,可以提高硫化橡胶的定伸应力、硬度及耐磨性,以及电性能、耐油性、耐热性及耐酸碱性,还能在加工过程中起到抗裂和改进表面光滑性的作用。但是,其硫化橡胶的表面不如添加碳酸钙或沉淀碳酸钡的光泽好。由于陶土粒子结构的各向异性,其硫化橡胶的抗撕裂强度较低。

在非结晶橡胶中,陶土的补强作用比较显著,若将陶土与炭黑并用于非结晶橡胶时,其硫化橡胶在多次变形条件下仍然具有很高的抗破坏强度。

硬质陶土、软质陶土和煅烧陶土对丁苯橡胶补强效果的比较见表 2-8-3。

表 2-8-3　陶土对丁苯橡胶补强效果的比较

品种	140℃硫化时间/min	300%定伸强度/MPa	拉伸强度/MPa	拉断伸长率/(%)	硬度(邵尔A)	撕裂强度/(kN·m⁻¹)	磨耗减量/(%)
硬质陶土	20	5.6	22.4	620	56	31.4	7.2
软质陶土	20	4.6	16.3	605	56	23.5	10.2
煅烧陶土	20	4.3	8.6	560	62	20.5	8.1

2.8.2.4　滑石粉

滑石粉($3MgO\cdot4SiO_2$)为白色或淡黄色镁硅酸盐片状结晶(见图 2-8-10),化学性能不活泼,有滑腻感,相对密度为 $2.7\sim2.8$。

鳞状滑石粉有提高耐电压的效果。滑石粉多用于耐酸、耐碱、耐热及要求绝缘的橡胶制品中,常用作橡胶的填充剂、增容剂或隔离剂。

图 2 - 8 - 10　滑石、矿石及滑石粉

2.8.2.5　云母

云母的化学成分非常复杂,含有许多不同的金属盐,有鲜明的光泽。常用的有白云母和金云母,相对密度为 2.75~3.1,如图 2 - 8 - 11 所示。

云母作为填料使用,可提高硫化橡胶的耐热性、耐酸性、电绝缘性(用于高绝缘制品)以及尺寸稳定性,还有防护紫外线和放射性辐射的功能,可用于特种橡胶中。

图 2 - 8 - 11　白云母、金云母、紫云母及云母粉

2.8.2.6　木质纤维

木质纤维是以木质纤维素为基料制得的,有硬木木质纤维和软木木质纤维之分,直径为 5~15 μm,长度小于 1 mm,可作为天然橡胶和合成橡胶的填料,以提高胶料的定伸应力、撕裂强度、热稳定性、减小橡胶的蠕变,如图 2 - 8 - 12 所示。

使用木质纤维,可使硫化橡胶的伸长率明显下降。

2.8.2.7　硅藻土

硅藻土是硅藻(一种藻类)沉积于海底或湖底所形成的一种化石,为细胞状结构,如图 2 - 8 - 13 所示。其主要成分为含水硅酸,多孔结构,为白色或浅黄色粉末或块状,与白垩粉相似,质地柔软,粒径为 25~40 μm,比表面积为 10~40 m^2/g,相对密度为 1.6~2.3,易于制成粉末。在橡胶工业中,常被用作填料。

2.8.2.8　硫酸钙

硫酸钙($CaSO_4$)又称作石膏,有天然石膏、硬石膏和化学沉降硫酸钙几个品种。

硫酸钙为白色晶体,无味无毒。经粉化后的天然硫酸钙粉平均粒径为 2 μm,相对密度为 2.95;化学沉淀无水硫酸钙粉,其平均粒径为 1 μm,相对密度为 2.95。

硫酸钙粉可用作天然橡胶、合成橡胶及胶乳的填充剂,不影响硫化速度,并使加工操作更容易。煅烧后的硫酸钙粉可作白色颜料,用于透明橡胶制品。硫酸钙矿石、制粉及产品,如图 2 - 8 - 14所示。

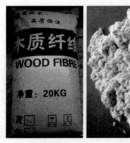

图 2-8-12　木质纤维　　　　　　　　图 2-8-13　硅藻土

图 2-8-14　硫酸钙矿石、制粉及产品

2.9　橡胶的软化剂、增塑剂和防老剂

　　橡胶的软化剂是橡胶在加工过程中必不可少的辅料。这是因为生橡胶的硬韧性以及补强剂炭黑等粉末类配合剂给加工带来了很大的困难,即塑炼、混炼不易进行,生热大,动力消耗大;压延、压出难以进行;硫化时也会因为胶料的流动性差易使制品造成缺陷而成为废品。因此,在橡胶的加工过程中,常常添加软化剂。在合成橡胶的制作过程中常用加入相应软化剂的方法以克服加工过程中的困难。

2.9.1　橡胶的软化剂

　　凡是能够与橡胶很好地混合并能均匀地分散在其内,缓和橡胶分子之间的结合力,使胶料的塑性增大而变得柔软,同时能够改善橡胶制品的部分性能(如降低硬度等)的助剂,都称为软化剂。

　　在橡胶加工过程中加入相应的软化剂,其目的是增加生橡胶的可塑性,使其变得柔软而易于加工;减少动力消耗,降低生产成本;对炭黑等粉末类配合剂有湿润作用,减少飞扬,改善工作环境;使各种辅料易于分散,缩短混炼时间,提高加工效率;提高胶料的自黏性和黏着性;增加橡胶制品的柔软性和耐寒性等。

2.9.2　橡胶的增塑剂

　　增塑剂是能与生橡胶有良好的混溶,使用后能够降低生橡胶的黏度和玻璃化温度,改进硫化橡胶的弹性或耐寒性的一类物质。

2.9.3 橡胶软化剂和增塑剂的区别

橡胶增塑剂和橡胶软化剂的作用都是增大胶料的柔软性,但两者之间是有区别的。增塑剂的功能如上所述,而软化剂则是使胶料易于进行加工,降低胶料黏度和流动的温度,能够赋予硫化橡胶以某些特殊性能(如附着力、耐水性、耐磨性等)但又不影响硫化橡胶耐寒性的一类物质。

在橡胶工业中,那些来源于自然界的天然物质,常用作改善非极性橡胶加工性能的操作性助剂,被称为软化剂,如各种矿物油及动植物油;而那些极性较大的,多用于改善极性橡胶的加工性能和耐寒性能的合成类物质,被称为增塑剂,如脂类化合物及液体类化合物。

在橡胶的加工过程中,加入软化剂或增塑剂来提高胶料的可塑性,与生橡胶塑炼时加入化学塑解剂的增塑作用在本质上是不相同的。前者为物理增塑法,而后者则为化学增塑法。

2.9.4 橡胶软化(增塑)的原理

2.9.4.1 软化剂或增塑剂与橡胶的混溶性

软化剂和增塑剂对橡胶的物理增塑机理:利用它们形体较小的分子,在加工(塑炼和混炼)过程中经过渗透并扩散到橡胶的分子链之间,从而削弱橡胶分子之间的相互作用力,使橡胶的黏度得以降低,可塑性增加。因此,软化剂和增塑剂对橡胶的软化(增塑)作用,与其和橡胶的混溶性密切相关。

混溶性的大小是表示两种物质混合在一起相互溶解的能力,一般用溶解度参数(δ)来表示。

溶解度参数与物质的极性有关:极性越大,其数值越高。两种物质的溶解度数值相差越小,则表示这两种物质的极性越相近,两者分子间的作用力越相近。那么,这两种物质分子之间就易于发生渗透和扩散作用,达到较好的混溶状态,即"同性相溶原理"。

根据这一原理,在选择软化剂或增塑剂时,一般的原则是极性橡胶选用极性增塑剂,而非极性橡胶则选用非极性软化剂。

2.9.4.2 溶剂化效应

溶解度参数相近相溶的原理,说明了许多橡胶和软化(增塑)剂可以混溶的现象。但是,也有例外的现象,如天然橡胶可与邻苯二甲酸丁酯混溶得很好。然而,天然橡胶与石蜡烃油虽然能够混溶,但其混溶性却不如它与芳香烃油的混溶性好。这是因为橡胶和软化剂或增塑剂之间产生了溶剂化效应。

溶剂化效应是指橡胶分子链或链段与软化剂或增塑剂分子之间产生了分子间吸引力,从而引起橡胶分子链或链段分离。

橡胶和软化剂或增塑剂之间是否能够产生溶剂化效应,这要视两者之间的分子结构而定。当两者分子之间能够形成氢键或产生亲电亲核作用时,即可产生溶剂化效应。

能够和橡胶产生溶剂化效应的软化剂或增塑剂常被称为溶剂型或增塑型软化剂,如芳香烃油、松焦油、古马隆树脂和酯类增塑剂等。这类软化剂与橡胶的混溶性大,软化效果好,硫化后不易析出(行业中称为喷出)。

如图 2-9-1～图 2-9-3 所示为部分软化剂。

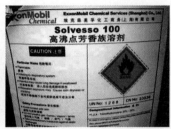

图 2-9-1　芳香烃油

图 2-9-2　松焦油

图 2-9-3　古马隆树脂

　　不能与橡胶产生溶剂化效应的软化剂和增塑剂称为非溶剂型(或润滑型)软化剂,如石蜡、石蜡烃油、凡士林和机油等。这些物质为饱和烃类,与橡胶的混溶性较差,只能以胶体颗粒状分散于橡胶之中。虽然这类物质开始时不易混入橡胶之中,但一经混合均匀,也能使胶料柔软。因为它们本身浸润性大,有助于其他配合剂在橡胶中的分散,减少分子间的摩擦,起到润滑作用,并可得到回弹性大的硫化橡胶。值得注意的是,这类物质的加入量不能过大,否则会析出胶料而影响橡胶的黏着性能。一般情况下,加入量过大,硫化后会喷出制品表面,影响表观质量。但有一点要特别说明,制造汽车减震件时需要有适量的石蜡喷出,以隔离行驶环境中的泥水。

　　如图 2-9-4~图 2-9-7 所示为部分非溶剂型(或润滑型)软化剂。

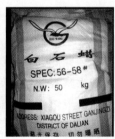

图 2-9-4　白石蜡

图 2-9-5　黄石蜡　　　　　　图 2-9-6　凡士林　　　　　图 2-9-7　机油

2.9.4.3　软化的原理

从极性角度来看,橡胶分为极性橡胶和非极性橡胶,软化剂或增塑剂对橡胶的软化原理也因橡胶类型的不同而不同。

(1)软化剂或增塑剂对非极性橡胶软化的原理。对非极性橡胶进行软化,是通过软化剂或增塑剂的分子对橡胶的渗透和溶胀,推开相邻的橡胶分子链段,降低其分子间的作用力,使橡胶分子链的活动性增加,从而使橡胶的黏度下降、可塑性增加。这就是软化剂或增塑剂进行"稀释"软化的原理。

(2)软化剂或增塑剂对极性橡胶软化的原理。对于极性橡胶来说,其分子结构中存在着极性基团而使其分子链间的作用力增加。当加入极性增塑剂时,增塑剂分子的极性部分将定向地排列于橡胶分子链的极性部位,对分子链的极性基起到包围作用,从而屏蔽橡胶分子链极性基之间的相互作用,减少分子链之间的作用力,阻碍分子链间的敛集而使分子链的运动性增加。极性增塑剂对橡胶的软化原理主要不是"稀释"作用,而是其极性基与橡胶的极性基相互作用。

增塑剂分子中的极性部分和非极性部分对橡胶的软化效果都起着作用,极性部分使软化和被软化两种物质能够很好地混溶,而非极性部分则把橡胶分子的极性基屏蔽起来。

2.9.5　橡胶软化剂、增塑剂的分类

橡胶加工中所使用的软化剂和增塑剂品种很多,根据原料的不同,可分为矿物油系、动植物油系和合成物系几大类型。具体分类如下:

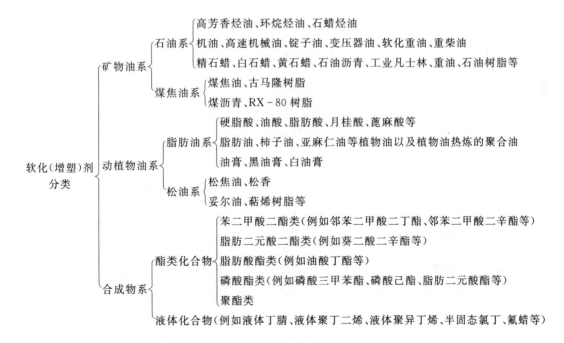

部分常用的软化剂和增塑剂如图 2-9-8~图 2-9-21 所示。

图2-9-8　RX-80树脂

图2-9-9　氟蜡

图2-9-10　硬脂酸

图2-9-11　石油沥青

图2-9-12　白油膏和黑油膏

图2-9-13　月桂酸

图2-9-14　蓖麻油

图2-9-15　邻苯二甲酸二甲酯

图2-9-16　聚异丁烯

图2-9-17　橡胶软化剂

图2-9-18　油酸

图2-9-19　松香

图2-9-20　妥尔油

图2-9-21　芳烃油

2.9.6　橡胶软化剂、增塑剂的选择

在橡胶中加入软化剂或增塑剂可以提高胶料的可塑性、改进操作工艺性、提高填料的分散

程度和改善硫化橡胶的物理-力学性能与化学性能等。又因为软化剂和增塑剂种类很多,性质区别很大,所以使用时必须认真地选择,合理地使用。

选择使用软化剂或增塑剂应从以下几方面考虑。

2.9.6.1　软化剂和增塑剂与橡胶的混溶性

混溶性是衡量软化剂或增塑剂对橡胶亲合力大小的标志,两者的混溶性好,才能有较大的软化增塑效果和良好的加工性能,获得具有良好防焦烧效果和高质量的制品。因此,应当首先按照溶解度参数相近相溶的原则选择软化剂或增塑剂。

从混溶性考虑,对几种常用橡胶所适宜使用的软化剂和增塑剂的介绍见表 2-9-1。

表 2-9-1　常用橡胶的软化剂和增塑剂

生胶品种	适宜使用的软化剂和增塑剂
天然橡胶	硬脂酸、松焦油、古马隆树脂、油膏、沥青、石油系操作油
顺丁橡胶	环烷烃油、芳香烃油、古马隆树脂、RX-80 树脂、硬脂酸
丁苯橡胶	环烷烃油、芳香烃油、古马隆树脂、合成脂类、硬脂酸
氯丁橡胶	油膏(增塑剂)、硬脂酸、石蜡(油润剂)、环烷烃油、芳香烃油、固体古马隆树脂、凡士林(滑润剂)、合成脂类
丁基橡胶	石蜡、液体石蜡、机油、凡士林、合成脂类
丁腈橡胶	高芳香烃油、古马隆树脂、油膏、合成脂类

在实际生产中,有些软化剂或增塑剂能与橡胶产生溶剂化效应的同时还会出现一种特殊的混溶性关系,即两者的溶解度参数并不接近,却能混溶。对于这种特殊的个例,在性能配方的实施中必须通过实验来确定。

2.9.6.2　填料的分散性

在橡胶工业中,都要在胶料中加入一定数量的填料才能进行其后的各种加工。填料分散性的好坏,直接影响着硫化橡胶的物理-力学性能和化学性能等。填料的分散性除了与其本身性能有关外,还与软化剂或增塑剂选择得是否适当有关。

通常,与橡胶混溶性好的软化剂和增塑剂有芳香烃油、松焦油、液体古马隆树脂以及合成脂类等。这是因为这些软化剂和增塑剂对橡胶的软化效果好,可以提高橡胶对填料的湿润能力,容易使其他各种填料在橡胶中分散均匀。此外,硬酸酯因其分子结构中的羧基能够吸附在填料的粒子表面上,从而改善填料和橡胶的亲合性,使其易于分散在胶料中。

2.9.6.3　胶料的易加工性和黏着性

为了使胶料易于加工,人们在配方中加入了软化剂或增塑剂。与橡胶混溶性好的软化剂和增塑剂有芳香烃油、松香、松焦油、古马隆树脂和石油沥青等。这些配合剂都能使胶料获得良好的加工性和黏着性。但是,在压延与压出加工中,如果胶料的黏着性过大,则易于造成黏辊和在料筒中流动不好的现象,甚至直接影响到加工操作。因此,遇到这类情况时,就要使用与橡胶混溶性较小的、软化效果适中的、增黏作用较小的软化剂或增塑剂,如油膏、石蜡油、环烷烃油、脂肪酸、固体古马隆树脂及蜡类等。

2.9.6.4　对环境、设备和胶料的污染

选用软化剂和增塑剂时一定要考虑所选用物料是否会对生产环境、生产设备以及胶料造成某种程度的污染。对于浅色胶料的配合,要选用污染性小的,不变色的软化增塑剂,其中白油膏、石蜡、石蜡烃油、凡士林、硬脂酸及合成脂类等污染性极小,也不易变色。而含有沥青质和极性碳氢化合物较多的松焦油、芳香烃油、沥青、液体古马隆树脂等类软化增塑剂则具有污染性,并且在受到光照之后易变色。

2.9.6.5　硫化橡胶的性能

通常,软化增塑剂随其用量的增大,均能使硫化橡胶的拉伸强度、定伸应力、撕裂强度硬度以及耐磨性下降,而使扯断伸长率、回弹性及耐寒性得到提高。

不同类型和品种的软化增塑剂对硫化橡胶的物理-力学性能的影响也不同。例如硬脂酸、凡士林、石蜡、石蜡油及大多数合成脂类都有降低硫化橡胶拉伸强度、定伸应力、撕裂强度及硬度的作用;而古马隆树脂、沥青等则有一定的补强作用。这是因为后者在硫化过程中会产生聚合作用或树脂化作用。同样,含烯烃或含氮碱量高的操作油和含有不饱和结构的松焦油,在硫化过程中也能产生聚合作用,因此,它们对硫化橡胶的物理-力学性能影响也较小。鉴于各种软化增塑剂对硫化橡胶性能的影响非常复杂,所以在选择时应当通过试验对其影响程度进行确认。除此之外,还应当注意软化增塑剂对硫化橡胶耐老化性能的影响,含有不饱和成分的松香以及含烯烃多的石油系操作油、植物油等的软化增塑剂都对橡胶有促进老化的作用,这一点务必注意。

2.9.6.6　生产成本

在选择软化增塑剂时,除要考虑以上所述各项因素之外,还应当考虑生产成本问题。也就是说,在选择软化增塑剂时应当尽量选择来源易得、运输方便、价格便宜的品种。

大多数软化增塑剂的价格都比橡胶原料的低,因此,在能够满足硫化橡胶性能要求的前提条件下,加入比较多的石油系操作油、油膏等,都有利于降低制品的生产成本;酯类软化增塑剂的价格相对较高,因此,在极性橡胶中应当考虑将价格较低的石油系操作油、松焦油、古马隆树脂和酯类增塑剂极性并用,以尽量降低生产成本。

2.9.7　橡胶的防老剂

2.9.7.1　橡胶的老化

橡胶及其制品在加工制造、储存和使用过程中,由于受到氧、臭氧、变价金属粒子、热、光、高能辐射、机械应力等因素的作用以及各类化学物质和霉菌的侵蚀和破坏,其原有的性能会逐渐地发生变化,进而失去使用价值,例如,橡胶变软发黏、变硬发脆、出现龟裂、物理-力学性能下降、弹性变差、电绝缘性能降低和产生松弛等。这种现象称为橡胶的老化。

橡胶的老化是一个不可逆的变化过程,其实质是橡胶的分子结构在天候、物理、化学以及生物等因素的作用下发生了氧化降解反应或结构化反应。降解反应使得橡胶分子的平均相对分子质量下降,强度降低,性能下降;结构化反应则是进一步支化交联,也使橡胶的强度下降,表面硬化、龟裂而失去弹性。

橡胶在老化过程中是以降解为主还是以结构化为主,主要取决于橡胶的自身结构和外界条件这两个方面。为了防止橡胶老化变质,延长其使用寿命,除了对橡胶制品进行维护保养

外,通常在橡胶的配合加工时都要加入相应的防护剂。称这类防护剂为防老剂。

橡胶老化的类型如下:

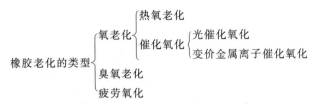

2.9.7.2　防老剂的分类和基本性能

所谓防老剂是指能够延缓或者抑制橡胶老化过程、延长橡胶及其制品的储存期或使用寿命的物质。

橡胶防老剂是一个庞大的家族,品种很多,按其作用可分为抗氧剂、抗臭氧剂、屈挠龟裂抑制剂、有害金属抑制剂和紫外线吸收剂等等。橡胶防老剂的分类如下:

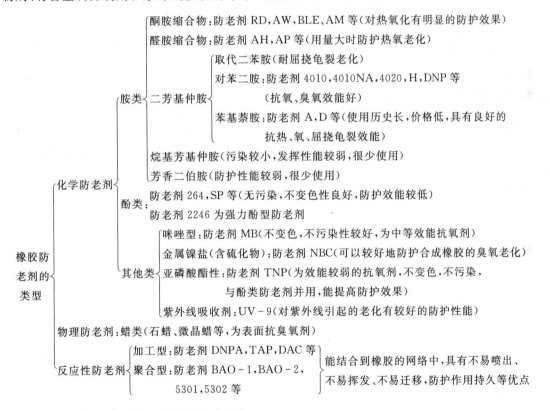

2.9.7.3　常用的化学防老剂品种及性能

化学防老剂分为胺类、酚类和其他类。

胺类防老剂品种多,防护效能全面,且性能好。因此,这类防老剂在橡胶工业中得到广泛的应用,但它具有污染性。酚类防老剂不变色,污染性小,但它的防护效能不如胺类好,只能防护氧老化。

在橡胶过程中常用的化学防老剂见表 2 - 9 - 2。

表 2-9-2 化学防老剂常用品种及基本性能

名　称	基　本　性　能
防老剂 A（甲）	对热、氧、屈挠疲劳、天候及有害金属老化具有良好的防护作用。在氯丁橡胶中有抗臭氧老化效能；在胶料中溶解性好，对胶料有软化作用，但有污染性
防老剂 D（丁）	对热、氧、屈挠疲劳的防护作用稍优于防老剂 A，而对光及有害金属老化的防护作用稍低于防老剂 A；在橡胶中溶解度小，易于喷霜，但有污染性
防老剂 H（DPPD，PPD）	对屈挠和日光龟裂有良好的防护效能，对热氧、臭氧及有害金属老化也有防护作用，能提高橡胶的定伸应力；在橡胶中的溶解度低，喷霜倾向大
防老剂 4010（CPPD）	对臭氧、天候、屈挠疲劳老化有很好的防护效能，对氧、热、高能辐射和有害金属老化也有明显的防护作用；溶解度小，分散性好；对未硫化胶料，特别是合成橡胶有明显的硬化作用，但污染性强
防老剂 4010NA（IPPD）	为通用型防老剂，其作用比 4010 更好，在橡胶中溶解度大，易分散，但污染严重，对皮肤有刺激性
防老剂 4020（DMBPPD）	防护效能与 4010NA 相近，毒性和对皮肤的刺激性比 4010NA 小，但有污染性
防老剂 DNP（DNPD）	具有良好的抗热、氧、天候及有害金属老化效能，是胺类防老剂中污染最小的品种，但遇光或氧化剂会变红
防老剂 AW	具有良好的抗臭氧龟裂效能，也能有效低防护热氧、天候及屈挠疲劳老化，但有污染性
防老剂 RD	对热、氧老化防护很有效，对有害金属也有较强的抑制作用，但对屈挠龟裂防护较差，不喷霜，污染性较小
防老剂 BLE	为通用型防老剂，有优异的抗热、氧、屈挠疲劳老化效能，有一定的抗天候、臭氧老化效能，在胶料中易于分散，并可改善生橡胶的流动性，但有污染性及迁移性
防老剂 AM	为通用型防老剂，有较好的抗热氧老化性能，对天候、屈挠疲劳及光化亦有防护作用，易于分散，不喷霜，污染性和迁移性比 BLE 小，在浅色制品中可少量使用
防老剂 2246	为强力酚类防老剂，除对屈挠疲劳的防护作用稍逊于防老剂 D 外，其他防护作用均优于或相当于防老剂 D；不变色，不污染；在橡胶中有良好的分散性，是乳胶制品或浅色制品的优质防老剂
防老剂 264	为不变色不污染的抗氧剂，对热、氧老化有较好的防护效能，也能抑制氧化金属的老化
防老剂 SP	对热、氧、屈挠龟裂及天候老化有中等防护作用，不变色，易分散，不喷霜，价格低廉，在水中乳化后可用于乳胶制品
防老剂 MB	对热、氧、天候及静态老化有中等防护作用；与胺类、酚类主抗氧剂并用，可产生协同效应；略有污染性；对酸性促进剂有延缓作用；对胶乳有热敏化作用；对 CR 有促进作用，可提高其撕裂强度；有苦味

2.9.7.4 反应性防老剂

所谓反应性防老剂是指能以化学键合的形式结合在橡胶的网构之内，使防老剂分子不能自由迁移,不发生挥发及抽出现象,从而提高其防护作用的持久性,同时也减少对环境污染的防老剂。

根据该类防老剂与橡胶的反应形式,可将其分为两个类型,即加工型反应性防老剂和聚合型反应性防老剂。

1. 加工型反应性防老剂

该型防老剂是在硫化过程中能与橡胶发生化学反应而结合到橡胶的网构中去,其主要品种有以下四类。

(1)芳香族亚硝基化合物。该类产品有对亚硝基二苯胺(NDPA)、二亚硝基苯以及 N,N-二乙基对亚硝基苯胺(DENA)等。其中 DENA 的防护效果最好。

(2)烯丙基取代酚的衍生物。将烯丙基嫁接到酚类防老剂的分子中,在硫化时烯丙基能与橡胶的分子链相结合,其主要品种有 2,4,6-三烯丙基苯酚(TAP)、2,6-二烯丙基-4-甲基苯酚(DAC)和 2,6-二叔丁基-4-烯丙基苯酚(DBA)。

(3)丙烯酰化合物。该类防老剂分子中的丙烯酰基团在硫化过程中可与橡胶分子链相结合,其主要品种有 N-(4-苯胺基)甲基乙烯酰苯胺、N-(3-甲基丙烯酰氧代-2-羧基丙基)-N′-苯基对苯二胺等。

(4)马来酰亚胺衍生物。该类防老剂能把具有防老化作用的二苯胺基团嫁接到马来酰亚胺基团的氮原子上,其典型品种是 N-苯胺基苯马来酰亚胺。该防老剂具有二苯胺类防老剂的防护效能。

2. 聚合型反应性防老剂

该类防老剂是由胺类或者酚类防老剂与液体橡胶或环氧聚合物经化学接枝而制得的,其品种有以下两种。

(1)BAO-1。这是由不饱和橡胶环氧化后再与氨基二苯胺接枝而制得的。

(2)BAO-2。这是由不饱和橡胶环氧化后与 β 萘胺反应而制得的。

2.9.7.5　橡胶的氧老化及其防治

1. 橡胶的氧老化

橡胶的储存与加工及其制品的储存与使用都是在空气中进行的。因此,橡胶的氧老化是最普通、最常见、最基本的老化形式。试验证明,只要有不足 1% 的结合氧,就足以使橡胶制品失去使用价值。

橡胶在热、光和变价金属离子等作用的条件下,极易与氧发生反应而使其分子链发生降解或结构化。因此,橡胶的氧老化一般可分为热氧老化和催化氧化两类。其中,催化氧化又可分为变价金属离子催化氧化和光催化氧化。

2. 橡胶的热氧老化

不管是生橡胶还是硫化橡胶都普遍存在热氧老化现象。氧能与橡胶发生氧化反应,而热则会加速橡胶的氧化过程。橡胶在高温下储存、在高温下加工和在高温以及动态下使用都加速了氧化反应的过程。

试验证明,温度每升高 7～10℃,橡胶的氧化速度就会增大 1～1.5 倍。如果温度达到 120℃以上,其氧化的速度就会更快。这是因为温度的升高不仅加速了橡胶氧化的过程,而且加大了橡胶的解聚速度,特别是高温条件下。即同样一种制品,在常温下可以使用几年,而在高温下只能使用几个月甚至几天就失效了。

长期在高频率发热状态下工作的橡胶制品，由于热氧老化而失效的实物如图2-9-22所示。

橡胶氧化老化过程引起的结构变化有两种现象：一种是分子链裂解变成了较小的分子链，表现在外观上是制品发黏，物理-力学性能大幅下降。通常，天然橡胶、丁基橡胶老化之后多属于这类状态。另一种是氧化后橡胶分子进一步结构化，从而形成了交联密度更大的网状结构，结果使橡胶变得过硬、更脆而失去弹性。一般氯丁橡胶、丁苯橡胶和顺丁橡胶等的老化多属于这类状态。

图2-9-22 水泥振动夯减震器的热氧老化失效

橡胶氧化老化，主要是在于其分子结构的不饱和程度和α-H的活泼性，其次是分子链中取代基的极性和空间阻碍。橡胶分子链上的双键数目越多，双键和α-H越活泼，即越容易氧化，包括自动催化氧化也越明显；分子链中极性取代基的数目越多，分子间的作用力也就越大，这使得裂解温度提高，热氧化速度减慢。因此，不同的橡胶因结构的不同，其氧化能力亦有所不同，其顺序大致为：天然橡胶＞顺丁橡胶＞丁苯橡胶＞丁腈橡胶＞氯丁橡胶＞丁基橡胶＞乙丙橡胶＞硅橡胶＞氟橡胶。

除上述外，硫化橡胶的热氧化性能不仅取决于其生胶分子链的结构，还取决于交联键的性质、密度及其分布的均匀性等因素。一般硫化橡胶比生橡胶的热氧稳定性好，交联密度大的硫化橡胶比交联密度小的热氧稳定性好。

3. 橡胶的催化氧化

（1）变价金属离子催化氧化。Cu,Co,Fe,Mn等重金属离子具有可变的化合价，被称为变价金属离子。它们在橡胶中对氧化反应具有强烈的催化作用，能使橡胶迅速被氧化破坏。变价金属离子对橡胶的氧化起着两方面的作用：一是加速氧化过程的链引发，二是加速橡胶中过氧化氢物的分解。变价金属离子中，Cu,Co离子的作用最强，Mn,Ni离子次之，Fe离子则相应较弱。

（2）光催化氧化。橡胶制品及其生胶在使用和储存过程中，几乎无法避免光的作用。光不仅能使橡胶表面变色，还会使橡胶表层发黏或变硬，有的还出现龟裂，从而导致制品性能下降甚至失效。

光能够催化橡胶的氧化，其程度要比热氧化剧烈得多。例如，丁基橡胶的制品在光的作用下大幅度地提高了氧化反应的速度，如图2-9-23所示。

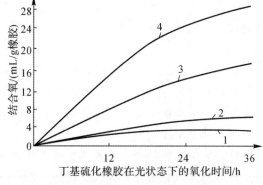

图2-9-23 橡胶的光催化氧化
1—55℃黑暗中；2—95℃黑暗中；
3—55℃光照下；4—95℃光照型

4. 防老剂对橡胶氧老化的防护

橡胶中防老剂（抗氧剂）的存在，实质上是在阻止橡胶氧化的进行。防老剂阻止橡胶氧化并不是百分之百地起作用。也就是说，虽然有防老剂的存在，但橡胶的氧化还是在缓慢地进行着。

(1)含有防老剂硫化橡胶的氧化。橡胶的氧化分为三个过程,其氧化曲线由三部分所组成,如图 2-9-24 所示。

1)短期氧化。图 2-9-24 中 OA 段为短期氧化。在此期间,橡胶的氧化过程以较大的速度进行。可以这样理解,出现这种现象是因为加入到橡胶中的助剂参与了反应。在这一阶段影响氧化的因素很多,实际吸氧量和全过程的

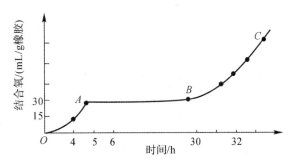

图 2-9-24　含有防老剂硫化橡胶的吸氧曲线

吸氧量相比是很小的,对橡胶性能的影响也很小。

2)诱导期氧化。图 2-9-24 中 AB 段。在这一阶段的氧化是恒速、低速的,氧化速度很小,仅为自动催化期的十万分之几,可以理解为防老剂起到了防护作用。然而,在长期的防护过程中,防老剂(抗氧剂)也在逐步地消耗,当其消耗殆尽之时,诱导期也随之结束。

3)自动催化期。自动催化期如图 2-9-24 所示 BC 段。当抗氧剂耗尽之后,便进入了自动催化期。在这一阶段,橡胶的氧化日甚一日。

(2)防老剂的防护机理。按照抗氧剂防护机理的不同,可将防老剂(抗氧剂)分为四个类型,即自由基链终止型(主抗氧剂)、过氧化氢物分解型(辅助抗氧剂)、重金属粒子钝化剂型和光稳定剂型。此处仅介绍前二者。

1)自由基链终止剂。胺类、酚类防老剂都属于自由基链终止剂。在它们的辅助结构中都具有活泼的氢原子,当参与氧化时,不稳定的氢原子便迅速脱出,与橡胶辅助的过氧化自由基及橡胶分子的自由基相结合,并且相对稳定,从而起到终止链反应的作用。此时,防老剂所产生的自由基在反应的条件下,活性较小,引发氧化的能力较低,与其他自由基或者自身相结合则相对稳定。即这种类型的防老剂具有捕捉自由基的能力。

2)过氧化氢物分解剂。这类抗氧剂主要起破坏橡胶分子过氧化氢物的作用,因为过氧化氢物是自动催化氧化过程中自由基的来源。因此,只要破坏了过氧化氢物使其不生成自由基,即可延缓橡胶的氧化反应。由于这类防老剂在过氧化氢物生成之后才能发挥作用,所以一般不能单独使用(通常是和自由基链终止剂并用),也称之为辅助抗氧剂。这类防老剂大多是含硫、磷的有机化合物,如硫醇、二烷基二硫代氨基甲酸盐和亚磷酸酯等。

(3)防老剂的协同效应。防老剂的协同效应是指在橡胶加工中,两种或两种以上的防老剂(抗氧剂)进行配合使用,其总的效应大于单独使用时的各个效应的总和。如果防老剂(抗氧剂)并用得当,其防护作用就会更好。

协同效应可分为均匀协同效应和非均匀协同效应两种。

1)均匀协同效应。所谓均匀协同效应是指防护机理相同但活性不同的两种防老剂之间的协同效应。例如,选择了不同活性的两种链终止型抗氧剂并用时,高活性防老剂先给出氢原子,终止氧化链;而后低活性防老剂再将自身的氢原子转移给高活性防老剂的自由基使之再生,从而导致协同效应。

2)非均匀协同效应。非均匀协同效应是指两种或几种防护机理不同的抗氧剂之间的协同效应。例如,胺类或酚类链终止型防老剂与过氧化氢物分解剂(硫醇、亚磷酸酯等)并用时,其

防护作用远远超过两者的加和性而成倍地增大。这是两者之间产生了不均匀协同效应的结果。

关于防老剂(抗氧剂)的并用能否取得良好效果,不仅要进行理论分析,而且要进行必要的试验,以取得相应的技术数据。

2.9.7.6 橡胶的臭氧老化及其防治

臭氧老化对橡胶的破坏是大气老化中一个极其严重的因素,因为臭氧比氧的活性更高,在低温之下也能与橡胶反应。臭氧老化不是在橡胶体内部而是在其表面进行的。橡胶表面与臭氧接触后立即反应,生成一层很薄的银白色氧化膜。由于橡胶制品的动态工作,这层薄膜会产生明显的臭氧龟裂,又会使臭氧继续在很窄的裂缝中与橡胶进行反应,于是,裂纹不断加深。

与臭氧直接接触和应力-应变作用是橡胶臭氧龟裂老化的主要原因。

防止橡胶臭氧老化,一般采用在橡胶中加入化学抗臭氧剂和物理抗臭氧剂的办法。此外,还采取减小橡胶制品内应力及其分布不均匀性的设计与工艺措施来进行防护。

1. 捕捉臭氧法

该方法是基于臭氧有很强的亲电性,所以选用对苯二胺类防老剂进行防护。因为这类防老剂是含有氮、氧、磷、硫等电负性强的元素的化合物,这些化合物易于与臭氧发生反应,使臭氧分解,从而降低了臭氧的浓度。

2. 与臭氧产物进行反应

(1)与臭氧化断裂的链端羰基团进行反应,其结果发生了"缝合"作用。这样提高了臭氧龟裂所必需的临界应力,从而减缓了臭氧老化。

(2)稳定橡胶臭氧化可生成两性过氧化粒子,这就可避免异臭氧化物等的生成,从而避免橡胶结构化,防止和延缓龟裂的产生。

(3)劈断臭氧化生成的异臭氧化物,使橡胶体表面松弛,阻止龟裂的发生。

3. 防护蜡的隔离作用

防护蜡属于物理抗臭氧剂,有石蜡和微晶蜡(也称作地蜡)两种。微晶蜡如图 2-9-25~图 2-9-27 所示。

图 2-9-25 块状微晶蜡　　　图 2-9-26 粒状微晶蜡　　　图 2-9-27 袋装微晶蜡

防护蜡在橡胶中的溶解度小,当其添加量超过溶解度时,便会逐渐地析出到橡胶制品表面来,形成一层极薄的膜。这层膜具有连续性,而且柔韧,为化学惰性,能够使橡胶与臭氧隔离,起到防护臭氧龟裂的作用。汽车所用各种橡胶减震器多用微晶蜡。

石蜡为饱和直链烷烃,在橡胶中迁移速度快,易于成膜,但其晶粒粗大,易脱落而影响防护效果;微晶蜡为饱和支链环烷烃,相对分子质量和熔点都比石蜡高得多。虽然微晶蜡分子支链多,体积大,在橡胶中迁移速度慢,但是其结晶堆砌却比石蜡紧密,成膜之后和橡胶的黏着牢度及屈挠性较好。因此,将两者并用,可以获得黏结性强、柔软且具有连续性的蜡膜,能对橡胶起到良好的防护效果。汽车、摩托车的橡胶减震器、橡胶联轴器、汽车排气管以及橡胶弹簧等制品常使用这种方法,部分橡胶制品如图 2-9-28~图 2-9-31 所示。

图 2-9-28　汽车悬置减震器　　　　　　图 2-9-29　橡胶联轴器

图 2-9-30　汽车排气管　　　　　　图 2-9-31　橡胶弹簧

2.9.7.7　橡胶的疲劳老化及其防护

橡胶制品在反复变形的条件下产生老化的现象称为疲劳老化。

1. 疲劳老化的机理

橡胶的疲劳老化是由机械力、氧化和臭氧化三种因素综合作用而产生的,其实质是力-化学过程。

(1)机械裂解。橡胶为黏弹性高分子材料,在其变形过程中,由于黏滞性在变形周期中来不及完全松弛就进入下一个周期,其内部的应力分布很不均匀。当大气应力梯度较大时,就会出现分子链直接断裂而产生自由基,从而引发橡胶分子的氧化链反应。

(2)机械活化的氧化裂解。橡胶在反复变形时,机械应力使橡胶分子链中的原子结合力减弱,从而氧化反应的活性能降低,也就是在疲劳过程中机械能转化为化学能的结束。

(3)运动使橡胶内部生热加速氧化。橡胶在反复变形过程中,由于其黏弹性而产生滞后现象,能量内耗使得橡胶内部生热,加速了橡胶的氧化链反应。

(4)疲劳过程加速臭氧龟裂。橡胶在其疲劳老化过程中伴随发生臭氧龟裂,若在高温下则更加明显(如高速行驶的轮胎,其胎侧部位易产生臭氧龟裂)。

如图 2-9-32 和图 2-9-33 所示为橡胶制品的疲劳老化实物。

图 2-9-32 橡胶减震器的疲劳老化

图 2-9-33 轮胎侧面的疲劳老化、臭氧龟裂

2. 几种常用橡胶抗疲劳老化的能力

对橡胶进行屈挠试验（使用德墨西亚屈挠试验机），常用橡胶抵抗产生裂口的能力排序如下：

丁基橡胶＞氯丁橡胶＞丁苯橡胶＞丁腈橡胶＞天然橡胶。

抵抗裂口增长的能力排序如下：

丁基橡胶＞天然橡胶＞氯丁橡胶＞丁腈橡胶＞丁苯橡胶。

2.9.7.8 防老剂的选用

虽然各类防老剂都能对橡胶氧化起到良好的效果，但是，由于橡胶的老化过程十分复杂，影响因素也很多，每一种防老剂都不是全能的。因此，科学合理地选择、应用防老剂对于橡胶工业来说是很重要的。

1. 考虑制品的使用条件，研究老化失效的主要原因

不同的制品，其橡胶原料、设计技术要求、使用环境与条件均不同，那么，引起它们老化的因素也不相同。因此，在设计配方时要全面地考虑防老剂的选用，此外，还要考虑保护环境等。

选择防老剂时可参考表 2-9-3 中的各项因素。

表 2-9-3 对各种老化因素适用的防老剂

老化因素	有效的防老剂	
	污染性	非污染性
氧	全部防老剂	全部防老剂（较污染性防老剂效果差）
热	AP,D,DNP,4010,BLE,RD, NBC（对 CR 有效）	双酚类、取代酚类
光	A,D,4010,4010NA,AW, BLE,NBC（对 CR 有效）	DBH、取代酚类、蜡类
臭氧	4010NA,AW,H（对 CR 有效）， NBC（对 CR 有效）	取代双酚类、二硫化氨基甲酸盐、蜡类
变价金属离子	DNP,RD	取代酚类、双酚类
机械疲劳	D,AW,4010NA,H,BLE	DBH,SP 并用

常用的橡胶防老剂如图 2-9-34～图 2-9-36 所示。

图 2-9-34　4010NA 防老剂

图 2-9-35　抗氧化剂

图 2-9-36　部分常用防老剂

2. 考虑加工过程中工艺条件的影响

有些胶料需要进行多段塑炼,有些胶料需要进行二段硫化,而这些工艺过程都会对胶料产生严重的氧化破坏。因此,要适当增加防老剂的用量或者选择防护效能更高的防老剂。

3. 考虑胶料和配合剂的性质

胶料的结构不同,不仅对老化的抗耐性不同,而且老化后的物理-力学性能的变化程度也各不相同,这也是选择防老剂时要考虑的。

4. 考虑制品的色泽

白色的或浅色的制品要选择不变色、不污染的防老剂;即便是用于深颜色或黑色胶料中的防老剂,也要考虑其对周围的白色或浅色胶料的污染问题。

2.9.7.9　防老剂的并用

实践证明,防老剂的并用可以收到良好的技术工艺效果,进一步提高所用防老剂的性能,其优点如下:

(1)能够解决橡胶所遇到的多种老化问题;

(2)并用得当,便可取得协同效应,进一步提高防老剂的防护效能;

(3)避免了使用单一防老剂出现的喷霜现象;

(4)减少或避免了防老剂带来的污染;

(5)提高了橡胶防止老化的综合防护效果,延长了制品的使用寿命。

如图 2-9-37 所示为生产现场配料车间使用的防老剂。

图 2-9-37　生产现场配料车间使用的防老剂

2.10 其他配合剂

在橡胶的配方中,除了填充剂、强化剂、软化剂、防老剂之外,还有许多专用配合剂,可根据橡胶制品的实际使用要求,进行合理的选择与使用。

2.10.1 橡胶着色剂

凡是加入胶料之中以实现制品对颜色设计要求为目的的物质,称为着色剂。橡胶制品设计颜色的目的是赋予制品以漂亮的色彩,提高其商品性,或者是满足客户的使用要求(如军用橡胶制品的着色是为了隐蔽,救生艇的着色是为了明确目标)。

适当的着色还可以提高制品的耐光老化性能,从而也对橡胶制品起到防护作用。

2.10.1.1 色彩与配色的要求

1. 色彩

物体在日光下会呈现各自不同的颜色,这是因为不同物体对可见光的光波具有不同的吸收和反射特性。在橡胶中加入着色剂,其实质就是改变橡胶固有的吸收与反射光波的特性。

物体的颜色与物体吸收和反射光线的波长有关,其关系见表 2－10－1。

表 2－10－1　颜色与可见光的波长

吸收的可见光		呈现的颜色
波长/mm	对应的颜色	
393～435	紫	黄～绿
435～480	蓝	黄
480～490	绿～蓝	橙
490～500	蓝～绿	红
500～560	绿	红～紫
560～580	黄～绿	紫
580～590	黄	蓝
590～605	橙	绿～蓝
605～770	红	蓝～绿

任何一束彩色光(无论是光源发出的还是其他物体反射的)对人眼的视觉来说都可以用色调、饱和度及亮度来描述。色调指色彩的基本特征(如红、黄、蓝、绿等);饱和度是颜色的深浅浓淡;亮度也叫作明度,是指色彩的明暗、深浅和浓淡的程度。

色调和饱和度统称为色度,亮度是色彩明暗的程度(根据反射的能力,各种颜色的亮度为:白 100、黄 78.91、橙和橙黄 69.85、黄绿和绿 30.33、红橙 27.73、红和青绿 11、纯红和青 4.93、暗色 0.8、青紫 0.36、紫 0.13、黑 0)。

2. 配色

任何一种色彩都可以由不同比例的红、黄、蓝三种基色组合而成。用红、黄、蓝三基色中的两种调和后可以得到橙(红和黄)、绿(黄和蓝)、紫(红和蓝)等二次色或间色;再用二次色相互调和,便可得到三次色或再间色;组成二次色的两基色之外的第三间色,称为该二基色的补色。

例如,橙色是由红色与黄色组成的,其补色便是蓝色;红是绿的补色;黄是紫的补色。

二次色与其补色调和,色彩就会变得暗纯。

色彩配合的基本关系如下:

基色: 　　　　　红　　黄　　蓝　　红　　黄

二次色(间色): 　　　　橙　　绿　　紫　　橙

三次色(再间色): 　　　　橄榄　　灰　　棕褐

3. 标准色标

颜色的设计要求和调配应当按供、需双方颜色的行业标准,即按照标准色标进行。这样就方便双方在制品的色彩方面进行沟通,有了同一个色标就不会在色调方面发生意见分歧和争执。

色标也叫色卡(有的叫色块或色板)。如果是需方向供方提供的色卡,则要确认其有效使用期。

2.10.1.2　配色注意事项

(1)色光。色光是指着色剂除了基本颜色外,所带有的另一种色调。俗语"白里透红"中的"红"、"红中带蓝"里的"蓝"就是所说的色光。色光在配色时是非常重要的技术要素,如果色光不接近就会造成调配过程反复和操作困难。只要注意了色光的区别就能正确地进行配色。

(2)尽量采用性质接近的着色剂,其品种越少越好。

(3)制品色彩的设计如果是多色调的,色彩搭配不宜过多,减小制造工艺的难度;各色亮度强弱要协调悦目,美观大方。在现代橡胶工业中,对于产品外观的色彩是十分重视的;色块要有主有次,色泽鲜艳的色块不宜过大。

(4)配色时,应在室外的太阳间接光下进行观测,不可在室内的荧光灯下比对观察。

(5)如果按照客户要求进行配色,则一定要按照双方共同确认的色标进行。使用色标要注意不要使其长期暴露在阳光或强光之下。

2.10.1.3　着色剂的性能要求

(1)着色力和覆盖力要强。着色力是以其本身的色彩影响整个胶料颜色的能力。着色力越强,着色剂用量越小。着色力与着色剂本身的特性有关,与其粒度也有关系。通常,粒径越小,着色力越强。此外,当彩色颜料与白色颜料并用时,着色力往往可以提高。

覆盖力也叫遮盖力或被覆力,即遮盖橡胶底色的能力,也是着色剂阻止光线穿透制品的能力,是着色剂透明性能的强弱。

对有色橡胶制品,着色剂的遮盖力越大越好,以防透出橡胶的底色,使制品色泽不鲜艳;对透明橡胶制品,遮盖力越小,则透明性越好。遮盖力的大小,取决于着色剂的折光率与橡胶本身折光率之差:差值越大,遮盖力越强。

(2)对硫黄和其他配合剂的稳定性及耐热性良好,在橡胶的硫化工艺范围内,不与其他配合剂产生反应,不变色。

（3）着色剂不得影响制品的物理-力学性能、化学性能和耐老化性能，受日光作用后不得褪色和变色。

（4）着色剂在胶料中要易于分散，以保证胶料的加工工艺性，并使胶料颜色均匀一致。

（5）着色剂不得有迁移和渗透性能，以保证橡胶制品在水、油及相关溶剂中不渗透，对邻近制品不污染，在相关介质中使用不褪色。

（6）无毒，以保证与食品、人体接触的橡胶制品是安全的（包括制品的加工制造过程）。

性能完全理想的着色剂几乎不存在。在橡胶工业中，要根据制品的实际使用要求进行其制品设计、工艺要求和其着色剂的选择。

2.10.1.4　着色剂的品种

橡胶着色剂分为有机着色剂和无机着色剂两大类。有机着色剂为有机颜料，无机着色剂为无机颜料。

有机着色剂具有品种多、分散性好、色泽鲜艳、着色力强、透明性好、用量少等许多优点，但其耐热性、耐溶剂性、耐药品性以及耐迁移性较差；无机着色剂的耐热性、耐日晒性、遮盖性、耐溶剂性、耐药品性以及耐迁移性优异，但着色力差。

1. 无机着色剂

无机着色剂的发色与其原子的容积（相对原子质量/密度）有关。通常，原子容积越小，发色性越强。常见的强发色元素有钒、铁、铬、钴、镍和铜等，弱发色元素有硅、硫、硒、钼、镉、汞和铅等。

一般认为，弱发色元素＋弱发色元素组成弱发色颜料，弱发色元素＋强发色元素组成中等程度的发色颜料，强发色元素＋强发色元素组成强发色颜料。

（1）白色着色剂。这类着色剂除了用于白色胶料外，也用于为有色橡胶调色"打底色"，以尽量反射出胶料内部的光线，达到色泽鲜艳的目的。通常用于胶料中的白色无机着色剂有钛白粉、锌白粉（氧化锌粉）和锌钡白（立德粉）等，如图 2-10-1 所示。

图 2-10-1　钛白粉、锌白粉和锌钡白粉

钛白粉分为金红石型和锐钛型两种。锐钛型的折光率为 2.55～2.70，具有高度的覆盖力和着色力，分散性好，着色能力为锌钡白的 3 倍、锌白粉的 4 倍。它还具有耐光、耐热、耐稀酸、耐碱、耐硫化等性能，呈纯白色，而且对硅橡胶有一定的补强作用，是白色着色剂中最好的一种。

锌钡白的折光率约为 2，价格低廉，着色能力较强，耐热性能良好，但若长期曝晒则有泛黄现象，在橡胶中不易分散、易结团（配色时要充分混炼）；遮盖力随 ZnS 含量的增加而提高，耐光性也得到改善，但耐酸性下降；因为 ZnS 的存在对许多促进剂有活化作用。

锌白粉的折光率为 1.95～2.05，着色力较低。由于能吸收紫外线而耐光性良好，但耐酸、碱性较差。当锌白粉与锌黄、铬黄、群青以及其他无机着色颜料并用时，由于相互作用而变色明显。它主要用于橡胶的硫化活性剂,同时也是白色着色剂。

(2)红色着色剂。常用的红色着色剂有铁红、镉红和镉橙等。

铁红,俗称铁丹或土耳其红,是一种价格低廉的红色着色剂。色泽为红中带黑,沉稳不艳,着色力高,遮盖力强。因其含有变价铁离子而使橡胶的耐老化性能降低,在日光和高温下尤为显著(不宜用于高性能和薄尺寸橡胶制品),但它能提高橡胶与金属的黏合力(适合于有金属骨架的橡胶制品,也能提高硬质橡胶的软化点)。由于其制法和工艺的不同,可使橡胶制品的色光差异较大,使用时要特别注意。

镉红、镉橙的色彩非常鲜艳,着色力、遮盖力、耐光、耐热及耐碱性优异,不受硫化氢污染,但价格高。

(3)黄色着色剂。常用的黄色着色剂有铬黄和镉黄。

铬黄有极强的着色力,但化学性质很不稳定,遇硫或硫化氢立即变黑,遇碱作用变红或变为橙色。因此,它不能与锌钡白、群青等颜料并用。

铬黄的型号很多,有柠檬黄、浅铬黄、中铬黄、深铬黄和桔铬黄等,常用的为中铬黄和深铬黄两种。

铬黄通常用于薄膜类制品和用作黄色制品、绿色制品的提色。

镉黄在黄色着色剂中具有最高的遮盖力,对日光和高温有稳定作用,但价格较高,因此使用较少,一般使用于受日光曝晒的橡胶制品上。

(4)蓝色着色剂。通常,橡胶制品很少使用蓝色或浅蓝色,因为这类颜色耐光性差,而且会使橡胶在日光下迅速老化。

适宜于橡胶制品的无机蓝色着色剂仅有群青。群青耐碱、耐高温,但不耐酸。在白色橡胶制品中用以提色,少量使用能够消除胶料中的黄光,得到鲜艳的白色橡胶。但在使用时要注意其对硫化速度的影响,它不适合于制作耐酸制品。

(5)绿色着色剂。橡胶制品使用绿色无机着色剂的很少,常用着色剂为铬绿。在大多数情况下将黄色和蓝色着色剂并用,调配成为绿色,其色调由两种着色剂的比例来决定。

铬绿具有很强的遮盖能力以及很高的耐酸性、耐碱性、耐光性和耐热性,主要在耐光的覆盖类橡胶制品中使用。

2.有机着色剂

有机着色剂包括各种有机颜料和各种有机染料与无机化合物生成的色淀,均为芳香族化合物,含有能够吸收一定可见光波的某些不饱和基团,即发色团以及能使其变成染料或颜料的助色团。

常用的有机着色剂有立索尔大红、立索尔宝红、甲苯胺大红、永固亮红、颜料绿、酞菁绿、酞菁蓝、孔雀蓝、联苯胺黄、汉沙黄和油溶黑等。油溶黑主要用于胶面鞋亮油中。其实,炭黑是最早的有机着色剂,用于灰色橡胶制品中。

生产现场常用的部分着色剂如图 2-10-2 所示。

图 2-10-2　常用的部分着色剂

2.10.2 橡胶发泡剂

2.10.2.1 发泡剂

橡胶发泡剂是指在特定条件下（如硫化温度下），不与橡胶分子发生化学反应，只是自身分解产生无害气体的物质。

在橡胶工业中，要求发泡剂是无毒的或者是低毒的，在胶料中易于分散，发泡率高，不改变颜色胶料的颜色等。

2.10.2.2 发泡助剂

凡能与发泡剂并用，调节发泡剂的分解温度和速度，提高发气量或帮助发泡剂均匀分散，以提高发泡橡胶质量的物质，称为发泡助剂。

2.10.2.3 发泡橡胶

发泡橡胶即俗称的海绵橡胶，其孔结构有开孔、闭孔和混合孔之分。开孔即橡胶体内的气孔是相通的，这种橡胶柔软性好，但持久弹性和耐压缩性差；闭孔是其气孔相互隔离，这种橡胶持久弹性、耐压缩性、耐老化性、保暖性以及缓冲性能都比较好，但柔软性差；混合孔是开孔和闭孔结构并存，性能也介于二者之间。

2.10.2.4 发泡剂的性能

发泡剂的性能和硫化体系都直接影响着发泡橡胶孔的结构。如果发泡剂在胶料定型点之前发泡，便可获得开孔结构；相反，发泡剂在胶料定型点之后发泡，则可得到闭孔结构；如果将发泡点选择在定型点附近，就可以得到混合型孔结构。

通常，小苏打（碳酸氢钠）一类的发泡剂用来制作开孔型发泡橡胶，H，BSH 一类发泡剂可制取闭孔型发泡橡胶。

2.10.2.5 发泡剂的常用品种

发泡剂分为无机发泡剂和有机发泡剂两大类。

常用的无机发泡剂有碳酸盐（碳酸氢铵、碳酸氢钠等）和亚硝酸盐（如亚硝酸钠-氯化铵混合物）等。常用的有机发泡剂有 N-亚硝基化合物（如发泡剂 H）、偶氮化合物（如发泡剂 AC，DAB）、磺酰肼类混合物（如发泡剂 BSH）以及脲基化合物（如尿素、对甲基磺酰基脲）等。部分常用发泡剂如图 2-10-3 所示。

图 2-10-3 部分常用发泡剂

（1）碳酸氢铵。该品为白色结晶粉末，干燥时几乎没有氨味，相对密度为 1.586。常压下当有潮气时，温度高于 30℃开始缓慢分解，生成氨、二氧化碳和水，其发气量为 700～850 mL/g。由于碳酸氢铵的分解反应是可逆的，所以处于高压时气体的发生受到抑制。该品价格低廉，发孔均匀。

(2)碳酸氢钠。碳酸氢钠即小苏打,为无毒、无臭的白色结晶粉末,相对密度为 2.20,在热空气中能逐渐分解,300℃左右分解为碳酸钠、二氧化碳和水。理论发气量约为 267 mL/g,实际发气量约为 130 mL/g。如果与硬脂酸、油酸等发泡助剂并用则可提高发气量。由于分解起始温度低,故不宜在密炼机上使用。虽然该品价廉,但因其分解残渣具有强碱性,所以用途受到限制(主要用于天然橡胶、合成橡胶的干胶及乳胶中,以制备开孔型海绵橡胶制品)。

(3)亚硝酸铵(亚硝酸钠-氯化铵)。该品是极不稳定的化合物。作为发泡剂使用时,实际上都是氯化铵和等物质的量的亚硝酸钠的混合物配入橡胶后在硫化热的作用下放出氮气而使橡胶发泡。由于其分解是不可逆的,可作为加压发泡的发泡剂。

(4)明矾。该品以粉剂配入橡胶中,在硫化条件下可以释放出结晶水,起到发泡作用,作为助发泡剂使用。

(5)N,N'-二亚硝基五次甲基四胺。该品为乳黄色细粉,相对密度为 1.40～1.45,发气量约为 265 mL/g。

该品适用于天然橡胶和合成橡胶,目前用于制造海绵鞋底、微孔底、海绵橡胶等产品,用途广泛。其特点是易分解,发孔效率高,但成孔质量好,不变色,不污染,价格低廉。

(6)偶氮氨基苯(DAB)。该品相对密度为 1.17,相溶性和分散性良好,发泡孔径细小、均匀,但其变色严重,且有毒性,使用受到严格限制。

(7)偶氮二甲酰胺(AC)。该品为淡黄色粉末,发气量为 240 mL/g 左右,无毒,无臭,不污染,不变色,易于分散,发泡孔径细小均匀,常压发泡和加压发泡均可使用。该品具有自息性,制品大量储存时要注意通风,以防一氧化碳中毒。

(8)苯磺酰肼(BSH)。该品相对密度为 1.45,发气量为 115～130 mL/g,分解后有恶臭气味,分散性差,在常压和加压下均可使用。其发泡孔径细微均匀,不污染,无毒,一般不变色。

2.10.3　阻燃剂

无论天然橡胶还是合成橡胶,都是有机物,具有可燃性。为了安全起见,应在胶料中加入阻燃剂,使其达到难以燃烧的程度。所谓阻燃剂是指能提高橡胶的难燃性而可以保护其不着火或使火焰延缓蔓延的化学物质。

阻燃剂的作用是通过物理途径和化学途径来达到切断橡胶燃烧因素和燃烧循环的目的。

阻燃剂的种类如下所述。

2.10.3.1　磷酸酯及其磷化物

该类阻燃剂使用效果较好,包括磷酸酯、含卤磷酸酯、卤化磷及膦酸酯。其中,最为常用的是磷酸三甲苯酯(TCP),它主要作为阻燃增塑剂用于合成橡胶(特别是氯丁橡胶)之中。

TCP 与橡胶的相溶性好,也能改善和提高橡胶的性能,如耐磨、耐候、防霉、耐辐射及电绝缘等性能。其缺点是具有毒性。

2.10.3.2　有机卤化物

在阻燃剂中,该类阻燃剂与磷酸酯类有着同样重要的地位。在该类阻燃剂中,具有实用价值的是溴化物和氯化物。由于磷化物类阻燃剂具有毒性,限制了其用途,因而阻燃剂的研究便向溴化物类发展。

溴化物类阻燃剂的品种很多,其中氯化石蜡、十溴二苯醚应用得最广。氯化聚乙烯为高分子含卤阻燃剂,与橡胶并用则具有不影响制品性能等优点。

该类阻燃剂的工作机理是在高温下含卤阻燃剂分解生成的卤化氢可以捕捉橡胶燃烧过程中

生成的高能量 HO·自由基,从而将烃火焰燃烧的 HO·自由基链锁反应切断,使火焰熄灭。

2.10.3.3 无机化合物

无机阻燃剂中使用最广的是三氧化二锑、氢氧化铝和硼酸锌等。

(1)三氧化二锑。该品为白色结晶粉末,着火时产生不燃性高沸点液膜,覆盖在被燃烧橡胶的表面,从而隔离空气而灭火。该品单独使用时效果不佳,与含卤阻燃剂并用即可发挥其优异性能。

(2)氢氧化铝。该品也称三水氧化铝,为白色微结晶粉末,无毒、无味,当温度高于220℃时能吸热而分解:$2Al(OH)_3 \longrightarrow Al_2O_3 + 3H_2O - 299.8\ kJ$。这一反应吸收了大量的热量,降低了燃烧温度,减少了橡胶的分解燃烧。另外,反应生成的水将燃烧中的可燃气体稀释,达到了阻燃的效果。

氢氧化铝与其他阻燃剂并用后效果更好,并具有消烟性。同时,它也是橡胶的补强填充剂。

(3)硼酸锌。该品为白色粉末,无毒,主要作为三氧化二锑的代用品。它与卤素化合物也有协同作用,其效果虽然不如三氧化二锑,但价格低廉。此外,氢氧化镁、钼化合物等也属于同一类。

以上所述均为添加型阻燃剂,还有一类为反应型阻燃剂,其优点是对橡胶的物理-力学性能和电性能影响较小,阻燃性持久,但价格较高。

反应型阻燃剂有卤代酸酐、含磷多元醇等。

部分常用阻燃剂如图 2-10-4 所示。

图 2-10-4　部分常用阻燃剂

2.10.4　抗静电剂

橡胶制品的静电来源于橡胶本体的动态应力和摩擦作用。静电不仅使制品的性能受到影响,还会引起火灾或爆炸事故,因此消除橡胶制品的静电是十分必要的。

静电的消除除了可采用给装置接地、安装静电消除器等措施外,在胶料中加入抗静电剂,是一个简便而有效的工艺方法。

抗静电剂是添加在胶料中或涂覆在橡胶制品表面上的防止静电危害的化学物质。一般为亲水性的表面活性物质,所含的亲水基团可使橡胶表面形成一层导电膜,进而可使静电电荷得以及时漏导避免积累,从而防止静电的危害。

抗静电剂有两个类型,即外用型和内用型。外用型使用效果差;内用型使用效果好,经久耐用。

对内用型抗静电剂的性能要求是,具有亲水性,与橡胶相溶性好,分散性好,与其他配合剂易于混合,不影响橡胶的使用性能,无毒,无臭,无污染。

抗静电剂按其分子结构来分,可分为阳离子型、阴离子型、两性粒子型、非离子型和高分子型等几类。目前,常用的有阳离子型(如季铵盐型)和非离子型(如聚己二醇酯)两类。主要品种有抗静电剂 SN,PES 等。部分常用抗静电剂如图 2-10-5 所示。

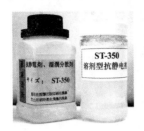

图 2-10-5　部分常用抗静电剂

2.10.5　防霉剂

由于使用环境的缘故,橡胶制品常常会遭到微生物的侵害,进而失去应有的性能,这种现象称为微生物老化。微生物分为三大类,即霉菌、细菌和放线菌。

霉菌老化对橡胶危害很大,其生长繁殖所需要的营养能量及无机盐都是依靠对橡胶(包括橡胶中的一些增塑剂)的分解来获得。

2.10.5.1　防霉剂的作用

防霉剂可以通过霉菌孢子的细胞膜进入其细胞内,阻止其发育成芽或者直接杀灭孢子,防止霉菌的生长。

防霉剂对霉菌的毒杀可通过以下几种方式:

(1)抑制霉菌体内酵素系统的活性,阻止或终止霉菌体内各种代谢作用;

(2)破坏霉菌能量释放体系;

(3)防霉剂(如有机汞化物、有机砷和醌类)和霉菌体内酵素中的—NH_2 及—SH 进行反应,破坏酵素系统;

(4)强烈地促进磷酸氧化-还原反应体系,破坏霉菌细胞的机能;

(5)抑制细胞发育时所进行的核糖核酸(RNA)合成,阻止其孢子发芽;

(6)抑制电子传递体系或转氨酶体系,使霉菌难以生存。

2.10.5.2　防霉剂的主要品种与性能

(1)五氯苯酚。该品为白色结晶,熔点为 190℃,灭菌效率高,化学稳定性好,不易挥发,不变色。

(2)五氯苯酚钠。该品为白色或灰白色结晶,熔点为 190℃。

(3)水杨酸替苯胺。该品为白色或乳白色粉末,熔点为 130℃,溶于丙酮、乙醇,微溶于水。

(4)2,2'-二羟基-5,5-二氯代二苯甲基甲烷。该品为浅灰色粉末,熔点为 160℃,具有苯酚气味,是用途广泛的防霉剂,挥发性小,不被水抽出,持久性好,无毒。

常用防霉剂如图 2-10-6 所示。

2.10.6　防白蚁剂

白蚁喜欢食用有机物和纤维素,它对热带和亚热带地区的电线电缆及其他橡胶制品有危害。因此,防治白蚁也是橡胶工业中的一个课题。

图 2 - 10 - 6　常用防霉剂

2.10.6.1　防治原理

将一种物质加入到胶料之中,使白蚁闻到其气味不敢靠近,或者啃噬时中毒而死。这样的物质就是防白蚁剂,也叫灭白蚁药。

2.10.6.2　防白蚁剂的种类

根据化学组成,防白蚁剂可分为无机和有机两类。

无机防白蚁剂主要是以食杀方式灭之,而有机防白蚁剂则是驱避之或以接触方式灭之。在橡胶工业中多用有机类防白蚁剂,因为该类物质与橡胶的相溶性好,比无机类的食杀方式更能有效地保护电线电缆和其他橡胶制品。

有机防白蚁剂的品种有三类,即含氯化合物、有机磷和氨基甲酸酯。

2.10.6.3　防白蚁剂的性能要求

除了要求防白蚁剂具有高灭性效能外,还要求其不影响橡胶的物理-力学性能和耐老化性能,用于电线电缆时不得降低制品的电绝缘性能,要有良好的耐热性、耐候性,对人体无毒,对环境无污染。

常用防白蚁剂如图 2 - 10 - 7 所示。

图 2 - 10 - 7　常用防白蚁剂

2.10.7　增稠剂和膏化剂

能够增加配合胶乳的黏度,减少其流动性能,改善其加工性能的物质称为增稠剂。

能够减少稀胶乳中胶粒的布朗运动,使胶粒上浮而导致胶乳浓缩的物质称为膏化剂。

能作为增稠剂和膏化剂的物质属于同一种类,大多数是亲水性高分子物质,溶于水后形成黏度很高的溶液,显示出亲水性胶体的性质。

增稠剂的种类与性能如下:

(1)酪素、明胶。该类物质都可作为增稠剂来使用。酪素除具有增稠作用外,还能使机械稳定性增加。

(2)藻朊酸盐。藻朊酸来源于海藻,它及其重金属盐是水不溶性的,其碱金属盐和铵盐溶于水。在胶乳的配合中使用的主要品种有藻朊酸钾、藻朊酸钠、藻朊酸钙和藻朊酸铵等。

(3)纤维素。纤维素是天然有机高分子化合物,本身不溶于水,经过与脂肪醇脱水(或在氢氧化钠存在下与氯代烷作用)所得到的纤维素醚可用作胶乳的增稠剂。常用的纤维素醚有甲基纤维素、乙基纤维素、羧基纤维素和羟乙基纤维素等。

(4)聚丙烯酸盐和聚甲基丙烯酸盐。聚丙烯酸不溶于水,但其碱金属盐均能溶于水形成具有黏性的溶液,可作为天然胶乳和合成胶乳的增稠剂。常用的水溶性聚丙烯酸盐有聚丙烯酸钠、聚甲基丙烯酸钠和聚丙烯酰胺。

(5)皂土。皂土也叫膨润土,是一种天然的酸性陶土,可作为胶乳的增稠剂。通常是将其用稀碱溶液调成糊状使用。

(6)硅酸铝镁。该品为天然矿物,是无毒无臭的乳白色粉状物,可作为胶乳的增稠剂。

部分常用增稠剂如图 2-10-8 所示。

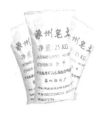

图 2-10-8　部分常用增稠剂

2.10.8　增黏剂

添加于橡胶之中的,具有湿润能力,通过表面扩散或内部扩散,且能够在一定温度、压力和时间条件下产生高黏合性的物质称为增黏剂。

2.10.8.1　增黏剂的功能

(1)改善合成橡胶的自黏性,提高其加工性能。

(2)提高橡胶胶黏剂的内聚力和对特种表面的黏结性,增加其耐热性及胶接保持时间。

(3)增加该类胶黏剂的黏结性能。

2.10.8.2　增黏剂的品种

(1)松香类树脂:脂松香、木松香和妥尔油松香等。

(2)聚萜烯类树脂:α-蒎烯聚合物和β-蒎烯聚合物。

(3)烷基酚醛树脂:主要用于合成橡胶以增加其自黏性,对硫化橡胶的性能无不良影响。

部分常用增黏剂如图 2-10-9 所示。

图 2-10-9　增黏剂(松香及松香甘油酯)

2.11 橡胶的配方

无论是天然橡胶还是合成橡胶,其生橡胶只能作为原料来使用,通过将其与各种辅料和助剂的配伍,形成不同的配方,来实现各种橡胶制品的不同性能要求和使用目的。橡胶与辅料及助剂的组合,称为橡胶的配方。

不能用理论方法来计算橡胶的配方中各种原材料之间的配比,也不能确切地推导出配方与其物理-力学性能及其他性能之间的定量关系。

橡胶配方的设计是根据橡胶制品的设计要求、结构要求、使用条件、加工工艺、设备性能及各种原辅材料的性能特点等,以相关理论为指导,以实际经验为基础,参照同类制品的配方设计、拟定试验配方,根据产品要求分别进行不同设计的。

2.11.1 橡胶配方的类型与功能

在为一个新的制品设计配方之前,配方设计者要深刻地了解新产品的结构特点,性能要求,制造工艺,本企业的工程能力、设备及人员现状,已有辅料及助剂的性能和可能需要采购的物料等,综合分析,确定设计配方的阶段性,根据不同情况分别进行不同功能的配方设计。

配方的类型有三种,即基础配方、性能配方和制品配方。

各种配方的功能是各不相同的,现简述如下。

2.11.1.1 基础配方

基础配方又称标准配方,是配方设计者参考的重要标准之一。它主要用于橡胶材料及配合剂的性能评价、质量鉴定与分级验收,用以排除或替换某一不合格的原辅材料,或者用以鉴定某种新原辅材料的性能。

通过基础配方可以找出原辅材料对橡胶主要物理性能指标的影响规律(确定起主要作用的原辅材料以及原辅材料相互之间的协同效应和加和作用等)。一般的基础配方都采用传统的配比,以便进行数据对比。

基础配方可直接查阅有关文献资料获得。

2.11.1.2 性能配方

性能配方也称研究配方,通过该配方的设计,使胶料具备符合制品设计要求的性能。同时,通过新产品的研制,进一步提高胶料的某种性能,提高制品的质量标准并掌握和确定其生产工艺。

性能配方要全面考虑各种性能的搭配关系,以满足制品的使用设计要求和生产工艺条件的要求。另外,性能配方主要是要解决性能是否能够满要求的定性设计问题,但往往也可能涉及将某一性能提高到一定程度的定量问题。

2.11.1.3 制品配方

制品配方又称实用配方。这种配方是在性能配方得到试验确认的基础上,结合制品实际使用情况或客户确认、量产综合成本、企业量产生产工艺及质量保证体系等各种因素,经过适当调整,最终得到企业量产使用的投产配方。

制品配方既要在批量生产中保证质量的稳定性,又要使长期连续化生产的工艺性和制品成本达到并保持最佳平衡。

综上所述,橡胶配方的设计是这样一个过程,即拟定性能配方和确认制品配方,从原材料配伍组合到制品性能保障的"正向思辨"与从制品性能要求到原材料配伍组合的"反向思辨"相互共存,相辅相成,通过不断试验、调整,逐步接近配方设计目标值的过程。

小配方常用的设备与计量器具如图 2-11-1～图 2-11-4 所示。

图 2-11-1　小料配置作业室

图 2-11-2　托盘天平

图 2-11-3　配方试验用炼胶机

图 2-11-4　试样胶料

2.11.2　橡胶配方的设计原则

橡胶与辅料及各种配合剂以合理的配伍与比例组成配方,通过一定的加工工艺制成满足设计要求的橡胶制品。其制品的设计、配方的设计及其加工工艺是橡胶制品生产过程的三个重要组成部分,也是配方设计人员要全面关注的主要内容。配方设计的原则如下所述。

(1)保证硫化橡胶(制品)在连续化批量生产条件下具有指定的技术性能。

(2)所用胶料、辅料和各种配合剂易于得到。

(3)在胶料的加工和制品的制造生产过程中加工工艺性能良好,保证制品能够顺利进行。

(4)对于多部位组合制品(如轮胎制品),从制品的整体结构考虑各部位胶料的使用性能和硫化速度等的协调配合。

(5)考虑胶料加工性能和制品使用性能的平衡性。

(6)在保证制品质量的前提下尽可能节约价格高的原、辅材料和配合剂,降低生产成本。

(7)提高配方的加工工艺性,提高生产效率。

(8)提高环境保护意识,尽量不使用或少使用有毒配合剂。在生产工艺上避免使用有毒和具有污染性的胶黏剂。

(9)配方结构力求简单化,原、辅材料和配合剂力求国产化,材料的供应链短、距离近且运输方便。

总之,配方设计最基本的原则是配方的性能、生产工艺性和成本应达到最佳的综合平衡。

2.11.3　橡胶配方的设计程序

(1)调查研究，了解制品的使用条件和性能要求或者客户附加的特殊要求。

(2)收集同类制品或类似制品的相关资料(制品性能、使用环境、技术要求、配方、试验设备、性能检测设备、生产工艺与设备以及性能测试设备等)。

(3)根据制品设计要求和性能指标，初步拟定性能配方方案，并确定性能测试项目。

(4)调整配伍，进行必要的试验，记录所有数据，对比分析和论证，选择最佳配方方案。

(5)复试并扩大中试(对选定的配方进行复试，若性能合格并稳定，便可进行车间规模的试验，并制作出制品，对制品性能进行测试，确定最佳的生产工艺)。

(6)确定生产配方(通过以上程序，将选定的配方修正到适合车间生产的条件为止，将配方和生产工艺确定下来作为生产配方)。

橡胶配方设计程序如图 2-11-5 所示。

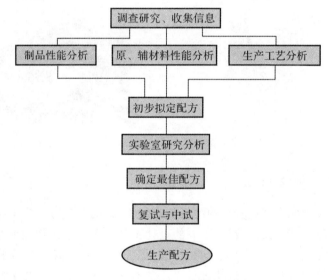

图 2-11-5　橡胶配方设计程序图

2.11.4　橡胶配方的表示方法

同一个橡胶配方，可以有不同的表示方法。橡胶的表示方法一般有以下四种。

(1)基本配方。以生橡胶及其代用品的质量作为 100 份，其他配合剂的用量均以相对的质量分数来表示。

(2)质量分数配方。生橡胶及其代用品和配合剂的用量均以质量分数来表示。

(3)体积分数配方。生橡胶及其代用品和配合剂的用量均以体积分数来表示。

(4)生产配方。根据炼胶机的容量，以基本配方换算出的生橡胶及其代用品和配合剂的实际投料质量来表示。

橡胶配方举例见表 2-11-1。

表 2 - 11 - 1　橡胶配方表示方法举例

原、辅材料名称	基本配方/份数	质量分数配方/(%)	体积分数配方/(%)	生产配方/kg
烟片胶	100.0	61.5	74.03	40.00
硫黄	12.5	1.54	0.84	1.00
促进剂 CZ	0.6	0.37	0.32	0.24
氧化锌	4.0	2.46	0.50	1.6
硬脂酸	3.0	1.85	2.42	1.2
防老剂 4010	1.0	0.61	0.54	0.40
防老剂 A	1.5	0.92	0.87	0.60
中超耐磨炉黑	45.0	27.68	17.18	18.00
松焦油	4.0	2.46	2.54	1.60
石蜡	1.0	0.61	0.76	0.40
合计	162.6	100.00	100.00	65.04
含胶率/(%)	61.5	61.5	74.03	61.50

注：1. 四种配方形式中，基本配方为最基本的表示形式，在生产和新产品开发以及橡胶与配合剂的科学试验中普遍使用。

2. 其他三种表示形式都是由基本配方换算出来的，其中体积分数配方常用于按照胶料的体积来计算成本。

2.11.5　橡胶配方的计算

2.11.5.1　基本配方的计算

设计橡胶配方时，首先应提出基本配方。通常由初步确定的含胶率来计算胶料总质量分数，或者由胶料总质量分数计算其含胶率。即

$$含胶率 = \frac{生橡胶质量}{橡胶总质量} \times 100\%$$

2.11.5.2　质量分数配方的计算

该计算方法是以基本配方的总质量为 100%，求出生橡胶及各种配合剂分别占总量的百分比，即

$$生橡胶或各配合剂的质量分数 = \frac{生橡胶或各种配合剂的质量}{胶料总质量} \times 100\%$$

2.11.5.3　体积分数配方的计算

该计算方法是根据生橡胶或各种配合剂的质量与密度求出各自的体积及胶料的总体积，然后计算出各个组分体积所占胶料总体积的百分比，即

$$生橡胶或各配合剂的体积 = \frac{生橡胶或各配合剂的质量}{生橡胶或各配合剂的密度}$$

$$生橡胶或各配合剂的体积分数 = \frac{生橡胶或各配合剂的体积}{胶料总体积} \times 100\%$$

2.11.5.4　胶料密度的计算

计算胶料的密度，其结果为未硫化胶料理论密度，这与胶料的真实密度是有差别的，一般可作为参考。计算如下：

$$胶料的理论密度 = \frac{胶料总质量}{胶料总体积}$$

真实的胶料（包括未硫化橡胶及热塑性橡胶）密度需要用密度计来进行测量。橡胶密度测量的执行标准为 GB/T 553—2008《硫化橡胶或热塑性橡胶密度的测量》。

图 2-11-6 为常用的几种橡胶密度仪。

图 2-11-6 几种常用的橡胶密度仪

2.11.5.5 生产配方的计算

计算生产配方是先根据炼胶机的生产能力来确定混炼胶的总质量，然后按基本配方中生橡胶和各种配合剂所占的质量分数求出生橡胶和各种配合剂的投放量，即

$$生橡胶和各种配合剂的投放量 = \frac{生胶和配合剂在基本配方中的质量}{基本配方中胶料的总质量} \times$$

$$生产配方胶料总质量（由炼胶机决定）$$

2.11.6 根据制品的性能进行配方设计

制品因使用条件的不同而有不同的物理-力学性能要求，在对其进行配方设计时要按照这些要求进行。

2.11.6.1 硬度和定伸应力

硫化橡胶的硬度和定伸应力主要取决于交联密度的大小、填料的品种与多少以及所用软化剂和增塑剂的使用情况。

要获得较高的硬度和定伸应力，就应在胶料中加入较大量的促进剂，以增大交联密度。选用促进剂时，最好是 AB 型并用，或者是选用优化促进剂。

此外，增加活性填料的用量也能提高硫化橡胶的硬度和定伸应力，尤其是以粒子细、结构性高的炭黑效果最好。在白色填料中，也是以粒子细、补强性大的为好。

配方中应少用软化剂和增塑剂。为了改善加工工艺性能，可改用蜡类、固体古马隆或其他树脂。

测定橡胶硬度和平均硫化收缩率的试样、成形模具及硬度测试仪器如图 2-11-7 和 2-11-8 所示。

图 2-11-7 橡胶硬度试样及成形模具

图 2-11-8 硬度测试仪器

部分常用填料对硫化橡胶硬度的影响见表 2-11-2。

表 2 - 11 - 2　部分常用填料对硫化橡胶硬度的影响

填料品种	平均粒径/nm	每增加 1 个 IRHD(国际橡胶硬度)所需填料的份数			
		氯丁橡胶	丁基橡胶	天然橡胶	丁苯橡胶
中超耐磨炉黑	28	1.3	1.5	1.7	2.0
高耐磨炉黑	32	1.5	1.7	1.9	2.3
通用炉黑	70	2.0	2.2	2.5	3.0
中粒子热裂黑	300	3.3	3.7	4.2	5.0
白炭黑	20	1.5	1.6	2.0	1.8
硬质陶土	2×10^3	4.5	5.9	5.0	4.9
软质陶土	10×10^3	5.0	9.1	7.7	5.6
重体碳酸钙	12×10^3	5.0		6.4	8.4

几种常用炭黑对部分硫化橡胶性能的影响见表 2 - 11 - 3。

表 2 - 11 - 3　炭黑品种对硫化橡胶性能的影响

硫化橡胶性能	炭黑品种		
	低结构高耐磨	高耐磨	高结构高耐磨
结构水平/[DBP 吸附/(cm³/100g)]	70	105	125
拉伸强度/MPa	27.8	25.5	25.0
300% 定伸应力/MPa	11.3	15.1	16.8
拉断伸长率/(%)	575	480	450

2.11.6.2　回弹性

橡胶为黏弹性材料,即它同时具有高弹性和黏性。

通常,人们将橡胶的回弹性简称为"弹性",回弹率则是作为衡量橡胶黏阻性质的一个指标。硫化橡胶交联网构的活动性越大,其回弹率就越高。制造高弹性橡胶时,在配方设计时需要考虑以下几方面。

(1)选用分子链柔性大的橡胶,如天然橡胶和顺丁橡胶。

(2)对于硫化体系,应使硫化橡胶的交联密度不要过大;可适量增加硫黄的用量,但要避免使用超速促进剂。

(3)填料用量不宜太多,其中补强剂用量要适当减少。

(4)对于软化促进剂来说,芳香性大的、黏度高的操作油可使弹性降低,故用量不宜偏多。但酯类增塑剂能够使丁腈橡胶的弹性增加。

2.11.6.3　拉伸强度

拉伸强度用于表征材料抵抗拉伸载荷破坏的极限能力。影响橡胶拉伸强度的因素较多,从配方设计方面考虑主要有生橡胶的品种、硫化体系以及填料的品种与用量。高拉伸强度的配方应采用天然橡胶、氯丁橡胶等结晶性橡胶或氯磺化聚乙烯等,含胶率一般在60%左右。此外,应当选用活性好的填料(如炭黑、白炭黑),并使其在混炼时分散均匀。使用活性填料补强时,其用量要适宜。

对于硫化体系要优化选取,如CM炭黑胶料可采用金属氧化物/NA-22,它比过氧化物拉伸强度高10%~20%。CIIR采用TMTD/DM,S/TMTD可获得高的拉伸强度。

并用胶的拉伸强度通常不完全遵循"加和率",设计配方时要注意这一点。

2.11.6.4 扯断伸长率

扯断伸长率是表征硫化橡胶网状结构变形的特征,与橡胶的类型、交联密度以及炭黑和软化增塑剂的配伍有关。天然橡胶、氯丁橡胶、丁基橡胶等都有较高的扯断伸长率。在配方中降低硫黄用量,使用噻唑类促进剂,少用软化剂则可获得扯断伸长率较大的硫化橡胶。

2.11.6.5 撕裂强度

撕裂强度表征使橡胶的裂口扩大所需要消耗的能量,撕裂强度本质就是撕裂功。撕裂从橡胶的缺陷或裂纹处发生,并逐渐发展至撕裂。撕裂强度的含义是单位厚度试样在其与主轴平行的方向上被拉伸开裂时的最大功。设计配方时注意以下几方面。

(1)选用结晶性橡胶。

(2)选用活性填料,特别是活性大、粒子细的炭黑或白炭黑。

(3)选用适宜的软化增塑剂。

(4)交联密度不宜过高,优化硫化体系。

测试拉伸强度、扯断伸长率和撕裂强度所使用的设备拉力试验机如图2-11-9所示。

图2-11-9 拉力试验机

2.11.6.6 耐磨性

耐磨性表征橡胶经受得住因为摩擦、刮削或腐蚀性机械作用而逐步损耗的能力,是橡胶材料物理-力学性能的综合体现。设计配方时注意以下几方面。

(1)选择耐磨性好的橡胶。聚氨酯橡胶具有非常好的耐磨性,其他依次是顺丁橡胶、丁苯橡胶、天然橡胶、丁腈橡胶和氯丁橡胶等。

在一般情况下,以天然橡胶为好;在高温条件下,以丁苯橡胶为好;在高速条件下,以顺丁橡胶为好;在极高速条件下,除了耐磨性外,还要求抗湿滑性好,则应选用氯化丁基橡胶。

(2)加入粒子细的活性炭黑可以提高橡胶的耐磨性(填充补强性炭黑可使橡胶获得好的耐磨性)。

(3)软化增塑剂的用量不宜过多。

(4)加入防老剂也能间接地提高橡胶的耐磨性。

在天然橡胶中加入防老剂AW,其耐磨性为最好,其次是防老剂D+4010或者防老剂D+H的组合使用。

2.11.6.7 耐疲劳破坏

橡胶在受到反复交变应力或应变(如拉伸、压缩或弯曲等)作用时,其结构或性能发生变化,称作疲劳。在疲劳过程中,材料不断地受应力作用与松弛,表面产生龟裂,裂口扩展至试样完全断裂,称作疲劳破坏。在设计配方过程中,应当注意以下几方面。

(1)尽可能采用易于形成多硫交联键的普通硫化体系。若同时要求具有耐热老化性能,则可选用半有效硫化体系。

（2）加入补强性优良的活性填料（如槽法炭黑、高耐磨炉黑等）。

（3）软化剂最好选用松焦油、古马隆树脂及石油树脂等，且用量不宜过多。

（4）加入防老剂可以抑制疲劳过程中氧和臭氧的老化作用，从而提高橡胶的耐疲劳破坏性能，其中以防老剂4010，4010NA，H，AW效果较好。

2.11.7　根据生产工艺进行配方设计

适合于规模化生产的配方，必须是既保证品种的性能和使用寿命要求，又是使加工工艺性良好、综合成本低的配方。以下就橡胶制品的生产工艺性和其配方设计方面的问题做一简述。

2.11.7.1　胶料的黏度（可塑度）

胶料应当具有合适的黏度，这是对其进行混炼及其他加工工艺的必要条件。黏度过大或过小，都不利于后续工序的加工。胶料的黏度可以通过胶种的选择、塑炼程度、软化增塑剂的加入以及填料用量的调整等予以调节。

各种生橡胶本身都具有一定的黏度，可根据制品使用要求予以选用。

大多数合成橡胶和SMR系列的低黏度橡胶，其门尼黏度值（衡量橡胶平均相对分子质量及可塑性的一个指标）一般在50～60之间，不必塑炼便可直接进行混炼加工。对于黏度高的天然橡胶（门尼黏度一般为90左右）则要进行塑炼加工，以降低其门尼黏度，然后再进行混炼加工。

在配置填料含量高和可塑度很大的胶料时，则要选择门尼黏度值低（30左右）的生橡胶；如果要求橡胶半成品具有一定的挺性，则应选择门尼黏度值较高的生橡胶。

测量橡胶黏度的常用设备是门尼黏度仪，如图2-11-10所示。

图2-11-10　门尼黏度仪

塑炼加工能够降低生橡胶的黏度。配方中加入塑解剂（如β-萘硫酚、五氯硫酚及其锌盐、二苯甲酸-硫化物、二磷苯甲酰二苯二硫化物和促进剂M、DM等）可提高塑炼加工的效果，降低能耗。

加入软化剂可使胶料黏度降低，软化剂影响胶料黏度的次序是：油酸＞松焦油＞硬脂酸＞松香＞沥青＞植物油＞矿物油。

加入填料可使胶料黏度增大，填料影响胶料黏度的次序是：槽黑＞乙炔炭黑＞陶土＞氧化镁＞炉法炭黑＞硫酸钡＞氧化锌＞碳酸钙＞热裂法炭黑。而且，填料用量增加，黏度相应增大。

2.11.7.2　包辊性

胶料在开炼机上混炼时包前辊，其操作安全，混炼效果也好。压延操作时也要考虑胶料的包辊性，既要包辊，又要不黏辊。

胶料的包辊性取决于混炼胶的强度和黏着性。凡是有利于提高混炼胶强度和黏着性的因素（胶料因素，设备因素，辊温、辊距工艺因素等）均可提高胶料的包辊性。

包辊混炼的操作如图2-11-11所示。

加入补强性高的填料（炭黑、白炭黑等）可提高胶料的包辊性，而氧化锌、钛白粉、碳酸镁则有降低包辊性的倾向，滑石粉会使胶料离辊，陶土则易使胶料黏辊。

加入含芳香烃类操作油、松焦油、古马隆树脂、酚醛树脂

图2-11-11　橡胶的包辊操作

等增黏性软化剂可提高包辊性，加入硬脂酸、硬脂酸锌、蜡类及石蜡烃操作油、油膏等软化增塑剂易使胶料脱辊。

2.11.7.3　混炼性

混炼性是指配合剂是否易于与橡胶混合并分散均匀。胶料的混炼性主要取决于配方中所选用的配合剂与橡胶之间的湿润性和相溶性。

一般，软化增塑剂、再生橡胶和其他有机配合剂（如促进剂、防老剂等）都能与橡胶相溶。

非亲水性填料，如炭黑能被橡胶所湿润，而亲水性填料（如碳酸钙、硫酸钡、氧化锌、氧化镁、白炭黑及陶土等）不易被橡胶所湿润。

为了提高胶料的混炼性，设计配方时应选用易于被橡胶湿润而分散的配合剂。如果需要选用亲水性填料，则应配伍一些表面活性剂，如硬脂酸、高级醇、含氮有机化合物以及部分树脂和软化剂等。

2.11.7.4　焦烧性

胶料在存放或操作过程中产生的早期硫化现象称为焦烧。导致焦烧的原因，首先是橡胶与硫化体系配伍不当，其次是工艺不合理。因此，为使胶料具有足够的加工安全性，通常在配方中尽量选用后效性促进剂或临界温度高的促进剂，也可添加防焦烧剂。

填料对焦烧性也有影响。例如槽法炭黑，虽然粒径小、生热大，但其表面呈现酸性，具有延迟硫化的作用，故一般不引起焦烧（硅铝炭黑也有此作用）。炉法炭黑的表面呈碱性，具有促进硫化的作用，易于引起焦烧。

加入软化剂，通常具有延迟焦烧的作用。因此，当炭黑用量较多时，相应地增加软化剂的用量，既可促进填料分散，又可减少胶料生热，同时还能改善胶料的焦烧性能。

2.11.7.5　喷霜

所谓喷霜，是指硫黄、锶或其他配合剂（例如硬脂酸、石蜡、防老剂等）从胶料中析出的现象。

导致喷霜的因素有配方和工艺两个方面。从配方上看，主要是硫黄或者配合剂的用量超过了其饱和溶解度。因此，在配方设计时，要严格控制硫黄或配合剂的用量，或者是改用分散性好的品种（例如不溶性硫黄）和溶解性好的品种（例如将防老剂4010改用为防老剂4010NA等）。

此外，在胶料中适当加入松焦油、古马隆树脂等，也能增加橡胶对上述配合剂的溶解度，减少喷霜的倾向。

如果是汽车减震器制品，其表面有微晶蜡喷出，则另当别论。橡胶制品的喷霜与喷霜检测仪如图2-11-12和图2-11-13所示。

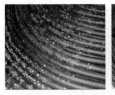

图 2-11-12　成品喷霜　　　　图 2-11-13　半成品胶料喷霜与橡胶喷霜快速检测仪

2.11.7.6　自黏性和黏着性

同种胶料表面之间的黏合性能称为自黏性,非同种橡胶两表面之间的黏合性则称为黏着性(互黏性)。橡胶的自黏性和黏着性对其制品的模具成形、贴合成形及其性能都有重要的作用。当设计黏着性好的胶料时,应当注意以下几方面:

(1)选用自黏性好的胶料。分子链活动性大、生橡胶强度高的橡胶都具有较好的自黏性。在常用橡胶中,自黏性最好的是天然橡胶,其余依次是氯丁橡胶、丁苯橡胶、丁腈橡胶和顺丁橡胶等。自黏性最差的是丁基橡胶、乙丙橡胶和氟橡胶等。

(2)选用增黏效果好的软化增塑剂,如古马隆树脂(液体更好)、松脂衍生物、石油树脂及酚醛树脂等。

(3)选用补强性大的填料。补强性大的活性填料以粒子小、活性大的炭黑最好。在白色填料中,也是以补强作用大的为好,其中较好的是白炭黑和氧化镁,其次是氧化锌。

(4)尽量不用或少用易于喷出的配合剂。

2.11.7.7　压延

用于压延操作的胶料,应当具有良好的包辊性、流动性、抗焦烧性以及较小的收缩性。这几个性能有时候是相互矛盾的,因此配方设计时尽可能兼顾包辊性与流动性、收缩性,使其取得基本的平衡。

实验室内的压延机和生产中的压延作业设备分别如图 2-11-14 和 2-11-15 所示。

图 2-11-14　实验室内的压延机　　　图 2-11-15　生产中的压延贴合作业设备

橡胶的压延作业应注意以下几个问题。

(1)胶料的选择。天然橡胶的包辊性、流动性好,收缩性小,易于进行压延加工。顺丁橡胶次之。氯丁橡胶虽然包辊性好,但对温度的敏感性大,易于黏辊。丁苯橡胶和丁腈橡胶流动性差,压延操作较难,胶片的收缩性也较大。不管哪种橡胶,都要将其塑炼到很低的黏度值后才具有良好的流动性。

通常,压延胶料的门尼黏度应控制在 40~60。其中压片胶料为 50~60,贴胶胶料为 40~50,擦胶胶料为 40 左右。

（2）填料的选择。纯胶和含胶率高的胶料不易于压延变形。对于压延胶料来说，都要在其中配伍一定量的填料，以有利于压延作业。一般的填料有炭黑（特别是高结构炭黑）、白炭黑和碳酸钙等。此外，加入一定量的再生橡胶，也有增加胶料流动性和减少压延收缩的作用。最好避免使用陶土作为填料，因为陶土的加入易于使胶料黏辊。

（3）软化增塑剂的选择。压延胶料应具备足够低的黏度，即足够大的可塑性。因此，需要在胶料中加入软化增塑剂。如果要求压片作业的胶片具有一定的挺性，那么就要选用增塑作用不太强的软化增塑剂（如油膏、固体古马隆树脂等）。相反，对于贴胶和擦胶作业则要选用增塑作用强的软化增塑剂（芳香烃油、松焦油、液体古马隆树脂、松香和沥青等）。

（4）硫化体系。由于压延加工是在较高的温度（90～100℃）下进行的，所以从胶料配方角度出发选择硫化体系时，首先要考虑生产过程的安全，胶料不得产生焦烧现象。一般，压延胶料的焦烧时间要控制在 20～25 min 以上（根据生产工艺设定）。

工作中的橡胶压延机如图 2－11－16 所示。

图 2－11－16　橡胶压延机

2.11.7.8　压出

压出所用胶料的工艺要求与压延胶料的相似。设计配方时，主要考虑使胶料降低弹性恢复，减少压出时口型压出膨胀变形。

（1）胶料的含胶率宜低不宜高。适当增加填料用量，特别是配入炉法炭黑能够有效改善胶料的压出性能，并提高半成品的挺性。一般常使用高结构、高耐磨炉黑，快压出炉黑，半补强炉黑，碳酸钙，碳酸镁等。

（2）配入再生橡胶。配用一定比例的再生橡胶可以降低压出变形，提高压出速度，降低挤压温度和减少焦烧倾向。

（3）配用润滑型软化增塑剂。配用油膏、矿物油、硬脂酸、石蜡和石蜡油等软化增塑剂，能够减少口型阻力，提高压出速度，并且可使半成品表面光滑亮泽。

橡胶压出机的结构如图 2－11－17 所示。

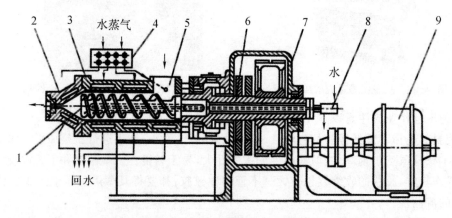

图 2－11－17　橡胶压出机的结构

1—螺杆；2—机头；3—机筒；4—分配装置；5—加料口；

6—螺杆尾部；7—变速装置；8—螺杆冷却装置；9—电动机

2.11.7.9　硫化

(1)并用橡胶的硫化。要使并用橡胶具有优良的物理-力学性能,是否达到共硫化极为重要。所谓共硫化,一方面是指两并用橡胶应当具有近乎相同的硫化速度,另一方面要求两并用橡胶的相界面应产生共交联。

两并用橡胶的硫化速度受到硫化用的配合剂在各并用橡胶中的溶解度及分散系数的影响,同时,硫化剂对各种橡胶的交联效率也影响硫化速度。部分硫化剂在各常用橡胶中的溶解度见表 2 - 11 - 4。

表 2 - 11 - 4　硫化剂在橡胶中的溶解度(135℃)　　　　单位:份

硫化剂	橡胶种类						
	NR	SBR	BR	EPDM	CR	IIR	CIIR
S	15.3	18	19.6	12.2	>25	9.7	9.8
DM	11.8	17	10.8	6.4	>25	5.0	4.0
DOTC	17.8	22	10.0	5.3	>25	4.4	7.0
TMDM	>12	>25	25.0	3.8	>25	3.8	2.5

分散系数即配合剂在并用橡胶组分中溶解度之比,可由表 2 - 11 - 4 求得。

各类硫化设备如图 2 - 11 - 18 所示。

图 2 - 11 - 18　各类硫化设备

(2)同类促进剂的代换。各类促进剂含有不同的官能基团(如防焦基团、促进基团、活性基团、硫化基团等),有的促进剂只有一种基团,有的则有多种基团。如 TMTD 兼有活化、促进及硫化等多种功能,其结构式中有 4 个—CH_3 对硫化速度有影响;而 TETD 中有 4 个乙基—C_2H_5 只对硫化速度有影响。前者比后者硫化得快,如果相互代换,则首先要调整硫化条件,使其有相同的硫化速度。另外,二者除烷基取代基不同外,其余结构相同。因此,相互取代时要换算各自的用量,代换后硫化橡胶的交联密度必须是相同的。其他同类促进剂之间的代换,原理上也是相同的。

(3)硫化体系。为了提高生产效率而采用快速硫化,应选用快速硫化体系,但必须要有足够的焦烧稳定性。

(4)填料与软化增塑剂。避免使用水分含量高的填料;为防止制品变形,除使用黏度高的橡胶外,也可以配用高结构炭黑及细粒子硅酸盐等;避免使用含低沸点成分的操作油。

(5)超高频硫化。在微波硫化条件下,极性小的橡胶生热效果不好。除了丁腈橡胶、氯丁橡胶等极性大的橡胶外,其他橡胶使用超高频硫化,还必须配用高耐磨类的硬质炭黑或白炭黑。

特种硫化设备如图2-11-19所示。

(a)　　　　　　　(b)　　　　　　　(c)

图2-11-19　特种橡胶硫化设备

(a)微波硫化设备;　(b)抽真空硫化设备;　(c)盐浴硫化设备

2.12　基　础　实　验

在橡胶工业中为了奠定工艺技术的基础,掌握最基本的知识,建立最基本的概念,必须进行最为基本的实验,即橡胶工业的基础实验。

2.12.1　常用的橡胶实验设备与仪器

橡胶基础实验常用设备有切胶机、天平或电子台秤、配方用的小型(ϕ160 mm×320 mm)开炼机、400 mm×400 mm平板硫化机、试片模具和切片机等,测试仪器有硫化仪、门尼黏度仪、电子拉力机、高低温老化仪、臭氧老化仪、邵尔硬度计、厚度计、测温仪、秒表和疲劳试验机等。

部分常用仪器、相关设备、模具与工具等如图2-12-1~图2-12-14所示。

图2-12-1　电子天平　　　　图2-12-2　天平　　　　图2-12-3　电子台秤

图2-12-4　圆盘台秤　　　图2-12-5　硫化仪　　　图2-12-6　实验室开炼机

图 2-12-7　实验室　　　图 2-12-8　无飞边哑铃试片　　　图 2-12-9　硬度及平均硫化
硫化机　　　　　　　　　成形模具　　　　　　　　　　　收缩率试样模具

图 2-12-10　永久压缩变形试验夹具　　　图 2-12-11　邵尔硬度计　　　图 2-12-12　厚度计

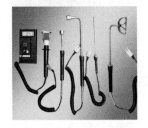 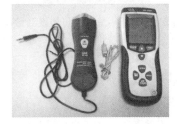

图 2-12-13　热电偶温度测量仪　　　　图 2-12-14　激光温度测量仪

2.12.2　实验一:胶料的可塑度实验

2.12.2.1　实验目的

(1)了解不同塑炼工艺条件对开炼机塑炼效果的影响。

(2)掌握威廉氏(Williams)可塑度计的工作原理及操作方法。

(3)通过实验了解 GB/T 3510—2006《生胶和混炼胶的塑性测定　快速塑性计法》的标准。

2.12.2.2　实验原理

开炼机塑炼为低温机械式塑炼,其辊温、辊距以及塑炼的时间都对塑炼的效果有着很大的影响。本实验塑炼效果用威廉氏可塑度来表征。

本实验通过测定在不同工艺条件下,使用开炼机进行塑炼获得塑炼胶的可塑度,并将其所得数据绘制成辊温-可塑度、辊距-可塑度和时间-可塑度的曲线,更加直观地表征辊温、辊距和时间对开炼机塑炼效果影响的情况。

威廉氏可塑度测定法的工作原理是将试样置于两平行板之间,在定温、定载荷条件下,经过一定的时间,测定试样的压缩变形量和卸载后的形变恢复量,即用试样在高度方向所产生的变化来评定胶料的可塑性。

测试威廉氏可塑度测量仪和双头快速切片机分别如图 2-12-15 和图 2-12-16 所示。

试样为直径 16 mm、高度 10 mm 的圆柱体。在(70±1)℃的温度下,预热试样 3 min,将其置于两平行板之间,再加载 5 kg 的载荷压缩 3 min 后卸载,取出试样,置于室温(20±2)℃下恢复 3 min。此时,量取试样高度尺寸,记录数据,并按下式计算可塑度:

$$P = \frac{h_0 - h_2}{h_0 + h_1}$$

式中　P ——试样的可塑度;

　　　h_0 ——试样的原高度(mm);

　　　h_1 ——试样压缩 3 min 后的高度(mm);

　　　h_2 ——卸荷后恢复 3 min 试样的高度(mm)。

图 2-12-15　威廉氏可塑度测量仪　　　　图 2-12-16　双头快速切片机

2.12.2.3　实验材料、设备和仪器

天然橡胶、切胶机、实验开炼机、台秤、试样切片机(或模具)、威廉氏可塑度计、厚度计及秒表。

2.12.2.4　实验步骤与要求

(1)塑炼胶的准备。用切胶机切碎天然橡胶,称取 8 份胶料,每份 1 kg(冬季实验则需要烘胶),依次进行粗炼、调温、包辊、打三角包、捣炼、薄通、下片及切取可塑度试样等操作。

塑炼胶准备的操作过程按照图 2-12-17~图 2-12-20 所示步骤进行。

图 2-12-17　调节前、后辊温　　　　图 2-12-18　打三角包

图 2-12-19　左、右切割捣炼　　　　图 2-12-20　薄通落盘

1)时间实验:辊温 45～50℃;辊距 1 mm;塑炼时间 5 min,10 min,15 min,20 min。

2)辊距实验:辊温 45～50℃;塑炼时间 10 min;辊距 0.5 mm,1.0 mm,2.0 mm。

3)辊温实验:辊距 1.0 mm;塑炼时间 10 min;辊温 45～50℃,60～65℃,75～80℃。

辊温测试:用水银温度计直接量取前、后辊筒流出的水温。

(2)可塑度试样制备。塑炼好的胶料在室温下停放 8～24 h(每次实验停放时间须一致)。检查胶料质量:应是塑炼均匀,表面平整光滑,不得有气泡、气孔、杂质的胶料。然后使用试样切片机切割制备试样。每组试样为三个,使用厚度计(0.02 mm 的,游标卡尺亦可)测量其高度,应为(10±0.3) mm。

所用量具如图 2-12-21 所示。

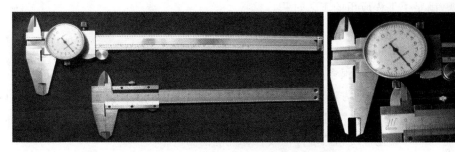

图 2-12-21　有精度要求的量具

(3)可塑度实验。按照 GB/T 3510 — 2006《生胶和混炼胶的塑性测定　快速塑性计法》的技术标准进行如下可塑度实验:

1)试样制作好后,使用厚度计测量其高度,精度为 0.01 mm。

2)如果实验时试样上垫有塑料薄膜,测量试样高度时须减去塑料薄膜的厚度。

3)将试样置于在(70±3)℃的温度下,预热 3 min。

4)将预热好的试样放在可塑度试验机两压板正中位置,压缩 3 min,测量在负荷状态下的高度(精确到 0.01 mm)。

5)卸载并取出试样,在室温下放置 3 min,测量恢复后的高度(精确到 0.01 mm)。

2.12.2.5　实验数据处理

(1)根据实验获得数据,按照前述公式分别进行计算,将三个计算结果进行平均,作为可塑度值。

(2)根据各个试样的可塑度值分别绘制辊温-可塑度、辊距-可塑度以及塑炼时间-可塑度关系曲线图。

如果有条件,各组试样的数量可增加得多一些,以使所绘曲线更加圆滑、真实。

2.12.2.6　实验报告及结果分析

(1)报告内容:实验报告名称、日期、实验室温度、预热等实验温度数据、试样编号及对应的可塑度数据,并附相关曲线图。

(2)结果分析:简述塑炼工艺条件对塑炼效果的影响,对实验中出现的异常数据写出自己的看法或意见。

2.12.3 实验二:胶料的硫化性能实验

2.12.3.1 实验目的

掌握用硫化仪法和拉伸强度法确定混炼胶料正硫化时间。

2.12.3.2 实验原理

硫化是在一定工艺条件下,将塑性混炼橡胶改变成为弹性橡胶或硬质橡胶的过程。还可以解释为:在加热条件下,塑性混炼胶料中的生橡胶发生化学反应(交联反应),使橡胶由线型结构的大分子交联成为立体网状结构的大分子,从而使胶料的物理-力学性能和化学性能都有了质的飞跃,满足了工程应用的工艺过程。

硫化的三个工艺条件是温度、压力和时间。

实验是在一定的温度和压力下确定硫化的时间(正硫化时间)。

确定正硫化时间的方法很多,但常用的方法是硫化仪法和物理-力学性能测定法。采用无转子硫化仪法是最为方便的方法,可以直接得到胶料的硫化曲线和正硫化点,其标准是 GB/T 9869—1997《橡胶胶料硫化特性的测定(圆盘振荡硫化仪法)》;拉伸强度测定法的标准是 GB/T 528—2009《硫化橡胶和热塑性橡胶拉伸性能的测定》。

2.12.3.3 实验材料、设备和仪器

天然橡胶(或合成橡胶)按配方混炼后在室温下停放 8～24 h,切胶机、实验开炼机及平板硫化机、台秤、试片模具、冲片机、无转子硫化仪(或圆盘振荡硫化仪)、电子拉力机、厚度计及秒表等。

通常用台秤秤取实验的胶料,称量前应对台秤进行校准(见图 2-12-22),其他辅料应用天平进行称量。

应对胶料试片进行标识,如图 2-12-23 所示。

图 2-12-22 台秤的校准

图 2-12-23 试片的准备及标识

2.12.3.4 实验步骤与要求

(1)使用无转子硫化仪,按其要求操作直接获得硫化曲线和正硫化点,或按标准 GB/T 9869—1997 进行测试。

(2)设定一硫化温度,分别以不同的硫化时间对胶料进行硫化,用平板硫化机制作哑铃状试片。试片尺寸及质量须符合 GB/T 528—2009 标准之规定。

(3)按照 GB/T 528—2009 对试片进行拉伸强度测试并记录实验数据。

2.12.3.5　实验数据处理

(1)解读硫化曲线并获得胶料的正硫化时间。

(2)根据不同的硫化时间及其所对应的拉伸强度曲线,选取最大值所对应的最短硫化时间为正硫化点时间。

2.12.3.6　实验报告及结果分析

(1)报告内容:实验报告的名称、实验日期、实验室温度、实验温度、硫化压力、试片编号和实验结果,并附胶料牌号及配方。

(2)结果分析:比较和分析无转子硫化仪(或圆盘振荡硫化仪)测试法和拉伸强度法所测得的正硫化时间,对两者的差异进行分析并提出自己的见解。

2.12.4　实验三:促进剂的性能对比实验

2.12.4.1　实验目的

在胶料配方已经确定的条件下,通过进行不同品种和不同用量的促进剂实验,比较常用促进剂 M/NOBS/D/TMTD 等的硫化特性及其对硫化橡胶性能的影响。

2.12.4.2　实验原理

促进剂在橡胶的硫化体系中起着十分关键的作用,它起到了提高硫化速度、降低硫化温度、减少硫化剂用量、改善硫化橡胶物理-力学性能及化学性能等重要作用。

不同化学结构的促进剂,因其作用机理的不同,其硫化特性和影响硫化橡胶性能的差异也很大。

本实验就不同的促进剂在天然橡胶配合中,以不同用量和在不同温度下得到的硫化橡胶性能进行对比来研究不同促进剂的硫化活性、硫化速度、硫化平坦特性下,硫化橡胶的交联密度及其性能受到的影响。

2.12.4.3　实验材料、设备和仪器

(1)用料:天然橡胶、硫黄、氧化锌、硬脂酸及促进剂 M/NOBS/D/TMYD 等。

(2)设备与仪器:实验开炼机、实验平板硫化机及试片模具、冲片机、硬度计、无转子硫化仪、电子拉力机及秒表等。

2.12.4.4　实验配方及混炼

(1)实验配方见表 2 – 12 – 1。

表 2 – 12 – 1　实验配方(实验三)

配方编号	1		2		3		4	
配方	配合量 份数	实际用量 g	配合量 份数	实际用量 g	配合量 份数	实际用量 g	配合量 份数	实际用量 g
NR(一段塑炼)	100.00	300.00	100.00	300.00	100.00	300.00	100.00	500.00
硫黄	3.00	9.00	3.00	9.00	3.00	9.00	3.00	15.00
氧化锌	5.00	15.00	5.00	15.00	5.00	15.00	5.00	25.00

续表

配方编号	1		2		3		4	
配方	配合量份数	实际用量 g	配合量份数	实际用量 g	配合量份数	实际用量 g	配合量份数	实际用量 g
硬脂酸	0.50	1.50	0.50	1.50	0.50	1.50	0.50	2.50
促进剂 M	1.00	3.00						
促进剂 NOBS			0.60	1.80				
促进剂 D					1.00	3.00		
促进剂 TMTD							0.60	3.00
合计	109.50	328.50	109.10	327.3	109.50	328.50	109.10	545.50

(2)混炼工艺条件。

设备:ϕ160 mm×320 mm 开炼机。

辊温:前辊 55~60℃,后辊 50~55℃。

辊距:(1.4±0.2) mm(1,2,3 号配方),(1.7±0.2) mm(4 号配方)。

挡板距离:250~270 mm。

加料顺序:生胶(包辊)—硬脂酸—氧化锌—促进剂—硫黄—割胶捣炼、打三角包—放厚下片—停放。

(3)试片硫化工艺。

设备:400 mm×400 mm 平板硫化剂。

硫化压力:2.0~2.5 MPa。

硫化温度与时间见表 2-12-2。

表 2-12-2 实验的硫化温度与时间

配方编号	1	2	3	4	
硫化温度/℃	143±1	143±1	143±1	143±1	121±1
硫化时间/min	10,20,30,40,50	10,20,30,40,50	20,30,40,50,60	5,10,15,20,40	10,20,30,40,50

2.12.4.5 实验步骤与要求

(1)配料:按照配方中各种原辅材料的品名、规格配料,核对各种材料是否正确(包括外观质量、质量以及色泽等)。

称重时须按配方中生胶和各种配合剂质量的多少选用不同精度的天平或台秤,使其称重精确到 0.5%。

称重时要注意清洁,不得在配料中混入其他杂物;配料后要由他人或专职检验人员进行复核,确保品种不缺,质量无误。

相关操作如图 2-12-24～图 2-12-34 所示。

图 2-12-24　配料

图 2-12-25　调节辊温

图 2-12-26　包前辊

图 2-12-27　添加配合剂

图 2-12-28　吃粉

图 2-12-29　对半割胶捣炼（一）

图 2-12-30　对半割胶捣炼（二）

图 2-12-31　翻转 90°捣炼

图 2-12-32　打三角

图 2-12-33　设置硫化温度、时间和压力

图 2-12-34　试样胶片

（2）混炼：通过水温调节前、后辊的温度，达到工艺条件要求，并使之稳定。混炼时先碎胶，再包辊，然后按照顺序加入各种配合剂；吃粉后，分别采用各种手法进行割胶捣炼，按混炼工艺完成后，放厚下片；对胶片进行称重复核，混炼过程最大损耗量不得大于总质量的 0.3%；最后停放。

（3）硫化曲线：在停放好的胶片上分前、中、后分别取样，使用无转子硫化仪进行硫化曲线测试，如图 2-12-35 所示，其结果作为后续实验参考。

（4）硫化试片。

1)试片的准备。要进行使用的项目,分别准备硬度、拉伸强度、永久变形等试样胶片并编号。

2)试片的硫化。检查试片的编号与硫化条件;由低到高,预置硫化温度、时间和压力;预热试样模具;测量所用模具型腔的温度,务必与实验工艺要求相同。

按照要求进行试样的硫化,对硫化好的试样及时编号并在室温下放置 8 h。

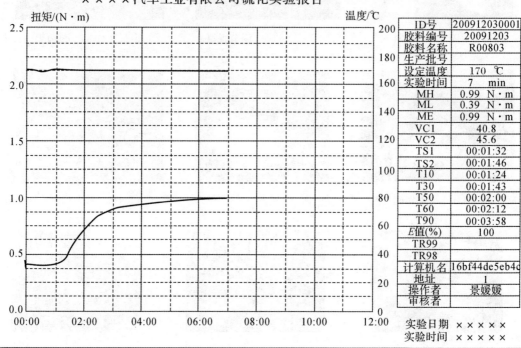

××××汽车工业有限公司硫化实验报告

ID号	200912030001
胶料编号	20091203
胶料名称	R00803
生产批号	
设定温度	170 ℃
实验时间	7 min
MH	0.99 N·m
ML	0.39 N·m
ME	0.99 N·m
VC1	40.8
VC2	45.6
TS1	00:01:32
TS2	00:01:46
T10	00:01:24
T30	00:01:43
T50	00:02:00
T60	00:02:12
T90	00:03:58
E值(%)	100
TR99	
TR98	
计算机名	16bf44de5eb4c
地址	1
操作者	景媛媛
审核者	

实验日期 ×××××
实验时间 ×××××

MDR-2000 智能电脑型硫化仪 ××××电子化工设备有限公司 专业制造 (联系电话:×××××××××)

图 2-12-35 硫化曲线

(5)性能测试。根据相关标准,对试样分别进行硬度、拉伸强度、定伸应力、扯断伸长率、永久变形等性能测试并做好实验记录。

2.12.4.6 实验数据处理

根据各个配方性能测试的结果绘制每一种促进剂对应胶料的硫化曲线,并确定其正硫化点(可以用无转子硫化仪所作硫化曲线线形及正硫化点对照)。

硫化曲线的做法:以硫化时间为横坐标,测得的各项性能数据为纵坐标描点而连接成为硫化曲线。

对硫化曲线进行分析,确定胶料的正硫化时间。

确定了正硫化时间之后,整理各个胶料在正硫化条件下的各项性能指标。

2.12.4.7 实验报告及结果分析

(1)实验报告内容。

1)实验报告的名称。

2)实验日期。

3)实验室温度。

4)实验编号、硫化温度、正硫化时间及正硫化时间条件下的硬度、拉伸强度、定伸应力、扯断伸长率及压缩永久变形等。

(2)实验结果分析。

1)对实验结果进行全面分析,结合理论进行总结。

2)对在相同温度条件下使用不同的促进剂、胶料的硫化速度以及在正硫化条件下的各项性能进行比较,得出结论;比较促进剂 TMTD 使胶料在不同硫化温度条件下的硫化速度和在正硫化条件下的各项性能指标,总结其对硫化橡胶性能的影响。

3)对照无转子硫化仪测试的硫化曲线和正硫化点,分析自己所做实验的结果,两者若有差异,找出存在差异的原因。

2.12.5　实验四:炭黑的性能对比实验

2.12.5.1　实验目的

在胶料配方确定的条件下,通过使用不同品种炭黑的实验,比较几种常用炭黑(如中超耐磨炉黑、高耐磨炉黑、天然气槽黑和半补强炉黑)对胶料工艺性能和硫化橡胶物理-力学性能的影响,进一步测定炭黑的性能。

2.12.5.2　实验原理

炭黑是橡胶材料最重要的补强剂,不仅能够提高橡胶的硬度和各种物理-力学性能,还能改善橡胶的加工工艺性能。

炭黑对橡胶加工工艺性能和橡胶制品物理-力学性能的影响主要决定于其基本性质,即炭黑的表面性质、结构性和粒径。

炭黑表面粗糙度越大,其硫化橡胶的物理-力学性能越差。

炭黑结构性越高,补强性越大,硫化橡胶的硬度和定伸应力提高得越明显。而且,硫化橡胶的压出工艺性能也能得到改善。结构性较高,对非结晶性橡胶(如丁苯橡胶)的拉伸强度和撕裂强度较好;而结构性较低,对结晶性橡胶(如天然橡胶)的拉伸强度和撕裂强度较好。

炭黑的粒径越小,其表面的活性越大,结合胶的生成量就越多,对橡胶的补强作用就越大,可更显著地提高硫化橡胶的拉伸强度和撕裂强度。但粒径过小,在炼胶时其分散性就差,可塑性下降,影响其压出工艺性。

2.12.5.3　实验材料、设备及仪器

(1)实验材料:天然橡胶、硫黄、氧化锌、硬脂酸、促进剂 M、20 号机油、中耐磨炉黑、高耐磨炉黑、天然气槽黑及半补强炉黑等。

(2)实验设备与仪器:实验开炼机、平板硫化机及试片模具、冲片机、硬度计、厚度计、威廉氏可塑计、无转子硫化仪、电子拉力机、秒表、天平及台秤等。

2.12.5.4　实验配方

实验配方见表 2－12－3。

表 2 - 12 - 3　实验配方 (实验四)

配方编号	1		2		3		4	
配方	配合量份数	实际用量 g	配合量份数	实际用量 g	配合量份数	实际用量 g	配合量份数	实际用量 g
NR(一般塑炼)	100.00	300.00	100.00	300.00	100.00	300.00	100.00	500.00
硫黄	3.00	9.00	3.00	9.00	3.00	9.00	3.00	15.00
氧化锌	5.00	15.00	5.00	15.00	5.00	15.00	5.00	25.00
硬脂酸	0.50	1.50	0.50	1.50	0.50	1.50	0.50	2.50
促进剂 M	1.00	3.00						
促进剂 NOBS			0.60	1.80				
促进剂 D					1.00	3.00		
促进剂 TMTD							0.60	3.00
合计	109.50	328.50	109.10	327.3	109.50	328.50	109.10	545.50

2.12.5.5　混炼工艺条件

设备:ϕ160 mm×320 mm 开炼机。

辊温:前辊 55~65℃,后辊 50~55℃。

辊距:(1.7±0.2) mm。

挡板距离:250~270 mm。

加料顺序:破胶粗炼—生胶包辊—硬脂酸、氧化锌、促进剂—炭黑—机油—硫黄—割胶捣炼—薄通—打三角包—放厚下片—停放。

2.12.5.6　试片工艺条件

设备:400 mm×400 mm 平板硫化剂。

硫化压力:2.0~2.5 MPa。

硫化温度:(143±1)℃。

硫化时间:10 min,20 min,30 min,40 min。

2.12.5.7　实验步骤与要求

本实验的配料、混炼、硫化试片制作及效能实验与实验三基本相同,只是要注意以下几方面。

(1)在混炼操作时为使炭黑能够分散得更加均匀而需要多薄通(辊距为 0.5~1.0 mm)一到两次,在试片硫化前再将胶料在混炼温度下返炼一次。

(2)胶料混炼后的最大损耗量可以小于总量的 1%。

(3)混炼时要对每一个配方胶料的混炼时间进行记录。

(4)对混炼好的胶料进行可塑度测试。

(5)对混炼好的胶料用无转子硫化仪进行正硫化点的测试,取得每一配方胶料的硫化曲线,在其后的实验中以作参照。

2.12.5.8　实验数据处理

(1)根据实验数据,计算各个配方胶料在不同硫化时间下的硬度、拉伸强度、定伸应力及永久变形等结果,找出各个配方胶料的正硫化时间,并与无转子硫化仪所测结果进行对照。

(2)根据可塑度测试结果计算各个配方胶料的可塑度值。

2.12.5.9　实验报告及结果分析

(1)实验报告内容。

1)实验报告的名称。

2)实验日期。

3)实验室温度。

4)实验编号、各配方胶料的混炼时间、可塑度及在正硫化条件下的硬度值、拉伸强度、定伸强度、扯断伸长率、永久变形等实验结果。

(2)实验结果分析。

1)对比不同品种炭黑胶料的混炼时间、可塑度以及在正硫化条件下的各项实验性能数据。

2)对实验结果进行数据分析,得出结论。

3)对实验中出现的异常数据进行分析并查找原因。

2.12.6　实验五:防老剂的性能对比实验

2.12.6.1　实验目的

在配方已确定的条件下,使用不同防老剂对胶料性能进行实验,比较常用防老剂 RD,264 和 MB 等对橡胶热空气老化的防护效能及防老剂 RD 和防老剂 MB 并用后的协同效应。

2.12.6.2　实验原理

氧化老化是橡胶老化中最为常见的一种老化形式。在橡胶中加入抗氧剂可以抑制和延缓其氧化老化过程,从而延长其制品的使用寿命。

化学结构不同的抗氧剂,因其作用机理不同或性能的差异而对橡胶热氧老化的防护效果也有所不同。防老剂若并用得当,还可以产生对热氧老化防护的协同作用。

用老化系数表征橡胶抗热氧老化的性能。老化系数的计算公式为

$$老化系数 = \frac{橡胶老化后的抗强积}{橡胶老化前的抗强积} \quad \frac{(老化后的拉伸强度 \times 拉断伸长率)}{(老化前的拉伸强度 \times 拉断伸长率)}$$

从老化系数的计算公式可以看出,老化系数为小于 1 的数值。老化系数数值越大,表明橡胶的抗热氧老化性能越好。

本实验以提高测试不同品种防老剂和防老剂并用所得硫化橡胶的老化系数的大小,来对比防老剂 RD,264,MB 单用和防老剂 RD+MB 并用条件下橡胶抗热氧老化的防护能力,并从中认识自由基链终止剂和过氧化氢物分解剂并用后所产生的非均匀协同效应。

2.12.6.3　实验材料、设备和仪器

（1）实验材料：天然橡胶、硫黄、氧化锌、硬脂酸、半补强炉黑、促进剂 M、防老剂 RD、防老剂 264 及防老剂 MB 等。

（2）实验设备与仪器：ϕ160 mm×320 mm 开炼机、400 mm×400 mm 平板硫化剂、硫化试片模具、冲切机、厚度计、无转子硫化仪、电子拉力机及热老化实验箱（见图 2－12－36）等。

图 2－12－36　热老化实验箱

2.12.6.4　实验配方

实验配方见表 2－12－4。

表 2－12－4　实验配方（实验五）

配方编号	1		2		3		4	
配方	配合量份数	实际用量 g	配合量份数	实际用量 g	配合量份数	实际用量 g	配合量份数	实际用量 g
NR（一段塑炼）	100.00	300.00	100.00	300.00	100.00	300.00	100.00	300.00
硫黄	3.00	9.00	3.00	9.00	3.00	9.00	3.00	9.00
氧化锌	5.00	15.00	5.00	15.00	5.00	15.00	5.00	15.00
硬酸酯	3.00	9.00	3.00	9.00	3.00	9.00	3.00	9.00
促进剂 M	1.00	3.00	1.00	3.00	1.00	3.00	1.00	3.00
半补强炉黑	60.00	180.00	60.00	180.00	60.00	180.00	60.00	180.00
防老剂 RD	1.00	3.00					0.50	1.50
防老剂 264			1.00	3.00				
防老剂 MB					1.00	3.00	0.50	1.50
合计	173.00	519.00	173.00	519.00	173.00	519.00	173.00	519.00

2.12.6.5　混炼工艺条件

设备：ϕ160 mm×320 mm 开炼机。

辊温：前辊 55～60℃，后辊 50～55℃。

辊距：(1.7±0.2) mm。

挡板距离：250～270 mm。

加料顺序：破胶粗炼—生胶包辊—硬酸酯、防老剂、促进剂—氧化锌—炭黑—硫黄—割刀 4 次—薄通 2 次（打三角包）—放厚下片。

2.12.6.6　试片硫化工艺条件

设备：400 mm×400 mm 平板硫化剂。

硫化压力：2.0～2.5 MPa。

硫化温度：(143±1)℃。

硫化时间:10 min,15 min,20 min,25 min。

2.12.6.7　实验步骤与要求

本实验的配料、混炼、硫化试片制作及效能实验与实验三基本相同,只是要注意以下几方面。

(1)在混炼操作时为使炭黑能够分散得更加均匀而需要薄通(辊距为 0.5～1.0 mm)两次,在试片硫化前再将胶料在混炼温度下返炼一次。

(2)胶料混练后的最大损耗量可以小于总量的 1%。

(3)混炼时要对每一个配方胶料的混炼时间进行记录。

(4)对混炼好的胶料进行可塑度测试。

(5)对混炼好的胶料用无转子硫化仪进行正硫化点的测试,取得每一配方胶料的硫化曲线,以在其后的实验中参照。

试片硫化后,首先进行拉伸实验,根据拉伸实验数据找出每个配方胶料的正硫化时间;再按规定的硫化温度测出的正硫化时间,将每个配方胶料再同时硫化出两个试片。其中一个试片用于做老化前的拉伸实验,另一个试片按照国家标准 GB/T 3512 — 2001《橡胶热空气老化实验方法》进行热空气老化实验。

老化实验条件选择为 100℃×24 h,试片经过热空气老化实验后再做拉伸实验。

2.12.6.8　实验数据处理

根据各个配方胶料试片老化前、后的拉伸强度数据和扯断伸长率数据进行计算,求得各个配方胶料的老化系数。

2.12.6.9　实验报告及结果分析

(1)实验报告内容。

1)实验报告的名称。

2)实验日期。

3)实验室温。

4)实验编号、硫化温度、正硫化时间、老化条件、老化前后的拉伸强度、扯断伸长率及老化系数的实验结果。

(2)实验结果分析。

1)对实验中出现的异常数据进行分析并查找原因。

2)对比不同配方胶料的老化系数。

3)对实验结果进行分析并调整方案。

第3章 橡胶成形工艺

3.1 橡胶的塑炼

3.1.1 生橡胶塑炼的意义

生橡胶的相对分子质量很高,分子间的作用力也很大,而且质地强韧坚硬、弹性很高,这种特性给加工和成形带来了很大的困难。在由生橡胶到其制品的各个加工过程中(如混炼、压延、压出等工序),都要求橡胶材料具有一定的塑性变形能力。

增大生橡胶的塑性变形能力、改善其加工状况,关键在于降低其相对分子质量。通常,在橡胶的加工中,使用机械力,热、氧和化学塑解剂等来降低生橡胶的相对分子质量,使生橡胶由强韧、坚硬和富于高弹性的状态变成柔软而富于可塑性的状态。这种将生橡胶加工成具有适当可塑性的工艺过程就叫作橡胶的塑炼。经过塑炼的生橡胶称为塑炼胶。

3.1.2 橡胶塑炼的工艺目的

生橡胶塑炼是橡胶制品生产过程中的第一道工序,也是后续各个工序的基础,其目的是使生橡胶获得适宜的可塑性,以便满足其后各个加工工序的工艺要求。其工艺目的如下所述。

(1)使生橡胶的可塑性增大,以利于混炼时配合剂的混入及均匀分散。

(2)改善胶料的流动性,便于压延、压出、模压以及注射成形等加工,使胶料的形状和尺寸稳定,使胶料易于流动充型。

(3)增大胶料的黏着性,方便成形操作。

(4)提高胶料在溶剂中的溶解度,以利于胶浆的制造并降低胶浆的黏度,使之易于渗入织物纤维孔眼之中,增加附着力,提高制品质量。

(5)改善胶料的充模性,使模制品表面的花纹、图案和文字更加清晰、饱满等。

3.1.3 橡胶的可塑性和可塑度

生橡胶塑炼的程度和可塑性,既要满足制品的性能和使用要求,又要满足其加工工艺的操作要求。如果生橡胶的可塑性太大,那么,在混炼时颗粒极小的炭黑和其他粉状配合剂反而不容易均匀分散;压延作业时胶料则易于黏辊;压出加工时,胶料成形的坯件挺性差、易于变形;模压成形时,其制品变形量大,在硫化时胶料的流失量也较多;制品的物理-力学性能和耐老化性能都会有所下降。因此,生橡胶的可塑性并非越大越好。通常,以在满足加工工艺要求前提下,具有最小的可塑性为宜。

常用橡胶塑炼胶的可塑度见表 3－1－1。

表 3－1－1　常用橡胶塑炼胶的可塑度

塑炼胶种类		威廉氏可塑度	塑炼胶种类		威廉氏可塑度
胎面胶用塑炼胶		0.22～0.24	缓冲层帘布胶用塑炼胶		0.50 左右
胎侧胶用塑炼胶		0.35 左右	海绵胶用塑炼胶		0.50～0.60
内胎胶用塑炼胶		0.42 左右	胶管内层胶用塑炼胶		0.25～0.30
胶管外层胶用塑炼胶		0.30～0.35	三角带线绳浸胶用塑炼胶		0.50 左右
运输带覆盖胶用塑炼胶		0.30 左右	传动带布层擦胶用塑炼胶		0.49～0.55
胶鞋大底胶(一段硫化)用塑炼胶		0.35～0.41	胶鞋大底胶(模压)用塑炼胶		0.38～0.44
薄膜压延胶用塑炼胶	膜厚在 0.10 mm 以上	0.35～0.45	胶布胶浆用塑炼胶	含胶率在 45％以上	0.52～0.56
	膜厚在 0.10 mm 以下	0.47～0.56		含胶率在 45％以下	0.56～0.60

大多数合成橡胶和部分天然橡胶胶种(如软丁苯橡胶、软丁腈橡胶以及恒黏度与低黏度天然橡胶等)在制造过程中已经控制了生橡胶的初始可塑度。一般,门尼黏度在 60 以下的胶料可以不经过塑炼而直接进行混炼;如果混炼胶的可塑度要求较高时,也可以进行塑炼,以进一步提高其可塑度。

3.1.4　可塑度的测试方法

可塑度的测试方法有以下几种:

$$可塑度测试方法 \begin{cases} 压缩法 \begin{cases} 威廉氏法 \\ 华莱氏法 \end{cases} \\ 门尼黏度法 \\ 压出法 \end{cases}$$

3.1.4.1　压缩法

压缩法,操作简单,测试比较准确,是常用的橡胶可塑度测试法,有威廉氏法和华莱氏法。压缩法的缺点是测定时试样所受的切边速率(垂直于流动方向的单位距离内速度的变化)比较低。

(1)威廉氏法。该方法测试时使用威廉氏可塑度计,其工作原理如图 3－1－1 所示,门尼黏度实验报告如图 3－1－2 所示。

威廉氏可塑度测定法是橡胶工业中常用的测试方法,设备购置成本低,其使用方法见第 2 章 2.12.2 节"实验一:胶料的可塑度实验"具体内容。

(2)华莱氏法。该方法的原理与威廉氏法相同,也是以定温、定负荷、定时间下的塑炼胶试样厚度的变化计算来表征胶料的可塑度。

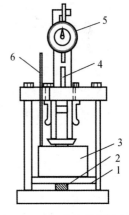

图 3－1－1　威廉氏可塑度计
1—上压板;2—试样;3—重锤;
4—支架;5—百分表;6—温度计

测试时,将 3 mm 厚的胶片冲裁成直径约为 13 mm,体积恒定为(0.4±0.04) cm³ 的试样,放入华莱氏可塑度测定仪中,测试温度为(100±1)℃。然后迅速闭合压盘,将试样预压至 1 mm,进行预热 15 s 后,施加 10 kg 负荷,至第二个 15 s 测厚计所指示的读数即为塑炼胶的可塑度。

该方法规定 0.01 mm 表示一个可塑度单位,如果所测出试样的厚度为 0.45 mm,则该试样的华莱氏可塑度为 45。华莱氏数值越大,胶料的可塑度就越小。

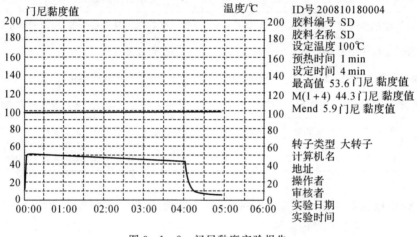

图 3-1-2　门尼黏度实验报告

3.1.4.2　门尼黏度法

门尼黏度法是用门尼黏度仪来测定胶料可塑度的。原理是根据试样在规定温度、时间和压力的条件下,在上模(可转动)和下模(固定不动)之间扭转变形时所受到的阻力来表征胶料的可塑度。门尼黏度值因测定的条件不同而不同,所以测定时要标明其条件,通常是 ML1+4 100℃来表示。其中,M 表示门尼,L1+4 100℃表示用可转动上模(直径为 38.1 mm)在100℃下预热 1 min,然后转动 4 min 时所测得的扭力值(用百分表指示)。

门尼黏度法测定值范围为 0～200,数值越大表示黏度越大,即可塑性越小。

门尼黏度法使用便捷,所表示胶料的动态流动性能接近于工艺实际情况。不仅如此,还可以测出胶料的焦烧时间。如图 3-1-3 所示为门尼黏度仪,其焦烧实验报告如图 3-1-4 所示。

图 3-1-3　门尼黏度仪

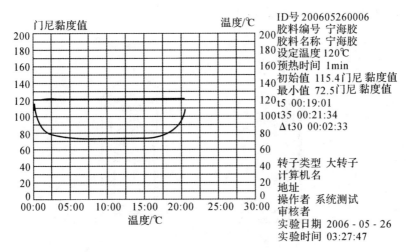

图 3-1-4　焦烧实验报告

3.1.4.3　压出法

该方法的测定原理是在一定温度、压力和一定规格形状的口型条件下,在一定的时间内测定塑炼胶的压出速度,以每 1 min 压出的体积或压出的质量来表示胶料的可塑度。数值越大,表示压出速度越快,则胶料的可塑度越大。

该方法与压出机口型的工作状况类同,因此可以更确切地反映胶料的流变性质。该方法的缺点是试样消耗量大,测试时间长,因此在实际生产中应用较少,通常用于科研之中。

3.1.5　生橡胶的塑炼

3.1.5.1　橡胶塑炼的机理

生橡胶塑炼时,置于塑炼机中的生橡胶受到机械剪切力、氧、温度或塑解剂的作用,产生了复杂的物理-化学反应,使其大分子链被切断。

塑炼分为低温塑炼和高温塑炼。低温塑炼是以分子链机械断裂为主,氧起到稳定游离基的作用;高温塑炼是以分子链氧化断裂为主,在塑炼过程中,通过机械作用来强化生橡胶与氧的接触。

塑炼时加入塑解剂,能够加快生橡胶大分子链断裂的速度,增强塑炼的效果。通常,使用的化学塑解剂有三类,即链终止型、链引发型和混合型。一般,低温塑炼时选用链终止型,高温塑炼时选用引发型。

由于生橡胶原料是标准的大块包装,因此在塑炼前需要将其切成小块(切胶),再进行破碎(破胶)。如果在冬季,特别是寒冷地区,通常在切胶前还需对原料胶块进行加热(烘胶)。这些操作工序的目的是使胶料的塑炼能够顺利进行,并获得高质量的塑炼胶。

1. 切胶

切胶是使用切胶机将生橡胶切成小块,便于塑炼时的投料和加工。切胶机有立式和卧式两类,它们的结构如图 3-1-5 所示,立式切胶机外形如图 3-1-6 所示。

立式切胶机适宜于中小橡胶制造企业,卧式切胶机则适宜于生产规模大的橡胶企业。

切胶前,要将包装外皮剥除,除去杂质,特别是金属类杂物。如果发现有霉变斑迹,必须将其清除干净,切胶机的工作状态如图 3-1-7 所示。

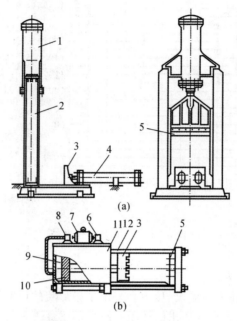

图 3-1-5　立式和卧式切胶机

（a)立式切胶机；　(b)卧式切胶机

1—压力缸；2—机架；3—推料盘；4—推料气缸；5—切刀；
6—低压泵；7—电动机；8—高压泵；9—液压缸；10—活塞；11—机座；12—机架

图 3-1-6　立式切胶机

图 3-1-7　切胶机正在工作

在橡胶工业中,有"先烘胶,后切胶"和"先切胶,后烘胶"两种工艺准备。

前者工艺的特点是切胶容易,速度快,动力消耗较少,切胶机使用寿命长,但所烘胶块的温度均匀性差且烘胶时间较长,能耗高;后者的工艺特点是所烘胶块的温度均匀性较好,烘胶工序时间短,但切胶机的使用寿命比较短。

目前,在民营企业中,为了降低生产成本,一般都省去了烘胶的工序,但这是不符合工艺要求的。

2.破胶

所谓破胶,就是将切好的胶块用破胶机进行破碎加工,便于塑炼。

破胶机及其辊筒分别如图 3-1-8 和图 3-1-9 所示。破胶机的辊筒一般粗而短,表面设有沟槽,两辊筒的速度比较大。破胶是依靠后辊筒上的沟槽进行的,破胶时辊筒通入水进行工作温度的调节。通常辊筒的温度控制在 45℃ 以下,辊距控制在 2~3 mm,生橡胶过辊 2~3 次即可。

破胶操作时首先要注意安全,一般是要连续投料破胶,不得中断,以免胶块弹出伤人。

图 3-1-8　破胶机

图 3-1-9　破胶机辊筒

3. 烘胶

生橡胶在长期的储存过程中,易于发生结晶,从而使其硬度提高,特别是冬季更是如此。这给切胶、破胶和其后的加工带来了困难。因此,需要对生橡胶进行加热软化处理。称这一处理过程为烘胶。

经过烘烤后的生橡胶结晶解除,硬度降低,便于切胶、破胶和塑炼加工,后续动力消耗减少。

烘胶是在专用的烘室内进行的,烘室的加温方式有两种,即气热式烘胶装置和电热式烘胶装置(高频加热式),分别如图 3-1-10 和图 3-1-11 所示。

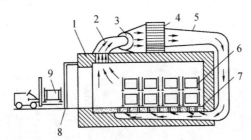

图 3-1-10　气热式烘胶装置

1—解晶装置外壳;2—室内空气抽出管;3—通风机;4—暖风机;
5—空气进入管;6—托盘;7—向室内输送热空气的管道;8—闸门;9—生橡胶块

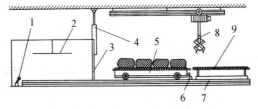

图 3-1-11　电热式烘胶装置

1,6—运输小车行程开关;2—电极;3—烘胶室挡墙;
4—烘胶室门;5—胶块小车;7—轨道;8—加热装置;9—轨道

在气热式烘胶装置工作时,将生橡胶块置于烘室的金属托盘中,关闭室门后向室内通入热空气。烘胶的温度和时间随着生橡胶的种类、加热方式以及季节温度等因素而有所不同。

电热式烘胶装置是利用高频来烘烤胶料的,工作时将生橡胶块置于专用小车上,通过轨道进入烘室内。然后封闭室门,落下电极于胶块之上,于是电极和小车之间形成了一个高频电磁场对胶块进行加热。一般加热频率为 $20 \sim 70$ MHz,时间为 $20 \sim 30$ min,具体视胶块的高度而定。

此外,也有使用烘房、烘箱以及红外线来对生橡胶块进行加热的。

3.1.5.2 开炼机塑炼

何谓开炼机?开炼机就是开放式炼胶机,生产中的开炼机结构如图 3-1-12 所示,如图 3-1-13 所示为生产中开炼机的外形与结构。

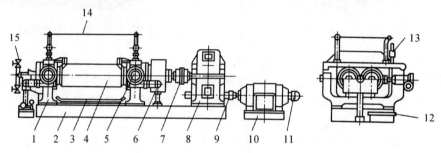

图 3-1-12　XK550 型开炼机结构图

1—机架;2—底座;3—接料盘;4—辊筒;5—调距装置;6—速比齿轮;7—齿形联轴器;8—减速器;9—弹性联轴器;
10—电动机底座;11—电动机;12—润滑系统;13—液压保护装置;14—事故停机装置;15—辊筒温度调节装置

图 3-1-13　开炼机的外观形状与结构

使用开炼机对生橡胶进行塑炼,是最早应用的一种塑炼方法。它是将生橡胶胶块投于两个辊筒之间,借助辊筒的摩擦力作用使橡胶的分子链受到拉伸而断裂,从而使橡胶获得可塑性。

使用开炼机塑炼,其塑炼温度通常控制在 $100 ℃$ 之内。这种塑炼法属于低温机械式塑炼。

开炼机塑炼的优点是塑炼胶的可塑性均匀、热可塑性小,所得胶料的收缩性能小,设备的工艺灵活性强、适用面宽(胶种变化多等)、投资小。其缺点是劳动强度大,生产效率低,工作条件差。

1. 开炼机塑炼的工艺方法

采用开炼机塑炼(见图 3-1-14)的方法一般有以下几种:薄通塑炼法(见图 3-1-15)、

一次塑炼法、分段塑炼法以及添加化学塑解剂塑炼法等。

图 3-1-14　开炼机包前辊塑炼

图 3-1-15　薄通法塑炼落盘

（1）薄通塑炼法。薄通塑炼法是将生橡胶胶料在辊距为 0.5～1.0 mm 的工艺条件下通过辊隙，不进行胶料包辊的操作而直接薄通落盘，按照工艺要求重复操作至规定次数或规定时间，直到获得所需要的可塑性为止。

薄通塑炼法塑炼效果较好，其塑炼胶的可塑性高且均匀，适宜各种橡胶的塑炼，特别是一些机械塑炼效果差的合成橡胶（如丁腈橡胶），因而在工程应用中使用比较广泛。但其生产效率较低。

以天然橡胶为例，薄通塑炼的操作方法及步骤如下。

1）在塑炼之前，首先按照设备使用规程对设备进行巡回检查，加油并检查水路。若塑炼浅色胶料，则对设备进行认真擦拭，以保证所需胶料颜色的纯正。然后开机空载运转，观察其运行是否正常。

2）调整开炼机前、后辊筒温度至塑炼工艺要求，例如前辊为 (45±1)℃，后辊为 (40±1)℃；将辊距先调到 4～5 mm；将切碎的胶块从主驱动齿轮一端连续投入，破胶 4～5 min；再将辊距调小至 0.8～1.0 mm，把破胶后的胶片进行薄通 10～13 次，第一次薄通的胶片在第二次薄通时转 90°角入辊隙，如此交替进行；将辊距调至 10～12 mm，把薄通后的胶片包辊后连续左右切割糅合 3～5 次，然后切割下片，下片至一半时，割取可塑性检验试片（试样）3～5 块，下片胶片的厚度为 13～14 mm，宽度为 300～400 mm，长度为 700～1 200 mm；将胶放置在中性皂液隔离槽中冷却 5～10 min，取出胶片，挂在晾胶架上，进一步冷却（可以自然冷却或强制冷却）晾干，使胶片温度下降到 45℃ 以下；将晾干的胶片置于铁台架上停放，停放时间为 8～72 h，堆放高度一般不超过 500 mm。

薄通塑炼法塑炼效果较好，通常所得塑炼胶的可塑性较高而且均匀，适用于各种橡胶，特别是一些用机械塑炼效果差的合成橡胶（例如丁腈橡胶），因而，在工程应用中使用比较广泛。其缺点是生产效率较低。

（2）一次塑炼法。一次塑炼法就是包辊塑炼法，作业时将生橡胶块在较大的辊距（5～10 mm）条件下形成包辊之后进行连续过辊式塑炼，直至达到工艺所规定的时间为止。在塑炼过程中无须停放，而且进行多次割刀以利散热和获得均匀的可塑性。该方法适宜于并用胶的掺和以及易于包辊的合成橡胶的塑炼。

一次塑炼法的塑炼时间较短、操作方便、劳动强度较低，但塑炼的技术效果不是很理想，即胶料可塑度的增加幅度小，塑炼胶的可塑性不够均匀。

（3）分段塑炼法。当塑炼胶的可塑性要求较高，采用一次塑炼法或薄通法达不到工艺要求时，便采用二次塑炼法或三次塑炼法。一般先将生橡胶塑炼一段时间（15 min 左右），然后冷却下片并停放 4～8 h，再进行第二次塑炼，如此反复数次，直至达到胶料的可塑度要求为止。

分段塑炼法的生产效率较高，塑炼胶的可塑性高而且均匀，因此应用较为广泛。但该法的生产管理较为麻烦，半成品占地面积大，不适合连续化生产。

当塑炼胶的威廉氏可塑度要求在 0.5 以内时，一般不需要进行分段塑炼。

（4）添加化学塑解剂塑炼法。该方法是在薄通塑炼法和一次塑炼法的基础上添加化学塑解剂进行塑炼的方法，可提高生橡胶的塑炼效率，缩短塑炼时间（如天然橡胶使用 0.5 份促进剂 M，塑炼时间可缩短 50% 左右），降低塑炼胶的弹性复原和收缩。一般塑解剂的用量为生橡胶塑炼量的 0.5% ～1.0%，塑炼温度为 70～75℃。

为避免塑解剂的飞扬损失并提高其分散性，通常先将塑解剂预先制成母炼胶，塑炼时按比例加入。

在橡胶的塑炼过程中，使用化学塑解剂能够提高塑炼效果，见表 3-1-2。其优点是缩短塑炼时间、节约能耗、减少胶料收缩、提高塑炼效果和质量。为了使化学塑解剂能够发挥最佳效果，塑炼的温度应适当提高，见表 3-1-3。但是，当辊温达到 85℃ 时，塑炼的效果反而会下降。这是因为辊温过高，机械作用会显著减弱，而氧化反应尚未起到主导作用。使用化学塑解剂 M 时，塑炼温度一般以 70～75℃ 为宜。

表 3-1-2　化学塑解剂 M 或 DM 对天然橡胶的塑炼效果

类　别	化学塑解剂用量/份	辊温/℃	平均可塑度 P（威廉氏）
普通塑炼	0	50±5	0.20
M 塑炼	0.4	65±5	0.31
DM 塑炼	0.7	65±5	0.25

表 3-1-3　塑炼温度对化学塑解剂 M 塑炼的影响

辊温/℃	可塑度 P（威廉氏）	
	4 h 后	24 h 后
40±5	0.33	0.32
50～60	0.39	0.38
70～80	0.42	0.40

2. 开炼机辊温对生橡胶塑炼的影响

（1）通常在低温塑炼时，温度越低，塑炼效果越好。温度较低时，生橡胶的弹性较大，所受到的机械作用力也就较大。因此，塑炼效率较高。相反，温度较高，橡胶变软，所受机械力就小，塑炼效率也就较低。

（2）辊距对生橡胶塑炼的影响。当开炼机辊筒的转速恒定时，辊距越小，塑炼时胶料受到的摩擦力、剪切力和挤压力就越大。同时,胶片变薄易于冷却,冷却后的胶片变硬再次过辊受到的上述各力也会较大。因此,塑炼效果就随之提高。

(3)辊速、辊速比对生橡胶塑炼的影响。辊筒转速高,单位时间内胶料通过辊隙的次数就多,所受机械力作用的机会就多,塑炼效果就好。但是,辊速过高,塑炼胶升温就快,塑炼效果反而下降,同时,操作安全性下降。因此,辊速不宜过高,一般为 13～18 r/min。两辊筒的辊速比越大,对胶料的剪切力就越大,塑炼效果也就越高。但是,辊速比不能过大,否则,胶料温度上升太快,反而降低了塑炼效果,且能耗增加。

(4)时间对生橡胶塑炼的影响。生橡胶塑炼的效果与其塑炼的时间有一定的关系,在一定的时间范围内,塑炼时间一般来说是越长越好。超过合理的塑炼时间,则塑炼效果不明显。因为胶料的可塑性已经趋于平稳。开炼机塑炼的时间,通常不超过 20 min。如果想要获得更大的可塑性,就要采用分段塑炼的工艺方法。

(5)装胶容量对生橡胶塑炼的影响。装胶容量的大小,取决于所用开炼机的型号规格,同时也要看塑炼的胶种。对于具体使用的开炼机来说,装胶容量过大,胶料会在辊筒上方堆积翻滚,塑炼效果差,劳动强度也大;装胶容量过小,则生产效率低下。

(6)塑解剂对生橡胶塑炼的影响。使用塑解剂可以提高塑炼的效果和质量。其优点是缩短塑炼时间、降低能耗、减少胶料收缩和提高塑炼工作效率。为了获得最佳工艺效果,可以适当提高塑炼温度。

3.1.5.3　密炼机塑炼

在橡胶工业中,常用密炼机进行生橡胶的塑炼。密炼机的结构、外形及捏炼转子分别如图 3-1-16～图 3-1-18 所示。

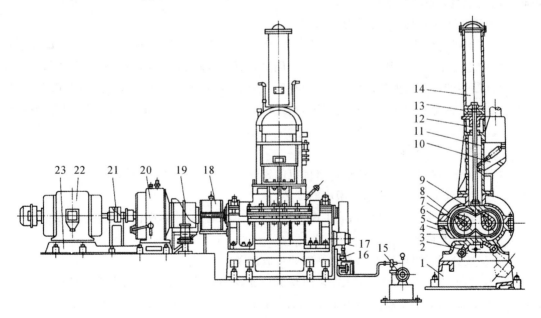

图 3-1-16　XM-140/40 型密炼机

1—机座;2—下顶栓锁紧机构;3—下顶栓;4—下机壳;5—下混炼室;6—上机壳;7—上混炼室;8—转子;9—上顶栓;10—加料斗;11—翻板门;12—填料箱;13—活塞;14—气缸;15—液压泵;16—往复式液压缸;17—旋转液压缸;18—速比齿;19—联轴器;20—减速器;21—联轴器;22—电动机;23—传动底座

图 3-1-17　密炼机外形

图 3-1-18　密炼机捏炼转子

1. 密炼机的优点

"密炼机"是密封式炼胶机或密闭式炼胶机的简称,是生橡胶塑炼和胶料混炼加工的主要设备之一。使用密炼机进行塑炼的优点如下所述。

(1)密炼机的转速高,转子的转速为 20 r/min,40 r/min,60 r/min 或者还可高达 80 r/min 与 100 r/min。因此,其生产能力大。

(2)密炼机的捏炼转子断面结构复杂,其表面各点与转子轴心的距离各不相等。因此,各处都会产生不同的线速度,使两转子之间的速度比变化很大(在 1∶0.91～1∶1.47 之间),因而它使生橡胶受到强烈的摩擦、撕裂和搅拌作用,生产效率高。

(3)在结构上,密炼机转子短的凸棱具有一定的倒角(一般为 45°),这一结构可以使胶料在密炼室内移动和翻转,起到搅拌和捣胶的作用,胶料塑炼均匀。

(4)密炼的工作温度高,通常为 140℃左右。因此,可使胶料受到剧烈的氧化裂解作用,在短时间内使胶料获得较大的可塑性。

(5)改善了工作环境,减轻了劳动强度。

密炼机塑炼不仅生产能力大,塑炼效率高,而且自动化程度也高,能耗低,操作劳动强度和生产现场的卫生条件也得到了有效的改善。但是,采用密炼机密炼时,由于胶料受到高温和氧化裂解反应,会使硫化胶的物理-力学性能有所下降。而且,密炼机价格高,占地面积大,设备清理、保养和维修都比较困难。相比之下,其适应面较窄。因此,密炼机一般多用于胶种变化少和耗胶量较大的橡胶制品制造企业。

2. 密炼机的一段塑炼

一段塑炼是将生橡胶一次性投入密炼机的密炼室内,在一定的压力、时间和温度条件下连续塑炼,直接达到工艺所要求的可塑度的工艺。

与分段塑炼法相比,一段塑炼法生产周期短,占用场地面积小,操作简单,劳动强度小。其缺点是胶料的可塑度较低。

该方法适合于对可塑度要求不太高的塑炼胶制备。

在一段塑炼工艺中炼胶的温度:天然橡胶一般为 140～150℃,合成橡胶一般为 120～140℃。排胶温度:天然橡胶不高于 170℃,合成橡胶不高于 150℃。上顶栓压力:通常为 0.5～0.6 MPa。塑炼时间:通常为 8～15 min。塑炼胶的可塑度:一般可达威廉氏 0.21～0.35。

3. 分段塑炼的特点

采用密炼机进行分段塑炼是制备较高可塑性的塑炼胶的工艺方法。由于采用密炼机塑炼,其塑炼胶的热可塑性较大,所以,在实际生产中制备较高可塑性的塑炼胶时,通常采用分段塑炼法进行塑炼。

通常,分段塑炼法分为两段进行。第一段塑炼,先将生橡胶置于密炼机中塑炼一定的时间(密炼机转速为 20 r/min 时,塑炼时间为 10~15 min),然后排胶、捣合、压片、下片、冷却,并停放 4~8 h;第二段塑炼,塑炼时间为 10~15 min,以满足可塑性的要求。

经两段塑炼的塑炼胶,其可塑度可达威廉氏 0.35~0.50。在实际生产中,常将第二段塑炼与混炼工艺一并进行,以减少塑炼胶的贮存量,简化工艺过程,节省占地面积和能耗。如果要求塑炼胶的可塑度在威廉氏 0.5 以上时,还可以进行三段塑炼。

4. 添加塑解剂的密炼

通过添加化学塑解剂进行塑炼对于密炼机的高温塑炼更为有效。该工艺方法与一段塑炼基本相同。一般化学塑解剂的添加量为生橡胶胶量的 0.3% ~0.5%,通常是以母炼胶的形式加入的,其目的在于提高分散效果。使用化学塑解剂后,塑炼的温度可以降低。例如,使用化学塑解剂 M 进行塑炼时,排胶温度可以从纯胶塑炼的 170℃左右降低到 140℃左右,而且塑炼时间还可以比纯胶塑炼缩短 30%~50%。

以天然橡胶为例,添加化学塑解剂进行密炼机塑炼,其操作方法与步骤如下:

(1)技术参数:橡胶牌号为国产 1 号标准橡胶;所用设备为 11 号密炼机,其容量为 146.3 kg[其中生橡胶为 140 kg,化学塑解剂 DM 为 0.7 kg,氧化锌(加入该配合剂有散热作用,可以防止胶料温度升高,同时还可以防止胶料发黏)4.2 kg,硬脂酸 1.4 kg];速比为 1:1.54;排胶温度为 165℃以下;如果使用 XK-660 开炼机塑炼,前辊温度为 55~60℃,后辊温度为 50~55℃,速比为 1:1.08;塑炼胶的可塑度要求为威廉氏 0.51 左右。

(2)操作方法及步骤:在塑炼操作之前,按设备使用规范的要求,对所用设备进行巡检和点检;开机后,打开加料盖进行投料(先加入生橡胶和化学塑解剂 DM),时间为 1 min,然后加压塑炼,时间为 16 min。此时,再加入氧化锌和硬脂酸进行塑炼,时间为 2 min;塑炼完毕后发出压片信号,准备排胶,待回信号后进行排胶。在密炼机发出排胶信号前,开炼机应做好各种工艺准备工作(例如调整辊距为 10~15 mm,同时调整辊温至规定的要求)。在密炼机塑炼结束后,给开炼机发出排胶信号,以示已准备好。此时,塑炼胶排列在开炼机上,开炼机进行包辊塑炼并割切 2 次,时间为 2 min,机械打扭 10 min,然后下片(并割取快检试片 5 块),时间为 2 min。胶片通过中性皂液隔离槽,再输送到胶片冷却装置,悬挂强风冷却;待胶片温度冷却至 45℃以下时,裁割成小片放置铁台架上停放,时间为 8 h,以供下道工序使用。

5. 塑炼对橡胶成形加工的意义

橡胶的成形加工是一个完整的工艺体系,而橡胶胶料(生橡胶)的塑炼是整个工艺过程的前道工序。这道工序质量的好坏,自然会影响到后续各道工序的加工质量,这是不难理解的。

如果生橡胶的塑炼加工未能达到工艺要求,即塑炼不足时,则会导致塑炼加工较困难,会使配合剂分散不均匀,胶料流动性差,不易进行压延和压出操作,半成品收缩率大,成形时黏着性能或者胶料与织物的附着能力低,产品易形成缺胶或花纹、图案及文字不饱满,海绵制品发泡率低以及胶料焦烧倾向会增大等不足。

如果生橡胶的塑炼加工过度,就会导致半成品变形大,胶料硫化速度慢,硫化橡胶的物理-力学性能降低,永久变形增大,耐磨性能和耐老化性能下降。

因此,在橡胶的成形加工工艺过程中,必须严格控制生橡胶塑炼的工序质量,即控制塑炼胶的加工质量,及时解决塑炼胶可塑度过低、过高或不均匀等质量问题,并对质量不合格的形成原因进行客观分析,找出预防措施,提高质量保证体系的能力。

除此之外,对已经出现的不合格塑炼胶提出处理意见。例如,对可塑性不高的胶料重新进行塑炼加工,严格控制加工工艺,以使二次加工达到质量要求;对可塑度过高的胶料,可与可塑度不足的胶料按比例搭配混合使用等,以保证后续各加工工序的顺利进行及制品质量。

3.1.5.4 密炼机塑炼的影响因素

1.温度对密炼机塑炼效果的影响

采用密炼机进行塑炼属于高温塑炼,通常温度在120℃之上。生橡胶在密炼机中同时受到高温和强机械力的作用,产生剧烈的氧化,于是在短时间内就可以获得所需要的可塑度。

塑炼胶的塑炼效果取决于塑炼的温度、时间、化学塑解剂、转子速度、装胶容量以及密炼机的上定压力等工艺因素。温度对塑炼效果(可塑度)的影响如图3-1-19所示。

2.时间对密炼机塑炼效果的影响

生橡胶的可塑性随其在密炼机中密炼时间的增长而不断地增大,其关系如图3-1-20所示。从图中可以看出,在塑炼初期,可塑性随塑炼时间的延长呈上升态势,而经过一段时间后,可塑性的增加速度便逐渐趋缓。形成这一特点的原因是随着时间的延长,密炼机中氧的浓度逐渐降低,加之密炼机密炼室中又逐渐地充满了大量的水蒸气和其他低分子气体,隔阻了橡胶的氧化裂解反应。因此,随着时间的延长,可塑性增长的速度也逐渐地减缓。

通常,制定塑炼工艺条件,主要是根据胶料的实际情况确定合理的塑炼时间。

如果要提高密炼机塑炼的工作效率,一般对于要求可塑度在威廉氏0.50以上的塑炼胶,可采用二段塑炼或添加M,DM化学塑解剂进行塑炼。

3.化学塑解剂对密炼机塑炼效果的影响

在塑炼机中进行高温塑炼的条件下,再添加化学塑解剂,其塑炼效果会更加理想。这是因为高温对化学塑解剂的功能具有更加明显的促进作用,从而能够进一步缩短生橡胶的塑炼时间,并且还能相应地降低塑炼过程的温度。

化学塑解剂(M)对胶料可塑性以及塑炼温度的影响作用如图3-1-21所示。

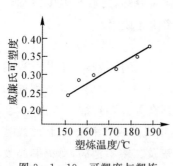

图3-1-19　可塑度与塑炼温度的关系

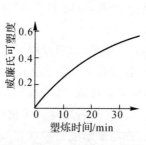

图3-1-20　可塑度与塑炼时间的关系

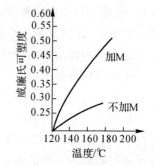

图3-1-21　化学塑解剂与塑炼温度和可塑度的关系

使用密炼机塑炼时,如果添加化学塑解剂,那么,对其塑炼工艺必须严格控制。否则,将会影响胶料的质量,使硫化橡胶的物理-力学性能下降。

4. 转子转速对密炼机塑炼效果的影响

在一定的温度条件下,塑炼胶的可塑度随着转子转速的增加而增大。于是,塑炼的时间便可缩短。在实际生产中,一般是根据转子转速的快慢来确定不同的塑炼时间,以便获得相同塑炼效果的。

由于转子转速的提高,作用于胶料的剪切速率提高。同时,摩擦热的增加也使温度升高。因此,胶料的可塑度增大。

为了防止胶料过热,必须采取冷却措施,以使塑炼的温度保持在工艺要求的范围之内。

5. 装胶容量对密炼机密炼效果的影响

采用密炼机密炼时,首先必须确定合理的装胶量。装胶量过大或过小,都会影响生橡胶的塑炼效果。

装胶量过大,会使生橡胶塑炼难以均匀,排胶温度升高,设备负荷加大,动力消耗大,设备寿命短;装胶量过小,生橡胶会在密炼室中翻滚,无法进行塑炼。

装胶量的大小,应当根据密炼室壁与转子凸棱之间间隙的大小,并结合工艺实验来确定。

6. 上顶栓的压力对密炼机密炼效果的影响

密炼机上顶栓压力的大小,对其塑炼的效果影响很大。通常适当增大其压力,能够提高机构对胶料的剪切作用,这是提高塑炼效率、缩短塑炼时间的有效方法。

当密炼室内压力不足时,上顶栓会被胶料推动产生上下浮动,胶料不能被压紧。此时,胶料得不到应有的剪切力;密炼室内的压力也不能太大,否则,设备就会超载,产生不良效果。

3.1.5.5 塑炼实例

在实际生产中,是将部分辅料和生橡胶一起装入密炼机密炼室内进行塑炼的。

按照密炼的工艺要求,先领取各种原材料、对相关辅料进行称重、对原料生橡胶进行切块,然后进行配料、装料、塑炼、出料、测温等工序。

1. 生产准备

从库房领取国产 1 号标准橡胶 140 kg,如图 3 - 1 - 22 所示;切胶操作如图 3 - 1 - 23 所示。

图 3 - 1 - 22 领料   图 3 - 1 - 23 切胶

2. 配料操作

配料操作完全在智能系统的监控之下进行。

配料时,首先将橡胶配方中的内容正确无误地输入到电脑之中,在智能系统监控下开始配料。当某一小料重复称取时,小料箱则无法打开,避免重复称取;如果忘记某一小料的称取,系统会显示操作中漏称了的那味小料,从而保证了生产配料的准确性。配料过程如图 3 - 1 - 24～图 3 - 1 - 28 所示。

图 3-1-24 智能配料系统专人操作

图 3-1-25 小料——入袋　　　　图 3-1-26 按照作业指导书将配料
　　　　　　　　　　　　　　　　　转至专用配料架

图 3-1-27 操作者将配料转至密炼现场　　图 3-1-28 打开密炼机装料门装料

3. 塑炼

　　配料工作完成,进入塑炼加工。如图 3-1-29～图 3-1-34 所示为橡胶塑炼的工艺过程。

图 3-1-29 开始塑炼　　　　　图 3-1-30 密炼完成,启动
　　　　　　　　　　　　　　　　　　翻转密炼室

图 3 - 1 - 31　排胶出料

图 3 - 1 - 32　完成塑炼

图 3 - 1 - 33　测量塑炼胶温度

图 3 - 1 - 34　转移塑炼胶

3.2　橡胶的混炼

为了提高橡胶制品的物理-力学性能、改善橡胶加工工艺性(以便进行后续的压延、压出、注射及模压等成形加工)、节约生橡胶的用量及降低生产成本等,在生橡胶中按照配方的设计要求加入各种配合剂。在炼胶机上将各种配合剂均匀地混入具有一定塑性的塑炼胶或生橡胶中的工艺过程,称为橡胶的混炼。

经过混炼加工而制成的胶料,称为混炼胶。

3.2.1　混炼胶的工艺要求

混炼胶对胶料的成形加工工艺和橡胶制品的质量起着决定性的作用。橡胶混炼加工得不好,会出现配合剂分散不均匀,胶料的可塑性过高或者过低、焦烧、喷霜等现象,从而会使后续的压延、压出、滤胶、模压硫化和注射硫化等加工工序不能正常进行。而且,还会使制品的物理-力学性能达不到设计要求。因此,对混炼胶提出以下工艺要求。

(1)保证各种配合剂分散均匀,无结团现象。

(2)要使补强剂与生橡胶有效的结合(产生一定数量的结合橡胶),以达到良好的补强效果,提高其制品的物理-力学性能。

(3)使胶料具有一定的可塑性,保证其后各种加工工艺的顺利实现。

(4)在保证混炼胶质量的前提条件下,尽可能缩短混炼加工的时间,减少动力消耗,降低生产成本。

3.2.1.1　结合橡胶

胶料在混炼过程中,部分橡胶分子与活性填料(主要是炭黑和白炭黑)表面,产生了化学和物理的牢固结合,并成为不溶性的炭黑-橡胶结合体,这就叫作结合橡胶或炭黑凝胶。

橡胶与炭黑结合,生成结合橡胶的微观结构如图3-2-1所示。

结合橡胶不仅对硫化橡胶的性能有正面影响,而且在混炼初期还有助于提高胶料的黏度和切应力,这对炭黑的进一步分散有积极的意义,有利于胶料的混炼加工。

为了保证制品的质量,对炭黑在橡胶中的分散情况应当进行测定。可使用橡胶炭黑分散度测定仪测定炭黑在橡胶中的分散度,如图3-2-2所示。

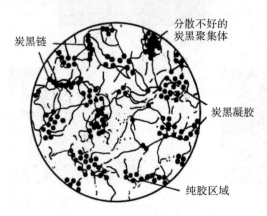

图3-2-1 结合橡胶的微观结构　　　　图3-2-2 橡胶炭黑分散度测定仪

(1)结合橡胶的形成。结合橡胶的形成过程是非常复杂的。第一,一部分是由于炭黑粒子小,表面面积大,通过分子间作用力把橡胶分子吸附在炭黑粒子表面上而形成的;第二,一部分是由于炭黑的表面活性和化学性质,有许多活性点,有可能与橡胶通过化学吸附作用而形成的;第三,一部分是在混炼过程中,橡胶大分子断链生成的大分子游离基与高结构炭黑在混炼时受到了较大的剪切作用而断裂,产生了活性很大的新表面结合而形成的;第四,还有一部分橡胶大分子缠结在已与炭黑粒子结合在一起的橡胶分子上,或与之发生交联作用等。

(2)结合橡胶的作用。结合橡胶的形成不仅对硫化胶的性能有正面影响,而且在胶料的混炼初期所生成的适量的结合橡胶,还有助于提高胶料的黏度和切应力。这对于克服炭黑聚集体的内聚力(进一步分散的阻力)也是有利的。

在胶料的混炼过程中,炭黑-橡胶团块一旦被搓开,炭黑粒子所产生的新表面又能与其他橡胶分子进行结合,炭黑凝胶体从而不断地变小而最终达到良好的分散效果。但是,在混炼加工初期,要避免生成大量的结合橡胶,尤其要避免生成结合较强的、颗粒较大的炭黑凝胶硬块。因为这样的炭黑凝胶硬块不易被切应力搓开,影响炭黑的分散。

(3)结合橡胶的特征。结合橡胶的生成量与补强填充剂的粒子大小、用量及其表面的活性、橡胶的品种(橡胶分子的活性)及混炼加工的条件等因素有关。一般来讲,粒度小、表面活性高的炭黑与生橡胶混炼时,易于生成结合橡胶。炭黑用量增加,生成结合橡胶的数量也增加;粒度大、表面活性低的炭黑几乎不能生成结合橡胶。

对于活性大的橡胶,如天然橡胶和其他二烯类合成橡胶等,容易与炭黑形成结合橡胶;活性小的饱和橡胶,如丁基橡胶、乙丙橡胶等则较难生成结合橡胶。

从混炼工艺来看,混炼加工的时间长,生成结合橡胶的数量就越多,见表3-2-1。在混炼工艺过程中,混炼初期阶段结合橡胶的生成速度较快,然后则逐渐减慢,直至在很长的时间后(甚至是停放一个星期)才真正进入稳定阶段。这是由于存在于橡胶中的自由基要经历较长时间才能与炭黑进行反应。提高混炼工艺温度,结合橡胶的生成量也会随之增加。因此,在高温混炼时,结合橡胶的生成量较多。此外,混炼胶停放的温度越高,其结合橡胶的生成量增加得越多。

表 3-2-1 结合橡胶与混炼时间的关系

混炼时间/min	1	1.5	2	3	4	5
结合橡胶量/(%) (体积分数)	16.2	16.4	18.3	22.2	27.8	30.2

从上述结合橡胶的特性可知,对于低不饱和度的橡胶在与炭黑混炼时,在加工工艺方面采用高温混炼法,既可以提高结合橡胶的生成量,又可以提高炭黑的分散度。如果在混炼加工之后,再对混炼胶进行热处理,还可以进一步增加结合橡胶的生成量,从而能够提高胶料的补强效果。对于不饱和度高的二烯类橡胶,通常的混炼条件就足以使橡胶与炭黑进行良好的结合以及均匀的分散。然而,在混炼初始阶段,应当避免高温加工和大量投放炭黑,特别是对高活性的顺丁橡胶与低结构高活性的槽黑进行混炼时,切记在初始阶段不可采用高温,否则易生成结合较强的、颗粒粗大的炭黑凝胶硬块,且难以进一步分散。

理想的混炼工艺是:混炼初始阶段,炭黑与橡胶只有有限的结合而具有较高的切应力,而当炭黑分散之后,再开始升高混炼温度,以促进结合橡胶的生成。结合橡胶会使已经分散的炭黑粒子在橡胶中溶剂化,从而使分散体系稳定。

3.2.1.2 分散介质

混炼橡胶是将各种配合剂通过混炼工序均匀地分散于生橡胶之中,共同组成的一个分散体系。其中,生橡胶呈现连续分布的状态,称为连续相(相当于溶剂)。而其他各种配合剂则呈现为非连续分布的形式,称为分散相(相当于溶质)。

在混炼橡胶中,生橡胶也叫作配合剂的分散介质。

3.2.1.3 配合剂的加工处理

混炼胶的质量除了与其配合剂的分散均匀程度、混炼加工工艺有关之外,还与其配合剂本身的质量指标和性能有关。

对于质量不符合标准要求的配合剂一般需要进行补充加工,检验合格后方可使用。对于不合格的配合剂,拒绝使用。配合剂的补充加工,主要是指固体配合剂的粉碎、粉状配合剂的干燥与筛选、黏性配合剂的预热熔化和过滤、液体配合剂的脱水以及膏剂和母胶料的配制等。所有这些,统称为配合剂的加工处理。

3.2.1.4 配合剂的称量

在选用配合剂时,必须严格按照配方设计的要求,使用有效称量工具,并且正确使用称量工具对配合剂进行称量操作,以确保用量的精度。

配合剂的称量对于橡胶的性能和制品的质量要求至关重要。如果配合剂称量的准确度差,或者错称及漏称,都会给制品的性能与质量造成无法弥补的损失。因此,配合剂的称量是一项橡胶混炼工艺中非常重要的准备工作。

配合剂的称量和投料方式有两种:一种是手工称量和投料,另一种是自动称量和投料。手工称量可分别使用磅秤、台秤或天平等,将称量好的配合剂按一定的工艺顺序要求手工投入。

手工称量和投料一般用于以开炼机为主要设备的中小型企业。自动称量和投料是利用自动称量设备完成的。自动称量设备一般由输送装置和称量装置组成,这种方式适用于大规模橡胶制品生产企业。

为了保证手工称量的精确性,称量时应根据配合剂用量的大小来合理地选择称量工具。在选用磅秤时,必须注意所称量的质量不得小于其最大容量的10%,否则会增加称量的误差。对于用量很少而又很重要的配合剂,如化学塑解剂等则需要使用天平进行称量。对称量好的配合剂要按照工艺要求依次进行手工投料。

自动称量设备由输送装置和称量装置两部分组成。粉状配合剂可用电磁振动输送装置控制送料速度,液体配合剂则可采用有保温的管道输送装置,以保证液体的流动性。自动称量有定量式和联动式两种装置,定量式装置的精度高(可达0.10%),而联动式装置精度较低(误差为1.0%~2.0%)。自动称量设备的工作运行是在计算机控制之下进行的。

在粉料配合剂中,炭黑的用量很大,离散性能很高,最容易引起飞扬与飘扬,污染环境和设备,并会殃及邻近车间或厂房。因此,炭黑贮料斗的卸料、装料以及将炭黑输送到配料等工序,均应采用密闭式装置。炭黑的称量多采用电子圆盘秤等来完成。现在炭黑已有颗粒状的,使用起来效果更好。

通常,当炼胶设备的装胶容量在25 kg以上时,原材料称量有允许误差(见表3-2-2)。

表3-2-2　原材料称量的允许误差

原材料名称	允许误差/g	原材料名称	允许误差/g
橡胶(生橡胶、塑炼胶、再生橡胶等)	±200	氧化锌、油料	±50
硫黄	±5	炭黑、碳酸钙等	±200
化学塑解剂	±0.5	小料总量	±100

3.2.1.5　混炼胶的结构

配合剂在加入生橡胶后,经过混炼加工,其粒子的实际分散直径有大于、等于和小于粒子初始直径三种情况。胶料中常用配合剂粒子的初始直径见表3-2-3。

表3-2-3　常用配合剂粒子的初始直径

配合剂名称	粒径/mm	配合剂名称	粒径/mm
中超耐磨炉黑	17~30	氧化锌	76
天然气槽黑	23~29	硫黄	350~400
高耐磨炉黑	26~44	超细碳酸钙	40~80
混气槽黑	29~48	细碳酸钙	1 000~3 000
细粒子炉黑	40~56	普通碳酸钙	1 000~10 000
高定伸炉黑	46~66	硬质陶土	100~2 000
细粒子热裂黑	134~223	软质陶土	2 000~5 000
白炭黑	15~20		

研究结果表明,使大部分配合剂(特别是补强剂)分散到初始粒子大小,以求充分发挥其补强作用并非必要,而且,在实际工程中也是不可能实现的。一般只要配合剂分散直径达到5~

$6~\mu\mathrm{m}$,就已具有良好的混炼效果。而当粒子直径达到 $10~\mu\mathrm{m}$ 以上时,对胶料性能则极为不利。

根据胶体化学理论,依据分散相粒子大小,分散体系大致可划分为:粒子直径为 $0.1\sim1.0$ nm 时为分子分散体系,即真溶液;粒子直径为 $1.0\sim100$ nm 时为胶态分散体系,即胶体溶液;粒子直径为 100 nm 以上时为粗粒分散体系,即悬浮体。

上述这种分类为概念性的分类,实际中也有例外。如当某些粒子直径为 500 nm 时,其分散体系仍表征为胶体性质。根据分析,从大多数配合剂的分散度来衡量,混炼胶的结构介于胶态分散体系和粗粒分散体系之间。但是,混炼胶的这种分散体系却比一般胶体的稳定性强。这是由于以下原因。

(1)橡胶的黏度极高,致使胶料的某些性能,如热力学不稳定性在通常情况下不太显著,已经在生橡胶中分散开来的配合剂粒子,一般难以聚结和沉降。

(2)再生橡胶、增塑剂、有机配合剂以及硫黄等都能溶于橡胶中,从而构成混炼胶的复合分散介质。

(3)混炼胶的细粒子补强剂(如炭黑、白炭黑等)和促进剂等,能与生橡胶在接触界面上产生一定的化学和物理结合(但与硫化胶的结构不同,仍然具有线型聚合物的流动特性),这对混炼胶的稳定性和硫化胶的性能都起着重要作用。因此,可以认为,混炼胶是一种具有复杂结构、以配合剂为分散相、以生橡胶为连续相的胶态分散体系,或简称为"胶体物质"。

3.2.1.6　配合剂的分散度

以炭黑为例,它在胶料中的分散度对胶料性能的影响见表 3-2-4。表中的分散率指的是直径小于 $6~\mu\mathrm{m}$ 被分散的炭黑橡胶团块的体积分数。表中数据说明,随着炭黑分散度的提高,胶料的定伸应力、门尼黏度下降,而拉伸强度和扯断伸长率增加,裂口增长减慢。因此,提高配合剂在胶料中的分散度,是保证胶料质地均匀和制品性能优异的重要因素。

表 3-2-4　炭黑在胶料中的分散度对胶料性能的影响

性　　能	混炼时间/min				
	2	4	8	16	二段混炼
分散度/(%)	71.4	99.3	100	100	100
门尼黏度(ML$_{1+4}$100℃)	122	83	68	63	35
300%定伸应力/MPa	14.3	12.6	12	11.7	12.1
拉伸强度/MPa	21.6	25.5	26	25	26
扯断伸长率/(%)	460	530	540	530	540
DeMattia 裂口增长 25 mm 的千周数	0.5	11			27

注:1. 胶料配方:充油丁苯橡胶 137.5 g,中超耐磨炉黑 69 g,硬脂酸 1.5 g,氧化锌 3 g,防老剂 1 g,硫黄 2 g,促进剂 CZ1.1 g。

　　2. 使用 BR 型实验室密炼机混炼(逆混法),密炼机起始温度 94℃,转速 77 r/min。

　　3. 硫化条件(试片)为 144℃×60 min,厚试样为 70 min。

分散度的提高与配合剂的表面性质有着密切关系。配合剂的品种虽然很多,但从其表面性质来看,基本上可以分为两大类:一类是亲水性配合剂,如碳酸钙、碳酸镁、硫酸钡、氧化锌、氧化镁、立德粉、陶土以及其他碱性无机化合物等。这类配合剂由于其粒子表面的极性与橡胶分子表面的极性相差较大,因而不易被橡胶所湿润,在橡胶胶料中易于结团而不易分散。另一类是疏水性（即亲胶性）配合剂,如各种炭黑等。这类配合剂的表面极性与橡胶表面的极性相似,所以容易被橡胶所湿润,容易分散。

3.2.1.7　表面活性剂的作用

提高配合剂(特别是亲水性配合剂)在橡胶中的分散度,行之有效的方法是在胶料中加入表面活性剂。

在橡胶工业中,常用的表面活性剂有硬脂酸、高级醇、含氮化合物、部分树脂及增塑剂等。表面活性剂的分子结构中含有不同性质的基团,其中一部分为— OH,— NH_2,— NO,— NO_2,— COOH,— SH 等具有亲水性的极性基团,能产生很强的水合作用。另一部分为非极性碳氢键或苯环式烃基,它们具有疏水性。

当表面活性剂处于亲水性配合剂表面时,其亲水性基团一端向着配合剂粒子,并产生吸附作用,而疏水性基团一端则向外,从而使亲水性的配合剂粒子的表面变成了疏水性的表面。因此,改善了配合剂与橡胶之间的湿润能力,从而提高了它在橡胶中的分散效果。

除上述外,表面活性剂还是一种优异的稳定剂,它能稳定细分的配合剂粒子在胶料中分散的状态,使之不能聚结成大的颗粒,从而提高胶料的稳定性。实验证明,如果除去胶料中的硬脂酸,然后对其进行硫化,在硫化过程中,因温度的升高,橡胶的黏度下降。于是,在橡胶中分散开来的氧化锌会聚结成颗粒,使硫化胶的性能下降。

由此可见,在胶料中适当添加一些表面活性剂,不仅能够提高胶料的混炼效果,而且对提高制品的使用性能也具有重要意义。

3.2.1.8　母炼胶和膏剂

为了使配合剂易于分散,防止结团,减少它在混炼过程中的飞扬损失,改善混炼工作环境,在混炼前,可将部分配合剂(如炭黑、促进剂、着色剂等)制成母炼胶或者膏剂形式加入进行混炼。在工程应用中,常将炭黑、促进剂等制备成母炼胶来使用,将氧化锌、硫黄、促进剂、着色剂等制成膏剂来使用。

(1)母炼胶的制备。母炼胶是在炼胶机上加工的。制备时,按照一定的比例将所用的配合剂和生橡胶一起在炼胶机上混炼均匀即可。在母炼胶中,配合剂的填充量可根据需要来确定。但是,对于炭黑母炼胶来说,炭黑的最大填充量不得超过其临界浓度。这可根据炭黑具体品种的吸油值来确定。吸油值可反映出充满炭黑粒子之间空隙时所需要的生橡胶体积。例如,高耐磨炉黑的吸油值为 1.25 mL/g,即每 100 g 高耐磨炉黑中只能填充 125 mL 的生橡胶(假设生橡胶的相对密度为 0.94)。由此可以计算出 100 g 生橡胶中炭黑的最大填充量为 85 g。因此,制备高耐磨炉黑母炼胶时,其临界质量分数为 85%。如果超过此临界浓度,母炼胶的胶料中就会出现较大的团块产生分散不良的现象。

(2)膏剂的制备。膏剂通常是指将配合剂与软化剂一起先用加热混合器搅拌均匀,然后再用精研机研成细腻的膏状物。制造膏剂时,所用软化剂的品种、配合剂和软化剂的配比,可根据制品胶料的配方而定,通常以 2.5∶1 左右的比例配比为好。

3.2.2　胶料混炼的工艺方法

胶料混炼的工艺方法有间歇式和连续式两类,开炼机混炼和密炼机混炼都是间歇式混炼。这种混炼方法应用得最早,到现在还广泛地使用着,并且向着高压、高速密炼机进行快速混炼的方向发展。

常用混炼方法(开炼机混炼和密炼机混炼)如图 3-2-3 和图 3-2-4 所示。

图 3-2-3　开炼机混炼　　　　　　图 3-2-4　密炼机混炼

3.2.3　上辅机系统

密炼机上辅机系统是橡胶厂胶料混炼工序先进的工艺装备,主要由炭黑双管气动输送系统,炭黑储存、称量、投料系统,油料储存、称量、投料系统,胶料称量、投料以及计算机自动控制五大系统组成。

该系统的优点:炭黑、粉料、油料在全封闭的管道和设备中储存、输送、称量,极大地减轻了环境污染,彻底改善了工作条件,节省了能源消耗;炭黑、油料、胶料采用全电子秤自动称量,消除了人为因素的影响,确保了称量精度,提高了产品质量;采用计算机对系统的各部分进行分散控制,集中管理,实现了生产自动化和管理科学化。如图 3-2-5～图 3-2-11 所示为上辅机系统的生产现场工作图,可供发展生产、改进工艺、提高橡胶制品质量参考。

图 3-2-5　上辅机系统生产　　图 3-2-6　上辅机系统的　　图 3-2-7　上辅机系统的
　　　　　车间一角　　　　　　　　　控制中心　　　　　　　　控制台

图 3-2-8　控制中心在运转　　图 3-2-9　辅料输送通道　　图 3-2-10　辅料输送无人化管理

图 3-2-11　大型密炼机机群上辅机供料系统

3.2.4 开炼机混炼

开炼机混炼就是利用开炼机直接对胶料进行混炼加工的工艺方法。

开炼机混炼是应用最早的混炼工艺方法。该方法中,先将塑炼胶压软(或者直接对生橡胶进行混炼),然后按照一定的顺序(工艺要求和作业指导书)加入各种配合剂,经过反复捣炼、翻炼、三角包、薄通等各种手法,使配合剂与塑炼胶充分混合,获得符合工艺要求的混炼胶。

开炼机混炼生产效率较低,劳动强度大,环境污染严重,且安全性差。从混炼胶的质量来看,也不是非常理想。其优点是混炼灵活性大,适于橡胶品种变换频繁而生产用量又不是很大的企业,特别是对于海绵橡胶、硬质橡胶、硅橡胶等特种橡胶的混炼以及部分生热量较大的合成橡胶(例如高丙烯腈含量的硬丁腈橡胶)与彩色橡胶的混炼更为适宜。因此,开炼机混炼在橡胶工业生产工艺中仍然占有一定的位置。

一般,采用开炼机混炼,其前道工序的塑炼胶是由密炼机提供的。

3.2.4.1 开炼机混炼的工艺阶段

通常的胶料混炼工序是在胶料塑炼工序之后进行的,即将塑炼好的塑炼胶放置在开炼机上进行塑炼,如图3-2-12所示。

胶料在开炼机上的混炼可分为三个阶段,即包辊、吃粉和翻炼。

混炼时,首先沿着大牙轮一端加入塑炼胶料,然后按照配方设计混炼工艺要求的顺序分别加入各种配合剂。通常,若塑炼胶含量较高,配合剂可在辊筒中间加入并采用抽胶加料法;若塑炼胶含量较低,可在辊筒的一端加入配合剂,并采用换胶加料法。用量较少的配合剂以及易飞扬的炭黑,一般都以母胶料的形式加入。

1. 包辊

混炼的第一个阶段是胶料包辊,这是开炼机混炼的前提。由于各种生橡胶黏弹性的不同以及混炼工艺条件的差异,塑炼胶在开炼机辊筒上状态有4种状况,如图3-2-13所示。

图3-2-12　将塑炼胶转移至开炼机上

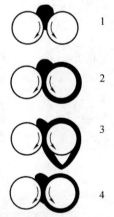

图3-2-13　橡胶在开炼中的4种状况

1—橡胶不易进入隔缝;2—紧包前辊;
3—脱辊成袋囊状;4—呈黏流态包辊

要使混炼工艺过程能够顺利进行,对于一般橡胶来说,应该将胶料的状态控制在第二种情况之下,而聚氯乙烯高温塑化及与丁腈橡胶合炼过程则需要在第四种状态下进行。这是因为此种状况下温度适宜,此时的橡胶既有塑性流动,又有较高的弹性变形,有利于配合剂的混入和分散。

　　在混炼中,应当避免第一种和第三种状况。第一种状况发生在辊温太低或者胶料较硬的条件下,橡胶停留在堆积胶处产生滑动而不能进入辊隙,即使将其强制压入辊隙也只能成为碎块。第三种状况发生在辊温过高、胶料流动性增加、分子间作用力减小、弹性和强度降低的条件下,此时胶片不能紧包辊筒,否则会出现脱辊或破裂现象,使混炼操作困难。

　　上述四种状况与辊温、剪切速率、生橡胶的特性(如黏弹性、强度等)有关。为了能够实现在第二种状况(包辊状态)下进行胶料的混炼,在操作中需要根据各种生橡胶的特性来选择适宜的混炼温度。例如,天然橡胶和乳聚丁苯橡胶可在一般室温条件下进行包辊混炼,而顺丁橡胶的混炼温度不宜超过 50℃ 等。

　　橡胶的黏弹性不仅受温度的影响,同时也受外力作用剪切速率的影响。当剪切速率增大时,相当于降低温度,胶料的强度和弹性提高,有利于实现弹性状状况的包辊。因此,在实际操作中,当出现脱辊现象时,除了可降低辊温之外,还可以采用减小辊距、加快转速或提高速比的方法予以解决,使胶料重新包辊进行混炼。

　　对于包辊性差的合成橡胶,可以运用先加入部分炭黑的办法来改善胶料的脱辊现象。这是因为结合橡胶的生成可以提高胶料的强度。

2. 吃粉

混炼的第二个阶段是吃粉。吃粉就是在混炼时将相关配合剂混入塑炼胶,如图 3-2-14 所示。

如果条件许可,尽可能地使用带有抽风罩的开炼机(见图 3-2-15),以改善操作者的工作环境。这是因为混炼吃粉时的粉尘飞扬较大,对环境污染也比较严重。

图 3-2-14　吃粉

图 3-2-15　带有抽风罩的开炼机

　　混炼时,胶料在包辊之后,为使配合剂能够尽快地混到胶料中去,在辊隙上方应当保留一定体积的堆集胶。

　　混炼时堆集胶不断地翻滚和更替,便将配合剂被不断地带入堆集胶的沟槽中去,沟槽的不断变化,就将配合剂带到了胶料内部。这种现象即为吃粉,如图 3-2-16 所示。

配合剂进入处

图 3-2-16　堆集胶的断面图(黑色部分为配合剂,
由沟槽进入胶料内部)

在吃粉过程中,堆积于辊隙上方的胶量必须适中。如果没有堆积胶或堆积胶胶量过少,会出现以下两种情况:第一,配合剂仅依靠后辊筒与橡胶间的剪切力擦入胶料之中,不能深入胶料的内部而影响分散效果。第二,未被擦入橡胶中的粉状配合剂会被后辊筒挤压成片状而掉落到接料盘中。假如配合剂是液体,则会黏附在后辊筒上或滴落到接料盘中,给混炼带来困难。如果堆积胶胶料过多,则有一部分胶料会在辊隙上方旋转打滚,不能进入辊隙,使得配合剂不能混入,直接影响混炼效率。堆积胶胶量的多少常用接触角(或称为咬胶角)来评定,接触角的取值范围一般为 $32°\sim45°$。接触角即为图 3-2-17 中的 β 角。

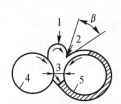

图 3-2-17 包辊状态和胶料的堆集图

1—堆集胶;2—加入配合剂;3—辊距;4—后辊;5—前辊

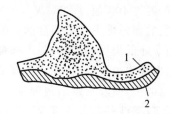

图 3-2-18 胶料翻炼吃粉时的断面图

1—活层; 2—死层

3. 翻炼

混炼的第三个阶段是翻炼。开炼机混炼时,胶料只是沿着开炼机辊筒转动的方向产生周向流动而没有轴向流动,沿着周向流动的胶料也仅为层流。贴近辊筒表面的胶层很难产生流动而成为"呆滞层",也叫"死层",胶料翻炼吃粉时的断面图如图 3-2-18 所示。解决这个问题,就需要采用以下工艺技巧。

(1)左右斜刀法。操作时,手持炼胶割刀按照与辊筒水平线约成 15° 的斜角,借助辊筒的旋转使胶料进行左右交叉打卷。当堆积胶完全消失后,再将胶卷推入辊隙上方。这样,从左到右、再从右到左反复进行操作。左右斜刀法的具体操作如图 3-2-19 所示。

图 3-2-19 左右斜刀法

注:使割刀按照与辊筒水平线成一定角度割胶,借辊筒使胶料左右交叉打卷,
当堆集胶全部过辊,再将胶卷推向辊筒上方,过辊混炼,如此从左右两个方向交替进行

(2)三角包法。横向割断辊筒上的胶片后,将胶片从左右两边交替向中央折叠起来(像包传统粽子一样),形成胶料三角包。当胶料完全通过辊隙后,再将三角包推向辊隙上方,如此反

复多次混炼,如图 3-2-20 所示。

图 3-2-20　三角包法

注:横向割断辊筒上的包胶,将胶片从左右两边向中折叠形成棕子状的胶料
三角包。胶料完全成为三角包后,将其推上辊筒上方,让其过辊,如此反复操作

(3)打扭法。横向割断辊筒上的胶片后,附放在辊筒上,随着辊筒的旋转而形成扇形。这样从左向右或从右向左,将胶片的一边垂直放入辊隙进行混炼,如图 3-2-21 所示。

图 3-2-21　打扭法

注:横向割胶,附放在辊筒上,随辊筒旋转而成扇形。这样,分别依次从两个方向反复操作

(4)捣胶法。该方法是先使用割刀从左向右至右边一段距离,将切削刃转动 90°角继续割开胶片,使胶料落入接料盘中,当堆积胶块快要消失时,则停止割胶,落胶随着辊筒上的余胶被带入辊隙中继续混炼。然后再从右向左重复进行上述相同的操作,如此反复多次进行辊炼。如果胶料量不大,可以将割下的胶片打成卷,然后竖直放到右边两辊上方,与另一部分橡胶混炼,如图 3-2-22 所示。

(5)薄通法。该方法比较简单,当胶料混炼到一定程度时,将辊距调整到 1 mm 左右,对胶料进行薄通混炼。将薄通后的胶料进行叠合,然后再次进行薄通混炼,如此反复进行多次,直到达到工艺要求为止,如图 3-2-23 所示。

以上所述是一些常用的混炼方法,此外还有打卷法(又分斜卷法和横卷法)、割倒法以及操作者在实际工作中自己摸索、总结出来的其他各种方法。

通常,混炼时所用操作方法往往不是单独的一种,而是交替使用几种方法。

图 3-2-22 捣胶法

注:割刀从左向右割一段距离,转 90°向下继续割胶,借辊筒将胶片打卷,
将这部分胶置于辊筒上方,与另一部分胶同时混炼,然后反方向操作,反复进行

图 3-2-23 开炼机薄通混炼法

3.2.4.2 开炼机混炼的工艺要求

1. 加料的顺序

开炼机混炼,其加料的顺序应当根据塑炼胶的性能要求,各类配合剂的性能、作用和工艺性特点(如分散性)以及用量多少等因素而定。一般的操作原则如下:

(1)用量少、难分散的配合剂先加入(如促进剂、活性剂、防老剂等)。

(2)用量多、易于分散的配合剂要后加入。

(3)通常,液体软化剂后加入(如果加入早,则不利于补强剂的分散)。

(4)临界温度低、化学活性大、对温度敏感的配合剂(如硫化体系的各种配合剂)应在混炼的后期胶料温度降低之后加入。

对于硬质橡胶这类胶料,硫黄含量较多,若在混炼后期加入,则难以在较短的时间内混炼均匀,若延长混炼时间,就会导致胶料焦烧。因此胶料应当先加入,促进剂最后加入。

一般来说,操作者必须按照混炼工艺和作业指导书进行混炼操作。

2. 装胶容量与辊距

装胶容量一般根据所用设备的技术参数来确定。如果为密炼机塑炼、开炼机混炼联合作业,则二者的规格、型号要相匹配;如果直接使用开炼机进行塑炼后混炼,那么,对于填料含量较低、密度较大的胶料以及合成橡胶类胶料,其装胶容量可以小一些;对于使用母炼胶的胶料,其装胶容量可以大一些。

在合理的装胶容量条件下,混炼时的辊距取 4～8 mm 为宜。

3. 辊筒温度

开炼机混炼时的辊温因橡胶种类的不同而不同。常用橡胶混炼时,开炼机的辊温见表 3－2－5。

表 3－2－5　部分橡胶开炼机混炼时的辊筒温度

胶　种	辊筒温度/℃		胶　种	辊筒温度/℃	
	前辊	后辊		前辊	后辊
天然橡胶	55～60	50～55	氯醇橡胶	70～75	85～90
丁苯橡胶	45～50	50～60	氯磺化聚乙烯	40～70	40～70
丁腈橡胶	35～45	40～50	氯橡胶 23－37	77～87	77～87
氯丁橡胶	≤40	≤45	氯橡胶 23－11	49～55	47～55
丁基橡胶	40～45	55～60	丙烯酸酯橡胶	40～55	30～50
顺丁橡胶	40～60	40～60	聚氨酯橡胶	50～60	55～60
三元乙丙橡胶	60～75	85 左右	聚硫橡胶	45～60	40～50

4. 混炼时间

混炼时间的长短是根据胶料的配方、装胶容量的大小以及操作者操作的熟练程度等因素确定的。在保证混炼胶种类的前提下,要尽可能地缩短混炼时间,以免造成动力浪费、生产效率下降、设备磨损及胶料过炼。

5. 辊筒转速和速比

在开炼机混炼时,辊筒的转速一般调整在 16～18 r/min,速比通常为 1∶1.1～1∶1.2。

提高转速可以缩短混炼时间,提高生产效率,但操作的安全性变差。

速比越大,剪切作用越大,混炼的工作效率越高。这样虽然可以提高混合速度,但是摩擦生热较多,胶料温度上升得也较快,易引起胶料的焦烧。

因此,使用开炼机混炼时,其速比应比塑炼时的速比要小;混炼合成橡胶时,其速比应比混炼天然橡胶时的小。

3.2.4.3　开炼机混炼的包辊性

胶料能够包辊,是开炼机混炼加工的前提。因此,胶料在其混炼过程中必须包在前辊筒上。影响包辊的因素有胶料的特性、工艺条件和配合剂的种类等。

对于相对分子质量分布较宽、应力松弛时间较长、抗裂口性能较好的胶料(如天然橡胶),强韧的胶料紧包在辊筒的表面上,不易破裂和脱落,具有良好的包辊性。那么,对于相对分子质量分布较窄、内聚力和拉伸强度低、应力松弛时间短的胶料(例如顺丁橡胶),在混炼中其胶料容易出现破裂脱辊现象,包辊性较差。

对于包辊性较差的胶料,在加入适量的补强剂(如炭黑)后,胶料与炭黑形成了结合炭黑,从而提高了胶料的拉伸强度,改善包辊性。

胶料的包辊性与胶料的品种、混炼温度有直接的关系。例如,天然橡胶、乳聚丁苯橡胶等在一般的操作温度条件下,包辊性能较好,温度的变化对包辊性影响不大。顺丁橡胶的混炼温度范围较窄,只有在50℃以下才能包辊。如果温度高于50℃,由于橡胶的结晶熔解使胶料失去强韧性,就会出现脱辊现象,不能进行混炼操作。

除此之外,如果润滑性软化剂用量过多,也容易引起脱辊;如果增黏剂用量过多,则易出现黏辊现象。

3.2.5 密炼机混炼

3.2.5.1 密炼机混炼的特征

将塑炼胶与各种配合剂投入高温、高压的密炼机的密炼室内,经过短时间的捏炼、分散与混合(捏炼即靠机械断链和热氧化断链,以增加可塑性;分散即碾碎配合剂颗粒,并使其在胶料中分散均匀;混合即使胶料与各种配合剂混拌均匀),就能获得质量满意的混炼胶。

其工艺过程如下:

上顶栓提起—加料—上顶栓落下—加压混炼—混炼结束—下顶栓拉开—翻转—出料—翻转回位—下顶栓关闭。

密炼机混炼的优点:所需时间短、生产效率高、混炼质量好;密炼机装胶容量大,投料、混炼、加压、排胶等操作都是机械化、自动化;劳动强度小,操作安全性大;配合剂飞扬损失小,污染小,工作场地的卫生条件好。

密炼机混炼的缺点:散热慢,混炼温度难以准确控制,混炼对温度敏感的胶料时易产生焦烧现象,冷却水耗量大;混炼胶形状为不规则块状,必须进行压片的补充加工。

密炼机混炼不适合浅色胶料、特殊胶料、品种变化频繁的胶料以及对温度敏感的胶料的混炼。

3.2.5.2 胶料在密炼机中的运动特点

使用开炼机混炼时,真正起混炼作用的只是在辊隙上方的堆积胶部分,而在辊筒表面的胶料呈现的是稳定的层流,所起的混炼作用并不大。使用密炼机混炼时,全部胶料同时受到捏炼,发挥混炼作用的不仅是两个相对转动的转子间隙之间,而且在转子与混炼室壁的间隙中以及在转子与上下顶栓的间隙中胶料都在不断地受到剪切、挤压。由此可知,密炼机中的胶料混炼过程与流动状态要比开炼机混炼的复杂得多。

密炼机的主要工作部位是密炼室。密炼室由密炼室壁、转子以及上、下顶栓组成。转子的断面为椭圆形,在转子上有两个长度不等的螺旋形突棱,它们的方向相对,长棱斜角的角度为30°,短棱斜角为45°。密炼机结构及下顶栓结构分别如图3-2-24和图3-2-25所示。由于两个转子突棱的螺旋线斜角不同,便使胶料产生了复杂的流动。

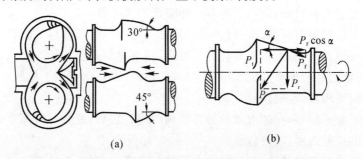

图3-2-24 密炼机结构与胶料的流动
(a)胶料在密炼室中的周向流动和轴向流动; (b)胶料在转子的轴向作用下的受力分析

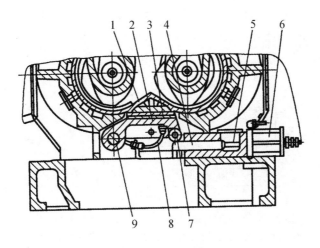

图 3 - 2 - 25　下顶栓结构

1—下顶栓；2—折转杆；3—隔热垫；4—锁紧楔铁；

5—楔铁控制连杆；6—控制楔铁的动力液压缸；7—辊轮；8—软管；9—连杆轴

在密炼机中，胶料的流动有两种运动形式。一种运动形式是周向流动，装入密炼室的生橡胶和配合剂等在两个相对旋转的转子转动下，通过转子的间隙被挤压到密炼室的底部，碰到下顶栓的突棱（见图 3 - 2 - 25）时被分割成两部分。然后，两部分胶料分别随着两个转子的转动挤向室壁，再回到密炼室的上部，在转子不同转速的影响下，两部分胶料以不同的速度再重新汇合。因此，胶料在密炼室中形成了两个方向相反的周向流动。另一种运动形式是轴向流动。由于转子表面有螺旋短突棱，当两个转子相对旋转时，胶料不仅随转子作周向运动，同时还沿着转子的螺旋沟槽进行轴向流动，这使胶料得以从转子两端向中部汇合。这种轴向流动可以起到自动翻胶和糅合的混炼作用。

此外，由于转子的外表面是带螺旋状的突棱，棱背部各点与转子轴心的距离各不相等，就产生了不同的线速度。例如 No.11 椭圆形转子密炼机的速比变化介于 1：0.9 和 1：1.47 之间。由于速比变化大，所以可以使胶料受到强烈的剪切和糅合。

在混炼过程中，转子表面及其与炼室壁之间的间隙都在不停地变化着（转子表面与炼室壁的间隙在 2～83 mm 范围变化，两个转子之间的间隙在 4～166 mm 范围变化），所以使胶料不能随着转子进行等速运动，而是随时改变速度和方向，从间隙小的地方向间隙大的地方进行湍流流动。这样，就能够使胶料为内部相互之间、胶料与转子表面之间以及胶料与密炼室室壁之间产生强烈的摩擦和剪切作用，从而大大提高了捏炼效果。

3.2.5.3　密炼机混炼的工艺方法

密炼机混炼的工艺方法有一段混炼法、二段混炼法、引料法和逆混法。

1. 密炼机混炼的工作阶段

密炼机的混炼可分为三个阶段，即湿润、分散和捏炼阶段。在这三个阶段中，可以在混炼时对电动机的载荷大小进行测量，并对测量所得曲线进行分析，如图 3 - 2 - 26 所示。

由图 3 - 2 - 26 可知，密炼机混炼过程的特点如下：

(1)随着混炼时间的增加，电动机的输出功率出现了两次峰值（b 点和 d 点）。

(2)胶料的温度不断上升。

(3)胶料与配合剂的总容积在 d 点之后一直不断地减少,并逐渐趋于稳定。

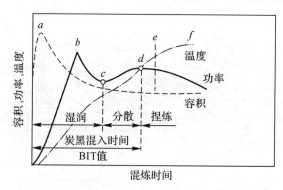

图 3 - 2 - 26　密炼时容积、功率和温度的变化曲线图
a —加入配合剂,落下上顶栓;b —上顶栓稳定;c —功率低值;
d —功率二次峰值;e —排料;f —过炼及温度平坦

这就从本质上反映了胶料和配合剂混合的全过程。

(1)密炼。以图 3 - 2 - 26 为例来分析密炼湿润阶段的工作特征。在密炼机中,当加入胶料和全部的配合剂开始混炼时,功率曲线随即上升,然后又突然下降。从功率曲线开始上升至下降达到第一个低谷点(c 点)时的混炼过程,称为湿润阶段。与湿润阶段所对应的时间称为湿润时间。在湿润阶段中,混炼主要表现为橡胶与炭黑相互混合,成为一个整体。

在开始混炼时(a 点),由于所加入的炭黑中存在着大量空隙,并吸附有大量的空气,所以总容积最大,超过了装料容积的30%左右。随着混炼的进行,上顶栓的压力和混炼作用力使胶料和配合剂的容积迅速缩小。当上顶栓落在最低位置时,功率曲线出现了第一个高峰(b点)。之后,随着橡胶逐渐渗入到炭黑凝体的空隙中,胶料的容积继续缩小,功率曲线也随之下降。当功率曲线下降到最低点(c 点)时,表明橡胶已充分湿润了炭黑颗粒的表面,与炭黑混合成为一个整体,变成了包容橡胶,湿润阶段随即结束。此时,胶料的容积开始趋于稳定。

(2)密炼分散阶段的工作特征。胶料的混炼继续进行(见图 3 - 2 - 26),功率曲线由 c 点开始再次上升至第二个高峰(d 点),将 c 点到 d 点的阶段称为分散阶段。

在分散阶段,混炼的作用主要是通过密炼机转子的突棱和密炼室壁之间的剪切作用,将炭黑凝聚体进一步搓碎变细,并分散到生橡胶中去,继续与生橡胶结合成为"结合橡胶"。由于搓碎凝聚体消耗能量,结合橡胶的生成使胶料弹性逐渐增大,所以功率曲线回升。若从另一方面分析,在炭黑凝聚体被搓开、分散之前,对胶料的流动性来说,包容橡胶分子也起着与炭黑相同的作用。因而,含有炭黑的有效体积分数增大,胶料的黏度随之变大。与此同时,随着炭黑凝聚体被逐渐分开,炭黑的有效体积分数在逐渐地减少,所以胶料的黏度又开始逐渐下降。当胶料的黏度下降至使切应力与炭黑颗粒内聚力相平衡时,即功率曲线表现出最大值时,可以认为是分散过程的结束,即功率曲线的 cd 段。

(3)密炼捏炼阶段的工作特征。如图 3 - 2 - 26 所示,在功率曲线上 d 点之后的阶段,称为捏炼阶段或称为塑化阶段。

在混炼过程中的捏炼阶段,配合剂的分散已基本完成,继续进行混炼可以进一步提高胶料的均匀化程度。但是,继续混炼也会导致胶料的力-化学降解而使其黏度继续降低。因此,功率曲线呈缓慢下降状态。

在胶料的整个混炼过程中,由于挤压、摩擦和剪力,胶料的温度不断地升高,只是在功率最低值(c 点)前后,胶料温度的上升才暂时缓慢;在超过功率的第二个峰值后,温度的上升才逐渐地趋于平缓。

2. BIT 值

在密炼机混炼过程中,对混炼起主导作用的是湿润和分散两个阶段。生产中,胶料的混炼性能如何,常以配合剂被胶料到均匀分散所需要的时间来衡量。一般是以"混炼时间-功率"图上出现第二个功率峰点作为分散的终结时间,称之为炭黑混入时间 BIT 值。BIT 值越小,表示胶料混炼性能越好,即易于进行混炼。

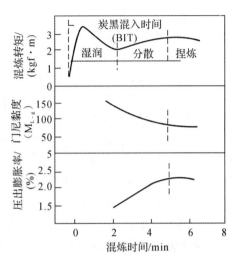

图 3-2-27　混炼时间与扭矩、门尼黏度、
压出膨胀率之间的关系

注:1 kgf=9.806 65 N

有时第二功率峰值较为平坦,BIT 值不易精确测定,可用测定混炼胶的挤出物达到最大膨胀值的时间来表征炭黑-生橡胶的混炼性能。这种表示方法更为精确,如图 3-2-27 所示。

由图 3-2-27 可以看出,当混炼进行到分散阶段的终点时,胶料的压出膨胀率上升到最高。这是因为此时胶料的黏度降低到了较小值,胶料在压出后,松弛时间短,所以立即表现出了最大压出膨胀率。

3. 密炼机混炼的工艺特点

目前,大多数橡胶企业采用密炼机对橡胶胶料进行混炼时,所使用的工艺都有一段混炼法、二段混炼法、引料法和逆混法等。

(1)密炼机一段混炼法的工艺特点。所谓一段混炼法,是指从加料、混炼到混炼结束,压片机或开炼机下片冷却,连续操作一次完成的工艺过程。采用此法进行混炼,混炼胶的制备时间短(可以省去二段混炼法中的胶片的中途停放和冷却),占地面积小。其缺点是一次炼成,胶料在密炼机中混炼时间较长而易过热。特别是在一段混炼的后期,由于此时温度高而胶料的热可塑性增大,妨碍了配合剂的均匀分散,因此,使混炼胶的质量受到影响,可塑度较低,并容易产生焦烧。

因此,一段混炼法通常只适用于性能要求一般的制品(如工业胶板、普通胶管及橡胶架件)胶料的制备。

混炼时,为了使料的温度不过快升高,通常采用慢速密炼机(转速为 20 r/min)混炼。其混炼的程序如下:

生橡胶—硬脂酸—小料—大料(或 1/2 炭黑)—油类软化剂—排料—压片机薄通散热—加硫黄和超速促进剂(100℃以下,以防止硫黄液化结团而影响分散)—下片—冷却—停放。

混练也可采用双速密炼机,在混炼的前期快速、短时间完成除硫黄和超速促进剂以外的母炼胶料的混炼;然后使用慢速混炼,使胶料降温后再加入硫黄和超速促进剂;混炼好后进行排胶料至压片机压片、冷却、停放。

如果胶料需要炭黑量多,一次加入炭黑会使密炼机载荷过重,影响混炼时间和质量,那么,炭黑可以分为两次加入。液体软化剂在补强填充剂加入之后再加入。这是因为混炼温度通常是在 120℃左右,接近胶料的流动点,如果先加入液体软化剂,将会使胶料的流动性变大而降低其剪切作用,使炭黑结团,影响分散效果。

投料时,先要提起上顶栓,加完料后,放下加压。加压的程度要根据所加配合剂组合而定。如果是加胶料,为了使胶料温度上升并加强摩擦,则应施加较大的压力;如果是加入配合剂,则应减少加压的强度。加入炭黑时,甚至可以不加压,以避免粉剂受压过大而结团或胶料升温过高而导致其焦烧。

当密炼机一段混炼时,20 r/min 的慢速密炼机混炼时间通常为 10~12 min,混炼特殊胶料(如高填料)时,混炼时间为 14~16 min;40 r/mm 的密炼机混炼时间一般为 4~5 min;60 r/min 的快速密炼机混炼时间为 2~3 min。排胶温度应控制在 120~140℃。

(2)密炼机二段混炼法的工艺特点。随着合成橡胶用量的日益增大以及高补强炭黑的作用,对生橡胶的互容性和炭黑在胶料中的分散性要求更为严格。通常当合成橡胶的用量超过50%时,为了改进并用胶的掺和和炭黑的分散,应采用二段混炼法。

所谓二段混炼法,就是将胶料的混炼过程分为两个阶段进行。

第一段是粗混炼,目的是制备含炭黑和软化剂的母胶料,并将母胶料排放到压片机上进行补充混炼和压片,下片之后进行冷却和干燥,停放 8 h 后再次投放密炼机内进行二次混炼。

第二段是补充混炼以及加入硫黄和促进剂,均匀分散后再经压片机混炼加工,下片后再次进行冷却。

经过第一段混炼后,因胶料在中间经过冷却和停放后黏度增加,使第二次混炼时的剪切作用与分散效果提高,从而改善了配合剂的分散程度,硫化胶的物理-力学性能也得到了明显的提高,而且胶料的工艺性能良好,减少了焦烧现象的产生。

二段混炼法的缺点是胶料制备周期长、胶料冷却、停放占地面积大。在较低温度下,橡胶分子在混炼过程中所产生的剩余应力可使其重新定向,胶料中结合橡胶的含量随停放时间逐渐增加,胶料变硬,这就必须使其在第二段混炼时再次受到强烈的剪切作用,从而使一段混炼中没有混炼均匀的炭黑粒子被搓开。此时二段混炼也就失去了意义。

通常,第一段排胶温度不高于 140℃,第二段排胶温度不高于 120℃。

为了提高胶料的混炼效率,第一段混炼可采用 40 r/min 密炼机进行,第二段混炼采用 20 r/min 慢速密炼机或开炼机进行。在生产中,常常将第一段混炼与生橡胶的塑炼合并在一个工序中进行,且采用较高的温度(160℃左右)。这样可以简化工艺,缩短生产周期,提高生产率,而且也能保证混炼胶的质量。

二段混炼的具体工艺方法如下所述:

1)合并二段混炼法。这种工艺方法在合成橡胶与天然橡胶并用的胶料中应用广泛。其操作方法是,第一段先用密炼机将天然橡胶与合成橡胶制成均匀的混合胶料,然后再按工艺要求的加料顺序使配合剂分散均匀,最后排放到压片机上进行薄通或者翻炼(即不加硫黄和超速促进剂),下片后冷却停放。在第二段,将停放冷透的胶料重新投入密炼机中进行补充加工,排料至压片机上适当降温后加入硫黄和超速促进剂。

如果胶料中炭黑含量较多时,在密炼机中进行二段冷加工时设备载荷就会太大,那么,这类胶料可以在开炼机上进行第二段的混炼作业。

2)混炼胶并用二段混合法。该方法是将天然橡胶和合成橡胶事先分别单独制备成母炼胶,然后按配方中天然橡胶与合成橡胶的比例在密炼机中充分混合,最后加入硫黄和超速促进剂等配合剂混炼的方法。

3)炭黑母炼胶一段混炼法。该方法是把用量大且难以混合的炭黑事先在密炼机中制成母炼胶,经过冷却停放(停放时间一般为 4~8 h),再投放到密炼机中和其他配合剂进行第二段混炼的方法。

该方法特别适用于快速密炼机混炼,这是因为快速密炼机对炭黑具有良好的分散效果。但是,由于混炼温度高,需要配用慢速密炼机进行二段混炼,以便在较低的温度下加入硫化剂进行混炼。

(3)引料法的工艺特点。引料法也称作种子胶法。当橡胶与配合剂之间湿润性差、吃粉困难时,可以采用这种方法。这种方法的作业特点是,先在密炼机中加入预混好的胶料(不加入硫黄)1.5~2.0 kg,然后再投料进行混炼。该方法能提高吃粉速度,缩短混炼时间,并且有利于提高胶料的均匀性。

引料法常用于丁基橡胶的混炼。

(4)逆混法的工艺特点。逆混法也称作倒混法,因该方法的加料顺序与常规方法相反而得名。

逆混法的作业顺序为:补强填充剂—橡胶胶料—小料、软化剂—加压混炼—排料。

逆混法的特点是充分利用了设备的装料容量,减少混炼时间(配方中的所有配合剂全部一次加入,减少上顶栓的升降次数)。例如,轮胎帘布胶采用逆混法进行混炼,其混炼速度比一般的加料方法快。

混炼的时间对于胶料的质量有较大影响。混炼时间短,配合剂分散不均匀,胶料的可塑性也不会均匀;若混炼时间过长,则容易产生"过炼"现象,从而使胶料的物理-力学性能严重下降。

4.冷却与停放

冷却是为了避免混炼胶温度高而引起焦烧和相互黏结现象,一般强冷到 35℃以下。

停放可使橡胶分子的应力得到松弛、减少收缩,使配合剂继续分散,炭黑与橡胶进一步结合,进而提高胶料的物理-力学性能。

由密炼机混炼后的胶块必须由压片机压成一定厚度的胶片。刚下片的胶片,其温度很高,在这样的高温下直接对混炼胶进行存放,则容易引起胶料的焦烧和互相黏结。因此,对混炼好的胶片应立即进行强制冷却,使其温度尽快降至 35℃以下。

冷却的方法通常是将混炼好的胶片浸入隔离剂溶液中(也有将隔离剂溶液以压力形式喷洒在胶片上的),冷却后,由切割装置切成一定的规格,送至格架上。之后用风机将其吹干,同时也加速了胶片的冷却,如图 3-2-28~图 3-2-30 所示。

图 3-2-28　水槽强制冷却

图 3-2-29　停放自然冷却

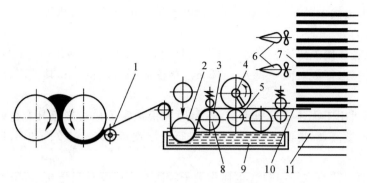

图 3-2-30　胶片冷却、吹干、停放系统示意图
1—切胶机;2—冷却辊;3—牵引辊;4—切割装置;5—压紧辊;
6—风机;7—冷却胶片;8—拉紧辊;9—冷却槽;10—传送带;11—格架

经过冷却后的胶片,需要停放适当的时间(通常在 8 h 以上或按照工艺要求进行)才能转入下道工序。

胶片在长时间的停放过程中,胶料分子的应力得到松弛,减少了内应力,于是消除了疲劳和收缩性能。在停放过程中,配合剂继续扩散,进一步提高了均匀性;停放有利于橡胶分子与炭黑界面之间的进一步相互结合,生成了更多的结合橡胶,从而提高了炭黑的补强效果。

生产实践和技术效果证明,停放了适当时间的胶片,其物理-力学性能还可以得到一定程度的提高与改善。

5. 混炼胶的快速检验

对混炼胶料进行快速检验,其目的是判断胶料中配合剂是否分散均匀,有无漏加或错加配合剂,以及操作及其控制是否符合工艺要求等,以便能够及时发现质量问题并进行补救。

混炼胶的质量,直接关系着后续加工工序的工艺性能和制品的质量。因此,控制和提高混炼胶的质量是橡胶制品生产中的重要环节。评估混炼胶质量的依据就是对混炼胶进行快速检验的结果。

快速检验的方法是在每车胶料混炼好后进行下片时,于其前、中、后三个部位各取一个或一组试样,测定其可塑度、硫化特性、硬度、拉伸强度、扯断伸长率、扯断永久变形和密度等。再将测得的结果与工艺规定的标准进行比较,从而判断混炼胶的质量是否符合要求。除此之外,还可以辅助以目测的方法结合经验查看混炼胶分散的程度。

混炼胶料的快速检测,除了采用传统的试片硫化法检测之外,采用各种测试仪器则可更快、更准确地实现在线快速测试。例如,使用门尼黏度计快速测出胶料的门尼焦烧、流变性能及硫化曲线,这已经在很多橡胶企业得到广泛应用。还有一些橡胶企业应用流变仪来检测混炼胶的质量,采用该仪器可以测定出胶料的初始黏度、焦烧时间、正硫化时间、硫化速度、硫化平坦性、返原性以及硫化胶模量等各种工艺参数和全部硫化性能。

有人还提出了胶料的黏度与密炼机转子的转矩或功率成正比的快速检验理论。瞬时功率控制法可以按照预定的黏度排胶来结束混炼,从而大大提高了混炼胶的质量均一性。现在可以做到每车胶料混炼结束时,立即测出胶料的主要质量指标,如门尼黏度、可塑度数值、分散度、密度等数据。这是一种对混炼胶进行智能化控制和管理的方法,是对混炼质量的在线检测或预测。

就一般情况而言,目前常规的快检项目主要有以下几项:

(1)可塑度的测定。从生产线上取的三个试样,使用威廉氏可塑计测其可塑度数值,以检测混炼胶胶料的可塑度是否符合工艺标准的要求,是否均匀。

测定可塑度,主要是检测胶料的混炼程度(如混炼不足或者过炼)和原材料(如生橡胶、补强填充剂、软化剂等)是否错加或漏加等。

(2)密度的测定。将从生产线上取的三个试样依次浸入不同浓度的氯化锌水溶液中进行密度测定。

密度测定主要是检测胶料是否混炼均匀,以及是否错加或者漏加生橡胶、补强填充剂等原材料。

(3)硬度的测定。将从生产线上取的三个试样在规定的温度和时间条件下快速硫化成试片,然后用邵尔 A 型硬度计测出其硬度值。

硬度的测定主要是检验补强填充剂的分散程度、硫化剂的分散程度以及配合剂(如硫化剂、硫化促进剂、补强填充剂以及软化剂等)是否错加或者漏加。

(4)初硫点的测定。在规定的硫化温度条件下,测定从生产线上取的试样达到定型点所需要的时间,称为初硫点。

初硫点的测定主要是检测硫化剂及其促进剂是否错加、漏加以及判断混炼胶的焦烧时间等,从而对混炼过程中的操作是否按照混炼工艺要求(如混炼温度、加料顺序及容量等)做出参考性的判断。

6.混炼胶存在的质量问题、产生原因和技术对策

混炼胶在质量方面所出现的问题一般分为两类。一类是由于混炼过程中违反了工艺要求的操作规程造成的,另一类是由混炼的前几个工序(如塑炼、配合剂的补充加工及其称量等)所造成的。常出现的质量问题如下所述。

(1)配合剂结团。造成配合剂结团的因素很多,主要有生橡胶塑炼不充分,粉状配合剂中含有较为粗大的粒子或结团物,生橡胶或某种配合剂受潮、含水率过高,混炼时装胶容量过大、辊温过高,粉状配合剂直接落到辊筒上被压成片状,混炼初期辊筒温度过高所形成的炭黑凝胶硬粒太多等。

对于配合剂结团的胶料,可以通过补充加工(如采用低温多次薄通)进一步改善配合剂分散性。

(2)可塑性过大、过小或者不均匀。造成混炼胶的可塑性过大、过小或者大小不均匀的主要原因有:在混炼之前的塑炼胶胶料的可塑性不适当,混炼时间过长或者过短,混炼温度过高或者过低,混炼不均匀,软化增塑剂添加过多或过少,炭黑添加较少或添加较多以及炭黑错配等。

对于可塑性过大、过小或者不够均匀的混炼胶料,如果胶料的质量正常,硬度和密度也基本符合要求,可以适量掺入正常的胶料中使用(掺和量一般以 10%～30%为宜),或者将可塑性过大的胶料与可塑性过小的胶料掺和使用,还可以将可塑性过小的胶料进行补充加工。如果胶料的质量、硬度以及密度等技术指标均不符合要求,则作为废料处理。

(3)密度过大、过小或者不均匀。混炼胶胶料的密度过大、过小或者不均匀的主要原因是配合剂的称量不准确、错配或者漏配,在混炼过程中配料错加或漏加,混炼不均匀等。

对于混炼不均匀或密度不均匀的胶料,可以通过补充加工予以解决。

对于错加和漏加配合剂的胶料,无法判定错了什么、漏了什么、错了多少、漏了多少的,则可判为废料予以处理。

(4)初硫点慢或快。造成混炼胶胶料初硫点慢或快的主要原因是:硫化体系配合剂的称量不准确、错配或者漏配,补强剂错配以及混炼工艺(如辊筒温度、加料顺序及混炼时间等)掌握不当等。

对于初硫点慢或快的胶料必须查明原因,交由技术部门和质量管理部门解决。

(5)喷霜现象。所谓喷霜,是一种由于配合剂析出胶料表面而形成一层类似于"白霜"的现象。

喷霜现象大多数情况为喷硫,但也有其他配合剂的喷出,例如某些品种的防老剂,促进剂TMTD、石蜡、硬脂酸等,也有由于白色填料用量过多(即超出其最大填充量)而喷出的(也称为喷粉)。

引起喷霜的主要原因有:胶料在混炼之前,其生橡胶塑炼不够充分;混炼温度过高;混炼胶停放时间过长;硫黄粒子大小不均匀、称量不准确而偏多等。也有的喷霜是由于配合剂(如硫黄、防老剂、促进剂和白色填料等)选用不当造成的。

对于因为混炼不够均匀、混炼温度过高以及硫黄粒子大小不均匀所造成的胶料喷霜质量问题,可以通过补充加工予以解决。

(6)焦烧现象。混炼胶出现轻微的焦烧,则表现为表面不光滑、可塑度降低;出现较严重的焦烧,则表现为表面和内部会生成大小不相等的、有明显弹性性能的熟胶粒或胶片(也称为熟胶疙瘩)。严重的焦烧会使设备的载荷明显增大。

胶料产生焦烧的主要原因有:混炼时装胶容量过大、温度过高、过量地加入了硫化剂且混炼时间过长;胶料的冷却不充分;胶料在混炼后停放的温度过高,而且停放时间过长等。有时也会因配合不当或硫化体系配合剂用量过多而导致焦烧。

对于出现焦烧的胶料必须进行及时处理。轻微焦烧的胶料可以通过低温(45℃以下)薄通,恢复其可塑性;焦烧程度略严重的胶料,可以在薄通处理时加入 1.0%～1.5% 的硬脂酸,或者加入 2%～3% 的油类软化剂来恢复其可塑性;对于焦烧程度严重的胶料,要进行明确标识,作为废胶料予以处理。

(7)胶料的物理-力学性能不合格。为了确保制品的质量,工厂的理化实验室必须定期抽查混炼胶的物理-力学性能。

影响混炼胶物理-力学性能的因素很多,在正常的生产中,即使是同一胶料,其性能也会有所差别,这是正常的。但是,如果差别太大,物理-力学性能降低太多时,就应判定为严重的质量问题。

造成混炼胶物理-力学性能降低的主要原因是配合剂称量不准、漏配或错配,混炼不均匀或者过炼,加入配合剂的顺序不规范,混炼胶停放时间不足等。

对于物理-力学性能不合格的胶料要进行补充加工,可与合格胶料掺和使用(掺和量不得超过 20%)或者降级使用。

3.2.5.4 混炼实例

一般在规模不大的橡胶企业中,混炼工序是在开炼机上进行的,其前的工序是在密炼机上进行的。以下简单介绍橡胶混炼的实际生产例子。

混炼设备及工序如图 3-2-31～图 3-2-53 所示,一般的混炼设备为开炼机,混炼前的塑炼胶由密炼机提供(详见 3.2.5.3 节)。塑炼胶经温度检测合格后,转入混炼工序开始进行混炼。

图 3-2-31　调节前、后辊水温

图 3-2-32　快速将塑炼胶移至双辊之上

图 3-2-33　开始混炼

图 3-2-34　包辊混炼

图 3-2-35　添加配合剂

图 3-2-36　继续吃粉混炼(一)

图 3-2-37　翻转混炼

图 3-2-38　继续吃粉混炼(二)

图 3-2-39　反复翻炼吃粉

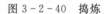

图 3-2-40　捣炼

图 3-2-41　打三角包

图 3-2-42　包辊调胶片厚度

图 3-2-43　冷却水槽

图 3-2-44　冷却后手工裁片

图 3-2-45　做胶料标识

图 3-2-46　胶料转运

图 3-2-47　入库

图 3-2-48　胶料预成形机

图 3-2-49　下料成卷准备
挤压

图 3-2-50　胶卷放入预成形机
料筒

图 3-2-51　关闭预成形机
口型盖

图 3-2-52　预成形挤出机及其胶条冷却水槽　　　图 3-2-53　胶条标识入库

3.3　橡胶的压出

橡胶的压出是指橡胶胶料在压出机螺杆旋转推动作用之下,进一步混炼并不断地被压向机头,通过制品所需要的口型(压出模具)而连续成形的过程。橡胶的压出也称作挤出。

橡胶的压出被广泛地应用在轮胎胎面、内胎、胶管、胶带、密封条以及各种各样复杂断面形状或空心制品半成品的制造,包胶制品(如电线、电缆)的包胶操作,防水卷材、衬里用的胶片的压出等。

橡胶压出的工艺特点如下：

(1)操作简单,生产效率高。

(2)在橡胶压出过程中,还可以对胶料起到补充混炼和热炼的作用,使胶料更加均匀、致密,获得更高的制品质量。

(3)通过更换口型,可以制备规格型号和各种不同断面形状的半成品,达到一机多用。

(4)设备结构简单,易于生产操作、维护保养,修理方便。

(5)可以连续作业,实现生产自动化。

(6)设备占地面积小,价格便宜,生产成本低。

橡胶压出机如图 3-3-1 所示。

图 3-3-1　橡胶压出机

3.3.1　橡胶压出机的结构

橡胶压出机的类型很多。按照喂料方式可分为热喂料压出机和冷喂料压出机两类;如果按照螺杆数目来分,则可分为单头螺杆压出机、双头螺杆压出机和多头螺杆压出机等。

表征压出机技术特性的参数有螺杆的直径、长径比、压缩比、转速、生产能力以及设备功率等。

橡胶压出机(热、冷喂料机)的结构原理分别如图 3-3-2 和图 3-3-3 所示。

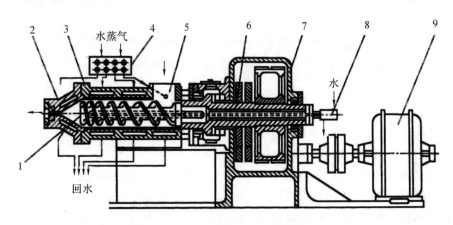

图 3-3-2　热喂料橡胶压出机结构原理图

1—螺杆;2—机头;3—机筒;4—分配装置;5—加料口;

6—螺杆尾部;7—变速装置;8—螺杆冷却装置;9—电动机

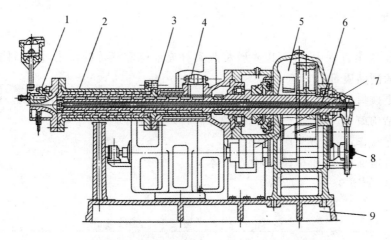

图 3-3-3　冷喂料橡胶压出机结构原理图
1—胎面压出机头；2—机筒；3—连接装置；4—导辊；
5—减速器；6—冷却系统；7—联轴器；8—油路系统；9—底座

3.3.1.1　压出机螺杆

螺杆是压出机的关键部件之一，由工作部分和传动部分组成。工作时，螺杆除了对胶料进行一定程度的塑化、混炼、压缩之外，还对胶料产生足够的压力，使胶料克服阻力而被挤压出安装在机头上的口型之外。

螺杆必须具备足够的强度和刚度、良好的耐磨性和耐腐蚀性、在高温下和长时间工作条件下不变形的性能。螺杆通常使用 38CrMoAl 材料制造，表面渗碳处理。

橡胶压出机的部分螺杆实物照片如图 3-3-4 所示。

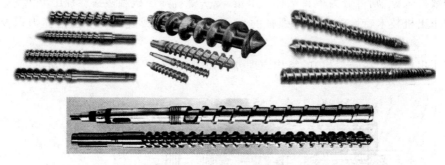

图 3-3-4　橡胶压出机螺杆

（1）热喂料压出机螺杆。在热喂料压出工艺中，不再需要机筒对胶料进行加热，螺杆的主要作用是将已混炼好且预热的胶料压实、输送和挤出。

双头螺杆升角大，胶料流动阻力小，生产能力大。如果螺杆的螺距是由大变小，则易于吃料，且压出胶料的致密度高。一般双头螺纹的等深不等距（螺距由大变小）螺杆应用较为广泛。

橡胶压出机热喂料螺杆的类型与结构设计如图 3-3-5 所示。

（2）冷喂料压出螺杆。冷喂料压出工艺是将室温下的混炼胶在压出机中加热成塑化状态再进行压实、输送和挤出的工艺。

冷喂料压出螺杆的结构如图 3-3-6 所示。

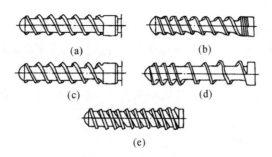

图 3 - 3 - 5　热喂料压出机螺杆的结构

(a)等距等深型；　(b)不等距等深型；　(c)等距不等深型；　(d)复合型；　(e)锥形

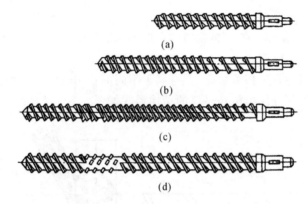

图 3 - 3 - 6　冷喂料压出螺杆的结构

(a)等距等深螺杆；　(b)等深变距螺杆；　(c)主、副螺纹螺杆；　(d)销钉螺杆

主、副螺纹型螺杆，其主螺纹的高度略高于副螺纹的高度，其导程又小于副螺纹的导程。胶料在通过副螺纹棱与机筒内壁的间隙时，受到了强烈的剪切作用而生热较多，所以其塑炼效果较好。

螺杆的结构分为加料段、压缩段和均化段三个部分，因而工作长度加大，机械剪切力和摩擦作用增强，生热增多，使得温度升高较快。

3.3.1.2　螺杆的长径比

螺杆的有效长度(L)与其直径(D)之比，叫作螺杆的长径比(L/D)。

长径比的大小取决于喂料方式，即是热喂料还是冷喂料。

对于热喂料方式来说，需要螺杆的直径较大，其长径比就小；对于冷喂料方式来说，需要螺杆的长度较长，其长径比就大。

随着技术的发展，螺杆的长度有增长的趋势。

3.3.1.3　螺杆的压缩比

螺杆的压缩比是指螺杆加料段一个螺旋槽的容积与其压缩段一个螺旋槽的容积之比。

压缩比的作用是通过螺旋槽容积的收缩变小对加料产生一定的压力，将胶料压得更加密实，同时也加快胶料流动的速度。

压缩比小，则胶料受到的压力就小，对胶料产生的摩擦作用就小，生热量也小，因此，胶料就不易产生焦烧现象。压缩比大则相反。

3.3.1.4 螺杆螺纹形状、结构

螺杆的螺纹断面形状有锯齿形和矩形两类。

锯齿形断面,其螺棱后沿具有较大的倾角,过度圆弧较大,有利于胶料的流动,避免胶料的滞流现象。

矩形断面的螺纹,其根部有一个半径很小的圆弧,这种结构形式使螺杆具有最大的容积,生产效率高。

3.3.1.5 螺杆头部的结构特征

为了使胶料能够顺利而稳定地从螺杆进入机头,防止胶料产生滞留和滞流,避免胶料受热时间过长而产生局部焦烧现象,螺杆的头部必须设计成合理的形状结构。通常螺杆头部的形状为半球状或流线型锥面等。

机筒也是压出机的重要部件之一,它和螺杆一起组成了压出机的压出系统。机筒上设置有加热和冷却装置,外层制作了带有螺旋槽或环形槽的夹套,可通入蒸汽或者冷却水,用以调整机筒各段所需要的工作温度。

压出机进料口的结构及其相关装置,要有利于不同形状(如带状、块状和粒状等)的胶料顺利地进入到机筒之中。部分压出机加料口的结构形式如图3-3-7所示。

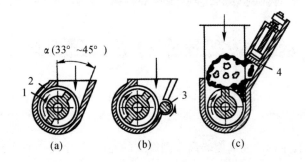

图 3-3-7 部分压出机加料口的结构形式

(a)自动进料口; (b)安装有驱动辊的加料装置; (c)安装有推料器的加料装置

1—螺杆;2—机筒;3—驱动辊;4—推料器

胶料在螺旋槽内流动示意图如图3-3-8所示。

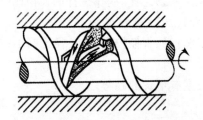

图 3-3-8 胶料在螺旋槽内流动示意图

3.3.2 压出机的压出流率

黏流体胶料在压出过程中,以正向流动为主要形态,同时还存在着逆流、漏流等其他形态。

压出机的压出流率(Q)等于胶料的正流量(Q_d)、逆流量(Q_p)和漏流量(Q_l)之和。即

$$Q = Q_d - Q_p - Q_l$$

假定胶料的流动是牛顿型黏流体,则可利用流体力学的基本公式进行推导、整理和简化,从而得出单螺杆压出机压出流量的方程式为

$$Q = \alpha n - (\beta + \gamma) p / \mu$$

式中　Q——压出体积流量(cm^3/min);

　　　α——正流项常数;

　　　n——螺杆转速(r/min);

　　　β——逆流项常数;

　　　γ——漏流项常数;

　　　p——机头压力(Pa);

　　　μ——胶料的黏度($Pa \cdot s$)。

当螺杆选定时,α,β,γ 这些常数均为定值。如果压出工艺稳定,加工温度和螺杆转速都恒定不变。那么,胶料的黏度也不变,是一个常数。于是,由上式可知,压出机的压出流量与其螺杆转速成正比,与机头的压力成反比。此时,流量与机头压力之间的关系如图 3-3-9 所示。

3.3.2.1　机头的流率

当压出时,胶料在螺杆的推动作用下,通过安装在机头上的口型而成为压出半成品。胶料通过机头口型流动的流率方程为

$$Q = K p / \mu$$

式中　Q——流经口型的体积流量(cm^3/min);

　　　p——流经口型的压力降(Pa);

　　　K——口型的几何形状系数;

　　　μ——胶料的黏度($Pa \cdot s$)。

假定胶料的黏度一定,口型的几何形状系数(K)不变,那么,胶料的体积流量与压力成正比。这种关系也是一个线性方程(所表征的直线的斜率为 K/μ)。于是,这条直线就表征了机头口型的特征,如图 3-3-10 中的直线 2 所示。

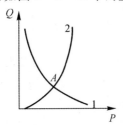
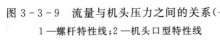

图 3-3-9　流量与机头压力之间的关系(一)
1—螺杆特性线;2—机头口型特性线

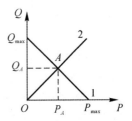

图 3-3-10　流量与机头压力之间的关系(二)
1—螺杆特性线;2—机头口型特性线

3.3.2.2　胶料黏流态的压力与流量之间的关系

上述是将压出过程中的胶料假定为牛顿流体来阐述的。实际上,黏流体的胶料在流动时是非牛顿型流体,其黏度随着流动速率的变化而变化,并不是一个常数。而且,在压出过程中,胶料也并不是在等温条件下流动的。因此,在实际应用中必须对其进行适当的修正。最简单

的修正方法是以实际变化的黏度（$\mu_{实}$）来代替以上两个公式中的假定黏度 μ，经过计算，所得结果如图 3-3-9 所示。

由流量与机头压力之间的关系图 3-3-9 中可以看出，螺杆特性线和口型特性线都不是直线，而是曲线。

通过分析，可以得出一个正确的结论，即螺杆特性线和机头口型特性线的交点（A）便是生产该产品所用口型时压出机的最佳工作点。

3.3.3 压出机机头的特性

3.3.3.1 压出机直向机头的加工特征

直向机头是指压出胶料的方向与螺杆的轴向一致的结构形式，例如压出圆筒形制品和各种管型材类制品的机头（如直向机头的结构图 3-3-11 所示）。

直向机头是由口型和芯模所组成的，口型用来控制制品的外形，而芯模则用来控制制品的内形。口型和芯模必须具备制品设计要求的同轴度，二者的同轴度是由口型调节螺钉来调节的。调节的方法有两种：一种是口型调节，一种是芯模（机头芯模如图所示）调节。芯模的结构如图 3-3-11 所示。

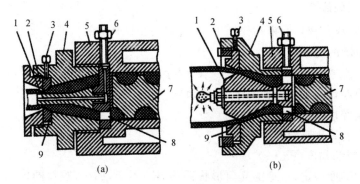

图 3-3-11　直向机头的结构

(a)胶管机头；　(b)内胎机头

1—芯模；2—螺母；3—口型调节螺栓；4—机头体；

5—机筒；6—进气管接头；7—螺杆；8—芯模支架；9—口型

芯模由一根或多根分流肋的支架固定于机头的中央，胶料压出时在分流肋处分开流动，绕过分流肋后又汇合到一起继续流动。有的胶种在黏流态绕过分流肋后，再汇合到一起时会留下熔接痕，这种现象会影响压出制品的质量（主要是力学性能）。

芯模实物如图 3-3-12～图 3-3-14 所示。

为了减少熔接痕的出现，保证压出制品的质量，在设计芯模分流肋时必须注意：在保障芯模强度的条件下分流肋的数量尽可能地少；其几何尺寸尽量地小；断面几何形状在胶料流动方向上呈流线型结构，而且两端要尖如刀刃。

为了防止制品在压出时发生黏模现象，可在芯模和支架肋合适的部位设置进气孔道机构，并由导管不断地向内喷入隔离剂。

口型和芯模可根据制品进行设计，以满足各种制品的生产需要。

图 3-3-12　机头芯模

图 3-3-13　机头芯模后面

图 3-3-14　机头芯模侧面

直向机头的压出机结构形式较多,如图 3-3-15 所示。

图 3-3-15　直向机头橡胶压出机

3.3.3.2　压出机喇叭形机头的结构特征

喇叭形机头也称为扁缝机头,用来压出宽断面的薄型制品,如轮胎胎面及胶片等半成品。这种机头由上模板、下模板、上口模板和下口模板所组成。机头内型腔断面的形状变化如图 3-3-16 和图 3-3-17 所示。

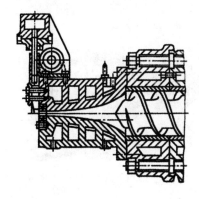

图 3-3-16　喇叭形机头

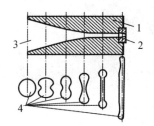

图 3-3-17　喇叭形机头内型腔断面变化示意图
1—机头体;2—口型;3—机头内型腔通道;4—型腔通道断面分段形状

为了保证胶料在机头内流动顺畅,可在口型板两侧的适当位置开设流胶孔,或者在口型板上阻力大的部位进行局部加热。

机头上设置有相对独立的汽、水夹套,可以根据胶料性能和工艺要求通入蒸汽或冷却水来调整机头的工作温度。

3.3.3.3　电线电缆外包皮压出机头

电线电缆类包层压出机头有垂直机头(T 形)和倾斜(Y 形)两种结构形式,如图 3-3-18 所示。

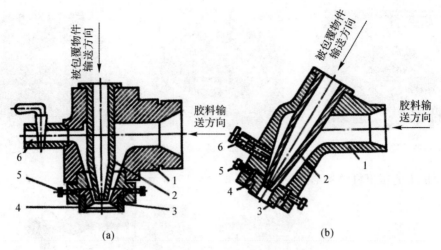

图 3-3-18　电线电缆外包皮压出机头

(a)垂直机头(T形);　(b)倾斜机头(Y形)

1—机头;2—芯模;3—口型;4—压紧螺母;5—调节螺母;6—溢流孔

在电线电缆绝缘层的压出过程中,黏流体胶料环绕着导向芯模被压出,导向电缆芯线通过芯模中央的孔,按照一定的速度向前输送进行包覆。新的工艺采用真空技术使胶料与芯线黏合得更加牢固。

可以根据胶料的流动对口型上的溢流孔进行调整,避免流动的阻塞和焦烧。

包覆层的厚度通过改变口型与芯模之间的间隙尺寸、压出速度及被包覆物的输送速度等来调整。

大批量生产的电线电缆压出设备如图 3-3-19 和图 3-3-20 所示。

图 3-3-19　电线电缆生产车间

图 3-3-20　电线电缆压出成形生产现场

3.3.4　滤胶

为了保证制品的质量,在成形之前对胶料进行过滤,称为滤胶。滤胶所使用的设备叫作滤胶机。滤胶机的结构本质就是压出机,为螺杆压出装置。

精密预成形机也是一种压出机,为柱塞压出装置。滤胶可根据胶料的质量要求,选用不同目数的过滤网,以达到生产的工艺要求。

如图 3-3-21~图 3-3-25 所示为橡胶工业中的滤胶设备及附件。

根据制品的设计要求,在生产制造中还可以选用各种不同规格的复合压出机,如图 3-3-26 所示。

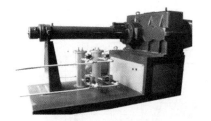

图 3-3-21　滤胶机　　　　　　　　　图 3-3-22　精密预成形机

图 3-3-23　滤胶作业　图 3-3-24　滤胶机过滤网　　图 3-3-25　精密预成形机滤胶现场

图 3-3-26　复合压出机

3.3.5　压出前的热炼

橡胶加工的压出工艺,通常包括胶料的热炼(冷喂料压出除外)、压出、冷却定型和裁断等工序。

胶料在送入压出机压出之前,要再次对冷却停放的混炼胶用开炼机进行充分的热炼。其目的是提高胶料的均匀性和可塑性,以便能够获得质量优良、形状稳定、尺寸准确、表面光泽平滑的压出制品。

胶料热炼好后,使用开炼机上的割刀将包于辊筒上的胶料切割成一定宽度和厚度的胶条,通过带式输送装置送到压出机的加料口,如图 3-3-27 所示。

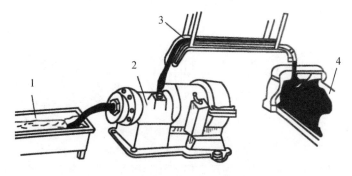

图 3-3-27　开炼机热炼后的胶料输入压出机
1—冷却槽;2—压出机;3—输送装置;4—开炼机

3.3.6　压出机机头与口型模

许多橡胶模制品在其生产过程中,首先需要对胶料进行预成形处理,使之成为半成品,再装入模具型腔中进行压制和硫化。

这种预成形处理在大规模连续化生产中可使用螺杆式预成形机,一般则使用柱塞式预成形机。

对于不同断面形状、不同尺寸的预成形半成品,只需改变压出机机头上的口型便可获得。压出机机头与口型模的结构形式如图 3-3-28 所示。

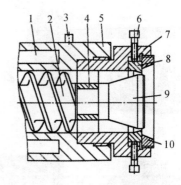

图 3-3-28　压出机头与口型模的结构形式
1—加热腔;2—螺杆;3—滑石粉与空气输入接头;
4—型芯支承;5—机筒;6—口型中心调节螺钉;
7—机头外壳;8—口型;9—芯模;10—压紧螺环

由于胶料与机头型腔内表面的摩擦作用,在二者的界面上存在着运动阻力,越靠近胶料中心阻力越小,流速也就越大,如图 3-3-29 所示。

胶料在口型中的流动是其在机头型腔中流动的延续,依然为轴向流动。由于口型内表面处的断面面积比机头型腔的断面面积小,因此,胶料的流动速度以及中间部位与口型壁处部位的速度梯度更大,如图 3-3-30 所示。

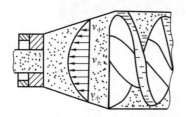

图 3-3-29　胶料在机头中的流速分布

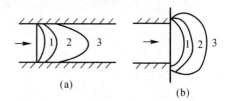

图 3-3-30　胶料在离开口型时的流速分布
(a)在口型内流速分布;　(b)离开口型后的流速分布
1,2,3—不同胶料的流速分布

胶料在流出口型时存在着"入口效应"(胶料进入口型前,由于机筒直径大,流速小;在进入口型后则变为直径小而流速大)而产生膨胀现象,通常称为挤出膨胀。胶料在离开口型时的流速分布和挤出膨胀如图 3-3-31 所示。

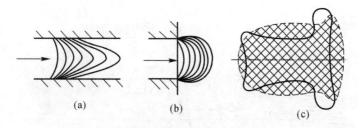

图 3-3-31　胶料的挤出膨胀
(a)胶料在口型中的运动状态;　(b)胶料离开口型时的运动状态;　(c)口型与半成品断面形状的差异

影响胶料挤出膨胀的因素很多。因此,在设计口型模时难以直接确定口型模各个部分的尺寸形状。一般在设计时根据经验进行预设计,并留有修改余地,然后采用由小到大的方法,一边挤压、一边测量、一边修理,最后达到理想的压出口型模形状与尺寸。这是非圆形和其他异型断面形状的口型模的基本设计制作方法。如图 3-3-32 所示为部分口型模与压出半成品断面形状变异情况,供设计和制作口型模时参考。

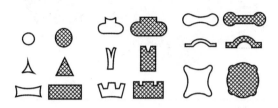

图 3-3-32　口型模与压出半成品断面形状

(注:无剖面线者为口型模口型轮廓,有剖面线者为压出半成品断面形状)

口型模的锥角设计如图 3-3-33 所示,型腔内部的锥角要大,内壁要光滑(表面粗糙度 Ra 小于 $0.05\ \mu m$)。

当机筒容量与口型模的出胶口尺寸相差悬殊时,可在合适的位置开设流胶口,以避免死角处的胶料产生焦烧现象和保护口型模;当口型模形状为非对称时,可选择适当位置开设流胶孔。流胶孔的开设如图 3-3-34 和图 3-3-35 所示。

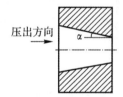

图 3-3-33　口型模的锥角设计　　图 3-3-34　流胶孔的开设(一)　　图 3-3-35　流胶孔的开设(二)

汽车所用的各种密封条都是通过压出工艺成形,再经硫化罐硫化得到的。各种密封条及其在汽车上的应用以及硫化罐如图 3-3-36~图 3-3-38 所示。

图 3-3-36　汽车常用各种橡胶密封条

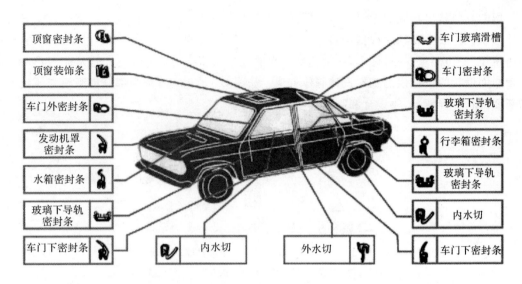

图 3-3-37　橡胶密封条在汽车上的应用

图 3-3-38　橡胶硫化罐

3.4　橡胶的压延

　　压延是将混炼胶料通过专用压延设备的若干对相对旋转的辊筒间隙,使其受到挤压、延展而成为一定均匀厚度或一定形状规格的胶片,或者是实现在纺织物上或金属材料表面上挂胶的工艺过程。

　　压延包括压片、贴合、压型、贴胶和擦胶等作业。此外,还可以完成橡胶的塑炼和混炼加工工序。

3.4.1　压延设备

压延设备由主机(压延成形机)和辅机(联动装置)所组成。

压延成形机是以辊筒的数目和排列形式进行分类的,具体如下:

按照辊筒的数目可分为两辊、三辊、四辊及五辊(或称为多辊),其中三辊和四辊最为常用。

按照辊筒的排列形式可分为竖立型、三角形、Γ形、L形、Z形及 S形等压延机。

从工艺用途角度来看,压延机可分为通用压延机、压片压延机、擦胶压延机、贴合压延机和钢丝压延机等。常用三辊压延机压辊的排列形式如图 3-4-1 所示,四辊压延机压辊的排列形式如图 3-4-2 所示。部分常用压延机如图 3-4-3～图 3-4-6 所示。

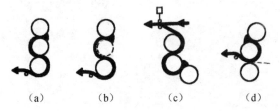

（a）　　　（b）　　　（c）　　　（d）

图 3-4-1　三辊排列及工作形式

(a)压片；　(b)压型；　(c)垫布压延；　(d)擦胶或单面贴胶

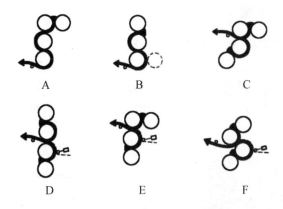

A　　　　　B　　　　　C

D　　　　　E　　　　　F

图 3-4-2　四辊排列及工作形式

A—压片；B—压型；C—S形贴合；D,E,F—Ⅰ形、Γ形、S形两面挂胶

图 3-4-3　三辊压延机

图 3-4-4　车间里的三辊压延机

图 3-4-5　Γ形四辊压延机

图 3 - 4 - 6　四辊压延机在

3.4.2　压延机的联动装置

压延机的联动装置也叫辅助设备,其作用是配合压延机完成压延产品的连续作业。

用于生产胶片的联动装置,除了有冷却装置、切胶装置、卷取装置等之外,还有各种供料装置;用于纺织物贴胶和擦胶的联动装置,除了有胶片生产所需的装置外,还有纺织物的干燥装置、储布装置、接头装置和扩布装置等。XY - 45 - 1800 型压延机联动装置如图 3 - 4 - 7 所示。

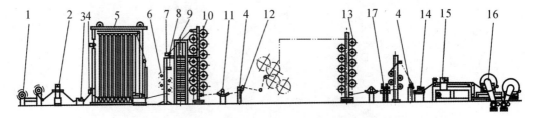

图 3 - 4 - 7　XY - 45 - 1800 型压延机联动装置

1—开导装置;2—硫化接头机;3—小牵引机;4—定中心装置;5—储布装置;
6—四辊牵引机;7—储布装置油路系统;8—定中心装置;9—梯子;10—十二辊干燥机;11—张力机;
12—定中心装置支架;13—冷却辊;14—小张力架;15—切割装置;16—卷取装置;17—测量厚度装置

如图 3 - 4 - 8 和图 3 - 4 - 9 所示为制鞋生产线压延机的部分联动装置,如图 3 - 4 - 10~图 3 - 4 - 14 所示为制鞋生产线压延机及其联动装置运转的工作现场。

图 3 - 4 - 8　制鞋生产线压延机的部分联动装置

图 3-4-9　压延机及其辅助装置　　图 3-4-10　三辊压延机　　图 3-4-11　压片生产

图 3-4-12　冷却联动装置　　图 3-4-13　简单实用的冷却装置　图 3-4-14　小批量生产手工裁片

3.4.3　压延机的基本结构

压延机的基本结构包括机体、辊筒、调距装置、加热冷却装置、挡料装置、传动系统、润滑系统以及安全防护装置等部分。如图 3-4-15 所示为 Z 形四辊压延机的结构组成。

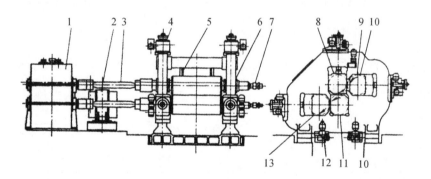

图 3-4-15　Z 形四辊压延机的结构组成

1—减速器；2—驱动电动机；3—万向联轴器；4—调距装置；5—挡料装置；6—辊筒轴承；
7—旋转接头；8—上辊；9—上旁辊；10—机体；11—下辊；12—轴线交叉装置；13—下旁辊

如图 3-4-16 所示为 S 形四辊压延机的外观形状。

3.4.3.1　辊筒

压延机对辊筒的要求是尺寸精度高，表面粗糙度低，传动部分和工作部分既要有很高的尺寸精度，又要具有很高的形位公差要求和刚度，以保证制品质量。

图 3-4-16　S 形四辊压延机

3.4.3.2　挡料装置

挡料装置是用来调整压延制品幅宽的，防止胶料从辊筒两端被挤出。

3.4.3.3　辊距调节装置

该装置用来调整辊筒间距的大小，以便适应多种胶料的压延和满足各类制品对混炼胶的要求。

3.4.3.4　润滑系统和冷却系统

压延机工作时辊筒轴承部分会有大量的热量(一部分热量来自辊筒表面的传递，另一部分来自轴承本身高速运转)。这些热量，一部分通过空气对流而扩散，另一部分则可以被循环流动的润滑油带走。此时，润滑油既起到了润滑作用，又起到了一定程度的冷却作用。

3.4.3.5　传动系统

压延机要求其传动系统自动控制水平高，运转平稳，振动小，噪声低，安全可靠，转速调整方便，维修方便，使用寿命长等。

3.4.4　压延机的干燥装置

干燥装置有多辊式干燥机和密闭式干燥机两大类。其中，多辊式干燥机亦可分为立式和卧式两类，如图3-4-17所示。

如图3-4-17所示，由蒸汽对干燥辊筒进行加热，温度的控制按照工艺要求进行。一般纺织物温度的升高有利于胶料的渗透与结合。干燥后的纺织物不宜停放，应当立即送入压延机中进行压延加工，以免吸湿回潮。

3.4.5　纺织物扩布装置

当橡胶与纺织物压延时，纺织物必须由扩布装置来展平，才能送入压延机与橡胶一起压延成所需制品。扩布装置如图3-4-18所示。

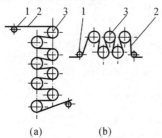

图3-4-17　多辊式干燥机

(a)立式干燥机；(b)卧式干燥机

1—导辊；2—帘布；3—干燥辊筒

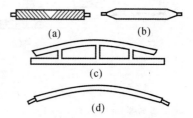

图3-4-18　几种扩布装置

(a)(b)结构形式不同的扩布辊；

(c)固定式弓形结构扩布辊；(d)表面旋转式弓形扩布辊

3.4.6　β射线测厚装置

在压延过程中，需要对压延制品的厚度进行不间断地测量，以保证其厚度达到制品的质量要求。

在压延制品的生产过程中，通常在生产线上安装了具有连续和自动测量功能的β射线测厚装置。该装置分为穿透式和反射式两类,测量厚度范围为 0.1~3.2 mm,测量精度为 ±0.005 mm。

β射线测厚装置的工作原理如图 3-4-19 所示。

穿透式测厚装置,一般安装在压延机与冷却装置之间,反射式测厚装置通常安装在靠近出胶层辊筒上方的合适位置。

β射线测厚装置与辊隙调整装置电力联动关系如图 3-4-20 所示。

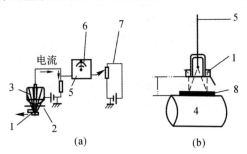

图 3-4-19　β射线厚度测量原理

(a)穿透式测厚装置;　(b)反射式测厚装置

1—放射源;2—胶片;3—接受器;4—辊筒;

5—放大器;6—偏差指示器;7—稳定电流装置;8—包辊胶

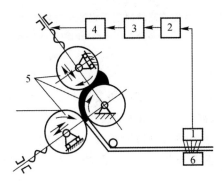

图 3-4-20　β射线测厚装置与辊隙调整装置电力联动关系

1—放射接受器;2—测厚装置;3—解算装置;4—调整器;5—辊筒;6—放射源

这种测厚装置对于提高压延制品的质量和生产效率都是十分重要的,而且它还降低了检测人员的劳动强度,消除了人工检测带来的误测和误判,因而减少了浪费,降低了成本。

3.4.7　压延的机理

3.4.7.1　胶料在压延辊之间的流动

压延时,在辊筒表面摩擦力的作用下,胶料被带入辊隙之中并受到辊筒压力的作用而产生流动和变形。由于辊筒对胶料的压力是随辊隙截面沿流动方向的变形而改变的,因此胶料的流动速度分布状态也随着辊筒表面的不同位置而不同。

通常胶料的流动有两种状态,这两种状态由压延的一对辊筒的旋转速度来决定,具体如下:

(1)当两辊筒的旋转速度相等时,胶料向辊隙内运动,胶层的厚度逐渐变小,如图3-4-21

所示。

（2）当两辊筒的旋转速度不相等时，胶料各点的线速度各不相等。中间层速度最大处向旋转速度大的辊筒一侧靠近，并且随着不同的位置而发生递变，在辊隙最小处速度梯度最大，如图 3-4-22 所示。

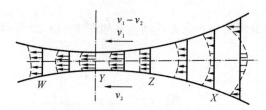

图 3-4-21　两辊筒旋转速度相等时胶料流动速度的分布
X—压力起点；Z—压力最高点；Y—辊筒间隙最小点；W—压力零点

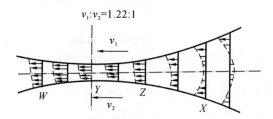

图 3-4-22　两辊筒旋转速度不相等时胶料流动速度的分布
X—压力起点；Z—压力最高点；Y—辊筒间隙最小点；W—压力零点

3.4.7.2　压延后胶料的收缩

橡胶属于黏弹性材料，因此当其在一定的切变速率下流动（即塑性变形）时，必然伴随着高弹性变形。当压延胶料离开辊筒辊隙后，辊筒所施加于胶料上的压力也随之消失，此时胶料便产生弹性恢复现象。当然，这种弹性恢复过程需要一定的时间才能完成。这一规律导致被压延后的胶片在停放过程中逐渐出现收缩现象，即胶片的长度缩短（宽度也有所缩短），厚度增加。

胶料弹性恢复的过程，其实质是一种应力松弛的过程。因此，为了保证胶片尺寸的稳定，应当尽量使胶料的应力松弛在压延过程中迅速完成，以减少胶料在压延后的弹性恢复。

当压延速度较慢时，胶料中橡胶分子松弛得就较充分，胶片的收缩率较小。相反，压延速度较快，胶料中的橡胶分子在压延过程中来不及松弛或松弛得很不充分，胶片的收缩率就较大。

当压延温度较高时，一方面胶料黏度下降，流动性增加；另一方面由于橡胶分子热运动的加剧，松弛速度也加快。因此，胶料在压延后的收缩率减小。相反，当压延温度较低时，胶料在压延后的收缩率就必然增大。

升高压延温度与降低压延速度，对于生橡胶的黏弹行为（松弛收缩）的作用是等效的，均可减少胶料在压延后的收缩。

3.4.7.3　压延效应

压延效应是指胶料在经过压延后出现的纵横方向物理-力学性能各向异性的现象。

胶料在产生压延效应后,明显地出现:顺着压延方向,胶料的拉伸强度大、扯断伸长率小、压延收缩率大;而垂直于压延方向,胶料的拉伸强度低、扯断伸长率大,压延收缩率小。

产生压延效应的原因,主要是胶料中的橡胶分子和各向异性配合剂粒子经压延后,产生了沿压延方向的取向排列。

3.4.8　压片

所谓压片就是胶料挤压入压延机辊筒辊隙之中,胶料被压延加工成为具有一定厚度、宽度、表面光滑、无气泡、无皱缩胶片的工艺过程,如图 3-4-23 所示。

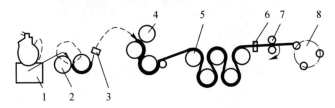

图 3-4-23　压片压延工艺流程

1—密炼机;2—开炼机;3—金属检测器;4—压延机;5—冷却系统;6—测厚仪;7—切割装置;8—卷取装置

3.4.8.1　压片加工的工艺方法

用开炼机对胶料进行压片加工,所得胶片的质量往往达不到制品的质量要求,如压片厚度精度低并常有气泡存在等。通常采用压延机对胶料进行压片加工,这样不仅能保证胶片的质量要求,而且生产效率较高。

压片一般是在三辊压延机上进行,其工作原理是在上辊与中辊之间供胶,胶片在中辊和下辊之间压出,如图 3-4-24 所示。

压片的工艺方法分为中、下辊间有积胶和无积胶两种(见图 3-4-24)。对天然橡胶压延制片时,一般采用中、下辊之间无积胶操作工艺;对于收缩性较大的合成橡胶(如丁苯橡胶等),则采用有积胶的工艺方法。

四辊压延机压片工艺原理如图 3-4-25 所示。

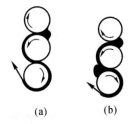

图 3-4-24　三辊压延机压片工艺

(a)中、下辊无积胶;　(b)中、下辊有积胶

图 3-4-25　四辊压延机压片工艺

如果胶片的尺寸精度要求高,最好选用四辊压延机进行加工,如图 3-4-26 所示。

3.4.8.2　工艺要点

在胶料配方及工艺正确的前提下,压片加工必须严格控制压延机的辊温、辊速和胶料的可塑性。

严格控制辊温是保证压片质量的关键,按照工艺要求控制压延机各辊之间的温度差,可以使胶料能够沿着辊筒之间的辊隙顺利通过。

图 3 - 4 - 26 四辊压延机正在压片作业

辊温的控制决定于胶料的性质,含胶率高的胶料和弹性大的胶料,其辊温应当高一些。相反,辊温应当低一些。

为了排除胶料中的气体,在保证具有适量积胶的同时,降低辊温,其效果会更加明显。

辊速要根据胶料的可塑度来确定。可塑度大的胶料,其辊速可以快些,相反则应当慢一些(辊速太慢会影响生产效率)。

压延机各辊筒之间应具有一定的速比,这样有利于气泡的排出。但是,对所压出胶片表面的光滑度、平整度有不良影响。

采用三辊压延机压片时,通常上辊与中辊应有速比,以利于排气,而使中辊和下辊等速,以便压延出表面光滑、平整的胶片。

胶料的可塑性大,则易于得到表面光滑的胶片。但如果可塑性过大,则易于产生黏辊现象;若可塑性小,则胶片表面不光滑、不平整,而且收缩率也大。

3.4.9 压型

所谓压型就是使用压延机将胶料压制成具有一定断面厚度和宽度的、表面带有某种花纹图案的胶片的成形过程。

要求压型后的半成品花纹图案清晰、形状尺寸准确、表面光滑、无气泡且致密性高。

压型工艺可采用两辊压型、三辊压型和四辊压型等,如图 3 - 4 - 27 所示。

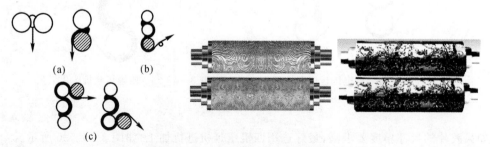

(a)   (b)

(c)

图 3 - 4 - 27 压型工艺简图及型辊
(a)两辊压型; (b)三辊压型; (c)四辊压型(注:图中有剖面线者为型辊)

压型工艺与压片工艺基本相同。但是,为了获得高质量的压型半成品,工程中对胶料的配方和工艺条件都提出了严格的要求。

压型胶料的配方应主要控制胶料的含胶率。含胶率高,则压型半成品的花纹图案易于变形,特别是细微之处会模糊不清,甚至消失。为此,必须严格控制塑炼胶的可塑度、胶料的热炼程度以及返回胶的掺用比例。此外,在压型操作时可采用较高辊温和较低辊速等,以提高压型半成品的质量。

压型半成品一般都比较厚,各个部位冷却速度难以一致。因此,可以采用快速冷却的方法,使花纹图案快速定型,以保证制品的质量。

3.4.10　压延中纺织物的涂胶

在压延贴胶之前,需要对纺织物进行涂胶处理。所谓涂胶,就是将胶浆均匀地涂覆于纺织物的表面,这一工艺过程称为涂胶(也叫挂胶)。

涂胶是使纺织物表面获得一定厚度的胶层,以增加压延中胶料与纺织物之间的黏结性。涂胶的方法有四种,即浸胶、刮胶、辊涂和喷涂。

3.4.10.1　浸胶的工艺特点

所谓浸胶,就是先将纺织物浸于并穿过盛有较稀胶浆的胶槽中,并在胶槽中浸泡一定时间(使胶浆渗透到纺织物内部)后使之离开胶槽,再采用刮刀、辊压等方法挤去多余胶浆,使纺织物表面黏附一层光滑而均匀的胶膜。纺织物的浸胶工艺由浸胶、挤压、扩布、干燥、卷取等工序组成,如图 3-4-28 所示。

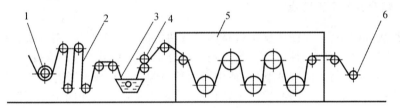

图 3-4-28　纺织物(帘布)浸胶的工艺过程

1—帘布;2—帘布调节器;3—浸胶槽;4—压辊;5—干燥室;6—浸胶帘布卷取器

3.4.10.2　刮胶的工艺特点

刮胶就是利用刮刀将胶浆涂覆于纺织物上的一种工艺方法。生产中通常采用卧式刮刀涂胶机。为了提高工作效率,可在涂胶过程中设置多把刮刀进行正反刮涂。其工作原理如图 3-4-29和图 3-4-30 所示。

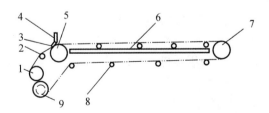

图 3-4-29　卧式刮刀涂胶机

1—导布装置;2—扩布辊;3—刮刀;4—工作辊;
5—胶浆;6—加热板;7—伸张辊;8—支持辊;9—卷取装置

3.4.10.3　辊涂的工艺特点

辊涂是利用两个辊筒的压合作用使胶浆涂覆于纺织物之上的一种工艺方法。与刮涂的区别是它以上、下并列的辊筒来代替刮刀。其工作原理如图 3-4-31 所示。

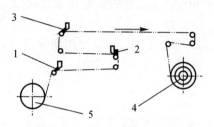

图 3-4-30　多把刮刀涂胶机
1—第一涂；2—第二涂；
3—第三涂；4—卷取辊；5—坯布辊

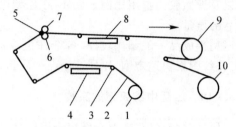

图 3-4-31　辊涂工作原理
1—坯布辊；2—坯布；3—导辊；4—加热板；5—胶浆；
6—下辊；7—上辊；8—加热板；9—冷却鼓；10—卷取装置

辊涂工艺特别适用于轮胎帘布等类纺织物的涂胶。

3.4.10.4　喷涂的工艺特点

所谓喷涂，就是利用成排的喷嘴在压缩空气的作用下将储浆器内的胶浆以雾状喷涂于纺织物表面上的工艺。

喷涂工艺适用于双层纺织物的黏合。

3.4.11　贴合及其工艺特点

贴合是指胶片的贴合，即使用压延机将两层或两层以上的多层的、同种或异种胶片压合在一起，使之成为较厚胶片的一种压延工艺过程。贴合工艺主要用于生产含胶率高、气体不易排出、气密性要求较高的制品的胶片制备，适用于两种不同胶料组成的胶片和夹布胶片的制备。

贴合的工艺方法有三种，即两辊压延贴合法、三辊压延贴合法和四辊压延贴合法。

3.4.11.1　两辊压延贴合法

该方法是在普通等速两辊炼胶机上进行的，适用于胶片厚度在 1 mm 以上（可以达到 5 mm）的，且精度要求不高的胶片的压合，操作比较简单，易于掌握。

3.4.11.2　三辊压延贴合法

该工艺方法是将预先压延的胶片由卷取筒上导入压延机下辊，与第二次压延的胶片经辅助压辊压合在一起，形成新的胶片，如图 3-4-32 所示。

3.4.11.3　四辊压延贴合法

四辊压延贴合法一次可以完成两种不同胶料胶片的压延和贴合（见图 3-4-33）。其优点是操作简单，生产效率高，贴合质量也较好，贴合所得胶片厚度尺寸精度也比较高；贴合胶片内部致密、无气泡、表面质量高；四辊压延机占地面积小，工艺流程短。其缺点是制备的胶片压延效应较大。

3.4.12　挂胶

所谓挂胶，就是利用压延机将胶料强行渗入纺织物的内部缝隙，并且同时覆盖于纺织物的表面而成为胶布的压延工艺过程。其目的是以胶隔离纺织物纤维，避免相互摩擦受损，增加成形黏性，使纺织物之间紧密地结合成为整体，共同承载工作负荷，增加纺织物的弹性、防水性，以保证制品具有良好的使用性能。

挂胶的工艺方法有两种：一种是贴胶（或压力贴胶），另一种是擦胶。

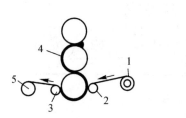 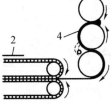

图 3 - 4 - 32　三辊压延机胶片贴合

1——次胶片；2—压辊；

3—导辊；4—贴合胶片卷取；5—二次胶片

图 3 - 4 - 33　四辊压延贴合工艺示意图

1——次胶片；2—压辊；3—压延贴合胶片

3.4.12.1　贴胶

贴胶是利用压延机上两个等速相对旋转辊筒的挤压力，将一定厚度的胶料贴合于纺织物上的工艺过程，主要用于（一般轮胎的帘布）密度较稀的帘布、白坯布和已经浸胶、涂胶或擦胶的胶布的贴胶加工。

贴胶可采用三辊压延机进行一次单面贴胶或采用四辊压延机进行一次双面贴胶，也可以采用两台三辊压延机连续进行双面贴胶，如图 3 - 4 - 34 所示。如图 3 - 4 - 35 所示为四辊贴胶作业的生产现场。如图 3 - 4 - 36 所示为两台三辊压延机双面贴胶工作原理示意图。

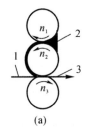 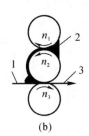 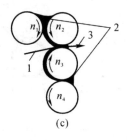

(a)　　　　　　　　(b)　　　　　　　　(c)

图 3 - 4 - 34　三辊、四辊压延机贴胶

(a)无积胶贴胶；　(b)有积胶贴胶（即压力贴胶）；　(c)四辊双面贴胶

1—纺织物进辊；2—积胶区；3—贴胶后辊出

图 3 - 4 - 35　四辊贴胶作业

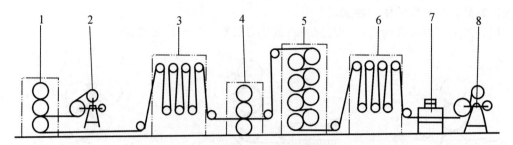

图 3-4-36　两台三辊压延机双面贴胶工作原理

1—三辊压延机(第一面贴胶);2—送布架;3—储布器及翻布装置;

4—三辊压延机(第二面贴胶);5—冷却架;6—储布器;7—称量台;8—双面胶布卷取架

3.4.12.2　擦胶

所谓擦胶是利用两个具有一定速度之比的辊筒产生剪切力和挤压力,将胶料擦入纺织物线缝和捻纹中的工艺过程。其特点是增加胶料和纺织物的附着力,但该工艺对纺织物的损伤程度比较大。

擦胶挂胶主要用于轮胎、胶管、胶带等制品所用帆布或细布的挂胶。

擦胶一般采用三辊压延机对纺织物进行单面涂胶。

通常这种方法是上、中辊供胶,中、下辊擦胶,其工艺方法有中辊包胶法和中辊不包胶法两种,如图 3-4-37 所示。

三辊压延机单面光擦胶的工艺流程如图 3-4-38 所示。

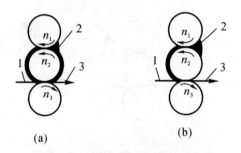

(a)　　　　　　　　　　　(b)

图 3-4-37　纺织物的擦胶压延

(a)中辊包胶(包擦法);　(b)中辊不包胶(光擦法)

1—纺织物进辊;2—积胶区;3—擦胶后的输出

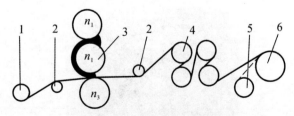

图 3-4-38　三辊压延机单面光擦胶工艺流程

1—干布料;2—导辊;3—三辊压延机;4—烘干加热辊;5—垫布卷;6—擦胶布卷

两台三辊压延机一次进行双面擦胶的工艺过程如图 3-4-39 所示。

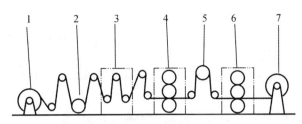

图 3-4-39　两台三辊压延机一次进行双面擦胶工艺过程示意

1—坯布卷；2—打毛；3—干燥辊；4,6—压延机；5—反布辊；7—胶布卷

为了保证胶料对纺织物能够充分渗透,擦胶工艺对胶料的可塑度有较高的要求,在实际生产中应根据具体的胶种及制品的类型来合理选择。

擦胶所用三辊压延机的辊速比通常在 1∶(1.3～1.5)∶1 的范围内调整变化。速比越大,搓擦力越大,胶料的渗透性越好,但对纺织物的损伤也越大。因此,应当根据纺织物品种的不同来选择合适的比速。

擦胶速度太大,纺织物和胶料在辊筒缝隙停留时间短,受力时间也短,影响胶料与布的附着力(合成纤维更为明显);速度太小,生产效率低。因此,生产中薄布擦胶速度一般为 5～25 m/min,厚帆布为 15～35 m/min。如图 3-4-40 所示为贴胶压延生产线,如图 3-4-41 所示为压延生产车间的生产现场。

图 3-4-40　贴胶压延生产线

图 3-4-41　压延生产车间一角

3.4.13　钢丝帘布的压延

汽车工业中子午线轮胎,特别是载重子午线轮胎的发展,使钢丝帘布的应用更加广泛。因此,钢丝帘布的压延日益普及。

钢丝帘布的压延有有纬帘布和无纬帘布两种贴胶法。

有纬钢丝帘布贴胶工艺可用普通压延机进行加工;无纬钢丝帘布贴胶工艺又有冷、热贴胶工艺之分,一般多采用热贴胶工艺。

钢丝帘布的压延工艺流程主要包括钢丝导开、清洗、干燥、张力排线、压延贴胶、冷却、卷取和裁断等工序。

无纬钢丝帘布压延时,在压延联动装置前设置有线锭架,线锭架的帘线根数根据具体要求而定。线锭架安装在隔离室中,温度保持在 30℃左右,相对湿度小于 40%。

为了去除钢丝帘布表面的油污,钢丝需要用汽油清洗 10 s,干燥温度为(60±1)℃,干燥时间为 50 s 左右。工艺要求每根钢丝帘线需要保持一定的张力(2 N/根),这样才能保证制品的性能质量。

压延好的钢丝胶帘布在冷却器中冷却,之后按照工艺要求卷取或者裁断。

子午线轮胎的结构要求其帘布胶料具有较高的定伸强度、良好的耐屈挠性和耐疲劳以及与钢丝的高黏着等性能,压延所用混炼胶料的可塑性较低。因此,压延速度也相对较慢。

如图 3-4-42～图 3-4-46 所示为钢丝帘布压延的生产设备和生产现场。

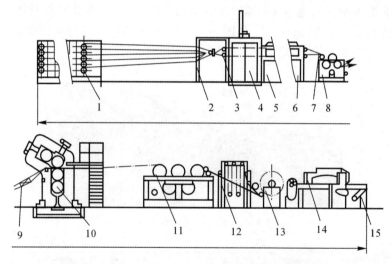

图 3-4-42　XYZ-1730 型钢丝帘布压延联动载重

1—导开架;2—排线分线架;3—托辊;4—清洗装置;5—吹干装置;6—干燥箱;7—整经装置;8—夹持装置;
9—分线辊;10—四辊压延机;11—牵引冷却装置;12—二环储布器;13—卷取装置;14—裁断装置;15—运输装置

图 3-4-43　四辊压延联动生产线

图 3-4-44　内衬层挤出压延生产线

图 3-4-45　钢丝帘布压延车间(一)

图 3-4-46　钢丝帘布压延车间(二)

3.5　橡胶的硫化

所谓硫化,就是在一定的工艺条件下,将塑性橡胶(生橡胶)转变成为弹性橡胶或者硬橡胶的加工过程。

硫化还可以解释为:在加热的条件下,胶料中的生橡胶与硫化剂发生化学反应(交联反应),使橡胶由线型结构的大分子交联成为立体网状型结构的大分子,从而使该橡胶胶料的物理性能、力学性能和化学性能都有了明显的改变和质的飞跃,满足工程应用的生产过程。

为什么将橡胶加工的这一过程叫作硫化? 这是因为人们在最初加工橡胶时,发现硫黄可以使生橡胶的分子结构由线型交联搭接成为立体网状型结构,从而改变了生橡胶的塑性特征而成为弹性橡胶。在这一转变过程中,硫黄起到了积极的促进作用。因此,人们就习惯将这一变化过程叫作硫化,并将硫黄称为硫化剂。随着生产的发展和技术的进步,硫化剂的种类越来越多,特别是非硫硫化剂,以满足各种橡胶的不同性能的转变。但是,人们仍习惯于将这一转变过程称作硫化。

3.5.1　橡胶在硫化过程中的微观结构变化和宏观性能变化

3.5.1.1　橡胶微观结构的变化

橡胶的硫化过程是一个十分复杂的化学变化过程,它包含了橡胶分子与硫化剂及其他配合剂之间发生的一系列化学反应,及在形成立体网状型结构的同时伴随发生的各种副反应。最主要的微观变化是橡胶分子的线型结构在硫化剂的作用下变成立体网状型结构,其化学反应变化过程包括起硫阶段(硫化诱导阶段)、热硫化阶段(交联反应阶段)和立体网状型结构形成阶段,最后得到性能稳定的网状结构硫化橡胶。

3.5.1.2　橡胶宏观性能的变化

橡胶在硫化过程中,在微观结构发生变化的同时,橡胶的宏观性能也随之变化。橡胶宏观性能的变化如图 3-5-1 所示。

从图 3-5-1 中可以看出,橡胶的拉伸强度、定伸应力、弹性等性能在硫化过程中可达到一个峰

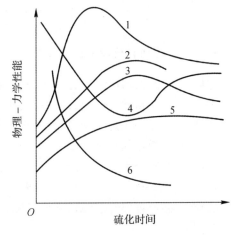

图 3-5-1　硫化过程中胶料性能的变化
1—拉伸强度;2—定伸应力;3—弹性;
4—伸长率;5—硬度;6—永久变形

值,随着硫化时间的继续,其值会逐渐下降,而硬度则基本稳定不变;伸长率则随硫化时间的延长逐渐减小至最低值后,又随硫化时间的延长而缓慢上升;其他如耐热性、耐磨性、抗溶胀性等性能都随着硫化时间的延长而得到明显改善和提高,发生着质的变化。

此外,从橡胶的硫化历程(见图3-5-2)来看,胶料经历了硫化诱导阶段、热硫化阶段、硫化平坦阶段等。如果胶料继续受热硫化,则会出现三种状态:第一种是硫化曲线继续上升,这种现象是由于交联反应在继续进行,交联键发生重排而产生的,此阶段虽有链段的热裂解反应,但其程度小于交联键的生成。通常,使用硫黄硫化的丁苯橡胶、丁腈橡胶以及三元乙丙橡胶等会出现这种现象。第二种是硫化曲线仍保持硫化平坦阶段特征,即在该阶段橡胶分子的交联键重排和热裂解反应基本保持平衡。通常,使用非硫硫化体系硫化的丁基橡胶、丁腈橡胶、氯丁橡胶、三元乙丙橡胶、氟橡胶、硅橡胶等会出现这种现象。第三种是硫化曲线向下变化,这种现象出现在过硫化阶段,硫化橡胶的分子发生了裂解反应,导致了硫化返原所致。通常,使用硫黄类硫化剂进行硫化的天然橡胶会出现这种现象。

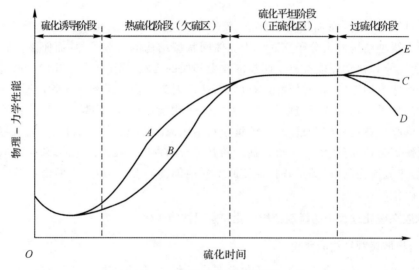

图3-5-2　橡胶硫化历程的各个阶段

A —起硫快的胶料;B —起硫慢的胶料;C —过硫后性能较稳定的胶料;D —返原性胶料;E —硬化胶料

3.5.2　合理硫化历程的必备条件

在橡胶的配方设计中,硫化体系设计的基本原则是正确控制硫化历程。为此,在设计配方时,一般须经多次试验,选出合理的硫化历程。通常,合理的硫化历程应具备以下4个条件。

(1)应有足够的焦烧时间,以便满足加工操作过程的需要。即要保证胶料在加工过程中不发生焦烧,对于模制品成形要保证胶料在模具型腔内有充分的塑化、流动和充型时间。但焦烧时间也不能过长,否则会延长硫化时间。另外,对于非模制品成形,如胶管、胶条的挤出成形因需要较高的定形速度,所以胶料的焦烧时间要相应短一些,不得过长。否则,制品易于变形。

(2)在制品厚度、导温系数、热源保障系统允许的条件下,应有较快的硫化速度,以提高生产效率。

(3)应有较长的硫化平坦期,以保证操作的安全,减少过硫化的可能性以及制品各部位胶料硫化均匀一致,从而适应厚尺寸制品、多部件制品进行均匀硫化的需要。

（4）在满足上述要求的同时,应保证制品要求的性能,增高硫化曲线的峰值,保证制品的品质要求。

3.5.3　硫化曲线

（1）门尼硫化曲线。门尼黏度法是早期出现的测试胶料硫化特性的方法。由门尼黏度仪测得的胶料的硫化曲线称为门尼硫化曲线,如图 3－5－3 所示。

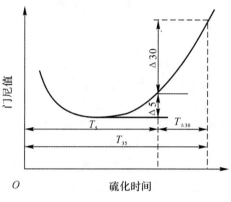

图 3－5－3　门尼硫化曲线

由图 3－5－3 可知,随着硫化时间的延长,胶料的门尼黏度值先下降至最低点,然后又恢复上升。测试规定,门尼黏度由最低点上升 5 个门尼值（用 $\Delta 5$ 表示）时所对应的时间称为门尼焦烧时间（T_5）。从最低点上升 35 个门尼值（用 $\Delta 5＋\Delta 30$ 表示）时所对应的时间称为门尼硫化时间（T_{35}）,$T_{\Delta 35}$ 则表示门尼硫化时间与门尼焦烧时间之差。

在 $T_{\Delta 30}$ 的单位时间（min）内的黏度上升值,称为门尼硫化速度。然而,采用门尼黏度仪不能直接测得正硫化时间,通常是通过下面的经验公式来计算:

$$正硫化时间＝T_5＋10(T_{35}－T_5)$$

（2）硫化仪测定未硫化胶料硫化特性的原理:将未硫化胶料试样放入一个完全密封或几乎完全密封的模腔内,并使之保持在设定的试验温度下。模腔有上、下两个部分,其中一部分以微小的摆角振荡。振荡使试样产生剪切应变,测定试样对模腔的反作用转矩（力）。此转矩（力）取决于胶料在硫化过程中所产生的且随硫化时间长短而连续变化的剪切模量。从胶料入模开始,硫化仪便自动记录反映胶料产生剪切应变的转矩的数值。于是,得到了一条转矩与时间的关系曲线,即硫化曲线,如图 3－5－4 所示。硫化曲线的形状与设定的试验温度和胶料的特性有关。

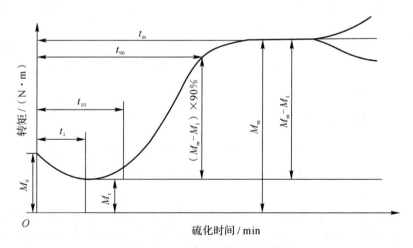

图 3－5－4　橡胶硫化仪硫化曲线

从硫化曲线中可以获得各种硫化信息和数据,通常读取其中的 5 个特性参数,即最大转矩

M_m、最小转矩 M_1、起始转矩 M_0、焦烧时间 t_{10} 和正硫化时间 t_{90}。

由于硫化仪的转矩反映了胶料的剪切模量,而剪切模量又与胶料的硫化程度(即交联密度)成正比,所以,硫化仪所测得的转矩变化规律与胶料硫化的变化规律相一致。因此,最大转矩 M_m 可以代表最大的交联密度,最大转矩所对应的时间 t_m 可作为理论正硫化时间;起始转矩 M_0 可以代表胶料的初始黏度;最小转矩 M_1 可代表最低黏度,t_1 则为胶料达到最低黏度时所对应的时间。

对于焦烧时间和工程应用中的正硫化时间,目前世界各国尚未统一。

在硫化特性描述中,我国采用 t_{10} 为焦烧时间,t_{90} 为正硫化时间;$t_{90} - t_{10}$ 为硫化速度。t_{10}(焦烧时间)的含义是转矩达到 $M_1 + (M_m - M_1)10\%$ 时所对应的时间;t_{90}(正硫化时间)的含义是转矩达到目的 $M_1 + (M_m - M_1) \times 90\%$ 时所对应的时间,称为工艺正硫化时间。

在图 3-5-4 所示的硫化曲线中,M_0 为起始转矩,反映胶料刚放入试验模腔时的初始黏度;M_1 为最小转矩,反映胶料在硫化过程中的流动性,即最小黏度;M_m 为最大转矩,反映胶料硫化后的最大交联度。

在测试数据中,M_1 的数值越小,说明所测试的胶料的塑性越好,硫化后的弹性也越好;M_m 的数值越大,说明胶料硫化后的各项力学性能(如硬度、抗拉强度、撕裂强度、刚性等)越好。

对于橡胶硫化特性的测定,我国也有相应的执行标准,即《橡胶用无转子硫化仪测定硫化特性》,标准代号为 GB/T 16584—1996。在该标准中,由测试的硫化曲线可以读取如下数据:

(1)F_L——最小转矩或力(N·m 或 N)。

(2)F_{max}——在规定时间内达到的平坦、最大、最高转矩或力(N·m 或 N)。

(3)t_{sx}——初始硫化时间,即从试验开始到曲线由 F_L 上升 x(N·m 或 N)所对应的时间(min)。

(4)$t_c(y)$——达到某一硫化程度所需要的时间,即转矩达到 $F_L + y(F_{max} - F_L)/100$ 时所对应的时间(min),通常 y 有 10,50,90 这 3 个常用数值。t_{10} 为初始硫化时间,t_{50} 为能最精确评定的硫化时间,t_{90} 为经常采用的最佳硫化时间。

(5)V_c——硫化速度指数,$V_c = 100/(t_{90} - t_{sx})$。

图 3-5-5 所示为实际应用中的一份测试报告,对于该硫化曲线解读如下(出于企业保密,胶料代号不出现。硫化仪执行标准为美国标准):

本测试有两个试样,设定硫化温度为 170℃。两个试样的硫化曲线重复性很好。最小转矩为 0.205 N·m。最大转矩为 1.493 N·m。焦烧时间为 1 min 5 s。最佳硫化时间(即工艺正硫化时间)为 2 min。

3.5.4 硫化工艺的三要素

橡胶硫化的工艺条件是指决定橡胶硫化质量的三个重要因素,按其工艺操作次序排列,即硫化温度、硫化压力和硫化时间。通常,习惯上称之为"硫化三要素"。

3.5.4.1 硫化温度

硫化温度是橡胶进行硫化反应(交联反应)基本条件,直接影响着硫化速度和制品质量。硫化温度高,则硫化速度快,生产率高,易于生成较多的低硫交联键;硫化温度低,则硫化速度慢,生产率低,易于生成较多的多硫交联键。硫化温度的选择一般是根据制品的类型、胶种及配方中的硫化体系等方面进行综合考虑。

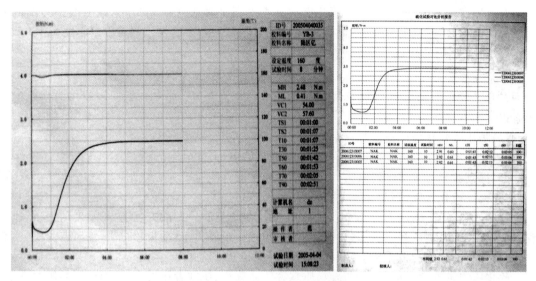

图 3-5-5　橡胶胶料的硫化曲线和试验结果

（1）胶料的种类。橡胶为高分子聚合物，高温会使橡胶分子链产生裂解反应，导致交联键断裂，即出现"硫化返原"现象，从而使硫化胶的物理性能、力学性能下降。其中，天然橡胶和氯丁橡胶最为显著。综合考虑橡胶的耐热性和"硫化返原"现象，各种橡胶适宜的硫化温度范围一般为：天然橡胶最好在 143℃左右，最高不超过 160℃；顺丁橡胶、异戊橡胶和氯丁橡胶最好在 151℃左右，最高不超过 170℃；丁苯橡胶、丁腈橡胶可在 150℃以上，但最高不得超过 190℃；丁基橡胶、三元乙丙橡胶一般选用 160～180℃。

（2）配方中硫化体系的类型。硫化体系不同，则硫化特性不同，有的所需活化温度高，有的所需活化温度低。因此，要根据配方中的硫化体系来选择相应的硫化温度。通常，普通硫黄硫化体系的硫化温度选取范围为 130～158℃，具体可根据所使用的促进剂的活性温度和制品的物理-力学性能来确定。

促进剂的活性温度较低或制品要求高强度、较低的定伸应力和硬度时，硫化温度可选取得较低一些，这样有利于生成较高比例的多硫交联键；如果促进剂的活性温度较高或制品要求高定伸应力和硬度、较低伸长率时，硫化温度宜选取得高一些，这样有利于生成较高比例的低硫交联键。而有效、半有效硫化体系，其硫化温度一般掌握在 160～165℃ 之间，过氧化物及树脂等非硫硫化体系，其硫化温度在 170～180℃ 之间选取为宜。

（3）制品的类型。在硫化过程中，胶料因其热导性差而受热升温较慢。厚制品胶料难以使内外温度均匀一致，造成制品外表部分恰好正硫化时，而内部却为欠硫化；或是内部恰好正硫化时，而外部却已过硫化。为了保证厚壁制品在硫化时，除了配方设计时需要充分考虑胶料的硫化平坦性外，在选择硫化温度时，也要考虑硫化温度低一些或采取逐步升温的操作方法。

对于结构简单的薄壁制品，硫化温度可适度高一些。通常厚壁制品的硫化温度以不高于 150℃为宜，薄壁制品的硫化温度选取在 160℃以下为宜。例如，丁腈橡胶模压制品，壁厚为 20～25 mm 的胶辊，其硫化温度选择在 126℃左右；而厚度在 6 mm 以下的薄壁制品（如密封垫之类），其硫化温度可选取在 158℃左右。对于硬质产品，硫化温度一般选为 134℃以下，以减缓反应热的生成速度，并且有助于散热，使体系内部温度降低，从而保证硫化工艺的正常进行。

对于内含织物的复合制品,其硫化温度通常不得高于 140℃。对于以碳酸氢钠为发泡剂的海绵制品,在无发泡助剂时,其硫化温度要稍高于 150℃(因为发泡剂的分解温度为 150℃)。

3.5.4.2 硫化压力

平常在橡胶加工工艺中所说的硫化压力是指,胶料在硫化过程中,其单位面积上所承受的压力。除了胶布类制品外,其他橡胶制品在硫化时均需施加一定的压力。硫化压力的作用主要有以下几方面。

(1)防止胶料在硫化成形过程中产生气泡,提高制品的致密性。

(2)给胶料的充模流动以动力,使其能够充满型腔。

(3)提高胶料与帘布的附着力以及制品的耐曲挠性能。

(4)提高硫化橡胶(即制品)的物理-力学性能。

通常,硫化压力的选取需要考虑几个方面的因素,即胶料的配方、胶料可塑度的大小、成形模具的结构形式(填压式、注压式、注射式等)、硫化设备的类型(平板硫化机、注压硫化机、注射硫化机、带有抽真空的硫化机等)和制品的结构特点等。

硫化压力选取的一般原则是:胶料质软者压力宜小、质硬者压力宜大;薄壁制品压力宜小、厚壁制品压力宜大;制品结构简单者压力宜小、结构复杂者压力宜大;制品力学性能要求高者压力宜大,相反宜小一些;硫化温度较高时,硫化压力可以小一些,硫化温度较低时,硫化压力可以大一些。

硫化压力的大小,要在硫化设备的系统压力范围内,结合经验或通过试生产,根据制品质量情况予以设定。

3.5.4.3 硫化时间

硫化时间的设定如下所述:

(1)正硫化时间的测试。胶料正硫化时间的测试方法有以下几种:

1)物理-化学法(包括游离硫测定法和溶胀法)。

2)物理-力学性能测定法,包括定伸应力法、拉伸强度法、定伸强度法、抗张积法、压缩永久变形法、综合取值法等。

3)专用仪器法,包括门尼黏度法、硫化仪法等。

目前最常用的是硫化仪法。

通常,采用硫化仪,通过试样便可直接从试验报告中得知所用胶料的正硫化时间。

(2)制品硫化时间的确定。根据(硫化仪)硫化曲线及其项目数据报告,来确定制品的硫化时间。

1)若制品厚度为 6 mm 或小于 6 mm,并且,胶料的成形工艺条件可以认为是均匀受热状态,那么,制品的硫化时间与硫化曲线中所测定的正硫化时间相同。

2)若制品壁厚大于 6 mm,每增加 1 mm 的厚度,则测试的正硫化时间增加 1 min,这是一个经验数据。例如,某橡胶制品,其厚度为 22 mm,试片测试的正硫化时间为 10 min(温度设定为 143℃)。那么,在 143℃硫化时,该制品的硫化时间为 10 min+(22-6)×1 min=26 min。当然还必须考虑操作过程的辅助时间。

3)若制品内含有帘布类织物,则应先按公式将帘布类织物换算成相当胶层厚度的当量厚度,即

$$h_1/h_2 = \sqrt{a_1/a_2} \qquad\qquad (3-5-1)$$

$$h_1 = h_2\sqrt{a_1/a_2} \qquad\qquad (3-5-2)$$

式中　h_1—— 布层相当于胶层的当量厚度(cm)；

$\quad\quad\quad h_2$—— 布层的实际厚度(cm)；

$\quad\quad\quad a_1$—— 胶料的热扩散系数(cm^2/s)；

$\quad\quad\quad a_2$—— 布层的热扩散系数(cm^2/s)。

求出布层的当量厚度,之后便可求出制品进行总计算的厚度 $h_{总}$：

$$h_{总} = 制品的胶层厚度＋布层的当量厚度$$

最后,便可根据 $h_{总}$ 算出制品的硫化时间。

硫化时间与硫化温度密切相关,当硫化温度改变时,硫化时间必须进行相应的调整。通常,可用范特霍夫方程式计算出不同温度的等效硫化时间。

所谓等效硫化时间是指在不同的硫化温度下,经过硫化,胶料能够获得相同硫化效果的时间。范特霍夫方程式为

$$\frac{t_1}{t_2} = K^{\frac{T_2-T_1}{10}} \tag{3-5-3}$$

式中　t_1—— 温度在 T_1 时的硫化时间(min)；

$\quad\quad\quad t_2$—— 温度在 T_2 时的硫化时间(min)；

$\quad\quad\quad K$—— 硫化温度系数(通常取 $K=2$)。

硫化时间温度系数的意义是,橡胶在特定的硫化温度下获得一定性能的硫化时间与硫化温度相差 10℃ 时获得同样性能时所需的硫化时间之比。硫化温度系数随胶料的配方和硫化温度而变化。一般,配方中的生橡胶和硫化体系的活性越大,硫化温度越高,其 K 值越大。通常,K 值是在 $1.8 \sim 2.5$ 之间变化。K 值可以用测定正硫化的方法来测定,其中最简便而又准确的方法是用硫化仪分别测出胶料在 T_1 和 T_2 温度下(一般取 T_1,T_2 的差值为 10℃)相对应的正硫化时间 t_1 和 t_2,然后代入范特霍夫方程式便可求出胶料的 K 值。

通常在工程应用中,为了提高生产率,在许可的范围内,通过采用提高硫化温度来缩短硫化时间。若硫化温度系数为 2,则硫化温度的增高与硫化时间的缩短的关系见表 3-5-1。

表 3-5-1　硫化温度和硫化时间的关系(当硫化温度系数为 2 时)

硫化温度/℃	130	140	150	160	170
硫化时间/min	30	15	7.5	3.75	1.8

由此可知,提高硫化温度可以缩短硫化时间。采用高温硫化(一般以大于 143℃ 为标准)的工艺方法有注射硫化和电热式平板硫化,两者均可选用 160 ℃ 甚至更高一点的温度进行硫化。近年来,轮胎工业也有采用高温硫化的趋势,另外,以供熔液体为加热介质的连续硫化工艺,也开始采用高温硫化。在橡胶注射成形工艺中,由于胶料已经过螺杆的预热和塑化,所以可采用较高的硫化温度(如 175~183 ℃),而对橡胶的返原或过硫化影响较小。例如,对三元乙丙橡胶当设定 160℃ 进行模压成形,其正硫化时间为 60 min,如果改为 200℃ 注射成形,其硫化时间仅为 4 min。使用通用橡胶制作小型制品,其硫化时间为 1~2 min。

硫化效应是衡量胶料硫化程度深浅的一个指标。硫化效应大,则表征胶料的硫化程度深；硫化效应小,说明胶料硫化程度浅。硫化效应等于硫化强度与硫化时间的乘积,即

$$E = It \tag{3-5-4}$$

式中　　E——硫化效应；

　　　　I——磁化强度；

　　　　t——硫化时间(min)。

所谓硫化强度是指胶料在一定的温度下，单位时间所达到的硫化程度或胶料在一定温度下的硫化速度。

硫化强度大，说明硫化反应速度快，达到同一硫化程度所需要的硫化时间短；硫化强度小，说明硫化反应速度慢，达到同一硫化程度所需时间长。硫化强度取决于胶料的硫化温度系数和硫化温度，即

$$I = K^{\frac{T-100}{100}} \tag{3-5-5}$$

式中　　T——胶料硫化温度(℃)；

　　　　K——硫化温度系数，一般 $K=2$（K 值可为 $1.86,2,2.17,2.50$）。

同种胶料，可以在不同的硫化温度下进行硫化，但必须达到相同的硫化程度，即 $E_1=E_2$，或者 $K^{\frac{T_1-100}{100}}t_1 = K^{\frac{T_2-100}{100}}t_2$。利用该公式，可根据一个已知的硫化条件，计算出任意一个未知的硫化条件。

硫化效应是硫化曲线与时间的函数关系 $\left(E=\int_{t_1}^{t_2} I\,\mathrm{d}t\right)$ 式，故无单位。

一般，橡胶的硫化温度控制在 $125\sim154$℃ 的范围内，但近年来随着高温硫化胶料的增加和高温硫化的出现，在工程实际应用中，硫化温度有向高低两端延伸的趋势。特别是高温硫化能缩短硫化时间、提高生产率，更是橡胶工业所关注的问题。

通过试验并结合经验，部分常用胶料通常所采用的最宜硫化温度见表 3-5-2。

表 3-5-2　部分常用橡胶胶料最宜硫化温度

胶料类型	最宜硫化温度/℃	胶料类型	最宜硫化温度/℃
天然橡胶胶料	143	丁基橡胶胶料	170
丁苯橡胶胶料	150	三元乙丙橡胶胶料	160~180
异戊橡胶胶料	151	丁腈橡胶胶料	180
顺丁橡胶胶料	154	硅橡胶胶料	170(一段)、200(二段)
氯丁橡胶胶料	151	氟橡胶胶料	170(一段)、200(二段)

二段硫化则选用 200℃，且时间更长，按工艺要求可在 $4\sim12$ h 范围内选择。

3.5.5　橡胶的硫化收缩率

橡胶的硫化收缩率，是指橡胶材料在硫化前后体积的变化。其实，这种理解并不全面。在实际工程应用中，橡胶的硫化收缩率是一个综合性概念，其前提条件是硫化过程中的温度。在此前提条件下，橡胶的硫化收缩率包含以下三方面因素：

(1)制作橡胶模具所使用的钢材遇热膨胀，遇冷收缩，模具型腔的各个尺寸，随温度的变化而变化。

(2)橡胶本身在其工艺流程中，由于硫化反应的作用，内部组织结构发生了变化，橡胶分子

由硫化前的线型结构变成硫化后的立体网状型结构,体积收缩变小。

(3)胶料在模具型腔中,硫化成形后所得到的制品零件,从硫化温度冷却到室温,在热胀冷缩规律的支配下,制品零件的体积(或某一线性尺寸)收缩变小。

平常所使用的橡胶硫化收缩率,不是一个单一因素的理论数据,而是已经考虑了制作模具的钢材和出自模具型腔的制品零件,从硫化温度冷却至室温,所引起的体积或者某一线性尺寸变化的综合性的数据。通常就是使用这一综合性的数据来指导橡胶成形模具的设计计算工作的。

同一个橡胶模制品零件,由于各个部位形体结构的不同,所测量的部位的不同,实心处与空心处的差异,内含所使用的收缩率,实际上是橡胶模制品零件在硫化成形过程中的平均硫化收缩率。

模具型腔的大小,是由构成橡胶制品零件的胶料体积决定的。因此,橡胶的硫化收缩率,可以由胶料硫化前后体积的变化来表示,其计算公式为

$$S_{ep} = \frac{V_1 - V_2}{V_1} \times 100\% \qquad (3-5-6)$$

式中　S_{ep}—— 橡胶平均硫化收缩率(%);

　　　V_1—— 模具型腔体积(cm^3);

　　　V_2—— 橡胶制品零件体积(cm^3)。

在模具设计中,为了计算方便,通常把上述体积变化比率按照某一线性尺寸变化比率进行计算,即

$$S_{ep} = \frac{D_1(或 L_1) - D_2(或 L_2)}{D_1(或 L_1)} \times 100\% \qquad (3-5-7)$$

式中　$D_1(或 L_1)$—— 室温下型腔的某一尺寸(mm);

　　　$D_2(或 L_2)$—— 室温下制品零件上相应的尺寸(mm)。

综上所述,所谓橡胶的平均硫化收缩率就是:构成橡胶模制品零件的胶料,在硫化条件下,成为合格制品零件前后体积(或某线性尺寸)的收缩量与模具型腔的体积(或某线性尺寸)之比。

为了便于计算,可将式(3-5-7)表示为

$$S_{ep} = \frac{D_{模} - D_{制}}{D_{模}} \times 100\% \qquad (3-5-8)$$

由式(3-5-8)可得

$$D_{模} = \frac{D_{制}}{1 - S_{ep}} \qquad (3-5-9)$$

当进行模具型腔设计,确定其主要线性尺寸时,即可按式(3-5-9)进行计算。

此外,在设计中,还有一种常用的计算方法,这就是用制品零件所需胶料的体积与制品零件的体积之差和制品零件体积之比来近似地表示橡胶的硫化收缩率,其计算公式为

$$S_{ep} = \frac{V_1 - V_2}{V_2} \times 100\% \qquad (3-5-10)$$

为了便于使用,可将式(3-5-10)改写成

$$D_M = (1 + S_{ep})D_Z \qquad (3-5-11)$$

式中　D_M—— 模具型腔尺寸(mm);

　　　D_Z—— 制品零件尺寸(mm)。

上述方法中,式(3-5-9)较式(3-5-11)的计算结果精确。式(3-5-11)为近似公式。由于采用这两个公式对同一制品零件的模具型腔进行设计计算,其差值甚微,又因为橡胶模制品零件的尺寸公差范围与此值相比是比较大的,所以,可以认为式(3-5-9)和式(3-5-11)的结果相同,故采用这两个公式进行计算,都能够满足制品零件对其模具型腔的设计要求。在工程设计计算中,人们习惯于使用式(3-5-11)进行设计计算。

在生产实践中,影响橡胶硫化收缩率的因素很多。这些因素大致可以归纳如下:

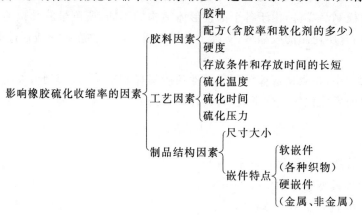

3.5.6 硫化的方法

在橡胶工业中,胶料硫化的方法可按设备类型、加热介质种类及硫化的工艺特点进行分类。硫化方法的分类大致归纳如下:

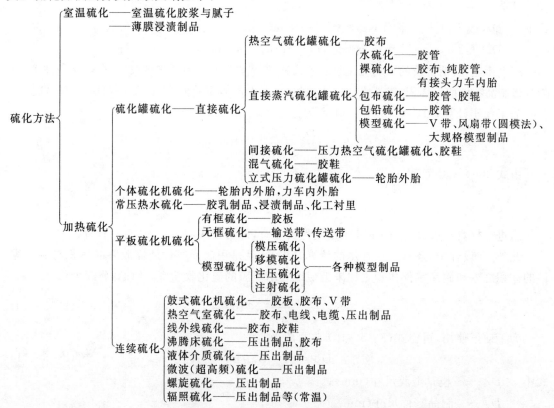

由以上可以看出,橡胶的硫化方法很多,但此处仅介绍模型硫化所常用的平板硫化机硫化、注压硫化机硫化、注射硫化机硫化和角式橡胶注射机硫化。

3.5.6.1 橡胶平板成形硫化机硫化

平板硫化机是最传统的硫化设备,胶料的成形和硫化均在其所用的模具中完成,所需的压力则来自平板硫化机。对模具加热是由平板硫化机的上、下热板进行的。

该类设备的热源有电热式、过热水式和饱和蒸汽式。电热式加热优点是加热速度快,使用方便。但是,如果温度调节器的调节精度不够高,就会造成热板表面温度高低不一,影响制品的硫化质量。采用饱和蒸汽和过热水加热,首先要增加锅炉配套设施和管线系统,小型锅炉若使用燃煤则会对环境造成污染;这种加热方式热效率低,而且在平板孔道内生成的水垢会降低硫化板热板温度及其均匀性。但这种加热方式的优点是加热速度较快,正常状况下加热也较均匀。

平板硫化机的压力由液压泵提供,模具随制品而更换。

平板硫化机所使用的模具在模具分类中称为平板模,而平板模又可分为开放式填压模、封闭式填压模、半封闭式填压模以及平板式注压模。

平板式模型成形法适用于各类制品及杂件的生产,这种方法多为手工操作。为了提高产品的生产率和质量,根据制品结构特点,入模胶料可采用预成形半成品或精密预成形半成品处理,还可以在抽真空式平板硫化机上进行硫化成形。对于大批量的生产特点,其制品的飞边可采用冷却修边工艺予以修除,最好采用无飞边成形模具硫化生产。

3.5.6.2 橡胶注压成形硫化机硫化

橡胶注压硫化机与橡胶注射硫化机相比,没有螺杆部分的进料系统和预热塑化功能,柱塞在注压时没有电子尺的精度控制。工作时,操作者将称量好的胶料填入上热板固定座中央的料孔中,即可注压,如图 3-5-6～图 3-5-8 所示。该硫化机的上热板正中有注压孔,以使受压进行流变的胶料通过此孔进入模具(即注压结构模具)的浇注系统和型腔。从某种意义上讲,硫化机的上热板就相当于橡胶注射模的上模板(对应于塑料注射成形模具的定模部分)。

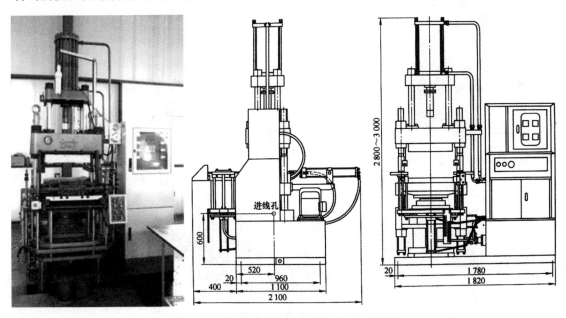

图 3-5-6 某橡胶注压成形硫化机基本结构

图3-5-7　橡胶注压成形硫化机的柱塞　　　图3-5-8　操作者将料卷投入柱塞下方的料孔中

注压硫化机的胶料注压机构,就像在平板硫化机上所使用的注压式平板模的柱塞和料斗一样,将其与硫化机设计成一体式结构。

注压硫化机所使用的模具结构,就是注射硫化机所用模具的动模部分,其浇注系统设置在模具上模板的上平面上。

注压式硫化机在工作时,与注射式硫化机一样,都是先锁模,后注射,生产率较高,可以达到少飞边或无飞边的技术效果(当然还要看成形模具的结构与制造质量)。该机型价格适中,可生产各种橡胶模制品。

3.5.6.3　橡胶注射成形硫化机硫化

橡胶注射机的工作原理如图3-5-9～图3-5-11所示。

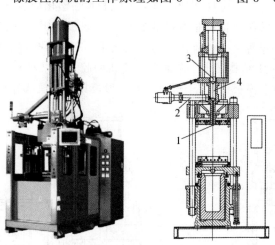
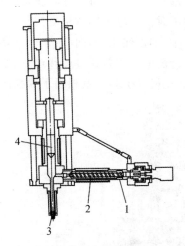

图3-5-9　立式橡胶注射成形硫化机(一)　　　图3-5-10　立式橡胶注射成形硫化机(二)
1—喷嘴;2—螺杆;3—柱塞;4—料斗　　　　　1—进料口;2—螺杆;3—喷嘴;4—柱塞

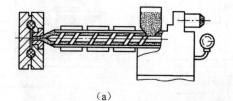
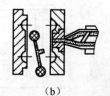

（a）　　　　　　　　　　　　（b）　　　　　　（c）

图3-5-11　橡胶制品注射成形工艺流程
(a)橡胶原料预热塑化、注射成型与硫化;　(b)启模取件;　(c)修除飞边,获得制品

水平式的螺杆是进料的,对胶料进行预热塑化。将预热塑化好的胶料推入注压缸中,再由注压活塞将胶料强制推进闭合(锁模)后的模具型腔,在上、下热板的加压、传热作用下,胶料在模具型腔中成形和硫化。

橡胶注射机有卧式的和立式的,大部分都选用立式结构机型。注射机的型号一般用注射量(以体积计算)来区分,注射量和电子尺来控制精度。

目前,注射机均由计算机来控制注射量、注射时间、上下热板工作温度、上下模的开合、制品的推出、侧向抽芯、抽真空等。所有动作均可由设计人员或工艺人员根据产品的结构特点、模具动作的特征、胶料的性能等来设置。

橡胶注射模具的结构较为复杂,通常要有一个良好的浇注系统和有效的排气系统,以便胶料能够顺利地充满模具型腔。

由注射模具成形的制品,其脱模取件有机械式推出机构、哈夫(Half)式手动取件结构、联合式推出机构以及气动胀形脱模机构等,

3.5.6.4　角式橡胶注射机硫化

角式橡胶注射硫化机的外形、结构及其工作原理如图 3-5-12 所示。

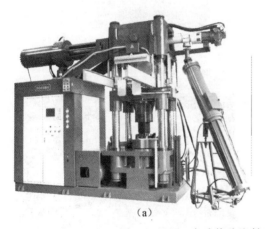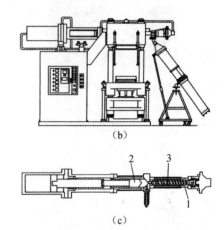

图 3-5-12　角式橡胶注射硫化机的结构及工作原理
(a)实物照片;　(b)外形结构;　(c)工作原理
1—进料口;2—柱塞;3—螺杆

该硫化机主要用于门尼黏度低的硅橡胶的成形硫化,其结构主要有两个特点:一是进料机构是专用的输料筒及其支架,接口与螺杆部分的进料口相连接;二是柱塞设置为水平方向。采用专用送料装置送料,可以避免胶料被灰尘污染,以保证制品质量,胶料进入螺杆(及料筒)部位可进行预热塑化,有利于缩短注射周期和成形。

硅橡胶制品通常要进行二段硫化:在硫化机(无论是平板机、注压机或注射机)成形时为一段硫化,一般为 170℃×(6～10) min;二段硫化是将制品集中起来统一进行硫化,一般为200℃×4 h。这样可提高生产率,降低生产成本。

3.5.7　硫化常用设备和橡胶硫化介质

3.5.7.1　常用硫化设备

在橡胶工业中,橡胶制品硫化成形设备的种类很多,有单层平板硫化机、多层平板硫化机、

导热油加热多层压力硫化机、液体硅橡胶注射成形机、三次脱模单机平板硫化机、三次脱模双机平板硫化机(俗称一拖二,即一台主控机控制两台硫化机)、抽真空平板硫化机、四次脱模一拖四硫化机、单机注压硫化机、一拖二注压硫化机立式注射硫化机以及双色(双组分)橡胶注射机等。独立硫化设备有 32 m 硫化箱、盐浴硫化生产线和各种硫化罐等。

在实际生产中,可根据制品硫化的工艺特点等来选择相应的硫化设备。部分硫化设备如图 3-5-13～图 3-5-34 所示。本书中列出了一款我国目前惟一的一台一托四硫化机,如图 2-11-18 右下角所示。

图 3-5-13　单层平板硫化机

图 3-5-14　多层平板硫化机

图 3-5-15　导热油加热多层平板硫化机

图 3-5-16　大型平板硫化机

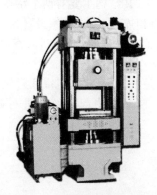

图 3-5-17　医用胶塞抽真空硫化机

图 3-5-18　汽车内饰件压力硫化机

图 3 - 5 - 19　单机注压硫化机

图 3 - 5 - 20　一拖二注压硫化机

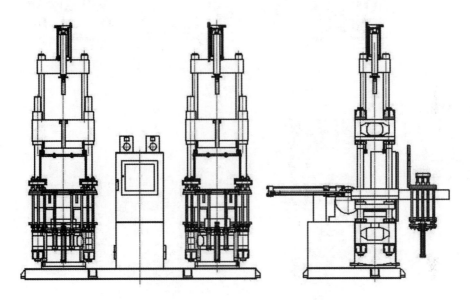

图 3 - 5 - 21　一拖二注压硫化机结构

图 3 - 5 - 22　立式注射硫化机

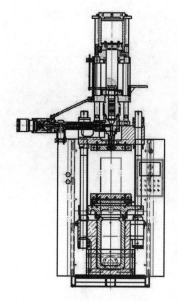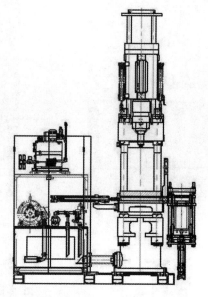

图 3 - 5 - 23　立式注射硫化机结构

图 3 - 5 - 24　轮胎硫化机

图 3 - 5 - 25　抽真空轮胎硫化机

图 3 - 5 - 26　德仕玛全自动硫化机

图 3-5-27　盐浴硫化生产线

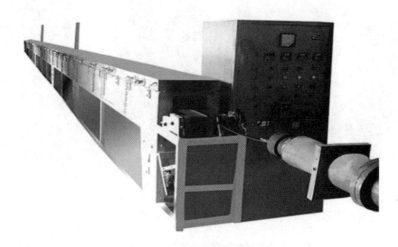

图 3-5-28　32 m 硫化箱

图 3-5-29　连续硫化装置

图 3 - 5 - 30　胶鞋生产硫化罐

图 3 - 5 - 31　立式电控液压
翻盖式硫化罐

图 3 - 5 - 32　立式电控气动
平启式硫化罐

图 3 - 5 - 33　φ4 000×8 000
硫化罐

图 3 - 5 - 34　大中小型系列配置硫化罐

3.5.7.2　橡胶硫化介质

通常,橡胶的硫化大多数情况都是在加热的条件下进行的。对胶料进行加热,则需要有能够进行热能传递的物质。将这种在橡胶硫化过程中能够传递热能的物质称为硫化介质。

作为优良的硫化介质,其使用条件如下:

(1)对工作环境、橡胶制品及硫化设备无污染、无腐蚀;

(2)具有较高的容热能力;

(3)具有较宽的温度范围;

(4)具有优良的导热性和热传导性等。

硫化介质的种类很多,常见的有饱和蒸汽、热空气、热水、过热蒸汽、熔盐、红外线、远红外线和 γ 射线等。

3.6　橡胶制品的骨架

橡胶材料的特征是具有优异的弹性,然而其弹性模量却很小,变形量很大。为了提高橡胶材料的使用性能,在许多橡胶制品中都设置了骨架(也称嵌件)。

骨架的作用是能够提高制品的模量和强度,控制其变形范围,保持其尺寸相对稳定。从某种意义上讲,骨架决定着橡胶制品的使用功能、应用范围和使用寿命。

橡胶制品对其骨架材料的要求是强度高,耐热性好;伸长率小,尺寸稳定性好;耐屈挠疲劳性、耐腐蚀性、耐燃性好;吸湿性小;与橡胶结合性能好;相对密度小,有利于制品的轻量化;来源方便,价格低廉,制造成本低等。

3.6.1　橡胶制品骨架的种类

橡胶制品的骨架,其材料是多种多样的。选用骨架材料时,要按照制品的使用性能、成形加工工艺、橡胶制品的硫化工艺以及制造成本等工作因素进行考虑。橡胶制品骨架材料的分类如下:

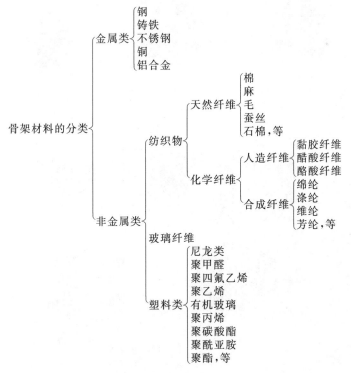

　　橡胶减震器类制品是含骨架最多的一类橡胶制品,部分主要制品在汽车中的位置如图3-6-1所示。

图 3-6-1　汽车主要部位用橡胶减震器示意图

　　几种橡胶减震器制品中的骨架以及骨架的设计要求如图3-6-2和图3-6-3所示。如图3-6-4所示为常见的橡胶制品所用骨架的结构形式。

图 3-6-2　汽车悬置减震器(制品实物剖视图)

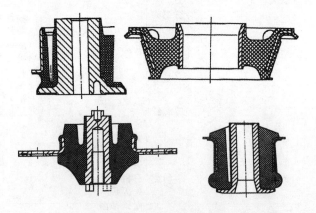

图 3-6-3　常见橡胶减震器

通过汽车液压悬置减震器橡胶主簧部件剖面图可看到各个骨架与橡胶的结构关系,如图 3 - 6 - 5所示。

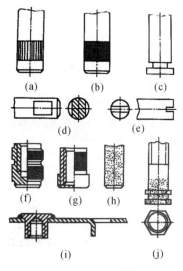

图 3 - 6 - 4　骨架的结构形式

(a)直纹滚花;　(b)网纹滚花;　(c)环槽台肩;

(d)铣肩;　(e)铣槽;　(f)环槽滚花;　(g)护盖滚花;

(h)喷砂;　(i)组焊喷砂;　(j)六方台喷砂

图 3 - 6 - 5　液压悬置减震器橡胶主簧剖面图

3.6.2　骨架的抛丸处理

早期,对骨架的表面处理为喷砂处理,现在则使用抛丸处理。这种工艺方法,能够改变工作环境,减少和消除粉尘,提高骨架表面处理质量(使表面更加粗糙,增加了比表面积)和工作效率(钢丸比砂子使用寿命更长)。

如图 3 - 6 - 6 所示为常用的小型抛丸机和所使用的粗细钢丸(也叫铁砂),如图 3 - 6 - 7 所示为抛丸后的小型骨架,如图 3 - 6 - 8 所示为大型抛丸机。

图 3 - 6 - 6　小型抛丸机和所使用的粗细钢丸

图 3 - 6 - 7　抛丸后的小型骨架　　　　图 3 - 6 - 8　大型抛丸机

3.6.3 骨架的磷化处理

将钢铁类骨架进行抛丸、酸洗等一系列前工艺处理之后放入磷酸盐溶液中(以某些酸式磷酸盐为主的溶液),使骨架表面沉积而形成一层不溶于水的结晶型磷酸盐转化膜。这一工艺过程称为磷化处理,简称"磷化"。

3.6.3.1 磷化的工艺方法

磷化处理的工艺方法有低温(室温)磷化、中温磷化和高温磷化三种。

低温磷化。低温磷化就是常温磷化处理。其优点是工艺过程不用加热,磷化液质量稳定且利用率高;其缺点是所形成的磷化膜抗腐蚀能力较低,工艺时间较长,生产效率不高。

中温磷化。中温磷化的工艺特点是工艺温度为 50~70℃,节拍为 7~15 min。其优点是游离酸度稳定,操作简单,时间短,生产效率高,所得磷化膜抗腐蚀能力接近高温磷化的水平。

高温磷化。高温磷化的温度是 90~98℃,处理时间为 10~20 min。其优点是磷化膜的抗腐蚀性能好;缺点是加热时间长,溶液挥发大,游离酸不够稳定,磷化膜结晶粗细不均匀,工艺操作较为困难。

3.6.3.2 磷化处理的作用和用途

(1)涂装前磷化处理的作用。

1)增强涂装膜层(如涂料涂层)与工件之间的结合力;

2)提高涂装后零件表面的抗腐蚀能力;

3)提高骨架与橡胶的黏合力;

4)提高钢铁零件的装饰性等。

(2)磷化处理的用途。

磷化处理可用于钢铁零件的耐腐蚀防护处理。作为橡胶制品的骨架,特别是汽车减震器骨架,经过磷化处理后能更加有效地与橡胶结合,裸露部分因有磷化膜保护,其耐腐蚀性能更高。

油漆底层所用磷化膜可增加漆膜与钢铁零件的附着力和防护性。

磷化生产线设备和生产现场如图 3-6-9 所示,磷化处理好的骨架如图 3-6-10 所示。

图 3-6-9 自动控制骨架磷化生产线

图 3-6-10 磷化处理好的骨架

3.6.4　骨架的涂胶

制品零件形体内若含有骨架,则需要在入模之前,对骨架进行工艺处理。

如果骨架为金属材料,在生产准备阶段要对其进行工艺处理和理化处理。所谓工艺处理,就是对骨架需要嵌入部分进行喷砂(增加与胶料黏合的面积),经过酸洗后再对其表面进行镀铜。由于铜与橡胶有非常强的黏合力,镀铜后的骨架可以与橡胶牢固地黏合在一起,而不需黏结剂。

如果骨架的表面需要镀铜,其材质以黄铜为好,黄铜中的铜、锌质量分数之比对橡胶黏合强度的影响见表 3-6-1。

表 3-6-1　黄铜中的铜、锌质量分数之比对橡胶黏合强度的影响

成分(质量分数/(%))		黏合强度/MPa
铜	锌	
60	40	5.6
65	35	5.8
70	30	6
75	25	6

骨架表面镀铜后具有黏合强度高、耐热、耐油(即骨架与各种耐油橡胶结合)、抗振性能良好和使用寿命长等优点。

如果骨架为非金属材料,如环氧玻璃布棒(板)、酚醛类的玻璃布棒(板)等制成的骨架,首先要用高压气流吹去或清洗除去切削加工后其表面上的非金属材料粉末碎屑,再涂以合适的黏结剂,经一定时间风干之后,便可入模压制。

所谓黏结剂是指将橡胶与各类骨架材料(如钢、铝、塑料、织物等类)经热硫化黏合在一起的辅助材料。黏结剂也叫黏合剂。

黏结剂可分为聚异氰酸酯类、酚醛树脂类、含卤黏合剂类、水基黏结剂类和有机硅偶联剂类等。常用的黏结剂有 JQ-1,RM-1 系列,Chemlok 系列及 Thixon 系列等。生产中常用的黏结剂如图 3-6-11 所示。

JQ-1 俗称列克钠,化学名称为聚异氰酸酯。其特点是黏合强度高、价格低廉。缺点是挥发性较强,且含有致癌物质,对光敏感,遇潮气易分解降效,对存放条件要求严格。由于其含有毒性,属于淘汰型产品,虽然目前仍在使用,但用量在逐渐减少。JQ-1 黏结剂禁止用于食品、医疗卫生、药物、体育用品以及与环境、水源等有密切关系的橡胶制品中,禁止用于出口产品中。

JQ-1 黏结剂的工艺条件为室温 15~30℃,相对湿度 80% 以下;烘干条件是(80~100℃)×(25~30 min)。工作现场严禁明火,要求通风良好;使用期限为一周,不得混入水分、油类、酸碱及其他杂质和异物;骨架涂敷后要保持干燥、清洁,不得沾有灰尘、水分、湿气和油污等;涂过 JQ-1 的骨架必须在 12 h 内用完,过期禁用。

酚醛树脂类黏结剂有 RM-1,FG-1 和 QZ-1 等型号,使用较多的是 RM-1。

图 3-6-11　部分常用牌号橡胶黏结剂

　　RM-1 是仿制国外的黏结剂，FG-1 和 QZ-1 是我国自行研制的黏结剂。RM-1 的优点是无毒、防锈、性能稳定，黏合强度虽较 JQ-1 稍差一些，但操作工艺简单。涂有 RM-1 的骨架基本不受环境、季节和湿度的影响，经过预固化之后的骨架，可以在较长的时间内（30 d 左右）存放，其黏合力不下降，不水解，不锈蚀金属件，对环境无污染。

　　含卤类黏结剂以美国 Load 公司生产的 Chemlok（开姆洛克）系列最具代表性。该系列黏结剂的特点是黏合强度高，质量稳定，而环境性能好，使用方便，毒性较低，可广泛用于各种橡胶与金属的黏合。

　　除 Chemlok 系列之外，还有 Thixon 系列，这两个系列都是质量上乘的黏结剂。Thixon 系列采用的是美国 ROHM AND HAAS 公司的热硫化黏结技术。

　　目前，Thixon 系列的产品只在美国和法国设有生产厂，对全球供货，我国直接在供应市场进口产品，质量可靠。Chemlok 系列的产品在我国设有分装厂，其原料从美国设在日本的生产厂采购，在我国混合、销售。

　　Thixon 系列有两种产品，一种是 Thixon715/720，为经济型单涂层、双组分的热硫化黏结剂；另一种是双涂层的，其底胶有 P-11EF，P-20EF，P-6EF（EF 字样为不含铅标志），其面胶有 520-P-F，2000-TEF，511-TEF。由于该系列产品不含铅、氯等污染物，所以在欧美销量大于 Chemlok220。

　　在使用 Chemlok 系列黏结剂时，要远离热源与明火，这是由于其溶剂挥发对人健康不利。为防止长期或短期过量吸入以及长期接触皮肤，工作场所必须具备良好的通风条件。

　　为了防止溶剂污染，各国都在研制、开发水基黏结剂，即无苯溶剂。这是当前黏结剂研究的方向。含卤类黏结剂多为溶剂型，而含卤聚合物乳液则多为水基型。例如 2-氯代丙烯腈-2,3-二氯丁烯共聚乳液、氯乙烯-乙酸乙烯共聚乳液、甲基丙烯酸酯-二氯丁二烯共聚乳液及氯磺化聚乙烯乳液等的应用越来越广泛。还有人研究了聚丙烯酸（PAA）和聚乙烯胺（PCAm）经化学改性而获得的水溶性聚合物偶联剂（PCAs），获知了这种偶联剂的三元乙丙橡胶、氟橡胶与各种金属的热硫化黏合情况。研究发现，在水的挥发过程中，这种偶联剂能在金属和聚合物的界面形成离子键、共价键并发生物理作用，而且在模压成形过程中能与橡胶发生共硫化，从而形成高强度的、耐热化学介质的黏合层。

　　有机硅偶联剂类黏合剂主要用于硅、氟等特种橡胶与金属骨架的硫化黏合，也可用于多种橡胶与金属的黏合。由于一般通用橡胶已经有了相应且价格便宜的黏结剂，所以该类黏结剂基本上用于特种橡胶与金属的硫化黏合。有机硅烷偶联剂还可以加入橡胶之中作为增黏剂,直接与金属硫化黏合。

3.6.5 骨架涂胶作业

在中小型工厂里,胶黏剂的涂覆多为手工操作。涂覆胶黏剂是橡胶制品在硫化成形前的一个重要工序,应当用一定的技术要求去约束这一操作。通常,需要配置相关的设备和场地。在涂胶之前,要做好准备工作,如将胶黏剂适时地搅拌均匀,尽量地采用自动喷涂和自动烘干。即使是手工涂覆,也应当在具有抽风功能的操作台前工作。

各种胶黏剂搅拌装置、喷涂及烘干装置均为非标准设备,是制造厂家根据使用企业的需要而专门设计制作的。部分专用涂胶设备和装置如图 3-6-12～图 3-6-19 所示。

图 3-6-12 各种黏结剂的搅拌装置

图 3-6-13 抽风涂胶工作台　图 3-6-14 手工喷涂机 图 3-6-15 手工涂胶烘干生产线(一)

图 3-6-16 自动烘干装置　图 3-6-17 手工涂胶烘干生产线(二)

图 3-6-18 自动喷涂机　　　　图 3-6-19 全自动喷涂装置

在生产中,为了加强安全生产、保证制品质量,制造商必须根据质量要求、所用设备类型等情况,工艺部门必须制定切实可行的涂胶作业指导,并对操作员工进行有效的培训。

某橡胶制品中所含的金属骨架,在硫化成形前的涂胶作业工艺指导——作业指导书如图 3-6-20 所示。

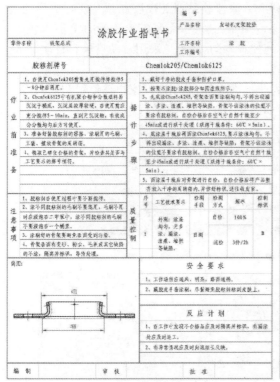
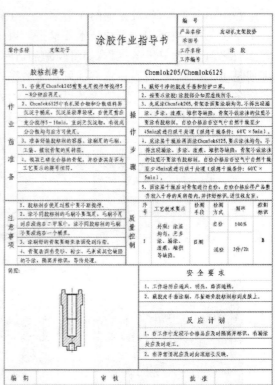

图 3-6-20　涂胶作业指导书

手工涂覆黏结剂的操作如图 3-6-21 和图 3-6-22 所示。如图 3-6-23~图 3-6-25 所示为某产品骨架磷化、涂底胶和涂面胶后的状况。

图 3-6-21　手工黏结剂涂覆作业(一)

图 3-6-22　手工黏结剂涂覆作业(二)

图 3 - 6 - 23　磷化后的骨架　图 3 - 6 - 24　涂完底胶的骨架　图 3 - 6 - 25　涂完面胶的骨架

涂覆胶黏剂的骨架,经烘干并进行质量检验后,如图 3 - 6 - 26 所示。合格的涂覆胶黏剂的骨架交由库房用透明塑料袋密封并做标识进行库存保管。

图 3 - 6 - 26　经检验后合格的涂覆胶黏剂的骨架

3.6.6　骨架的管理

库房按照相关规定,对涂覆胶黏剂的骨架分门别类进行管理,并做准确标识,如图 3 - 6 - 27 所示。按照生产作业计划,配备当日所用骨架。

图 3 - 6 - 27　骨架在库房中的规范管理

未涂完胶黏剂的骨架,应当用塑料袋密封包装,送回库房保管,如图 3 - 6 - 28 所示。

在生产中必须按照工艺纪律进行作业,不得因陋就简,采取就地涂胶和就地晾晒的干燥方法(见图 3 - 6 - 29 和图 3 - 6 - 30),这是很不规范的。

图 3 - 6 - 28　封装未涂完黏结剂的磷化骨架,由库房保存

图 3-6-29　就地涂胶　　　　　　　　　　图 3-6-30　就地晾晒

3.7　橡胶制品的硫化成形

3.7.1　橡胶脱模剂

在橡胶制品硫化成形之前,除了需要设备、模具和相关的工具之外,还要准备相应的脱模剂和模具型腔的测温仪器等。

在橡胶制品及其成形模具型腔表面之间要采取适当的隔离措施或润滑措施,以防止相互黏附。这种能够帮助将橡胶制品顺利脱模的助剂称为脱模剂。

常用的橡胶脱模剂如图 3-7-1～图 3-7-7 所示。

图 3-7-1　大田脱模剂　　　图 3-7-2　水性硅橡　　　图 3-7-3　喷涂型　　　图 3-7-4　乳化橡胶
　　　　　系列产品　　　　　　　　　胶脱模剂　　　　　　　脱模剂　　　　　　　　隔离剂

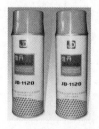

图 3-7-5　干粉脱模剂　　　　图 3-7-6　雾化硅油脱模剂　　　　图 3-7-7　半永久脱模剂

脱模剂分为两大类,即内脱模剂和外脱模剂。内脱模剂是直接加入胶料之中的,既能起到脱模作用,还能改善胶料的流动,在加工中还可以降低生热;外脱模剂通常是涂抹或喷洒在模具型腔表面作为隔离剂使用的,以防止制品和型腔表面的黏附,便于顺利脱模。

外脱模剂是种类较多,其分类如下:

$$
\text{外脱模剂分类}
\begin{cases}
\text{硅系}
\begin{cases}
\text{油型(聚二甲基硅氧烷,简称"甲基硅油")} \\
\text{化合物型(硅油+填充剂)} \\
\text{烧结型}
\end{cases} \\
\text{石蜡系}
\begin{cases}
\text{天然石蜡}
\begin{cases}
\text{植物性石蜡(棕榈蜡)} \\
\text{矿物性石蜡}
\end{cases} \\
\text{合成石蜡(聚乙烯蜡)}
\end{cases} \\
\text{氟系}
\begin{cases}
\text{特殊配合品} \\
\text{氟乙烯树脂粉末(低相对分子质量四氟乙烯)} \\
\text{氟乙烯树脂胶膜、涂料}
\end{cases} \\
\text{界面活性剂}
\begin{cases}
\text{非离子系(氧化乙烯诱导体)} \\
\text{阴离子系(烷基磷酸酯盐、硬脂酸盐)}
\end{cases} \\
\text{粉末类:滑石粉、云母粉、陶土} \\
\text{其他:卵磷脂、紫胶、丹宁酸、聚乙烯醇、蒸馏水等}
\end{cases}
$$

选用脱模剂要根据制品所用胶料和工艺要求,使用时要注意安全问题,特别是喷雾类的脱模剂,不能放置在硫化机的加热板上,以防罐内的液态脱模剂受热膨胀造成爆炸。

3.7.2　硫化温度的测量

硫化温度是橡胶硫化成形的三大要素之一,生产中必须按照工艺要求进行,使用合乎要求的测量工具对加热好的模具型腔进行测量并在生产过程中定时测量,以确保硫化温度的准确。

硫化温度的测量有接触式(见图 3-7-8)和非接触式(见图 3-7-9)两种测量方法,测量的部位是成形模具的型腔。

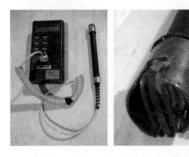 

图 3-7-8　接触式数字温度测量仪及其探头　　　　图 3-7-9　非接触式红外线测温仪

硫化温度的测量也可以使用水银温度计测量,但必须在模具上设计制作测温孔,如图 3-7-10 所示。测量时,读取数据必须敏捷和准确。

如图 3-7-11 和图 3-7-12 所示分别为生产现场测量模具温度场景照片。

3.7.3　设置硫化温度、时间和压力

当进行硫化生产时,按照《硫化作业指导书》领取涂覆好的骨架和混炼好的胶料,再按照其上的步骤进行作业。生产中的橡胶制品硫化工艺,可参考图 3-7-13 和图 3-7-14。

图 3-7-10　使用水银温度计
测量温度

图 3-7-11　使用接触式数字
测温仪测量温度

图 3-7-12　使用接非触式数字红外
测温仪测量温度

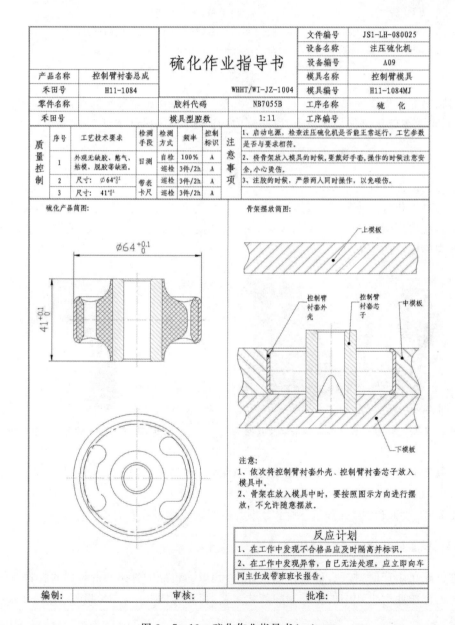

图 3-7-13　硫化作业指导书(一)

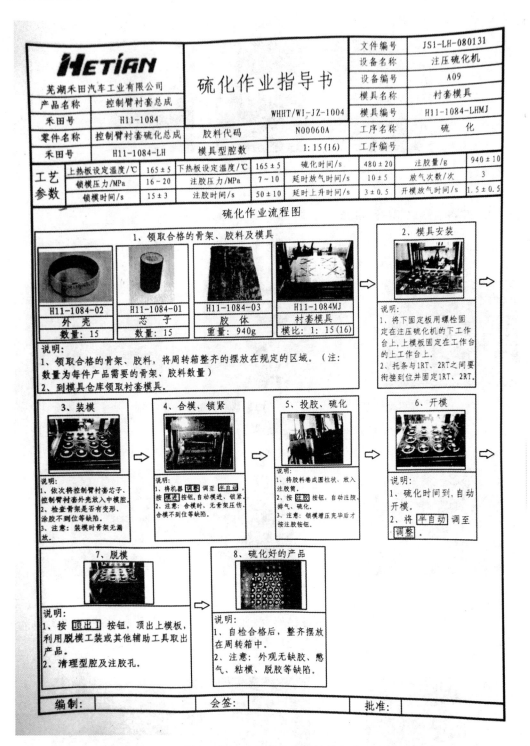

图 3-7-14　硫化作业指导书(二)

首先正确安装所要使用的成形模具,再按照工艺要求对所用硫化设备进行硫化温度、硫化时间和硫化压力的设置(几种硫化设备的控制操作面板如图 3-7-15 所示),最后对成形模具进行加热,进入生产状态。

图 3-7-15　部分硫化设备控制操作面板

3.7.4　胶料的领取和生产准备

成形模具加热之后,操作者持生产任务书到库房领取注明的胶料。操作者可将胶料裁割成需要的形状或小块,如图 3-7-16～图 3-7-18 所示。

图 3-7-16　由库房领取胶料　　图 3-7-17　(开料)裁割胶料　　图 3-7-18　剪成所需的小块

对入模胶料按照作业指导书进行称重,如图 3-7-19 所示。

有的企业按照工艺要求配置胶片切条机(见图 3-7-20),这样可以大幅度提高生产效率。

图 3-7-19　称重　　　　　　　　　图 3-7-20　胶片切条机

将切条机切成的胶条按计划放置在备料架上,如图 3-7-21 所示;也按照生产计划备料并进行标识,如图 3-7-22 所示;还可以由配料人员按计划将用料直接配送到机台上,如图 3-7-23 所示。

图 3-7-21　切条机切成的胶条　　　　图 3-7-22　按计划备料并进行标识

图 3 - 7 - 23　生产用料直接配送到机台上　　　图 3 - 7 - 24　O 形橡胶密封圈的生产装料

3.7.5　橡胶杂件的生产装料

橡胶杂件的品种繁多,其生产装料的方法也很多,但绝大部分都是手工装料,如图 3 - 7 - 24 和图 3 - 7 - 25 所示。

图 3 - 7 - 25　橡胶杂件生产的装料

3.7.6　抽真空平板硫化机的喂料

抽真空平板硫化机在生产时,一般所用的胶料都是经预成形或精密预成形的半成品胶料, 其装料方式大部分也是手工装料,如图 3 - 7 - 26～图 3 - 7 - 29 所示。

图 3 - 7 - 26　模具打开,等待喂料　　　图 3 - 7 - 27　预成形半成品

图 3 - 7 - 28　喂料(将预成形半成品放入模腔)　图 3 - 7 - 29　预成形半成品和汽车用防尘罩制品

3.7.7　注压机的喂料

使用橡胶注压硫化机进行模压生产时采用的也是手工喂料,其特点与上述方法有明显的

不同,如图 3-7-30～图 3-7-35 所示。

图 3-7-30　利用设备余热烘烤胶料

图 3-7-31　在模具上平面和上热板之间加热胶料

图 3-7-32　将烘烤好的胶料卷起来

图 3-7-33　弯曲胶卷

图 3-7-34　将胶卷投入注压机料筒

图 3-7-35　柱塞下移,开始注压

3.7.8　注射机的喂料

橡胶注射机的喂料是自动化的,即只要将带料的料头塞入注射机的喂料口,其后随着生产程序的进行就可以实现自动喂料,如图 3-7-36～图 3-7-39 所示。如果带料耗完,再续一盘即可。

图 3-7-36　橡胶注射机喂料口

图 3-7-37　喂料

图 3-7-38　带料自动喂入　　　图 3-7-39　橡胶注射机的喂料装置和工作状态

3.8　脱 模 取 件

3.8.1　手工脱模取件

除了专用硫化生产设备外,在生产中,一般的橡胶杂件大多采用手工脱模取件。为了提高生产效率,一部分制品可采用气动脱模装置来脱模取件。如果有条件,可以使用具有脱模功能的 2RT,3RT,滑轨式脱模装置,侧拉式脱模装置的橡胶成形硫化机。若还有条件,可视其制品生产量的大小,采用更加先进的、自动化程度更高的硫化机(如德国的德仕玛各型硫化机)进行生产。德仕玛自动成形硫化机如图 3-8-1 所示。

图 3-8-1　德仕玛自动成形硫化机

以下对常用的脱模取件方法做一简单介绍。

使用普通平板硫化机生产的橡胶杂件,通常都是采用手工脱模取件方式,即比较原始的生产方式。手工脱模取件所用的工具,都是根据成形模具的大小,用粗细不一的黄铜棒自制的起子、别针等,如图 3-8-2 和图 3-8-3 所示。也有使用钢棒制作的起子等工具的,使用钢制工具时,禁止其直接接触模具型腔。

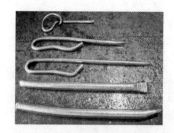

图 3-8-2　各种常用起模工具

图 3-8-3　使用自制起模工具脱模取件

结构和操作性简单的模具以及小型模具通常由单人进行操作生产,如图 3-8-4～图 3-8-7所示。

图 3-8-4　使用钢制工具打开模具

图 3-8-5　使用铜制工具拨取制品(一)

图 3-8-6　使用铜制工具拨取制品(二)

图 3-8-7　使用铜制工具拨取制品(三)

对于结构复杂模具、操作难度大模具或者是大型模具的操作,通常都是两个人或几个人配合进行的,如图 3-8-8～图 3-8-10所示。

图 3-8-8　多人配合开模取件

图 3-8-9　两人配合开模取件

图 3-8-10　两人共同配合操作

3.8.2　气动工具脱模取件(一)

有些成形模具由于结构复杂、形状多变,硫化后的制品用人工方法难以脱模取件(见图 3-

8-11),因此采用气动脱模取件的方法。

常见的气动脱模工具如图 3-8-12 和图 3-8-13 所示。

图 3-8-11　多曲多口波纹管　　图 3-8-12　气动工具组件　　图 3-8-13　气动工具吹气筒
　　　　　　模具开模

以如图 3-8-11 所示制品成形模具为例,观察气动脱模取件的生产过程(见图 3-8-14～图 3-8-24)。

图 3-8-14　制品随同型芯被　　图 3-8-15　准备插入吹气筒　　图 3-8-16　双手将吹气筒插入,
　　　　　　悬挂等待脱模　　　　　　　　　　　　　　　　　　　　　　　脚踩动气门开关

图 3-8-17　通入压缩空气吹胀制品,　　图 3-8-18　卸下吹气筒　　图 3-8-19　给型芯喷涂脱模剂
　　　　　　将其从型芯上脱出　　　　　　　　　　　　取得制品

图 3-8-20　按工艺选用脱模剂　　图 3-8-21　将型芯装入下模　　图 3-8-22　集中制品、等待修边

图 3-8-23　脱模后的制品　　　　　　图 3-8-24　修边后的制品

3.8.3　气动工具脱膜取件(二)

根据制品的结构特点及其成形模具的结构特点,采用气缸制作的专用气动脱模工具进行脱模。工作过程如图 3-8-25 和图 3-8-26 所示。

图 3-8-25　小型制品的气动脱模　　　　图 3-8-26　脱模后的制品

可根据制品的结构特点和其成形模具的结构特点,用气缸制作一台专用的气动脱模工具。现举一例,其工作过程如图 3-8-27～图 3-8-35 所示。

图 3-8-27　开模后制品滞留　　　图 3-8-28　将带有型芯的制品　　　图 3-8-29　脱模工装准备
　　　　　　在下模　　　　　　　　　　　装到工装上　　　　　　　　　　　脱模

图 3-8-30　脚踩气动装置　　　图 3-8-31　启动脱模工装　　　图 3-8-32　顶出型芯

图 3 - 8 - 33 取出制品

图 3 - 8 - 34 逐一操作

图 3 - 8 - 35 清洁工装，
集中制品

3.8.4 机器辅助开模、手工取件

机器辅助开模、手工取件的工作过程如图 3 - 8 - 36～图 3 - 8 - 47 所示。

图 3 - 8 - 36 硫化机主缸
卸压开模

图 3 - 8 - 37 上模悬在硫化机
中子上

图 3 - 8 - 38 1RT 托起中模
（哈夫块）

图 3 - 8 - 39 手工分离前
哈夫块

图 3 - 8 - 40 手工分离后
哈夫块

图 3 - 8 - 41 逐一取出制品

图 3 - 8 - 42 向哈夫块组件下面
喷涂脱模剂

图 3 - 8 - 43 安装骨架

图 3 - 8 - 44 检查骨架是否装全

图 3-8-45　向哈夫块组件上面　　图 3-8-46　整理哈夫块组件　图 3-8-47　落下中模(哈夫块组件)，
　　　　　　喷涂脱模剂　　　　　　　　　　　　　　　　　　　　　　　　　进入下一个生产节拍

3.8.5　侧拉式脱模

侧拉式脱模生产工艺有两关键要素：一是具有侧拉功能和侧拉机构的硫化机，二是设计适合于侧拉开模取件的哈夫式结构的成形模具。具体论述见第 14 章。

3.8.6　下顶式脱模

对于下顶式脱模取件的方式，它的模具结构为三层式，通常使用在具有 3RT 功能的注压式硫化机的生产中。

下顶式脱模的模具结构的最大特点是中模型腔下方设置一勾起台，确保制品滞留在中模型腔，为下一个程序从中模下方顶出制品创造条件(具体内容见第 17 章)。

3.8.7　自动模具的生产应用

自动模具是指构成形腔部分的哈夫块组件结构具有自动分型以便于操作者开模取件的模具。该结构模具可提高工作效率，减轻操作者劳动强度，延长模具使用寿命。

(1)自动模具的结构及其制品如图 3-8-48～图 3-8-57 所示。

图 3-8-48　自动模具外形　　　　图 3-8-49　自动模具外形　　　图 3-8-50　自动模具外形
　　　　　　(正面)　　　　　　　　　　　　　　(侧面)　　　　　　　　　　　　　(上面)

图 3-8-51　上模型腔　　　　　　图 3-8-52　下模型腔　　　　　图 3-8-53　哈夫块组件与分模
　　　　　　　　　　　　　　　　　　　　　　　　　　　　　　　　　　　　　机构的关系

图 3-8-54　制品中的骨架

图 3-8-55　出模后的制品

图 3-8-56　修边后的制品(正面)

图 3-8-57　修边后的制品(后面)

(2)自动模具的生产过程如图 3-8-58～图 3-8-85 所示。

图 3-8-58　自动模具安装在
注压机热板上

图 3-8-59　硫化结束

图 3-8-60　注塞(注脚棒)
开始上移

图 3-8-61　注塞离开料筒

图 3-8-62　注塞上升结束

图 3-8-63　准备开模

图 3-8-64　主缸下移,
模具打开

图 3-8-65　模具打开到位

图 3-8-66　开始清理废胶料,
同时模具移出

图 3-8-67　清除废料

图 3-8-68　模具移出到位

图 3-8-69　起动哈夫块自动打开程序

图 3-8-70　托板上升,哈夫块
自动打开

图 3-8-71　准备取制品

图 3-8-72　取出第一排制品

图 3-8-73　取出第二排制品

图 3-8-74　取出全部制品

图 3-8-75　向下模喷涂脱模剂

图 3-8-76　向上模上面喷涂
脱模剂

图 3-8-77　向上模下面喷涂
脱模剂

图 3-8-78　安装下骨架

图 3-8-79　合模哈夫块

图 3-8-80　安放上骨架

图 3-8-81　模具移入

图 3 - 8 - 82　下模上升合模

图 3 - 8 - 83　卷胶料

图 3 - 8 - 84　将胶料卷投入料筒

图 3 - 8 - 85　加压、保压、注胶、硫化

3.8.8　德国德仕玛硫化机的生产应用

采用德国德仕玛硫化机生产汽车减震器制品的硫化脱模生产过程如图 3 - 8 - 86～图 3 - 8 - 99 所示。

图 3 - 8 - 86　硫化完成后开模

图 3 - 8 - 87　模具的中模部分开始移出

图 3 - 8 - 88　接件盘横向移入至中模下方

图 3 - 8 - 89　接件盘上升,哈夫式中模准备开模

图 3 - 8 - 90　哈夫模块和接件盘同步拉开

图 3 - 8 - 91　制品落入接件盘,接件盘开始下移

图 3-8-92 接件盘下移到最低点开始横向移出后，自动结构收集制品

图 3-8-93 带有旋转头的型腔清理装置下移，准备清理模具型腔

图 3-8-94 清理装置自动清理模具型腔

图 3-8-95 清理装置上升旋转，将装置背面的骨架安装装置旋转到工作状态

图 3-8-96 旋转到垂直位置的清理装置旋转头

图 3-8-97 旋转头背后的装置自动安装骨架

图 3-8-98 哈夫块开始逐步逆向合模，并合抱骨架

图 3-8-99 合模完毕，骨架安装装置上升并退回原位，接收新的骨架进入下一个生产节拍

3.8.9 抽真空轨道式自动开模硫化机的生产应用

轨道式抽真空自动开模硫化机可使操作者的劳动强度大为减小，提高工作效率。这种设备由于具备抽真空功能，可以提高橡胶制品的质量。

这种设备的外形（正面和侧面）如图 3-8-100 所示，也有将控制箱设置在一侧的硫化机，如图 3-8-101 所示。

轨道式抽真空自动开模硫化机的工作原理和开模状况如图 3-8-102 所示。

采用这种设备进行生产的成形模具结构及其基本工作过程如图 3-8-103～图 3-8-109 所示。

图 3-8-100　轨道式抽真空自动开模硫化机

图 3-8-101　控制箱在侧面的轨道式
抽真空自动开模硫化机

图 3-8-102　工作原理和开模状况

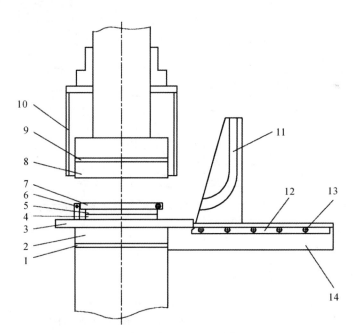

图 3-8-103　抽真空轨道式自动开模硫化机的主要结构

1—隔热板；2—下热板；3—移模滑板；4—下模板；5—上模板；6—合叶（模具铰链）；
7—米字板；8—上热板；9—隔热板；10—真空罩；11—开模轨道；12—滑轨；13—滑轮；14—滑轨座

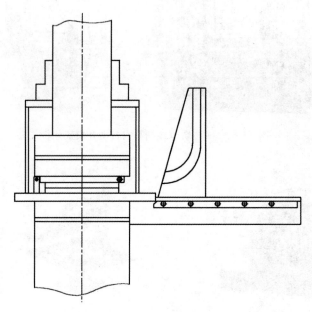

图 3-8-104　设备启动、合模、抽真空、加压和硫化

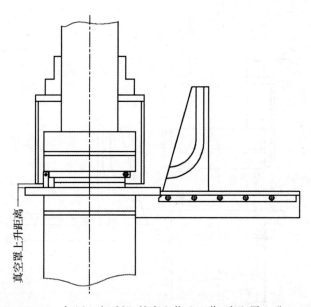

图 3-8-105　加压一定时间,抽真空停止工作,真空罩上升 1~2 cm
(这样,既可延长抽真空机构的寿命,又可以防止模具降温),开始硫化

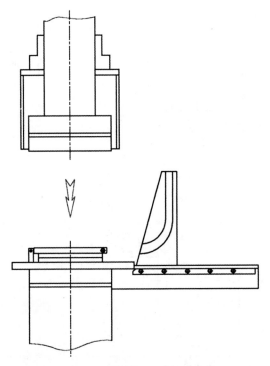

图 3 - 8 - 106　硫化结束,主缸下降、准备开模

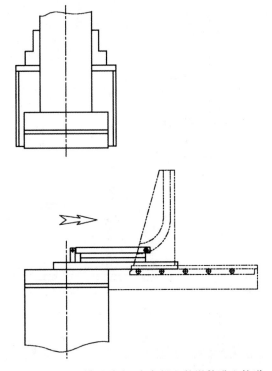

图 3 - 8 - 107　模具移出,米字板上的滑轮进入轨道

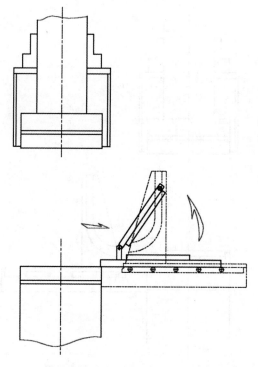

图 3-8-108　模具继续移出,米字板上的滑轮沿轨道运动上升,
米字板带动上模逐步开模

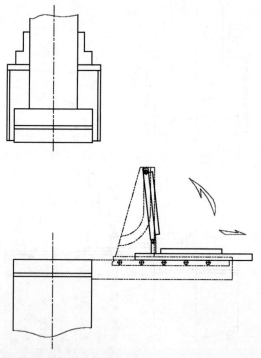

图 3-8-109　模具移出到位,此时进行取件、清理废料、喷涂脱模剂和装料,
进入下一个生产节拍

3.8.10　抽真空前顶翻板式自动开模硫化机的生产应用

对于橡胶制品来说,由于抽真空前顶翻板式自动开模硫化机具有抽真空功能,可使橡胶制品的成形质量更好;3RT 的开模动作使生产操作更加方便和安全可靠,降低了操作者的劳动强度,从而有效地提高了生产效率。

如图 3-8-110～图 3-8-124 所示为具有 3RT 脱模功能的抽真空前顶翻板式自动开模硫化机、开模情况、开模机构以及工作原理。

图 3-8-110　抽真空前顶翻板式自动开模硫化机外形

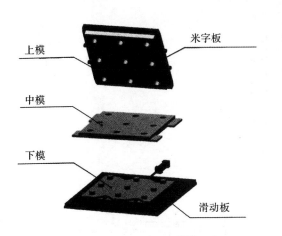

图 3-8-111　工作原理和开模情况

图 3-8-112　现场正在生产的设备

图 3-8-113　生产设备开模时的状况

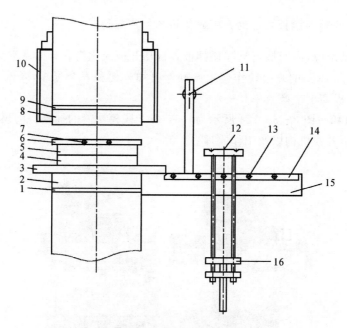

图 3-8-114　抽真空前顶翻板式自动开模硫化机的主要机构

1—隔热板；2—下热板；3—移模滑板；4—下模板；5—上模板；6—上模固定板；7—托柱；8—上热板；
9—隔热板；10—真空罩；11—翻板架；12—RT 托板；13—滑轮；14—滑轨；15—滑轨座；16—RT 机构

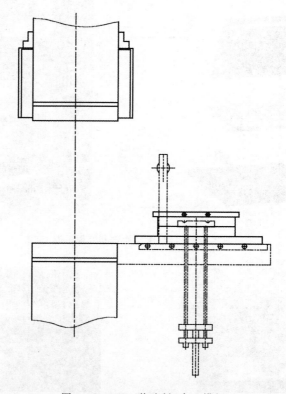

图 3-8-115　装胶料,合上模板

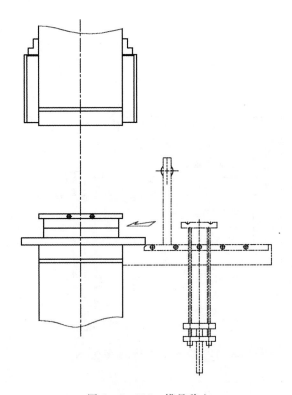

图 3-8-116　模具移入

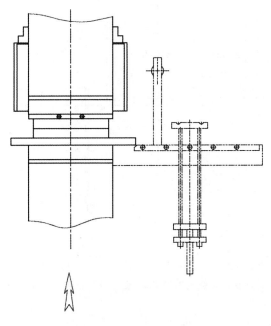

图 3-8-117　主缸上升

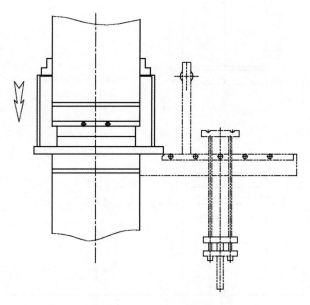

图 3-8-118　真空罩下移,抽真空,加压、硫化

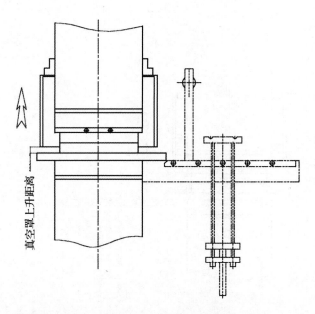

图 3-8-119　加压一定时间,抽真空停止工作,真空罩上升 1~2 cm
(这样,既可延长抽真空机构的寿命,也可以防止模具降温),开始硫化

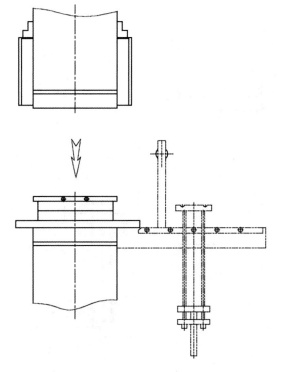

图 3-8-120 硫化完成,主缸下降

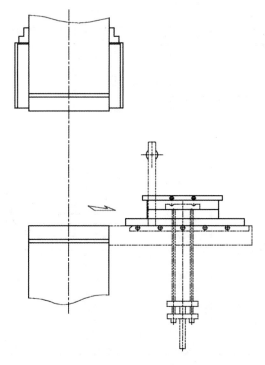

图 3-8-121 模具移出

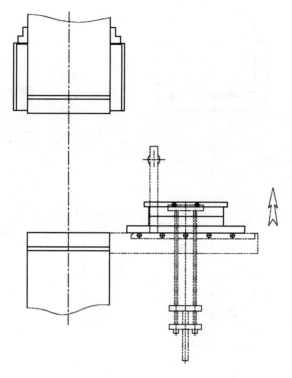

图 3-8-122　RT 机构启动,推动上模上升

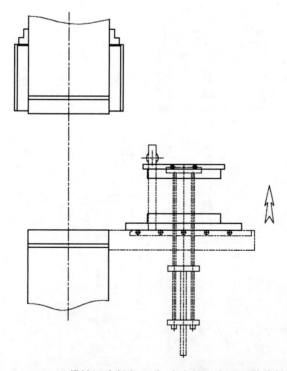

图 3-8-123　上模被逐步托起上升,米字板上表面开始接触滑轮

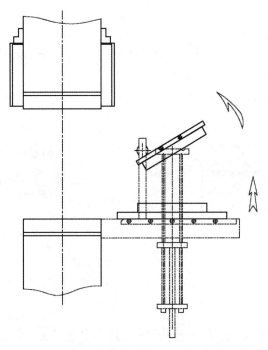

图 3-8-124　上模部分翻转到位便可取件、清理废料、喷涂脱模剂和装料，
进入下一个生产节拍

3.9　修　　边

修边指的是修除橡胶制品在硫化成形过程中存在于分型面上并与制品连在一起的胶膜，也叫作胶边或飞边。

修除飞边是保证制品零件使用功能、尺寸精度和表观质量的非常重要的工艺。

飞边的修除，分为手工修除和机械修除两类。手工修除是中小型企业或专业生产水平不高厂家的主要生产方式。而在生产规模较大、专业化生产水平较高的企业中，应采用各种机械进行飞边修除。

现将橡胶模制品零件的飞边修除方法归纳如下：

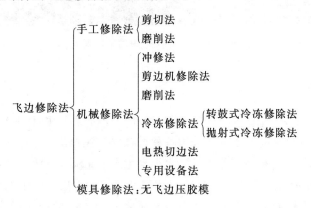

3.9.1 手工修除法

手工修除法一般是用剪刀、刀片剪切或刮削制品零件上的飞边,或者是这两种方法相结合修除飞边,也有使用小砂轮进行磨削修除的。如图3-9-1所示方法就是手工磨削法,通常采用这种方法来修除O形橡胶密封圈制品的内外飞边。

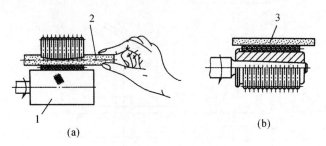

图3-9-1　手工磨削法
(a)用圆磨石修除飞边;　(b)用平磨石修除飞边
1—胶辊;2—圆磨石;3—平磨石

橡胶制品手工修除胶边常用的工具如图3-9-2所示。手工修边操作方法及工作现场分别如图3-9-3和图3-9-4所示。

图3-9-2　手工修边的常用工具

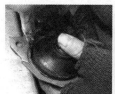

图3-9-3　用各种常用手工工具修除胶边

图3-9-4　手工修边的工作现场

3.9.2 机械修除法

手工修除飞边不易保证制品零件的表面质量和尺寸精度,而且生产率低,有时甚至还会对制品造成损伤。为此,专业化生产中常采用各种机械修除法修除飞边。

飞边的机械修除法适合橡胶制品零件的大批量生产。此法具有效率高、修除质量优良稳定、生产周期短、成本低和劳动强度小等优点,是一种值得推广的方法。此法主要有以下几种类型。

(1)冲修法。此法是由压力机带动冲刀对制品零件的飞边进行冲压切除的工艺方法。冲刀的设计与组装要根据制品零件的模压分型特点以及模具型腔的设计布局情况来进行。由于可以对制品零件进行整版修边,所以修除效率较高。

(2)剪边机修除法。剪边机也叫切边机,是一种新型的飞边修除设备。根据工作原理,可将剪边机分为两种形式:一种是利用高频剪刀对飞边进行修除;另一种是以真空吸盘式夹具将制品零件定位吸附并作高速旋转,然后用切刀将其飞边切除。对于切刀的进给,有手动进给的,也有风动自动进给的。这种设备适用于回转型的制品零件,生产率高。现在已经出现了自动控制的剪边机,有的设备对制品零件的装卸也实现了机械化。

(3)磨削法。飞边的磨削修除法,是利用胎具或真空吸盘带动制品零件旋转,并相对于高速旋转的砂轮做相对运动来修除制品零件上飞边的方法。

此法通过对磨头的调整、砂轮的组合与修整,可以对各种同类而不同规格制品零件上不同部位的飞边同时进行修除。

目前,应用最广泛的是钢丝磨轮机。该磨轮机多用于修除带有金属骨架的橡胶制品,特别是汽车减震器制品。

钢丝磨轮机的缺点是当钢丝轮在修除飞边时,也会将骨架上的磷化层破坏掉。所以,在使用时要对操作者进行培训,正确使用,以减少对制品骨架的损伤。钢丝磨轮如图 3 - 9 - 5 所示,如图 3 - 9 - 6 所示为用钢丝轮修除胶边。

　　图 3 - 9 - 5　修边钢丝轮　　　　　　　图 3 - 9 - 6　用钢丝轮修除胶边

(4)冷冻修除法。冷冻修除法的设备有两类:一类是转鼓式冷冻修边机,另一类是抛射式冷冻修边机。本书主要介绍后者。

抛射式冷冻修边机的工作原理:在设备的冷冻室中,有一条腰形传送带,将等待修除飞边的制品零件置于其上,当传送带向上运动时,制品零件便在传送带上翻滚。然后,向冷冻室中通入液氮或干冰,冷冻室内的温度很快就会降到−70℃左右。此时,在设备的上部,由一高速抛射装置将塑料弹丸抛出。在低温环境中,制品零件上的飞边冷脆,在弹丸的抛打及制品零件相互碰撞中,便会纷纷破碎、脱落。之后,打开冷冻室门,倒转传送带,制品零件、弹丸、飞边碎片等物便会一起被抛到冷冻室外,并落在振动筛上。过筛之后,制品零件、弹丸及飞边碎屑就分离了。

该方法不仅除边用时短,还可以使不同规格、不同形状的橡胶制品零件一起投放入室,同时进行飞边的修除处理。因此,工作效率很高。例如美国制造的抛射式冷冻修边机(设备名称为 WEELABRATOR),冷冻温度为−70℃,高速抛射转速可达 4 000 r/min,冷冻时间为 1.5 min,抛射时间为 2 min。修除飞边的全过程每次大约需要 4~5 min。还可采用普通洗衣机配合该设备对修除飞边后的制品零件进行清洗。这种设备工作效率高,但设备造价高,生产成本也较高。常用的冷冻修边机如图 3 - 9 - 7 所示。

图 3-9-7 部分常用冷冻修边机

(5)电热切边法。电热切边法是利用电热效应和专用装置,在热和冲压力的共同作用下,对制品零件上的飞边进行切除的方法。如图 3-9-8 所示为电热切边装置。

该装置的结构如图 3-9-8(b)所示。外切刀 2 引电源线接通腔内的电阻丝,电阻丝绕制在绝缘骨架(耐高温瓷管)上,切刀用锡磷青铜制作,切削刃尖角为 $10°\sim15°$。装置外部为绝缘套,以保护操作安全。该装置温度的控制,是由电热元件——双金属片 ST16 或热敏元件温度继电器实现的。一般情况下,对厚度在 0.2 mm 以下的飞边,其温度控制范围在 $100\sim120℃$。

这种装置可用于回转形制品零件飞边的切除。其切刀的设计,是根据制品零件硫化成形之后的实际尺寸和飞边的所在位置进行的。如果飞边位于制品零件本体的外侧,则切削刃的内侧为直刃而外侧为斜刃。与之相反,如果飞边位于制品零件本体的内侧,则切削刃的外侧为直刃而内侧为斜刃。如果同时对制品零件的内外侧飞边进行修除,则切刀可按照制品零件成形后的实际尺寸精度,根据上述内、外切削刃的设计原则,设计成为复合式飞边切刀。

放大

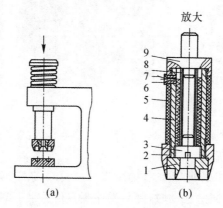

图 3-9-8 电热切边装置

(a)装置外形; (b)放大详图

1—内切刀;2—外切刀;3—下堵塞;4—外壳;

5—外绝缘套;6—穿线管;7—加热器;8—内绝缘套;9—上柄

工作时,带有飞边的制品零件放置在专用胎具上(胎具的形状、尺寸及其精度均按照制品零件硫化之后的实际尺寸制作,材料可选择铜、铝之类硬度较低的金属)。操作时,应注意两个问题:一是防止漏电,即制作装置时绝缘要可靠,安装时接地要良好,使用前应进行检查;二是切刀向下的冲压距离要精确控制,以保护切刀的安全,防止崩刃。

(6)专用设备法。修边的专用设备一般是指专门用作对各种类型油封制品修边的设备,如图 3-9-9~图 3-9-12 所示。

图 3-9-9　真空式油封修边机

图 3-9-10　旋转式油封修边机

图 3-9-11　夹头式油封修边机

图 3-9-12　油封切边机

3.9.3　模具修除法

为了保证制品零件的质量,提高生产率和工作效率,在模具设计方面,应通过模具结构的改进,尽可能不使所成形的制品零件产生飞边,即设计制作无飞边压胶模。使用这种模具成形橡胶制品零件的方法,称为飞边模具修除法。

所谓无飞边压胶模,就是在模具的结构上,为型腔上会形成飞边的部位(即型腔周缘)增设一种能够起到飞边冲切切削刃或剪切切削刃作用的结构要素。由于这种结构要素的作用,在模具的生产使用过程中,制品零件的飞边就会与制品零件的本体分离,连接部分极薄。一般在使用过程中,随着取件的进行,撕边槽中的废料携带微薄飞边与制品零件本体自行分离,即使有所连接,只要用手轻轻一撕,便可使其脱离,无须用别的方法进行修除。

由于这种模具上的切削刃距离型腔很近(一般为 0.15 mm 左右,要求高的为 0.05~0.08 mm 或 0.03~0.05 mm),所以,在飞边质量指标方面完全能够满足制品零件的设计要求。

采用无飞边模具进行生产,修边工作变得简单而轻松(飞边一撕即掉,故这种模具也叫撕边模),可以免除其他修边的工艺过程。如图 3-9-13~图 3-9-16 所示为无飞边模具硫化的制品飞边被撕下的状况。

图 3-9-13　出模后飞边与制品基本脱离

图 3-9-14　用手轻轻将飞边拽下

图 3-9-15　硫化操作者利用作业间隙时间将飞边清除

图 3-9-16　一种用无飞边成形模具生产的汽车橡胶减震器(第三张为撕下来的飞边实物)

　　汽车防尘罩及成形的无飞边模具实物(适合于使用抽真空平板硫化机生产)分别如图 3-9-17 和图 3-9-18 所示。

图 3-9-17　各种汽车活动臂球头防尘罩

图 3-9-18　使用于抽真空前顶翻板式自动开模硫化机的无飞边防尘罩成形模具

第4章　橡胶模具设计的技术基础

4.1　橡胶模制品设计工艺性

橡胶模制品零件的结构设计,应当符合其模制化生产特点的工艺性要求。

4.1.1　脱模斜度

在硫化过程中,由于橡胶的分子由线型结构相互搭联成为立体网状型结构,而带来了制品零件的体积收缩现象。同时,在开启模具之后,制品零件离开模具型腔开始接触空气,其表面温度急剧下降,形成热胀冷缩,加速了制品零件体积的收缩。这样,在硫化过程中的化学作用和启模后温度降低的物理作用共同影响下,以及橡胶与模具型腔的黏附作用下,制品零件脱离模具型腔比较困难。为了脱模方便,在设计橡胶模制品零件时,应当考虑脱模斜度这一结构要素。

橡胶模制品零件脱模斜度见表 4-1-1。

表 4-1-1　橡胶模制品零件的脱模斜度

L/mm	<50	50~150	150~250	>250
	0	30′	20′	15′
	10′	40′	30′	20′

设计橡胶模制品零件的脱模斜度时,应掌握以下原则:制品零件的轴向尺寸(即芯棒、芯轴或型芯成形的长度尺寸)越大,其脱模斜度越小;制品零件的壁厚越薄,脱模斜度越小;制品零件的直径越小,其脱模斜度越小。设计时,应综合橡胶模制品的形体结构特点。一般在不影响模制品零件使用功能的前提条件下,脱模斜度应尽量取得大一些,这样有利于抽拔芯轴,脱模取件。

4.1.2 断面厚度与圆弧

对于橡胶模制品零件的壁厚,设计时应力求其断面厚度趋于一致,尽量避免制品形体上各个部分的断面厚度差别过大和断面形状的突然变化。

在设计中,对于壁厚的确定,首先要满足模制品零件的强度要求,并以此为据,尽可能使其壁厚薄一些,以减轻制品零件的质量和胶料的消耗。但是,为了保证制品零件的制造质量和模制化生产的顺利进行,制品的壁厚也不能选得过薄,否则会给胶料的流动或填装操作带来困难,甚至影响制品零件的质量。

设计橡胶模制品零件断面的各个部分时,除力求其厚度均匀一致之外,还应尽量将各部分的相互交接处设计成圆弧过渡形式。这样,既有利于模压时胶料的流动,又能使制品零件的使用寿命得到延长。

设计橡胶模制品时,其断面设计的对比示例见表 4-1-2。

表 4-1-2　断面设计对比示例

佳	不佳	佳	不佳

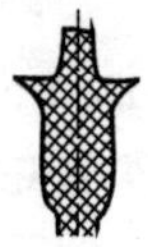

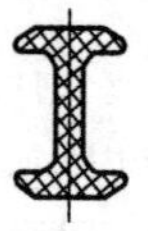

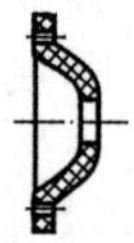

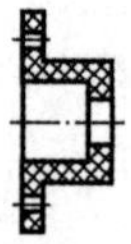

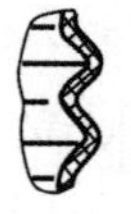

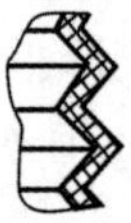

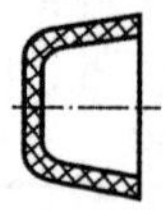

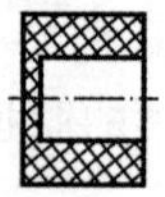

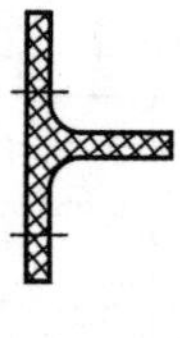

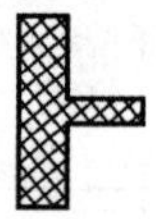

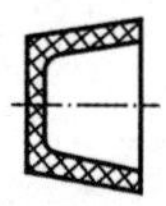

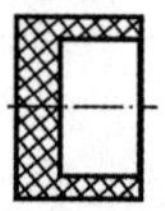

对于圆角部位的设计,橡胶模制品零件不像塑料模制品零件那样严格。为了使橡胶模具的设计与制造得以方便和简化,橡胶模制品零件结构中的一些部位也可以设计成为非圆角结构形式(即直角结构),如图 4-1-1 所示。

4.1.3 囊类制品零件的口径和腹径比

橡胶模制品中的部分囊类橡胶制品如图 4-1-2 所示。

一般对于这类制品零件的设计,口径 d 约取为腹径数值的 $1/3\sim1/2$。这是因为将成形芯轴(包括型芯和芯棒)从制品零件中取出时,是依靠特殊工具或特殊工艺方法(如空气压出法等)胀开颈部实现的。

此外,口径、腹径尺寸,还与制品颈部的相关尺寸(颈长 L、颈壁厚度 δ)以及颈部的形体结构等密切相关。对于颈长 L 大、颈壁 δ 较大和颈部形体结构复杂的囊类制品零件而言,设计时,其口径、腹径比值应当取得大一些,以利于型芯的抽取。相反,口径、腹径比值可以取得小一些。

影响口径、腹径比值选取的另一个因素,就是所用胶料硫化后硬度的大小。对于硬度低、弹性好的胶料来说,其制品零件的口径、腹径比值可以取得小一些。相反,则要取得大一些。

总之,设计制品零件时,要根据上述原则,结合制品零件的使用功能综合考虑。

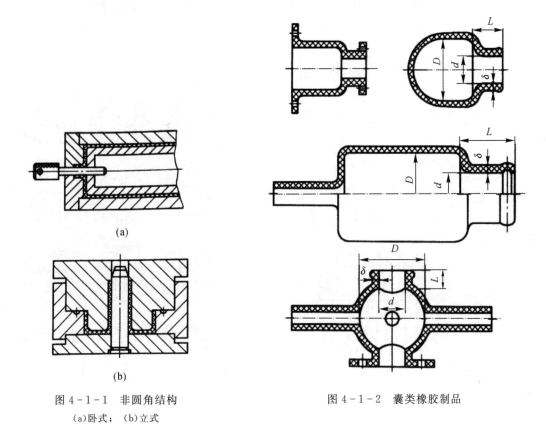

图 4-1-1　非圆角结构
(a)卧式；　(b)立式

图 4-1-2　囊类橡胶制品

4.1.4　波纹管的峰、谷直径比

波纹管类橡胶模制品零件如图 4-1-3 所示。图中 ϕ_1 为橡胶波纹管的峰径,ϕ_2 为橡胶波纹管的谷径。在橡胶波纹管这类制品零件的设计中,要根据制品零件的使用功能、工作环境等来选择胶料的牌号,根据使用中的伸缩要求来确定其结构尺寸。

一般而言,橡胶波纹管的峰、谷直径之比不大于 1.3。对于胶料硬度低、弹性好、壁厚较薄的制品零件,制品的峰、谷直径的比值可以取得略大一些。为了方便剥取制品零件(当芯轴为整体结构时),其峰、谷直径的比值最好不大于 1.5。

4.1.5　孔的成形

对于橡胶模制品零件来说,孔的成形一般是比较容易的。如果制品结构上的孔较深,则在设计相应的型芯时应该设计成有一定的脱模(即抽芯)斜度。

由于这一模制化生产特点的要求,对于模制品零件上各种孔的设计(包括方孔、六边孔、圆孔以及异形孔等),都应该明确标出脱模斜度的方向与大小。

当制品零件在孔的结构上有特殊要求、不允许有较大的脱模斜度时,则必须在其设计图上注明此项要求。对此类情况,设计成形模具时,要在制品零件图样的许可范围之内对其脱模斜度做最大程度的设计。

非直通式的孔型可以采用双向拼合式抽芯法设计。设计的这种制品零件,应该充分考虑成形的可能性、模具的结构和使用操作是否方便、可靠等。采用拼合式抽芯成形的孔,在拼合缝处应当允许有飞边薄膜层修除的残边存在。非直通式孔的成形如图4-1-4所示。

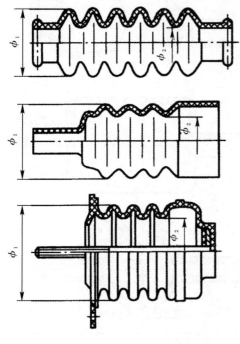

图4-1-3 波纹管类橡胶制品零件

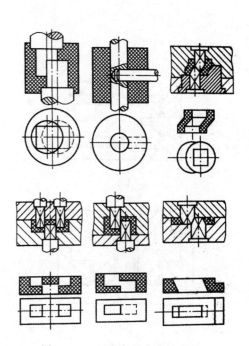

图4-1-4 非直通式孔的成形

4.1.6 进料口的位置

有的橡胶模制品零件是以压注方式或以注射及注压方式进行成形制作的。对于这类制品零件的设计,要充分考虑制品零件工作部位的尺寸精度及形状、质量要求,在其设计图样上要明确标出进料口的位置及其要求。

4.1.7 骨架

由于使用功能、工作环境和工作条件的需要,橡胶模制品零件的结构中常常镶嵌着各种不同结构形式和材料的骨架。

橡胶模制品零件中包镶的骨架,其结构形状如图4-1-5所示。

从使用材料方面来看,橡胶模制品的骨架可以分为两大类:一类是金属材料,如钢、铜、铝等;另一类是非金属材料,如环氧玻璃布棒、酚醛布棒(或板)等。

从强度方面来看,骨架可以分为硬骨架和软骨架两类。硬骨架是用如上所述金属材料和非金属材料制成的各种骨架,而软骨架则是由各类织物等,如棉织物、化纤织物以及各种导线等制作而成的。

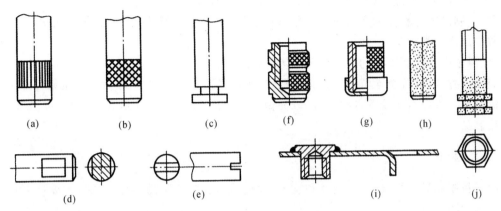

图 4 - 1 - 5　骨架的结构形式

(a)直纹滚花；　(b)网纹滚花；　(c)环槽台肩；　(d)铣肩；　(e)铣槽；

(f)环槽滚花；　(g)护盖滚花；　(h)喷砂；　(i)组焊喷砂；　(j)六方台喷砂

　　骨架材料的选择与形状的设计取决于橡胶模制品的使用功能和要求。制品零件中增设骨架的目的是利于制品的安装、与其他机械零件的连接，或是实现密封、缓冲冲击、减少振动、导电、导磁，或是增加制品的强度等。

　　骨架周围橡胶包层的厚度和骨架嵌入深度取决于制品的工作功能、在机器中的工作状态和环境条件，也取决于制品零件所用橡胶的硬度、弹性以及骨架本身所选用的材料、自身的形状和强度等各种因素。设计带有骨架的橡胶制品零件时，要综合考虑上述各种因素，深入分析和研究，以便对骨架被嵌入部位的形状结构和尺寸做出合理的设计。

　　关于带有骨架的橡胶制品零件及其骨架的设计，要注意以下要求。

　　(1)骨架嵌入橡胶制品零件形体之内的部分，从结构上来讲，要求必须牢固可靠，满足使用要求，而不能因为机器的振动、制品零件的受力等脱落，也不允许有嵌入部位胶体开裂、脱胶等现象出现。

　　(2)当骨架带有螺纹时，不管是内螺纹还是外螺纹，在进行形体设计时必须考虑模压工艺，以免压伤螺纹部分或损坏模具相应部位。

　　当设计内螺纹骨架时，对于有关尺寸必须进行控制，以防止胶料在模压过程中被挤入螺纹之中。当设计外螺纹骨架时，必须在无螺纹部分对其尺寸公差提出要求，以便用其作为模具设计中与相关部位进行配合的定位基准。对于无螺纹部分，除了用以实现骨架在模具型腔中的定位之外，还可以用来防止胶料的溢出或者橡胶薄层包覆骨架的螺纹部分。

　　(3)对于骨架在模具相应部位的定位，若骨架为轴类结构形式，通常选用 $\dfrac{H8}{h7},\dfrac{H8}{h7},\dfrac{H9}{h9}$ 等配合；对于骨架为孔的配合，则采用相应精度或者近似于该精度的基轴制配合，即选用 $\dfrac{H8}{h7},\dfrac{H9}{h8},$ $\dfrac{H9}{h9}$ 等配合形式。此外，骨架在模具型腔中的固定还可以设计成卡式结构、螺纹连接结构等形式。无论采用何种结构形式，都必须保证骨架在模具中定位准确、可靠，并且使之在模压生产过程中不发生或少发生轻微的溢胶(胶料被挤入骨架与模具相关部位或相关零件的配合间隙之中，或者通过相互配合的间隙进一步流入骨架之中等）现象。对于直插式骨架，要保证其结构在制品零件的模压过程中不能因为胶料在模具型腔内的流动而出现窜动和位移。

（4）当制品零件形体内所含骨架的数量较多时，对各个骨架的高度应当有所控制，避免模压过程中出现干涉现象。

（5）对于内含织物夹层的橡胶模制品零件，设计时应考虑模压生产的工艺特点、织物夹层的填装操作方式、各分型面位置的选择、模压进胶胶料流动的规律、启模取件的难易程度、抽芯和剥落制品零件能否实现等各种情况，以便做出正确的设计，从而得到没有变形、起皱和缩边的合格制品。

4.1.8 标记

同塑料模制品一样，出于商业性和技术性的需要，橡胶模制品零件上也常常设计、制作有表示商标的图案、产品规格及型号、主要技术参数等方面的文字、符号以及花纹等装饰性标记。

橡胶模制品零件上的标记与符号有阴型和阳型两种。凹入制品零件表面的标记符号称为阴型标记，而凸出于制品零件表面的标记符号则称为阳型标记。

制品零件上的标记与其模具型腔上相应成形处的标记结构特点恰好相反。也就是说，模具上的阳型标记在成形制品零件上为阴型标记，模具上的阴型标记在成形制品零件上为阳型标记。

由于模具型腔中的阳型标记难以加工、制造，所以，在进行制品零件设计时，橡胶模制品零件表面上的标记、符号或代号等都设计成阳型标记，如图 4-1-6 所示。这样，对于模具来讲，相应处则为阴型成形标记，以保证加工制造的方便易行。

图 4-1-6　制品零件上的标记

对于定型产品或者橡胶模制品组件，为了方便更换标记或型号，在进行模具设计时，可将标记部位设计成镶拼结构形式。当产品型号改变时，只需要换模具型腔中标记部位的镶拼块就能够满足标记更换的需要，无须进行整个模具的重新设计和制造。作为这类制品零件的设计，应当允许在其标记部位镶拼块的轮廓线处有飞边痕迹存在。

当然，也可以将标记处设计成局部凹下而标记内容（文字、符号和花纹图案等）凸起的结构形式，见表 4-1-3。

表 4-1-3　制品零件上文字、花纹和图案的结构形式

类　型	阳型标记	阴型标记	凹下阳型标记
图例			

续 表

类型	阳 型 标 记	阴 型 标 记	凹下阳型标记
说明	这种标记形式,在模具上为阴型,制造加工方便易行。但凸起的字形、花纹、图案等易于磨损	凹下的字形、花纹、图案等,可以填涂各种颜色的油漆,标记鲜艳,商品视觉效果好。但制造加工比较麻烦,现在多采用电铸、冷挤压、电火花等方法来制造	在标记处局部采用镶块结构而制作阳型标记,这吸收了阳型标记和阴型标记的优点,凸起的字形、花纹及图案不易损坏,模具制造加工也比较简便易行

在橡胶模制品零件上设计文字、符号、花纹图案标记的要求如下:

(1)一般的橡胶制品,其文字、符号等标识的凸起高度不得小于 0.3 mm;花纹图案的线条宽度不得小于 0.3 mm,一般以 0.6～0.8 mm 为宜;两条线之间的距离不得小于 0.4 mm;边框比字、符号等高出 0.3 mm 以上。

(2)对于外表面有条形花纹的盖子、塞子之类的制品零件,必须使其条纹的方向与脱模的方向相一致。

(3)制品零件表面上的文字、符号、花纹图案等标记的凸起高度一般在 0.8 mm 左右;如果达到 0.8 mm,或大于 0.8 mm,为了预防根部断裂,应当制作成上窄下宽的结构形状。也就是说,产品上的标记符号应有一定的脱模斜度,一般控制在 1°～3°。

(4)如果采用凹下阳型标记结构,设计制作时必须使镶块拼缝处配合严密,以减少该部位飞边过大而影响制品零件外观质量的现象。

对于表 4-1-3 中的三种结构形式,设计者可根据实际情况进行选择。

4.1.9　橡胶制品非配合尺寸公差的选择

在橡胶模制品零件的设计过程中,对于非配合性质的尺寸,其公差的选择与确定见表 4-1-4。

表 4-1-4　橡胶模制品中非配合尺寸的公差　　　　　　(单位:mm)

基本尺寸	制品类型	
	全胶制品	夹织物或骨架制品
＜6	±0.3	±0.2
6～18	±0.4	±0.3
18～50	±0.6	±0.4
50～120	±0.8	±0.6
120～260	±1.5	±1.2
260～500	±2.5	±2.0
500～800	±0.8%的基本尺寸	±0.5%的基本尺寸
800～1 250	±1.0%的基本尺寸	±0.8%的基本尺寸
1 250～2 000	±1.5%的基本尺寸	±1.2%的基本尺寸

在设计中,对制品零件某一尺寸有特殊要求时,应当按有关标准选用尺寸公差,并在其设计图样中明确标注。

4.2 橡胶模制品零件生产的成形方式

4.2.1 模压成形

手工将胶料填装于模具型腔之中,合模之后直接使用硫化机加压、加热,使模具型腔中的胶料成形并硫化而得到橡胶模制品零件的方法,称为模压成形法,如图 3-7-24 和图 3-7-25 所示。

这种生产方法的工艺流程,可以分为以下几个生产阶段。

(1)生产准备阶段。在橡胶模制品零件的生产工艺过程中,将胶料或者半成品(已预成形而尚未硫化的中间制品件)装入模具型腔之前的生产过程,称为生产准备阶段。

在这个阶段,首先按照产品图样的设计要求,选取所需要的胶料,再经混炼机进行混炼,成为制品成形所需的一定厚度的板料;然后手工剪切成合适的方块、长条、圆片或异形胶块等,以便装入模具型腔。如果有条件,可通过各种不同类型的成形机,做模压硫化前半成品的预成形处理(或精密预成形处理)。

预成形处理设备按其功能的不同,可分为精密预成形机、一般预成形机、切圆机、切条机、冲切机、钻床式划圆机和挤压机等。

胶料的预成形处理,特别是精密预成形处理,不仅使生产率得到了提高,有利于半自动化生产,还具有以下优点:

1)半成品形状准确,有利于快速装模。

2)半成品的质量准确,橡胶原材料的利用率提高,生产成本降低。

3)制品零件成形后的飞边微薄,尺寸精度高,修边工作量小,提高了生产率,同时也保证了制品零件的质量。

如果以手工操作方法进行入模之前的准备工作,则费时费工、胶料利用率低、制品周围飞边可能较厚,甚至有缺胶现象,制品零件的尺寸精度也得不到提高。

(2)模压硫化阶段。将胶料或胶料半成品(包括制品零件所需的骨架)装入模具型腔之后,在一定的压力、温度和时间三个条件的同时作用下进行成形和硫化,然后再将模具启开,将制品零件从型腔中取出来的生产过程,称为模压硫化阶段。

对于某些胶料的制品零件,根据生产工艺的要求,还须要进行二段硫化处理,其目的在于缩短胶料在模具型腔内的硫化时间,提高模具和硫化机的利用率。

二段硫化是将模压成形(一段硫化)后的制品零件集中起来在烘箱或硫化罐中进行的,因此可提高生产率。

(3)清除飞边阶段。清除飞边,就是将制品零件沿模具分型面形成的胶边(或称胶膜)剔除掉,使制品零件的外观达到要求。

(4)质量检查阶段。生产全过程的最终目的,就是得到合乎设计要求、用户满意的橡胶模制品零件。判断制品零件是否合格的过程,称为制品零件的检验阶段,即质量检查阶段。

制品零件的质量检查方式,可分为随机抽样检查和最终批量检验。随机抽样检查,旨在及时发现生产过程中存在的质量问题,查明原因,及时调整有关工艺因素,确保制品零件的质量。最终批量检验,目的在于对已经压制出来的制品零件做出质量评定,淘汰废品和次品。这两种检验手段都是非常重要的。

制品零件所用胶料在硫化之后的物理-力学性能的检验,不包含在质量检查阶段,是由胶料的配方和配制工艺决定的。制品零件的压制工艺(硫化温度的高低、压力的大小及硫化时间的长短),必须严格遵循胶料的工艺要求。

制品零件质量检查的主要内容为形体尺寸检验、表观质量检验、橡胶与骨架黏合牢靠程度检验等。

1)形体尺寸的检验,指使用游标卡尺、量规或光学仪器等,对构成制品零件的各个几何尺寸(特别是各个工作尺寸)进行测量。测量的方法比较多,可以归纳如下:

$$测量方法\begin{cases}直接测量法\begin{cases}接触式测量\\非接触式测量\end{cases}\\间接测量法\end{cases}$$

使用游标卡尺或量块测量是接触式测量方法。此法常常受到人为因素的影响,因为对于橡胶这种弹性体制品零件而言,很难使测量力接近于零。此方法适用于测量制品零件的未注公差尺寸、测量中不易变形结构的尺寸以及公差要求不严格的尺寸。

使用光学仪器进行光学投影测量的方法,称为非接触式测量。此方法适用于精度要求很高的橡胶密封零件的尺寸测量和特殊橡胶制品的测量,光学投影仪如图 4-2-1 所示。

所谓间接测量法,就是严格地控制胶料的硫化收缩率,即对胶料的配方和配制工艺等提出技术要求。在设计制作模具前,对胶料的硫化收缩应做精确的工艺试验,并修正在模具图样上;对模具型腔有关部位的尺寸精度,在其制作加工中要严格保证。在模压生产中,要依靠上述工艺途径来保证制品零件的尺寸精度,对制品零件上难以测量的尺寸不再进行测量。这就是间接测量的特点。

几何尺寸的测量包括测量飞边痕迹的高度、修磨损伤的深度以及合模处的错位量等。

图 4-2-1 光学投影仪

2)制品零件的表观质量检验,一般是按照设计图样的要求进行的;或者是按制品标准中的规定,诸如气泡的数量和大小,杂质的数量和大小,凹凸缺陷的数量、尺寸大小和面积大小,表面粗糙度等项内容进行的。

3)对于制品零件的橡胶体与骨架黏结的牢靠程度的检验,一般是在制品零件中抽取一定的数量作为子样,在对子样的其他检验项目检验完毕之后,将其剖切,做破坏性检验,直接观察橡胶胶体与骨架的黏结牢靠程度。

在橡胶制品零件的模压生产过程中,质量检查十分重要,特别检测工具的选择和使用方法应当仔细考虑、严格要求。如果采用直接接触式测量法,应该千方百计地消除人为因素对检验数据带来的不良影响。对于易变形的制品零件,还可以设计制作专用的测量工具进行质量检验。

上述质量检验方法也是其他成形方法所得制品零件的质量检验方法。其他成形方法有压注成形法、注压成形法、注射成形法和移模成形法等。

模压成形法是生产制造橡胶模制品零件最为常用的生产方法,所使用的成形模具,也是橡胶模具中最基本的模具。一般简称为"压胶模",其基本结构如图4-2-2所示。

4.2.2 压注成形

压注成形法是指胶料在压力的作用下被注入模具型腔,经过加热硫化而得到制品零件的生产方法。

压注成形法所使用的模具,就是在模压成形法中所使用的模具(普通压胶模)的基础上,增加传递压力的机构——容纳成形制品零件所需要的胶料以及推进胶料进入模具型腔的料斗和柱塞。同时,在模具的相应部位开设胶料进入模具型腔的通道(也称为浇道)。压注成形法生产所用的模具即为压注模。

压注模的结构或组成有以下两种形式:

一种形式是料斗和柱塞独立存在,与成形模具组合使用。这种装置不参与加热,可与多副模具组合使用,具有通用性能。料斗和柱塞形式的压注模如图4-2-3所示。当胶料受压被挤入模具型腔之后,压注器(料斗和柱塞)便被卸下,模具继续加压、加温直到胶料完全硫化,完成制品零件的生产。

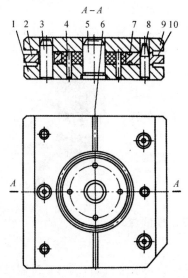

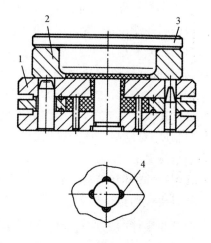

图4-2-2 压胶模的基本结构

1—下模板;2—中模板;3,8—定位销;4—小型芯;5—型芯;
6—跑胶槽(溢胶槽);7—余胶槽(撕边槽);9—上模板;10—启模口

图4-2-3 压胶模(组合式)

1—普通压胶模;2—料斗;3—柱塞;4—浇口

另一种形式是设计时将压注器的料斗和柱塞融入模具本身的相应模板之中,即这部分结构既是料斗和柱塞,又是模具结构的一部分。这种结构也叫作自压注式模具,如图4-2-4和图4-2-5所示。

4.2.3 注射成形

由橡胶注射机将胶料预热塑化并挤压注入模具型腔之中,再进行成形硫化而得到制品零件的生产方式,称为注射成形法。

对于一般的弹性材料和塑性较强的弹性材料,随着承受压力的增大,其内部压应力也在增大。当其压应力增大达到一定值时,如果外力保持恒定而不再增大,则弹性体内的压应力也随之停止增大,接着出现的是压应力的略微下降。然后,材料在基本恒定的压应力状态下进行变形。材料内部压应力的变化情况如图 4-2-6 所示。

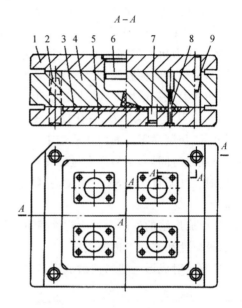

$A-A$

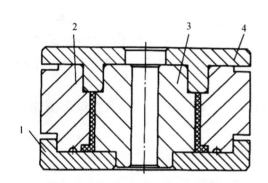

图 4-2-4　自压注式模具(整体式)(一)

1—下模;2—中模;3—型芯;4—上模

图 4-2-5　自压注式模具(整体式)(二)

1—柱塞固定板;2,9—定位销;3—中模;

4—上模;5—下模;6—柱塞;7,8—型芯

生橡胶是一种塑性很强的弹性材料,所以它在不太大的压力作用下就会呈现出流动状态。胶料在受到挤压后,其塑变过程如图 4-2-7 所示。

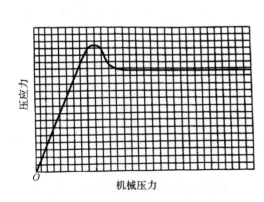

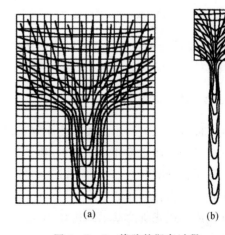

图 4-2-6　材料内部压应力的变化情况

图 4-2-7　橡胶的塑变过程

橡胶制品的模压成形法离不开胶料的混炼、半成品预制(或胶料的切割分块、称重等)、装

模、加压加热硫化、启模、取件和修除飞边等工艺过程。然而注射成形法的工艺流程却与此不同。

注射成形法的特点是生产具有连续性、效率高、质量一致性好、成本低等。在注射成形法的生产过程中，胶料得到了预热和受挤压流动所产生的摩擦热的共同作用而塑化。已塑化的胶料又有利于自身的流动，并加速了硫化，因而缩短了硫化所需要的时间。

在生产过程中，注射成形法以时间非常短的注射动作(一般注射时间为 1～5 s、注射速度为 50～350 mL/s)，取代了模压成形工艺中的胶料滚压、切割预成形、称重和装模、移动模具直到硫化压力机上等冗长工序。注射成形法的硫化时间最短的仅有 15 s(用于生产形体结构简单、质量较小的橡胶模制品零件，例如小规格的 O 形密封圈、密封垫等)。一般的橡胶制品零件，用注射成形法生产，其硫化时间大致为 1 min，压制壁厚为 3 mm 左右的制品零件用时为 30～40 s。从生产速率看，它比模压成形法要快 15～20 倍。

此外，从制品零件的内在质量来看，由于使用了注射成形工艺，胶料易于充满模具型腔，高温之下硫化时间短，不易产生过硫化现象等。这样就使得制品零件的物理-力学性能得到了提高，同时表观质量优良，尺寸精度高，特别是溢料少，飞边薄且易于修除，胶料的生产利用率也较高。

注射成形法的生产工艺流程大体可以分为以下几个步骤：橡胶原料的预热塑化、注射、硫化、启模取件和修除飞边等工序。

橡胶注射成形与塑料注射成形工艺过程基本相同，如图 4-2-8 所示。

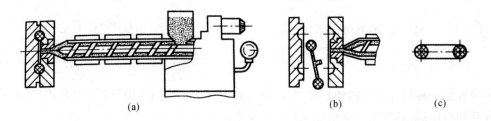

(a)   (b)   (c)

图 4-2-8　橡胶注射成形原理

(a)橡胶原料预热塑化、注射成形与硫化；　(b)启模取件；　(c)修除飞边，获得制品

目前，使用最多的是立式橡胶注射成形硫化机，其形体结构如图 4-2-9 所示。橡胶注射成形模具的基本结构如图 4-2-10 所示。

4.2.4　注压成形

注压成形的原理与压注成形的原理相似，是将压注成形压注器的柱塞、料斗标准化并与注压硫化机进行一体化设计，其上附有移模装置、2RT 脱模装置、3RT 脱模装置或轨道式胶模装置等。除了自动喂料之外，其他方面它与注射成形硫化机基本相同。实际的机器型号和功能机构配置也是多种多样的。

注压成形硫化机的基本结构如图 4-2-11 所示。橡胶注压成形模具如图 4-2-12 所示。该模具的结构用于具有 3RT 脱模机构的成形硫化机。

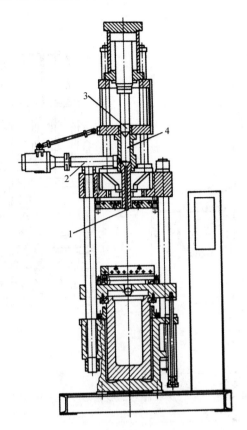

图 4-2-9　立式橡胶注射成形硫化机

1—喷嘴;2—螺杆;3—柱塞;4—料斗

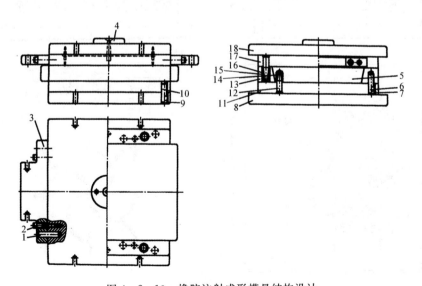

图 4-2-10　橡胶注射成形模具结构设计

1—圆柱销;2—内六角螺钉;3—挂耳;4—定位圈;5—哈夫块组件;

6—圆柱销;7—内六角螺钉;8—下模固定板;9—内六角螺钉;10—圆柱销;

11—下模板;12—导柱;13—定位块;14,16—导套;15—导柱;17—上模板;18—上模固定板

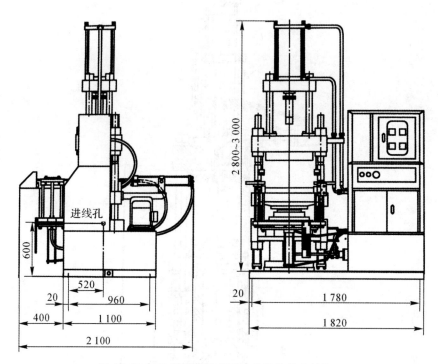

图 4 - 2 - 11　橡胶注射成形硫化机的基本结构

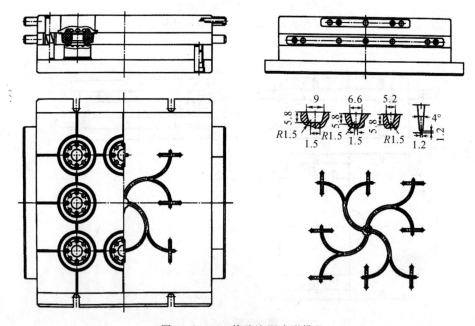

图 4 - 2 - 12　橡胶注压成形模具

表 4 - 2 - 1 给出了模压法(含压注法)与注射法(含注压法)生产工艺优、缺点的比较。

表 4 - 2 - 1　模压法(含压注法)与注射法(含注压法)生产工艺的优、缺点对比

项　目		模压法(含压注法)	注射法(含注压法)
生产流程		1.液压后的胶料需要剪切称重或预成形(对辗压厚度有要求) 2.手工装料入模 3.手工置模具于硫化机平板上 4.手工操作加压并排气 5.硫化 6.卸压(手工操作) 7.手工拿取模具于机外 8.启模取件 9.修边	1.胶料为粒状或条状均可 2.自动喂料(注压机为手工喂料) 3.注射硫化 4.启模取件(自动化程度高) 5.修边
经济效果	设备费用	低	高
	模具	结构简单,质量轻,成本低,制造周期短	结构复杂,质量大,成本高(相比模压法高 6%～10%),制造周期长
	胶料利用率	低	高
	生产率	低	高
	生产成本	高	低(大批量自动化生产则更低)
技术效果		1.飞边厚 2.由于飞边,使制品尺寸精度受到影响	1.飞边薄 2.尺寸精度高 3.表面质量高 4.制品的物理-力学性能好 5.不易产生过硫化现象

除了表 4 - 2 - 1 所列举的各项优、缺点外,需要说明的还有注射成形工艺所使用的主要设备——橡胶注射机及注压机与模压成形工艺所使用的主要设备——平板硫化机的比较。注射机及注压机的价格高,对于生产特点为品种多、批量小的橡胶制品企业来讲,这方面的问题就更为突出。另外,对于硬度较高的胶料来说,注射比较困难。使用胶料和设计胶料配方时,要满足注射法的工艺要求,就需要具有较高的橡胶和化工等方面的专业知识。就机械设备的操作、维修及保养等方面而言,注射机和注压机要比平板硫化机的要求严格得多。

4.2.5　移模成形

移模成形法一般不常用,这是因为该工艺方法所使用的模具制作难度大、成本高、型腔少、生产率低。尽管如此,移模成形法仍然在橡胶模具家族中占有一定的地位,这是由于移模成形法具有以下特点:

与模压成形法和压注成形法相比,移模成形法能够压制模压成形法和压注成形法难以生产的结构复杂、形状特殊的橡胶制品零件,如直径为 90 mm、长度为 2 700 mm,内含油管线路,以及骨架非常复杂的大型橡胶制品零件等;移模成形法可提高胶料利用率,获得的制品零件质量好,无分层和缺胶,致密度高,黏结可靠,无气泡和缩松等缺陷。

与注射成形法相比,移模成形法设备简单,不需要巨大投资,适合于中小企业的极小批量生产和科研试制,且能生产大型制品。压注式移模成形法,大约每模可以压入胶量40 kg,而注射成形法对于30～40 kg的大型橡胶制品零件的成形加工是无能为力的。移模成形法也适合具有金属骨架的制品零件的制作。

(1)移模成形法的工作原理。模压成形法是先装填胶料(或预成形半成品),再进行合模加压等工序。而移模成形法则是先合模,然后加注胶料于型腔之中,加压与注入胶料同时进行。

移模成形法的模具也有浇注系统,这种结构要素与压注模具、注射模具是相同的。但是,移模式模具在工作时,还有移动式压注器的压注嘴对准其浇口中,它通过强大的压力,将胶料强行注入模具的型腔中。

图4-2-13为移模成形法的工作简图。

(2)移模成形法分类。移模成形法工作时,胶料在高压作用下呈现塑性而流动,从而以运动的方式进入和充满模具型腔,这样一来就能够获得致密度很高和表面质量优良的制品零件。根据胶料(流动状态)经过浇注系统射入模具型腔的方式,移模成形法还可以细分为以下三类。

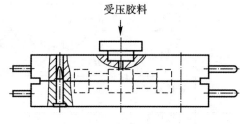

图4-2-13　移模成形法工作示意图

1)直接注入法。此法直接将胶料射入模具型腔。

2)锥形浇口法。此法的胶料先由浇口挤入主浇道,然后再经锥形界面的狭小进料口进入模具型腔。此法适于制造形体长或者结构复杂的中空型制品零件。

3)环状浇口法。此法的胶料沿模具内径的销子(特制),通过小型环状进料口,被强行挤压射入模具型腔。其特点是胶料利用率非常高,制品零件的飞边极薄。但是,模具设计与制造技术要求高,操作时制品零件的取出较为困难。

移模成形法要求所使用的胶料质地应柔软,硬度低,易于塑化和流动。

为了使胶料迅速射入模具型腔,必须提高其塑性和流动性。为此,在胶料的配方中,应当加入聚乙烯、硬脂酸锌、蜡、皂及润滑油类软化剂,尽可能降低其门尼黏度。由于注射速度高,胶料中促进剂的质量分数要比一般胶料小10%～20%,以防止胶料在浇口区出现焦烧现象。此外,使用胶料时,不宜涂撒滑石粉、硬脂酸以及含有陶土的液体隔离剂,但是可以在压注器的贮胶筒内加入适量的滑模剂,以改进胶料的流动性。

4.3　橡胶模压制品和压出制品的尺寸公差

4.3.1　模压制品

橡胶模制品也叫模压制品。这类制品的尺寸可以分为固定尺寸和合模尺寸两类。

所谓固定尺寸,就是在模压成形过程中,不受飞边厚度或者上、下模以及模芯之间错位影响,而只由模具型腔尺寸及胶料收缩率所决定的尺寸,例如图 4-3-1 中的尺寸 X, Y, W。

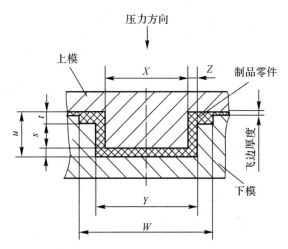

图 4-3-1　模压制品及其模具示意图

所谓合模尺寸,就是随着飞边厚度或者上模、下模、模芯之间错位发生变化的尺寸,例如图 4-3-1 中的尺寸 s, t, u, Z。

对于移模、压注模、注射模以及无飞边压胶模来说,可以将其制品的所有尺寸都看作是固定的。无论是固定尺寸,还是合模尺寸,只有当它们彼此独立时,才能给以尺寸公差。

模压制品尺寸公差的标准公差等级有以下四级。

(1)精密级。适用于精密模压制品要求的尺寸公差,简称为"精级"。精级模压制品要求使用精密模具,每副模具的型腔数量不宜过多,而且要严格控制其半成品胶料的质量及生产工艺。一般在模压硫化之后,还需要进行某种机械加工。对于这类制品零件的尺寸精度的测量,要求使用光学仪器或其他精密测量装置,因此生产成本很高。

(2)高精度级。适用于高质量模压制品所要求的尺寸公差,简称为"高级"。对于这类制品零件的生产,要应用上述精密级所要求的生产控制条件。

(3)中精度级。适用于一般质量模压制品所要求的公差,简称为"中级"。

(4)低精度级。适用于尺寸控制要求不严格的模压制品的未注公差尺寸,简称为"低级"。

上述四个级别,从高到低依次用 M1 级、M2 级、M3 级和 M4 级来表示。

模压制品的公差见表 4-3-1。

在橡胶制品标准尺寸公差方面,日本三菱汽车工业株式会社制定了企业标准,公差值分为四个等级,见表 4-3-2。

美国橡胶制造商协会(RMA)规定了标准的尺寸公差。标准的制定考虑到了许多因素,诸如所要求的公差等级是否涉及固定尺寸或合模尺寸以及制品的尺寸范围等。尺寸公差分为四个等级,即高精度级、精确级、商用级和基本级。规定的符号分别为 A1,A2,A3 和 A4。其中 A3 级为商用制品,用于大多数产品。

公差的大小与制品尺寸的大小有关,制品尺寸从 0~10 mm,有的甚至大于 160 mm。表 4-3-3列出了不同的级别、16~25 mm 范围内模压制品的 RMA(美国橡胶制造商协会)尺寸公差。

表 4 - 3 - 1　模压制品的公差(摘自 GB/T 3672.1 — 2002)

公称尺寸		M1 级		M2 级		M3 级		M4 级
大于	直到并包括	F ±	C ±	F ±	C ±	F ±	C ±	F 和 C ±
0	4.0	0.08	0.10	0.10	0.15	0.25	0.40	0.50
4.0	6.3	0.10	0.12	0.15	0.20	0.25	0.40	0.50
6.3	10	0.10	0.15	0.20	0.20	0.30	0.50	0.70
10	16	0.15	0.20	0.20	0.25	0.40	0.60	0.80
16	25	0.20	0.20	0.25	0.35	0.50	0.80	1.00
25	40	0.20	0.25	0.35	0.40	0.60	1.00	1.30
40	63	0.25	0.35	0.40	0.50	0.80	1.30	1.60
63	100	0.35	0.40	0.50	0.70	1.00	1.60	2.00
100	160	0.40	0.50	0.70	0.80	1.30	2.00	2.50
160	—	0.3%	0.4%	0.5%	0.7%	0.8%	1.3%	1.5%

注:1. 表中 M1,M2,M3,M4 分别代表模压制品的精、高、中、低级尺寸公差级别。

　　2. 表中 M1 级 F,M2 级 F,M3 级 F 分别代表模压制品的精、高、中级固定尺寸公差;M1 级 C,M2 级 C, M3 级 C 分别代表模压制品的精、高、中级合模尺寸公差。

　　3. F 为固定尺寸公差代号。

　　4. C 为合模尺寸公差代号。

表 4 - 3 - 2　日本三菱汽车工业株式会社橡胶制品尺寸公差

基本尺寸	等　级			
	1 级	2 级	3 级	4 级
1～3	±0.2	±0.3	±0.4	±0.5
3～6		±0.4	±0.5	±0.6
6～10	±0.3	±0.5	±0.6	±1.0
10～18		±0.6	±0.8	±1.5
18～30	±0.4	±0.8	±1.0	±2.0
30～50	±0.5	±1.0	±1.5	±2.5
50～80	±0.6	±1.2	±2.0	±3.0
80～120	±0.7	±1.4	±2.5	±3.5
120～180	±0.8	±1.6	±3.0	±4.0
180～250	±1.0	±2.0	±4.0	±5.0
250～315	±1.2	±2.5	±5.0	±6.0
315～400	±1.5	±3.0	±6.0	±7.0
400～500	±1.8	±3.5	±7.0	±8.0
>500	±0.4%	±0.8%	±1.5%	±1.7%

表 4-3-3　模压制品(16～25 mm)RMA 的标准尺寸公差

指定的符号	公差/mm	
	固定	合模
A1,高精确	±0.16	±0.20
A2,精确	±0.25	±0.32
A3,商用	±0.32	±0.50
A4,基本	±0.50	±1.00

应当根据制品零件的使用功能与要求,从表 4-3-1 所规定的四个公差级别中选取橡胶模压制品的尺寸公差。一般的模压制品采用 M3 级。当尺寸精度要求较高时,可采用 M2 级或 M1 级。如果制品零件因为某种功能有特殊要求,其尺寸精度比 M1 级更为精密时,则由供需双方协商确定。对于某一制品的尺寸,应当按照使用功能的不同,在设计图样上标注不同的公差级别。

凡未在设计图样上标注公差的尺寸,其尺寸精度均按 M4 级公差进行模具设计。

表 4-3-1 中的所有公差带均为对称分布。在实际应用中,根据制品零件的使用要求,也可采用非对称公差带分布形式。例如,允许 ±0.35 mm 的公差,可以在制品零件的设计图样中根据使用要求选定为 $^{+0.2}_{-0.5}$ mm,$^{+0.7}_{0}$ mm 或者 $^{0}_{-0.7}$ mm 等形式。

4.3.2　压出制品

压出制品就是胶料通过压出工艺而成形,然后经过硫化得到最终合格的橡胶制品。压出制品有"无支撑压出制品"和"有芯支撑压出制品"两类。

压出橡胶制品要求的制造公差比模压制品的大,因为橡胶经历压出膨胀,并且在随后的硫化中通常又会发生收缩和变形。

所谓无支撑压出制品,就是压出的半成品不加任何支撑体,自然放置进行硫化而得到的符合质量要求的橡胶制品。

所谓有芯支撑压出制品,就是压出的半成品形体之中有支撑体(如芯棒、芯管、撑条、夹片等),进行支撑扶持定型,然后经过硫化而得到的符合质量要求的橡胶产品。

硫化时使用支撑物可减少变形,支撑物的种类与产品截面和要求的控制程度有关。这些条件决定着适合于给定尺寸的公差级别。

在标准 GB/T 3672.1—2002 中,对密实橡胶的压出制品,按其尺寸的特定范围规定了 11 个公差级别,具体如下:

(1)无支撑的压出制品公称截面尺寸的三个公差级别,即:

E1:高质量级;

E2:良好质量级;

E3:尺寸控制不严格级。

(2)芯型支撑的压出制品公称截面尺寸的三个公差级别,即:

EN1:精密级;

EN2:高质量级;

EN3:良好质量级。

(3)表面磨光的压出制品(纯胶管)外径尺寸的两个公差级别(EG)以及这种压出制品的壁厚的两个公差级别(EW),即:

EG1 和 EW1:精密级;

EG2 和 EW2:高质量级。

(4)压出制品切割长度的三个公差级别以及压出制品切割零件厚度的三个公差级别,即:

L1 和 EC1:精密级;

L2 和和 EC2:良好质量级;

L3 和 EC3:尺寸控制不严格级。

1. 无支撑的压出制品尺寸公差

无支撑压出制品的截面尺寸公差见表 4-3-4。

表 4-3-4　无支撑压出制品的截面尺寸公差　　(单位:mm)

公称尺寸		E1 级 ±	E2 级 ±	E3 级 ±
大于	至			
0	1.5	0.15	0.25	0.40
1.5	2.5	0.20	0.35	0.50
2.5	4.0	0.25	0.40	0.70
4.0	6.3	0.35	0.50	0.80
6.3	10	0.40	0.70	1.00
10	16	0.50	0.80	1.30
16	25	0.70	1.00	1.60
25	40	0.80	1.30	2.00
40	63	1.00	1.60	2.50
63	100	1.30	2.00	3.20

注:E1,E2,E3 分别表示无支撑压出制品截面尺寸公差的高质量级、良好质量级和尺寸控制不严格级。

2. 芯型支撑的压出制品尺寸公差

作为被切割成为环状或者垫圈类的中空压出制品(通常指各种壁厚不同、直径不一的胶管),其内径尺寸要求比无芯硫化的压出制品更为严格者,可采用内芯支撑法进行硫化。当从芯棒上取下这类制品时常常会发生收缩,所以制品的最终尺寸比其芯棒外径尺寸要小一些。收缩量的大小取决于所用胶料的性质和工艺条件。设计此类制品时,必须充分地考虑这一点,将其差值修正在压出口型和支撑硫化的工艺芯棒(外径)上,以保证制品内孔的尺寸精度。芯型支撑的压出制品内尺寸公差见表 4-3-5。

表 4 - 3 - 5　芯型支撑的压出制品内尺寸公差　　　　（单位：mm）

公称尺寸		EN1 级 ±	EN2 级 ±	EN3 级 ±
大于	至			
0	4	0.20	0.20	0.35
4	6.3	0.20	0.25	0.40
6.3	10	0.25	0.35	0.50
10	16	0.35	0.40	0.70
16	25	0.40	0.50	0.80
25	40	0.50	0.70	1.00
40	63	0.70	0.80	1.30
63	100	0.80	1.00	1.60
100	160	1.00	1.30	2.00
160	—	0.6%	0.8%	1.2%

注：EN1，EN2，EN3 分别表示有芯支撑压出制品横截面尺寸公差的精密级、高质量级和良好质量级。

3. 表面磨光压出制品的尺寸公差

表面磨光压出制品（通常是胶管）的外圆尺寸（直径）公差见表 4 - 3 - 6。

表 4 - 3 - 6　表面磨光的压出制品尺寸公差　　　　（单位：mm）

公称尺寸		EG1 级 ±	EG2 级 ±
大于	至		
0	10	0.15	0.25
10	16	0.20	0.35
16	25	0.20	0.40
25	40	0.25	0.50
40	63	0.35	0.70
63	100	0.40	0.80
100	160	0.50	1.00
160	—	0.3%	0.5%

注：EG1，EG2 分别表示表面磨光压出制品外圆尺寸公差的精密级和良好质量级。

4. 表面磨光压出制品的壁厚公差

表面磨光压出制品的壁厚公差见表 4 - 3 - 7。

表 4 - 3 - 7　表面磨光压出制品的壁厚公差 （单位：mm）

公 称 厚 度		EW1 级 ±	EW2 级 ±
大于	至		
0	4	0.10	0.20
4	6.3	0.15	0.20
6.3	10	0.20	0.25
10	16	0.20	0.35
16	25	0.25	0.40

注：EW1,EW2 分别表示表面磨光压出制品壁厚公差的精密级和良好质量级。

5. 压出制品的切割长度公差

压出制品的切割长度公差见表 4 - 3 - 8。

表 4 - 3 - 8　压出制品切割段长度公差 （单位：mm）

公 称 厚 度		L1 级 ±	L2 级 ±	L3 级 ±
大于	至			
0	40	0.7	1.0	1.6
40	63	0.8	1.3	2.0
63	100	1.0	1.6	2.5
100	160	1.3	2.0	3.2
160	250	1.6	2.5	4.0
250	400	2.0	3.2	5.0
400	630	2.5	4.0	6.3
630	1 000	3.2	6.0	10.0
1 000	1 600	4.0	6.3	12.5
1 600	2 500	5.0	10.0	16.0
2 500	4 000	6.3	12.5	20.0
4 000	—	0.16%	0.32%	0.50%

注：L1,L2,L3 分别表示压出制品切割长度的精密级、良好质量级和尺寸控制不严格级。

6. 压出制品切割截面的厚度公差

压出制品切割的截面，如环、垫圈及圆片等，其厚度公差见表 4 - 3 - 9。

表 4 - 3 - 9　压出制品切割零件厚度公差 （单位：mm）

公 称 厚 度		EC1 级 ±	EC2 级 ±	EC3 级 ±
大于	至			
0.63	1.00	0.10	0.15	0.20
1.00	1.60	0.10	0.20	0.25

续 表

公称厚度		EC1 级 ±	EC2 级 ±	EC3 级 ±
大于	至			
1.60	2.50	0.15	0.20	0.35
2.50	4.00	0.20	0.25	0.40
4.00	6.30	0.20	0.35	0.50
6.30	10	0.25	0.40	0.70
10	16	0.35	0.50	0.80
16	25	0.40	0.70	1.00

　　设计压出制品的有关尺寸时,应当从表 4-3-4～表 4-3-9 中所规定的相应公差等级中选取公差值。一般来讲,压出制品在生产中所需要的公差比模压制品所需要的公差大一些,因为胶料在强行通过口型(压出工艺的模具)后要发生膨胀,并在随后的硫化过程中又发生收缩甚至变形(橡胶的硫化收缩率远比其压出膨胀率要小)。此外,在制品压出生产中,硬度小的硫化胶需要比硬度大的硫化胶大的公差。

　　压出制品尺寸公差的要求应根据其具体的使用条件而定,对于某一制品的关键部位应当要求严格一些,其他部位可以酌情放宽一些。对于一般制品的非工作部位或者图样上未注公差的尺寸,应采用有关表格中最低的一级公差。

4.3.3　胶辊的尺寸公差

1. 胶辊尺寸公差的等级

标准 HG/T 3079—1999 根据胶辊的类型和使用要求规定了六个等级。

XXP:极高精密级。

XP:高精密级。

P:精密级。

H:高标准级。

Q:标准级。

N:非标准级。

对于一种特定的胶辊,可以分别选用不同等级的尺寸公差。

　　通常低硬度胶料选用的公差比高硬度胶料的公差大,故最高精密级公差等级不是所有硬度的胶辊都能适用的。如果没有注明所要求的尺寸公差级别时,通常选 N 级公差。

2. 胶辊直径的尺寸公差

胶辊直径公差由胶辊的长度、刚度和包覆胶硬度决定。

当包覆胶厚度确定后,直径公差应为辊芯直径与两倍包覆胶厚度公差之和。

当胶辊具有足够的刚度,且胶辊的包覆长度为辊芯直径 15 倍以内时,胶辊的直径公差见表 4-3-10。

表 4-3-10　胶辊的直径公差(包覆长度小于辊芯直径的 15 倍)

硬　　度		级　　别					
国际硬度 邵尔 A 硬度	P.J 硬度						
<50	>120	—	—	—	H	Q	N
50～70	120～70	—	—	P	H	Q	N
70～100	<70～10	—	XP	P	H	Q	N
≈100	9～0	XXP	XP	P	H	Q	N
胶辊公称直径/mm		直径偏差/mm					
≤40		±0.04	±0.06	±0.10	±0.15	±0.3	±0.5
40～63		±0.05	±0.07	±0.15	±0.20	±0.3	±0.6
63～100		±0.06	±0.09	±0.15	±0.25	±0.4	±0.7
100～160		±0.07	±0.11	±0.20	±0.30	±0.5	±0.9
160～250		±0.08	±0.14	±0.25	±0.40	±0.6	±1.1
250～400		±0.11	±0.18	±0.30	±0.50	±0.8	±1.4
400～630		±0.14	±0.23	±0.40	±0.65	±1.1	±1.8
>630		—	±0.50	±0.75	±1.25	±2.0	±3.0

　　当胶辊具有足够的刚度,且胶辊的包覆胶长度为辊芯直径的 15～25 倍时,胶辊的直径公差见表 4-3-11。

　　当胶辊的刚度不足或包覆胶长度为辊芯直径的 25 倍以上时,胶辊直径的公差由供需双方共同商定。

　　胶辊的直径公差允许向正负两个方向调整。例如,允许公差为 ±0.4 mm,则可调整为 $^{+0.2}_{-0.6}$ mm,$^{+0.8}_{0}$ mm 或 $^{0}_{-0.8}$ mm 等。

表 4-3-11　胶辊的直径公差(包覆长度为辊芯直径的 15～25 倍)

硬　　度		级　　别					
国际硬度 邵尔 A 硬度	P.J 硬度						
<50	>120	—	—	—	H	Q	N
50～70	120～70	—	—	P	H	Q	N
70～100	<70～10	—	XP	P	H	Q	N
≈100	9～0	XXP	XP	P	H	Q	N

续表

硬　　度		级　　别					
国际硬度 邵尔 A 硬度	P.J 硬度						
胶辊公称直径/mm		直径偏差/mm					
≤40		±0.06	±0.10	±0.15	±0.3	±0.5	±0.8
40～63		±0.07	±0.15	±0.20	±0.3	±0.6	±1.0
63～100		±0.09	±0.15	±0.25	±0.4	±0.7	±1.2
100～160		±0.11	±0.20	±0.30	±0.5	±0.9	±1.5
160～250		±0.14	±0.25	±0.40	±0.6	±1.1	±1.8
250～400		±0.18	±0.30	±0.50	±0.8	±1.4	±2.3
400～630		±0.23	±0.40	±0.65	±1.1	±1.8	±3
>630		±0.50	±0.75	±1.25	±2.0	±3.0	±5

3. 胶辊包覆胶长度的尺寸公差

胶辊包覆胶长度公差见表 4-3-12。

包覆胶长度公差同样允许向正负两个方向调整。

XP 级(高精密级)只适用于胶辊两个端面无包覆胶,且要求包覆胶端面与辊芯端面在同一平面内的胶辊。包覆胶长度公差应用辊芯的实际长度代替包覆胶公称长度来确定。

表 4-3-12　胶辊包覆长度公差　　　　(单位:mm)

包覆胶辊公称长度	等　　级		
	XP	Q	N
	长 度 公 差		
≤250	±0.2	±0.5	±1.0
250～400	±0.2	±0.8	±1.5
400～630	±0.2	±1.0	±2.0
630～1 000	±0.2	±1.0	±2.5
1 000～1 600	±0.2	±1.5	±3.0
1 600～2 500	±0.2	±1.8	±2.5
>2 500	±0.2	±0.08%	±0.15%

4. 胶辊的径向圆跳动公差

胶辊的径向圆跳动公差取决于包覆胶的硬度和胶辊的直径。当包覆胶厚度一定时,径向圆跳动公差取决于辊芯直径和两倍包覆胶厚度之和。

测量径向圆跳动公差时,其线速度应不超过 30 m/min。

当胶辊具有足够的刚度时,径向圆跳动公差见表 4-3-13。当胶辊刚度不足时,公差按实际情况决定。

表 4-3-13　胶辊的径向圆跳动公差

硬　　度		级　　别				
国际硬度 邵尔 A 硬度	P.J 硬度					
<50	>120	—	—	H	Q	N
50~70	120~70	—	P	H	Q	N
70~100	<70~10	—	P	H	Q	N
≈100	9~0	XP	P	H	Q	N
胶辊的公称直径/mm		径向圆跳动公差 r/mm				
≤40		0.01	0.02	0.04	0.08	0.15
40~63		0.02	0.03	0.06	0.10	0.18
63~100		0.03	0.04	0.08	0.13	0.20
100~160		0.03	0.05	0.10	0.17	0.25
160~250		0.03	0.06	0.12	0.20	0.30
250~400		0.04	0.07	0.14	0.23	0.35
400~630		0.04	0.08	0.18	0.30	0.45
>630		0.05	0.10	0.25	0.35	0.55

5. 胶辊的圆柱度公差

胶辊的圆柱度公差取决于胶辊的直径与包覆胶硬度。当包覆胶硬度确定后,其公差取决于轴芯直径与两倍包覆胶厚度之和。

当胶辊具有一定刚度时,其公差见表 4-3-14。

当胶辊刚度不足时,其公差值按实际情况决定。

表 4-3-14　胶辊的圆柱度公差(HG/T 3079—1997)

硬　　度		级　　别				
国际硬度 邵尔 A 硬度	P.J 硬度					
<50	>120	—	—	—	H	Q
50~70	120~70	—	—	P	H	Q
70~100	<70~10	—	XP	P	H	Q
≈100	9~0	XXP	XP	P	H	Q

续表

硬　度		级　别				
国际硬度 邵尔 A 硬度	P.J 硬度					
胶辊公称直径/mm		圆柱度公差/mm				
≤40		0.01	0.02	0.04	0.08	0.15
40～63		0.02	0.03	0.06	0.10	0.19
63～100		0.03	0.06	0.08	0.13	0.20
100～160		0.03	0.05	0.10	0.17	0.25
160～250		0.03	0.06	0.12	0.20	0.30
250～400		0.04	0.07	0.14	0.23	0.35
400～630		0.04	0.08	0.18	0.30	0.45
>630		0.05	0.10	0.25	0.35	0.55

6. 胶辊的中高度公差

胶辊的中高度公差(见图 4-2-2)应按表 4-3-15 规定执行。

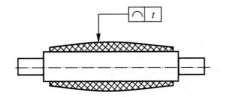

图 4-3-2　胶辊的中高度公差

表 4-3-15　胶辊的中高度公差

公称中高/mm	等　级	
	XP	P
	中高度轮廓公差 t/mm	
≤0.10	0.04	0.06
0.10～0.16	0.05	0.08
0.16～0.25	0.06	0.10
0.25～0.40	0.08	0.12
0.40～0.63	0.10	0.16
0.63～1.00	0.12	0.20
1.00～1.60	0.16	0.30
1.60～2.50	0.25	0.40
2.50～4.00	0.40	0.60
>4.00	10%	—①

注:①此项公差数值可由供需双方协定,并可用百分数表示。

4.3.4 橡胶制品尺寸的测量

硫化后的橡胶制品至少应停放 16 h 后才能测量尺寸,也可酌情延长至 72 h 后测量。测量前,制品应在试验室(23±2)℃下至少停放 3 h。

制品应从硫化之日起 3 个月内或从收货之日起两个月内完成测量,详见 GB/T 2941 —2006《橡胶物理试验方法试样制备和调节通用程序》。

注意,确保制品不在有害的环境条件下进行贮存,详见密封橡胶制品标志、包装、运输和贮存的相关规定。

4.3.5 橡胶制品的几何公差

在 GB/T 3672.2 — 2002《橡胶制品的公差》标准中,对模压制品和压出的密实橡胶制品,包括带金属骨架的制品的几何公差做出了规定。规定内容有以下几项:

平面度公差,平行度公差,垂直度公差,同轴度公差,位置度公差。

该标准规定的公差适用于硫化橡胶制品,也适用于由热塑性橡胶制成的产品。

在上述各种几何公差中,其标准公差等级均可分为:P 为精密级,M 为中间级,N 为不严格级。

在实际工程中,应根据使用要求确定所需的标准公差等级。P 级和 M 级要求更多的加工程序和某些程度的修整,如研磨和抛光。

必须注意,最小的公差不适用于所有硬度的橡胶制品。由低硬度橡胶制成的产品通常比高硬度硫化橡胶产品的公差宽。

4.3.5.1 平面度公差

该公差表面包含在距离为公差值 t 的两平行平面之间的区域内,如图 4-3-3 所示,平面度公差要求见表 4-3-16。

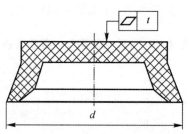

图 4-3-3 平面度公差标注示例

表 4-3-16 平面度公差 （单位：mm）

公称尺寸 d		P 级	M 级	N 级
>	≤	平面度公差 t		
0	16	0.10	0.15	0.25
16	25	0.15	0.20	0.35
25	40	0.15	0.25	0.40
40	63	0.20	0.35	0.50
63	100	0.25	0.40	0.70
100	—	0.3%	0.5%	0.8%

4.3.5.2　平行度公差

该公差表面包含在距离为公差值 t，且平行于基准平面 D 的两个平行平面之间的区域内，如图 4-3-4 所示，平行度公差要求见表 4-3-17。

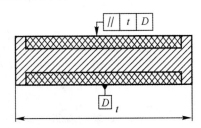

图 4-3-4　平行度公差标准示例：夹层结构

表 4-3-17　胶辊的平行度公差

公称尺寸 t		P 级	M 级	N 级
>	≤		平行度公差 t	
0	40	0.15	0.20	0.35
40	100	0.20	0.35	0.50
100	250	0.35	0.50	0.80
250	—	0.15%	0.25%	0.4%

对于挤出型材的切割产品（如车床切割的环形产品），公差表面包含在距离为公差值 t，且平行于基准平面的两平行平面之间的区域内，如图 4-3-5 所示。

挤出型材切割产品的平行度公差要求见表 4-3-18。

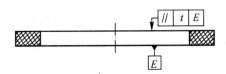

图 4-3-5　平行度公差标注示例：挤出型材的切割产品

表 4-3-18　挤出型材的切割产品要求的平行度公差　（单位：mm）

级别	P 级	M 级	N 级
平行度公差 t	0.1	0.2	0.3

4.3.5.3　垂直度公差

该公差表面包含在距离为公差值 t，且垂直于轴线 A 的两平行平面之间的区域内，如图 4-3-6 所示，垂直度的公差要求见表 4-3-19。

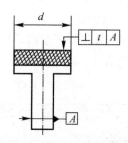

图 4 - 3 - 6 垂直度公差标注示例

表 4 - 3 - 19 要求的垂直度公差　　　　　（单位：mm）

公称尺寸 t		P 级	M 级	N 级
>	≤	垂直度公差 t		
0	16	0.10	0.15	0.25
16	25	0.15	0.25	0.40
25	40	0.25	0.40	0.70
40	63	0.40	0.60	1.00
63	100	0.70	1.00	1.60
100	—	0.7%	1.0%	1.6%

4.3.5.4 同轴度公差

(1)模压制品。与公差框相连的每一圆柱的轴线包括在直径为公差值 t_C 或 t_F，且与基准轴线 D 同轴的柱形带内圆柱面内(见图 4 - 3 - 7)，但下列尺寸之间的公差有不同的规定。

1)固定尺寸(F)的公差。这种在同一模具部分内的尺寸不受橡胶飞边厚度或模具不同部分(上、下模板或模芯)横向位移等变形的影响(见图 4 - 3 - 7 中的直径 a 和 b)。

2)合模尺寸(C)的公差。这种尺寸受橡胶飞边厚度或模具不同部分横向位移变化的影响(见图 4 - 3 - 7 中的直径 c)。

模压制品要求的同轴度公差见表 4 - 3 - 20。

表 4 - 3 - 20 模压制品要求的同轴度公差　　　　　（单位：mm）

公称尺寸		同轴度公差 t					
		P 级		M 级		N 级	
>	≤	t_F	t_C	t_F	t_C	t_F	t_C
0	16	0.10	0.15	0.15	0.30	0.20	0.40
16	25	0.15	0.30	0.20	0.40	0.25	0.50
25	40	0.20	0.40	0.25	0.50	0.30	0.60
40	63	0.25	0.50	0.30	0.60	0.35	0.70
63	100	0.30	0.60	0.35	0.70	0.40	0.80
100	—	0.40	0.70	0.50	0.90	0.60	1.20

注:同轴度公差由最大尺寸确定(见图 4 - 3 - 7 中的尺寸 b)。

（2）芯轴支撑的压出制品。与公差框相连的圆心，包括在直径为公差值 t，且与基准圆 A 的圆心同心的圆内（见图 4 - 3 - 8）。

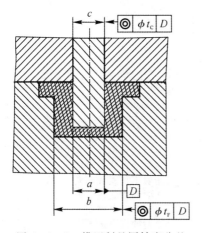

图 4 - 3 - 7　模压制品同轴度公差
标注示例

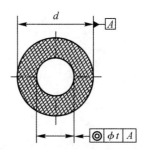

图 4 - 3 - 8　芯轴支撑的压出制品的
同轴度公差的标注示例

芯轴支撑的压出制品要求的同轴度公差见表 4 - 3 - 21。

表 4 - 3 - 21　芯轴支撑的压出制品要求的同轴度公差　　（单位：mm）

公称尺寸 d		同轴度公差 ϕ_t		
>	≤	P 级	M 级	N 级
0	10	0.20	0.40	0.60
10	16	0.25	0.50	0.80
16	25	0.35	0.60	1.00
25	40	0.40	0.80	1.30
40	63	0.50	1.00	1.60
63	100	0.60	1.30	2.00
100	—	0.80	1.60	2.50

4.3.5.5　位置度公差

与公认的位置（如轴套的中心）有关的橡胶制品金属骨架的位置，可以规定位置度公差。由于应用领域多种多样，位置度公差应由供需双方协商而定。

4.4　橡胶模具的种类与结构

同塑料模具一样，由于橡胶制品零件的类型繁多，加之生产批量大小不一，模具所用设备不同，使用条件与操作方法不同以及生产规模和生产方式的差异等，其模具的结构特点也有所不同。因此可以说，橡胶模具也是一个庞大的家族，其成员之多是难以想象的。

橡胶模具可以按照模具所用硫化设备进行分类，也可以按照模具的结构进行分类。在一

般的生产过程中,常用的橡胶模具分类情况如下:

常用橡胶模具的分类
- 平板成形模
  - 平板填压模
  - 平板压注模
  - 平板自压注模
  - 平板抽真空模
  - 平板无飞边模
- 注压成形模
  - 注压成形模
  - 注压哈夫式成形模
  - 注压下顶式成形模
  - 注压侧顶式成形模
  - 注压自动分型模
  - 注压抽真空成形模
- 按硫化设备分类
  - 注射成形模
    - 注射成形模
    - 注射哈夫式成形模
    - 注射下顶式成形模
    - 注射侧顶式成形模
    - 注射自动分型模
    - 注射抽真空成形模
  - 抽真空成形模
    - 抽真空式填压模
    - 抽真空式自压注模
    - 型芯浮动式成形模
- 填压成形模
  - 开放式填压模
  - 封闭式填压模
  - 半封闭式填压模
- 压注成形模
  - 开放式压注模
  - 封闭式压注模
  - 半封闭式压注模
- 自压注成形模
  - 开放式自压注模
  - 封闭式自压注模
  - 半封闭式自压注模
- 按模具结构特点分类
  - 开合模
  - 多型腔成形模
  - 合叶式模具
  - 固定式模具
  - 半固定式模具
  - 移动式成形模
  - 抽真空成形模
  - 平板式哈夫成形模
  - 无飞边成形模具
  - 挤出模(即压出模,亦称口型)
  - 注压成形膜
  - 注压哈夫式成形模
  - 注压下顶式成形模
  - 注压侧顶式成形模
  - 注压自动分型模具
  - 注压抽真空成形模
  - 注射成形模
  - 注射哈夫式成形模
  - 注射下顶式成形模
  - 注射侧顶式成形模
  - 注射自动分型模具
  - 注射抽真空成形模
  - 抽真空填压式成形模
  - 抽真空自压注式成形模
  - 型芯浮动式成形模

现在,就对部分橡胶模具的常用结构设计做简单介绍。

4.4.1　按硫化机类型分类

因硫化机类型、脱模机构不同,模具的结构形式也不同。以下介绍几种不同橡胶成形硫化机使用的模具结构。

4.4.1.1　平板硫化机常用模具

(1)填压模。用于平板硫化机的填压模,其结构形式如图 4-4-1 所示。

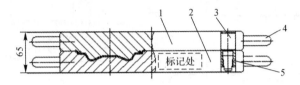

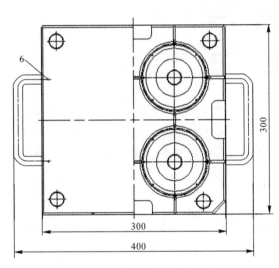

图 4-4-1　填压模的结构形式

1—上模板;2—下模板;3—导柱;4—手柄;5—导套;6—手柄铆销

该模具的设计结构有以下几个特征。

1)制品中骨架的定位由模具型腔中的定位结构要素来实现。这种结构要素可以是装配式定位销,也可以是与型腔为一体的定位凸起。该模具中对制品骨架的定位,是通过与型腔为一体的定位凸起实现的,每个型腔中有 8 个定位凸起。

2)上模板与下模板的定位由四套导柱导套实现。导柱固定在上模板上,导套固定在下模板上。

3)为了防止误操作,模具形体上有对模大倒角。此外,右下角的导柱导套偏离常规均布设计布局位置 8 mm。

4)按照无飞边化设计要求,在模具型腔外沿设置了对开式半圆形撕边槽。各撕边槽之间有连接槽,同时也有跑胶槽(也叫溢胶槽)将多余胶料引向模具体外。

5)对开式启模口设计布局在分型面的四边正中。

6)手柄以铆销方式与上、下模板相连接,结构简单,易于制造安装。这种结构形式避免了因焊接形式可能给上、下模板带来的变形,保证了模具的精度和使用寿命。

(2)压注模。如图4-4-2所示为用在普通平板硫化机上压注模的结构形式。

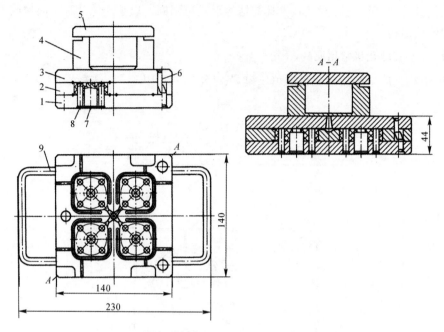

图 4-4-2　压注模的结构形式

1—下模板;2—中模板;3—上模板;4—料斗;5—柱塞;6—定位销;7—大型芯;8—小型芯;9—手柄

该模具的结构设计特征如下:

1)模具的模比为1∶4。

2)模具采用了无飞边化设计,撕边槽为对开式三角形非封闭式结构,撕边槽由各跑胶槽于模具体外相通。

3)上模板、下模板与中模板间均为三点式定位。

4)为了清除制品上各孔中的薄膜(飞边),在成形各孔的型芯上端均设计、布局了撕边槽。这样,清除各孔中的飞边就更加方便。

(3)自压注式模具。如图4-4-2所示压注模所使用的压注器(料斗和柱塞)与模具是分体结构形式,既可以是通用的,也可以是专用的。

自压注式模具的压注器是与模具设计、制作为一体,压注器是模具的一个组成部分,如图4-4-3所示。

自压注式模具的结构设计特征如下:

1)压注器的上模2的下表面是模具型腔的一部分,因此设计时,要和模具的中模5、下模7统筹进行定位系统的设计。

2)料斗中的浇注系统设计要符合制品外观的质量要求,特别是点浇口的位置。

3)为了方便清除四个点浇口内的废料,在柱塞1下平面上可设置环形槽,将几个点浇口连接在一起。也可以将环形槽的断面形状设计成燕尾形,以便在启模时将废料一并带起。

4)如果出于启模需要,可以同时设计卸模架。

5)上模、中模和下模间的定位销要设计成能够防止误操作的结构形式。

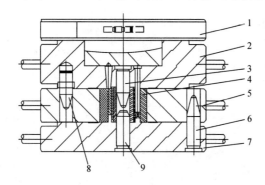

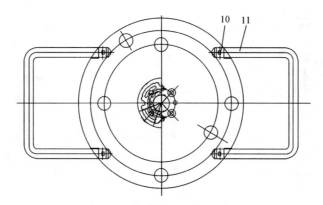

图 4-4-3　自压注式模具的结构形式

1—柱塞;2—上模;3—内骨架上定位销;4—型芯;5—中模;
6,9—定位销;7—下模;8—内骨架下定位销;10—手柄铆销;11—手柄

4.4.1.2　抽真空平板硫化机模具

抽真空平板硫化机模具,其结构形式也是多种多样的,下面简单介绍几种常用的结构形式。

(1)浮动型芯式模具。如图 4-4-4 所示是用在抽真空平板硫化机上的一副防尘罩成形模具。为了描述局部结构,视图中未画剖面线。

该模具的结构设计的特征如下:

1)模具的每一组型芯之间都由锥面配合进行定位,自成体系。每个型芯用卡簧悬挂在各自的模板上,型芯与模板之间有较大的间隙,因此称为浮动式型芯。

2)型芯中开设有撕边槽和跑胶槽(见图 4-4-4 中的型芯放大图)。

3)对于模具上模板和下模板上的固定孔,要按照抽真空平板硫化机上的技术参数进行设计与加工。

4)对于上模板与中模板、下模板与中模板之间的定位,由于其精度要求不高,可以采用大间隙式的定位配合。

5)该模具的内型芯与下型芯之间为锥面配合。为了保证制品密封面的质量要求,内型芯的锥面上部设置有撕边槽。

6)上型芯骨架与上型芯为过盈配合。

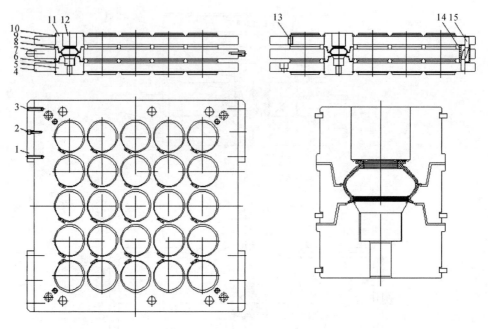

图4-4-4 浮动型芯式模具的结构形式

1—托条;2—内六角螺钉;3—圆柱销;4—下模板;5—下型芯;6—内型芯;7—中模板;8—中型芯;

9—上模板;10—卡簧(轴用弹性挡圈);11—上型芯;12—上型芯骨架;13—固定螺纹;14—导套;15—导柱

(2)自压注式模具(一)。用在抽真空平板硫化机上的自压注式模具,其结构形式如图4-4-5所示。

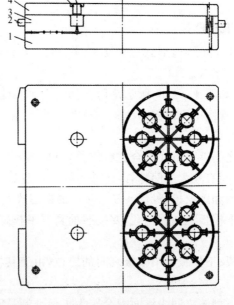

图4-4-5 自压注式模具的结构形式(一)

1—下模板;2—托条;3—上模板;4—柱塞板;5—卡簧;6—柱塞

　　该模具是一副 O 形橡胶密封圈自压注式成形模具,用在抽真空平板硫化机上。模具上的注胶、排气、跑胶(溢胶)系统是按照抽真空模具设计的,可按 O 形橡胶密封圈的大小进行模具中型腔的设计布局。

　　对于这一模具,由于注胶量受到严格的控制,成形后的飞边非常薄,除去飞边是在冷冻修边机中进行的,因此无撕边槽。

　　(3)自压注式模具(二)。如图 4 - 4 - 6 所示为浮动型芯式自压注式模具。

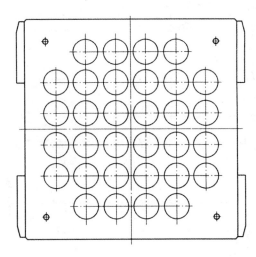

图 4 - 4 - 6　自压注式模具的结构形式(二)

　　该模具与如图 4 - 4 - 4 所示浮动型芯式模具的结构形式相同。柱塞式型芯下平面上设置有环形燕尾槽,可自动将点浇口中的废胶料拉出,使操作更为方便。

　　(4)双波纹浮动型芯式模具。如图 4 - 4 - 7 所示为成形双波纹防尘罩的浮动型芯式模具的结构形式。

　　该模的内型芯由上、下严密配合的两个型芯组成,这种结构形式避免了成形制品外部形状的哈夫式结构。

　　这种结构形式不仅方便了硫化成形后的操作,也提高了模具的使用寿命。

4.4.1.3　轨道式自动开模成形模具

　　如图 4 - 4 - 8 所示为轨道式自动开模成形模具的结构形式。

　　该模具用在轨道式自动开模成形硫化机上,设计模具时应当注意以下几个问题。

　　(1)模具的下模板固定在下热板上面的移模滑板上,固定机构与相关尺寸按照硫化机的技术参数进行设计。

　　(2)模具的上、下模板之间的定位方式为锥销定位。

　　(3)开模导柱的形状、尺寸与安装要符合轨道式自动开模硫化机轨道技术参数的要求。

　　(4)自制的合叶活动间隙要合适,安装之后,活动必须灵活顺畅。

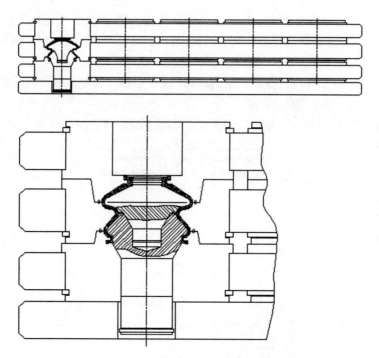

图 4-4-7 双波纹浮动型芯式模具的结构形式

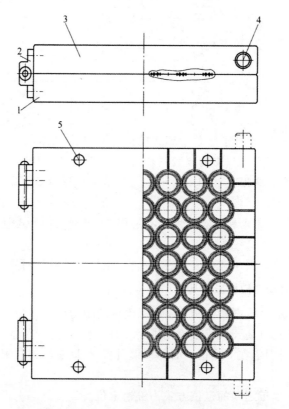

图 4-4-8 轨道式自动开模成形模具

1—下模板;2—合叶;3—上模板;4—开模导板;5—定位销

4.4.1.4 注压模具

注压模具用在橡胶注压成形硫化机上。橡胶注压成形模具简称为"注压模具",其结构形式与橡胶注射成形模具基本相同,只是没有注射模具上的上模固定板和定位圈。

注压模具的结构形式如图 4 - 4 - 9 所示。这是一副注压模具的三维(3D)结构设计图,如图 4 - 4 - 10 所示为其三维爆炸图。

该模具结构形式适宜使用在具有 3RT 开模机构的注压成形硫化机上。

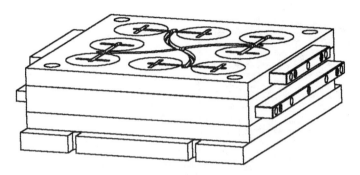

图 4 - 4 - 9 注压模具的结构形式

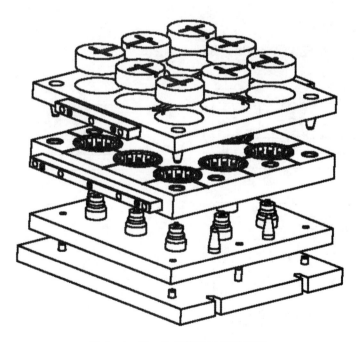

图 4 - 4 - 10 注压模具三维爆炸图

4.4.1.5 注射模具

橡胶注射成形模具简称为"注射模具",注射模具用在橡胶注射成形硫化机上。如图 4 - 4 - 11 所示为侧顶式注射模具的结构形式。

设计该模具时,要使下模部分的传热面积最大化,以保证制品硫化对热能的需要,这一点至关重要。

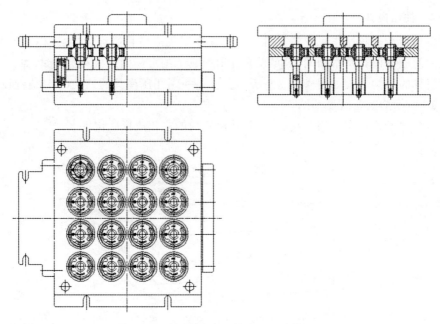

图 4 - 4 - 11　侧顶式注射模具的结构形式

4.4.1.6　侧拉分型模具

橡胶成形侧拉分型模具的结构形式如图 4 - 4 - 12 所示。

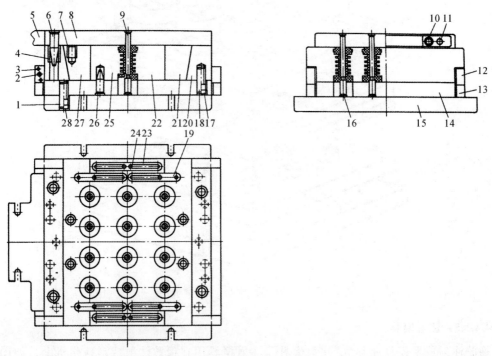

图 4 - 4 - 12　侧拉分型模具的结构形式

1,3,11,18,24 —圆柱销;2,17,28 —内六角螺钉;4,7 —导套;5 —挂耳;6,26 —导柱;8 —上模板;
9 —上型芯;10 —内六角螺钉;12 —托架上条;13 —托架下条;14 —下模板;15 —固定板;16 —下型芯;
19 —拉板(一);20 —定位块;21 —哈夫块(一);22 —哈夫块(二);23 —拉板(二);25 —哈夫块(三);27 —哈夫块(四)

该模具用在具有侧拉分型机构的硫化机上。模具的结构形式可以是注压成形式的(本例即为注压式的),也可以是注射成形形式的。

该模具的本质是哈夫式成形结构,侧拉就是对哈夫块进行自动分型,以方便硫化成形后脱模取件的操作。

4.4.2　按模具分型面分类

橡胶制品形体结构的不同,在其成形模具的设计时所选取的分型面也不相同,从而决定了不同的橡胶制品成形模具结构形式。

4.4.2.1　单分型面模具

单分型面橡胶成形模具也称为两板式模具。这类结构橡胶模具的特点就是在上模板和下模板之间只有一个分型面,所成形的制品形体结构比较简单。

单分型面橡胶成形模具的结构形式如图 4-4-13 和图 4-4-14 所示。

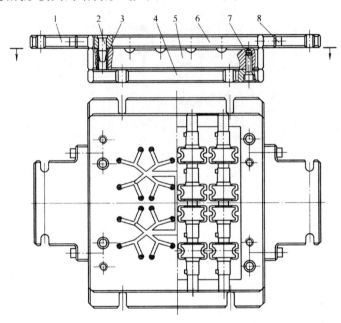

图 4-4-13　单分型面橡胶成形模具的结构形式(一)

1—挂耳;2—导柱;3—导套;4—下模固定板;5—下模板;6—上模板;7,8—内六角螺钉

这类结构的模具是最为常见的模具,也是最简单、最基本的模具。这类模具可以用在平板硫化机上,也可以用在注压硫化机或注射硫化机上。用于平板硫化机的单分型面模具的结构形式如图 4-4-15 所示。

4.4.2.2　双分型面模具

双分型面模具是指模具具有两个分型面,在开模时依次打开两个分型面后才能脱模取件。双分型面模具也叫作三板式模具,简称"三板模"。

双分型面橡胶注压模具的结构形式如图 4-4-16(某制品注压成形模具三维图)所示,如图 4-4-17 所示为该制品模具的二维设计图。

该模具用在华意(衡阳华意机械有限公司)3RT 橡胶注射成形硫化机上。由于该硫化机设置有转射板,故模具结构上无上模固定板和定位圈,其结构与注压成形模具相同,亦可用在橡胶注压成形硫化机上。

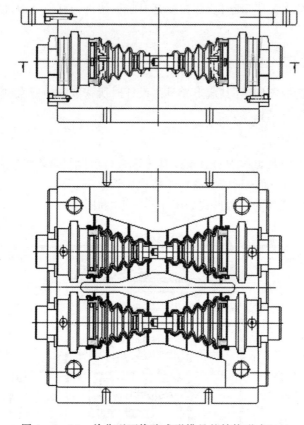

图 4-4-14 单分型面橡胶成形模具的结构形式(二)

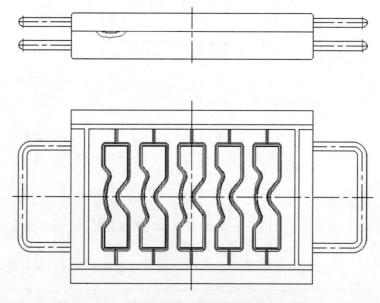

图 4-4-15 单分型面橡胶成形模具的结构形式(三)

图 4-4-16　双分型面橡胶注压模具的三维爆炸图

从图 4-4-16 可以看出,模具的两个分型面分别是上模板和中模板、中模板和下模板之间的接触界面。从图中可以清楚地看出两次开模分型后的状态。当下模部分移入后,下模板在 3RT 的驱动下逐步上升,将滞留在中模板型腔内的制品顶出,实现脱模取件。

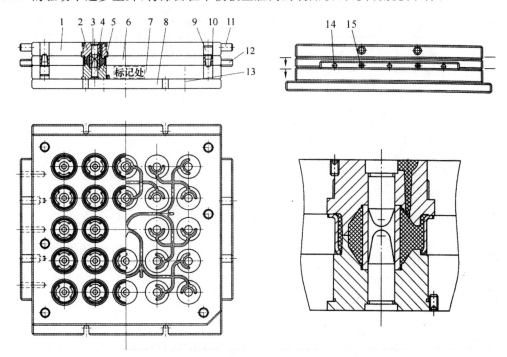

图 4-4-17　双分型面橡胶注压模具的二维设计图

1—上模板;2—上型芯;3—内骨架定位销(上);4—内骨架定位销(下);5—下型芯;6—中模板;
7—下模板;8—下模固定板;9—导柱;10—导套;11—托柱;12—托条;13—内六角螺钉;14—圆柱销;15—紧固螺钉

4.4.2.3　哈夫式分型模具

哈夫式分型成形模具,也是最为常用的橡胶模具之一。

如图 4 - 4 - 18 所示为橡胶制品的哈夫式分型模具的三维爆炸图,从图中可以看出,模具在上、下方向两次分型之后,各个哈夫块在水平方向分型取件的状态。

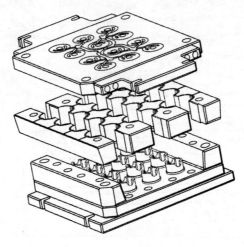

图 4 - 4 - 18　哈夫式分型模具的三维爆炸图

如图 4 - 4 - 19 所示为另一橡胶制品的注压成形哈夫式分型模具的二维结构形式。

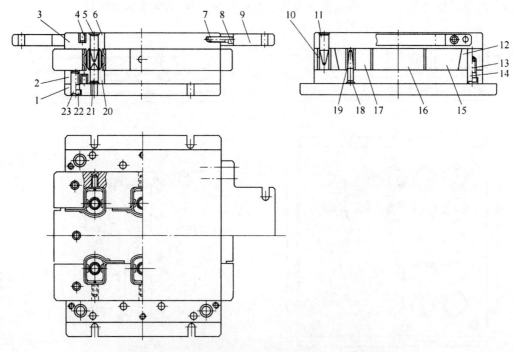

图 4 - 4 - 19　注压成形哈夫式分型模具的二维结构形式

1—下模固定板;2—下模板;3—上模板;4—防转销;5—内骨架定位销(上);
6—上型芯;7,14,23—圆柱销;8,13,22—内六角螺钉;9—挂耳;10,19—导套;
11,18—导柱;12—定位块;15—哈夫块(一);16—哈夫块(二);17—哈夫块(三);
20—下型芯;21—内骨架定位销(下);22—固定螺钉;23—定位圆柱销

设计哈夫式分型模具时,要重视定位块的设计。定位块部件是整个模具的基础。它不仅对哈夫块组件起到了约束作用,也起着对上模部分和下模部分定位的作用,模具定位的导套就固定于其上。

定位块固定在下模板上,通常在设计时,定位块与下模板依靠内六角螺钉连接,而定位块在下模板上的定位,则依靠圆柱销实现。

将定位块固定于下模板上的圆柱销,通常设计布局为三个、四个或五个,一般多选用四个,如图 4-4-19 所示。

四个圆柱销分为两排,外面的一排圆柱销的外圆距离定位块靠山边沿 5 mm,里面的一排圆柱销的外圆距离定位块上平面边沿 3 mm。这样,四个圆柱销就像一座房子的四根柱子一样,有效地支撑着定位块,使其不发生变形和倾斜。

设计固定定位块的圆柱销时,其直径尽可能地选得大一些。另外,两排圆柱销的跨距也尽可能取大一些。

除上述外,两侧哈夫块与定位块的配合斜面倾斜角度,通常在 8°~ 12°之间选择,最好不要小于 7°。配合斜面的有效接触面积要大于 75%,最好是在 85%以上,以红粉研合检测。

4.4.2.4　斜导柱四向分型模具

斜导柱四向分型橡胶模具的设计同热塑性塑料注射模具的斜导柱侧向分型抽芯设计。

橡胶制品的斜导柱四向分型模具的三维结构图如图 4-4-20 所示,其三维图如图 4-4-21 所示,二维结构图如图 4-4-22 所示。

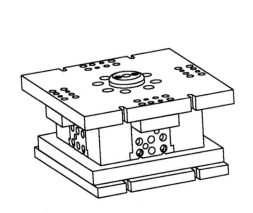

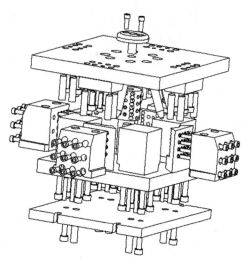

图 4-4-20　斜导柱四向分型模具的三维结构图　　图 4-4-21　斜导柱四向分型模具三维爆炸图

该模具用在橡胶注射成形硫化机上。设计时,通过三维建模可以直接观察到斜导柱和下模板之间是否有干涉现象。

关于斜导柱的设计应注意以下几个问题。

(1)要保证滑块在导轨块所构成的导滑槽中的活动平稳、顺畅,不得存在阻滞或跳动等现象。因此,配合间隙不得过大。

(2)斜导柱与滑块之间应当有 0.50~1.00 mm 的间隙,以保证在开模的瞬间,斜导柱能够对滑块产生一种冲击力,有利于滑块与制品零件的分离。同时,这一间隙还能优先使锁模的楔紧块脱离滑块,避免干涉滑块在导滑槽中的移动。

(3)斜导柱的倾斜角(α)一般取 $1°\sim25°$,和塑料斜导柱注射模具一样,通常都取 $20°$;而楔紧块的楔角(α^1),应当大于斜导柱的倾斜角。一般 $\alpha^1=\alpha+(2°\sim3°)$。

(4)楔紧块与滑块之间的有效接触面积,应当大于 80%,以红粉对研测试为准。

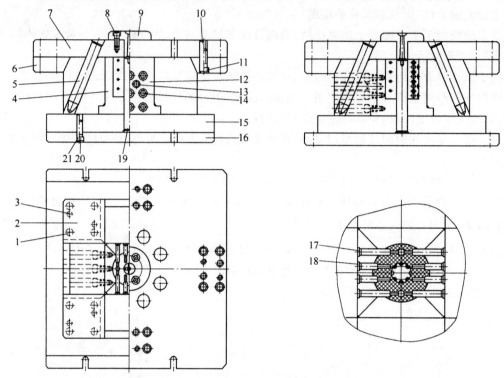

图 4-4-22 斜导柱四向分型模具二维结构图

1,10,13,21—圆柱销;2—导轨块;3,8,11,14,20—内六角螺钉;4—滑块;5—斜导柱;6—楔紧块;
7—上模固定板;9—定位圈;12—型芯;15—下模板;16—固定板;17—小型芯(一);18—小型芯(二);19—中型芯

4.4.3 按模具结构特点分类

4.4.3.1 合叶式模具

合叶式模具的结构形式如图 4-4-23 所示。

(1)合叶式模具的结构特征。

1)模体的一边安装有合叶(即上模翻转铰链),另一边安装有手柄。

2)合叶式模具的定位系统所用的定位销,均为锥销、锥套。锥销和锥套的定位角度通常选为 $60°$。

3)上模板和下模板在布局手柄的一侧设置有启模口。

合叶式模具用在普通平板橡胶硫化机上,除上述特征之外,其余结构设计与二板式填压模具相同。

(2)合叶式模具的设计要领。

1)合叶式模具适用于小型平板橡胶硫化机的生产。因此,对于形体结构较为简单的橡胶制品,且生产批量不是很大时,可选用该类模具。

2)这类模具结构适用于纯胶制品的成形。

3)合叶式模具的结构本质就是二板开放式填压模结构。

4)模具型腔周围有余胶槽(或撕边槽),各余胶槽通过连接槽相连,并与跑胶槽相通,以利于型腔内空气的逸出和多余胶料的溢出。

5)型腔与定位系统的加工基准要一致,加工精度要能达到制品零件的设计要求,最好是在数控铣床或加工中心上一次加工完成。

6)手柄的结构形式可以选用如图 4-4-23 所示的形式,也可以选用如图 4-3-1 和图 4-3-2 所示形式,禁止采用将手柄直接焊接到模板上的连接方案。

7)合叶式模具的结构形式多种多样,可按企业的生产习惯进行选用,亦可对其实行标准化设计。

如图 4-4-8 所示也是一种合叶式模具结构,它应用于轨道开模的橡胶平板硫化机之上。

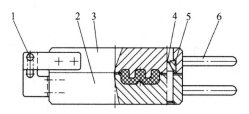

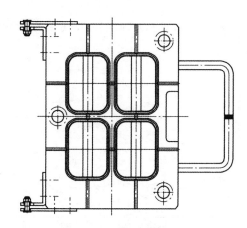

图 4-4-23　合叶式模具的结构形式

1—合叶;2—下模板;3—上模板;4—锥销;5—锥套;6—手柄

4.4.3.2　防型芯散落的注压成形模具

防型芯散落的橡胶注压成形模具,其结构形式如图 4-4-24 所示。其三维图如图 4-4-25 所示。

该模具在工作时,上模组件通过挂耳悬挂于硫化机的中子之上,中模和下模分别由硫化机的 1RT 和 2RT 开模机构托起。其后,下模之下的模具部分移入,硫化机的 3RT 驱使下模板上行,将悬于下模的活动型芯托起适当高度,操作者便可从活动型芯上取下制品防尘罩。

在此操作中,由于卡簧不能通过下型芯而上行,于是就避免了活动型芯的散落。

活动型芯的上升和制品防尘罩的剥落如图 4-4-25 所示。

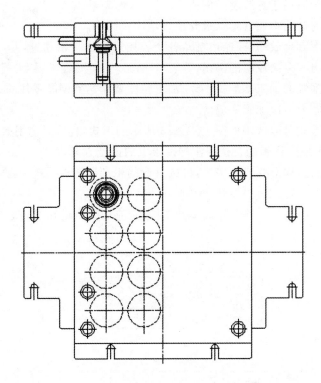

图 4-4-24　防型芯散落的注压成形模具的结构形式

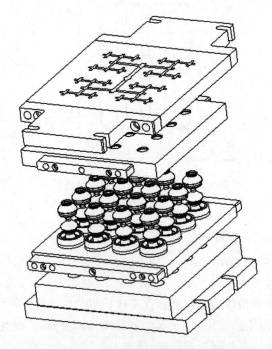

图 4-4-25　防型芯散落模具的三维爆炸图

4.4.3.3　无飞边模具

如图 4-4-26 所示为橡胶制品的无飞边注射成形模具。

该模具用在橡胶注射成形硫化机上。

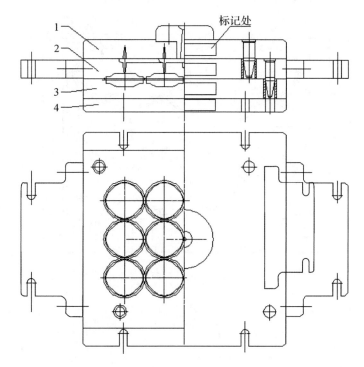

图 4-4-26　无飞边注射成形模具

1—下模固定板；2—下模板；3—上模组件；4—上模固定板组件

　　生产时，该模具的上模固定板组件安装于硫化机的上热板上，上模组件悬挂于硫化机的中子之上，下模板及其固定板安装在下热板上。

　　去除上模固定板组件 4 之后，该模具亦可在注压成形硫化机上使用，但前提是模具安装的技术参数必须是相同的。

　　如图 4-4-26 所示模具的浇注系统中设置有提料柱结构要素，关于这一内容，本书将在后面相关章节中进行介绍。

　　如图 4-4-27 所示为该模具的下模板型腔、撕边槽、连接槽和跑胶槽的设计布局。这种无飞边成形结构要素的设计布局，是无飞边模具设计的关键，也是无飞边模具结构的最大特点。

4.4.3.4　汽车用橡胶皮膜模具

某汽车用橡胶皮膜的成形模具的结构形式如图 4-4-28 所示。

该模具用在抽真空平板硫化机上。

　　对于汽车用橡胶皮膜类制品，虽然其形体结构比较简单，但是，其尺寸精度要求却非常严格，因为这关乎人员和车辆的安全。

　　设计这类制品的成形模具时，不论是模具的结构、型腔的尺寸精度、模具材料的选择及热处理、模具的制造加工工艺，还是模具的使用操作，都要严格按照技术规范进行，禁止因为制品的形体简单而草率行事。此类模具的细节设计见 8.14 节。

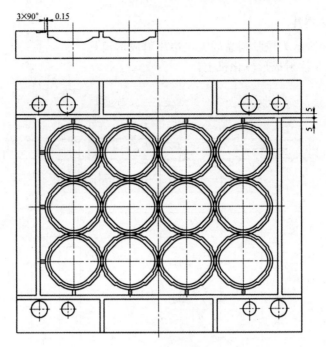

图 4 - 4 - 27　无飞边模具型腔等要素的设计布局

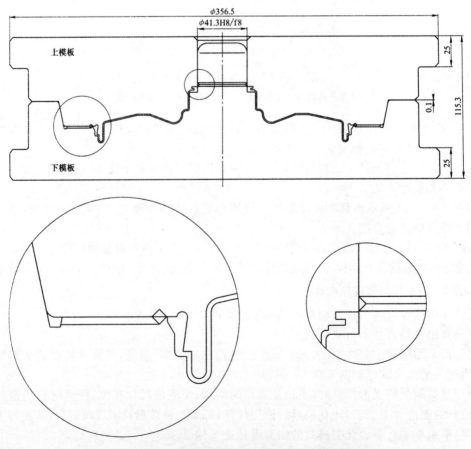

图 4 - 4 - 28　汽车用橡胶皮膜成形模具结构形式

4.4.3.5 抽真空成形模具

抽真空成形模具是根据橡胶制品成形的抽真空工艺要求在无抽真空橡胶成形硫化机的基础上设计的。抽真空成形模具可以避免制品在成形过程中出现的憋气(闷气)、气泡等缺陷,从而提高制品的表观质量和内在质量。

当然,抽真空成形模具需要有真空源。这一点在本书第 16 章中有较为详细的介绍。

抽真空成形模具的结构形式如图 4 - 4 - 29 所示。

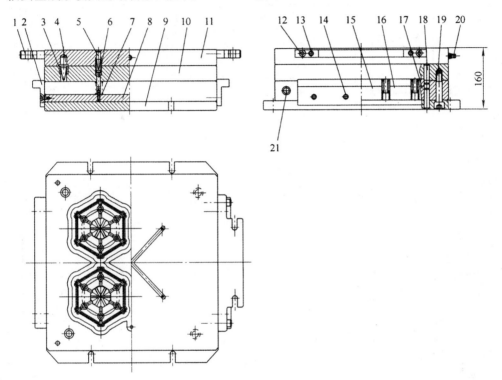

图 4 - 4 - 29　抽真空成形模具的结构形式

1—挂耳;2—托条;3—导套;4—导柱;5—导向销;6—型芯;7—复位弹簧;

8—内托条;9—下垫板;10—下模板;11—上模板;12,19—内六角螺钉;13—圆柱销;

14—螺钉;15—大支承板;16—小支承板;17—外支承板;18—定位销;20—气嘴;21—工艺性手柄

4.4.3.6 侧顶式模具

为了提高橡胶制品的内在质量,保证硫化三大工艺要素之一——硫化温度的工艺要求,确保制品成形硫化时热能的供给,同时保证制品开模取件的可操作性,需要将这类模具的结构设计成侧顶式开模取件的结构形式。如果仿照热塑性塑料注射模具的结构进行设计,则达不到上述各项技术要求。

侧顶式模具是为了保证硫化成形后的制品从下方顶出而脱模取件采取的模具结构形式。如图 4 - 4 - 30 所示为一空调风筒减震器的侧顶式注压成形模具。这种结构形式的成形模具既满足了下顶开模取件的可操作性要求,又最大限度地保证了制品硫化成形所需要的热能供给。

如图 4 - 4 - 29 所示的模具,在结构上也是侧顶式成形模具。

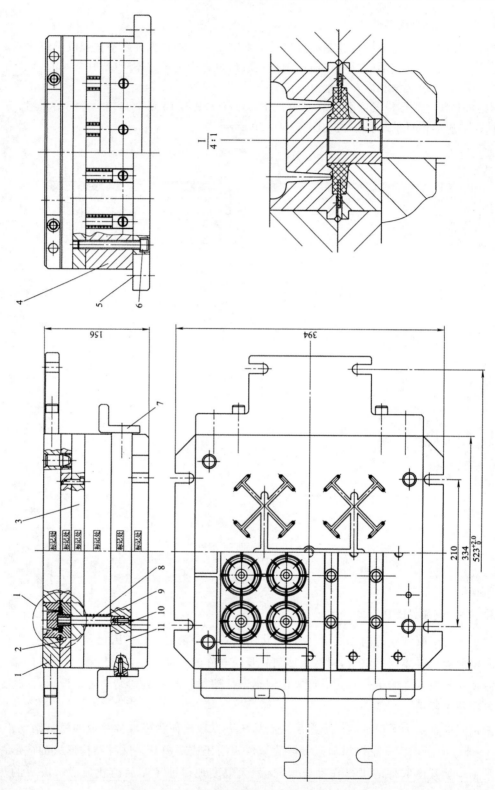

图 4 - 4 - 30　侧顶式注压成形模具的结构形式

1—上模组件；2—下模组件；3—下模垫板；4—支承导热板；5—固定板；

6—内六角螺钉；7—脱模侧顶机构；8—推杆；9—复位弹簧；10—螺钉；11—托条

4.4.3.7　自动分型模具

自动分型模具的结构形式如图 4-4-31 所示。

自动分型模具结构的本质是哈夫式成形模具,分型通过导向板式自动分型机构实现。自动分型模具的三维图如图 4-4-32 所示。从图中可以看出,模具各个部件的形体结构和哈夫块组在硫化机托板向上托起和沿导向板导向槽运动而自动分型。

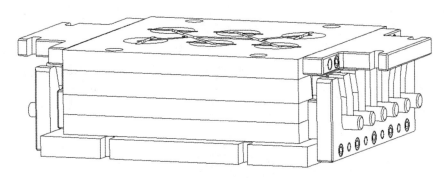

图 4-4-31　注压成形自动分型模具的结构形式

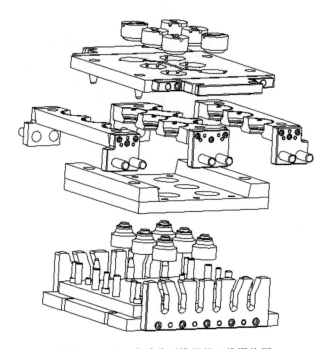

图 4-4-32　自动分型模具的三维爆炸图

对于按模具结构特点分类的填压模具、压注模具、自压注模具、浮动型芯式模具、注压成形模具、注射成形模具、侧拉成形模具、单分型面模具、双分型面模具和哈夫式分型模具等已在前面做了简单介绍。

4.4.4 按制品形体结构特点和成形工艺特点分类

在橡胶工业中,特别是在橡胶杂件制品的生产中,常常会遇到一些形体结构特殊的制品和具有某种成形工艺特点的制品,这类制品的成形模具值得橡胶模具设计者研究。

4.4.4.1 锥管类制品成形模具

某橡胶锥管制品成形模具的结构形式如图4-4-33所示。

该锥管成形模具的结构比较简单,但由于对制品外观质量要求很高,特别是对残留飞边要求很严格,因此,图中所示成形模具采用了无飞边成形结构。

从图4-4-33中可以看出,模具的模比为1∶2,在型腔外沿处按无飞边模具的结构要求设计了撕边槽,并设计有不同结构形式的跑胶槽连接着撕边槽使其与模体外界相通。这种结构形式可以保证锥管制品的外边在分型面上达到无飞边化的技术效果。

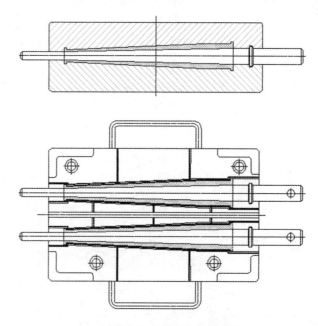

图4-4-33 橡胶锥管成形模具

4.4.4.2 橡胶波纹筒成形模具

某种橡胶波纹筒成形模具的结构形式如图4-4-34所示。

对于这类制品的成形模具,因为制品的峰、谷直径之比大于1.3,管壁较厚,橡胶的硬度值也比较高,整体式成形芯棒难以从制品中取出,因而将其设计成组合结构形式。

组合式成形芯棒的结构形式如图4-4-34中 $A—A$ 剖面所示。

如果制品的形体尺寸可以调整,或者硬度值可以降低,可采用吹气胀形脱模法来解决取件难的问题,从而可以简化芯棒的结构,使之整体化。如此一来,不仅方便操作,还能延长模具的使用寿命。

4.4.4.3 吹气取件弯管模具

上述提到的"吹气胀形脱模取件"的问题,本节就介绍吹气取件的成形模具实例。某橡胶弯管成形模具如图 4 - 4 - 35 所示。

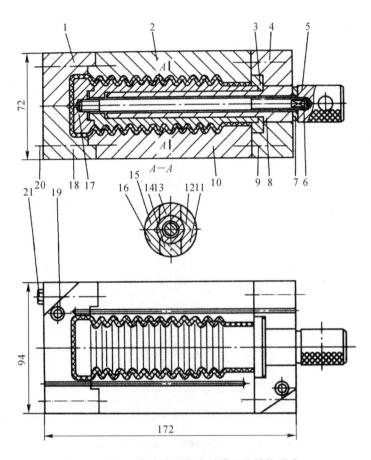

图 4 - 4 - 34　橡胶波纹筒成形模具的结构形式

1—上端模；2—上模体；3—定位环；4—上挡板；5—锁紧手把；6—螺钉；7—垫片；8—圆形压杆；
9—下挡板；10—下模体；11—芯棒组件（一）；12—芯棒组件（二）；13—芯棒组件（三）；14—芯棒组件（四）；
15—芯棒组件（五）；16—芯棒组件（六）；17—芯棒组件（七）；18—下端模；19—定位销；20—圆柱销；21—螺钉

在生产中，由于制品上存在着波纹形结构，使得剥落取件非常困难，所幸橡胶的硬度值不是很高，因而采用"吹气胀形法"来脱模取件。

如图 4 - 4 - 35 所示模具为注压成形结构，用在橡胶注压成形硫化机上，上模部分通过挂耳悬挂于硫化机的中子之上。在硫化成形之后，随着设备主缸卸载下移，模具自动开模分型。随后，下模部分移出，操作者取出带有制品的型芯，将其悬挂在脱模架上，采用吹气胀形法进行脱模取件。

4.4.4.4　吹气成形模具

对于一部分橡胶制品来说，其成形芯轴（或芯棒）或是形状比较复杂，或是质量过大等原因，而需要在保证制品设计要求的条件下，将成形模具设计成无芯轴式的吹气成形模具。

某大型波纹管的吹气成形模具的结构形式如图 4 - 4 - 36 所示。

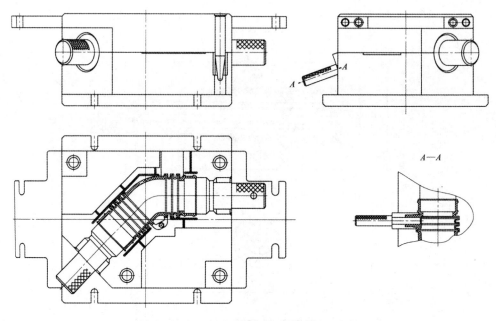

图 4-4-35 橡胶弯管成形模具

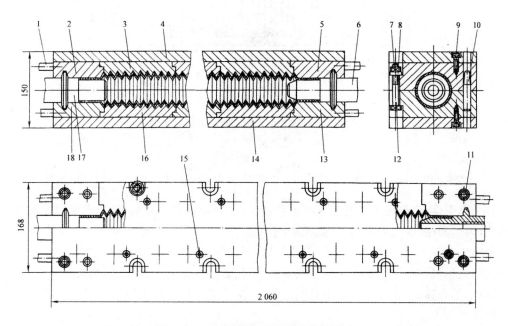

图 4-4-36 吹气成形模具的结构形式

1—手柄;2—上端模(左);3—型腔拼接件(上);4—上固定板;5—上端模(右);

6—充气型芯;7—紧固螺母;8—垫片;9—内六角螺钉;10—定位销;11—导向销;

12—螺钉;13—下端模(右);14—下固定板;15—圆柱销;16—型腔拼接件(下);17—堵轴;18—下端模(左)

由于制品形状较大(其长度为 1 910 mm),成形模具的体积自然也是比较大的,所以将制品成形模具设计成吹气成形的无芯轴式的模具结构。

该模具也属于移动式成形模具,将其半成品胶管装入模具型腔后,操作由紧固螺母 7、垫片 8 及螺钉 12 所组成的锁模机构,再移入硫化罐中进行硫化成形。在硫化成形过程中,通过充气型芯 6 始终对其内部保持必要的压力,以保证半成品胶管胀形之后能够紧紧地贴附在型腔内壁成形。

4.4.4.5　填压成形类模具

如图 4 - 4 - 37 所示为填压成形类模具,其结构形式也是最为常见的结构形式之一。

该模具的结构特征如下:

(1)模具的下模和型芯之间的空间,如同压注器的料斗一样。工作时,可将胶料或预成形半成品置于其间,合上模。此时,上模下端部分就如同压注器的柱塞,随着模压动作的进行,胶料就会流入模具型腔的各个部分以充型。

(2)该模具设置了两层余胶槽,严格地说,分型面上的三角形余胶槽为撕边槽,尺寸较小,其目的是方便清除制品分型面上的飞边,并实现制品的无飞边化技术质量要求。

(3)下模的环形上平面与上模之间应留有 0.05~0.10 mm 的间隙,以保证分型面上的飞边最薄和制品的无飞边化。

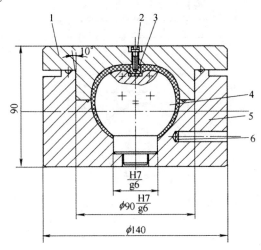

图 4 - 4 - 37　填压成形类模具
1—上模;2—骨架吊钉;3—骨架;4—型芯;5—下模;6—毡垫

4.4.4.6　利用制品外骨架脱模模具

有一类橡胶制品,成形之后其骨架的一部分漏于橡胶体之外。可利用这一特点设计成形模具的脱模机构,该类模具的结构形式如图 4 - 4 - 38 所示。

在图 4 - 4 - 38 中,制品的外骨架只有少部分嵌入橡胶主簧之中,而大部分漏于其外,这给制品零件的脱模取件创造了条件。

利用制品结构的这一特征,在模具中设置托架 1,在硫化机 1RT 托板上升的推力作用下,托架可以直接将制品从模具型腔中托出。

4.4.4.7　型腔排列方形化模具

如图 4 - 4 - 39 所示,通常将三列四行设置布局的型腔变成方形排列的模具。

之所以要将三列四行的型腔布局改为方形排列形式,是因为如图4-4-39所示的方形排列结构形式比三列四行排列的长方形结构形式对硫化提供的热能的利用率更高。

除了上述优点之外,该模具还有以下几个特征。

(1)该模具为注压成形模具结构,模比为1∶12。

(2)模具用在具有3RT开模机构的注压式橡胶成形硫化机上。

(3)模具为双分型面结构形式,中模的型腔下面有勾起台结构。该结构可以使制品滞留在中模型腔之中,为下模取件制造条件。

(4)模具型腔口沿外设置有余胶槽(或撕边槽),它们相互连接或与跑胶槽相通。

(5)型腔中的凸肋与制品外骨架的凹槽相配合,作为定位要素。

(6)模具上、中、下各模板之间的定位部分有防止误操作的设计措施,保证了模具的使用安全性。

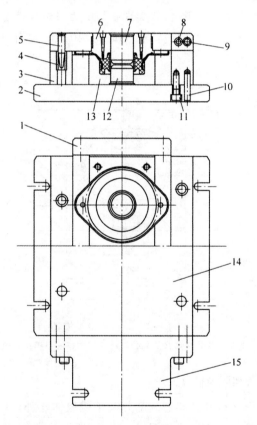

图4-4-38 利用制品外骨架脱模模具的结构形式

1—托架;2—下模固定板;3—外板;4,5—导套;6—上型芯;7—内骨架定位销(上);
8,11—内六角螺钉;9,10—圆柱销;12—内骨架定位销(下);13—下型芯;14—上模板;15—挂耳

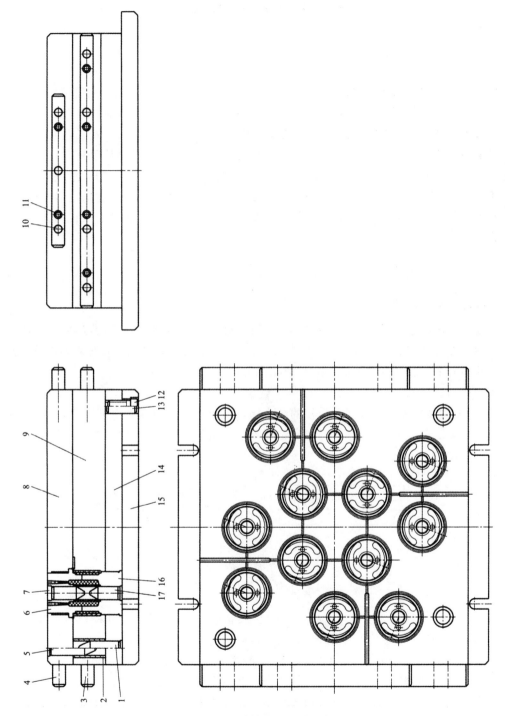

图 4 - 4 - 39　型腔排列方形化模具

1—导柱(下);2—导套;3—托条(下);4—托条(上);5—导柱(上);6—上型芯;7—骨架定位销(上);8—上模板;
9—中模板;10,13—圆柱销;11,12—内六角螺钉;14—下模板;15—下模固定板;16—下型芯;17—骨架定位销(下)

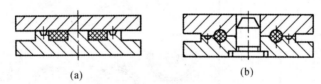

4.5　橡胶模具基础知识

4.5.1　橡胶模具简述

橡胶模具是制作橡胶模制品零件的重要工艺装备。橡胶模具的结构、精度、型腔的表面粗糙度以及使用寿命等因素，都直接影响橡胶模制品零件的尺寸精度、表面质量、生产成本和生产率等各个方面。不仅如此，模具结构的设计、主要构件使用材料的选择及其热处理要求、制造工艺和组装质量等方面，还会影响模具自身的使用寿命。因此，在设计模具时，首先要对制品零件的结构特点进行认真的分析、研究，并以此为据，选择合理的模具结构，满足制品零件的设计要求、生产工艺要求以及模具的使用操作要求。此外，还要合理地选择模具各个构成零件的材料及其热处理要求，以便使模具的使用寿命达到最理想的程度，获得最大的技术效果和经济效益。

4.5.2　橡胶模具的结构分析

4.5.2.1　填压模

将定量的胶料或预成形半成品直接填装于模具型腔之中，然后合模，推入平板硫化机（电热式或蒸汽加热式）热板之间进行加压、加热、硫化等工艺流程而得到橡胶制品零件的工艺中，使用的模具称为填压式压胶模，简称为"填压模"。

填压模有以下几种结构形式：

（1）开放式填压模。开放式填压模的结构特点是模具的上模板和下模板之间没有直接的定位结构要素。如果需要定位，则通过定位销等定位机构来实现。开放式填压模的结构如图4-5-1所示。

图4-5-1　开放式填压模的结构

（a）无定位机构；　（b）有定位机构

开放式填压模具有结构简单、易于设计制作、制造周期短、成本低和操作方便等特点，而且，在模压生产时空气易于排到模具型腔之外，避免了滞气和气泡等缺陷。

这类结构的模具特别适用于形体较为简单的橡胶模制品零件的模压成形，其不足之处是胶料易于外流、耗胶量较大（即胶料利用率低）且制品零件的致密性较差。

随着生产技术的不断发展，胶料预成形处理和操作工艺方法的改进和提高，上述的不足之处可以在一定的程度上得到弥补。但是，对于如图4-5-1(a)所示结构形式，启模后取出制品零件比较困难。因此，通常在进行橡胶模具设计时，尽可能避免采用这种形式的结构方案，或者在制品零件所许可的范围内尽量增加脱模斜度。

（2）封闭式填压模。封闭式填压模的结构如图4-5-2所示。

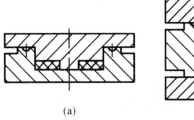
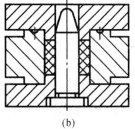

(a)　　　　　　　　　　　(b)

图 4-5-2　封闭式填压模的结构

封闭式填压模的特点是其上、下模板在模具型腔的延长部位直接进行导向和定位。在模压生产过程中,这种模具结构的优点是胶料难于流到模具型腔之外,所得到的制品零件的致密度很高。但是,这种模具结构的缺点是排气性能较差。另外,从模具的加工制造来看,这种模具结构比开放式填压模的精度要求要高。

在模压生产中,这类模具要求严格称取入模胶料质量,每次压制都得做到定量入模,这样才能保证制品零件的质量。

封闭式填压模适用于含有织物夹层的橡胶模制品零件的模压生产。但这种结构的模具在生产中启模取件较困难,特别是如图 4-5-2(a)所示结构形式更是如此。由于这类模具启模取件较困难,所以,应设计制作与模具配套使用的卸模架,以方便模具的使用和操作。一般来讲,设计时采用半封闭式模具结构是比较合理的。

(3)半封闭式填压模。从结构上看,半封闭式填压模结构兼有开放式填压模和封闭式填压模的优点,如图 4-5-3 所示。

半封闭式填压模结构的排气性能较好,制品零件的致密度也比较高,胶料流失少,利用率较高,启模取件也比较方便。这类模具结构也适用于内含织物的橡胶模制品零件的模压生产。

上述三种类型模具均属填压式压胶模,但各结构均有优点和缺点。那么,在设计模具时,究竟选择哪种结构为好,要根据橡胶模制品零件的形体结构特点、尺寸精度等级、生产批量的大小、使用中操作方便程度以及制品零件设计图样的技术要求等因素进行综合分析后确定。

4.5.2.2　压注模

压注模的结构如图 4-5-4~图 4-5-6 所示。

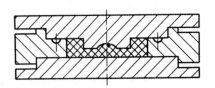

图 4-5-3　半封闭式填压模结构

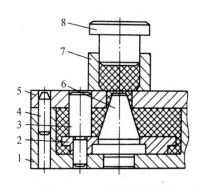

图 4-5-4　橡胶压注模

1—下模;2—金属骨架;3,6—型芯;4—定位销;
5—上模;7—压注器料斗;8—压注器柱塞

— 287 —

这类模具结构分为成形模具本体和压注器两个部分。使用压注模具时,如果模具结构中含有活动型芯或者制品零件中含有骨架,则应先将模具的活动型芯或骨架安装固定在模具的型腔之中,再将装有定量胶料的压注器(料斗和柱塞)放置在模具上面的正确位置上,然后将组合好的压注模放置在硫化机下热板正中央,启动硫化机压力系统。此时,胶料通过柱塞承接来自硫化机的压力而产生塑性变形和流动,经过模具的浇注系统被挤到模具型腔之中。

胶料受挤压并充满模具型腔之后,卸下压注器,再次向模具加压、加热,达到硫化时间后,即可开模取件。

满足上述生产方式的橡胶成形模具,称为橡胶压注模。

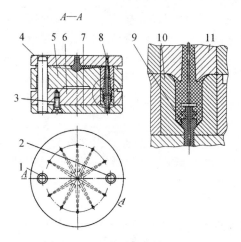

图 4-5-5 橡胶密封塞压注模

1—定位销(小);2—定位销(大);3—螺钉;
4—上模板;5—中模板(上);6—中模板(下);7—下模板;
8—金属骨架;9—绝缘骨架;10—下模芯;11—上模芯

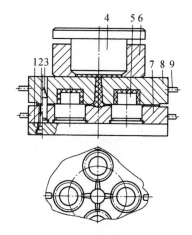

图 4-5-6 橡胶盖压注模

1—下模;2—螺钉;3—定位销;4—柱塞;
5—型芯;6—料斗;7—型芯固定板;8—上模;9—手柄

橡胶压注模一般常用于形体结构复杂或内含骨架的制品零件以及橡胶硬度不是很高的橡胶模制品的生产。

相比之下,这种模具的结构比较复杂,其型腔和浇注系统的加工多在数控铣床、加工中心,甚至精雕机上进行。

对于生产批量不是很大的橡胶制品来说,这种模具的操作比较简单,使用平板硫化机即可,且生产率较高,制品零件的质量较高,还可以克服填压式模具填装胶料困难的缺点。

如果制品零件的形体较小,在压注模的设计中,要尽可能地设计成一模多腔,以提高模压加工的生产率,降低生产成本,如图 4-5-6 和图 4-4-2 所示。

如图 4-5-4 和图 4-5-6 所示均为压注器与模具相互配合使用的组合式压注模。整体式压注模(也称为自压注式压注模)如图 4-5-7 和图 4-4-3 所示。

4.5.2.3 注压模具

橡胶注压成形模具简称为"注压模具",用在橡胶注压成形硫化机上。这类橡胶模具的结构形式如图 4-5-8 所示。

注压模具适用于大批量生产,特别是形体结构复杂、内含骨架、无法靠填胶模压生产的橡胶制品零件。

橡胶注压成形硫化机的脱模顶出机构有下顶带侧托的、2RT 和 3RT 的。设计具体制品的成形模具时,一定要了解所用硫化机的型号、脱模顶出机构的形式与特点以及相关的技术参数。

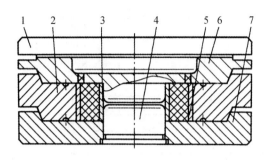

图 4-5-7　整体式压注模

1—柱塞;2—中模;3—内骨架;4—内骨架定位销;5—外骨架;6—上模;7—下模

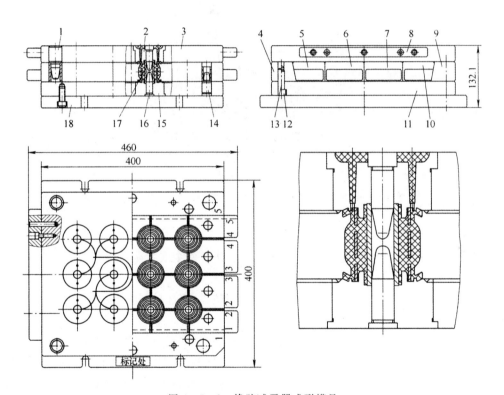

图 4-5-8　橡胶减震器成形模具

1,14—导柱、导套;2—上型芯;3—上模板;4,9—定位块;5,6,7,10—哈夫块组;8—托条组件;11—下模板;
12—内六角螺钉;13—圆柱销;15—下型芯;16—骨架(一)下定位销;17—骨架(二)上定位销;18—下模固定板

4.5.2.4　注射模具

橡胶注射成形模具简称“注射模具”,用在橡胶注射成形硫化机上。这类模具的基本结构如图 4-5-9 和图 4-5-10 所示。

如图 4-3-11 所示是模比为 1∶16 的侧顶脱模取件的橡胶注射成形模具。

与橡胶注压成形硫化机一样,其脱模顶出机构也有下顶带侧托、2RT 和 3RT 等形式。注射模具的结构设计一定要符合成形硫化机的使用要求。

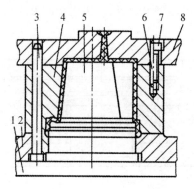

图 4-5-9　橡胶注射模(一)

1—垫板；2—型芯固定板；3—导柱；4—中模；5—型芯；6—圆柱销；7—螺钉；8—定模

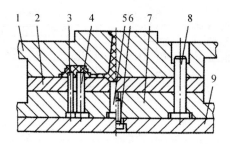

图 4-5-10　橡胶注射模(二)

1—定模；2—推板；3—小型芯；4—大型芯；5—拉料杆；6—螺钉；7—固定板；8—导柱；9—垫板

4.5.2.5　多型腔模具

所谓多型腔模具，就是在一副模具之中，设计制作了两个或者两个以上乃至上百个型腔的成形模具。

设计制作多型腔压胶模具，其目的在于提高橡胶制品零件模制化生产的生产率，降低制品零件的生产成本等。

多型腔模具的结构设计，要依据硫化设备的技术特征和技术参数。多型腔模具有整体模板式结构、模芯模架式结构、可更换型芯式结构、浮动型芯组结构、哈夫块组结构、侧顶脱模式结构、侧拉脱模式结构、自动脱模式结构、填压式结构、注压式成形结构和注射式成形结构、自压注式成形结构和无飞边式模具结构等。

4.5.2.6　合叶式模具

合叶式模具以通常所使用的手工搬动进行操作的小型模具为基础，在其侧面增设了一种特制合叶作为上、下模板的连接构件。

合叶式模具的特点是采用特制的合叶(见图 4-5-11)代替了原有模具一侧的手柄。在使用过程中，模具就像书本一样开合、启闭，使用非常方便，不会产生倒装、翻转现象。

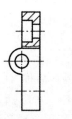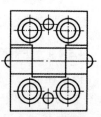

图 4-5-11　橡胶模具的特制合叶

在结构上合叶式模具使用锥销定位或者是锥面定位,启模时不必使用撬棒等各种专用工具。有的合叶式模具,在其结构中还附设有上模弹顶装置(弹簧式顶启机构),这样就使得启模取件更为方便。

在合叶式模具的结构中,使用专用的锥形定位销来实现其上、下模体或者模板之间的定位最为合理。锥形定位销一般都有相应的锥套,有时也可以利用模体来直接进行定位而无锥套。此外,也有利用上、下模板的斜面,或者锥面,或者是模芯的锥度部分,来直接实现模具定位的。如图 4-5-12~图 4-5-15 所示为几种合叶式橡胶模具。

如图 4-5-15 所示的模具结构特点是合叶的两部分间有很大的移动距离,操作非常方便。这种合叶结构简单、易于制造。

如图 4-4-23 所示合叶式模具,合叶的结构形式与上述合叶皆不相同。考虑到合叶的结构形式不尽相同,设计合叶式橡胶模具时,尽量选用市场已有的能够满足使用要求的合叶。

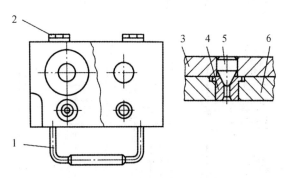

图 4-5-12　60°锥销定位的橡胶模具
1—手柄;2—合叶;3—上模;4—锥套;5—锥销;6—下模

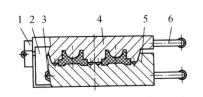

图 4-5-13　模体斜面定位的橡胶模具
1—合叶;2—端板;3—螺钉;
4—上模;5—下模;6—手柄

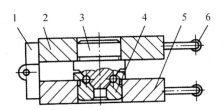

图 4-5-14　模芯锥度定位的橡胶模具
1—合叶;2—上模板;3—上模芯;
4—下模芯;5—下模板;6—手柄

4.5.2.7　吹气成形模具

吹气成形模具也称为无芯充气成形模具。使用这种模具时,常以未硫化(或半硫化状态)的管状类胶料为预成形半成品。将其装入模具型腔之中,锁紧上、下模,然后通入压缩空气,对半成品进行胀形,使之贴于模具型腔的内壁之上实现成形;或者在平板硫化机中进行硫化,或者将压缩空气进行密封保压,再将模具送入硫化罐中进行硫化,或者吹入过热蒸汽直接进行硫化而得到橡胶制品零件。

使用过热蒸汽直接进行硫化的工艺方法会使制品零件的内壁产生麻点(也称为斑点),造成制品内壁表面质量不高。

密封吹入压缩空气的方法有两种,即气门密封法和阀门密封法。如图 4-5-16 所示吹气成形模具,是直径为 70 mm、长度为 585 mm 的橡胶波纹管吹气成形模具。

有的地区和生产厂家也将吹气成形模具称为胀气成形模具。

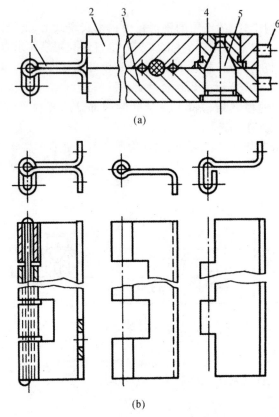

图 4-5-15　移动式合叶橡胶模具

(a)移动式合叶模具；　(b)移动式合叶

1—移动式合叶；2—上模；3—下模；4—锥套；5—锥销；6—手柄

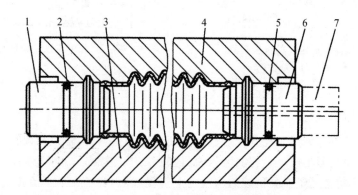

图 4-5-16　橡胶波纹管吹气成形模具

1—堵头；2,5—密封圈；3—下模；4—上模；6—进气堵头；7—气门接头(或气阀接头)

4.5.2.8　组合式压胶模

组合式橡胶成形模具不是常用的橡胶模具,这种模具仅适用于零件品种较多且形状相近、生产批量不大的生产单位。而且,随着规模化生产趋势的发展,组合式模具的数量越来越少。

组合式压胶模是在多型腔模具结构的基础上设计制作而成的。

组合式压胶模具的模体可以设计成与硫化机的加热平板连接在一起的结构,这样启模会更加方便,但是将胶料或预成形半成品装入模具型腔则比较困难。

这种结构形式的模具,其优点是能够方便地更换每一对单个型芯,随时可以组合出满足各种形状制品的生产要求的型腔,也可以按照制品零件规格不同,更换所有的模芯,还可以通过组合制品零件的模芯,调整各种制品零件在生产中的数量、比例等。该模具的缺点是,除了不便装填胶料之外,由于模芯是可更换的,配合面的间隙要比固定式模芯要大许多,就造成了制品零件在分型面上的错位量较大。对于要求严格的密封制品零件来讲,这种结构形式不能满足其质量要求。

随着硫化机脱模机构和移出机构技术的进步与发展,为解决组合模具在更换型芯引起的错位量较大给制品带来质量问题方面提供了技术保障。对于浮动型芯式模具,在模板、型芯等结构标准化的基础上,可以实现形体尺寸相近、结构特点类似的制品零件的组合式模具设计,即通过更换模芯可以实现不同制品的组合式生产。

4.5.2.9　口型

口型,即橡胶挤出模具,也称为口型模或挤出模板,它是与橡胶压出机、预成形机的机头部分配合使用的(见图 4 - 5 - 17)。

这种模具的结构形式比较简单,但要挤压出断面形状与尺寸都符合设计要求的橡胶半成品却并非易事。

通过变化口型口部形状,可以挤压出各种断面形状的橡胶半成品。所以,这种模具结构适用于长度尺寸很大的各种断面形状的橡胶制品的半成品胶料。

使用口型挤压出来的胶条,可以在硫化罐中集中硫化,也可以采用某种连续硫化的工艺硫化。

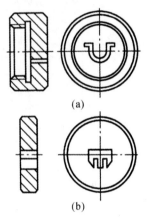

图 4 - 5 - 17　口型(挤出模板)

但这种生产方式决定了其制品零件的断面形状与尺寸精度不可能很高,其致密度也不可能作为相关制品的预成形品。因此,对其形状与尺寸没有严格的要求。

口型要根据制品零件的断面形状与尺寸要求来进行设计。不仅如此,还与挤压速度、胶料的硬度、挤压预热的温度、机头的温度以及胶料的门尼黏度等因素有关。

胶料的挤出膨胀率是比较大的。由于影响挤出膨胀率的因素较多,所以挤出膨胀率的变化范围也比较大,一般是在 $20\%\sim110\%$ 。要想获得理想的断面形状与尺寸,除了考虑以上所述各种因素之外,必要时还应当做测定挤出膨胀率的工艺试验。

对于口型模板外形尺寸,要按照所使用的压出机机头部分的相关尺寸进行设计。

4.5.3　橡胶模具的结构要素

所谓橡胶模具的结构要素是指组成橡胶模具的各类构件和发挥某种工艺功能的结构形

式。通常,就所使用的橡胶成形模具来说,其结构要素可以分为以下几个类型。

结构要素分类

- 成形要素
  - 上模、中模、下模、端模、哈夫块模块
  - 型芯、芯轴、活动模块、镶块、模芯(及模芯镶件)
- 辅助要素
  - 余胶槽、撕边槽
  - 连接槽
  - 跑胶槽(溢胶槽、流胶槽)
  - 排气槽、排气孔、抽气系统(密封槽、密封圈、抽气槽、气嘴)
  - 飞边切断刃口
  - 胶料密封槽
  - 托条、托柱、托架
- 连接要素
  - 螺钉、螺栓、螺母、吊钉、挂耳、拉板
  - 螺纹连接孔、拉板槽
  - 合叶、哈夫块悬挂板
  - 卡圈
- 定位导向要素
  - 定位销、导柱、导套、定位滑轨、滑块、定位圈
  - 导向孔、导向槽、导向板
  - 哈夫块、定位块
- 注胶要素
  - 压注器(料斗、柱塞)
  - 注射口
  - 主浇道、各级分浇道、冷料穴、拉料螺纹孔、各类进料口
- 工艺要素
  - 工艺定位孔、工艺销孔
  - 工艺螺纹孔、工艺连接孔
  - 工艺堵块、工艺垫板
  - 工艺哈夫块
- 操作要素
  - 启模口
  - 手柄、套筒
  - 哈夫块分型导板
  - 推板、推板导向杆、连接板
  - 复位弹簧、启模弹簧
  - 浇注系统赘料提起孔
  - 卸模孔、卸模架、脱模气筒、非直型芯轴提手、螺纹吊环
  - 测温孔
- 标记要素
  - 对模标记
  - 工艺标记(拼合式型芯结合面上所做的标记)
  - 编号标记(模具编号、模板层次号、哈夫块序号、拼块序号、型腔序号、型芯序号等)
  - 太阳标
  - 商标图案
  - 产品代号或 OE 号

4.5.3.1 成形要素

橡胶模具的成形要素指的是组成成形制品零件形状的模具型腔部分。组成成形要素的构件有模具的上模板、中模板、下模板、上下端模、哈夫块组件,成形制品内部形状、狭槽、沟缝的型芯、芯轴、模芯、活动模块、型腔镶块、拼块以及构成模具型腔的其他构件。

4.5.3.2　辅助要素

橡胶模具的辅助要素是与成形要素有间接关系的结构要素。

辅助要素中的余胶槽与撕边槽有相似之处,也有区别。相似之处是二者都可存留成形制品之后的多余胶料,其区别是余胶槽的设置距离型腔较远,而撕边槽的设置距离型腔较近。不仅如此,撕边槽除能存留成形制品后的多余胶料外,还是构成无飞边成形模具的重要组成部分。

连接槽是将相邻型腔外面的撕边槽连接起来的结构要素,其断面形状与撕边槽的断面形状相同。连接槽的一个作用是在多型腔模具中将各个撕边槽连接在一起,有利于撕边槽中废料的清除;另一个作用是对于平衡相邻型腔内的胶料,它也能起到一定的积极作用。

跑胶槽也叫溢胶槽或流胶槽。跑胶槽一端与撕边槽相通,另一端则通向模具体外。其作用是可以疏导型腔中的气体和多余胶料于模具体之外。

为了保证制品零件的质量,有的橡胶模具中还设置了排气槽、排气孔和存气孔。在设计抽真空模具时,还要设计抽真空系统的各个结构要素,如安装密封条的密封槽、抽气槽和抽真空气嘴安装孔等。

设计无飞边成形模具时,不仅要设计撕边槽,还必须考虑飞边切断刃口的具体尺寸与要求。

在有的模具结构中,根据成形制品零件的要求,需要在相关部位设置胶料密封槽。

对于部分 3RT 脱模机构硫化机来说,成形模具要设计上、下托条;有翻板功能的要设计托柱;有侧拉开模功能的,要设计哈夫块组的托架及侧拉爪爪孔或爪槽等。

4.5.3.3　连接要素

橡胶模具的连接要素有螺钉、螺栓、螺母和吊钉等,还有与硫化机中子连接的上模板两侧的挂耳,侧拉开模各哈夫块之间的拉板及拉板槽等。

在合叶式模具结构中,合叶是连接上模板和下模板的主要连接要素。在自动分型模具结构中,哈夫块悬挂板是连接哈夫块和托柱的连接要素。

4.5.3.4　定位导向要素

所谓定位导向要素,就是在橡胶模具结构中对各相关零部件或对骨架起定位作用、对相互运动的零部件起导向控制作用的零件和机构。

这类要素有圆柱销、锥销、导柱、导套、定位定向滑轨、导向槽、导向孔、滑块、注射成形模的定位圈和自动分型模具结构的导向板。

此外,还有哈夫块的定位块、具有斜导柱开模分型模具的楔紧块等。

4.5.3.5　注胶要素

所谓注胶要素就是将胶料挤入、压入或注射进入模具型腔之中的各种零部件和机构。

橡胶模具的注胶要素包括压注模的压注器(料斗、柱塞),注压模具和注射成形模的各级分浇道、冷料穴、拉料螺纹孔、各类进料口以及注射成形模具的主浇道等。

4.5.3.6　工艺要素

所谓橡胶模具的工艺要素,是指在模具的加工、制造及使用中,根据工艺或使用要求,在其设计图样上增设的各类结构要素。

橡胶模具的工艺要素包括工艺定位孔、工艺销孔、工艺螺纹孔、工艺连接孔、工艺堵块、工艺垫板和工艺哈夫块等。

工艺要素只是为了便于模具零件或部件的加工、制造(包括组合加工),或适用于所用硫化机的技术参数,与模具自身的成形特点、精度要求与使用操作没有太大关系。

4.5.3.7　操作要素

在橡胶模具的结构中,凡是能够满足模具使用时操作要求的各种机构、零件和部件,均称为操作要素。

橡胶模具的操作要素包括手柄、启模口(也叫作起子口、启模槽)、手柄套筒、手把、推板、推板导向杆、复位弹簧、浇注系统赘料提起孔、卸模孔、脱模气筒、非直型芯轴提手、螺纹吊环、通用或专用卸模架、气动卸模装置和测温孔等。

4.5.3.8　标记要素

在橡胶模具中,标记是一个非常重要的要素。这一要素对于模具的制作加工、使用安全以及制品零件的商品性等,都具有十分重要的作用。

橡胶模具的标记要素包括以下四方面内容:

(1)在使用中,为保证安装模具的正确性,即不发生错位、翻转或者倒装等误操作,在模具的外形结构或者外侧面某个部位上特意制作了对模方向的缺角、缺口、模板层次序号、斜槽和斜缝等方向性标记。这种标记称为对模标记。

(2)为了使模具在制造(特别是拼合式中模、型芯类构件)和使用操作时方便、准确,相关构件之间不至于错位,在各拼合块的相应部位做出位置标记。这样,对模具的制造过程非常有利,同时也使模具在使用中操作时,各拼合块能够对号入座,按序排列,保证模具的安全使用和制品零件的质量。这种标记称为工艺性标记。

(3)在生产中,为了领取模具准确(不会因外形相似而领错)、方便,兼顾生产工艺性管理,应当按照相应企业的标准化管理规章制度和工艺装备的标准化、系列化编号等要求,在模具外侧编制、刻印模具代号或者编码。这种标记称为模具的编号标记。

(4)对于一些橡胶制品零件,要求在其形体的某一指定位置标识该制品零件的型号或产品代号。于是,在模具型腔的相应部位需要刻制出成形该制品零件的型号或产品代号字样的结构要素。这种标记称为产品代号标记。

4.6　橡胶模压制品对其成形模具设计的工艺性要求

在橡胶制品零件的生产过程中,其成形模具直接影响制品零件的质量、生产率和生产成本。

为此,要求橡胶模具的型腔几何形状准确,尺寸公差要达到能够保证制品零件质量的要求,以满足制品零件的设计要求及使用功能。橡胶模具型腔的表面粗糙度要求一般是比较严格的,它能反映制品零件的表面质量。此外,模具零件的制造质量和组装技术也会对模具的总体质量和使用操作产生影响。因此,对于橡胶模具的设计,无论是结构方案的确定,还是组成模具的每一个结构要素的设计,都要进行深入的分析,研究零件的形体结构、尺寸要求、使用功能和所用胶料等各个方面对模具设计的工艺要求。

4.6.1　模具型腔的尺寸精度

橡胶模具的设计,必须保证型腔部分能够满足成形制品零件的形状与尺寸精度的要求,这是最基本的要求。

对于模具型腔的设计,是以制品零件所要求的形体结构、尺寸公差以及所使用的橡胶胶料的硫化收缩率为依据来进行计算和设计的。

设计橡胶模具时,型腔部分的制造公差值一般取制品零件设计图样上给定的公差值的 $1/5\sim1/3$。

对于精密级和高精密级的制品零件,为了保证制品零件尺寸精度的准确,必要时还应对制品所使用的胶料进行工艺试验,以测定其硫化收缩率的确切值。

4.6.2　表面粗糙度

对于橡胶成形模具来说,这里所说的表面粗糙度是指模具型腔和各分型面上的表面粗糙度。

通常,橡胶模具型腔的表面粗糙度值 Ra 应在 $0.4\sim0.1~\mu m$。这样,对于胶料在模压型腔中的流动、成形和启模取件均有利。不仅如此,这对于提高制品零件的表观质量和商品性也是有益的。同时,这也有利于增强型腔表面的耐蚀性,提高模具的使用寿命,减少模具型腔的清洗次数。

模具各个分型面的表面粗糙度值 Ra 一般均为 $0.8\mu m$,这一等级的表面粗糙度值属于橡胶模具制造中的经济表面粗糙度值,既有利于保证制品零件(垂直于分型面方向的)的尺寸精度,又有利于型腔中的空气排到模具型腔之外。这一等级的表面粗糙度值在模具制造加工中也是比较容易实现的。

4.6.3　分型面

在橡胶模具的设计中,分型面的选择是在确定模具结构方案时,首要考虑的重要因素之一,是结构设计的基础。

分型面的结构形式是多种多样的,并由橡胶制品零件的形体结构特点决定。常见的分型面有水平分型面、垂直分型面、阶梯式分型面、斜分型面以及复合式分型面等。设计时,究竟选择什么样的分型面,主要根据橡胶制品零件的形体结构特点来确定。分型面的选择原则主要有以下几方面:

(1)分型面不得影响制品零件的外观质量、尺寸精度和使用功能(特别是密封类制品)。

(2)分型面的选择要有利于启模取件。

(3)分型面位置的设计,要有利于模具型腔中气体的排出。

(4)分型面的设计要有利于飞边的修除。

(5)分型面结构的设计应力求简单。

4.6.4　进料口

对于模具的结构方案设计,若选择的是压注结构或注射结构,对于胶料进料口位置的选择,大小、形状与尺寸的设计,必须保证不得因其废料的清除而给制品零件的使用功能和外观质量带来不良影响,特别是对于要求较高的密封类制品和外观讲究的日常生活用品。当然,进料口的位置要尽量避免设计在制品零件的工作部位和外观明显的位置,这是橡胶模具设计的一般常识。

4.6.5 使用寿命及其他

橡胶模具必须具有足够的强度和刚度。设计时,选择的各个构件的使用材料及其热处理工艺规范都应该是合理的。如果制品零件为大批量生产的,在模具设计中必须考虑模具使用寿命这一重要因素。此外,模具的结构方案要力求合理、简单,定位可靠,操作方便且安全;余胶槽和跑胶槽布局要合理,位置适当,大小相宜,以达到既能保证制品零件的质量又能提高胶料利用率的目的。提高模具的结构工艺性,以利于模具的加工和制造,缩短制造周期,降低成本。提高模具的相关结构要素的合理性、最佳性,尽量减小飞边的厚度,确保橡胶制品零件的质量要求。

4.7　橡胶模具的常用机构与设计

4.7.1　定位机构

4.7.1.1　圆柱面定位机构

圆柱面定位机构如图 4-7-1 所示。

圆柱面定位机构具有结构简单、易于加工制造、使用时连接可靠以及操作安全等特点。这种定位机构常用在一些小型的平板硫化机所用的橡胶成形模具上。

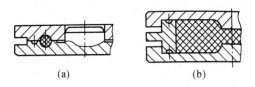

(a)　　　　　　　　(b)

图 4-7-1　圆柱面定位机构

4.7.1.2　锥面定位机构

锥面定位机构如图 4-7-2 所示。

锥面定位机构的特点是,模具在工作时,相关构件能够自动导向并定位,易于启模。该结构的锥面部分的锥度配合要求比较严格,对加工制作要求也较高。

如图 4-7-2 所示的两种定位方式,都是直接依靠模具的各锥面实现的,其斜度一般为 $10°\sim15°$。

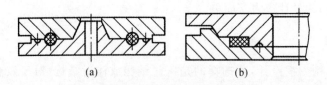

(a)　　　　　　　　(b)

图 4-7-2　锥面定位机构

这类锥面定位可使模具的结构整体性增强;型腔部分的精度直接由相关零件的加工精度予以保证,没有组装因素的影响。

锥面定位机构的模具结构如图4-5-7和图4-5-13所示。

4.7.1.3　分型面定位机构

分型面定位机构,也是设计橡胶模具时经常采用的定位形式之一。其结构如图4-7-3所示。这种定位机构的分型面也是模具型腔的一部分,如图4-7-3(a)所示。正因如此,对于定位机构部分加工制造的要求也是非常严格的。其中不仅包括尺寸公差的精度控制,而且包括其表面粗糙度等。图4-7-3(b)所示的分型面选择在45°方向上,以分型面来实现模具的定位。

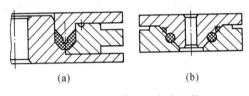

(a)   (b)

图4-7-3　分型面定位机构

分型面定位的模具结构如图4-5-14所示。

4.7.1.4　销钉定位机构

销钉定位机构可分为两大类,即直销定位机构和锥销定位机构。

(1)直销定位机构。在橡胶模具中,直销定位机构的形式和种类较多,常用的直销定位机构如图4-7-4所示。该定位机构的定位销与其相应的定位销孔的配合精度直接影响模具型腔各组成部分的相对位置——以型腔分型面为界的各个组成部分的装配精度(型腔是否错位以及错位量的大小)。因此,为了保证制品零件的成形质量,要严格控制直销与其配合定位孔的间隙。当制品零件要求较高、尺寸公差的要求范围比较严格时,直销与其定位孔的配合通常采用$\dfrac{H8}{h7}$或$\dfrac{H7}{h6}$。当制品零件要求不太高时,可以按照$\dfrac{H8}{f8}$和$\dfrac{H9}{d9}$等进行设计。与锥面定位机构和锥销定位机构相比,直销定位机构模具的启模操作较为困难。

定位销套

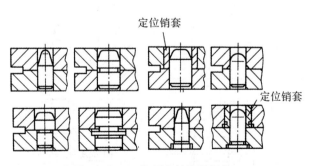

定位销套

图4-7-4　常用直销定位机构

对于一般制品零件,采用直销定位机构的模具设计是可以满足要求的。直销定位机构的设计实例如图4-7-5所示。

直销定位机构比较简单,定位销和定位孔的加工制作比较容易。在使用中,利用其动配合部分端部的大倒角、锥体形、球面圆角等对模导向,操作方便,效果较好。

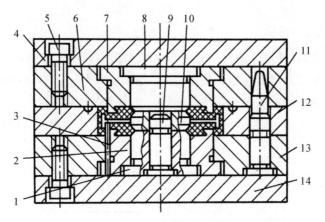

图 4-7-5　直销定位模具

1—型芯(一);2—型芯(二);3—骨架定位销;4—上模板;5—螺钉;6—上固定板;
7—型芯(三);8—型芯(四);9,11—定位销;10—型芯(五);12—中模板;13—下固定板;14—下模板

(2)锥销定位机构。锥销定位机构的使用效果比较好,在橡胶模具中得到了广泛的应用(特别是在合叶式模具中)。锥销定位机构如图 4-7-6 所示。

锥销定位机构的设计应用实例,如图 4-7-7~图 4-7-9 所示。

4.7.1.5　哈夫式定位机构

哈夫式定位机构就是两瓣块(也叫两半块)定位机构。这种定位机构的结构形式简单,多使用于开合模之中,如图 4-7-10 所示。

虽然哈夫式定位机构的定位块加工比较困难,但是这种结构形式却给模具整体的制造和操作带来了很大方便。如图 4-7-10 所示的胶套压胶模具的结构,由于采用了哈夫式定位机构,将型腔与定位部位的阶梯式结构改变为直通式型腔结构。这样不仅便于型腔的加工,而且给型腔表面粗糙度值的降低创造了非常有利的条件。

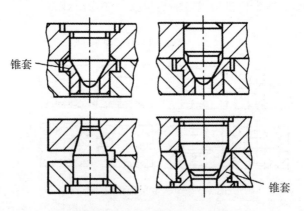

锥套

锥套

图 4-7-6　锥销定位机构

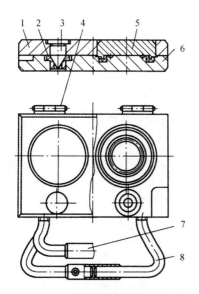

图 4 - 7 - 7　锥销锥套式定位模具

1—上模板;2—锥套;3—锥销;4—合叶;

5—型芯;6—下模板;7—套筒;8—手柄

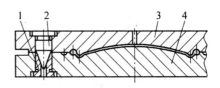

图 4 - 7 - 8　膜片锥销锥套式定位模具

1—锥套;2—锥销;3—上模;4—下模

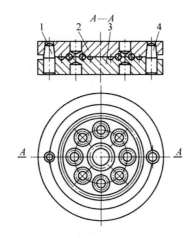

图 4 - 7 - 9　锥销模板式定位模具

1—锥销(小);2—上模;3—下模;4—锥销(大)

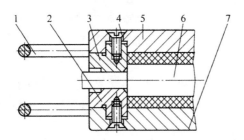

图 4 - 7 - 10　哈夫式定位机构

1—手柄;2—哈夫定位块(下);3—哈夫定位块(上);4—螺钉;5—上模;6—芯轴;7—下模

4.7.1.6 复合定位机构

为了进一步提高模具的可操作性、提高定位系统的使用寿命,在橡胶模具中常使用复合定位机构。

橡胶模具的复合定位机构如图 4-7-11 和图 4-7-12 所示。

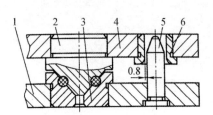

图 4-7-11　复合定位机构(一)

1—下模板;2—上模芯;3—下模芯;
4—上模板;5—导向定位销;6—定位销套

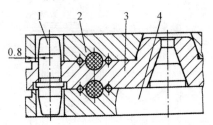

图 4-7-12　复合定位机构(二)

1—导向定位销;2—上模;3—中模;4—下模

复合定位机构是指在结构比较复杂,或者多层式结构,或者形体较大、质量较大的橡胶模具中,定位系统是由好几种定位形式所组成的定位机构。一般的复合定位是由初始定位机构(对模导向定位)和最终定位机构(也称为目的定位)组成的。

对于复合定位机构的选择和设计,要求其结构合理、简单,符合橡胶模具的结构特点,在使用中还应便于操作,安全可靠。

4.7.2　定位机构的设计工艺性

为了保证橡胶制品零件的质量要求,尽量满足模具在使用中的方便与安全要求,同时又要有利于模具的加工和制作,对橡胶模具设计中的定位机构的选择与设计提出以下几项工艺性要求:

(1)对于定位机构同时具有定位作用和导向作用的设计方案,那么,定位机构的选择与设计必须保证定位可靠、导向平稳。

(2)设计中所选用的定位机构不得使模具组装困难,也不得造成合模、启模等生产应用操作不便,甚至损坏模具。

(3)设计模具定位机构时,必须使模具的结构具备防止由于操作者一时疏忽大意而引起的翻转倒装,如有可能的话,则应尽量将模具设计成不怕翻转倒装的结构形式。

如图 4-7-13 所示为 O 形橡胶密封圈压胶模具,其定位布局为三点式结构,外形设计有明显的对模标记要素(右下角缺角,也称为对模大倒角)。这种模具定位机构的定位点也可以选择两点式或四点式。两点式一般为对角分布,加工简单,操作方便。其不足之处是导向不够平稳,操作疏忽时容易发生翻转与倒装。为此,常将两点式结构的定位销设计制作成一大一小,即可避免上述现象的发生。四点式定位机构虽然导向比较平稳,但是也容易翻转与倒装,而且组装工艺性要求很高(当组装质量差时,就容易产生憋劲,合模、启模都很困难)。因此,最好采用三点式定位结构形式。这种定位结构即使没有对模标记,操作中也不容易发生翻转与倒装,而且导向比较平稳。

设计时,还可以采用合叶式锥销定位机构。对于要求较高的制品零件来说,其模具定位机构的设计,如果需要采用四点式布局结构,则要求对模方向标记要素必须醒目、明显。对模方向的标记如果选择缺角形式,则在不影响模具其他部位性能的前提下越大越好,做到醒目、明显,有利于生产操作时准确无误。对于形状简单、精度要求一般的模具,其定位机构通常都选用两点式定位。选择这种方案时,设计中都要将定位销设计成为一大一小、直径尺寸互不相同的两个定位销,同时也不使两个定位点位于同一中心线上,甚至使其距离另一条中心线的远近也各不相等。锥销定位也是如此。这样进行定位机构的选择和设计,就可以防止各种影响制品零件质量和损坏模具的情况发生。

如果可能的话,尽量采用合叶连接、锥销锥套定位或者锥面、斜面定位的设计方案。合叶连接、锥销定位的橡胶模具,定位准确、操作方便,而且不会发生翻转与倒装。

如图 4-7-14 所示为油封压胶模具的两种结构设计方案。

如果采用图 4-7-14(a)的结构形式,则 ϕA,ϕB 和定位锥面必须制作成相同的尺寸及配合精度,以便中模翻转之后不会影响制品零件的质量,并保证模具自身的安全。否则,应当将 ϕA,ϕB 和各个定位面设计、制作成尺寸大小及形状特征完全不同,而且有着明显差别的结构形式,以便模具在使用操作中不可能翻转致错(即使操作失误,中模翻转了也装不上去),从而避免了事故的发生。这种结构就是如图 4-7-14(b)所示的结构形式。

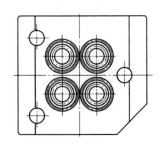

图 4-7-13　三点式定位布局

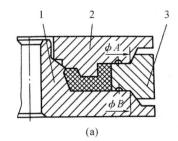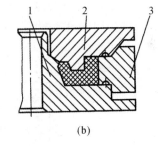

图 4-7-14　油封模具结构
1—下模;2—上模;3—中模

总之,模具定位机构的选择和设计,必须考虑到模具使用时胶料装入型腔之后,相关模板或者有关成形构件具有一定的导向距离,以便使模具的可动部分(后合上去的模板等构件)能够安全而平稳地进入工作位置,定位部分的尺寸不宜设计制作得过大,这一点要符合夹具定位设计的原则。

4.7.3　启模口和卸模孔的设计布局

在橡胶模具的设计中,启模口和卸模孔的设计布局与型腔等其他部位的设计相比,虽然不是非常严格,但也是不能草率对待的。这是因为启模口和卸模孔的设计布局在模具的启模取件过程中,有着非常重要的作用。

4.7.3.1　启模口

橡胶模具结构中的启模口如果设计布局合理,模压操作时的启模动作会平稳顺利。否则,操作就会受到影响,不仅使生产率下降,还会增大操作者的劳动强度,有时还会给模具的分型面甚至型腔部分带来擦伤。若启模口设计布局不合理,必然会造成启模困难,动作粗猛,硬别强撬,从而使模具相关构件发生变形,直接影响到制品质量,甚至导致模具提前失效。通常情况下,启模口的设计布局有以下几种类型。

（1）对于两点式定位结构的模具，启模口应当尽量地靠近两个定位点，或者对称地分布在由两个定位点连接而成的直线的两侧，如图4-7-15和图4-7-16所示。这样的设计布局，可使模具在使用时受力平稳，撬起力量最小。

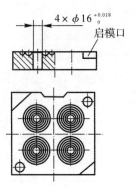

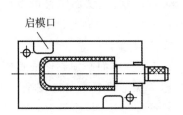

图4-7-15　启模口的位置（一）　　　　图4-7-16　启模口的位置（二）

（2）三点式定位机构的启模口，其设计布局如图4-7-17所示。其中，图4-7-17(a)一般用于外形较小的模具（三点式定位）结构；图4-7-17(b)一般用于中型模具结构；图4-7-17(c)多用于外形尺寸较大的模具结构。

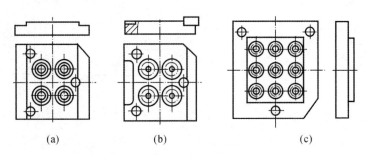

（a）　　　　　　（b）　　　　　　（c）

图4-7-17　启模口的位置（三）

（3）四点式定位机构的启模口。四点式定位机构不常用在小型橡胶模具中。如果制品零件形状结构复杂、外形较大而且要求也比较高，或者模具为多型腔结构时，可以采用四点式定位机构。若选用四点式定位机构，模具的结构一定要有防止误操作的结构要素，例如四点式定位机构的布局要采取非对称式的，同时在外形设计上也要有明显的对模大倒角等。

当选用四点式定位机构时，其启模口的设计布局则可采用如图4-7-18所示形式。其中，图4-7-18(a)为中型或较大型平板硫化机所用模具的选用形式。图4-7-18(b)的结构形式用于模具形体较大、在启模操作过程中撬启上模板的作用点可以不断移动的场合。这种结构形式的启模口使用效果较好。同时，它也减小了模具的承压面积。

（4）模具外形为圆形的三点式定位机构的启模口，一般可以设计成如图4-7-19所示形式。

图4-7-19(a)的结构形式多用于形体较大的单型腔模具，图4-7-19(b)的结构形式多用于模具形体较大、多型腔、三点式定位机构的启模口的设计布局。

若选用图4-7-19(b)的结构形式，则三点定位要设计成非等分形式的可防止误操作的布局方案。同时，在模具的外形上也要设置明显的对模标识。

总之,启模口的设计布局和结构形式是多种多样的,设计时要根据模具的总体设计、结构特点来进行选择。

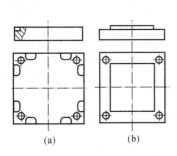

图 4 - 7 - 18　启模口的位置(四)

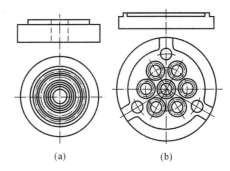

图 4 - 7 - 19　启模口的位置(五)

4.7.3.2　卸模孔

橡胶模具的卸模孔是为了在生产过程中使用专用卸模架或通用卸模架卸模取件,在模具的相关构件上专门开设的操作性工艺用孔,它与制品零件的成形没有任何直接或间接关系,仅仅是为了方便卸模取件操作的结构要素。设计时要与卸模架的结构形式及顶杆位置一起考虑,即模具上的各个卸模孔必须与所使用的卸模架上的顶杆的位置一一对应。

如图 4 - 7 - 20 和图 4 - 7 - 21 所示为两层式和三层式卸模架的工作原理图。卸模架上的顶杆穿过对应的卸模孔去顶压顶脱对象(相应的模板),在硫化机或在其他压力设备的压力作用下,使模具的各个成形构件相互卸脱分离。

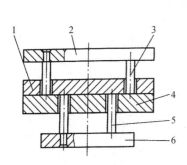

图 4 - 7 - 20　卸模孔与卸模架(两层式)

1—上模;2—上压板;3,5—顶杆;4—下模;6—下压板

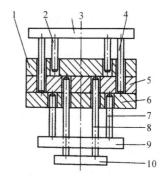

图 4 - 7 - 21　卸模孔与卸模架(三层式)

1—上模;2,4,7,8—顶杆;3—上压板;

5—中模;6—下模;9—中压板;10—下压板

卸模架主要用于压制黏模性较强的橡胶制零件,或是用于模具的结构形体比较大、结构较为复杂以及使用手工操作启模取件较为困难的模具的卸模取件操作,以减轻操作者的劳动强度,缩短卸模取件时间,提高生产率和工作效率。同时,也可避免在难以卸模时的棒别錾撬、锤打敲击,进而保护模具,延长使用寿命。

卸模孔的设计、布局应与卸模架一样,根据该模具的结构特点进行设计;或是以所在企业、单位的标准化为前提,根据生产批量大的主导产品,对模具的结构类型统一进行系列化、标准化设计,再对其各系列尺寸所要使用的卸模架(通用型的、系列化的)和模具上的卸模孔作标准化、系列化设计。

如图4-7-22所示为套筒式卸模架，这种卸模架对于回转体制品零件的单型腔式模具结构非常适合。套筒式卸模架也称为圆卸模架，其结构简单，易于加工制造，操作、使用方便。

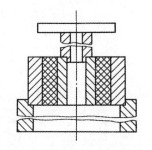

图4-7-22 套筒式卸模架

4.7.4 手柄的设计

为了便于模具的搬动、移位、上下机台以及生产过程中的启、合模具等操作，对于形体和质量较大的模具，应设置安装手柄。橡胶模具手柄的结构形式及其尺寸大小，应当按照模具的外形结构特点及形体的大小来确定。

在橡胶模具的设计中，对手柄的设计要求是形状实用、美观大方、尺寸合适、连接牢固、使用可靠及操作方便。

4.7.4.1 手柄的结构形式

橡胶模具手柄的结构形式大体可以分为两大类型，即用于外形为方形、矩形结构模具的手柄和用于外形为圆形结构模具的手柄。

方形模具的手柄结构形式如图4-7-23所示。其中，图4-7-23(a)的结构形式是用 $\phi6\sim\phi12$ mm的冷拔圆钢直接弯曲制作成的，安装于模具的相关模板侧面的对应孔中，再以小销钉($\phi2\sim\phi3$ mm的钢丝或铜丝制作)铆死即可。这种手柄结构简单，易于制作。图4-7-23(b)的结构形式由两部分组合而成，每个单件的一端都制作有螺纹，在拧入相应模板的螺纹之后，再将两件相互对准，校正平直，焊接牢靠，最后把焊口处修锉光滑，即可使用。图4-7-23(c)的结构形式是用圆钢弯曲而成，插入模具相应模板侧面的孔中，再焊接在模板上的。这种结构简单易制，安全可靠。但是对于精度要求高，或是相应模板比较薄的模具，则不宜采用这种结构形式。这是因为焊接手柄时，会使模板产生变形，给模具精度带来不良影响。图4-7-23(d)和图4-7-23(e)的结构形式都是套装式结构，这类结构形式均有利于组装加工和修理，操作持拿时手感也好。但是，加工制作则比较麻烦。图4-7-23(f)的结构形式可用圆钢制作、组装，结构简单，易于制造。但其外观较粗糙。

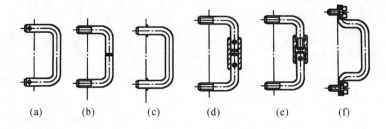

(a)　　(b)　　(c)　　(d)　　(e)　　(f)

图4-7-23 方形模具的手柄

圆形模具的手柄结构形式如图4-7-24所示。其中，图4-7-24(a)的结构形式与图4-7-23(d)的结构形式相同，图4-7-24(b)与图4-7-23(b)的结构形式相同，图4-7-24(c)与图4-7-23(c)的结构形式相似。但是，图4-7-23所示的结构形式用于圆形结构的模具上，手柄在组装时很困难。如果要选择这种结构形式，在制作时所选用的手柄原材料不能过粗，应该细一些，以便于制作和装配时的矫形，而模板上的相应孔也要适当钻大一些，焊接前应校正手柄组装时出现的变形。图4-7-24(d)与图4-7-23(e)所示形式相同。

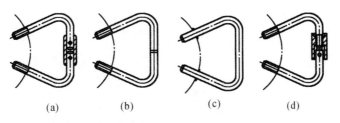

(a)　　　　　(b)　　　　　(c)　　　　　(d)

图 4 - 7 - 24　圆形模具的手柄

4.7.4.2　手柄的基本尺寸

本节所讲的手柄结构和基本尺寸,供橡胶模具设计时参考。

手柄的各种结构形式及其各部尺寸见表 4 - 7 - 1～表 4 - 7 - 7。

表 4 - 7 - 1　U 形手柄结构尺寸　　　　　（单位：mm）

图　例	A	B	h	d(φ,M)	D
	40	80	15	φ8	φ2
				M8	
	55	100	20	φ10	φ3
				M10	

表 4 - 7 - 2　烧杯形手柄(长方形模具用)结构尺寸　　　　（单位:mm）

图　例	尺寸代号	I型			II型		
	C	25	40	60	25	45	60
	L	75		95	75		95
	d	8		10	8		10
	B×A	(80～100)×(120～140)	(100～120)×(140～160)	(120～140)×(160～220)	(80～100)×(120～140)	(100～120)×(140～160)	(120～140)×(160～260)

表 4 - 7 - 3　烧杯形手柄(长方形模具用)标准结构尺寸　　　（单位:mm）

图　例	A	B	R	R₁	d	M	L	L₁	D
	40	(12)	8	15	8	M8	75	15	φ2
	60	(25)	16	30	10	M10	85	20	φ3

表 4 - 7 - 4　钵形手柄(圆形模具用)结构尺寸　　　　(单位：mm)

图　例	尺寸代号	Ⅰ 型			Ⅱ 型		
	d	8	10		8		10
	b	40	60	60	40	60	60
	D	100	140	160	120	160	180
		120	160	180	140	180	220
		140	180	220	160	200	260

表 4 - 7 - 5　钵形手柄(圆形模具用)标准结构尺寸　　　(单位：mm)

图　　　例	L	L_1	M	d	R	D
	80	15	8	8	15	2
	100	20	10	10	20	3

表 4 - 7 - 6　套筒标准尺寸(一)　　　　(单位：mm)

图　　　例	D	D_1	M	L
	14	8.5	8	36
	16	10.5	10	50

表 4 - 7 - 7　套筒标准尺寸(二)　　　　(单位：mm)

图　　　例	d	D_1	D	L	L_1
	14	2	8	20	36
	16	3	10	30	50

表 4-7-2 和表 4-7-4 中的 I 型结构适用于模板较厚的场合,II 型结构适用于模板较薄的场合。设计手柄(包括与手柄配套使用的套筒)时,各构件上的倒角均为 C1~C2 mm,所有焊接处都必须修锉打磨。

4.7.5　余胶槽、撕边槽和跑胶槽

4.7.5.1　余胶槽

在橡胶制品零件的模压生产中,为了保证制品零件的质量(严禁出现缺胶现象并提高其致密度),在制品零件的模压操作中,装入型腔内的胶料质量总要大于构成合格制品零件所需要的胶料的实际质量。在模具型腔周围开设的能够容纳或疏导多余胶料于型腔之外的专用沟槽,称为余胶槽。

余胶槽在模具结构中虽然属于辅助结构要素,但它的设计与制造的质量如何,对多余胶料的容纳或疏导及形成飞边的薄厚等都对橡胶制品零件的质量有着非常重要的影响。

如果余胶槽距离型腔近,则多余的胶料就容易进入余胶容腔或易于被疏导到模具型腔之外。同时,在型腔周围的上、下模板之间或其他分型面上形成飞边的胶料也少,所以飞边变薄。否则,多余的胶料进入余胶容腔或疏导于模具型腔之外就比较困难,其结果是飞边变厚。而且随着飞边的变厚,势必会改变制品零件上垂直于飞边方向的尺寸和形状,如图 4-7-25 所示。飞边过厚,还会使制品零件变成次品甚至废品。图 4-7-25 为夸张了的飞边变厚影响制品质量的情况,其中图 4-7-25(a)为余胶槽距离型腔近则飞边薄,而图 4-7-25(b)为余胶槽距离型腔远,对疏导多余胶料不利,致使飞边变厚,从而改变了制品的形状与尺寸。

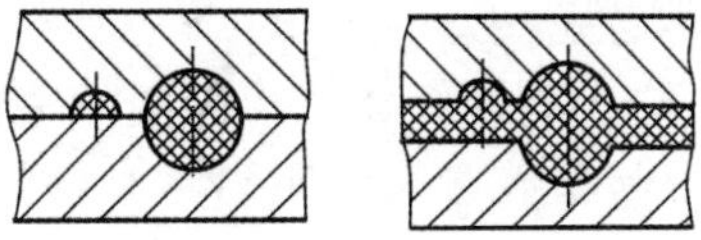

(a)　　　　　　(b)

图 4-7-25　飞边厚度与制品质量的关系

(a)飞边薄;　(b)飞边厚

对上述两种情况,都是基于入模胶料的质量在合理范围之内而言的。当然,不合理的超量胶料入模,无论如何,飞边也是厚的。

一般情况下,余胶槽到型腔边缘的距离在 1~2.5 mm。对于那些型腔在分型面上投射,其轮廓复杂和制品零件形体较大的普通结构形式的橡胶模具,余胶槽到型腔边缘的距离可以为 2.5~5 mm。

4.7.5.2　撕边槽

对于回转型型腔,其余胶槽到型腔边缘的距离应控制在 0.08~0.15 mm。如果加工设备的精度许可,还可以控制在 0.03~0.05 mm。这样,多余的胶料就非常容易地进入余胶槽中,当压制制品零件时,可以使飞边达到非常薄的程度(一般都在标准规定的飞边厚度的 1/6~1/3 内),这就是所谓的无飞边压胶模,也称为撕边模(飞边不用修除,一撕就掉)。

撕边槽与余胶槽一样,都不是单独存在使用,而是常常和连接槽、跑胶槽一起并用,起到排气、多余胶料存留和疏导多余胶料溢出模具体外,确保制品内在质量和表观质量的作用。

如图 4-7-26 所示为一六角形的型腔外布局有仿形的撕边槽,分别在六个方向有跑胶槽

与撕边槽相连通,模具为无飞边成形模。

如图4-7-26所示为单型腔成形模具,而如图4-7-27所示则为多型腔的汽车用控制臂球头防尘罩成形模具的中模模板。相互连接各个型腔之外的撕边槽的连接槽可使撕边槽之中的赘料连在一起,便于赘料的清除。此外,连接槽对于相邻型腔内的内胶也可起到一定的平衡作用。处于外层型腔的撕边槽分别与跑胶槽相通,保证了各个型腔中空气的逸出,或是抽真空的顺利进行。

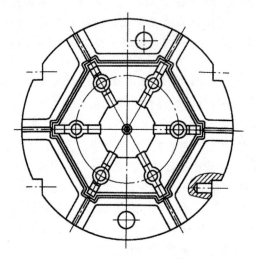

图4-7-26 撕边槽与跑胶槽并用

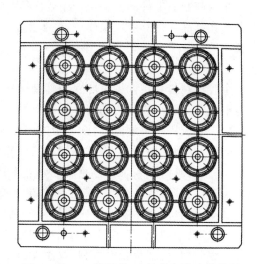

图4-7-27 撕边槽、连接槽与跑胶槽并用

撕边槽一般多用于模压加工中小型回转体结构的制品零件,特别是要求非常严格的各类密封件制品的模具型腔。撕边槽与型腔之间的距离越小,则加工难度越大,加工工艺要求越高。虽然如此,这却给制品零件的生产带来了极大的方便,并大幅度地提高了制品零件的质量,避免了繁杂的修除飞边工艺,使生产流程大为缩短。然而,加工技术的进步,特别是数控铣床、加工中心以及精雕机的广泛应用,也使非回转体结构的制品成形模具实现了无飞边化。

4.7.5.3 跑胶槽

最初,人们只是认识了余胶槽和跑胶槽的作用,认为它们都是容纳制品之外多余胶料的,因此,把它们也叫作流胶槽、溢胶槽等。其实,仔细地做一番比较和分析,可知二者并非只是叫法不同,它们之间有着很大的区别。随着橡胶模具技术的不断发展,二者之间的区别也越来越明显。

可以这样来界定余胶槽和跑胶槽的区别:如图4-7-28所示,余胶槽的功能是容纳和存留多余的胶料,而跑胶槽的功能则是实现多余胶料逃离模具型腔;余胶槽可使制品质量得到提高,特别是制品零件的致密度,而跑胶槽则没有这种功能。

以前在技术范畴内两者的概念是不清楚的,随着橡胶制品零件生产过程的不断发展,严格胶料的定量入模、半成品的预成形和精密预成形等技术措施的提高并在生产中应用,使得橡胶模具的设计也得到了提高和发展。橡胶模具结构的发展,使跑胶槽的结构形式越来越多地被余胶槽的结构形式所取代(或从属于余胶槽而残存使用)。如图4-7-29所示为跑胶槽从属于余胶槽使用,其功能是疏导多余胶料流出型腔。

在模具设计中,对于余胶槽这一结构要素的处理要视其制品零件的使用功能、技术要求、形体的大小和形状等特点而定。一般设计时应注意以下几项:

（1）对于小型制品零件，特别是密封件之类的制品，由于使用功能本身要求高，所以其成形模具中的余胶槽不能与跑胶槽并用，而必须独立使用，以保证制品的质量（不缺胶且致密度高）。这类制品在模压生产时，对入模胶料必须严格控制，入模胶量比制品胶量多 5%～7%。

（2）制品零件为中型尺寸，形体结构较为复杂，入模胶量比制品胶量多 7%～9%，或者生产中操作者以经验估量入模胶料的情况，其模具的余胶槽形式可按如图 4-7-29 所示形式进行设计。不然，就会造成制品零件的飞边变厚，尺寸超差而影响质量。

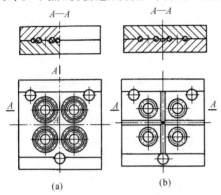

图 4-7-28　余胶槽和跑胶槽的区别
(a)余胶槽；　(b)跑胶槽

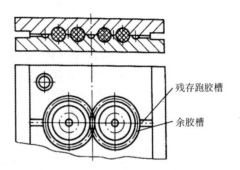

图 4-7-29　余胶槽和跑胶槽并用

（3）对于厚型制品零件，一般厚度在 30 mm 以上，由于用胶量大，设计余胶槽时必须使其与模体外有效相通。必要时，还要在型腔附近某处设置排气槽。

（4）对于一些要求不太高的制品零件，在模具设计中，还可以采用特殊的设计方案，甚至连余胶槽也舍去不要，如图 4-7-30 所示。

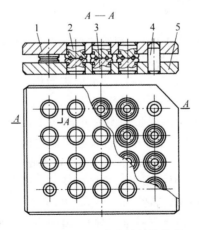

图 4-7-30　无余胶槽结构模具
1—上模板；2—上模芯；3—下模芯；4—定位销；5—下模板

这里有必要再次分析余胶槽和跑胶槽的作用，以便在模具设计时做出最佳的方案选择。

跑胶槽在橡胶模制品零件的生产过程中，有利于型腔内气体的逸出，从这个角度来讲，它对于制品零件质量的提高是一个有利的因素。通过分析可以得知，对于制品零件的致密度和型腔内气体的排出，跑胶槽虽然能够起到一定的积极作用，但却不是唯一的或决定性的因素。决定性的因素是，制品零件入模胶料的形状、数量、预成形半成品的精密程度，模具在使用中的操作方法(模压过程中的放气、放气时机的选择、放气次数的多少以及每次放气操作间隔时间的长短等)以及模具结构(分型面选择得是否正确合理,凹形型腔的顶部有无排气孔,关键分型面上微型排气槽设置得是否合理得当)等三个方面。明确了这些因素之后,在设计模具时,就能够很好地处理跑胶槽是否从属于余胶槽,或者是否设置跑胶槽等技术性问题。

4.7.5.4 余胶槽(撕边槽)、跑胶槽的结构类型

余胶槽、撕边槽和跑胶槽的结构形式也是多种多样的。余胶槽(又称撕边槽)常用的形式有三角形(对开三角形)、半圆形(对开半圆形即圆形)、梯形、矩形和半梯形等。跑胶槽多用矩形结构。

余胶槽、撕边槽和跑胶槽的结构形式如图4-7-31所示。

(1)三角形结构。断面结构形式为三角形的余胶槽(撕边槽)和跑胶槽应用得比较广泛,特别是精雕机的逐步推广和普及为这种结构形式提供了加工工艺的技术支持和保证。

三角形结构形状简单、易于加工制造。无论是数控铣床、加工中心和精雕机上使用的刀具刃磨,还是车床(包括数控车床)上使用的刀具刃磨,三角形结构都比半圆形刀具容易加工。三角形的余胶槽(撕边槽)和跑胶槽如图4-7-32所示。

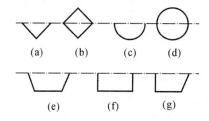

图4-7-31 余胶槽、撕边槽和跑胶槽的类型
(a)三角形; (b)对开三角形; (c)半圆形;
(d)对开半圆形; (e)梯形; (f)矩形; (g)半梯形

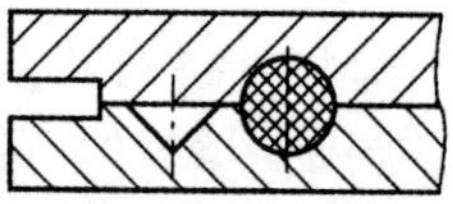

图4-7-32 三角形余胶槽(撕边槽)和跑胶槽

三角形结构形式的余胶槽(撕边槽)和跑胶槽的缺点是,在使用过程中,尖端容易堆积胶料或形成胶垢,而且难以清除,特别是使用刨床加工的跑胶槽更是如此。使用精雕机加工的余胶槽(撕边槽)和跑胶槽,由于是高速切削加工,槽面的表面粗糙度值易降低,所以使用效果很好。

如图4-7-33所示为一制品成形模具在中模板上设计、布局的三角形余胶槽和跑胶槽。

如图4-7-34所示为同类制品成形模具在中模板上设计、布局的三角形撕边槽和跑胶槽。与图4-7-33不同的是,其在型腔下面也设置了撕边槽。

(2)半圆形结构。半圆形结构的余胶槽(撕边槽)和跑胶槽如图4-7-35所示。

半圆形结构形式在橡胶模具中应用也是比较广泛的。

半圆形或圆形余胶槽与跑胶槽的特点是结构简单,易于制作,容易取得较小的表面粗糙度值;在使用中,作为跑胶槽,疏导多余胶料流畅顺利,清除废料方便。

(3)梯形、半梯形和矩形结构。梯形、半梯形和矩形结构的余胶槽(撕边槽)和跑胶槽在橡胶模具中应用得不是很多。梯形和矩形多用于跑胶槽,半梯形和矩形多用于回转型橡胶模具。

如图4-7-36所示为梯形和矩形余胶槽和跑胶槽。如图4-7-37所示为某汽车控制臂所用球头防尘罩浮动式成形模具型芯组的结构设计图,该结构在上模芯和下模芯上均应用了半梯形撕边槽。

如图4-7-38所示为一防尘罩样品模具的设计图,其在上模和下模上设计布局有矩形撕边槽,在哈夫块上设计布局有三角形撕边槽。

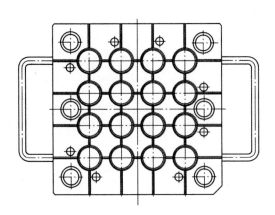

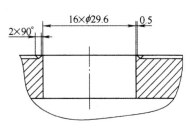

图 4-7-33　三角形余胶槽和跑胶槽

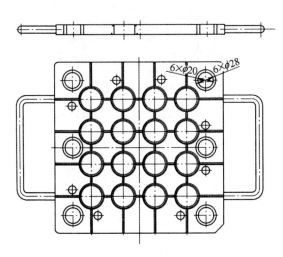

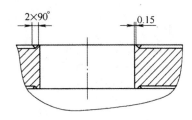

图 4-7-34　三角形撕边槽和跑胶槽

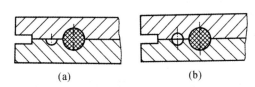

(a)　　　　　　　　　(b)

图 4-7-35　半圆形余胶槽(撕边槽)和跑胶槽
(a)半圆形结构(单面)；　(b)对开半圆形结构

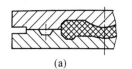 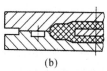

(a)　　　　　　　(b)

图 4-7-36　梯形和矩形余胶槽和跑胶槽
(a)梯形结构；　(b)矩形结构

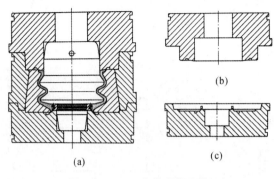

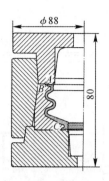

图 4-7-37 半梯形撕边槽

(a)模具型芯组； (b)上模芯； (c)下模芯

图 4-7-38 矩形和三角形撕边槽

如图 4-7-39 所示为一防尘罩样品模具的设计图,在其上模镶块上设计了矩形撕边槽,在其上模下面和下模上面设计了半梯形撕边槽。

如图 4-7-40 所示为另一防尘罩样品模具的设计图。在其上模上设计了半梯形撕边槽,在其下模设计了半梯形撕边槽和三角形撕边槽(锥面上)。

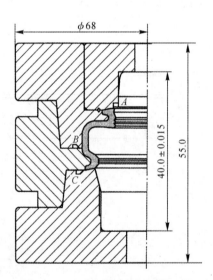

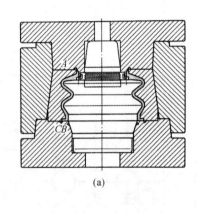

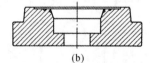

图 4-7-39 半梯形和矩形撕边槽

图 4-7-40 半梯形撕边槽和三角撕边槽

(a)样品模具设计图； (b)下模设计图

(4)倒角式结构。倒角式结构的余胶槽如图 4-7-41 所示。

这种结构形式同时兼有倒角、导向、积存余胶或疏导多余胶料于模具型腔之外等各种综合功能。倒角式结构一般都是回转型型腔,加工制作简单,使用操作方便。

4.7.5.5　设计与布局

余胶槽(撕边槽)、跑胶槽的设计布局是随模具型腔设计布局的变化而变化的。虽然没有固定的模式,但是却有行业中广泛认可的规律。

当模具为单型腔结构时,其余胶槽(撕边槽)、跑胶槽的设计布局如图 4-7-42~图 4-7-45 所示。

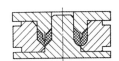

图 4-7-41　倒角式余胶槽

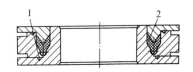

图 4-7-42　Y 形密封圈压胶模

1—余胶槽；2—制品

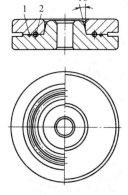

图 4-7-43　O 形密封圈单型腔压胶模

1—余胶槽；2—制件

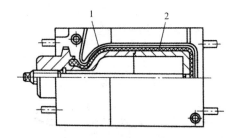

图 4-7-44　橡皮囊压胶模

1—跑胶槽；2—制件

其中,图 4-7-44 和图 4-7-45 为余胶槽和跑胶槽融为一体的设计布局。

如图 4-7-46 所示为多型腔结构的模具,其余胶槽为独立式设计布局。如图 4-7-47 所示为多型腔结构的模具,无余胶槽,只有跑胶槽,而且跑胶槽是直通式结构形式。

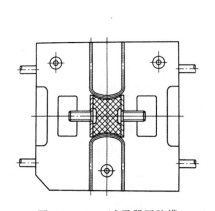

图 4-7-45　减震器压胶模

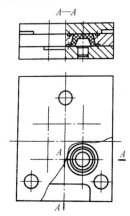

图 4-7-46　独立式余胶槽

在多型腔模具结构中,有一种相互连通的余胶槽,如图 4-7-48 所示。

余胶槽与跑胶槽并用,或者根据制品零件的形体结构特点,设计模具时采用跑胶槽从属于余胶槽的设计布局,如图 4-7-49 所示。

如果制品零件的形体较小,且使用功能简单,尺寸公差要求不高,其模具结构形式可以选为多型腔式填压模结构。设计时,可直接布局成跑胶槽形式而不使用余胶槽,如图 4-7-50 所示。对于这类制品零件的模具设计,也可以用如图 4-7-51 和图 4-7-52 所示结构来取代余胶槽或跑胶槽。

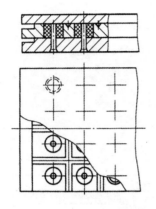

图 4-7-47　直通式跑胶槽

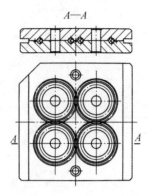

$A—A$

图 4-7-48　互通式余胶槽

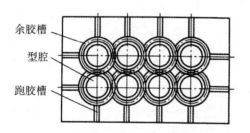

余胶槽
型腔
跑胶槽

图 4-7-49　跑胶槽从属于余胶槽

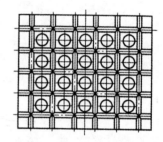

图 4-7-50　小制品零件模具跑胶槽的设计

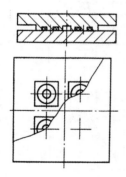

图 4-7-51　无余胶槽模具结构(一)

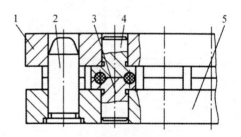

图 4-7-52　无余胶槽模具结构(二)
1—上模板；2—定位销；3—下型芯；4—上型芯；5—下模板

　　如图 4-7-53～图 4-7-55 所示均为无飞边结构的模具，采用了撕边槽、连接槽和跑胶槽并用的设计布局。

　　余胶槽(撕边槽)和跑胶槽在模具中的设计布局，要根据制品零件的大小、形状结构特点、生产批量大小、制品零件的功能与要求等情况，进行综合分析和灵活处理，以保证制品零件的质量。

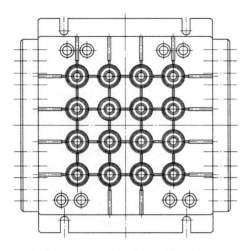

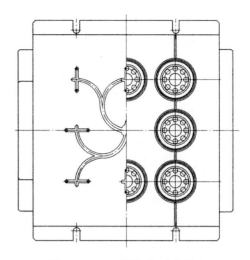

图 4-7-53　撕边槽、连接槽和
跑胶槽并用(一)

图 4-7-54　撕边槽、连接槽和
跑胶槽并用(二)

4.7.6　工艺孔及其他工艺要素

在橡胶模具的设计中,为了便于加工制造,有时还需要设置工艺孔(加工时定位用)、工艺螺纹孔(加工时固定相关零件用)和堵塞工艺孔所用的工艺堵块等。所有这些与制品零件成形无直接关系的结构要素,称为工艺要素。常见的工艺要素有以下几种。

4.7.6.1　精度工艺孔

所谓精度工艺孔,就是具有一定公差配合要求的、起定位作用的工艺孔,如图 4-7-56 中的 $16 \times \phi 10_{0}^{+0.019}$ mm 孔。

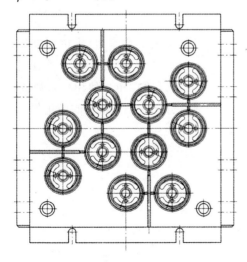

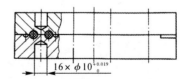

$16 \times \phi 10_{0}^{+0.019}$

图 4-7-55　撕边槽、连接槽和跑胶槽并用(三)

图 4-7-56　精度工艺孔

精度工艺孔有通孔型和不通孔型两类,图 4-7-16 和图 4-7-48 为通孔型,图 4-7-9和图 4-7-56 为不通孔型。无论是通孔型的工艺孔,还是不通孔型的工艺孔,都必须使上、下模板所对应的一对孔具有足够精度的同轴度要求和孔径的尺寸公差,从而保证组成模具型腔的两个部分的同轴度要求,以便能够压制出合格的制品零件,精度工艺孔的表面粗糙度值 Ra 不大于 1.6 μm。

4.7.6.2　结构工艺孔

结构工艺孔包括工艺螺纹孔和工艺连接孔(含沉头螺纹孔、内六角螺钉连接孔、六角螺钉连接孔等),如图 4-7-57 所示。

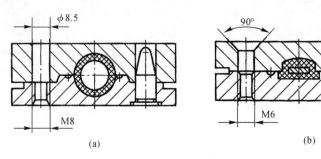

图 4-7-57　结构工艺孔

结构工艺孔多用于开合模,即开合模的上、下模型腔的组合加工及模具装配时的紧固与连接。图 4-7-57(a)为利用结构工艺孔锁紧上、下模板,然后使用专用夹具(如图 4-7-58 所示的花盘心轴式车削夹具)进行型腔的车削加工。图 4-7-57(b)为对开合模的型腔加工完毕之后,首先使用型腔对正工艺芯块来找正上、下模板的相对位置,并调整其在公差要求的范围之内;其次利用结构工艺孔进行连接并且锁紧上、下模板,组合钻铰定位孔;最后安装定位销,完成模具的组装。

上述为传统工艺技术。目前,有数控铣床或加工中心设备的模具制造生产单位可将上、下模板型腔,定位销孔和定位孔用程序一次性加工出来,再组装成模具。

4.7.6.3　工艺堵块

在模具加工完毕之后,由于结构上需要,或者模压操作工艺上的需要,将精度工艺孔进行堵塞的工艺附件,称为工艺堵块。例如,对小型的 O 形橡胶密封圈、垫圈之类的模具型腔加工定位的工艺孔最后进行堵塞(堵塞后要与分型面一样平齐),以便在模具使用中可以直接将准备好的胶块放置在型腔的中央,然后直接进行合模、压制与硫化。工艺堵块的应用如图 4-7-59 所示。

图 4-7-58　花盘心轴式车削夹具

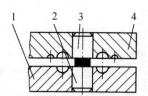

图 4-7-59　工艺堵块的应用

1—下模;2—工艺堵块(下);3—工艺堵块(上);4—上模

由于制品零件形体较小,或者精度要求不高,通常,不需要对入模的胶料进行预成形处理。填装时,直接称取适量的小胶块,或者将小胶条剪成小胶柱,或者用机械式下料机切取合适的小胶块等,将其放置于模具的各个型腔中心(工艺堵块上面)即可。当入模胶料小块受到压力时,就会被挤入型腔之中,经过硫化等工序后,即可得到制品零件。应用这种工艺方式生产的制品零件,其致密度要低一些。若要获得致密度等内在质量高的制品零件,不可采用这种生产工艺。

工艺堵块应与相应孔设计制作成过盈配合,且在组装之后要求其高度与相关模板的平面对齐。如果平板硫化机平板的平面度误差大,使用这种结构的模具时,应当在模具的上、下两面垫有磨削平整的较厚的垫板,以防工艺堵块受压后背离模具分型面而脱出。

4.7.6.4　胶料密封槽

胶料密封槽是减少制品零件飞边的一种技术性措施。胶料密封槽如图 4 - 7 - 60 所示,其中放大部位的三角形槽即为胶料密封槽。

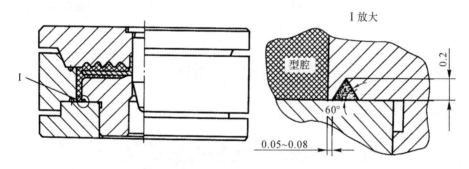

图 4 - 7 - 60　胶料密封槽

胶料密封槽是指入模胶料(第一次试压的胶料)受到挤压而进入分型面,进行一次性密封的专用工艺性沟槽。其形成密封的过程为:当模具制作、组装完成之后,第一次模压(也称为试模)时,一部分胶料就被挤入到这个密封沟槽之中,同时也被硫化,并且永久性地存留在这个沟槽之中。这部分被挤入沟槽并硫化了的胶料,就像密封圈一样,阻止了其后的胶料进入这个分型面,从而杜绝了制品零件在这个分型面部位上形成飞边。

这种工艺性胶料密封槽的特点是,槽距离型腔很近,断面一般最好设计成三角形,且高度很小。

胶料密封槽多用于橡胶模具中相关构件的分型面相互接触,而使用中又不再分离的部位(见图 4 - 7 - 60)。其功能是密封入模胶料进入型腔之外的静止性分型面,减少制品零件在该部位上的飞边,同时也减少了修除飞边的工作量(这种部位产生的飞边也往往是难以清除的),提高了制品零件的质量和模具的使用效果。

如图 4 - 7 - 39 所示的防尘罩成形模具,在上模和上模镶件的型腔口沿设计了对开式胶料密封槽,可使成形后的制品零件在该分型面上达到无飞边化。

4.7.6.5　锁紧机构

锁紧机构是模具在模压成形之后,送模具于硫化罐中,对制品零件进行加热硫化,为了保持模具型腔成形的状态而设置的装置。对于锁紧机构中的螺钉、螺母、卡子、夹板等构件,设计选材时,要关注其使用环境的要求。硫化罐工作时,罐内充满了不断循环着的过热蒸汽,所以模具上锁紧机构的所有零部件,都必须具有防锈抗蚀能力。因此,设计该机构时,材料多选择为铜材、不锈钢等。如果受到用材的限制,或者是为了降低模具的制造成本,也可以选用碳素结构钢制作,但其表面要进行镀铬处理,以提高防锈性能。

4.7.7　温度测定孔

当橡胶制品零件的形体结构比较复杂,或者所用胶料的硫化温度范围要求较为严格时,应在型腔附近的合适位置,设置一个(乃至两个或者三个)硫化温度测定孔,以便准确地测定和控制硫化温度,满足胶料的硫化工艺要求,保证制品零件的质量。模具上硫化温度的测定孔,通常称为测温孔。

测温孔的设计原则是:测温孔不得影响模具型腔和其他结构要素,同时也不能与型腔相距过远。

测温孔的结构尺寸,通常为 $\phi 8$ mm×(50~100) mm,或 $\phi 10$ mm×(100~200) mm;表面粗糙度值 Ra 为 12.5~6.3 μm。测温孔的深度要视其模具形体的大小而定,但最浅的测温孔不得小于 50 mm。

测温孔的口沿为倒角结构,或为圆角结构。

测温孔加工完毕后,要对其内部的切屑和油渍进行清理,并在孔的底部放置一小团棉花、棉纱或一小块毡垫,以保护温度计。

模具硫化温度测定孔的设计如图 4-7-61 所示。

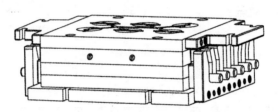

图 4-7-61　橡胶模具的温度测定孔

上述测定硫化温度所用的是水银温度计。除此之外,测定模具硫化温度的还有数字式测温仪(各类接触式)和热电偶等。

之所以要对模具的硫化温度进行测定,是因为温度是橡胶硫化的三大工艺要素之一,其特性也各不相同,且与硫化和热板设置的温度及热板所显示的温度差异较大;真正要关注的是模具型腔的实际温度,为了实现制品零件质量要求,必须对橡胶模具工作温度进行测定和控制。

4.7.8　哈夫式结构的定位块

哈夫式结构的模具如图 4-4-18、图 4-4-19 及图 4-4-23 所示。在这类模具的结构中,哈夫块组横向的定位要素就是其定位块。

在模具结构中,哈夫块组定位块不是孤立存在的。它以模具的中线为基准,对称地分布在中心线的两侧,而且要有效地固定在下模板上,如图 4-7-62 所示。

图 4-7-62 的哈夫块组定位块的结构是普遍采用的形式。

在哈夫块组的定位块结构设计中,有以下几个设计原则必须注意和掌握。

(1)两定位块内侧的斜度与哈夫块组两外侧的斜度必须吻合,其表面粗糙度值 Ra 一般应

为 $1.6\sim0.8~\mu m$，与哈夫块组两外侧的有效接触面积应大于总面积的 85%。

(2)定位块与哈夫块的斜度不得小于 $7°$，一般在 $12°\sim80°$ 之间选取。

(3)定位块与下模板的固定组合包括两个因素：一个是直接与下模之间的定位与固定，另一个是在下模板上定位固定之后对哈夫块组的定位。

(4)定位块与下模板的定位是依靠它们之间的圆柱销来实现的，而固定则是由内六角螺钉实现的。

(5)为了使定位块正确定位在下模板上，并在模具工作期间能够有效地对哈夫块进行约束，要求定位块和下模板组件必须具备足够的刚度，不得因为模具型腔注入胶料的内压力作用在哈夫块上而使定位块产生变形(包括向外侧倾斜)。所以，通常应在定位块和下模板之间设计布局四个圆柱销。

圆柱销的设计布局一般呈现两行四点式分布，如图 $4-7-62$ 所示。这样的布局中，四个圆柱销就像一座房屋的柱子一样，牢牢地保障了模具的稳定。在许可的范围内，两行定位销之间的距离应尽可能大一些。此外，圆柱销的直径也尽可能选取得大一些。这样，就会增大定位块与下模板组件的刚度。

(6)固定定位块于下模板的是内六角螺钉。螺钉仅仅起拉紧固定作用。因为螺钉与下模板之间有 $0.5~mm$ 左右的间隙，不能起到定位的作用。所以，内六角螺钉一般设计布局为两个或三个。根据螺钉所起的作用，加之没有使定位块离开下模板的力，螺钉的尺寸没有必要选得过大。

(7)为了保证和增强定位块与下模板组件的刚性，也可以在定位块和下模板之间设计一种插入式键槽结构，如图 $4-7-63$ 所示。

图 $4-7-63$ 的键槽式连接结构，是在图 $4-7-62$ 结构的基础上增加的，其上的圆柱销和螺钉依然保留。这种结构形式对定位块和下模板上的键槽结构的加工要求很高，而且对钳工装配技术的要求也很严格。

对于小型的哈夫式成形模具，其定位块与下模板之间的定位与紧固连接，也可以选取三个定位销和两个内六角螺钉的布局结构，如图 $4-7-64$ 所示。

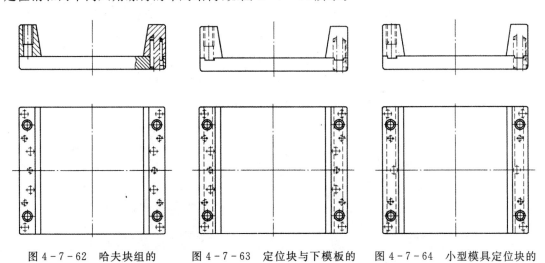

图 $4-7-62$　哈夫块组的　　　　图 $4-7-63$　定位块与下模板的　　　　图 $4-7-64$　小型模具定位块的
　　　　　　定位块　　　　　　　　　　　　键槽式连接　　　　　　　　　　连接定位设计

4.7.9　模具的受控属性

航天、航空、军工、汽车等行业都对橡胶制品的质量要求非常严格。除了配方、塑炼工艺、混炼工艺等各个方面要达到设计工艺要求之外,制品的硫化工艺三要素(温度、压力和时间),也是影响其质量的重要因素。因此,对橡胶制品成形的硫化过程中的三大工艺要素进行监控是十分必要的。

以上所述,也是橡胶行业本身在制品的生产过程中,对工艺技术提出的必要要求。从技术管理方面来看,橡胶制品在硫化成形过程中的三大工艺,是由工艺部门来设计的。根据生产现场的具体情况或其他情况(如辅料的供应变化等原因)需要调整时,也是由工艺部门进行的,而机器的操作者则没有更改的权限。

对橡胶制品成形的硫化工艺进行监控(无论是单机监控还是多机群监控),在工艺设计阶段都要对制品的具体成形模具进行其受控属性描述。

橡胶成形模具的受控属性,主要体现在模具的成形工艺温度方面。这是因为压力和硫化时间数据都可以通过硫化机的相关系统和部件进行采集,而正确的、真实的、即时的硫化温度则在成形模具采集。

采集成形模具的硫化温度是将温度传感器(热电偶)安装固定在模具的相应部位。该部位就是模具的硫化温度测定孔,俗称测温孔。

一般规范的硫化温度采集点分为两组,每组两个测温孔。通常在上模板上布局一组,下模板上布局一组,分别采集来自上加热板和下加热板传至模具硫化热能所显示的温度。每组两个测温孔分别设计布局在模板的两侧,以监控硫化成形工艺温度的变化。之所以每组的两个测温孔分别布局在模板的两侧,是因为现在的大部分硫化成形机上、下热板都是使用电热管加热的,无论是四根加热管还是六根加热管,其设计布局形式都在硫化机加热板中线的两侧。万一某根加热管出现故障或损坏而使这边的硫化温度下降,该侧的采集点便能及时发现温度的波动。超过工艺要求时,就能由监控系统进行实时报警。

温度采集点的位置要求尽可能地靠近成形模具的具有代表性的型腔,并保持一定安全距离。

橡胶成形模具因为制品的形体结构、尺寸大小的不同,工作时模具自身的热平衡点也各不相同;模具可操作性的复杂程度不同,开模取件时对模具带来的温度降也各不相同。即使是同一制品的成形模具,由于型腔数量多少的差别,各自的受控属性也各不相同,如图 4-7-65～图 4-7-68 所示。

图 4-7-65　三板式注压结构

图 4-7-66　哈夫式分型结构

图 4-7-67 哈夫式自动分型结构　　　　图 4-7-68 斜导柱四向分型结构

　　此外,一年四季外部环境的不同,给模具的工作温度带来了不同的影响,特别是夏季和冬季更是如此。因此,橡胶模具在硫化使用中的受控属性也包括了同一副模具在不同季节生产使用时温度变化的差异。

　　橡胶制品的硫化监控,一般都是多机群控形式,实时监控的主机设置在生产管理部门。企业的技术部门(主要是工艺管理部门)也能够通过局域网实时了解硫化生产的动态。其他相关人员,或者是分支机构,或者是具有配套关系的主机厂,也能够通过网络进行在线监控。当然,这都需要授权。

　　之所以模具的型腔数也是模具的受控属性,是因为硫化远程监控系统具有统计各种数据的功能,包括各班组、机台、制品品种型号的生产产量统计和汇总等功能。在橡胶制品的质量控制和生产管理中,远程硫化监控系统起着至关重要的作用。该系统以实时采集到的数据,实施有效的监督与控制,为橡胶制品的质量保驾护航,以数据管理为依据,向用户提供可靠的质量服务。

　　在橡胶制品的生产中,成形模具的受控属性以及其他工艺技术数据一并载入该制品的生产工艺卡的条码中,扫描条码之后,所有信息便进入了生产管理系统,生产体系将按照该制品的生产指令进行生产,在受控状态下制造出合格的制品零件。

第5章 橡胶模具的设计方法

5.1 橡胶模具的承压面积和工作投影面积

所谓模具的承压面积,就是模具在其分型面上相互接触的最小有效面积。

所谓模具的工作投影面积,就是模具在工作状态下,其外形尺寸在硫化压力机平板上的投影面积。

模具的工作投影面积比其承压面积大。

橡胶模具承压面积的确定与设计,取决于模具的结构、模具相关构件所使用材料的机械强度,以及所使用的硫化机液压系统液压吨位的大小等因素,模具结构的设计主要是依据制品零件的形体特点和尺寸大小进行的。通常设计橡胶模具时,其最小承压面积的选取要按照设计理论与实践经验相结合的方法进行,并且以设计中积累的实际经验为主。下式即为模具最小承压面积的理论计算公式:

$$A_{min} = \frac{F}{[\sigma]} \tag{5-1-1}$$

式中 A_{min}——模具最小承压面积(cm²);

F——硫化压力机液压吨位(kN);

$[\sigma]$——模具使用材料的许用应力(MPa)。

橡胶模具最常用的材料是 45 钢,$[\sigma] = 78$ MPa。

通常进行模具设计时,可按照橡胶制品零件的形体结构特点和尺寸大小,直接选取模具结构。此外,还要考虑模具使用设备(橡胶硫化机)的型号、模具的腔数和生产工艺特点等。

一般来说,250 kN 硫化机上所使用的模具,其工作投影为 100 mm×100 mm 以上的正方形(包括等同面积的长方形),或 ϕ100 mm 以上的圆形,最小的也不得小于 80 mm×80 mm 的方形或 ϕ480 mm 的圆形。用于 450 kN 硫化机上的模具,其工作投影为 120 mm×120 mm 以上的方形(包括等同面积的长方形),或 ϕ120 mm 以上的圆形,最小的也不得小于 100 mm×100 mm 的方形或 ϕ100 mm 的圆形。用于 1 000 kN 硫化机的模具,其工作投影为 250 mm×250 mm 以上的方形(包括等同面积的长方形),或 ϕ250 mm 以上的圆形,最小的也不得小于 220 mm×220 mm 的方形或 ϕ220 mm 的圆形。也就是说,随着硫化机压力的增大,所使用的模具的工作投影面积也应相应地增大。根据企业硫化设备的构成情况,对于模具外形尺寸的大小应该有一个标准化和系列化的设计规范。

常用的硫化机设备上所用模具的外形尺寸见表 5 - 1 - 1。

表 5 - 1 - 1　硫化机与模具外形尺寸

硫化机吨位/kN	硫化机工作台尺寸（长/mm×宽/mm）	模具的承压面/cm²	模具外形尺寸（或外径）	
			最小/mm	最大/mm
250	250×250	80～400	80	200
450	400×400	100～900	100	300
1 000	600×600	650～2 500	220	500
1 400	750×850	900～3 000	300	600
2 000	1 000×1 000	1 600～6 000	400	800

一般对于小型制品零件，将其成形模具设计制作成多型腔结构，这样可以使生产效率大为提高。模具的加工精度、加工难度和加工成本，是随着模具结构的型腔数目的增加而增加的。在模具的工作投影面积范围内，要合理地设计模具的型腔布局，设计时应注意以下几方面：

（1）对于形状比较简单、精度要求一般的橡胶制品零件，如果其尺寸规格小而生产批量大，在选定硫化设备的条件下，在其尺寸范围内应尽量将模具设计成多型腔结构，以求最大限度地提高生产率、降低生产成本。

（2）对于批量小的制品零件，如果外形尺寸比较小，则不宜设计成单腔式结构的模具。要在小型硫化压力机所允许的模具承压尺寸范围内，做合适型腔数的模具结构设计，以保证生产效率和生产成本的最佳组合。

（3）对于形状复杂、操作麻烦（特别是骨架较多）的制品零件的成形模具，型腔数目不宜设计得过多，以免造成从启模取件开始，到清理模具型腔，直到再次安装骨架、填装胶料，所需要的时间过长，从而使模具温度下降太多，影响制品零件的质量。

模具的工作投影面积不宜设计得过小，因为硫化机的平板除了加热外，还有传递压力的功能。如果使用工作投影面积过小的模具，就会使硫化压力机的加热平板易于产生弯曲变形。这样，就必然导致以下不良后果，即影响硫化热量和成形压力的传递。发生了弯曲变形的加热平板，会使工作投影面积较大而厚度较薄的模板在其型腔内胶料压力的反作用下也发生变形，从而影响制品零件的尺寸精度和骨架的位置。

模具的工作投影面积也不宜设计得过大，否则所使用的硫化机压力偏小，会使所压制的制品零件的飞边变得较厚，从而影响制品零件的尺寸精度和外观质量。

对于形体尺寸小、精度要求不高的制品零件，为了使模具工作投影面积在最佳范围，并提高生产率，应尽量采用多型腔结构的模具。当生产批量确实不大，设计制作多型腔结构的模具不合算时，也可以设计制作几副高度相等、型腔数少的，甚至是单腔式结构的模具。此外，还可以设计制作和其他模具高度相等的一副小模具，生产时，将其与高度相等的其他模具一起上机，同时压制和硫化。如果采用这种生产工艺方法，那么几副等高的模具在硫化机平板上排列要稀疏而且均匀，以保证硫化机的合理使用和安全生产。

如果只有一副小模具，因生产急需，必须使用时，可以在其上面和下面分别加一块平整的垫铁(最好做成通用的硫化机小型模具专用垫铁),或者垫一工作投影面积较大、高度较小却平整的废旧模具,其目的是保护硫化机的平板不使其产生变形。但是,这样却给模压操作带来了不便,而且每批生产时第一模的硫化时间长(要缩短此时间,就要同时对模具和垫铁等进行加热)。这样,由于散热面积和散热空间的增加,热量损失很大。生产中应尽量避免这种情况的出现。

目前,各种类型和规格型号的硫化机的生产制造厂商很多,相关技术参数也不统一,民营企业、外资企业、合资企业之间没有统一的标准。

5.2 模具的高度

在模具的设计中,其高度也是重要的设计参数之一。模具高度的确定,取决于该模具的模压对象——橡胶模制品零件的形体尺寸。

模具的高度不宜选得过大。这是因为若模具高度过大,不仅浪费模具材料,还使得模具笨重,工人劳动强度大,以及在每批生产的首模所需要的加热时间很长。在使用中,由于模具的高度过大,热量散失多,会造成能源的浪费。

模具的高度也不宜选取得过小。如果模具的高度设计、制作得过小,则其型腔部分的刚度就会变差,易于产生变形,从而会对制品零件的形状和尺寸精度造成直接的影响,也会缩短模具的使用寿命。

一般来说,橡胶模具的高度与其外形其他尺寸的关系是:如果模具外形为长方形,则其高度不要大于短边的 2/3 左右;如果模具外形为正方形,则其高度不要大于边长的一半;如果模具外形为圆形,则其高度不要大于圆的半径。在设计中,模具的高度最好选用已经标准化了的尺寸系列。在此,推荐以下尺寸作为设计普通橡胶模具时模具高度的参考尺寸(单位为 mm):20,24,26,28,30,36,40,46,50,60,70,80,90,100,120,140,160,180,220,240。

对于模具的外形尺寸,设计时应该取值相宜,长、宽、高比例协调。这样,在模具的使用过程中,可以使其本身的容热能力和保温性能都达到工程应用的理想范围。同时,模具作为制造工艺过程中的重要装备,或者作为委托加工的产品,成比例的外形设计也符合美学原则。

如果模具外形设计的不得体,长、宽、高失去了应有的比例,就会使模具本身的热量吸收和热量散失在使用中失去平衡,从而影响制品零件的质量和生产效率。

生产中,经常会遇到一些薄形制品零件。对此,设计模具时可以将其高度选取得小一些,而在生产中则采用多层叠压法来进行模压加工。为此,在设计中必须对模具的上、下两个平面提出平行度和表面粗糙度的要求。

模板是组成模具型腔和整个模具的主要零件,一般可分为上模板、中模板和下模板,分别简称为"上模""中模""下模"。模板厚度的确定,取决于制品零件在相应方向上形体结构的特征(分型面的选择)和尺寸大小,同时还要考虑到模具的整体结构、每一件模板的强度(包括刚度)、尺寸精度的要求和热处理工艺规范等。

对于形体非常薄的制品零件,在其成形模具的设计中,构成型腔的各个模板特别是中模板的厚度,必须满足制品零件形体结构的分型要求,按照制品零件形体结构的特点进行分型面的选择和设计。如果模板过薄而无法增厚时,应对模具的结构进行研究,保证模板(特别是中模)

在模具的使用过程中不产生变形、不损坏,从而确保制品零件的质量,并延长模具的使用寿命。

在模具的设计中,还要综合考虑模具的总体结构方案、各个分型面的位置及相互位置的精度要求、型腔形状的结构特征等,然后再对各个相关模板(按其作用和功能)的厚度尺寸和精度进行调整,从而使所设计的模具总高度与推荐的模具高度相同,或者符合本企业的生产特点,并与本企业模具设计的技术标准相一致。

5.3　中模的壁厚

在橡胶模具设计中,中模壁厚一般都是依照设计的实际经验,同时结合模具的定位结构形式、启模口的设计布局等来确定的。这样进行的设计都可以满足中模工作的需要,通常不进行强度和刚度方面的校核。但是,在必要的时候,例如设计较大制品零件时,应当进行中模强度和刚度的计算,以便在使用中能够满足强度条件和刚度条件。否则,会产生以下不良后果:
①由于中模刚度的不足,承压后产生弹性变形,影响制品零件的某些尺寸精度,甚至造成废品;
② 虽然模具使用安全可靠,但是由于过于笨重,会造成模具材料的浪费,使操作工人的劳动强度增大,生产效率下降和生产成本提高。

橡胶模具的中模材料一般都是选用 45 钢,其热处理工艺为调质,热处理后硬度为 30～45HRC。在校核计算中,它的许用应力[σ]取 80～100 MPa。模具型腔内部的单位压力一般为 20～24.5 MPa。如果中模的材料为碳素工具钢 T8A,T10A 等,其热处理后硬度为 50～55 HRC,它的许用应力取[σ]＝140～160 MPa。

橡胶模具的具体结构是多种多样的,现选择比较典型的圆形型腔和矩形型腔,按照材料力学的原理进行校核,可供设计时参考。

5.3.1　圆形型腔中模壁厚的确定

圆形型腔的橡胶成形模具,其基本结构形式如图 5-3-1 所示。

设计时,将圆形型腔的中模简化成厚壁圆筒容器。当型腔内壁受到胶料所给予的内压时,其受力分析如图 5-3-2 所示。

圆形型腔中模壁厚计算公式为

$$\sigma_r = \frac{pr_2^2}{r_1^2 - r_2^2}\left(1 - \frac{r_1^2}{r_2^2}\right) \tag{5-3-1}$$

$$\tau_t = \frac{pr_2^2}{r_1^2 - r_2^2}\left(1 + \frac{r_1^2}{r_2^2}\right) \tag{5-3-2}$$

式中　　σ_r—— 径向应力(MPa);

τ_t—— 切向应力(MPa);

p —— 型腔内壁承受的单位压力(MPa);

r_1—— 中模外形半径(cm);

r_2—— 中模型腔半径(cm)。

按照最大切应力强度理论,其计算公式为

$$\tau_{\max} = \tau_t - \sigma_r$$

$$= \frac{pr_2^2}{r_1^2 - r_2^2}\left(1 + \frac{r_1^2}{r_2^2}\right) - \frac{pr_2^2}{r_1^2 - r_2^2}\left(1 - \frac{r_1^2}{r_2^2}\right) \tag{5-3-3}$$

$$= \frac{2pr_1^2}{r_1^2 - r_2^2} \leqslant [\sigma]$$

式中,$[\sigma]$ 为中模材料的许用应力(MPa)。

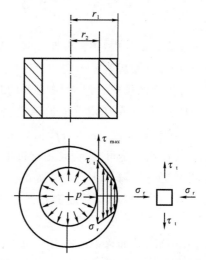

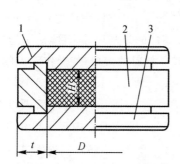

图 5 - 3 - 1　圆形型腔模具结构

1—上模;2—中模;3—下模

图 5 - 3 - 2　圆形型腔中模的受力分析图

由式(5 - 3 - 3)可得

$$r_1 = r_2\sqrt{\frac{[\sigma]}{[\sigma] - 2p}} \tag{5-3-4}$$

中模的壁厚为

$$\delta = r_1 - r_2 = r_2\sqrt{\frac{[\sigma]}{[\sigma] - 2p}} - r_2$$

$$= r_2\left(\sqrt{\frac{[\sigma]}{[\sigma] - 2p}} - 1\right) \tag{5-3-5}$$

将式(5 - 3 - 3)转化为

$$\delta = Kr_2 \tag{5-3-6}$$

令

$$K = \sqrt{\frac{L}{L - 2}} - 1$$

$$L = \frac{[\sigma]}{p}$$

为了计算查对方便,将 K 和 L 的数值进行计算,结果见表 5 - 3 - 1。

表 5 - 3 - 1　计算圆形型腔中模壁厚时的 *L*，*K* 值

L	K	L	K	L	K
2.1	3.58	3.1	0.68	4.1	0.40
2.2	3.31	3.2	0.63	4.2	0.38
2.3	1.77	3.3	0.59	4.3	0.36
2.4	1.45	3.4	0.56	4.4	0.35
2.5	1.23	3.5	0.53	4.5	0.34
2.6	1.08	3.6	0.50	4.6	0.33
2.7	0.96	3.7	0.48	4.7	0.32
2.8	0.87	3.8	0.45	4.8	0.31
2.9	0.79	3.9	0.43	4.9	0.30
3.0	0.73	4.0	0.41	5.0	0.29

【设计计算实例 1】　现有一橡胶模制品如图 5 - 3 - 3 所示，要求设计其成形模具(这里主要是计算中模的壁厚)。

已知：中模型腔直径为 60 mm，所用材料为 45 钢，调质处理后硬度为 280HBW，许用应力 $[\sigma] = 80 \sim 100$ MPa。该模具工作时，胶料受到挤压并给予型腔内壁的单位压力 $p = 20$ MPa。根据以上条件，进行设计计算如下：

$$L = \frac{[\sigma]}{p} = \frac{80 \text{ MPa}}{20 \text{ MPa}} = 4$$

查表 5 - 3 - 1 可得 $K = 0.41$。将已知数值代入式(5 - 3 - 6)得

$$\delta = Kr_2 = 0.41 \times 30 \text{ mm} = 12.3 \text{ mm}$$

由于在模具的结构设计中，要在中模上增设启模口(见图 5 - 3 - 4)结构要素，所以将中模的壁厚计算尺寸 12.3 mm 调整为 20 mm。这样，中模的外径 $r_1 = 50$ mm，既保证了中模的强度要求，又使中模上启模口这一操作结构要素得到了保证。

如果还需要在类似结构的中模上设计螺纹孔、销子孔或者卸模架顶杆通过孔等结构要素时，则应当在 12.3 mm 这一计算数据上再增加上述这些要素的尺寸，然后结合启模口等要素对中模的壁厚进行调整。

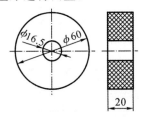

图 5 - 3 - 3　制品零件图

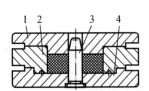

图 5 - 3 - 4　模具结构
1—上模；2—中模；3—型芯；4—下模

5.3.2 圆形型腔弹性变形量的校核

中模壁厚经过计算确定之后,或者是依照实际经验直接确定之后,应对其弹性变形量进行校核,其计算公式为

$$e = r_2 \frac{p}{E}\left(\frac{r_1^2 + r_2^2}{r_1^2 - r_2^2} + \mu\right) \tag{5-3-7}$$

式中　　e —— 径向弹性变形量(中模半径胀大值)(mm);

　　　　E —— 中模材料的弹性模量,$E_{钢} = 2.2 \times 10^5$ MPa;

　　　　μ —— 泊松比,$\mu_{钢} = 0.25 \sim 0.3$。

以设计计算实例 1 为例进行校核。将上述已知量代入式(5-3-7),计算结果为

$$
\begin{aligned}
e &= r_2 \frac{p}{E}\left(\frac{r_1^2 + r_2^2}{r_1^2 - r_2^2} + \mu\right) \\
&= 30 \text{ mm} \times \frac{20 \text{ MPa}}{2.2 \times 10^5 \text{ MPa}} \times \left[\frac{(50\text{mm})^2 + (30\text{mm})^2}{(50\text{mm})^2 - (30\text{mm})^2} + 0.3\right] \\
&= 0.006\ 6 \text{ mm}
\end{aligned}
$$

上述校核计算的是中模半径方向上的胀大值。如果在图 5-3-4 所示模具结构的中模上设计余胶槽、包容式定位机构以及适当尺寸的启模口等,中模的壁厚将达到 36 mm 左右,可使中模在工作过程中的弹性变形量更加微小,从而不会影响制品零件的尺寸精度。

5.3.3 矩形型腔中模壁厚的确定

一矩形型腔橡胶模具的结构如图 5-3-5 所示。

矩形型腔的中模,在模压生产过程中的受力分析如图 5-3-6 所示。

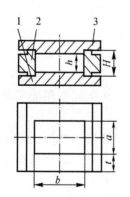

图 5-3-5　矩形型腔模具结构
1—下模;2—中模;3—上模

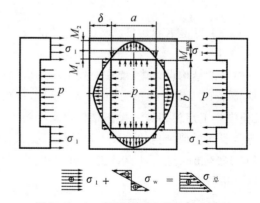

图 5-3-6　矩形型腔中模的受力分析

由于中模型腔内四壁都受到橡胶的压力(单位压力为 p),各边受力互相影响,使每边的截面上都产生了两种不同的应力,即拉伸应力 σ_1 和弯曲应力 σ_w。

通过受力分析和截面法可得

$$pbh = 2\sigma_1 H \delta \tag{5-3-8}$$

所以

$$\sigma_1 = \frac{pbh}{2H\delta} \tag{5-3-9}$$

式中　p —— 型腔内壁所承受的单位压力（MPa）；

$\quad\quad b$ —— 矩形型腔长边尺寸（mm）；

$\quad\quad \sigma_1$ —— 型腔截面的拉伸应力（MPa）；

$\quad\quad \delta$ —— 矩形型腔的壁厚（mm）。

因为型腔的内壁受到胶料给予的压力，每一条边都会产生向外的弯曲，而且相互影响，并合成最大的弯矩 M_{max}，同时也产生了弯曲应力 σ_w，有

$$M_{max} = \frac{ph(I_b a^3 + I_a b^3)}{12(I_b a + I_a b)} \tag{5-3-10}$$

式中　M_{max} —— 因相邻边受内压相互影响而合成的最大弯矩（N·cm）；

$\quad\quad a$ —— 矩形型腔的短边尺寸（cm）；

$\quad\quad I_a$ —— 短边截面的惯性矩（cm^4）；

$\quad\quad I_b$ —— 长边截面的惯性矩（cm^4）。

设矩形型腔各壁截面乘积数值均相等，所以 $I_a = I_b$。

故

$$M_{max} = \frac{ph(a^3 + b^3)}{12(a+b)} = \frac{ph\dfrac{a^3+b^3}{a}}{12\dfrac{a+b}{a}}$$

$$= \frac{ph\dfrac{a^2(a^3+b^3)}{aa^2}}{12\dfrac{a+b}{a}} = \frac{pha^2\left(\dfrac{a^3+b^3}{a^3}\right)}{12\dfrac{a+b}{a}}$$

$$= \frac{pha^2\left(1+\dfrac{b^3}{a^3}\right)}{12\left(1+\dfrac{b}{a}\right)}$$

又设 $m = \dfrac{b}{a}$，且 $K' = \dfrac{1+m^3}{1+m}$，则

$$M_{max} = \frac{pha^2 K'}{12} \tag{5-3-11}$$

矩形型腔壁截面的抗弯截面系数为

$$W = \frac{H\delta^2}{6} \tag{5-3-12}$$

所以

$$\sigma_w = \frac{M_{max}}{W} = \frac{\dfrac{pha^2 K'}{12}}{\dfrac{H\delta^2}{6}} = \frac{pha^2 K'}{2H\delta} \tag{5-3-13}$$

$$\sigma_{总} = \sigma_1 + \sigma_w = \frac{pbh}{2H\delta} + \frac{pha^2 K'}{2H\delta^2} \tag{5-3-14}$$

设 $n = \dfrac{H}{h}, L = \dfrac{[\sigma]}{p}$，则

$$
\begin{aligned}
\alpha_{\text{总}} &= \frac{pma}{2n\delta} + \frac{pa^2 K'}{2n\delta^2} \\
&= \frac{pma\delta + pa^2 K'}{2n\delta^2} \leqslant [\sigma] \leqslant Lp
\end{aligned}
\tag{5-3-15}
$$

由式(5-3-15)可得

$$
\left.
\begin{aligned}
\sigma &= \frac{pma\delta + pa^2 K'}{2n\delta^2} = Lp \\
2n\delta^2 Lp &= pma\delta + pa^2 K' \\
2n\delta^2 Lp &- pma\delta - pa^2 K' = 0 \\
2n\delta^2 L &- ma\delta - a^2 K' = 0
\end{aligned}
\right\}
\tag{5-3-16}
$$

解式(5-3-16)可得

$$
\begin{aligned}
\delta &= \frac{am + \sqrt{a^2 m^3 + 8nL a^2 K'}}{4nL} \\
&= \frac{am + a\sqrt{m^2 + 8nL K'}}{4nL} \\
&= \frac{a\left(m + \sqrt{m^2 + 8nL K'}\right)}{4nL}
\end{aligned}
\tag{5-3-17}
$$

在设计中，如果模具的结构采用如图5-3-7所示的形式，则 $H = h, n = \dfrac{H}{h} = 1$，那么，中模壁厚为

$$
\delta = \frac{a\left(m + \sqrt{m^2 + 8L K'}\right)}{4L}
\tag{5-3-18}
$$

矩形型腔的中模壁厚设计时的校核计算系数 m, K' 可查表5-3-2。

表5-3-2　确定矩形型腔中模壁厚的系数 m, K'

m	K'	m	K'	m	K'
1.0	1.00	2.4	4.36	3.8	11.64
1.1	1.01	2.5	4.75	3.9	12.31
1.2	1.24	2.6	5.16	4.0	13.00
1.3	1.39	2.7	5.59	4.1	13.71
1.4	1.56	2.8	6.04	4.2	14.44
1.5	1.75	2.9	6.51	4.3	15.19
1.6	1.96	3.0	7.00	4.4	15.96
1.7	2.19	3.1	7.51	4.5	16.75

续 表

m	K'	m	K'	m	K'
1.8	2.44	3.2	8.04	4.6	17.56
1.9	2.71	3.3	8.59	4.7	18.39
2.0	3.00	3.4	9.16	4.8	19.24
2.1	3.31	3.5	9.75	4.9	20.11
2.2	3.64	3.6	10.36	5.0	21.00
2.3	3.99	3.7	10.99		

注: $m = \dfrac{b}{a}$; $K' = \dfrac{1 + m^3}{1 + m}$。

【设计计算实例 2】 设计一型腔为矩形(长边为 80 mm,短边为 60 mm)的橡胶成形模具,其结构设计图如图 5 - 3 - 8 所示。

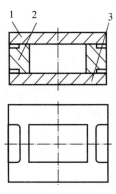

图 5 - 3 - 7 模具结构图

1—上模;2—中模;3—下模

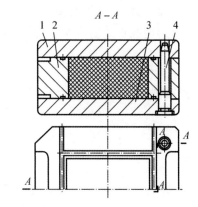

图 5 - 3 - 8 模具结构设计图

1—上模;2—中模;3—下模;4—定位销

已知:型腔高度 $H = 40$ mm,中模材料为 45 钢,经调质处理后硬度为 280 HBW,许用应力 $[\sigma] = 80$ MPa,模具工作时,胶料给予型腔内壁的单位压力 $p = 20$ MPa,试确定其中模的壁厚 δ。

中模壁厚 δ 的设计计算如下:

$$L = \frac{[\sigma]}{p} = \frac{80 \text{ MPa}}{20 \text{ MPa}} = 4$$

$$m = \frac{b}{a} = \frac{80 \text{ mm}}{60 \text{ mm}} = 1.33$$

$$n = \frac{H}{h} = 1$$

$$K' = \frac{1 + m^3}{1 + m} = \frac{1 + (1.33)^2}{1 + 1.33} = 1.44$$

$$\delta = \frac{a(m + \sqrt{m^2 + 8LK'})}{4L}$$

$$= \frac{60 \text{ mm} \times (1.33 + \sqrt{1.33^2 + 8 \times 4 \times 1.44})}{4 \times 4}$$

$$= 30.93 \text{ mm}$$

根据橡胶模具的结构特点,将这一计算数据调整为 32 mm,以便在中模的型腔周围设计布置跑胶槽、定位机构以及启模口等结构要素。

5.3.4 矩形型腔弹性变形量的校核

矩形型腔中模工作时,由于受到胶料向外的压力而产生弹性变形。中模的受力状态比较接近于矩形框架的受力状态,因此可以按照矩形框架的弹性变形情况来对其进行校核计算。其计算公式为

$$e = \frac{2phb^4}{384EI_b} \tag{5-3-19}$$

式中　e —— 矩形型腔壁的弹性变形量(cm);

　　　E —— 中模材料(45 钢)的弹性模量(MPa);

　　　I_b —— 矩形型腔长边壁截面的惯性矩(cm⁴),即

$$I_b = \frac{H\delta^3}{12}$$

对设计计算实例 2 进行校核。将已知量代入式(5-3-19)的计算结果为

$$e = \frac{2phb^4}{384EI_b} = \frac{2 \times 20 \times 4 \times 8^4}{384 \times 2.2 \times 10^5 \times \frac{4 \times 3.2^3}{12}} \text{ cm}$$

$$= 0.000\ 71 \text{ cm} = 0.007\ 1 \text{ mm}$$

这一校核计算的是矩形型腔中模每边(长边)的弹性变形量,那么在长边上双边的弹性变形量则为 0.014 2 mm。在模压的过程中,中模型腔尺寸的这一变化是不会影响橡胶制品零件的尺寸精度和使用功能的。

通过上述校核计算可以证实,中模壁厚设计计算确定之后,将其计算结果调整为 32 mm 是可靠的。

同样,设计模具时,按照模具的结构和要求,在中模上进行启模口、定位销孔、跑胶槽等结构要素的设计和布局。如果壁厚为 32 mm 这一尺寸不够的话,还可以将其再次做适当的放大,以满足模具设计的总体要求。

上述各种设计计算方法和校核方法可作为橡胶模具设计计算和校核时的参考。

综上所述,橡胶模具的强度问题主要体现在以下几方面:

(1)模具承压面上的承受压力(抗压)的能力。

(2)模具的各个主要构件,特别是中模承受胶料给予的内压力的能力(中模型腔侧壁的抗拉强度和抗弯强度)。

(3)构成模具型腔的各组成部分抗弹性变形的能力(模具的刚度),特别是模具的中模。

为了保证模具各相关构件具备上述各种能力,设计中选取合理的结构方案是十分重要的。

例如,对于圆形模具结构,其设计方案可以采用反包式结构,如图 5-3-9 所示。

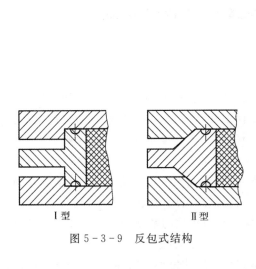

图 5 - 3 - 9　反包式结构

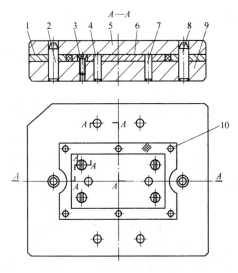

图 5 - 3 - 10　方形垫片模具

1—中模;2,8—定位销;3—螺钉;4—中模加强销;
5—上模;6—型芯板;7—型芯板加强销;9—下模;10—型芯

　　这种结构形式与图 4 - 5 - 2(b)的结构形式相反,中模不是包容上模和下模,而是受到下模板和上模板的反包容。这种结构形式大大地增强了中模的强度,减少了其弹性变形。这样的结构方案,可以使中模的壁厚变得薄一些,整个模具的结构也会更加紧凑,适宜于形体较大的制品零件模具的设计。

　　对于矩形型腔结构的模具来说,当制品零件较薄(中模模板也较薄)时,在其成形模具的设计中,在中模模板上的适当部位增设销钉、挡块或挡条,可防止较薄的中模模板因受橡胶给予的内压力而变形。增设销钉,可将中模与上、下模紧密地连接在一起,同时还可以利用定位销将它们连接起来,如图 5 - 3 - 10 所示。

　　这样也避免了中模壁厚的大幅度增加(为了保护中模在操作中不变形,模具不设置启模口,而使用卸模架启模取件)。否则,所压制出的制品零件就会出现如图 5 - 3 - 11(b)所示的形状,成为不合格的制品零件。

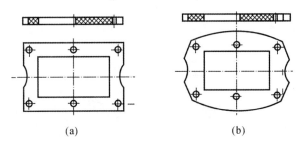

(a)　　　　　　　　　　　　　　　(b)

图 5 - 3 - 11　制品对比图

(a)所要求的制品零件形状;　(b)中模变形后所压制的制品零件形状

　　在增设防止中模变形的销钉机构设计中,应当充分考虑到模压时胶料产生的内压力较大,销钉尺寸的确定要满足其抗剪强度的要求。一般来说,用于这种场合的销钉,其硬度不要超过相应模板的硬度。如果销钉的硬度比较高,应当同时在模板的销孔位置,特别是中模上增设销套,以保护模体,延长模具的使用寿命。

5.4 橡胶模具常用结构要素的设计参数

5.4.1 余胶槽、撕边槽、跑胶槽和连接槽

在橡胶模制品的生产过程中,装入(或注入)模具型腔中胶料的质量总是要比构成制品零件的胶料的实际质量多一些。这些多余的胶料要么存留在余胶槽或撕边槽内,通过连接槽及跑胶槽排出模具体外,要么被挤入模具的相关分型面之间而硫化变成飞边。在橡胶成形技术的发展过程中,人们选择了前者来确保橡胶制品的表观质量。

在设计和制作余胶槽这类橡胶模具的结构要素时,其断面尺寸既不能过大,也不能过小。余胶槽、撕边槽容积过大,则容易使制品零件产生缺胶现象。相反,其容积过小,则会使制品零件在分型面上所形成的飞边变厚,从而影响制品零件的封模尺寸的精度和质量,同时也会增加修除飞边的工作量。

跑胶槽和连接槽的尺寸在许可的范围内宜大不宜小。尺寸过小,则排除多余胶料不畅,也容易使分型面上的飞边变厚。

5.4.1.1 余胶槽

橡胶模具中常用的余胶槽的形状以半圆形和三角形居多,其尺寸与型腔之间的距离如图5-4-1所示。

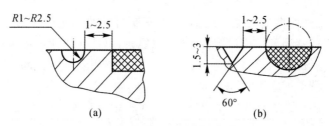

图5-4-1 一般余胶槽的形状与尺寸

(a)半圆形; (b)三角形

对于大型橡胶模制品来说,余胶槽的形状与尺寸可按图5-4-2所示进行设计。

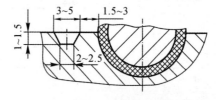

图5-4-2 大型橡胶模制品的余胶槽

余胶槽的表面粗糙度值Ra一般为$3.2\sim1.6\ \mu m$。

5.4.1.2 撕边槽

无飞边模的余胶槽称为撕边槽。其特点是距离型腔很近,其目的是实现清除飞边简易

化和使制品零件无飞边化。

撕边槽的形状多为三角形和对开三角形,也有矩形和半梯形。在一副橡胶成形模具中,几种形式结构的撕边槽可以同时使用。

此外,从广义上来讲,胶料密封槽也可以说是一种撕边槽。

撕边槽的结构形式和应用见第 4 章 4.7.5 节所述。设计橡胶模具撕边槽时,可参照图 5-4-3进行。

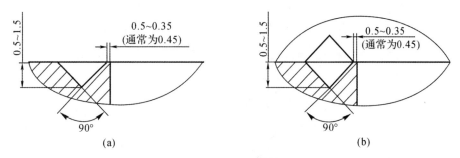

图 5-4-3　撕边槽
(a)三角形撕边槽;　(b)对开式三角形撕边槽

为了方便清除各撕边槽,设计橡胶模具时,常常将模具中相邻的撕边槽相互搭接,使局部重叠在一起,如图 5-4-4 所示。

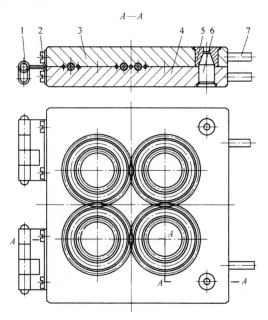

图 5-4-4　锥销定位合叶式无飞边压胶模
1—合叶;2—螺钉;3—上模;4—下模;5—锥套;6—锥销;7—手柄

5.4.1.3　跑胶槽和连接槽

橡胶模具的跑胶槽是连通撕边槽或余胶槽并将多余胶料疏导到模具体外的通道,而连接槽则是相邻的撕边槽或余胶料之间的通道。它们与模具型腔之外的撕边槽(或余胶槽)和跑胶槽一起,构成了一个在橡胶硫化成形过程中完整的排除型腔中气体、存留和溢出多余胶料的主要辅助结构要素体系。

如图5-4-5所示为一1∶4模比的注压成形模具,从中可以看出各型腔外撕边槽、跑胶槽和连接槽的设计布局。

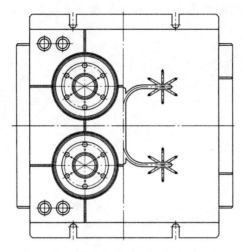

图5-4-5　撕边槽、跑胶槽和连接槽(一)

如图5-4-6所示为一1∶6模比的注压式自动分型成形模具,从中可以看出各个型腔之外撕边槽、跑胶槽和连接槽的设计布局。

如图5-4-7所示为1∶12模比的翻板式注压哈夫成形模具,从中可以看出各个型腔之外撕边槽、跑胶槽和连接槽的设计布局。

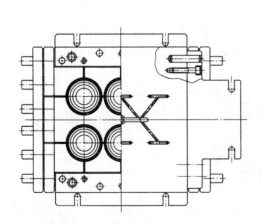

图5-4-6　撕边槽、跑胶槽和连接槽(二)

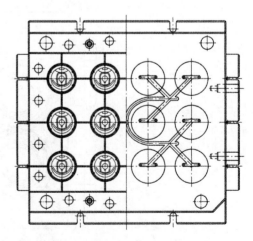

图5-4-7　撕边槽、跑胶槽和连接槽(三)

如图5-4-8所示为1∶12模比的注射式无飞边成形模具,从中可以看出各个型腔之外撕边槽、跑胶槽和连接槽的设计布局。

如图5-4-5～图5-4-7所示的撕边槽、跑胶槽和连接槽,其断面形状均为90°三角形,尺寸是按照每个型腔注胶量的大小并参照图5-4-3中的数据范围来确定的。

如图5-4-8所示撕边槽和连接槽同为90°三角形结构,而跑胶槽则为矩形断面结构形式。这种结构的宽度和深度可分别在 4～6 mm 和 2.0～3.5 mm 内选取。

由于模具加工机床的高速加工性能和高速切削刀具的良好性能,使得橡胶模具的撕边槽、跑胶槽和连接槽的表面粗糙度值 Ra 可设计为 1.6 μm 或 0.8 μm。

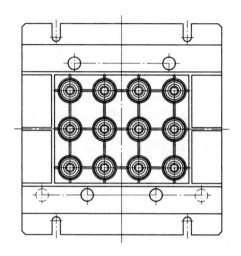

图 5-4-8　撕边槽、跑胶槽和连接槽(四)

5.4.2　排气孔和排气槽

在橡胶制品零件的生产制造过程中,排气是不可缺少的操作动作之一。

所谓排气,就是排出模具型腔内的空气,使胶料充满整个型腔,以形成没有缺陷、形体饱满的制品零件。

排气在生产中也称为放气。平常人们看到的排气操作,是在模压生产中进行的,所使用的模具均为填压式压胶模。当胶料被装入模具型腔之后,立即将模具合模并放置于平板硫化机的下热板之上进行加压—卸压排气—加压—卸压排气—加压多次反复进行的操作(这就是所谓的放气操作)。

排气次数的多少、每次操作速度的快慢、排气时间的长短等,都要根据模具的具体结构(型腔的形状、分型面的位置、型腔"屋顶"结构中有无排气孔以及各分型面上有无排气槽等情况)、胶料填装的方式、胶料分块的大小,以及骨架的形体结构与安装位置等特点来决定。

排气方法的选择主要依赖于操作者在生产过程中对操作经验的积累。作为模具设计者,对此应该有所了解,以便使设计方案更加合理,更加符合生产实际。

在橡胶模具的设计制造中,为了有效地排气,常在模具结构的相关部位设计制作排气孔或排气槽。

所谓排气孔,就是为了排除模具型腔中的空气,在不影响制品零件使用功能和表观质量要求许可的情况下而专门设置、制作的微小气孔,如图 5-4-9 和图 5-4-10 所示。

如图 5-4-9 所示的模具结构,其型腔顶部远远高于分型面,如同房子的屋顶一样。对于这种模具结构,其型腔中的空气难以通过分型面排出模具体外,这正像房子顶部的烟气不易散去那样。橡胶模具中的这种现象,称为屋顶效应。

具有屋顶结构的模具型腔,如果没有排气孔,则型腔上部的空气是难以排出的。为了保证制品零件成形的质量(使制品零件不产生气泡和缺胶现象),通常在上模型腔的最高处设计、布局排气孔,如图 5-4-9 所示。

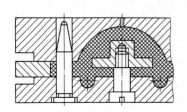

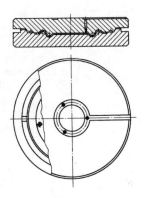

图 5-4-9 排气孔模具形式(一)　　　　图 5-4-10 排气孔模具形式(二)

图 5-4-9 的皮膜成形模具,在型腔的相应部位设置了排气孔的结构要素,避免了制品零件上产生气泡等滞气现象。

排气孔的孔径,因制品零件的大小、使用功能等而有所不同。对于要求较高的制品零件,模具的排气孔直径可在 0.3～0.8 mm 范围内选择;对于形体较大且要求不高的制品零件,其排气孔可在 1.2～2.5 mm 范围内选择。排气孔常设计在凸形、球形等类型腔的顶部和气体难以逃逸的部位。

排气孔的设置,解决了制品零件上的气泡、缺胶等质量问题。但是这一结构要素也带来了相应的小胶柱,这些小胶柱对于有的制品零件来说是需要精修、剔除的。同时每模压一次,排气孔就必须清理一次,否则废胶料的阻塞会使排气孔失去排气作用。这样便增加了生产辅助时间,降低了生产效率。如果排气孔内的废胶料清除方法选择不当,还会使排气孔口部变毛,从而影响废料的清除和模具的正常使用。

排气孔虽然是一个很不起眼的结构要素,却影响到制品零件的质量和模具的操作使用。因此,必须对传统式排气孔进行改造和提高。如图 5-4-11 所示为改进型排气孔的结构设计,它克服了原有排气孔的不足之处。

所谓排气槽,就是为了顺畅地排出模具型腔中的空气而在相关的分型面上设计制作的特殊沟槽。

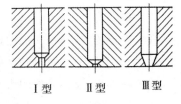

Ⅰ型　　Ⅱ型　　Ⅲ型

图 5-4-11 改进型排气孔结构

排气槽多用于压注成形模具、注压成形模具和注射成形模具之中。

排气槽的设计布局与上述三类结构形式模具的浇注系统结构形式密切相关。也就是说,排气槽的设计布局与浇注系统的进料口的位置有关,如图 5-4-12(a)～(f)所示。

对于大型制品零件的注射模具来说,其排气槽的设计如图 5-4-13 所示。排气槽设计、制作成曲折形,可以缓冲多余胶料被挤射出来的速度,以防高温胶料伤人,特别是在首模试产调试时。

部分排气槽和进料口部位的形状与尺寸如图 5-4-14 所示。

尽管称为排气槽,但是,在生产过程中常常有胶料或多或少地从中流出。在每模工作的初期阶段,胶料进入模具型腔并逐步占据型腔空间,驱使空气逐步地由排气口经排气槽排出模具体外,随后胶料充满型腔。多余的胶料也沿此路径首先进入余胶槽(或撕边槽),再进入连接槽和跑胶槽(排气槽)而溢出模具。型腔中的胶料在温度、压力和时间的作用下硫化成形而成为制品零件。与此同时,余胶槽(撕边槽)、连接槽、跑胶槽(排气槽)中的多余胶料也被硫化,在开模之后和制品零件一起被取出。

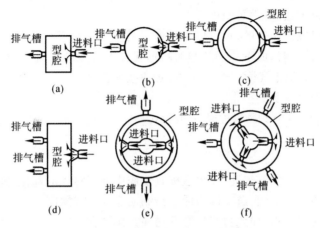

图 5 - 4 - 12　排气槽与进料口的设计布局

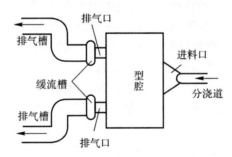

图 5 - 4 - 13　大型注压、注射模具排气槽的设计图

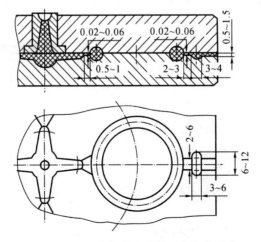

图 5 - 4 - 14　排气槽和进料口的相关尺寸

为了方便提取所有废料,一般所有余胶系统(余胶槽或撕边槽)和排气系统(跑胶槽、连接槽、排气口、缓流槽、排气槽等)的表面粗糙度值 Ra 都应达到 $1.6\sim0.8\ \mu m$。

糙化分型面也能够起到排气的技术效果。

此外,还有一种加工制作方法非常简单的排气槽,常在生产实际中使用,即设计人员根据模具结构的特点,确定排气槽的位置和方向,并在相关分型面的设计图样上做明确标注,模具钳工则按照图样要求,用划针直接进行刻画,然后再用细磨石和金相砂纸打磨抛光,除去刻画所造成的毛刺及粗糙痕迹,以满足使用要求。

排气槽与型腔可以是连通的,也可以是不连通的。当制品零件在此分型面上要求比较高时,则要将排气槽设计、制作成不与型腔连通的形式。不与型腔连通的排气槽,距离型腔的尺寸为 $0.5\sim1.2\ mm$。如果排气槽与型腔连通,必须按照图样标示的位置进行制作,在刻画时,要注意不得使型腔的边角受到损伤。

这种简易的排气槽,不宜刻画得过深,一般为 $0.05\sim0.20\ mm$,形状为三角形,顶角为 $30°$ 左右。

5.4.3　存气孔

存气孔也叫作留气孔或滞气孔,设置在模具型腔中易于滞气的部位,其目的是专门给难以排出的空气以适当的存留空间,避免因为滞气给制品零件造成缺陷。

存气孔均为盲孔式结构,如果将存气孔开通便是跑气孔。

对于存气孔在模具型腔中位置的设计布局,首先要对制品零件的结构形状及成形工艺(特别是浇注系统中进料口的位置和胶料在充型过程中的流动)进行认真的分析,准确地判断空气滞留的位置,或者通过试模,直接得知滞气的位置和严重程度,才能最终确定。

如图 5-4-15 所示为一橡胶制品,该制品的硫化成形工艺为注压模具成形。

首先,将进料口选择在模具型腔的 A 处,如图 5-4-16 所示。这样,入模胶料必然按照图示两条路径从进料口的 A 点流向 B 点。最后,两股胶料的流动汇合于 B 点。

两股胶料在汇合流动的过程中,将无法排出模体之外的型腔中的部分空气驱赶至 B 点附近,并使之滞留在模具型腔之中。

由于分型面选择在制品结构正中的对称线上(见图 5-4-17),B 点所对应的型腔上方便处于屋顶结构之处,此处正好是易于滞气的地方,极易产生屋顶效应而滞气。

因此,如果将进料口选择在 A 点,那么,就应当在 B 点设置存气孔,给无法排出的气体以空间。

如果存气孔的位置及尺寸大小选择得适当,制品零件在硫化成形之后,便在存气孔中形成一个小胶柱。而且小胶柱的端部是胶料参差不齐的毛面。这种小胶柱端部的毛糙特征,正是由于滞气现象所造成的。在制品上的小胶柱出模之后,在修边时可用剪刀将其修除掉。

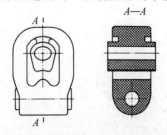

图 5-4-15　易于滞气的制品形体结构

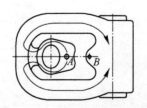

图 5-4-16　入模胶料流动的路径

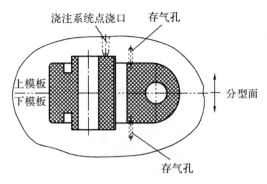

图 5-4-17　进料口和存气孔的设计布局

如图 5-4-18 所示为一橡胶制品注射成形的点浇口的设计布局和胶料流动汇聚的情况。图中 A,B,C,D 分别为四个点浇口的位置。

为了消除制品出现的滞气缺陷,试模之后,在该制品成形模具的型芯上面正中位置,增加一个存气孔,以容纳无法排出的气体,如图 5-4-19 所示。

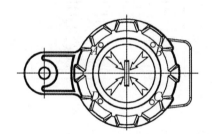

图 5-4-18　四点浇口胶料汇流滞气分析

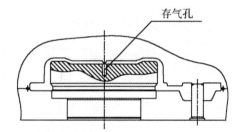

图 5-4-19　存气孔增设在模具型芯上

如图 5-4-20 和图 5-4-21 所示为制品在出模之后,存气孔中的小胶柱连带在制品上的情况,其中图 5-4-21 所示为其三维图。

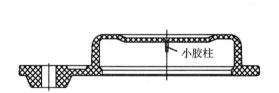

图 5-4-20　存气孔增设在模具型芯上

图 5-4-21　制品连带存气孔小胶柱(3D)

存气孔的形状最好为锥形结构,如果小型锥孔加工困难,也可以制作成为直孔。如果存气孔为直孔结构,应当在其口沿倒角,以防止脱模取件时小胶柱断在存气孔中而给清除带来不应有的麻烦。

存气孔的尺寸一般为 $\phi0.5\sim3.5$ mm,深度可在 $10\sim20$ mm,应视制品的相关尺寸而定。可以先小后大,直至合适为止。

存气孔的表面粗糙度值宜小不宜大,以使其中的小胶柱在脱模取件时能够顺利地被拔出来。通常,存气孔的表面粗糙度值 Ra 为 $3.2\ \mu m$。

5.4.4 定位要素

对于平板式结构的模具,当制品零件质量要求比较高时,常常采用三点式定位机构或者四点式定位机构。然而,对于小型模具来说,当制品零件的质量要求不高时,通常采用两点式定位机构(见图 4-7-16)。

一般来说,选用两点定位时,其定位销的设计应该选取一大一小的结构形式,以防止模具在使用中翻转倒装的误操作,并确保制品零件的质量和模具自身的安全。

对于开合模结构形式的模具,由于芯轴或者骨架都与模具体有定位关系,所以,模具结构设计都选取两点式定位机构,如图 5-4-22 所示。对于这种结构形式,必须在模具形体外面设计、制作一个明显的对模标记,而且两个定位销也要设、计制作成一大一小。

对于如图 5-4-23 所示的结构形式,由于成形芯棒外露于模具一端,所以,在操作中不会发生倒装翻转的误操作现象。因此,两个定位销可以设计、制作成大小一样的,也可以设计成一大一小的,外形上不必设计、制作对模方向标记。

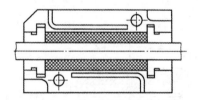 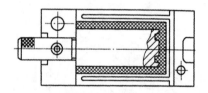

图 5-4-22 开合模的定位机构(一)　　　　图 5-4-23 开合模的定位机构(二)

对于图 5-4-23 所示的这类模具结构,在对定位机构进行选择时,也可以选用如图 5-4-24所示的三点式定位机构。

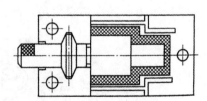

图 5-4-24 开合模的定位机构(三)

三点式定位机构可用于制品零件外观质量要求高的成形模具。

5.4.4.1 销钉定位

如图 5-4-22~图 5-4-24 所示机构均为销钉定位机构。在橡胶模具的定位机构中,销钉定位是最为常用的定位机构。

销钉定位分为直销式定位和锥销式定位两种结构形式。其设计参考数据如下所述。

(1)直销式定位。橡胶模具中经常使用的直销定位销钉结构如图 5-4-25 所示。各种直销定位销钉的结构尺寸见表 5-4-1。

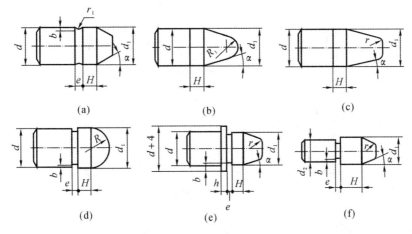

图 5 - 4 - 25　直销定位销钉结构

表 5 - 4 - 1　直销钉结构尺寸

d	d_1	d_2	H	e	b	h	R	R_1	r	r_1	α
8	6	4	1.2			2	4	2.5		0.6	6°～10°
10	8	5	1.6			2.5	5	3	0.5	0.9	
12	10	6	2	0.5		3	6	4	0.8	1.25	10°～15°
16	12	8	2.5			4	8	5	1	1.8	15°～18°

　　定位销钉与模板的配合精度,直接影响模具型腔成形的质量,从而决定着制品零件质量的优劣。考虑到定位销钉和销钉孔的加工特点,以及两点式定位和三点式定位各自的工作特征,在模具定位系统的设计中,对于两点式定位机构,定位销钉与下模板的配合形式为 $\dfrac{H7}{p6}$,定位销钉与上模板的配合形式为 $\dfrac{H7}{g6}$,$\dfrac{H7}{h6}$;对于三点式定位机构,定位销钉与下模板(固定配合部分)的配合形式为 $\dfrac{H7}{p6}$,$\dfrac{H7}{s6}$ 等,定位销钉与上模板的配合形式为 $\dfrac{H7}{g6}$,$\dfrac{H7}{h6}$ 或 $\dfrac{H8}{f7}$,$\dfrac{H8}{h7}$ 等。

　　在制造中,定位孔一般都是钻铰而成的。所以,设计时就要根据这一特点,尽量将其配合形式选择成基孔制,且孔均为 H7 级或 H8 级。

　　上述各种配合形式的结构工艺性和加工工艺性都比较理想,加工制造简单,易于组装,使用操作也非常方便,能够保证制品零件对模具定位系统的精度要求。

　　(2)锥销式定位。橡胶模具中的锥销定位机构如图 4 - 7 - 6 所示。锥度定位销和锥度定位套的结构如图 5 - 4 - 26 所示。

　　锥销定位机构可分为锥销锥套式和锥销模板式两种结构形式。如图 4 - 7 - 7 和图 4 - 7 - 8 所示为锥销锥套式定位结构的模具,而如图 4 - 7 - 9 所示则为锥销模板式的定位模具。

　　锥销、锥套的锥度,可视其情况分别选用 30°,45°,60° 和 90° 等。

　　锥销定位机构要求锥销和锥套的锥度配合部分接触面积达到总面积的 80% 以上;各相关

构件在组装合模后,要求锥销和锥套之间具有 0.005～0.010 mm 的间隙量。

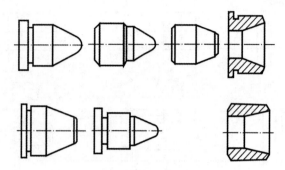

图 5-4-26　锥度定位销和锥度定位套

锥销、锥套其余各部分的结构可参照直销的结构形式进行设计;各部位尺寸及锥度要视该模具的结构形式和尺寸大小而定。

关于定位销和模板之间的结构关系,可参阅第 4 章第 4.7.1 节定位机构的有关内容。定位销的结构尺寸,除了表 5-4-1 推荐的数据外,其他尺寸则按照模具的结构和使用特点(填料方式、导向距离等)确定。图 5-4-25 中各类结构的未注倒角均为 $C1～C1.5$ mm。定位销及定位销孔的表面粗糙度值 Ra 为 1.6 μm,导向部分 Ra 为 3.2～1.6 μm,其余部分 Ra 均为 12.5 μm。

当模具形体结构比较大时,定位销也要设计得相应大一些,但是各个尺寸之间的关系可参照表 5-4-1 进行设计。

5.4.4.2　模体定位

模体定位的结构形式有圆柱面定位、锥面定位和分型面定位等几个类型,可参见第 4 章 4.7.1 节有关内容。如图 4-7-14、图 4-7-41～图 4-7-43 和图 5-3-9 均为模体式定位结构示例。

模体定位方式一般多用于单型腔模具的设计。这类定位方式的优点是结构简单紧凑,模具零件少,整体性强,易于加工制造。

如图 5-4-27 所示为模体定位结构要素的有关设计参数的推荐值,可供设计时参考。

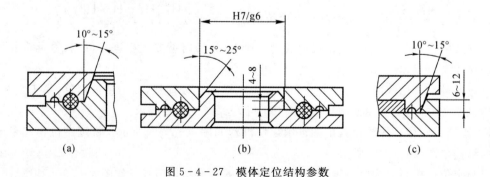

图 5-4-27　模体定位结构参数

5.4.4.3　导柱导套定位

在中小型橡胶模具中,通常使用的导柱导套如图 5-4-28 所示。

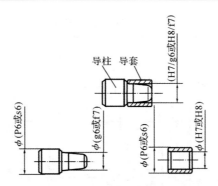

图 5 - 4 - 28　中小型模具用导柱导套设计图

在橡胶模具的设计中,也可使用塑料模具常用的几类导柱和导套。当然,在选用时要根据橡胶制品成形模具的具体结构来决定。这几类导柱和导套已经标准化,即直导套(GB/T 4169.2 — 2006)、带头导套(GB/T 4169.3 — 2006)、带头导柱(GB/T 4169.4 — 2006)、带肩导柱(GB/T 4169.5 — 2006)。这几类导柱和导套的图样与数据分别见表 5 - 4 - 2～表 5 - 4 - 5。其使用材料、热处理要求分别见上述相应标准。

表 5 - 4 - 2　直导套

1. 直导套图样

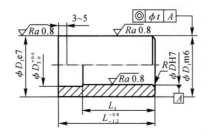

注:未注表面粗糙度Ra为3.2μm;未注倒角C1

2. 直导套数据

（单位:mm）

D	12	16	20	25	30	35	40	50	60	70	80	90	100
D_1	18	25	30	35	42	48	55	70	80	90	105	115	125
D_2	13	17	21	26	31	36	41	51	61	71	81	91	101
R	1.5～2		3～4			5～6				7～8			
L_1[①]	24	32	40	50	60	70	80	100	120	140	160	180	200
L	15	20	20	25	30	35	40	40	50	60	70	80	80
	20	25	25	30	35	40	50	50	60	70	80	100	100
	25	30	30	40	40	50	60	60	80	80	100	120	150
	30	40	40	50	50	60	80	80	100	100	120	150	200
	35	50	50	60	60	80	100	100	120	120	150	200	
	40	60	60	80	80	100	100	120	150	150	200		

①当 $L_1 > L$ 时,取 $L_1 = L$。

3. 直导套标记

例如 $D=12$ mm, $L=15$ mm 的直导套标记如下:直导套　12×15　GB/T 4169.2 — 2006

表 5 - 4 - 3　带头导套

1. 带头导套图样

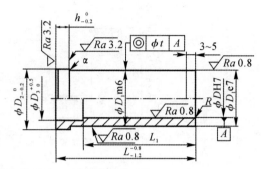

a. 未注表面粗糙度值 Ra 为 $6.3~\mu m$；未注倒角为 $C1$。

b. 可选砂轮越程槽或 $R0.5 \sim R1~mm$ 圆角。

2. 带头导套数据

（单位：mm）

D	12	16	20	25	30	35	40	50	60	70	80	90	100
D_1	18	25	30	35	42	48	55	70	80	90	105	115	125
D_2	22	30	35	40	47	54	61	76	86	96	111	121	131
D_3	13	17	21	26	31	36	41	51	61	71	81	91	101
h	5	6	8			10		12		15		20	
R	1.5~2	3~4				5~6			7~8				
$L_1^{①}$	24	32	40	50	60	70	80	100	120	140	160	180	200
L　20	×	×	×										
25	×	×	×	×									
30	×	×	×	×	×								
35	×	×	×	×	×	×							
40	×	×	×	×	×	×	×						
45	×	×	×	×	×	×	×						
50	×	×	×	×	×	×	×	×					
60		×	×	×	×	×	×	×	×				
70			×	×	×	×	×	×	×	×			
80			×	×	×	×	×	×	×	×	×		
90				×	×	×	×	×	×	×	×	×	
100				×	×	×	×	×	×	×	×	×	×
110					×	×	×	×	×	×	×	×	×
120					×	×	×	×	×	×	×	×	×
130						×	×	×	×	×	×	×	×
140						×	×	×	×	×	×	×	×
150							×	×	×	×	×	×	×
160							×	×	×	×	×	×	×
180								×	×	×	×	×	×
200								×	×	×	×	×	×

①当 $L_1 > L$ 时，取 $L_1 = L$。

3. 带头导套标记

例如：$D = 12~mm$，$L = 20~mm$ 的带头导套标记为如下：带头导套　12×20　GB/T 4169.3 — 2006

表 5 - 4 - 4　带头导柱

1. 带头导柱图样

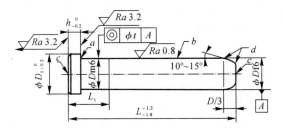

未注表面粗糙度值 Ra 为 6.3 μm；未注倒角 $C1$。

a. 可选砂轮越程槽或 $R0.5\sim R1$ mm 圆角。

b. 允许开油槽。

c. 允许保留两端的中心孔。

d. 圆弧连接，$R2\sim R5$ mm。

2. 带头导柱数据

（单位：mm）

D	12	16	20	25	30	35	40	50	60	70	80	90	100
D_1	17	21	25	30	35	40	45	56	66	76	86	96	106
h	5	6			8		10	12		15		20	
L = 50	×	×	×	×	×								
60	×	×	×	×	×								
70	×	×	×	×	×	×	×						
80	×	×	×	×	×	×	×						
90	×	×	×	×	×	×	×						
100	×	×	×	×	×	×	×	×	×				
110	×	×	×	×	×	×	×	×	×				
120	×	×	×	×	×	×	×	×	×				
130	×	×	×	×	×	×	×	×	×				
140	×	×	×	×	×	×	×	×	×				
150		×	×	×	×	×	×	×	×	×	×		
160		×	×	×	×	×	×	×	×	×	×		
180			×	×	×	×	×	×	×	×	×		
200			×	×	×	×	×	×	×	×	×		
220				×	×	×	×	×	×	×	×	×	×
250				×	×	×	×	×	×	×	×	×	×
280					×	×	×	×	×	×	×	×	×
300					×	×	×	×	×	×	×	×	×

续 表

	L												
L	320				✕	✕	✕	✕	✕	✕	✕	✕	
	350				✕	✕	✕	✕	✕	✕	✕	✕	
	380					✕	✕	✕	✕	✕	✕	✕	
	400					✕	✕	✕	✕	✕	✕	✕	
	450						✕	✕	✕	✕	✕	✕	
	500						✕	✕	✕	✕	✕	✕	
	550							✕	✕	✕	✕	✕	
	600							✕	✕	✕	✕	✕	
	650								✕	✕	✕	✕	
	700								✕	✕	✕	✕	
	750									✕	✕	✕	
	800									✕	✕	✕	
L_1	20,25,30,35,40,45,50,60,70,80,100,110,120,130,140,150,160,180,200												

3. 带头导柱标记

例如 $D=12$ mm，$L=50$ mm，$L_1=20$ mm 的带头导柱标记：带头导柱　12×50×20　GB/T 4169.4 — 2006

表 5-4-5　带肩导柱

1. 带肩导柱图样

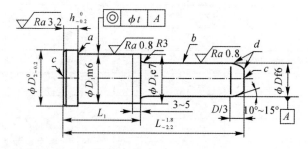

未注表面粗糙度值 Ra 为 6.3 μm；未注倒角为 $C1$。

a. 可选砂轮越程槽或 $R0.5\sim R1$ mm 圆角。

b. 允许开油槽。

c. 允许保留两端的中小孔。

d. 圆弧连接，$R2\sim R5$ mm。

2. 带肩导柱数据

（单位：mm）

续 表

		12	16	20	25	30	35	40	50	60	70	80
D		12	16	20	25	30	35	40	50	60	70	80
D_1		18	25	30	35	42	48	55	70	80	90	105
D_2		22	30	35	40	47	54	61	76	86	96	111
h		5	6	8			10		12	15		
L	50	×	×	×	×	×						
	60	×	×	×	×	×						
	70	×	×	×	×	×	×	×				
	80	×	×	×	×	×	×	×				
	90	×	×	×	×	×	×	×				
	100	×	×	×	×	×	×	×	×	×		
	110	×	×	×	×	×	×	×	×	×		
	120	×	×	×	×		×	×	×	×		
	130	×	×	×	×		×	×	×	×		
	140	×	×	×	×	×	×	×	×	×		
	150		×	×	×	×	×	×	×	×	×	×
	160		×	×	×		×	×	×	×	×	×
	180			×	×	×	×	×	×	×	×	×
	200			×	×	×	×	×	×	×	×	×
	220				×		×	×	×	×	×	×
	250				×	×	×	×	×	×	×	×
	280					×	×	×	×	×	×	×
	300					×	×	×	×	×	×	×
	320						×	×	×	×	×	×
	350						×	×	×	×	×	×
	380							×	×	×	×	×
	400							×	×	×	×	×
	450								×	×	×	×
	500								×	×	×	×
	550								×	×	×	×
	600								×	×	×	×
	650								×	×	×	×
	700									×	×	×
L_1	20,25,30,35,40,45,50,60,70,80,100,110,120,130,140,150,160,180,200											

3. 带肩导柱标记

例如　$D=16$ mm,$L=50$ mm,$L_1=20$ mm 的带肩导柱标记如下:带肩导柱　$16×50×20$　GB/T 4169.5 — 2006

5.4.4.4 圆柱销及圆锥销定位

在橡胶模具中,下模板与下模固定板之间、定位块与下模板之间、悬挂板与哈夫块之间以及挂耳与上模板之间等所选用的圆柱销、内螺纹圆锥销和内螺纹圆柱销见表 5-4-6~表 5-4-8。

表 5-4-6 圆柱销 不淬硬钢和奥氏体型不锈钢(摘自 GB/T 119.1 — 2000)
圆柱销 淬硬钢和马氏体型不锈钢(摘自 GB/T 119.2 — 2000)

末端形状由制造者确定

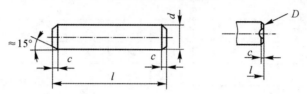

允许倒圆或凹穴

标记示例:

公称直径 $d=8$ mm、公差为 m6、公称长度 $l=30$ mm、材料为钢、不经淬火、不经表面处理的圆柱销的标记:销 GB/T 119.1 8m6×30

尺寸公差同上,材料为钢、普通淬火(A 型)、表面氧化处理的圆柱销,标记:销 GB/T 119.2 8×30

尺寸公差同上,材料为 C1 组马氏体型不锈钢表面氧化处理的圆柱销,标记:销 GB/T 119.2 6×30-C1

（单位:mm）

	d	0.6	0.8	1	1.2	1.5	2	2.5	3	4	5	6	8	10	12	16	20	25	30	40	50
	c	0.12	0.16	0.2	0.25	0.3	0.35	0.4	0.5	0.63	0.8	1.2	1.6	2	2.5	3	3.5	4	5	6.3	8
GB/T 119.1	l	2~6	2~8	4~10	4~12	4~16	6~20	6~24	8~30	8~40	10~50	12~60	14~80	18~95	22~140	26~180	35~200	50~200	60~200	80~200	95~200

1. 钢硬度为 125~245HV30,奥氏体型不锈钢 A1 硬度为 210~280 HV30。

2. 粗糙度公差 m6:$Ra \leqslant 0.8$ μm,公差 h8:$Ra \leqslant 1.6$ μm。

	d	1	1.5	2	2.5	3	4	5	6	8	10	12	16	20
	c	0.2	0.3	0.35	0.4	0.5	0.63	0.8	1.2	1.6	2	2.5	3	3.5
GB/T 119.2	l	3~10	4~16	5~20	6~24	8~30	10~40	12~50	14~60	18~80	22~100	26~100	40~100	50~100

1. 钢 A 型、普通淬火,硬度 550~650HV30,B 型表面淬火,表面硬度 600~700HV1,渗碳层深度 0.25~0.4 mm,550HV1。马氏体型不锈钢 C1,淬火并回火,硬度 460~560HV30。

2. 表面粗糙度 $Ra \leqslant 0.8$μm

注:l 系列(公称尺寸,单位 mm):2,3,4,5,6,8,10,12,14,16,18,20,22,24,26,28,30,32,35,40,45,50,55,60,65,70,75,80,85,90,100,公称长度大于 100 mm,按 20 mm 递增。

表 5-4-7　内螺纹圆锥销(摘自 GB/T 118 — 2000)

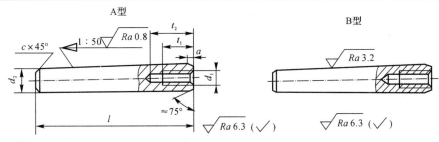

标记示例：

公称直径 d＝10 mm、长度 l＝60 mm、材料为 35 钢、热处理硬度 28～38HRC、表面氧化处理的 A 型内螺纹圆锥销,标记:　销 GB/T 118　10×60

(单位:mm)

d(公称)h10	6	8	10	12	16	20	25	30	40	50
a	0.8	1	1.2	1.6	2	2.5	3	4	5	6.3
d_1	M4	M5	M6	M8	M10	M12	M16	M20	M20	M24
t_1(min)	6	8	10	12	16	18	24	30	30	36
t_2(min)	10	12	16	20	25	28	35	40	40	50
d_2	4.3	5.3	6.4	8.4	10.5	13	17	21	21	25
l(商品规格范围)	16～60	18～80	22～100	26～120	32～160	40～200	50～200	60～200	80～200	100～200
l 系列(公称尺寸)	16,18,20,22,24,26,28,30,32,35,40,45,50,55,60,65,70,75,80,85,90,95,100,公称长度大于 100 mm,按 20 mm 递增									

表 5-4-8　内螺纹圆柱销　不淬硬钢和奥氏体型不锈钢(摘自 GB/T 120.1 — 2000)
　　　　内螺纹圆柱销　淬硬钢和马氏体型不锈钢(摘自 GB/T 120.2 — 2000)

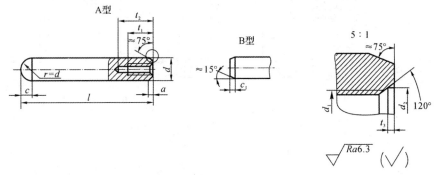

A 型球面圆柱端,适用于普通淬火钢和马氏体型不锈钢

B 型平端,适用于表面淬火钢,其余尺寸见 A 型

标记示例：

公称直径 d＝10 mm,公差为 m6、公称长度 l＝60 mm、材料为 A1 组奥氏体型不锈钢、表面简单处理的内螺纹圆柱销,标记:销 GB/T 120.1 — 2000　10×60 - A1

续 表　　　　　　　　　　　　　　　　　　　　　　　　　（单位：mm）

d（公称）m6	6	8	10	12	16	20	25	30	40	50
a	0.8	1	1.2	1.6	2	2.5	3	4	5	6.3
c_1	1.2	1.6	2	2.5	3	3.5	4	5	6.3	8
d_1	M4	M5	M6	M6	M8	M10	M16	M20	M20	M24
t_1（min）	6	8	10	12	16	18	24	30	30	36
t_2（min）	10	12	16	20	25	28	35	40	40	50
c	2.1	2.6	3	3.8	4.6	6	6	7	8	10
l（商品规格范围）	16~60	18~80	22~100	26~120	32~160	40~200	50~200	60~200	80~200	100~200
l 系列（公称尺寸）	16,18,20,22,24,26,28,30,32,35,40,45,50,55,60,65,70,75,80,85,90,95,100,120,140,160,180,200,公称长度大于 200 mm,按 20 mm 递增									

在许多具有移模功能的硫化成形机中,无论是平板成形硫化机、抽真空平板硫化机、注压成形硫化机,还是注射成形硫化机,或者移模机构定位精度不高,或者定位精度偶然丧失而未来得及修复,都会导致模具定位导向出现故障,甚至是酿成事故,造成模具定位机构的损坏而失效。

为了保证模具定位机构在上述各种情况下的安全和工作可靠,其导柱的导向部分还可以设计成如图 5 - 4 - 29(a)(b)所示的结构形式。这种结构形式的导柱,基本上可以避免传统式导柱端部平台式结构在错位之后压伤导向孔或导套的现象。

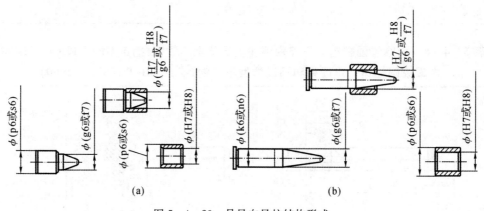

图 5 - 4 - 29　易导向导柱结构形式

5.4.5　启模口

启模口的结构形式如图 5 - 4 - 30 所示。其中,如图 5 - 4 - 30(a)(b)所示为对开式启模口,其余均为单边式启模口。

设计布局时,启模口的位置要尽量靠近定位销处。设计中,启模口的宽度 a 一般为 3~4 mm,启模口的深度 b 为 12~15 mm。

5.4.6 飞边切除刃口

飞边切除刃口是无飞边压胶模具设计的关键,它与型腔的关系如图 5-4-31(a)(b)所示。

图中所标注的各个数据都是无飞边压胶模具型腔与飞边切除刃口的常用技术参数,设计时可以直接选用。

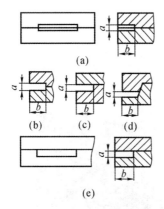

图 5-4-30 启模口的结构形式

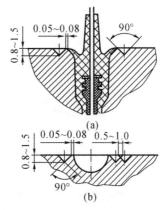

图 5-4-31 飞边切除刃口

5.5 浇注系统的设计

在橡胶压注模具、注压模具和注射模具的结构中,胶料由压注器的下面、注压硫化机的料筒的下面或注射硫化机的喷嘴到模具型腔之间的进料通道,称为浇道。

浇道是一个体系,由许多结构要素所组成,如主浇道、各级分浇道(有一级分浇道、二级分浇道、三级分浇道,乃至四级甚或五级分浇道)、冷料穴、拉料螺纹孔、提料钉、进料口(点浇口、平浇口、扇形浇口等)和排气溢料口等。因此,也将这个体系称为浇注系统。

有的地区或单位将浇道称为流道。不论是称为浇道还是称为流道,都不能涵盖该系统的结构要素。从更专业的角度来讲,将其称为浇注系统更加确切。

如图 5-5-1 所示为某注压成形模具的浇注系统三维(3D)结构设计图。如图 5-5-2 所示为某注射成形模具的浇注系统三维(3D)结构设计图。

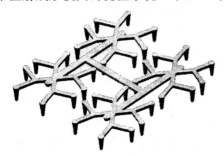

图 5-5-1 注压模具的浇注系统(3D)

图 5-5-2 注射模具的浇注系统(3D)

如图 5-5-3~图 5-5-5 所示分别为几种注射成形模具的浇注系统的三维(3D)结构设计图,图中给出了浇注系统各结构要素的名称。

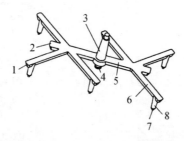

图 5-5-3　浇注系统设计示例(一)

1,2—冷料穴;3—主浇道;4—拉料钉;5——级分浇道;6—二级分浇道;7—进料口;8—点浇口

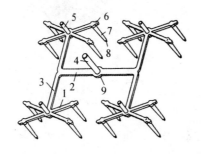

图 5-5-4　浇注系统设计示例(二)及实物照片

1—三级分浇道;2——级分浇道;3—二级分浇道;

4—主浇道;5—提料钉;6—冷料穴;7—点浇口;8—进料口;9—倒锥拉料钉

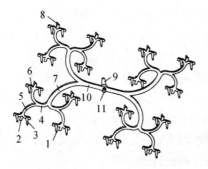

图 5-5-5　浇注系统设计示例(三)及实物照片

1—进料口;2—冷料穴;3—点浇口;4—三级分浇道;5—四级分浇道;

6—五级分浇道;7——级分浇道;8—提料钉;9—主浇道;10——级分浇道;11—拉料钉

　　压注模具的浇注系统结构设计如图 5-5-6 和图5-5-7所示。

　　小型注射成形模具的浇注系统结构设计如图5-5-8所示。

　　用于不同类型橡胶成形硫化机的模具浇注系统的结构如图5-5-9所示。

　　浇注系统对于压注成形模具、注压成形模具和注射成形模具的制品零件质量有很大的影响。胶料在挤压力的作用下,陆续经过浇注系统的各个部分逐步地进入型腔并且充满整个型腔。在这个充型过程中,型腔中的空气也被逐渐排出模具的型腔之外。待空气全部排出型腔后,胶料便充满了整个型腔。此时,来自硫化机的压力传递到了型腔内胶料的各个方向。这样,就使得制品零件更加致密,达到制品设计要求的理想状态。在这个过程中,浇注系统的各个部分起到了不同的作用。

对于模具的浇注系统来说,不可片面地、孤立地强调系统中某一部分的作用。设计橡胶制品成形模具时,应对制品零件的形体结构特点、有无骨架及其骨架的结构特点、型腔数目的多少、所用机器的技术参数、胶料的硬度、制品零件对进料口的要求等,进行认真的分析和研究,从而对模具浇注系统的设计布局、结构形状、各结构要素的尺寸大小以及可能出现在制品零件上的质量缺陷等问题做出充分的估计,以便在模具浇注系统的设计中采用相应的技术措施,寻求最佳的设计方案,确保制品零件的质量要求。

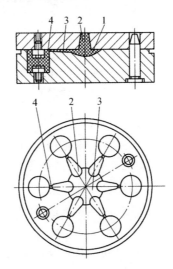

图 5-5-6　压注模具的浇注系统(一)
1—冷料穴;2—主浇道;3—分浇道;4—进料口

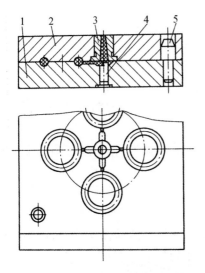

图 5-5-7　压注模具的浇注系统(二)
1—下模;2—上模;3—主浇道镶套;
4—拉料杆;5—定位销

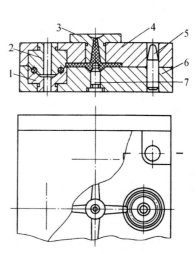

图 5-5-8　小型注射成形模具的浇注系统
1—下型芯;2—上型芯;3—主浇道镶套;4—上模板;
5—定位销;6—下模板;7—拉料杆

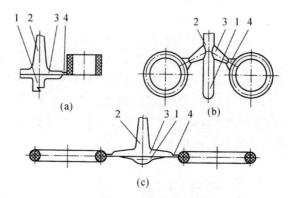

图 5-5-9 不同类型橡胶成形硫化机的模具浇注系统结构
(a)卧式或立式注射浇注系统；(b)角式注射浇注系统；(c)压注式浇注系统
1—容料穴；2—主浇道；3—分浇道；4—进料口

浇注系统的设计,通常必须遵守以下原则：

(1)浇注系统以主浇道为中心,尽可能进行平衡设计,以便使受到挤压的胶料在经过浇注系统各个部分后,能够平稳、均匀、顺利地充满模具的各个型腔。

(2)设计时,要选择浇注系统距离最短的设计方案。

(3)各级分浇道连接时,尽可能设计成为圆弧连接,即可避免增加胶料流动的压力降,特别是对于硬度较高的胶料。

(4)冷料穴有积存料头及浇注系统异物的作用,设计浇注系统时不可忽视。

(5)进料口的结构形式和位置,取决于制品零件的结构形状和表观质量要求,不能因为修除或自动拉断浇口废料而影响制品零件的质量。设计进料口的大小,可依据经验而定。在制作时,可由小到大,通过试模达到合理状态。

(6)浇注系统中的主浇道,应尽可能为整体结构。

(7)浇注系统各部分尺寸的大小,要协调相宜、比例适当。

(8)浇注系统的表面粗糙度值 Ra 一般要求在 $0.8\sim0.4\ \mu m$,如果有条件,达到 $Ra0.2\ \mu m$ 更好。因为这样可以减小胶料流动时的阻力。

(9)浇注系统各个部分之间要衔接自然、过渡流畅,应避免尖角直弯,且最好是圆角相连,以减少胶料在浇注系统中的剪切速率。

在遵守上述各项设计原则的基础上,应选取浇道系统容腔体积最小的为最佳方案,以降低橡胶原料的消耗。

5.5.1 浇注系统主浇道的设计

主浇道是胶料在进入模具型腔之前最先经过的部位,该部位的形状、尺寸大小都直接影响着胶料的流动速度和填充模具型腔的时间,具有非常重要的作用。

5.5.1.1 压注成形模具的主浇道

压注成形模具主浇道的结构形式如图 5-5-10 所示。

浇注系统的主浇道为圆锥孔,上小下大,锥度(C)一般取为 $1:12,1:10,1:8,1:7,1:5$

等。主浇道的加工,可用自制锥度铰刀先铰削,然后再研磨至 Ra 为 $0.2\ \mu m$ 左右。

在一个企业内部,设计浇注系统时主浇道的锥度不宜选择得过多,以便于切削加工和技术管理。

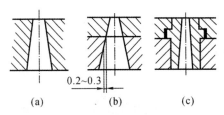

图 5 - 5 - 10　压注模具主浇道的结构

(a)(b)模板式结构；　(c)镶套式结构

主浇道锥孔的铰削,一般多为手工操作,使用的手用锥度铰刀结构尺寸如图 5 - 5 - 11 和表 5 - 5 - 1 所示。

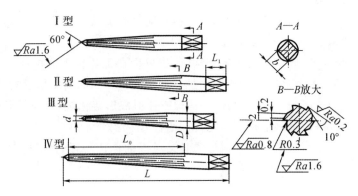

图 5 - 5 - 11　手用主浇道锥度铰刀

表 5 - 5 - 1　手用锥度铰刀参数　　　　　　　　　（单位：mm）

类型	尺寸						
	锥度(C)	L	L_0	L_1	D	d	b
Ⅰ型	1：7(8°10′16″)	96	57.4	15	$\phi 12_{-0.05}^{0}$	$\phi 3.8$	8.5
Ⅱ型	6°	120	78.24		$\phi 10_{-0.05}^{0}$		7
Ⅲ型	1：12(4°46′18″)	108	74.4		$\phi 10_{-0.05}^{0}$		7
Ⅳ型		136	98.4		$\phi 12_{-0.05}^{0}$		8.5

5.5.1.2　注射成形模具的主浇道

注射成形模具主浇道的结构形式如图 5 - 5 - 12 所示。

主浇道上端球形凹面注胶口的直径应比注射量机喷嘴注胶口的半径大 $0.5\sim1.0$ mm,这样可以避免胶料在喷嘴处产生积胶和焦烧。

主浇道大端,即与分浇道衔接处要设计制作成圆角结构形式,以便于胶料的流动。圆角半径取值在 $0.5\sim2.5$ mm,视模具型腔大小而定。

注射机喷嘴与模具主浇道衬套的结构关系如图 5-5-13 所示。

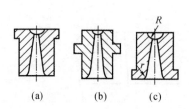

图 5-5-12　注射模具主浇道的结构

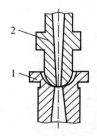

图 5-5-13　注射机喷嘴与模具
主浇道衬套的结构关系
1—模具主浇道衬套;2—注射机喷嘴

设计主浇道时,应尽量使其长度短一些,以缩短浇道距离、减少注射时间、降低胶料消耗和胶料在浇注系统的压力降。

主浇道无论采用板式结构还是镶套式结构,都应当尽量设计成整体结构,而避免使主浇道成为分段组合的结构形式,如图 5-5-10(b)(c)所示。

在设计某些橡胶注射成形硫化机的结构时,也可以在上热板下面增加了一块转射板。转射板正中有一主浇道,主浇道的上端与硫化机喷嘴相配合。例如衡阳华意的注射成形硫化机,其结构如图 5-5-14 所示。这种结构形式的橡胶注射成形硫化机,可使成形模具的结构得以简化,省去了上模固定板组件(上模板与定位圈组件)。

主浇道定位圈的作用与塑料注射成形模具定位圈的作用一样,都是保证成形模具与成形设备喷嘴在安装时具有正确的工作位置。

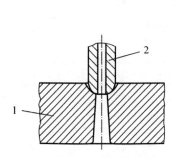

图 5-5-14　转射板结构
1—模具主浇道;2—成形硫化机喷嘴

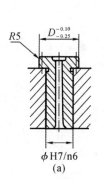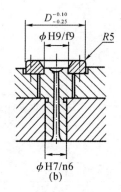

图 5-5-15　主浇道定位圈的结构
(a)整体式结构;　(b)组合式结构

定位圈的结构形式很多,主要分为整体式结构和组合式结构两类,如图 5-5-15 所示。在设计定位圈时,首先必须了解与该模具配套使用的硫化设备的技术参数,即注射硫化机上加热板中央容纳模具定位圈孔的实际尺寸甚至是结构形式。例如,德科摩(DEKUMA)华大橡胶注射机上热板中央定位圈孔的结构与尺寸如图 5-5-16 所示,那么,用于这种橡胶注射机成形模具定位圈的设计如图 5-5-17 所示。这种橡胶注射机上热板中央模具定位圈孔的结构形式,可以使模具定位圈直接压配在模具上模垫板上,而不需要用内六角螺钉进行固定。

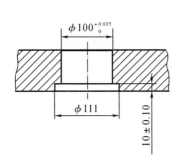

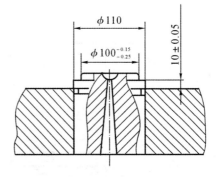

图 5－5－16　德科摩（DEKUMA）华大注射
机定位圈孔结构尺寸

图 5－5－17　用于德科摩（DEKUMA）华大注射
机上的模具定位圈的设计

5.5.2　浇注系统分浇道的设计

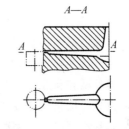

图 5－5－18　压注模分浇
道的截面
形状

对于压注成形模具来说，分浇道的截面自主浇道向进料口是由大到小逐渐变化的，如图5－5－18所示。因为压注成形模具是利用平板机（老式结构）的压力通过料斗柱塞将胶料压入模具型腔的，浇注系统的分浇道设计制作成如图5－5－18所示的形状，可以提高胶料通过进料口进入型腔时的流变速率，对于胶料的充型和制品的质量均有好处。

然而，现在所使用的硫化设备大部分为注压机和注射机，注射压力均由程序设置自动完成，并非像老式平板硫化机那样通过手动操作。因此，浇注系统某一分浇道的设计是截面无变化的，如图5－5－1和图5－5－2所示。

分浇道的截面形状是多种多样的，如图5－5－19所示为分浇道的横截面形状。图5－5－20所示为分浇道的纵截面形状。

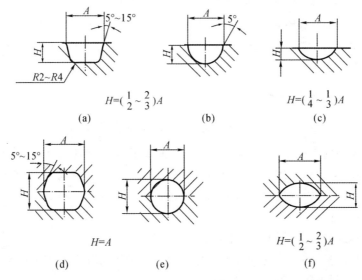

图 5－5－19　分浇道的横截面形状

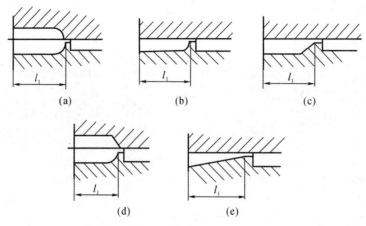

图 5-5-20　分浇道的纵截面形状

　　分浇道截面形状的设计不是孤立进行的,而应当与浇注系统其他相关部位的投影形状一起考虑进行总体设计。分浇道的截面形状及尺寸大小,是由制品零件的形体大小、结构特点以及与模具型腔相互分布距离等各种因素决定的。

　　由分浇道构成的浇注系统的枝形结构,应尽可能结合型腔的设计布局设计成平衡结构,以使胶料基本同时充满型腔。

　　通常,分浇道的横截面形状都设计成圆梯形形状,如图 5-5-19(a)所示。这种形状更有利于胶料的流动,可使胶料流动阻力小,也易于切削加工。

　　分浇道一般都设计成单开形式,如图 5-5-19 中的(a)(b)(c)所示。对开式的结构形式由于切削加工比较困难,所以不常采用。

　　分浇道的设计布局是依据模具型腔的设计布局而确定的。压注模具浇注系统分浇道的设计如图 5-5-6、图 5-5-7 及图 5-5-21 所示,注压模具、注射模具浇注系统分浇道的设计如图 4-4-9、图 4-4-13、图 4-4-16、图 4-4-18、图 4-4-25 及图 4-4-30 所示。

　　如果遇到非平衡浇注系统的设计布局,则在制造时,即在切削加工各进料口时,可以将距离中心位置较远的进料口制作得适当大一些;或者通过试模,将相关进料口修至合适,以达到胶料充型基本平衡。

5.5.3　浇注系统进料口的设计

　　胶料在挤压力的作用下,经过主浇道、各级分浇道,便到达了进料口处。进料口在浇注系统中是截面面积最小的部位。所以,流动的胶料在此处产生了加速运动,从而提高了胶料的剪切速率,同时也使胶料的温度进一步提高、黏度进一步降低,为迅速地进入并充满模具型腔创造了有利条件。因此,可以说进料口是浇注系统通往模具型腔的咽喉要道,直接支配和控制着胶料进入模具型腔的情况。

　　橡胶成形模具进料口的结构形式种类很多,如图 5-5-22 所示。

　　大多数进料口都呈扁薄状,这种进料口能够使进入型腔的胶料变成很薄的柔软塑化状,易于填充模具型腔,有利于制品零件的成形和硫化。

　　进料口的厚度一般在 $0.12 \sim 0.25$ mm。对于小型制品零件,例如 O 形橡胶密封圈(简称

"O 形圈"),其注射成形模具浇注系统进料口的厚度为 0.03~0.07 mm。然而,对于形体较大的制品零件,则可适当加大其进料口的尺寸。

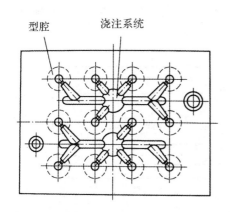

图 5-5-21　浇注系统分浇道与模具型腔的设计布局

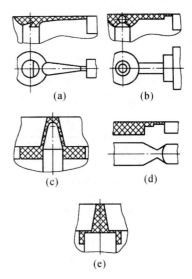

图 5-5-22　橡胶模具进料口的结构形式
(a)普通型进料口；　(b)薄片型进料口；
(c)中心型进料口；　(d)扇型进料口；　(e)薄膜型进料口

对于有的制品,进料口在设计中只做参考尺寸的标注,在其模具的切削加工中,由模具钳工徒手完成,或者是边试模、边修改,直至合适为止。在有切削加工条件的模具制造商处,进料口可以使用 CNC 精密雕刻机、CNC 铣床或 CNC 工具磨床直接加工完成。

除了上述各种进料口结构形式外,应用较多的是点浇口结构,如图 5-5-23 所示。

点浇口结构形式可在开模时使废胶料在进料口处被拉断,无须进行修除,所留残痕通常不会对制品的表观质量造成影响,特别是对于橡胶杂件以及机动车辆减震器一类的制品零件。

在精细切削加工点浇口时,可以采用纯铜电极,由电脉冲火花机来完成。为了提高点浇口的加工质量,在电火花加工的最后阶段采用小电流加工,并使用平动作光洁加工,以降低加工部位的表面粗糙度值,必要时可用化学抛光工艺来降低点浇口处的表面粗糙度值。

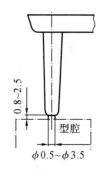

图 5-5-23　点浇口的形状结构与相关尺寸

进行浇注系统设计时就要考虑到平衡设计这一问题,尽管如此,在模具的浇注系统加工完毕之后,应当对其实际的平衡性能进行测试。

测试模具浇注系统的平衡性能通常是在试模过程中进行的,即直接观察各个型腔的充胶情况。对于充胶情况不良处的浇注系统进行修理的方法为:将末级分浇道与点浇口交界处的连接圆弧修大,或扩大点浇口下端的进料口等。

此外,还可以通过下述方法来判断模具浇注系统的平衡性,即将设置有模具平衡系统的上模板按工作状态固定好,如图 5-5-24 所示。

如图 5-5-24 所示是将一注射模具调整固定在硫化机上,通过实际注射并测试各个点浇口所射的胶料质量来直接观察模具浇注系统的平衡性。根据实际情况,对浇注系统的相应部位进行修理,以使各点浇口的射出胶量一致,实现其平衡性设计。

在橡胶成形模具结构中,浇注系统的存在使生产中不可避免地产生了废胶料。因此,设计橡胶模具浇注系统时,不仅要研究浇注系统的结构及其与型腔布局的关系,还要研究模具所用胶料的工艺性能(胶料的硬度、可塑度、流动性能、焦烧时间及正硫化点的时间)和模具的可操作性(特别是含有骨架制品成形模具的可操作性)。

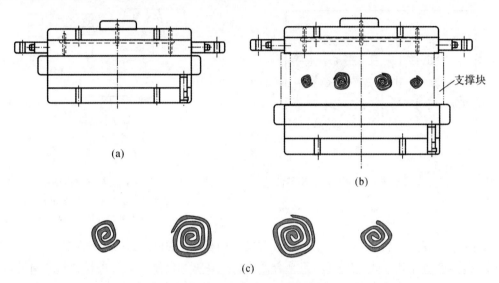

图 5-5-24　浇注系统平衡性的调试
(a)注射成形模具; (b)上模的调试固定; (c)各点浇口的射出胶量

浇注系统以及余胶槽(或撕边槽)、连接槽和跑胶槽,所形成的废料属于模具结构性废料,设计模具时,力求这部分废料达到最小。此外,还有模具操作性废料。模具操作性废料的减少,主要依靠工艺管理、技术管理和生产现场管理来实现。

5.6　分型面与模具设计

为了保证制品零件的设计要求,并且便于模具的制造加工以及模具在生产中操作方便,模具的型腔应由两个或者两个以上的零件所构成。构成模具型腔的有关零件的接触面称为分型面。分型面又称为合模面。

由于分型面直接影响制品零件的表面质量、尺寸精度、模具有关构件的加工制造的难易程度以及模具在生产时操作性能等方面,所以,分型面选择、设计的是否合理,是模具结构设计方案优劣的重要标志之一。同一个制品零件,在其成形模具的设计中,由于分型面位置、结构选择的不同,能得出多种不同的模具结构设计方案。但是,只有结构比较简单、易于加工制造、脱模取件方便,同时又能获得同样技术效果的结构方案,才是理想的设计方案。

现将模具分型面的选择原则及设计注意事项做如下介绍。

(1)在设计模具之前,首先要对制品零件图进行详细分析和研究,了解其形体结构的特征、主要工作面的位置、工作尺寸的分布与精度要求、使用功能、使用场合与工作条件和相关设备部件的装配关系等,以便能够全面了解制品零件,合理选取和布局模具的分型面。

(2)在设计分型面的布局时,应当尽量避开零件的工作面(见图 5-6-1),这是因为被叉挤入分型面的胶料会形成飞边,从而影响制品零件主要工作面的质量。

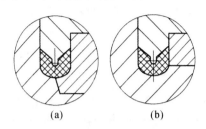

图 5-6-1　分型面的设计布局
(a)正确;　(b)不正确

飞边的形成会给制品零件带来以下两方面的不良影响:一方面是飞边的存在,其厚度改变了制品零件的某一尺寸精度;另一方面,飞边被修除之后所残留的痕迹,会影响制品零件的工作表面的圆滑程度、平整程度以及表面粗糙度值等。

对于密封性能要求很高、工作环境与条件又很恶劣的 O 形圈,在其成形模具的设计中,分型面的选择与设计布局可分为以下三类。

1)180°分型结构。如果采取这种分型结构,就必须采用无飞边结构形式,如图 5-6-2 所示,以保证制品零件质量达到设计要求。

2)45°分型结构。45°分型结构形式使分型面避开制品零件的工作面,如图 5-6-3 所示。采用这种模具所压制成的 O 形圈,其工作面上没有飞边修除后所留下的残痕,从而保证了制品零件的质量要求。

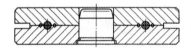

图 5-6-2　180°分型无飞边结构模具

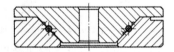

图 5-6-3　45°分型的模具结构

3)90°分型结构。这种分型面的设计布局也避开了 O 形圈的工作表面,其模具结构如图 5-6-4 所示。

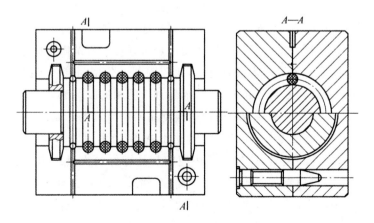

图 5-6-4　90°分型的模具结构

(3)在模具的使用过程中,分型面还有排气溢料的作用,所以,根据制品零件形体结构的特点、工作面的位置以及尺寸精度等要求,合理设计布局分型面、确定分型面的形状位及数量,是非常重要的。

一般来说,分型面的位置尽量设计布局在制品零件的边角处,以便于型腔之中气体的排出,并使胶料充满型腔的各个部位,从而得到致密度高、丰满结实的制品零件。例如,如图 5-6-5(a)所示的结构布局合理,而如图 5-6-5(b)所示的结构不合理。

对于矩形型腔,特别是截面呈扁薄状的制品以及密封性能要求比较高的零件,通常选择图 5-6-6(b)(c)所示的两种结构形式。例如,高真空密封的橡胶垫片类成形模具,大都采用如图 5-6-6(b)(c)所示的分型面结构方案。这种设计结构合理、操作时填料和取件均较方便,制品零件的致密度也比较高。

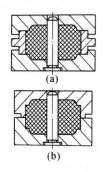

图 5-6-5 同一制品分型面位置对比
(a)合理; (b)不合理

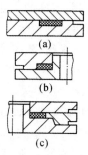

图 5-6-6 矩形截面分型面的选择

如图 5-6-6(a)所示的结构形式,其特点是构件少、结构简单、易于制作。这种结构形式适用于制品零件要求不高,而且截面厚度小于 3 mm、宽度大于 5 mm 的垫片类制品,或者截面厚度在 5 mm 左右,而其宽度大于 2 倍厚度的垫片类制品。该结构的最大优点是启模容易,最大缺点是取件较困难,模具型腔易于被划伤。设计时,最好不要选用这种结构。

(4)分型面的设计要考虑到模具的整体结构。分型面越多,则构成模具型腔的零件也就越多,各种定位要素也会随之增多,模具结构也就越复杂,加工制造就会更加困难。由此可见,在能够保证制品零件质量和操作要求的情况下,分型面选择得越少越好。

(5)分型面的设计必须考虑到模具的操作使用是否方便。所谓操作使用方便,就是指填装胶料、启模取件以及抽取芯轴等均为得心应手,比较顺利。分型面同各种操作要素的关系,在设计中要和模具的整体结构方案一起考虑,特别是对于所用的胶料流动性差,制品形体结构复杂,或者是具有深孔、薄壁及狭槽等结构的橡胶模制品零件而言更是如此。

(6)对于内含织物的制品零件,在其模具的设计中,应当采用如图 5-6-7 所示的封闭式结构。设计这类制品零件的模具时,如果采用纯胶制品零件的模具结构[见图 5-6-6(b)],则制品中要求所夹持的织物或其他纤维就易于离位、错动、变形,甚至会被流动的胶料带出模具型腔之外,裸露于制品零件体外,同时还会被模板压伤、切断等。这样,不仅影响制品零件的外观质量,更为严重的是影响制品零件的使用功能,甚至使其变成废品。对于制品零件体内含有骨架的模具来说,设计布局分型面时一定要确保骨架在型腔中的正确位置。

(7)分型面的设计选择,要尽量避免模具高度的大幅度增加,同时也要尽量避免型腔过深,如图 5-6-8(a)所示。显而易见,图 5-6-8(b)中分型面的选择是错误的,因为这样的结构失去了橡胶模具应当具有的工作投影面积与其高度的比例,致使模具高度过高,型腔过深,填装胶料困难,压制排气不便,启模难于进行,无法抽拔取出制品零件,即使勉强拔出制品,也会因为缺胶而成为废品,无法保证制品零件的质量,生产率也极为低下。如图 5-6-8(a)所示结构比较合理,分型面设计布局得当,型腔由四瓣组合而成,模具高度尺寸合适,填装胶料方便,排气操作简单,启模取件顺利。

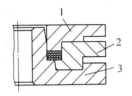

图 5-6-7　含织物制品的模具结构

1—上模;2—中模;3—下模

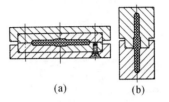

图 5-6-8　扶正棒制品分型面的选择

(a)合理;　(b)不合理

(8)对于尺寸精度要求高的制品零件,可以使有同轴度要求部位的型腔设计在同一模板上,如图 5-6-9 所示,也可以采用如图 5-6-10 所示的组合模板式结构方案。

图 5-6-9　分型面位于制品上、下两端

1—上模板;2—中模;3—下模板

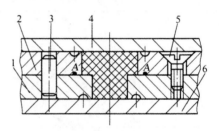

图 5-6-10　组合模板式三个分型面结构

1—中模(下);2—中模(上);3—定位销;

4—上模板;5—螺钉;6—下模板

设计时,如果采用如图 5-6-10 所示结构,那么,就要在图示 A 处设计布局胶料密封槽,以消除制品零件在上、下、中模结合面(中间的分型面)部位上飞边,确保制品零件的质量要求。

(9)分型面尽量选取平面、组合阶梯面、锥面等易于加工制作的结构形式,并且设计布局在使制品零件上的飞边易于修除的部位和不影响制品零件的质量(特别是工作面)以及外形美观的平面上。

分型面的设计与布局可参考表 5-6-1。

表 5-6-1 中最后一组图示为制品零件体内含有织物夹层。

表 5-6-1　分型面的设计与布局

可以	不可以	可以	不可以

续 表

可以	不可以	可以	不可以
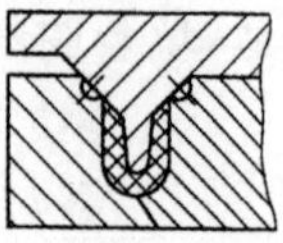	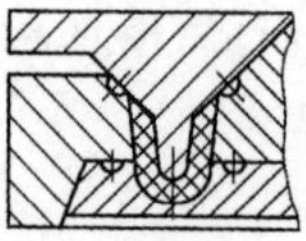	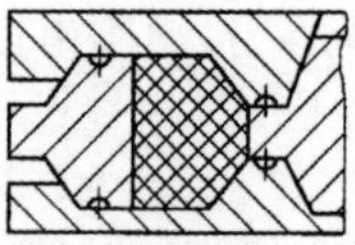	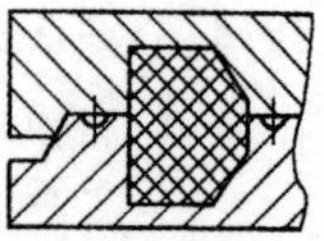
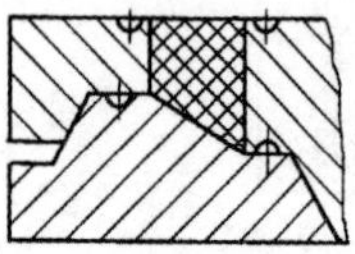	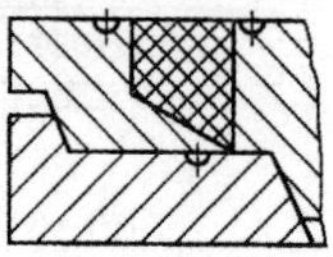	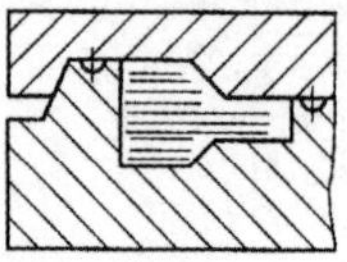	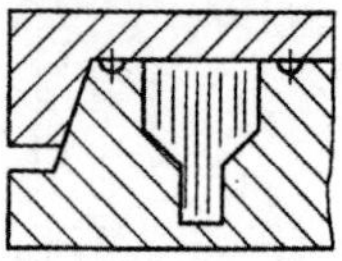

以上所述均为填压式模具结构的分型面的设计与布局原则。那么,对于橡胶的压注式结构模具和注射式结构模具来说,其分型面的设计与布局有其自身特征。

设计橡胶压注模和橡胶注射模时,其分型面的选用原则见表 5-6-2。

表 5-6-2　压注模和注射模分型面的设计选用原则及图示

原 则	序号	不 合 理	合 理	说 明
要有利于提高制品质量	1	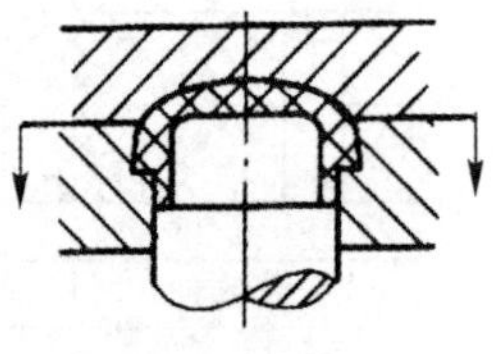	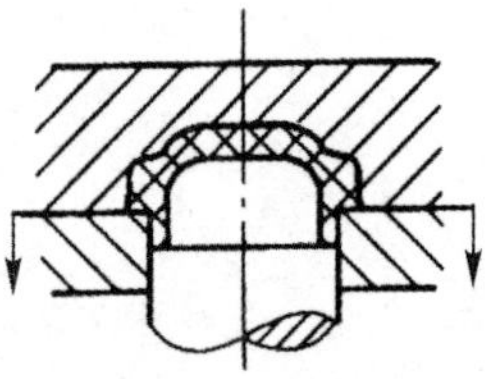	采用圆弧部分分型将损害制品外观
	2	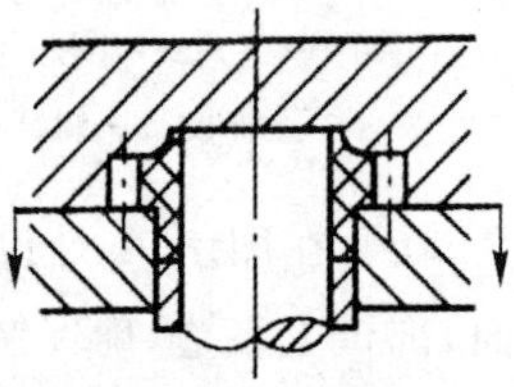	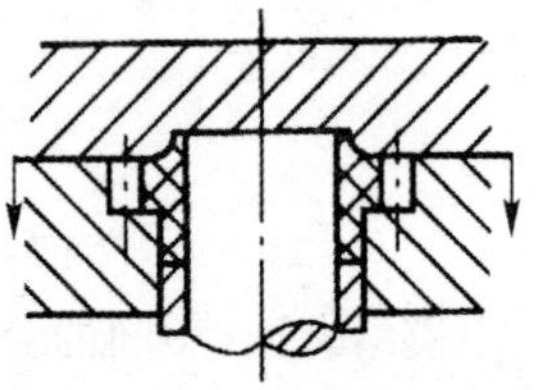	为保证同轴度要求,应尽可能使要求同轴的部分置于分型后的同一侧
要有利于排气	3	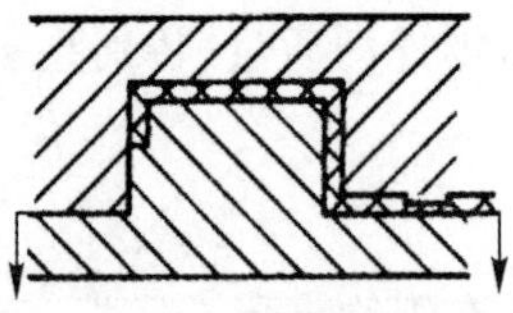	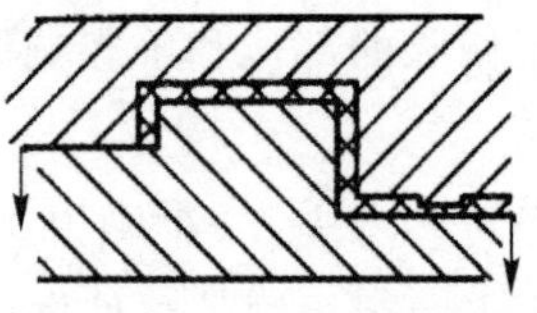	分型面尽可能设在胶料流动的末端
要有利于脱模	4	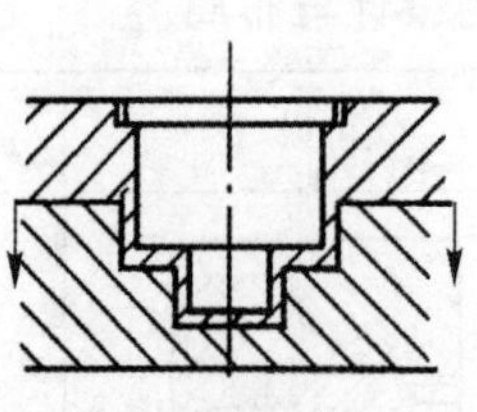	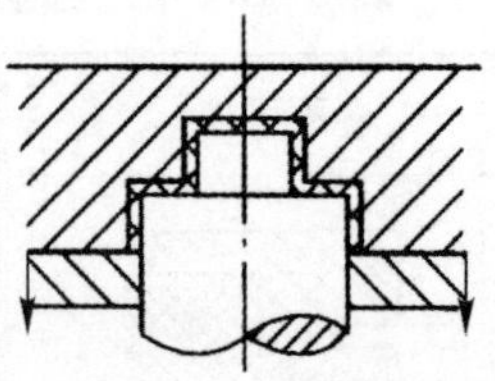	分型后,制品应尽可能留在动模或下模,便于从动模或下模推出,简化模具结构。收缩后制品包紧在型芯上

续 表

原 则	序 号	不 合 理	合 理	说 明
要有利于脱模	5			尽可能使制品留在动模一侧。由于金属骨架不会对型芯产生包紧力,主要是凹模黏附力的作用
	6			简化推出脱模机构
要有利于轴芯	7			为使模具结构简单,应优先使制品的侧凹和侧孔放在动模一侧
	8			应优先使用抽芯或分型距离长的方向与动定模开模方向一致,使侧向抽芯距离尽可能缩短
要有利于加工制造	9			便于凸模及凹模加工制造

5.7 橡胶硫化收缩率与模具型腔设计

5.7.1 橡胶的硫化收缩率

关于橡胶的硫化收缩率已在第 3 章 3.5.5 节中做了叙述,其收缩率的计算公式见式(3 - 5 - 6)～式(3 - 5 - 11)。

在橡胶模具设计中,对于型腔的设计计算,人们习惯于使用式(3 - 5 - 11)来进行。

影响橡胶硫化收缩率的因素很多,大致可以将其分为三类,即胶料因素、硫化工艺因素和制品结构因素。

5.7.1.1 胶料因素

橡胶制品的原料,即所使用的胶料,其种类、牌号不同,则硫化收缩率也不相同。就目前所使用的胶料来说,收缩率最小的是天然橡胶,收缩率最大的是氟橡胶和硅橡胶。几种橡胶收缩率的大小依次排序为:天然橡胶<氯丁橡胶<丁腈橡胶<丁苯橡胶<三元乙丙橡胶<硅橡胶<氟橡胶。

在胶料这一因素中,填充剂的种类和用量,对橡胶的硫化收缩率都有很大的影响,其规律是填充剂的用量越大,收缩率越小。将几种常用的填充剂以不同的用量(按配方份数算)加入橡胶配方之中,所引起的硫化收缩率的变化情况见表5-7-1。

表 5-7-1　填充剂与天然橡胶硫化收缩率的关系

填充剂		硫化收缩率/(%)		
种类	份数	纵向	横向	平均值
碳酸钙	0	2.49	2.49	2.49
	50	2.09	2.06	2.07
	100	1.74	1.69	1.72
	200	1.34	1.24	1.29
	300	1.05	1.00	1.02
	400	0.74	0.81	0.78
碳酸钡	100	1.88	2.01	1.95
	200	1.50	1.60	1.55
	300	1.23	1.35	1.29
	400	0.94	1.08	1.03
	500	0.78	0.91	0.84
轻质碳酸镁	40	1.89	1.80	1.84
	80	1.39	1.39	1.39
	120	1.04	1.01	1.03
	160	0.82	0.70	0.76
	200	0.55	0.49	0.52
炭黑	15	2.16	2.11	2.13
	30	1.90	1.96	1.93
	45	1.75	1.81	1.78
	60	1.50	1.59	1.55
	75	1.41	1.43	1.42
	90	1.29	1.29	1.29

对于性能和尺寸要求高的橡胶制品,在其生产工艺设计过程中,必须测定胶料的硫化收缩率。生产时,也要严格按照胶料的硫化工艺进行操作。而对于一般的橡胶制品零件,可以直接使用胶料供货方所提供的硫化收缩率和硫化条件,进行制品零件成形模具的设计与硫化生产。

表 5-7-2 给出了部分常用橡胶的平均硫化收缩率,可供模具设计时选用。该表适用的硫化温度为 151～170℃。

表 5-7-2　部分常用橡胶的平均硫化收缩率

胶料牌号	胶　种	邵尔 A 硬度(±5)	收缩率/(%)
1120	天然橡胶	60～75	1.2～1.4
1140		37	2.0～2.4
1141		45	1.6～1.8
1142		45	1.7～2.0
1143		45	1.7～2.2
1144		45	1.9～2.1
1147		50	1.5～1.8
1150		55	1.4～1.6
1151		53	1.6～1.8
1152		55	1.6～1.8
1153		56	1.8～1.9
1154		58	1.4～1.6
1157		45	1.8～1.9
1160		65	1.4～1.6
1161		67	1.5～1.7
1164		60	1.4～1.6
1171		70	1.5～1.8
1180		82	1.2～1.4
Ⅰ-1	丁苯橡胶	55	1.6～1.8
Ⅰ-2		65	1.5～1.7
Ⅰ-3		75	1.4～1.6
Ⅰ-4		85	1.3～1.5
Ⅰ-5		78	1.7～2.0
5080		80	1.8～2.0
5101		75	1.4～1.6
5160		66	1.6～1.8
5170		75	1.3～1.5
5171		77	1.4～1.7
5172		73	1.3～1.5
3160		60	1.9～2.1
3161		70	1.5～1.7

续 表

胶料牌号	胶种	邵尔 A 硬度(±5)	收缩率/(%)
3180	丁苯橡胶	85	1.1~1.3
3308		72	1.5~1.7
3309		60	1.5~1.8
3381		75	1.3~1.7
5180	丁腈橡胶	85	1.3~1.5
5250		60	1.6~1.8
5251		45	1.8~2.2
5260		67	1.5~1.7
5261		65	1.8~2.0
5280		85	1.3~1.5
5460		65	1.4~1.6
5461		68	1.9~2.1
5470		72	1.6~1.8
5171		78	1.3~1.5
5480		85	1.4~1.6
5860		62	1.6~2.0
5870		77	1.4~1.6
8075		75	1.5~1.8
Ⅱ—1	普通橡胶	55	1.7~1.9
Ⅱ—2		65	1.6~1.8
Ⅱ—3		75	1.5~1.7
Ⅱ—4		85	1.4~1.6
4150	氯丁橡胶	52	1.7~1.9
4160		62	1.4~1.6
4161		62	1.5~1.7
4162		63	1.3~1.5
4170		70	1.2~1.4
4171		70	1.1~1.3
4172		78	1.4~1.6
4190		90	1.3~1.5
7370	氯橡胶	70	2.8~3.2
7372		70	2.8~3.5
F101		78	3.0~3.5

续　表

胶料牌号	胶种	邵尔 A 硬度(±5)	收缩率/(%)
1403	天然橡胶丁锂	80	1.4～1.6
2840		40～55	1.9～2.1
6141	硅橡胶	45～65	2.8～3.0
6144		40～60	2.2～2.8

选用表 5 - 7 - 2 时,应注意以下几个问题:

(1)收缩率随着制品零件尺寸(厚度、内径、外径和截面等)的减小而增大。截面或者厚度小于或等于 3 mm 时,应取表中上限值;截面在 3～10 mm 范围时,取中间值;截面大于 10 mm 时,取下限值。

(2)在模具的受压方向应取下限值,并减去飞边的厚度;在垂直于受压方向上,应在中间值到上限值之间选取。

(3)开放式填压模具,取上限值;封闭式填压模具,取中间值;压注模具和注射模具,取下限值。

(4)由于橡胶硫化收缩率而引起的制品零件的尺寸误差,在设计中,在模具型腔的轴径上应取上限值,孔径上应取下限值,而厚度则取中间值。

(5)硫化收缩率与生产中填装胶料的操作方式有关。手工剪切块、片、条状时,填装法应取上限值。而对于预成形半成品,填装法则取中间值。对于精密预成形半成品,则取下限值。

胶种、制品零件的尺寸及硬度与硫化收缩率的关系见表 5 - 7 - 3。

表 5 - 7 - 3　胶种、制品尺寸及硬度与硫化收缩率(%)的关系

胶种	制品尺寸/mm		低硬度			中硬度		高硬度	
			35	40	45	55	65	75	85
天然橡胶	厚度或截面尺寸范围	≤3	2.5	2.4	2.3	2.1	1.9	1.7	1.5
		3～6	2.4	2.3	2.2	2.0	1.8	1.6	1.4
		6～10	2.3	2.2	2.1	1.9	1.7	1.5	1.3
		>10	2.2	2.1	2.0	1.8	1.6～1.7	1.4～1.5	1.1～1.3
氯丁橡胶		≤3	—	—	2.0	1.9	1.8	1.7	1.6
		3～10	—	—	1.9	1.6～1.8	1.5～1.7	1.4～1.6	1.3～1.5
		>10	—	—	1.8	1.5～1.7	1.4～1.6	1.3～1.5	1.2～1.4
丁腈橡胶		≤3	—	2.2	2.1	1.9	1.8	1.7	1.5
		>3	—	1.9～2.1	1.8～2.0	1.6～1.8	1.5～1.7	1.4～1.6	1.3～1.5
丁苯橡胶			—	—	—	1.7～1.9	1.5～1.7	1.4～1.6	1.1～1.3
硅橡胶			2.2～3.0(采用二段硫化)						
氯橡胶			3.0～3.5(采用二段硫化)						

续 表

胶种	橡胶制品			收缩率/(%)
其他各种常用橡胶	夹织物制品	1~2层夹布制品		0.6~1.0
		布层厚度小于橡胶的制品		0.4~0.8
		布层厚度大于橡胶的制品		0~0.4
		全部为夹布的制品		0~0.2
		夹涤纶线制品		0.4~1.5
		夹锦纶线尼龙布类制品(薄膜)		0.8~1.5
		夹钢丝绳制品		0~0.4
	硬骨架制品	胶层厚度≤3 mm		0~0.4
		胶层厚度>3 mm		0.4~0.8
		单向黏合制品		0.4~1.2
	海绵制品	一次成形硫化		2.5~3.5
		二次硫化	第一次发泡	膨胀 40~60
			第二次硫化定型	缩小 7~10
	硬质胶(含胶量20%)	1.1~1.8		轴向(高度方向)1.1~1.6
				径向(宽度或长度)1.3~1.8

从含胶量这一原料因素来看,橡胶的硫化收缩率随着含胶量的增加而增大。这是对于同一胶种而言的。硫化收缩率与含胶量的关系如图 5-7-1 所示。

同一种橡胶,其配方不同,则硫化收缩率也不相同。即使相同的配方,若具体的配制工艺不同,其硫化收缩率也有所差异。

硬度大的胶料比硬度小的同种胶料的硫化收缩率小,其关系如图 5-7-2 所示。

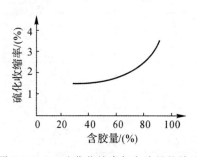

图 5-7-1 硫化收缩率与含胶量的关系

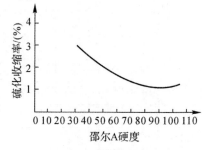

图 5-7-2 硫化收缩率与橡胶硬度的关系

对于同一种橡胶来说,其硫化收缩率与硬度的关系还可以用下式来表示:

$$S_{cp} = [3.2 - 0.025 \times (邵尔\ A\ 硬度)] \times 100\% \tag{5-7-1}$$

采用橡胶的硬度来计算其硫化收缩率所得参考数据见表 5-7-4。

表 5-7-4 橡胶硬度与硫化收缩率的关系

邵尔 A 硬度(±5)	35	40	45	55	65	75	85
收缩率/(%)	2.2~2.4	2.0~2.2	1.9~2.1	1.7~1.9	1.5~1.7	1.3~1.5	1.1~1.3

表 5-7-4 中数据可作为设计模具时的参考。此外,胶料的存放条件对于橡胶的硫化收缩率也有较大的影响。贮存的时间越长,贮存的条件越差(例如温度波动大、温度变化大及空气流动大等),则橡胶的硫化收缩越小。

5.7.1.2　硫化工艺因素

在橡胶制品零件成形加工的工艺过程中,其工艺因素对其硫化收缩率的影响也是很大的。

硫化收缩率与橡胶硫化程度的关系如图 5-7-3 所示。

温度给橡胶的硫化提供了必要的热能,是橡胶硫化的重要条件之一,它对橡胶的硫化收缩率也有很大的影响。

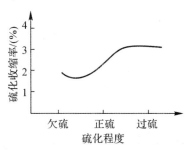

图 5-7-3　硫化收缩率与硫化程度的关系

硫化温度与部分胶种的硫化收缩率的关系见表 5-7-5。

表 5-7-5　硫化温度与部分胶种硫化收缩率(S_{cp})的关系

硫化温度/℃	胶　种		
	氯丁胶 S_{cp}/(%)	丁苯胶 S_{cp}/(%)	天然胶 S_{cp}/(%)
126	1.48	2.21	1.82
146	1.73	2.48	1.96
152	1.94	2.68	2.08
162	2.07	2.87	2.18
170	2.16	3.00	2.28

提高硫化温度,增大了硫化收缩率,但却缩短了硫化时间,从而提高了生产率,特别是以注射方式进行生产的小型模制品零件更是如此。但是,提高硫化温度,要控制在一定的范围内,一般来说,橡胶的热硫化反应是在 130~170℃进行的。如果硫化温度过高,对橡胶的物理-力学性能以及内含纤维材料等均有不同程度的损伤,会影响制品零件的使用功能。

提高硫化温度与缩短硫化时间的实验结果见表 5-7-6。

表 5-7-6　硫化温度与硫化时间的关系

硫化温度/℃	130	140	150	160	170
硫化时间/min	30	15	7.5	3.8	1.8

绝大部分橡胶,正常的硫化温度范围是 130~170℃。在这个温度范围内,橡胶的硫化收缩率与硫化温度的关系如图 5-7-4 所示。

此外,在工艺因素中,入模的胶量也对橡胶的硫化收缩有影响。

橡胶硫化收缩率与入模胶料质量的关系如图 5-7-5 所示。图 5-7-5 的纵坐标为橡胶试片的硫化收缩率,横坐标为试片模具型腔内侧硫化收缩率变化(该刻度线为每隔 20 mm 的同心圆直径)。对使用同一副测试模具、同一种胶料、同一硫化工艺条件(即同样的压力、温度和时间)时,由图中曲线 a,b 可以看出,入模时胶料质量的不同对橡胶硫化收缩率所带来的影响。试验结果表明:① 入模胶料的质量比制品零件质量多 5％的收缩率,与比制品零件质量多 20％的收缩率。② 入模胶料质量比制品零件质量多 5％的硫化收缩率的波动范围,与比制品零件质量多 20％的硫化收缩率的波动范围要大一些。这是因为前者的密度比后者的小,后者的硫化收缩阻力比前者的大。

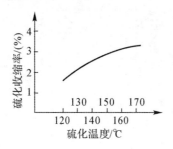

图 5-7-4　硫化收缩率与硫化温度的关系

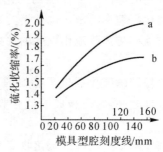

图 5-7-5　橡胶硫化收缩率与入模胶料质量的关系
a—入模半成品胶料的质量比构成制品的胶料质量多 5％
的硫化收缩率变化曲线;b—入模半成品胶料的质量比
构成制品的胶料质量多 20％的硫化收缩率变化曲线

除了贮存时间长短对橡胶硫化收缩率有影响外,工艺因素中的预塑化处理、预成形处理,以及胶料的受热时间等,均对其硫化收缩率产生影响。即胶料受热时间越长,硫化收缩率越小;胶料混炼时间越长,硫化收缩率越小。

表 5-7-7 给出了部分胶料在不同硫化温度下的硫化收缩率。

表 5-7-7　不同硫化温度下部分胶料的硫化收缩率(％)

硫化温度/℃	橡胶牌号		
	SBR	NR	CR
126	2.2	1.8	1.48
142	2.5	2.0	1.73
152	2.7	2.08	1.94
162	2.87	2.18	2.07
170	3.00	2.28	2.16

5.7.1.3　制品结构因素

橡胶制品零件的形体结构(包括内含各类骨架的形状、大小及特性),对其各个部位的硫化收缩率也有影响。

橡胶体体内存在着一种阻碍自身收缩的能力,称为收缩阻力。制品零件的形体越大,或者某一尺寸越大,则其硫化收缩阻力越大。例如,材质为氯丁橡胶的 O 形圈,其直径在 50 mm 以下时,平均硫化收缩率为 1.8％左右;直径在 50～150 mm 时,平均硫化收缩率为 1.7％左右;直径在 150～250 mm 时,平均硫化收缩率为 1.6％左右;直径在 250～350 mm 时,平均硫化收缩率为 1.5％左右;直径在 350 mm 以上时,平均硫化收缩率为 1.4％左右。由此可见,随着制品零件某一尺寸的增大,橡胶的硫化收缩阻力也随之增大,从而其硫化收缩率变得较小。

设计橡胶模具时,通常首先应该考虑所要使用的胶料的牌号和制品零件的形体结构与尺寸。

对于制品零件来说,硫化收缩率主要反映在线性大的各个尺寸上。例如 O 形圈,其公称内径(或者外径)的硫化收缩量远远大于截面方向上的硫化收缩量。

一般来说,纯胶制品零件的收缩方向都是指向其结构中心的。制品零件的薄厚(或者高度)以及 O 形圈的截面直径等方向上的收缩量很小。尺寸在 5 mm 以下,且制品零件尺寸精度要求不高时,其收缩量设计中可以忽略不计。

制品零件体内含有金属等硬骨架时,其本身就改变了制品零件某一部分橡胶体的结构尺寸,还直接阻碍着胶料的硫化收缩率情况。橡胶收缩率的程度,与其骨架的形状及其在制品零件体内的位置有关。此外,制品零件体内含有各种织物等的软性骨架,也会对其收缩率有一定影响。

有关橡胶硫化收缩率的规律性可归纳如下:

(1)胶料含胶量越高,其硫化收缩率越大;填充剂所占份数越少,其硫化收缩率越大。

(2)橡胶的硬度越高,其硫化收缩率越小。

(3)硫化温度越高,其收缩率越大。一般在正常硫化温度范围内,每升高 10℃,其硫化收缩率就增加 0.05%~0.12%。

(4)胶料的入模量越大,则制品零件的致密度越高;收缩阻力越大,硫化收缩率越小。入模胶量以大于制品零件用量的 5%~8%为宜。如果生产工艺措施为采用精密预成形半成品,则入模胶量以大于制品零件用量的 3%~5%为宜。

(5)采用压注模制作的制品比填压模制作的制品硫化收缩率小。

(6)薄型制品(截面厚度小于 3 mm)的硫化收缩率比厚型制品(截面厚度大于 10 mm)的硫化收缩率要大一些。

(7)一般来说,橡胶制品零件的硫化收缩率,随着制品零件的内径(或者外径,或者某一线性尺寸)的增大而减小。

(8)棉布涂胶之后,再与橡胶分层粘贴压合的夹布制品的收缩率一般为 0~0.4%,织物为涤纶线的制品的硫化收缩率为 0.4%~1.5%,含锦纶丝、尼龙布类织物的制品的硫化收缩率一般为 0.8%~1.8%。含织物夹层越多,硫化收缩率越小。

(9)含有金属等硬骨架的橡胶制品零件的硫化收缩率较小,且向骨架的几何中心收缩。

(10)硬质橡胶(邵尔 A 硬度在 90 以上)含胶量在 20%左右(质量分数)时,制品零件的硫化收缩率大约为 1.1%~1.8% 。

(11)橡胶海绵制品在发泡膨胀阶段和硫化收缩阶段的尺寸波动范围都很大。在发泡膨胀工艺过程中,模具型腔的设计要按照制品零件的相关尺寸缩小 60%左右,而在第二个阶段,则按照制品零件的相关尺寸放大 7%~10%作为最终成形硫化模具的型腔设计。

综上所述,在实际生产过程中,影响橡胶硫化收缩率的因素很多,且相互混杂。因此,一定要严格控制各种工艺条件,尽量稳定其硫化收缩率,以便使橡胶模具的设计计算更加切合实际,从而保证制品零件的尺寸精度和功能要求,特别是对尺寸精度要求高的各类密封制品和具有特殊动作功能要求的控制元件制品更是如此。

5.7.2 模具型腔尺寸的设计计算及其公差标注

在橡胶模具设计中,型腔尺寸的设计计算及其公差标注是设计的关键。

模具型腔尺寸及其精度,直接影响到制品零件的尺寸精度。有的模具,由于结构形式不同,型腔部分的尺寸精度还受到定位系统和组装工艺的影响。也就是说,模具型腔的尺寸精度,既受到制品零件尺寸精度要求的影响,又受到模具结构方案及其加工制造精度的影响。所以,在进行模具型腔设计时,必须考虑到上述各种情况。此外,还要考虑以下因素:

(1)制品零件所使用的胶料的硫化收缩率、硬度、硫化条件等。

(2)制品零件的形体结构以及体内有无骨架和骨架的结构特点。

(3)制品零件的工作面位置及其使用功能与要求。

(4)制品零件生产批量的大小。

(5)模具结构特点以及形成飞边的大小。

(6)生产中,胶料填装方式以及卸模取件的方法等。

设计橡胶模具,要在综合考虑上述各种因素的基础上,进行型腔尺寸的设计与计算。通常,设计时采用下式进行型腔各重要尺寸的计算和标注:

$$D_M = \left[(1 + S_{cp}) \times D_Z \pm \frac{\Delta}{2} \right] \pm \delta \qquad (5-7-2)$$

式中　D_M —— 模具型腔尺寸(mm);

　　　D_Z —— 制品零件尺寸(mm);

　　　S_{cp} —— 橡胶平均硫化收缩率(%);

　　　Δ —— 制品零件尺寸的公差(mm);

　　　δ —— 模具型腔的制造公差(mm)。

采用式(5-7-2)进行计算时,有以下三种情况:

(1) 当制品零件的公差为单向分布且公差值为正值时,则 $\frac{\Delta}{2}$ 取正号(+)。反之,如果制品零件的公差为单向分布,但是公差值为负值,则 $\frac{\Delta}{2}$ 取负号(一)。

(2) 如果制品零件尺寸的公差范围横跨正、负两个区间,且为对称分布,则式(5-7-2)中 $\frac{\Delta}{2}$ 取值为零。

(3) 如果制品零件尺寸的公差在正、负两个区间,却为非对称分布,则式(5-7-2)中 $\frac{\Delta}{2}$ 取双向公差算术和之半,其正、负号的确定,则取决于绝对值大的一方。

这样就求得了模具型腔的基本尺寸。然后,再给计算所得的基本尺寸标注制造公差。

模具型腔尺寸公差的标注,要根据制品零件相应尺寸的属性而定。制品零件的尺寸为轴类者,其型腔上相应的尺寸公差值为负,并注以(一)号;制品零件的尺寸属于孔类者,其型腔上相应的尺寸公差值为正,并注以(+)号。然后再根据机械零件的设计要求和加工工艺要求,对模具型腔的相关尺寸进行调整。

模具型腔尺寸公差值的确定是以制品零件的公差值为基础的,即模具型腔尺寸的制造公差一般取制品零件尺寸公差的1/5~1/3。

【设计计算实例3】　现有一机械结构所使用的 O 形圈,其规格为 80 mm×3.55 mm,使用胶料为Ⅰ-4(普通)混炼橡胶。要求设计其成形硫化模具。

第一步:计算模具型腔相关尺寸及其制造公差。由 O 形橡胶密封圈尺寸系列及公差(GB/T 3452.1 — 2005)可知,80 mm×3.55 mm 的 O 形圈尺寸结构及其公差如图 5 - 7 - 6 和表 5 - 7 - 8 所示。

表 5 - 7 - 8　80 mm×3.55 mm 的 O 形圈尺寸结构及其公差　(单位:mm)

d_1		d_2	
内　径	公　差	截面直径	公　差
80	0.69	3.55	±0.10

模具型腔尺寸的设计计算采用式(5-7-2),并按 O 形圈的中径进行计算。再由表 5-7-2 查得Ⅰ-4 橡胶的硫化收缩率为 1.3%~1.5%,取其中间值,则 $S_{cp}=1.4\%$。

该制品零件的尺寸公差横跨(+)(-)两个区间,且为对称分布,即取 $\Delta/2$ 为零。将已知数据代入式(5-7-2),得

$$D_M = \left[(1+S_{cp})\times D_z \pm \frac{\Delta}{2}\right] \pm \delta$$
$$= [(1+1.4\%)\times(80+3.55)\pm 0]\,\text{mm} \pm \delta(\text{mm})$$
$$= 84.72\,\text{mm} \pm \delta(\text{mm})$$

按照模具型腔尺寸的制造公差,一般取制品零件尺寸公差的 1/5~1/3 的原则,$\pm\delta$ 的值取为 ±0.10 mm。于是,模具型腔的中径可标注为 84.72 mm±0.10 mm。

对于 O 形圈的截面尺寸来说,同理可以计算得到 $d_2=3.599\,7$ mm,对其进行圆整,其值 $d_2=3.6$ mm。因为模具型腔在截面方向上的标注是以半径形式进行的,所以,这个部位的尺寸公差可以标注为 $R1.8$ mm±0.015 mm

模具型腔的尺寸标注如图 5-7-7 所示。

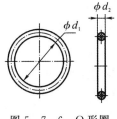

图 5 - 7 - 6　O 形圈

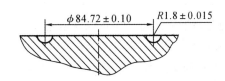

图 5 - 7 - 7　O 形圈模具型腔尺寸公差的标注

第二步:模具结构设计。模具结构方案是多种多样的,可按照制品零件的要求、批量大小及生产方式进行选择。本节只介绍模具型腔尺寸计算及其公差标注,关于模具的结构在设计实例中进行介绍。

【设计计算实例 4】　现有一冲压模具所用弹顶器橡胶垫如图 5-7-8 所示。该制品零件使用橡胶牌号为 5251,要求设计其成形硫化模具。

第一步:制品零件分析。该制品零件的功能主要是利用其弹性,代替钢制弹簧组成冲压模具的弹顶器。因此,它的外形尺寸精度要求并不严格,这也给其成形模具的设计制作创造了有利条件。

第二步:计算模具型腔各相关尺寸及其精度。

查表 5 - 7 - 2 可知,5251 号橡胶的硫化收缩率为 1.8%～2.2%,取其中间值,则为 $S_{cp}=2\%$。

查表 4 - 3 - 1 并判断制品零件图上三个尺寸的属性。因为 $\phi18$ mm 和 $\phi60$ mm 为固定尺寸(该尺寸不受飞边厚度的影响,也不受上、下模以及型芯等构件之间错位的影响,其大小和精度只由型腔尺寸或芯轴尺寸和胶料的硫化收缩率决定),制品的高度 30 mm 为封模尺寸(飞边的厚度对其变化有影响)。同时,从其使用功能来看,它的尺寸公差属于表 4 - 3 - 1 中的 M3 级,故其各个尺寸公差分别为 $\phi18$ mm±0.5 mm,$\phi60$ mm±1.0 mm,30 mm±0.9 mm。

对型腔各个尺寸计算如下:

(1)模具型腔直径的设计计算。

$$D_{M1} = \left[(1+S_{cp})\times D_{Z1}\pm\frac{\Delta}{2}\right]-\delta$$
$$= [(1+2\%)\times60\pm0] \text{mm}-\delta$$
$$= 61.2_{-0.20}^{0} \text{ mm}$$

因为型腔的直径反映在制品零件上,则是制品零件的外径,属于轴类尺寸。所以,模具型腔的制品公差选取-0.20 mm 。

(2)模具芯轴直径的设计计算。

$$D_{M2} = \left[(1+S_{cp})\times D_{Z2}\pm\frac{\Delta}{2}\right]+\delta$$
$$= [(1+2\%)\times18\pm0] \text{mm}+\delta$$
$$= 18.36_{0}^{+0.10} \text{ mm}$$

同理,芯轴的直径反映在制品零件上,则是制品零件中央的孔径。所以,芯轴的制造公差选取$+0.10$ mm。

(3)模具型腔的高度计算。

$$D_{M3} = \left[(1+S_{cp})\times D_{Z3}\pm\frac{\Delta}{2}\right]-\delta$$
$$= [(1+2\%)\times30\pm0] \text{mm}-\delta$$
$$= 30.6_{-0.30}^{0} \text{ mm}$$

同样,型腔高度的制造公差可以选取为-0.30 mm 。

上述计算所得型腔、芯轴各个尺寸的公差,对于模具制造技术来说,精度太低。此时,设计中可以将其分别圆整为 $\phi61.10_{0}^{+0.030}$ mm,$\phi18.30_{-0.028}^{-0.007}$ mm 和 30.6$_{-0.10}^{0}$ mm。

第三步:模具结构设计及型腔相关尺寸标注。该制品的成形模具结构采用封闭式填胶结构,如图 5 - 7 - 9 所示。

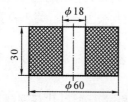

图 5 - 7 - 8　弹顶器橡胶垫

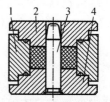

图 5 - 7 - 9　弹项器橡胶垫压胶模

型腔的相关尺寸涉及模具的中模、上模、下模和芯轴。型腔的高度是由上模、下模和中模所组成的,即上、下模嵌入中模后的空间高度就是型腔的高度。因此,将上述计算结果分别标注在相应的上模、中模、下模和芯轴的尺寸位置上,如图 5-7-10～图 5-7-13 所示。

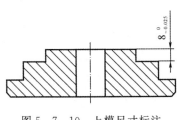

图 5-7-10　上模尺寸标注

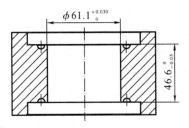

图 5-7-11　中模尺寸标注

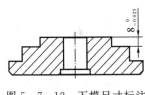

图 5-7-12　下模尺寸标注

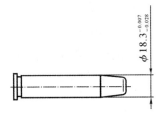

图 5-7-13　芯轴尺寸标注

　　除了上述型腔尺寸及其公差计算与标注之外,有关成形模具其他方面的要素设计问题,均不在本节所讲内容范围之内。

5.7.3　脱模斜度

　　脱模斜度也称为拔模斜度,这与金属锻造模具、铸造模具、塑料模具、陶瓷模具、粉末冶金模具等成形模具一样。在必要的时候对有关模具构件也需要做脱模斜度的设计,其目的在于使生产操作中的脱模取件或抽取芯棒、芯轴(或者型芯拼块)等顺利方便。

　　在橡胶模具结构中,对相关构件的脱模斜度进行设计需要考虑以下几个因素。

　　(1)制品零件的使用要求所允许的最大斜度(或者锥度)。

　　(2)制品零件的形体结构特点。

　　(3)模具的结构特点。

　　(4)分型面的结构特点、设计布局的位置以及启模取件时是否使用卸模架等。

　　一般来说,在脱模斜度的设计中,其数值的选择和确定,是以不影响制品零件的使用功能为前提条件的。在许可的范围内(包括不影响外形美观在内),对于难以脱模取件或者抽拔芯轴、型芯等的制品零件,其脱模斜度的数值尽可能作最大程度的选择。

　　通常,抽芯取件的难度越大,脱模斜度选取的数值也应越大。对于制品零件的使用不允许有较大的斜度或锥度时,模具设计时脱模斜度的选择,最好是在制品零件公差带的 1/3～1/2 范围做最大选取。

　　如图 5-7-14 所示为一发声晶体皮囊橡胶制品,从其使用功能来看,该制品的尺寸精度要求并不高,内装晶体组件之后,还有 3 mm 的间隙。这一间隙是用来穿过一组细而软的控制系统导线的。

　　根据对制品零件的使用功能和图示结构特点的分析,在其模具设计时,可选取与制品零件的轴线相平行的面为分型面。而芯棒的脱模斜度是比较难以处理的,只能充分地利用发声晶体组件以及通过导线后所剩下的最大空间(直径方向大约为 1 mm),在芯棒上做脱模斜度的设计。

为了脱模取件的顺利与方便,配合脱模斜度工作,其芯棒表面的粗糙度值应尽量降低,一般要求表面粗糙度值 Ra 为 $0.1 \sim 0.05\ \mu m$。

首先必须了解制品零件的使用场合及其功能要求,了解制品零件各个部位的作用、工作面的位置以及和其他有关机械零部件的装配关系与配合关系,才能确定其模具的结构方案与脱模斜度的数值。同时,还要求橡胶制品零件的设计人员在设计制品零件时,要充分地考虑和了解橡胶制品零件生产制造的工艺特点,特别是模制化生产工艺对制品零件的形体结构要求,即橡胶模制品零件的设计工艺性。

设计模具结构的脱模斜度时,可参看第 4 章 4.1 节和表 4-1-1 数据。

如果制品零件由于特殊用途的限制,在其形体结构上没有设置脱模斜度的余地与可能,如图 5-7-15 所示波纹管和波纹筒制品,模具设计就要保证制品零件的形体结构及其尺寸精度的要求。至于脱模取件或者抽取芯轴等生产操作中的技术性问题,可以通过模具的结构(包括芯轴的结构形式)方案加以研究和解决。

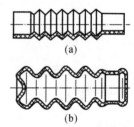

(a)

(b)

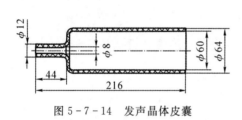

图 5-7-14　发声晶体皮囊

图 5-7-15　橡胶波纹管和波纹筒制品
(a)波纹管;　(b)波纹筒

5.8　橡胶模具的极限配合与精度要求

5.8.1　选用极限与配合的原则

在橡胶模具的设计过程中,极限与配合的选用是按照国家标准 GB/T 1801 — 2009 进行的,其选用原则如下所述。

(1)尽量选用优先配合及其公差带,然后选用常用配合及其公差带,再选用一般配合及其公差带。

优先配合和常用配合见表 5-8-1 和表 5-8-2。其中,表 5-8-1 给出的是基孔制优先配合及常用配合。表 5-8-2 给出的是基轴制优先配合及常用配合。

表 5-8-1　基孔制优先、常用配合

基准孔	轴																					
	a	b	c	d	e	f	g	h	js	k	m	n	p	r	s	t	u	v	x	y	z
	间　隙　配　合								过渡配合				过　盈　配　合									
H6						$\dfrac{H6}{f5}$	$\dfrac{H6}{g5}$	$\dfrac{H6}{h5}$	$\dfrac{H6}{js5}$	$\dfrac{H6}{k5}$	$\dfrac{H6}{m5}$	$\dfrac{H6}{n5}$	$\dfrac{H6}{p5}$	$\dfrac{H6}{r5}$	$\dfrac{H6}{s5}$	$\dfrac{H6}{t5}$					

续　表

基准孔	轴																				
	a	b	c	d	e	f	g	h	js	k	m	n	p	r	s	t	u	v	x	y	z
	间　隙　配　合								过　渡　配　合			过　盈　配　合									
H7						$\frac{H7}{f6}$	▼$\frac{H7}{g6}$	▼$\frac{H7}{h6}$	$\frac{H7}{js6}$	▼$\frac{H7}{k6}$	$\frac{H7}{m6}$	▼$\frac{H7}{n6}$	▼$\frac{H7}{p6}$	$\frac{H7}{r6}$	▼$\frac{H7}{s6}$	$\frac{H7}{t6}$	▼$\frac{H7}{u6}$	$\frac{H7}{v6}$	$\frac{H7}{x6}$	$\frac{H7}{y6}$	$\frac{H7}{z6}$
H8				$\frac{H8}{e7}$	▼$\frac{H8}{f7}$	$\frac{H8}{g7}$	▼$\frac{H8}{h7}$	$\frac{H8}{js7}$	$\frac{H8}{k7}$	$\frac{H8}{m7}$	$\frac{H8}{n7}$	$\frac{H8}{p7}$	$\frac{H8}{r7}$	$\frac{H8}{s7}$	$\frac{H8}{t7}$	$\frac{H8}{u7}$					
			$\frac{H8}{d8}$	$\frac{H8}{e8}$	$\frac{H8}{f8}$		$\frac{H8}{h8}$														
H9			$\frac{H8}{c9}$	▼$\frac{H9}{d9}$	$\frac{H9}{e9}$	$\frac{H9}{f9}$		▼$\frac{H9}{h9}$													
H10			$\frac{H10}{c10}$	$\frac{H10}{d10}$				$\frac{H10}{h10}$													
H11	$\frac{H11}{a11}$	$\frac{H11}{b11}$	▼$\frac{H11}{c11}$	$\frac{H11}{d11}$				▼$\frac{H11}{h11}$													
H12		$\frac{H12}{b12}$						$\frac{H12}{h12}$													

注：1. $\frac{H6}{n5}$，$\frac{H7}{p6}$ 在公称尺寸小于或等于 3 mm 和 $\frac{H8}{r7}$ 在公称尺寸小于或等于 100 mm 时，为过渡配合。

2. 标注 ▼ 的配合为优先配合。

表 5-8-2　基轴制优先、常用配合

基准轴	孔																				
	A	B	C	D	E	F	G	H	JS	K	M	N	P	R	S	T	U	V	X	Y	Z
	间　隙　配　合								过　渡　配　合			过　盈　配　合									
h5						$\frac{F6}{h5}$	$\frac{G6}{h5}$	$\frac{H6}{h5}$	$\frac{JS6}{h5}$	$\frac{K6}{h5}$	$\frac{M6}{h5}$	$\frac{N6}{h5}$	$\frac{P6}{h5}$	$\frac{R6}{h5}$	$\frac{S6}{h5}$	$\frac{T6}{h5}$					
h6						$\frac{F7}{h6}$	▼$\frac{G7}{h6}$	▼$\frac{H7}{h6}$	$\frac{JS7}{h6}$	▼$\frac{K7}{h6}$	$\frac{M7}{h6}$	▼$\frac{N7}{h6}$	▼$\frac{P7}{h6}$	$\frac{R7}{h6}$	▼$\frac{S7}{h6}$	$\frac{T7}{h6}$	▼$\frac{U7}{h6}$				
h7					$\frac{E8}{h7}$	▼$\frac{F8}{h7}$		▼$\frac{H8}{h7}$	$\frac{JS8}{h7}$	$\frac{K8}{h7}$	$\frac{M8}{h7}$	$\frac{N8}{h7}$									
h8				$\frac{D8}{h8}$	$\frac{E8}{h8}$	$\frac{F8}{h8}$		$\frac{H8}{h8}$													
h9				▼$\frac{D9}{h9}$	$\frac{E9}{h9}$	$\frac{F9}{h9}$		▼$\frac{H9}{h9}$													

续 表

基准轴	孔																				
	A	B	C	D	E	F	G	H	JS	K	M	N	P	R	S	T	U	V	X	Y	Z
	间 隙 配 合								过 渡 配 合			过 盈 配 合									
h10				$\dfrac{D10}{d10}$				$\dfrac{H10}{h10}$													
h11	$\dfrac{A11}{h11}$	$\dfrac{B11}{h11}$	$\dfrac{C11}{h11}$	$\dfrac{D11}{h11}$				▼ $\dfrac{H11}{h11}$													
h12		$\dfrac{B12}{h12}$						$\dfrac{H12}{h12}$													

注:标注▼的配合为优先配合。

优先配合的配合特性(配合尺寸在 0~500 mm 之间)见表 5-8-3。

表 5-8-3 尺寸至 500 mm 优先配合的配合特性

优先配合		配合特性及应用举例
基孔制	基轴制	
$\dfrac{H11}{c11}$	$\dfrac{C11}{h11}$	间隙非常大,用于很松的、转动很慢的动配合;要求大公差与大间隙的外露组件;要求装配方便的,很松的配合;复合定位机构中的初始定位系统
$\dfrac{H9}{d9}$	$\dfrac{D9}{h9}$	间隙很大的自由转动配合,用于精度为非主要要求时,或有大的温度变动、高转速或大的轴颈压力时
$\dfrac{H8}{f7}$	$\dfrac{F8}{h7}$	间隙不大的转动配合,用于中等转速与中等轴颈压力的精确转动;也用于装配较容易的中等定位配合
$\dfrac{H7}{g6}$	$\dfrac{C7}{g6}$	间隙很小的滑动配合,用于不希望自由转动,但可自由移动和滑动并精密定位时;也可用于要求明确的定位配合
$\dfrac{H7}{h6}$ $\dfrac{H8}{h7}$ $\dfrac{H9}{h9}$ $\dfrac{H11}{h11}$	$\dfrac{H7}{h6}$ $\dfrac{H8}{h7}$ $\dfrac{H9}{h9}$ $\dfrac{H11}{h11}$	均为间隙定位配合,零件可自由装卸,而工作时一般相对静止不动。在最大实体条件下的间隙为零,在最小实体条件下的间隙由公差等级决定
$\dfrac{H7}{k6}$	$\dfrac{K7}{h6}$	过渡配合,用于精密定位
$\dfrac{H7}{n6}$	$\dfrac{N7}{h6}$	过渡配合,允许有较大过盈的更精密定位

续　表

优　先　配　合		配合特性及应用举例
基孔制	基轴制	
$\dfrac{H7}{p6}$	$\dfrac{P7}{h6}$	过盈定位配合,即小过盈配合,用于定位精度特别重要时,能以最好的定位精度达到部件的刚性及对中性要求,而对内孔承受压力无特殊要求,不依靠配合的紧固性传递摩擦负荷
$\dfrac{H7}{s6}$	$\dfrac{S7}{h6}$	中等压入配合,适用于一般钢件
$\dfrac{H7}{u6}$	$\dfrac{U7}{h6}$	压入配合

一般来说,标准中的优先配合和常用配合,是能够满足橡胶模具的使用要求的。

(2)表面粗糙度与公差配合的选用。对于过盈配合,其过盈量要选取得较大一些;对于间隙配合,其间隙值要选取得较小一些,即配合得比较紧一些。表 5-8-4 列出了各种配合精度应当具备的最小的表面粗糙度数值,可供设计时参考。

表 5-8-4　各种配合精度应达到的最小表面粗糙度值(Ra)

基本尺寸/mm		>	1	10	18	50	120	360
		≤	10	18	50	120	360	500
配合精度			应达到的最小表面粗糙度数值 $Ra/\mu m$					
IT6	H6,m5,k5,js5		0.2		0.4		0.8	
IT7	H7,S7,u6,r6,S6		1.6		3.2		6.3	
	K7,J7,G7,n6,m6		0.8	1.6		3.2		6.3
	K6,js6,h6,g6,f6							
IT8	H8,h7,K7		3.2		6.3			12.5
IT9	H8,F9,h8,h9,f9		3.2			6.3		12.5
IT10	D9,D10,d9,d10		6.3			12.5		25
IT11	H11,D11,B11,C11,h11		12.5			25		
IT12	H12,H13,h12,h13		12.5			25		

(3)橡胶模具的生产制造多为单件生产或极小批量生产。基于这一生产性质,在模具设计时,公差与配合的选用尽量向松的方向选取。这是因为在普通切削加工中,操作者的心理和加工习惯总趋向于将零件的尺寸做成最大的实体尺寸,这样一来,实际中的配合也总是偏紧一些。所以,在模具的设计中,对于间隙配合来说,其间隙值应取得稍大一些;相反,对于过盈配

合,则过盈量应取得较小一些。

（4）从橡胶模具的结构、加工工艺性、装配工艺性以及技术性、经济性等各方面的分析考虑,在其设计中,一般都要优先选用基孔制。作为设计者,不仅要具备橡胶模具的基本知识,而且要了解各种加工方法与公差等级以及尺寸精度的关系,以便使所设计的模具方案更加符合生产实际。表5-8-5给出了各种加工方法与公差等级的关系。表5-8-6给出了各种加工方法与加工精度的关系。

表 5-8-5　各种加工方法与公差等级的关系

加工方法	公差等级 IT																			
	01	0	1	2	3	4	5	6	7	8	9	10	11	12	13	14	15	16	17	18
精研磨	─	─	─																	
细研磨			─	─	─	─	─													
粗研磨					─	─	─	─												
终珩磨						─	─	─												
初珩磨								─	─											
精磨				─	─	─	─													
细磨						─	─	─												
粗磨								─	─	─										
圆磨							─	─	─											
平磨							─	─	─											
金刚石车削							─	─	─											
金刚石镗孔							─	─	─											
精铰								─	─	─										
细铰										─	─	─	─							
精铣										─	─	─								
粗铣											─	─								
精车、刨、镗									─	─	─									
细车、刨、镗										─	─	─	─							
粗车、刨、镗												─	─	─						
插削												─	─	─						
钻削													─	─	─	─				
锻造																	─	─		
砂型铸造																─	─			

表 5 - 8 - 6　各种加工方法与加工精度的关系　　（单位：mm）

加工方法	可能达到的精度	经济加工精度
仿形铣削	0.02	0.1
数控加工	0.01	0.02～0.03
仿形磨削	0.005	0.01
电火花加工	0.005	0.02～0.03
电解成形加工	0.05	0.1～0.5
电解磨削	0.02	0.03～0.05
坐标磨削	0.002	0.005～0.01
线切割加工	0.005	0.01～0.02

关于公差等级的选择和加工精度的要求，在设计时既要满足模具使用功能和精度的要求，又必须考虑到制造加工中的工艺可能性及经济性。一般来说，选择孔的公差等级要比与其相配合的轴的公差等级低一级。这是因为孔的加工比轴的加工困难一些。

(5)模具的各个非配合尺寸，即未注公差尺寸，均按照国家标准 GB/T 1804 — 2000 未注公差的线性尺寸的极限偏差表进行选取。

未注公差的线性尺寸的各公差等级的极限偏差数值见表 5 - 8 - 7。

表 5 - 8 - 7　线性尺寸的极限偏差数值（GB/T 1804 — 2000）　　（单位：mm）

公差等级	基本尺寸分段							
	0.5～3	>3～6	>6～30	>30～120	>120～400	>400～1 000	>1 000～2 000	>2 000～4 000
精密 f	±0.05	±0.05	±0.1	±0.15	±0.2	±0.3	±0.5	—
中等 m	±0.1	±0.1	±0.2	±0.3	±0.5	±0.8	±1.2	±2
粗糙 c	±0.2	±0.3	±0.5	±0.8	±1.2	±2	±3	±4
最粗 v	—	±0.5	±1	±1.5	±2.5	±4	±6	±8

一般孔的未注公差在 H12～H18 之间选择（见 GB/T 1800.2 — 2009 中表6），轴的未注公差在 h12～h18 之间选择（见 GB/T 1800.2 — 2009 中表 22），长度在 JS12(js12)～JS18(js18) 之间选择（见 GB/T 1800.2 — 2009 中表 23）。由于橡胶模具也属于比较精密的工艺装备，所以，模具结构中凡未注公差尺寸的孔，都按 H14 进行选择，凡未注公差尺寸的轴，都按 h14 进行选择，属长度类（如无配合的孔的深度等）的尺寸公差都按 JS15(js15)进行选择。

未注公差尺寸的部位，其表面粗糙度 Ra 均以 12.5～6.3μm 作为设计要求。但是，橡胶模具的上、下表面例外。

5.8.2　型腔部分的精度设计

关于型腔部分相关尺寸及其公差的确定，设计时应按照本章第 5.3 节中模的壁厚和 5.7.2

节模具型腔尺寸的设计计算及其公差标注进行。

5.8.3　非成形部位的配合选择

（1）定位销与上、下模板的配合。由于模具加工工艺而定为基孔制，即上、下模板上的孔是一次组合加工而成的，定位销分别按照与上、下模板的配合性质（间隙配合或过盈配合）确定其公差范围。

定位销与上模板（可动部分的间隙配合）或者销套的配合，通常选用 $\dfrac{H8}{f7}$ 或 $\dfrac{H7}{g6}$。模具精度要求较高或是两点式定位机构，则选取 $\dfrac{H7}{g6}$；一般精度或多点式定位机构，则选用 $\dfrac{H8}{f7}$。

定位销与下模板（固定部分的过盈配合），一般选取 $\dfrac{H7}{p6}$ 或 $\dfrac{H7}{r6}$。模具精度要求较高或是两点式定位机构，则选取 $\dfrac{H7}{s6}$；一般精度要求或者三点式定位机构，则选取 $\dfrac{H7}{p6}$ 为宜。

（2）型芯、芯轴与模板的配合。型芯与模板为紧固配合即过盈配合时，一般都选用 $\dfrac{H7}{r6}$ 或 $\dfrac{H7}{p6}$。过盈量要求较大时，则选用 $\dfrac{H7}{s6}$。

型芯与模板之间如果为可动配合关系时，其配合形式则可选用 $\dfrac{H8}{h7}$ 或 $\dfrac{H8}{f7}$。

芯轴与模板（或者模体）之间，一般都选 $\dfrac{H7}{h6}$ 或者 $\dfrac{H7}{g6}$ 等配合。

（3）锥面定位、斜面定位的配合。锥面定位的配合，其结构形式如图 4-7-2、图 4-7-3 和图 4-7-6 所示。这种结构形式的配合精度，一般是以能够保证相互接触面达到设计接触面的 80% 左右为使用标准。

斜面定位的配合，其结构形式如图 4-5-13 所示。这种定位结构与锥面定位的配合要求相同，相互接触面积要达到 80% 以上。

关于销钉定位的配合，如前所述，在此不再赘述。

（4）圆柱面定位的配合。定位形式为模体圆柱面定位结构形式，如图 4-5-2、图 4-7-1 及图 5-7-9 所示。关于这种定位配合精度的选择，要视其制品零件的要求而定，一般可以选用 $\dfrac{H7}{h6}$，$\dfrac{H7}{g6}$ 或 $\dfrac{H8}{h7}$，$\dfrac{H8}{f7}$ 等配合。

5.9　橡胶模具的表面粗糙度

橡胶模具型腔的表面粗糙度值直接影响制品零件的表面质量，特别是要求很高的密封类制品零件的工作面。此外，对模具的各个分型面，定位要素的表面，与硫化压力机平板接触的上、下平面等的表面粗糙度有不同的要求。

橡胶模具对其各类构成零件的表面粗糙度（Ra）要求见表 5-9-1。

表 5-9-1　橡胶模具零件的表面粗糙度要求

$Ra/\mu m$①	应　用　举　例
没有要求	使用圆钢,表面不经加工,制作手柄、吊环等
12.5～6.3	模板四周侧面,外形边棱倒角,减轻重量的孔(不带型芯轴等)
6.3～3.2	模板四周侧面,启模口,退刀槽,砂轮越程槽
3.2～1.6	定位销套、销钉除了定位、导向部位外的其他部分,手柄套筒,各螺纹连接部分,非配合性质的过孔,卸模架顶杆穿过的孔,测温孔,顶杆表面
1.6～0.8	跑胶槽,余胶槽,排气槽,定位部分的配合面、导向面,与骨架配合的定位面卸模架的上、下平面
0.8～0.4	模具的上、下平面,一般制品零件成形模具的分型面,定位配合面、导向面,压注器的上、下平面
0.4～0.2	模具型腔各面,芯轴表面,组合芯轴各拼合表面,型芯表面,浇注系统所有型腔面,
0.2～0.1	分型面,定位配合面,导向面,型芯固定面,定位销(套)配合面
0.1～0.05	要求高的型腔表面、型芯及芯轴表面,浇注系统所有型腔面,分型面,定位配合面,
0.05～0.025	精饰制品要求的型腔表面
0.025～0.012	精饰制品模具型腔表面

注:①表面粗糙度在图样上标注时使用代号,例如 $Ra12.5～6.3\ \mu m$,相应代号为 $\sqrt{Ra12.5}\ ～\sqrt{Ra6.3}$。

切削加工是模具各组成零件的粗加工、半精加工、精加工的主要方法,包括车、铣、刨、插、镗、钻、磨、铰等。

电火花加工(成形加工)和线切割加工等特种加工手段,也是特殊形状的凸模和凹模型面的半精加工和精密加工的主要方法。

半精加工和精加工之后的精饰加工方法,包括研、抛、喷砂、皮纹加工等。

上述各种加工方法可以达到的表面粗糙度(Ra)见表 5-9-2。

表 5-9-2　不同加工方法可以达到的表面粗糙度

加工方法		表面粗糙度(Ra)/μm												
		0.012	0.025	0.05	0.10	0.20	0.40	0.80	1.60	3.20	6.30	12.5	25	50	100
锉							─	─	─	─	─	─	─	─	
刮削							─	─	─	─	─	─			
刨削	粗									─	─	─	─		
	半精							─	─	─	─				
	精						─	─	─						
插削								─	─	─	─				

续 表

加工方法		表面粗糙度(Ra)/μm													
		0.012	0.025	0.05	0.10	0.20	0.40	0.80	1.60	3.20	6.30	12.5	25	50	100
钻孔								━	━	━	━	━	━		
扩孔	粗										━	━	━		
	精							━	━	━					
金刚镗孔			━	━	━										
镗孔	粗										━	━	━	━	
	半精							━	━	━					
	精						━	━	━						
铰孔	粗							━	━	━	━				
	半精						━	━	━						
	精				━	━	━	━	━						
滚铣	粗									━	━	━			
	半精							━	━	━					
	精						━	━	━	━					
端面铣	粗									━	━	━			
	半精							━	━	━					
	精					━	━	━	━						
车外圆	粗										━	━	━		
	半精								━	━	━	━			
	精					━	━	━	━						
金刚车			━	━	━	━	━								
车端面	粗										━	━	━		
	半精								━	━	━	━			
	精						━	━	━						
磨外圆	粗							━	━	━					
	半精					━	━	━	━						
	精		━	━	━	━	━								

续 表

加工方法		表面粗糙度(Ra)/μm													
		0.012	0.025	0.05	0.10	0.20	0.40	0.80	1.60	3.20	6.30	12.5	25	50	100
磨平圆	粗								▬	▬					
	半精						▬	▬							
	精		▬	▬	▬	▬	▬								
珩磨	粗		▬	▬	▬	▬	▬	▬							
	精	▬	▬	▬	▬	▬	▬								
研磨	粗					▬	▬	▬							
	半精			▬	▬	▬	▬								
	精	▬	▬	▬	▬	▬									
电火花加工								▬	▬	▬	▬	▬			
螺纹加工	丝锥板牙							▬	▬	▬	▬				
	车							▬	▬	▬	▬				
	搓丝							▬	▬	▬					
	液压						▬	▬	▬						
	磨					▬	▬	▬							

　　采用不同的精饰加工方法,对橡胶模具型腔表面进行加工,所能达到的表面粗糙度见表 5-9-3。

表 5-9-3　各种精饰加工方法能达到的表面粗糙度

型腔精饰表面类型	模具型腔表面粗糙度(Ra)公称值/μm	抛 光 手 段
MFG A-0	0.008	1 μm 金刚石研磨膏毡抛光(GRADE 1 μm DIAMOND BUFF)
MFG A-1	0.016	3 μm 金刚石研磨膏毡抛光(GRADE 3 μm DIAMOND BUFF)
MFG A-2	0.032	6 μm 金刚石研磨膏毡抛光(GRADE 6 μm DIAMOND BUFF)
MFG A-3	0.063	15 μm 金刚石研磨膏毡抛光(GRADE 15 μm DIAMOND BUFF)
MFG B-0	0.063	800# 砂纸抛光(800# GRIT PAPER)
MFG B-1	0.100	600# 砂纸抛光(600# GRIT PAPER)
MFG B-2	0.160	400# 砂纸抛光(400# GRIT PAPER)
MFG B-3	0.32	320# 砂纸抛光(320# GRIT PAPER)
MFG C-0	0.32	800# 油石抛光(800# STONE)

续 表

型腔精饰表面类型	模具型腔表面粗糙度(Ra)公称值/μm	抛 光 手 段
MFG C-1	0.40	600# 油石抛光(600# STONE)
MFG C-2	1.0	400# 油石抛光(400# STONE)
MFG C-3	1.6	320# 油石抛光(320# STONE)
MFG D-0	0.20	12# 湿喷砂抛光(WET BLAST GLASS BEAD 12#)
MFG D-1	0.40	8# 湿喷砂抛光(WET BLAST GLASS BEAD 8#)
MFG D-2	1.25	8# 干喷砂抛光(DRY BLAST GLASS BEAD 8#)
MFG D-3	8.0	5# 湿喷砂抛光(WET BLAST GLASS BEAD 5#)
MFG E-1	0.40	电火花加工(EDM)
MFG E-2	0.63	电火花加工(EDM)
MFG E-3	0.8	电火花加工(EDM)
MFG E-4	1.6	电火花加工(EDM)
MFG E-5	3.2	电火花加工(EDM)
MFG E-6	4.0	电火花加工(EDM)
MFG E-7	5.0	电火花加工(EDM)
MFG E-8	8.0	电火花加工(EDM)
MFG E-9	10.0	电火花加工(EDM)
MFG E-10	12.5	电火花加工(EDM)
MFG E-11	16.0	电火花加工(EDM)
MFG E-12	20.0	电火花加工(EDM)

关于表 5-9-3 的使用说明如下:

(1)对模具型腔采用不同的精饰加工方法,将模具型腔分别划分为用金刚石研磨膏、砂纸、磨石、喷砂抛光和电火花加工的表面,并分别用 A,B,C,D,E 来表示。这与美国、日本、德国等国家及中国香港地区的表示方法相一致。

(2)每种类型的表面,又根据使用不同规格的加工材料所能达到的最佳程度,分为 0,1,2,3 四个等级。

(3)模具型腔表面的类型,其表示方法分别用代号 MFG(MOULD FINISH COMPARI-SON GUIDE 的缩写)、精饰方法(A,B,C,D,E)和等级(0,1,2,3)组合来表示。

(4)模具型腔表面粗糙度(Ra)公称值,是根据采用各种不同的精饰方法和不同规格的材料所能达到的最佳程度并采用优先数处理获得的,公称百分率为 +12%,-17%(此公称百分率是参考 GB/T 6060.4 — 1988 制定的)。

(5)表面粗糙度(Ra)的评定方法,是参考相关的国家标准制定的。其中,采用表面粗糙度样板的测量方法,可以采用按照标准要求而制造的专用样板进行。

　　模具型腔加工的最后阶段是进行研磨与抛光(研抛),研抛所使用的研磨材料粒度与所能达到的表面粗糙度(Ra)的关系见表 5-9-4。

表 5-9-4　研磨材料粒度与所能达到的表面粗糙度的关系

研磨加工方法	研磨材料粒度	能达到的表面粗糙度(Ra)/μm
粗研磨	$100^{\#}\sim120^{\#}$	0.80
	$150^{\#}\sim$W50	0.80~0.20
精研磨	F40~F14	0.20~0.10
精密件粗研磨	F14~F10	0.10 以下
精密件半精研磨	F7~F5	0.025~0.008
精密件精研磨	F5~F0.5	

　　模具设计中,除了对模具型腔的尺寸精度和表面粗糙度(Ra)提出明确要求外,还要对型腔最后的精饰加工中的研磨抛光方法提出基本要求。研抛加工方法与要求见表 5-9-5。

表 5-9-5　研抛加工方法与要求

要求内容	说　明
研抛前的表面准备	研抛前的表面粗糙度 Ra 应在 1.6~0.8 μm 以下,研抛表面和研具用汽油或煤油洗净,并去除工作边缘毛刺
研抛压力与速度	粗研时,研抛压力不超过 3×10^5 Pa,精研抛时用较小压力$(0.3\sim0.5)\times10^5$ Pa,以保证工件表面获得低粗糙度值和良好耐磨性; 研抛速度,以不使工件发热为限,干研速度为 10~25 m/min,湿研速度约为干研速度的 2~4 倍。若工件材质较软或精度要求高时,研抛速度取较小值
研抛运动轨迹	平面研抛时,工件在平板上作 8 字形推磨,经约 0.5 min 后,工件转过 180°再推磨,在整个研抛过程中,尽量避免过早出现轨迹周期性重复。 外圆柱面研抛,一般工件转动,研磨环做轴线移动,以构成 45°正交网纹为宜。内圆柱面研抛,研磨芯棒旋转并轴向移动,工件固定不动,研磨网纹以构成 45°正交为宜。 模具型腔表面的研抛纹向,应与模具开启方向平行
研抛余量	研抛余量取决于前工序的精度和表面粗糙度,原则上是研除前道工序留下的痕迹。为保证被研工件的几何精度,研抛余量一般取小值。Ra 值由 0.8 μm 降到 0.05 μm 的研抛参考余量,以淬硬钢为例: 内孔 ϕ25~125 mm,研抛余量为 0.04~0.08 mm; 外圆$\leqslant\phi$10 mm,研抛余量取 0.03~0.04 mm; ϕ11~ϕ30 mm,研抛余量取 0.03~0.05 mm; ϕ31~ϕ60 mm,研抛余量取 0.04~0.06 mm; 平面研抛余量取 0.015~0.03 mm

第6章 橡胶模具用钢及其热处理

橡胶模具用钢与塑料模具用钢相同,虽然橡胶模具的使用温度略低于塑料模具的使用温度,但却常将这两类模具用钢归为一类,称为橡塑模具用钢。

6.1 橡胶模具失效的主要形式与用钢的性能要求

6.1.1 橡胶模具失效的主要形式

橡胶模具失效的主要形式是磨损、变形、磕碰致伤和断裂等。由于橡胶制品表观质量要求较高和一部分制品(密封类制品、液压衬套类制品以及薄膜类气动元件类制品等)的尺寸精度要求较高,所以橡胶模具的磕碰致伤及变形造成失效的比例较大。

6.1.1.1 磨损失效

(1)对于哈夫式成形结构的橡胶模具,外哈夫块与其定位块之间在工作时长期处于相互活动状态而造成磨损,特别是那些配合角小于 7°的外哈夫块和定位块更是如此。

(2)钢质外骨架,特别是异形骨架和型腔之间的反复装卸会导致型腔的磨损和定位机构的磨损。

(3)对于侧顶和下顶式脱模机构的模具有配合要求的部位,由于长期工作而相互摩擦(如定位机构和导向机构)也会有磨损。

(4)由于橡胶在硫化过程中会产生具有腐蚀性的物质,对模具型腔造成腐蚀以及在型腔表面形成胶垢,修除这些腐蚀斑点和胶垢,也会造成模具的损伤。因而,加速了模具的失效。

6.1.1.2 变形失效

部分模具在长期的工作中,特别是在脱模取件时因反复受力(敲、打、别、撬等)而造成变形,导致失效。

6.1.1.3 磕碰致伤失效

模具在长期的服役中,或由于作业管理不善或由于模具结构的可操作性欠佳而受到多次重复的敲打磕碰,直至无法再次修复而失效。

6.1.1.4 断裂失效

部分模具由于制品形体结构复杂,一些模具构成件的形体结构也复杂多变,结构中存在着许多形体变化、棱角、薄壁、凸肋、凹槽等结构要素。长期使用后,不少部位会产生应力集中而发生断裂,最终导致模具失效。

造成模具零件断裂主要是由于形体结构特点、压力及温度的反复作用,使模具零件产生结构应力和热应力,也有可能是模具零件热处理不当所致,甚至是操作者使用不当所致,等等。

6.1.2　橡胶模具用钢的性能要求

（1）耐热性能。橡胶模具工作温度虽然是 143～175℃（大部橡胶的硫化温度在这一范围），但是，为了保证模具在使用时的尺寸精度和变形微小，模具用钢应具有较高的耐热性能，同时，还应具有良好的导热性能及较低的线膨胀系数。

（2）足够的强度。模具在使用时，在受到强大的锁模压力的同时，受到了很大的注压成形压力或注射成形压力。因此，选用材料时，要充分地予以考虑。

（3）较好的耐蚀性。橡胶的硫化反应是指胶料中多种配合剂之间以及它们与橡胶的复杂的化学反应。在硫化反应中，会产生多种具有腐蚀性的气体。所以，设计橡胶模具时，对于材料的选择要予以考虑。

（4）耐磨性。设计模具时，结合橡胶模具的哈夫结构特点、侧顶下顶脱模结构特点、异形骨架装卸的特点等，所选钢材应具备耐磨性要求。

（5）可加工性。随着橡胶模具高使用寿命的要求进一步提高，模具构件的硬度要求也在提高。因此，要求所选用的钢材具有良好的易切削加工性能，以保证其成形精度。而且要求所用钢材在切削加工过程中的硬化程度要小。为避免模具零件及部件的变形而影响模具的要求精度，希望将材料的加工残留应力控制在最小的限度之内。

（6）镜面加工性能。要求模具型腔表面光滑，要求带有装饰性的型腔表面抛光成精饰级的镜面，表面粗糙度 Ra 值要小于 $0.2~\mu m$，以保证制品精饰表面的外观要求并有利于脱模取件。

（7）良好的光蚀性能。不少制造商为了扩大形象影响或为了使橡胶制品美观漂亮，在制品表面设计了相关的花纹图案、企业商标等。这类商业性用途，要求模具用钢要具有良好的花纹及图案光蚀性，特别是高档的生活用品类橡胶制品更是如此。

凡此种种，在进行橡胶模具设计时，都要予以考虑。

6.2　橡胶模具用钢

6.2.1　橡胶模具用钢的分类

按钢种类型，橡胶模具钢一般包括低碳低合金钢、优质碳素结构钢、合金结构钢、合金工具钢、时效硬化钢和马氏体时效钢等。

6.2.1.1　低碳低合金钢

这类钢的退火硬度较低，经冷挤压成形后进行渗碳及淬火、回火处理，使模具具有一定的硬度、强度和耐磨性，表面性能接近 4Cr5MoSiV 热模钢的水平。

由于这类模具系冷挤压成形，无须再进行切削加工，故具有制模周期短、便于批量加工、精度高等优点。国外常用的低碳低合金橡胶模具钢的牌号及成分见表 6-2-1。

表 6-2-1　国外常用的低碳低合金橡胶模具钢的化学成分（质量分数，%）

国　别	钢　号	C	Mn	Si	Cr	Ni	Mo	V
美 国	P1	0.10	0.3	0.3	—	—	—	—
	P2	0.07	0.3	0.3	2.0	0.5	0.2	—
	P4	0.07	0.3	0.3	5.0	—	—	—
	P6	0.10	0.3	0.3	1.5	3.5	—	—

续 表

国 别	钢 号	C	Mn	Si	Cr	Ni	Mo	V
德国	WEExtra	0.10	0.4	0.3	—		—	—
	WE5	0.06	0.3	0.2	5.0		—	—
	CNS2H	0.20	0.5	0.3	1.2	3.8	0.2	—
日本	CH1	<0.06	<0.3	<0.2	—		—	<0.01
	CH2	0.07	0.3	0.2	2.0	0.5	0.2	—
	CH41	<0.06	<0.3	<0.2	5.0		0.9	0.3

6.2.1.2 优质碳素结构钢

国外通常采用碳的质量分数为 0.5%～0.6% 的碳素结构钢(如日本的 S55C)。国内常用 45 钢,它适用于批量生产一般橡胶制品的成形模具。

随着橡塑制品精密化,形状复杂及大型化,成形方法的高速化,优质碳素结构钢日益被合金结构钢及高合金钢所替代,如日本爱知钢厂为了改善 S55C 碳素结构钢的淬透性,在钢中添加铬($w_{Cr}=1\%$)而研制成功的 AUK1 钢。

6.2.1.3 调质预硬钢及易切削预硬钢

在这类钢中,碳的质量分数为 0.3%～0.5%,并含有一定数量的 Cr,Mn,V,Ni 等合金元素,以保证钢具有较高的淬透性。这类钢经淬火、回火调质预处理后,可获得均一的组织和所需硬度。

调质预硬钢 4Cr5MoSiV1(H13)钢,较其他预硬钢有较高的耐热性能,适用于所有橡胶以及聚甲醛、聚酰胺(尼龙)树脂制品件的注射成形模具,经预硬处理后,硬度约为 45～50HRC。

为改善钢的可加工性,在钢中加入 S,Se,Ca 等易切削元素,研制成易切削橡胶模具钢,如日本在 DKA(相当 SKD61)钢中加入硒($w_{Se}=0.10\%～0.15\%$)而研制成功的 DKA-F 钢,既保持了钢经调质后的高硬度(39～43HRC),又具备了良好的可加工性,适用于对尺寸精度有要求的大型橡胶模具。其典型牌号见表 6-2-2。

表 6-2-2 橡胶模具合金调质预硬钢的化学成分(质量分数,%)

类 型	钢 号	C	Mn	Si	Cr	Ni	Mo	V	S
SCM440 SCM445 系	P20	0.30～0.35	1.0	0.3	1.25	—	0.35	0.15	
	PDS3	0.45	0.9	0.25	1.10	—	0.25	—	
	CM4	0.38～0.43	0.6～0.85	0.15～0.35	0.9～1.2	—	0.2～0.4	—	
	HPM2	专利(相当 AISI P20 改良钢)							
	AUK11	C0.4-Mn-Cr-Mo							
SKT4 系	6F5	0.5～0.6	0.7～1.0	<0.35	1.0～1.4	1.7～2.0	0.25～0.50	0.1～0.3	—
	A.M.S.	0.55	0.70	0.20	1.1	1.7	0.50	0.10	—
	EMD	0.5～0.6	0.6～1.0	<0.35	0.7～1.0	1.5～2.0	0.2～0.5	0.1～0.2	—
	PMF	0.48～0.58	0.7～1.3	0.15～0.35	0.8～1.3	1.6～2.3	0.2～0.4	<0.2	0.05～0.10
	KTV	0.5～0.6	0.7～1.0	<0.35	1.0～1.4	1.3～2.0	0.25～0.50	0.1～0.3	—

续 表

类 型	钢 号	C	Mn	Si	Cr	Ni	Mo	V	S
SKD61系	E38	0.38	0.4	1.0	5.0	—	1.4	0.4	—
	DKA	0.35~0.42	0.2~0.5	0.9~1.2	4.75~5.25	—	0.85~1.3	0.4~0.8	—
	KDA	0.32~0.42	0.3~0.5	0.8~1.2	4.5~5.5	—	1.0~1.5	0.8~1.2	—
	8407	0.37	0.4	1.0	5.3	—	1.4	1.0	—
	PFG	0.35~0.40	0.25~0.50	0.8~1.1	5.0~5.5	—	1.2~1.5	0.9~1.1	0.10~0.15
	DAC	0.30~0.40	<0.75	<1.5	4.8~5.5	—	1.2~1.6	0.5~1.0	—
	TD3	0.45~0.55	0.6~0.8	0.2~0.4	3.0~3.5	—	0.8~1.2	0.2~0.4	—

　　我国也研制成功了一些含硫易切削预硬橡塑模具钢,如 8Cr2MnWMoVS(简称"8Cr2S")和 S-Ca 复合易切削橡塑模具钢 5CrNiMnMoVSCa(简称"5NiSCa")。表 6-2-3 给出了一些易切削预硬橡塑模具钢的化学成分。

表 6-2-3　部分易切削橡塑模具钢的化学成分(质量分数,%)

钢 号	C	Mn	Si	Cr	Ni	Mo	V	其他
PMF(日)	0.52	1.00	0.25	1.05	2.00	0.3	<0.20	S 0.05~0.10
DKA-F(日)	0.38	0.80	<0.50	5.00	—	1.10	0.60	S 0.08~0.13 Se 0.10~0.15
PFG(日)	0.38	0.65	1.00	5.25	—	1.35	1.00	S 0.10~0.15
40CrMnMoS86	0.40	1.50	0.30	1.90		0.2	—	S 0.05~0.10
40CrMnMo7	0.40	1.50	0.30	1.90		0.2	—	Ca 0.002
8Cr2S	0.80	1.50	≤0.40	2.45	W 0.9	0.65	0.18	S 0.08~0.15
5NiSCa	0.55	1.00	≤0.40	1.00	1.00	0.45	0.22	S 0.06~0.15 Ca 0.002~0.008

6.2.1.4　合金工具钢

　　为了提高模具型腔表面的抗剥落能力,不仅要求模具材料具有一定的抗压强度,还要求其有高硬度、高耐磨性及一定的韧性。对于形状较为复杂的橡胶模具的型芯、哈夫块等,通常采用含碳量高的合金工具钢,如 SKS31(CrWMn)和 SKD11(Cr12MoV)等钢制造,这类钢的成分见表 6-2-4。

表 6-2-4　橡塑模具合金工具钢的化学成分(质量分数,%)

类 型	钢 号	C	Mn	Si	Cr	Ni	Mo	V	W
SKS31 (相当 AISI O₁)系	Veresta	1.0	1.0	0.2	1.0	—	—	—	0.5~1.0
	GSS1	0.95~1.05	0.9~1.2	<0.35	0.9~1.2	<0.25	—	—	0.5~1.0
	KS3	0.9~1.0	0.9~1.2	<0.35	0.5~1.0	—	—	—	0.5~1.0
	GoA	0.9~0.95	1.15	0.32	0.5	—	0.2~0.3	Nb 0.04~0.10	0.5
	Eo-Super	0.9	1.2	—	0.5	—	—	0.2	0.5
	DF-2	0.9	1.2	0.3	0.5	—	—	1.0	0.5

续 表

类 型	钢 号	C	Mn	Si	Cr	Ni	Mo	V	W
SKD12 (相当 AISI A₂)系	NR2	0.95～1.05	0.6～0.9	<0.40	4.0～5.0	—	0.8～1.2	0.2～0.5	—
	KD12	0.95～1.05	0.6～0.9	0.2～0.4	4.5～5.5	—	0.8～1.2	0.2～0.5	—
	XW-10	1.0	0.6	0.2	5.3	—	1.1	0.2	—
SKD11 (相当 AISI D₂)系	NR1	1.4～1.6	<0.6	<0.4	11.0～13.0	—	0.8～1.2	0.2～0.5	—
	AUD11	—	—	—	—	—	—	—	—
	DC11	1.4～1.6	<0.6	0.4	12.0	—	1.0	0.35	—
	SLD	1.5	—	—	12.0	—	1.0	0.4	—
	KD11V	1.45～1.60	0.3～0.6	<0.4	11.0～13.0	—	0.8～1.2	0.2～0.5	—

6.2.1.5 时效硬化钢

时效硬化钢分为马氏体时效硬化钢和低镍时效硬化钢两类,部分时效硬化钢的化学成分见表 6-2-5。

表 6-2-5 部分时效硬化钢的化学成分(质量分数,%)

钢 号	C	Mn	Si	Cr	Ni	Mo	Al	其 他
MAS1	<0.03	<0.1	<0.10	<0.10	18.5	4.95	0.10	Ti0.5～0.7 B0.003 Zr0.02 Co9
N3M	0.26	0.65	0.30	1.40	3.5	0.25	1.25	—
N5M	0.23	0.45	0.30	1.40	5.5	0.75	2.25	V0.10～0.20
NAK55	0.15	1.55	≤0.3	—	3.25	0.3	1.05	Cu1.0
HPM1	0.15	1.00	<0.4	1.05	3.00	—	0.04	S0.10～0.15 Se0.006 Cu1.85
25CrNi3MoAl	0.25	0.65	0.35	1.60	3.50	0.30	1.30	—
PMS	0.13	1.65	≤0.35	—	3.10	0.35	0.95	Cu1.0

MASI 是一种典型的马氏体时效硬化钢,经 815℃固溶处理后,硬度为 28～32HRC,可进行机械加工,再经 480℃时效,时效时析出 Ni_3Mo,Ni_3Ti 等金属间化合物,使硬度达到 48～52HRC。此钢的强韧性高,时效时尺寸变化小、焊补性能好,但价格昂贵,我国橡胶制品生产行业很少使用。

25CrNi3MoAl 是我国研制的一种低镍时效硬化钢,成分与 N3M 相近,经 880℃淬火和 680～700℃高温回火后,硬度为 20～25HRC,可进行切削加工,再经 520～540℃时效,硬度达到 38～42HRC。时效强化是靠析出与基体共格的有序金属间化合物 NiAl 而实现的。

我国研制的 PMS 钢成分与日本的 NAK55 钢相近,Cu 可起时效强化作用。为改善切削加工性能,可加入硫($w_s = 0.1\%$)。固溶处理温度为 $850 \sim 900℃$,硬度为 $30 \sim 32HRC$,经 $490 \sim 510℃$ 时效,硬度可达 $40 \sim 42HRC$。

时效硬化钢适于制作高精度橡塑模具、透明塑料橡胶用模具等。

我国研制的新型低合金马氏体时效硬化钢 06Ni6CrMoVTiAl 热处理变形小,研磨后表面粗糙度值低,固溶硬度低,切削加工性能好,改锻方便,热处理工艺简单,操作方便。此外它还具有良好的综合力学性能、渗氮性能、焊接性能和一定的耐蚀性能。

6.2.1.6　耐蚀橡塑模具钢

橡胶在硫化成形过程中,硫化反应是十分复杂的。大部分橡胶在成形过程中会分解产生腐蚀性气体,使模具腐蚀。因此,要求橡塑模具钢具有很好的耐蚀性能。国外常用耐蚀橡塑模具钢有马氏体型不锈钢和析出硬化型不锈钢两类。典型的橡塑模具耐蚀钢的化学成分见表 6-2-6。

表 6-2-6　典型的橡塑模具耐蚀钢的化学成分(质量分数,%)

钢　号	C	Mn	Si	Cr	Ni	Mo	Cu	备　注
U630	≤0.07	<1.0	<1.0	15.5~17.5	3.0~5.0	—	3.0~5.0	Nb+Ta=0.15~0.45
PSL	≤0.07	—	—	17.0	4.5	—	3.0	Nb+Ta=0.3 (添加特殊元素)
CT17~4PH	<0.07	<0.1	<0.1	15.5~17.5	3.0~5.0	—	3.0~5.0	Nb+Ta=0.15~0.45
KTS6UL (29~34HRC)	0.05	—	—	13.0	1.5	—	—	—
STB	0.95~1.20	<1.0	<1.0	16.0~18.0	—	—	—	—
SM3	0.95~1.20	<0.1	<0.1	16.0~18.0	<0.6	<0.75	—	—
HPM38	Cr13 型＋Mo 不锈钢							
Stavax	0.38	0.5	0.5	13.6	—	—	—	—
U420	0.26~0.40	<1.0	<1.0	12.0~14.0	—	—	—	—
STO	0.26~0.40	<1.0	<1.0	12.0~14.0	—	—	—	—

6.2.2　橡胶模具钢的选用

6.2.2.1　选用原则

(1)应根据模具工作条件及对模具性能的要求,合理选用能满足要求的钢种。

(2)应选用冶金质量好、性能稳定可靠、材料来源方便、质量有保证的钢种。

(3)选择加工工艺性能好、易于进行切削加工、电蚀加工、光刻加工的钢种。

(4)选择抛光性能好的钢种,以提高模具型腔的表面质量,从而确保和提高橡胶制品的表面质量。

(5)选择耐蚀性好的钢种,以延长模具的使用寿命。

(6)选择具有良好热处理性能和表面处理性能(表面镀硬铬、渗氮处理或三元共渗处理等)

的钢种。

(7)所用钢材,既要有良好的导热性能,又要有足够的物理-力学性能以及耐磨等综合性能。

6.2.2.2　钢种的选用

由于橡胶制品形体结构不同、所用橡胶牌号种类不同,所以其成形模具的结构形式、模具各个构成零件及部件所用的钢种也不相同。

橡胶成形模具的上、下模固定板,垫板,注射模的定位圈,挂耳,托条,托架(托框),脱模架等,均可选用45钢(调质处理)或40Cr(调质处理);对于形状比较简单,但要求有较高硬度的型芯、芯轴(棒)、滑块等类模具零件,则选用T8A,T10A钢,淬火后硬度可达43～48HRC;对于细长型芯、芯棒(轴)、活动片等模具零件,可选用9Mn2V,Cr12MoV等合金工具钢,淬火后硬度为53～58HRC;对于要求抗压塌能力强的上、中、下模模板,可选择Cr12,Cr12MoV或5CrW2Si等类钢材,热处理后硬度可达53～58HRC;对于要求耐磨性好的型芯、哈夫块、定位块等高使用寿命模具零件,可选用HPM31,NAK55,HPM1等钢材;对于型腔表面粗糙度值有特殊要求的模具,其型腔件(包括型芯、模芯、模板等构件)可选用PMS(10CrNi3MnCuAl)或SM1,SM2等抛光性能优异的钢材。

当然,对大多数橡胶模具来说,基本上都是选用45钢或40Cr钢,选用P20+Ni或SM1,SM2钢的为数不多。这与我国现阶段的工业基础、民营企业的生产成本等有关。

6.3　橡胶模具用钢的热处理

橡胶模具与塑料模具一样,其所用钢材不仅应有适中的硬度,还应具有良好的韧性。对于不同类型的模具和模具中不同的零件也应有不同的要求。

由于橡胶模具长期在受热、受压的恶劣环境下工作,因此,要求其在热处理之后,具有足够的抗塌陷变形的能力。

对有的橡胶模具型腔进行粗加工之后进行热处理,那么,在其热处理过程中,应当特别注意保护模具的型腔表面,防止表面氧化、侵蚀和脱碳等现象的出现。

在淬火冷却时,应当采用较缓和的淬火冷却介质,以避免急速冷却造成模具变形和淬裂。因此,可以采用延迟冷却淬火或与其相宜的淬火工艺。

选用易切削预硬钢,可免除淬火变形;选用马氏体时效钢或优质低合金时效钢,可以将时效变形率控制在0.05%之内;在粗加工和精加工之间及在高精加工之前进行去应力处理,可以消除因加工产生残留应力而导致的变形;采用合理的热处理工艺,可以使模具钢获得稳定的组织,避免因组织转变而引起的变形;选用线膨胀系数小的钢材,可以减小热胀冷缩引起的变形。

橡胶模具用钢在淬火之后,应按照工艺要求进行充分的回火,以保证模具零件内组织的稳定,从而保证模具的制造精度和模具的使用寿命。

现对部分模具钢的热处理工艺做以下简述。

6.3.1　部分调质钢的热处理

6.3.1.1　调质工艺特点

部分调质钢的工艺特点见表6-3-1。

表 6 - 3 - 1　部分调质钢的工艺特点

工　艺	特　点
淬火加热	淬火加热规范应充分考虑钢的淬透性,在不使奥氏体晶粒长大的前提下,选择足够高的加热温度,保温时间必须使碳及合金元素充分固溶于奥氏体中并力求奥氏体成分的均匀化
淬火冷却	选择合适的淬火冷却介质,保证工件淬透,又不至严重变形的开裂。碳素调质钢采用冷却能力较强的淬火冷却介质(水或水溶液);对于形状较复杂的薄壁零件,因容易产生变形和开裂,应采用双液淬火;合金调质钢可采用油冷;对于形状简单和截面尺寸较大的零件,也可用双液淬火
回火	属于高温回火。要考虑防止回火脆性。碳素调质钢没有第二类回火脆性,因此高温回火后采用空气冷却即可。合金调质钢具有第二类回火脆性,其高温回火保温时间不宜过长,并且回火后进行快冷

6.3.1.2　调质工艺规范

部分调质钢的调质工艺规范见表 6 - 3 - 2。

表 6 - 3 - 2　部分调质钢的调质工艺规范

钢　号	淬火温度/℃	淬火介质	回火温度/℃	冷却介质	调质后硬度(HBW)
35	840～860	水	550～600	空气	220～250
45	820～840	水	600～640 560～600 540～570	空气	200～230 220～250 250～280
40Cr	840～860	油	640～680 600～640 560～600	空气	200～230 220～250 250～280
42SiMn	840～860	油	640～660 610～630	空气或油	200～230 220～250
45MnB	840～860	油	610～630 600～650 550～600	空气或油	220～230 220～250 250～280
40MnVB	830～850	油	600～650 580～620 550～600	空气或油	200～230 220～250 250～280
50Mn2	820～840	油	550～600	油或水	250～280
35CrMo	850～870	油	600～660	空气	250～280
38CrMoAl	930～950	油	600～700	空气	220～280

6.3.2 部分弹簧钢的热处理

在橡胶模具结构中,一些零件(如结构细长的芯轴、芯棒、型芯等)选用不同的弹簧钢来制作,以适应其工作操作及安装环境的要求。这类模具用钢的热处理规范,见表6-3-3。

表6-3-3 部分弹簧钢的热处理规范

钢号	淬火			回火			应用范围
	加热温度/℃	淬火介质	硬度要求(HRC)	加热温度/℃	淬火介质	硬度要求(HRC)	
65	780～830	水或油		400～600			
75	780～820	水或油		400～600			
85	780～800	水或油		380～440		36～40	
65Mn	810～830	油或水	>60	370～400	水	42～50	
55Si2Mn	860～880	油	>58	370～400	水	45～50	
60Si2MnA	860～880	油	>60	410～460	水	45～50	
55Si2Mn	860～880	油	>58	480～500	水	363～444 HBW	模具结构中细长的芯轴、芯棒、型芯、型芯薄片、型针等零件
60Si2MnA	860～880	油	>60	550～520	水		
70SiMnA	840～860	油	>62	450～480	水	48～52	
65Si2MnWA	840～860	油	>62	430～480	水	48～52	
50CrMn	840～860	油	>58	400～550	水	388～415 HBW	
50CrVA	850～870	油	>58	400～450	水	45～50	
				370～420		45～52	
60Si2CrVA	850～870	油	>60	430～480	水		
50CrMnVA	840～860	油	>58	430～520	水		
55SiMnVB	860～880	油		440～460	任意冷却	45～52	
55SiMnMoV 55SiMnMoVNb	860～880	油		440～460	水		

6.3.3 低碳低合金钢的渗碳热处理

6.3.3.1 对渗碳层的要求

由这类钢制作的模具经渗碳后,表面具备高耐磨性而芯部保持高强韧性,从而避免模具发生早期磨损和脆断。

渗碳层的厚度:当压制硬性塑料时,模具渗碳层厚度为1.3～1.5 mm;当压制软性塑料和橡胶时,模具渗碳层厚度为0.8～1.2 mm;对于带尖角、薄边等模具,模具渗碳层厚度为0.2～0.6 mm。

渗碳层的化学成分:渗碳层碳的质量分数以0.7%～1.0%为宜。含碳量过高,会使残留奥氏体量增加,抛光性能变差。若采用碳氮共渗,则表层的耐磨性、抗氧化性、耐蚀性及抗黏着性等均优于单一渗碳层。

渗碳层组织:应避免出现粗大的未溶碳化物、网状碳化物和过量的残留奥氏体等。

6.3.3.2　渗碳工艺

以采用分级渗碳工艺为宜,即在 900～920℃ 进行渗碳,而中温(820～840℃)渗碳以增大渗碳层厚度为主。

渗碳温度:一般取 900～920℃。复杂型腔的小型模具可取 840～860℃ 中温碳氮共渗。

保温时间:根据对渗碳层厚度的要求选择渗碳保温时间。采用不同的渗碳方式,如固体渗碳及气体渗碳,为获得同一渗碳层厚度而选择的保温时间也不同。

6.3.3.3　渗碳后的淬火工艺

按钢种不同,渗碳后可分别采用重新加热淬火、分级渗碳后直接淬火(如合金渗碳钢)、中温碳氮共渗后直接淬火(如用工业纯铁或低碳钢冷压成形的小型精密模具)和渗碳后空冷淬火(如高合金渗碳钢制造的大、中型模具)工艺。

6.3.3.4　应用实例

(1)20Cr 钢制造的橡胶模具,固体渗碳温度为 920℃,淬火加热温度为 820℃,延迟冷却到750℃后淬入 80～100℃ 热油中,模具温度降到 150℃ 后取出,两半模对合后用夹具夹紧,空冷到室温。

回火温度为 220℃,模具硬度为 56～58HRC,淬火变形轻微,两半模合模紧密。

(2)由 20Cr 钢制造的橡胶模具,经固体渗碳后直接淬入 200℃ 的中温碱浴,等温后空冷。回火温度为 200～250℃,模具硬度为 48～52HRC,各面均平整,尺寸变化极小。

6.3.4　碳素工具钢的热处理

碳素工具钢淬透性较差,只适用于中、小型橡胶模具。

碳素工具钢热处理的关键是控制淬火变形。通常采用水-油双介质淬火或碱浴分级淬火。对于特别精密的小型模具,可采用硝盐分级淬火或碱浴-硝盐复合等温淬火。

以下为热处理实例。

(1)为避免回火不足、硬度过高而脆性增加,碳素工具钢回火温度不应低于 250℃。如T10 钢制作的对开橡胶模具,经 790℃ 淬火,160℃ 回火,硬度为 60～62HRC,模具使用数天后即在棱角处出现微裂纹。模具返修后,经 270～280℃ 补充回火一次,硬度下降为 55～57HRC,继续使用 1 个月,压制工件超过万件,未发现异常。

(2)低温碱浴淬火可减小碳素工具钢淬火变形,如 T10A 钢制作的橡胶模具模板,经盐浴加热后,在低温碱浴中短时停留后取出空冷,淬火变形量极小(0.04～0.05 mm)。

6.3.5　合金工具钢的热处理

这类钢的优点是淬透性较好、淬硬层较深、抗压强度及热强性较高,但韧性较低。对于截面较大的模具,易出现碳化物偏析而导致模具早期断裂失效。

模具热处理时应严格控制碳化物偏析,淬火温度不能过高,回火需充分。

以下为热处理实例。

(1)9Mn2V 钢制作的橡胶模具贝氏体等温淬火,不仅可以获得高的强韧性,同时能减小热应力和组织应力,减小模具体积变化,获得微变形的效果。如 9Mn2V 钢制作的橡胶模具,淬火加热温度取 790℃,保温后淬入 270℃硝盐浴中,保温 4 h 后取出空冷,处理后硬度为 48～55HRC,最大变形量为 0.02 mm。

(2)CrWMn 钢制作的模套,经 830℃盐浴加热后,淬入 230℃硝盐浴中冷却,再于 350℃中温回火,处理后硬度为 51～55HRC,尺寸变化量最大为 0.07 mm。

6.4 新型橡塑模具钢及其应用

随着橡塑工业的发展,不少国家研究的橡塑模具钢已形成系列,以满足各种不同的要求。本节介绍的橡塑模具钢,既可用于橡胶成形模具又可用于塑料成形模具。

国外除采用中碳钢作为大量使用的橡塑模具钢外,对型腔复杂、要求精密的模具选用预硬型橡塑模具钢,如美国的 P20,日本的 SKD61 易切削钢等。这类钢的特点是在硬度为 30～40HRC 的状态下,可以直接进行成形车削、钻孔、铣削、雕刻和精锉等加工,精加工后可直接交付使用。也有采用时效型橡塑模具钢的,即模具加工好后,先经时效处理或在使用中经时效而获得所需硬度及性能,这就完全避免了热处理变形。

我国有些工厂为避免橡塑模具热处理变形,不得不使用正火或退火态的 45 钢或 40Cr 钢制作模具,因而模具寿命很低,也由于模具表面粗糙而导致橡塑制品零件表面粗糙度值高,影响橡塑制品的外观质量。型腔复杂的模具的薄壁处和细长型芯,又往往由于强度不足而造成弯曲、变形等早期失效。若采用高硬度的合金工具钢,不仅热处理变形难以控制,韧性也不足,模具在使用中极易断裂。

为满足型腔复杂、尺寸较大、精度较高及特殊性能要求的橡塑模具,近几年,我国已先后研制了多种易切削、时效型及特殊性能的橡塑模具钢,本节将对此进行较详细的介绍。

6.4.1 预硬型橡塑模具钢 3Cr2Mo (P20)及 3Cr2NiMo(P4410)

6.4.1.1 3Cr2Mo(P20)橡塑模具钢

3Cr2Mo 钢是引进的美国橡塑模具钢常用钢号,也是《合金工具钢》(GB/T 1299 — 2000)中正式纳标的两种橡塑模具钢之一。

(1)化学成分(见表 6-4-1)。

表 6-4-1 3Cr2Mo 钢的化学成分

元　素	C	Si	Mn	Cr	Mo	P,S
质量分数/(%)	0.28～0.40	0.20～0.80	0.60～1.00	1.40～2.00	0.30～0.55	≤0.030

(2)相变点及线膨胀系数。相变点为 $A_{c_1}=770℃$,$A_{c_3}=825℃$,$A_{r_1}=640℃$,$A_{r_3}=760℃$,$M_s=300℃$,$M_J=120℃$;线膨胀系数为 $\alpha_{118～300℃}=1.25\times10^{-5}/K$。

(3)工艺性能。

1)锻造。加热温度为 1 100～1 150℃,始锻温度为 1 050～1 100℃,终锻温度大于或等于850℃,锻后空冷。

2)退火。850℃加热,保温 2～4 h,等温温度为 720℃,保温 4～6 h,炉冷至 500℃,出炉空冷。

3)淬火。860～870℃加热,油淬,540～580℃回火。预硬态硬度为 30～35HRC。

4)化学热处理。P20 钢具有较好的淬透性及一定的韧性,可以进行渗碳,渗碳、淬火后表面硬度可达 65HRC,具有较高的热硬度及耐磨性。

(4)力学性能。850℃淬火、550℃回火的 P20 钢室温下的力学性能见表 6-4-2。

表 6-4-2　P20 钢室温下的力学性能

硬度(HRC)	σ_b/MPa	$\sigma_{0.2}$/MPa	δ_5/(%)	ψ/(%)	a_K/(J·cm^{-2})
30	1 250	1 140	14	58	11.5

6.4.1.2　3Cr2NiMo(P4410)橡塑模具钢

(1)化学成分。3Cr2NiMo 钢是 3Cr2Mo 钢的改进型,是在 3Cr2Mo 钢中添加了质量分数为 0.8%～1.2%的镍,其化学成分见表 6-4-3,该钢已纳入 GB/T 1299 — 2000 标准之中。

表 6-4-3　3Cr2NiMo 钢的化学成分(质量分数,%)

C	Mn	Si	Cr	Mo	Ni	P	S
0.28～0.40	0.60～1.00	0.20～0.80	1.40～2.00	0.30～0.55	0.85～1.15	≤0.020	≤0.015

(2)相变点。$A_{c1}=725℃$,$A_{c3}=810℃$,$M_s=280℃$。

(3)生产工艺。碱性平炉粗炼—真空脱气—钢包喷粉精炼—水压机锻造—粗加工—超声波检测—调质热处理—检验出厂。经此工艺生产出的钢材能达到较高的纯净度,组织细密,镜面抛光性能好,表面粗糙度值 Ra 可达 0.05～0.025 μm。

(4)力学性能。经 860℃淬火、650℃回火后,室温及高温下的力学性能见表 6-4-4。

表 6-4-4　3Cr2NiMo 钢的力学性能

试验温度/℃	σ_b/MPa	$\sigma_{0.2}$/MPa	δ/(%)	ψ/(%)	a_K/(J·cm^{-2})	硬度(HRC)
室温	1 120	1 020	16	61	96	35
200	1 006	882	13.6	56		
400	882	811	14.0	67		

3Cr2NiMo 钢硬度值为 32～36HRC 时,具有良好的车、铣、磨等加工性能。

该钢也可采用火焰淬火,加热温度为 800～825℃,在空气中或用压缩空气冷却,局部表面硬度可达 56～62HRC,可延长模具使用寿命。也可对模具进行表面镀铬,表面硬度可由 370～420HV 提高到 1 000HV,显著提高模具的耐磨性和耐蚀性。

3Cr2NiMo 钢制造的模具,局部损坏后也可用补焊法修补,焊接质量良好,可以进行加工。

(5)应用情况。3Cr2NiMo 钢可在预硬态(30～36HRC)使用,能防止热处理变形,淬透性好,因而适于制造大型、复杂、精密橡塑模具。该钢也可进行渗氮、渗硼等化学热处理,处理后可获得更高表面硬度,适于制作高精密的橡塑模具。

6.4.2 时效硬化型橡塑模具钢 25CrNi3MoAl

25CrNi3MoAl 钢属于低 Ni 无 Co 时效硬化钢,这是参考了国外同类钢的成分,并根据我国冶炼工业的特点及使用厂家对性能的要求加以改进而设计的。该钢适用于制作对变形率要求在 5% 以下、镜面要求高或表面有光刻花纹工艺要求的精密橡塑模具。

(1)化学成分(见表 6-4-5)。

表 6-4-5 25CrNi13MoAl 钢的化学成分(质量分数,%)

C	Cr	Ni	Mo	Al	Si	Mn	S,P
0.2~0.3	1.2~1.8	3.0~4.0	0.2~0.4	1.0~1.6	0.2~0.5	0.5~0.8	≤0.03

(2)物理性能。

1)相变点:$A_{c_1} = 740℃$,$A_{c_3} = 780℃$,M_s 为 290℃。

2)线膨胀系数:$\alpha_{120\sim300℃} = 1.196 \times 10^{-5}/K$。

(3)力学性能。

1)硬度。25CrNi3MoAl 钢经不同温度固溶及时效处理后的硬度分别见表 6-4-6 和表 6-4-7。

表 6-4-6 25CrNi13MoAl 钢经不同温度固溶处理后的硬度

加热温度/℃(保温 30 min)	830	920	960	1 000
硬度(HRC)	50	48.5	46.4	45.6

表 6-4-7 25CrNi13MoAl 钢时效处理后的硬度

时效温度/℃	500	520	540
硬度(HRC)	35.5~38	39~41	39~42

2)室温力学性能。25CrNi3MoAl 钢经 880℃ 固溶,680℃ 回火,540℃ 时效处理 8 h 后的力学性能见表 6-4-8。

表 6-4-8 CrNi13MoAl 钢的室温力学性能

硬度(HRC)	σ_b/MPa	σ_s/MPa	δ/(%)	ψ/(%)	a_K[1]/(J·cm^{-2})
39~42	1 260~1 350	1 170~1 200	13~16.8	55~59	45~52

注:[1]α_K 值为夏比 U 型试样冲击韧度值。

(4)工艺性能。

1)一般精密橡塑模具。淬火加热温度为 880℃,空冷或水冷淬火,淬火后硬度为 48~50HRC,再经 680℃,4~6 h 高温回火,空冷或水冷,回火后硬度为 22~23HRC,经切削加工成形。经时效处理,时效温度为 520~540℃,保温时间为 6~8 h,空冷,时效后硬度为 39~42HRC。经研磨、抛光或光刻花纹后装配使用。时效变形率大约为 0.039%。

2)高精密橡塑模具。880℃加热淬火,再经 680℃高温回火,其余工艺同 1)。在高温回火后对模具进行粗加工和半精加工,再经 650℃保温 1 h 退火消除加工后的残留内应力,然后进行精加工。此后的时效、研磨、抛光等工艺仍同 1)。经此处理后,时效变形率仅为 0.01%～0.02%。

3)对冲击韧度要求不高的橡塑模具。对退火的锻坯直接经粗加工、精加工,进行 520～540℃,6～8 h 的时效处理,再经研磨、抛光及装配使用。经此处理后,模具硬度为 40～43HRC,时效变形率小于或等于 0.05%。

4)冷挤型腔工艺的橡塑模具。模具锻坯经退火处理后,即对模具挤压面进行加工、研磨和抛光。然后对冷挤压模具型腔和模具外形进行修整,最后对模具进行真空时效处理或表面渗氮处理后再装配使用。

(5)应用情况。综上所述,25CrNi3MoAl 钢有以下特点:

1)钢中含镍量低,价格远低于马氏体时效钢,也低于超低碳中合金时效钢。

2)调质硬度为 230～250HBW,常规切削加工和电加工性能良好。时效后硬度为 38～42HBW,时效处理及渗氮处理温度范围相当,且渗氮性能好,有利于实施渗氮处理。渗氮后表层硬度达到 1 100HV 以上,而芯部硬度保持在 38～42HRC。

3)时效变形率可控制在 0.005% 左右。若在粗加工后进行一次去应力处理,则变形率可控制在 0.02% 左右。

4)镜面研磨性好,表面粗糙度 Ra 值可为 0.20～0.025 μm,表面光刻侵蚀性好,光刻花纹清晰均匀。

5)焊接修补性好,焊缝处可加工,时效后焊缝硬度和基体硬度相近。

25CrNi3MoAl 钢可用于制作普通及高精密塑料模具,经过多家工厂试用,技术经济效益非常显著。

6.4.3　易切削橡塑模具钢 8Cr2S 及 5NiSCa

6.4.3.1　8Cr2S(8Cr2MnWMoVS)钢

8Cr2S 钢属于易切削精密橡塑成形模具钢,是为适应精密橡塑模具和薄板无间隙精密冲裁模具之急需而设计的。其成分设计采用了高碳多元少量合金化原则,以硫作为易切削元素。

(1)化学成分(见表 6-4-9)。

表 6-4-9　8Cr2S 钢的化学成分(质量分数,%)

元　素	C	Si	Mn	Cr	W	Mo	V	S	P
设计含量	0.75～0.85	≤0.40	1.30～1.70	2.30～2.60	0.70～1.10	0.50～0.80	0.10～0.25	0.06～0.15	≤0.030
实际含量	0.79	0.27～0.28	1.39～1.41	2.34～2.36	0.75～0.86	0.66～0.69	0.18～0.21	0.085～0.098	0.016～0.019

(2)相变点。$A_{c_1}=770℃$,$A_{ccm}=820℃$,$A_{r_{cm}}=710℃$,$A_{r_1}=660℃$,$M_s=166℃$。

线膨胀系数 $\alpha_{120\sim300℃}=1.209\times10^{-5}/K$。

(3)力学性能。8Cr2S 钢经 860～880℃ 空淬、550～650℃ 回火后,力学性能见表 6-4-10。

表 6 - 4 - 10　8Cr2S 钢的力学性能

硬度（HRC）	σ_{bb}/MPa	σ_{ab}/MPa	f_K/mm	a_K/(J·cm^{-2})	σ_{sc}/MPa
50～39	3 000～2 570	2 080～2 170	9.2～15.5	62～72	1 860～1 520

（4）8Cr2S 钢的特点。综上所述，8Cr2S 钢的特点如下：

1）热处理工艺简便，淬透性好。空冷淬硬直径可达 100 mm 以上，空淬硬度为 61.5～62HRC，热处理变形小。当采用 860～900℃淬火，160～300℃回火时，轴向总变形率小于 0.09%，径向总变形率小于 0.15%。

2）加工性能好。退火后硬度为 207～239HBW，切削加工时可比一般工具钢缩短加工工时 1/3 以上。硬度为 40～45HRC 时，可采用高速钢或硬质合金刀具进行车、铣、刨、镗、钻等加工，相当于碳素钢调质态的硬度为 30HRC 左右的加工性能，远优于 Cr12MoV 钢退火状态硬度为 240HBW 时的加工性能。

3）镜面研磨抛光性好。采用相同的研磨加工，其表面粗糙度值比一般合金工具钢低 1～2级，最高表面粗糙度值 Ra 为 0.1 μm。

4）表面处理性能好。渗氮性能良好，一般渗氮层深可达 0.2～0.3 mm，渗硼层附着力强。

（5）应用情况。8Cr2S 预硬钢适宜于制作各种类型的塑料模具、橡胶模具、陶瓷模具以及印制板的冲孔模具。用这类钢制作的模具配合较其他合金工具钢的精密度高 1～2 个数量级，表面粗糙度值低 1～2 级，使用寿命普遍高 2～3 倍，有的高达十几倍。

6.4.3.2　5NiSCa 钢

5 NiSCa 钢属于易切削高韧性橡塑模具钢，在预硬态（35～45HRC）韧性和加工性能良好，镜面抛光性能好，表面粗糙度值低，Ra 可达 0.2～0.1μm，使用过程中表面粗糙度值保持能力强；花纹蚀刻性能好，清晰，逼真；淬透性好，可制作型腔复杂、质量要求高的橡塑模；这类钢在高硬度下（50HRC 以上）热处理变形小，韧性好，并具有较好的阻止裂纹扩展的能力。

（1）化学成分。5NiSCa 钢采用中碳加镍、多元少量合金化方案和二元硫钙复合易切削系，改善了硫化物的形态及分布，提高了钢的可加工性、韧性和多项性能。5NiSCa 钢的主要化学成分见表 6 - 4 - 11。

表 6 - 4 - 11　5NiSCa 钢的化学成分（质量分数，%）

C	Cr	Ni	Mn	Mo	V	S	Ca
0.57	0.89	1.03	1.19	0.52	0.26	0.028	0.003 6

（2）相变点。A_{c_1}＝695～735℃，A_{r_1}＝378～305℃，M_s＝220℃。

（3）工艺性能。

1）锻造：加热温度为 1 100℃，始锻温度为 1 070～1 100℃，终锻温度为 850℃，锻后砂冷。

2）球化退火。加热温度为 770℃，保温 3 h，等温温度为 660℃，保温 7 h，炉冷到 550℃出炉空冷。退火后硬度小于或等于 241HBW，可加工性良好。

3）淬火温度。加热温度为 880～900℃，小件取下限，大件取上限，油冷或 260℃硝盐分级淬火。

这类钢经不同温度淬火后的硬度及晶粒度见表 6-4-12。经 880℃淬火,不同温度回火后的硬度见表 6-4-13,淬火温度对变形的影响见表 6-4-14。

表 6-4-12　淬火温度对 5NiSCa 钢的硬度及晶粒度的影响

淬火温度/℃	840	860	880	900	920	940
淬火晶粒度/级	11	11	10～11	11～10	10～9	
淬火硬度(HRC)	60	62	63	63	63	63

表 6-4-13　5NiSCa 钢经 880C 淬火及不同温度回火后的硬度

回火温度/℃	300	500	530	560	600	630	660
回火硬度(HRC)	54	49	48	47	46	44	38

表 6-4-14　淬火温度对 5NiSCa 钢淬火变形的影响

淬火温度/℃	纵向变形		横向变形	
	变形量/mm	变形率/(%)	变形量/mm	变形率/(%)
860	+0.012	0.03	+0.014	0.038
880	+0.010	0.020	+0.014	0.038

(4)力学性能。5NiSCa 钢经 880℃和 900℃淬火后的力学性能见表 6-4-15。

表 6-4-15　5NiSCa 钢不同温度淬火及回火后的力学性能

淬火温度/℃	回火温度/℃	$\sigma_{0.2}$/MPa	σ_b/MPa	σ_{sc}/MPa	δ/(%)	ψ/(%)	a_K/(J·cm^{-2})	硬度(HRC)
	575	1 240.7	1 274.0	1 271.1	8.8	42.1	46.1	45.5
880	625	1 240.7	1 274.0	1 271.1	8.8	42.1	46.1	39
	650	1 008.4	1 045.7	1 011.4	9.0	45.3	56.8	36
	575	1 364.2	1 430.8	1 442.6	7.9	39.6	42.1	47
900	625	1 252.4	1 291.6	1 355.3	8.3	41.7	49	41.5
	650	1 061.3	1 084.9	1 110.3	10.5	47.0	66.6	37

(5)应用情况。5NiSCa 钢可用于制作型腔复杂、不同截面、型腔质量要求高的塑料注射模、胶木模、注压橡胶模、印制板冲孔模等。表 6-4-16 给出了几种典型塑料注射成形模具的使用情况。

表 6 - 4 - 16　5NiSCa 钢用于制作橡胶注射模具的使用情况

模具名称	硬度（HRC）	使用情况
大、中、小型各种收音机、收录机外壳、后盖、面板、音窗等	34～40	大批量使用，模具寿命提高 1～3 倍，模具越用越亮
插座基座模具型芯	52～54	模具寿命比原用 Cr12 钢提高 4～6 倍
录音机磁带门仓	40～42	模具型腔表面粗糙度值 Ra 达到 0.4～0.2 μm，与进口钢材基本相同，模具寿命高
洗衣机上盖注射模具	36～38	5NiSCa 钢比 40Cr 钢（硬度 28HRC）易切削加工及抛光，使用性能好
洗衣机定时器齿轮、凸轮	36～40	模具使用寿命高，未发现堆塌或裂纹

6.4.4　马氏体时效钢 06Ni6CrMoVTiAl(06 钢)

06Ni6CrMoVTiAl 钢属于低镍马氏体时效钢。这种钢的突出优点是热处理变形小，研磨后表面粗糙度值低，固溶硬度低，加工性能好，具有良好的综合力学性能以及渗氮和焊接性能。因为合金含量低，其价格比 18Ni 型马氏体时效钢低得多。

（1）化学成分。低碳马氏体时效钢的硬化机理是在马氏体基体中析出金属间化合物而产生硬化。这首先要求低含碳量，并含有时效硬化元素，以提高钢的时效硬度。06 钢的化学成分见表 6 - 4 - 17。

表 6 - 4 - 17　06 钢的化学成分（质量分数，%）

C	Ni	Cr	Mo	Ti	Al	V	Mn	Si	P，S
0.06	5.5～6.5	1.3～1.6	0.9～1.2	0.9～1.3	0.6～0.9	0.08～0.16	≤0.5	≤0.6	≤0.03

（2）物理性能。

1）相变点：$A_{c_1}=705℃$，$A_{c_3}=836℃$，$A_{r_1}=425℃$，$A_{r_3}=525℃$，$M_s=512℃$，$M_f=395℃$。

2）线膨胀系数：$\alpha_{120\sim300℃}=1.14\times10^{-5}/K$，这类钢线胀系数低于 45 钢，40Cr，T10A，Cr2，Cr12MoV 等钢，接近于 18Ni 马氏体时效钢。

（3）工艺性能。

1）锻造：始锻温度为 1 100～1 150℃，终锻温度大于或等于 850℃，锻后空冷。

2）软化退火：可采用 680℃ 高温回火处理达到软化目的。

3）固溶处理：固溶是时效硬化钢必要的工序，通过固溶既可达到软化目的，又可以保证钢材在最终时效时具有硬化效应。固溶处理可以利用锻轧后快速冷却实现，也可以把钢材加热到固溶温度之后采用油冷或空冷实现。

固溶处理后，采用不同的冷却方式，对固溶及时效硬度影响很大。例如，820℃ 固溶后，空冷硬度为 26～28HRC，油冷硬度为 24～25HRC，水冷硬度为 22～23HRC。固溶后冷速越快，硬度越低，但时效后硬度值却更高。

06 钢的时效硬度比 18Ni 型高合金马氏体时效钢固溶硬度（28～32HRC）低，故可加工性优于马氏体时效钢。

推荐的固溶处理工艺:固溶温度 800～880℃,保温 1～2 h,油冷。

4)时效处理:推荐的时效工艺为时效温度 500～540℃,时效时间 4～8 h,时效处理后的组织为板条状马氏体加析出的强化相 Ni3Al,Ni3Tl,TiC 和 TiN,硬度为 42～45HRC。

5)热处理变形量:将锻造和经 850℃固溶处理 1 h 的钢材,加工成 ϕ3.5 mm×50 mm 的试样,再在不同温度时效测量变形量,测得的变形量列于表 6－4－18 中。对实际模具测试表明,纵向和横向变形量相当。

表 6－4－18　06 钢热处理变形量

固溶处理工艺	时效处理工艺	时效变形量(收缩)	
		绝对值/mm	相对值/(%)
850℃固溶 1 h 空冷	500℃时效 8 h	$14.9×10^{-3}$	0.03
850℃固溶 1 h 空冷	540℃时效 8 h	$5.0×10^{-3}$	0.01
锻造状态	500℃时效 8 h	$11.6×10^{-3}$	0.023

(4)力学性能。不同温度下 06 钢的力学性能见表 6－4－19。由表 6－4－19 可见,随着试验温度的增加,虽然钢的强度有所下降,但塑性和韧性都迅速增加。在使用温度状态下,钢的韧性有较大增加。

表 6－4－19　06 钢室温和高温力学性能

试验温度/℃	σ_b/MPa	$\sigma_{0.2}$/MPa	δ/(%)	ψ/(%)	a_K/(J·cm^{-2})
室温	1 478	1422	9.3	37.2	3.4
100					1 503
200	1 292	1 262	11.2	54.2	36.8
300	1 238	1 197	10.5	53.3	41.7
400	1 153	1 128	13.7	56.5	51.9

(5)应用情况。06 钢已分别应用在化工、仪表、轻工、电器、航空航天和国防工业部门,用于制作磁带盒、照相机、电传打字机等塑料零件的模具和橡胶模具,均收到了很好的效果。

由这类钢制作的录音机磁带盒塑料模具寿命可达 200 万次以上,压制的产品质量可与进口模具压制的产品相媲美;制作收录机磁带盒模具,其平均寿命达 110 万次以上。对于橡胶模具来说也是一样,虽然模具的一次性投入高,但百万余次的使用寿命却是最好的回报。

6.4.5　PMS 镜面橡塑模具钢

国外通常选用表面粗糙度值低、光亮度高、变形小、精度高的 PMS 镜面橡塑模具钢制造光学塑料镜片、透明塑料件以及外观光洁、光亮、质量高的各种热塑性塑料壳体件成形模具。

镜面性能优异的塑模具钢,除了要求具有一定强度、硬度外,还要求冷热加工性能好,热处理变形小,特别是还要求钢的纯净度高,钢中有害残留气体和非金属夹杂物少,以防在镜面加工后出现针孔、橘皮、斑纹及锈蚀等缺陷。

PMS镜面橡塑模具钢是一种新型的析出硬化型橡塑模具钢。热处理后为贝氏体和马氏体混合组织,具有良好的冷热加工性能和综合力学性能,热处理工艺简便,变形小,淬透性高,适于进行表面强化处理,在软化状态可进行模具型腔的挤压成形。

(1)化学成分。PMS钢的化学成分见表6-4-20。碳的质量分数控制在0.2%以下,是为了获得贝氏体与马氏体的双相组织,而且保证钢的热加工性能及热处理后的韧性。Ni,Al的加入是为了在回火时效过程中析出金属间化合物,保证沉淀硬化后钢的硬度(40HRC左右)。

表6-4-20　PMS钢的化学成分(质量分数,%)

C	Si	Mn	Ni	Cu	Al	Mo	P,S
0.06~0.16	≤0.35	1.4~1.7	2.8~3.4	0.8~1.2	0.7~1.1	0.2~0.5	≤0.01

(2)物理性能。

1)相变点:$A_{c_1}=675℃$,$A_{c_3}=821℃$,$A_{r_3}=517℃$,$A_{r_1}=382℃$,$M_s=270℃$。

2)线膨胀系数:$\alpha_{114\sim300℃}=1.26\times10^{-5}/K$。

(3)工艺性能。

1)锻造。PMS钢有良好的锻造性能,锻造始锻温度为1 120~1 160℃,终锻温度大于或等于850℃,锻后空冷或砂冷。

2)固溶处理。固溶处理的目的是使合金元素在基体内充分溶解,使固溶体均匀化,并达到软化,便于切削加工。固溶处理后的基体组织为贝氏体和低碳板条马氏体双相混合组织,马氏体束内有高密度位错,条间有残留奥氏体。经840~850℃加热3 h固溶处理,空冷后的硬度为28~30HRC。

3)时效处理。钢的最终使用性能是通过回火时效处理而获得的,钢出现硬化峰值的温度约为510℃±10℃,时效后硬度为40~42HRC。

4)变形率。PMS钢的变形率很小,收缩量小于0.05%,总径向变形率$\Delta D/D$为−0.11%~0.041%,轴向变形率$\Delta L/L$:−0.021%~0.026%,接近马氏体时效钢。

(4)力学性能。PMS钢中w_S为0.04%~0.15%的含硫钢及$w_S\le0.01\%$的低含硫钢,经840~850℃加热、保温、空冷固溶处理,再经510℃及530℃时效处理后的力学性能见表6-4-21。

表6-4-21　PMS钢在不同温度时效后的力学性能

钢　种	时效温度/℃	硬度(HRC)	σ_b/MPa	σ_s/MPa	δ_4/(%)	ψ/(%)	a_K/(J·cm^{-2})
PMS钢 (低S)	510	42.5	1 303.5	1 169.1	16	49.2	14.7~17.1
	530	41.4	1 292.7	1 194.6	15	52.7	20.6
PMS钢 (低S)	510	42.7	1 331.9	1 264.5	14.7	47.8	21.6
	530	41.8	1 252.5	1 191.7	14.6	55.7	21.6

(5)应用情况。PMS镜面塑料模具钢适于制造各种光学塑料镜片的高镜面、高透明度的

注塑模具以及外观质量要求极高的光洁、光亮的各种家用电器塑料模具和橡胶成形模具。

例如,电话机壳体模具。用这类钢制造的模具生产的电话机塑料壳体制品外观质量可达到国外同类产品的先进水平,模具使用寿命也明显提高。如原用 45 钢制造的模具,使用寿命为 35 万模次,而用 PMS 钢制造的塑料模,使用寿命可达 60 万～80 万模次。

又如,大型双卡收录机注塑模具。使用这类钢模具制造的生产的机壳外观质量高,模具制造质量及生产的零件质量均超过图样设计技术要求。如原用 45 钢制造注射模具,模具寿命为 15 万模次,而用 PMS 钢制造的注射模,使用寿命达 40 万模次。

PMS 钢是含铝钢,其渗氮性能好,时效温度与渗氮温度相近。因而,可以在渗氮处理的同时进行时效处理。渗氮后模具表面硬度、耐磨性、抗咬合性能均可提高,可用于制造注射玻璃纤维增强塑料的精密成形模具。

PMS 钢还具有良好的焊接性能,可对损坏的模具进行补焊修复。

PMS 钢还适于高精度型腔的冷挤压成形。

6.4.6　调质时效型橡塑模具钢 Y55CrNiMnMoV(SM1)及 Y20CrNi3AlMnMo(SM2)

SM1 及 SM2 分别属于易切削调质钢及时效型预硬化橡塑模具钢。它们的易切削效果明显,性能稳定,综合性能明显优于 45 钢。

(1)化学成分(见表 6－4－22)。

表 6－4－22　SM1 钢及 SM2 钢的化学成分(质量分数,%)

牌号	C	Mn	S	P	Cr	Ni	Mo	V	Al	Si
SM1	0.50～0.60	0.80～1.20	0.080～0.150	<0.030	0.80～1.20	1.00～1.50	0.20～0.50	0.10～0.30		<0.40
SM2	0.17～0.23	0.80～1.20	0.080～0.150	<0.030	0.80～1.20	3.00～3.50	0.20～0.50		1.00～1.50	<0.40

(2)物理性能。

1)临界点。SM1 钢:$A_{c_1}=712℃$,$A_{c_3}=772℃$,$M_s=290℃$。SM2 钢:$A_{c_1}=710℃$,$A_{c_3}=795℃$,$M_s=405℃$。

2)线膨胀系数。SM1 钢:$\alpha_{120\sim300℃}=1.39\times10^{-5}/K$;SM2 钢:$\alpha_{120\sim300℃}=1.33\times10^{-5}/K$。

(3)工艺性能。

1)锻造及软化处理。

1)锻造:这两种钢锻造性能良好,锻造无特殊要求。

2)软化处理:SM1 钢 800℃ 加热,保温 3 h,680℃ 等温加热 5 h,硬度小于或等于 235HBW;SM2 钢 870～930℃ 加热,油冷,680～700℃ 高温回火 2 h,油冷,硬度小于或等于 30HRC。

2)热处理工艺。SM1 钢 800～860℃ 加热,油淬,600～650℃ 回火;SM2 钢 870～930℃ 加热,油淬,680～700℃ 回火,油冷,500～560℃ 时效。

(4)力学性能。经上述处理后,SM1 钢及 SM2 钢的力学性能见表 6－4－23。

(5)应用情况。用 SM1 钢及 SM2 钢制作模具简便易行,性能优越稳定,使用寿命长。经电子、仪表、家电、玩具、日用五金等行业推广应用,效果显著。其中,部分模具的应用效果见表 6－4－24。

表 6 - 4 - 23　SM1 钢及 SM2 钢的力学性能

钢种	σ_b/MPa	$\sigma_{0.2}$/MPa	δ_5/(%)	ψ/(%)	a_K/(J·cm^{-2})	硬度(HRC)
SM1	1 176	980	15	45	44	35
SM2	1 176	980	15	45	54	35

表 6 - 4 - 24　部分模具的应用效果

模具名称	原用材料	使用寿命	现用材料	使用寿命
ZJ1400 型透明罩模具	CrWMn,45	10 万模次报废	SM2	50 万模次以上,尚未修模
量角器、三角尺模具	38CrMoAl	5 万模次报废	SM1	30 万模次以上,尚完好无损
长命牌牙刷模具	45	43 万支修模	SM1	259 万支,开始修模
纱管模具	CrWMn,45	10 万模次报废	SM1	40 万模次,开始修模
JG304G 型照相机模具	45	5 万模次报废	SM2	25 万模次以上,开始修模
出口玩具模具	瑞典进口 718,8407		SM1 SM2	满足出口要求
出口向阳牌保温瓶模具	45	5 万模次	SM1 SM2	30 万模次,满足出口要求
出口香港环球公司模具	指定用预硬钢		SM1 SM2	满足出口要求
线路板冲模具	CrWMn		SM1	满意

6.4.7　耐蚀橡塑模具钢 0Cr16Ni4Cu3Nb(PCR)

0Cr16Ni4Cu3Nb(PCR)钢属于析出硬化不锈钢,淬火后获得单一的板条马氏体组织,硬度为 32～35HRC 时可进行加工。再经 460～480℃时效处理后,可获得较好的综合力学性能。

（1）化学成分(见表 6 - 4 - 25)。

（2）力学性能(见表 6 - 4 - 26)。

表 6 - 4 - 25　PCR 钢的化学成分(质量分数,%)

C	Mn	Si	Cr	Ni	Cu	Nb	S,P	其他
≤0.07	<1.0	<1.0	15～17	3～5	2.5～3.5	0.2～0.4	≤0.03	添加特殊元素

表 6 - 4 - 26　PCR 钢时效处理后的力学性能

热处理规程	σ_b/MPa	σ_s/MPa	σ_{sc}/MPa	δ_5(%)	ψ(%)	$a_K^{①}$/(J·cm^{-2})	硬度(HRC)
950℃固溶 460℃时效	1 324	1 211		13	55	50	42
1 000℃固溶 460℃时效	1 334	1 261		13	55	50	43

续表

热处理规程	σ_b/MPa	σ_s/MPa	σ_{sc}/MPa	δ_5(%)	ψ(%)	$a_K^{①}$/(J·cm^{-2})	硬度(HRC)
1 050℃固溶 460℃时效	1 355	1 273	1 442	13	56	47	43
1 100℃固溶 460℃时效	1 391	1 298		15	45	41	45
1 150℃固溶 460℃时效	1 428	1 324		14	38	28	46

注:①C 型缺口冲击试样,$R=12.7$ mm。

(3)工艺性能。

1)锻造:加热温度为 1 180～1 200℃,始锻温度为 1 100～1 150℃,终锻温度大于或等于 1 000℃空冷或砂冷。

钢中含有元素铜,其压力加工性能与含铜量有很大关系。当铜的质量分数小于 4.5% 时,锻造易出现开裂;当 $w_{Cu}\leqslant 3.5\%$ 时,其压力加工性能有很大改善。锻造时应充分热透,锻打时要轻锤快打,变形量小。然后可重锤,加大锻造变形量。

2)固溶处理:固溶温度为 1 050℃,空冷,硬度为 32～35HRC,基体组织为低碳马氏体,在此硬度下可以进行加工。

3)时效处理:在 420～480℃时效,其强度和硬度可以达到最高值,但在 440℃时冲击韧度最低。因此,推荐时效温度为 460℃,时效后硬度为 42～44HRC。

4)淬透性及淬火变形:PCR 钢淬透性好,在 ϕ100 mm 断面上硬度分布均匀。回火时效后总变形率:径向 $\Delta D/D_0=0.04\%\sim 0.05\%$,轴向 $\Delta L/L_0=0.037\%\sim 0.04\%$。

(4)应用情况。PCR 钢适于制作含有氟、氯等塑料树脂和橡胶的成形模具,具有良好的耐蚀性。

具体应用:用于氟塑料或聚氯乙烯树脂成形模、氟塑料微波板、塑料门窗、各种车辆把套、氟氯塑料挤出机螺杆、料筒以及添加阻燃剂的塑料树脂成形模,可作为 17-4PH 钢的代用材料。

例如,聚三氟氯乙烯阀门盖模具,原用 45 钢或镀铬处理模具,使用寿命为 1 000～4 000 件;改用 PCR 钢模具,当使用 6 000 件时仍与新模具一样,未发现任何锈蚀或磨损,模具寿命可达 10 000～12 000 件。

又如,四氟塑料微波板,原用 45 钢或表面镀铬模具,使用寿命仅 2～3 模次;改用 PCR 钢模具,使用 300 模次,未发现任何锈蚀或磨损,表面光亮如镜。

6.4.8　橡塑模具常用材料汇总简表

随着生产技术的发展,橡塑模具用钢已经不再局限于过去传统的几种材料,常用的橡塑模具材料的特性与用途见表 6-4-27。

表 6-4-27　常用的橡塑模具材料的特性与用途

类　别	钢　号	特性与用途
渗碳型	20	20 钢属于低碳结构钢,强度较低,但其韧性、塑性及焊接性能较好,主要用来制作手柄及手柄套筒。20 钢经过渗碳、淬火和回火处理,外表层硬度高又耐磨,而心部韧性良好,可通过这种工艺可以制作模具的型芯、芯轴等
	20Cr	20Cr 钢是我国目前产量较大的几种合金结构钢之一,用途非常广泛。它比 20 钢有较好的淬透性、中等的强度和韧性,该钢经过渗碳处理后,具有很高的硬度、耐磨性和较好的抗腐蚀性,用途同 20 钢
淬硬型	45	45 钢具有较高的强度和较好的切削加工性能,经过适当的热处理后,可以获得一定的韧性、塑性和耐磨性,材料来源广泛。经过调质处理以后,可用来制作橡胶模具的大部分构件
	40Cr	40Cr 钢的抗拉强度与屈服强度比相应的碳素结构钢要高 20%,并具有良好的淬透性、切削加工性能和电蚀加工性能。用来制造橡胶模具的型腔,再经过渗碳或碳氮共渗处理后,可以进一步提高其耐磨性和抗腐蚀性能
	5CrNiMnMoVSCa (5NiSCa)	5NiSCa 钢经特殊冶炼,改善了硫化物的形态与分布以及钢的各向异性,能够保证在大截面中硫化物的分布仍比较均匀。具有较高的淬透性,高韧性,易切削加工,在预硬态(42HRC)下仍然具有良好的切削加工性能,而且还具有良好的镜面抛光性能,抛光后的表面粗糙度值 Ra 可以达到 0.040 μm。此外,还具有良好的补焊性能。此钢适于制作型腔结构复杂的橡胶模具,特别是橡胶注射模具、压注模具以及要求变形极小的大型橡胶成形模具
预硬型	3Cr2Mo	3Cr2Mo 钢是由美国 AISI 的 P20 转化而来的预硬型塑料模具钢,并已纳入国际(GB/T 1299 — 2000),可在 29.5～35HRC 硬度状态下供应,有良好的切削加工性、极好的抛光性能,是世界各国应用较广泛的一种塑料模具钢。在生产实践中,该钢用于橡胶模具的制造取得了良好的技术效果,特别是橡胶注射模具和压注模具更是如此
	3Cr2MnNiMo	3Cr2MnNiMo 钢是在 P20 钢的基础上研制的新钢种,既具有高的强韧度,又具有良好的切削加工性能和研磨抛光性能(可以抛光到 Ra 为 0.020 μm),可在预硬状态(30～35HRC)下进行切削加工。适用于型腔结构复杂且要求镜面抛光的橡胶模具
	8Cr2MnWMoVS (8Cr2S)	8Cr2S 钢易于切削加工,预硬状态(40～42HRC)下其切削加工性能相当于 T10A 退火状态(200HBW)的切削加工性能。该钢的综合力学性能良好,耐磨性好,镜面抛光性能也好,可以研磨抛光到 Ra 为 0.025 μm,光刻侵蚀性能良好。适于制造各类橡胶的成形零件,技术效果良好

续 表

类　别	钢　号	特性与用途
耐蚀型	20Cr13	20Cr13 钢是马氏体型不锈钢,具有良好的韧性和冷变形性,硬度比 12Cr13 钢稍高,耐蚀性则略低于 12Cr13 钢。焊后硬化倾向较大,易产生裂纹。可用于制造具有一定耐蚀性橡胶模具的型芯、芯棒、芯轴等
	40Cr13	40Cr13 钢也属于马氏体型不锈钢,比 20Cr13 钢具有更高的强度和硬度,淬透性好,耐蚀性不如 20Cr13 钢,焊接性能差。适于制造具有一定强度且耐蚀性的橡胶模具
	1Cr18Ni9Ti	1Cr18Ni9Ti 钢属于奥氏体型不锈钢,具有良好的耐酸性介质的腐蚀能力和良好的抗氧化能力。适于制作含有腐蚀性添加剂的橡胶制品的成形模。选用时,一定要注意到该钢的强度较低,用于制作可能承受较大压力的模具时要慎重
时效硬化型	25CrNi3MoAl	25CrNi3MoAl 钢是我国研制的一种低镍时效钢,经过 880℃淬火和 680～700℃高温回火后,其硬度在 20～25HRC,可进行切削加工成形,然后再经过 520～540℃时效,硬度可达 38～42HRC,经时效处理析出与基体共格的有序金属间化合物 NiAl 而得到强化。适于制作尺寸精度要求比较高的橡胶模具
	10CrNi3MnCuAl (PMS)	PMS 钢是一种高级镜面 Ni－Cu－Al 析出硬化型橡胶模具钢,采用电弧炉加电渣重熔法炼制,材质纯净,有很高的抛光性能,抛光后表面粗糙度值 Ra 可达 0.050～0.012 μm,并有很好的花纹图案蚀刻性能,以及良好的冷热加工性能和综合力学性能,时效后硬度可达 38～45HRC,变形率在 0.05% 以下。适于制作制品零件表面要求非常光亮的橡胶模具
	Y55CrNiMnMoV (SM1)	这两种钢都是在 P20 钢基础改进研制的新型塑料模具用钢,非常适于各类橡塑模具的制造。这两种钢均属硫(S)系易切削模具钢,可在预硬状态下交货。在 35～40HRC,a_K=50～80 J/cm^2,σ_b≥1 200 MPa 条件下,仍有较好的切削加工性能、抛光性能,表面粗糙度值 Ra 可达到 0.1 μm 以下。多用于制作带有装饰性橡胶制品的模具
	Y20CrNi3AlMnMo (SM2)	

第7章 橡胶模具设计计算实例

7.1 橡胶弯管压胶模

某设备所用橡胶弯管的结构形状及尺寸如图7-1-1所示,要求设计其成形模具。

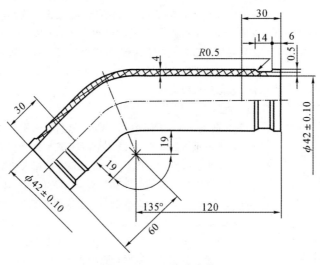

图7-1-1 橡胶弯管

该制品零件的使用条件和生产情况如下:

工作温度:50～65℃;

工作压力:0.2～0.3 MPa;

接触介质:热空气;

使用橡胶:丁苯橡胶3309;

生产批量:小批量。

7.1.1 制品零件的工艺分析

该制品零件的结构比较简单,但是它的成形模具的设计、制造,以及使用操作中的脱模取件(指剥离制品零件于芯轴),却是比较困难的。

该制品零件成形模具设计比较困难,因为橡胶弯管的形状与结构给模具设计和制造的工艺性带来了潜在的难度,例如,模具的型腔和芯轴如何加工,如何保证模具的型腔和成形芯轴能够达到制品零件所要求的形状、结构与尺寸。作为模具设计人员必须想方设法使设计方案实现,并最终生产出符合要求的制品零件。

7.1.2　模具结构的设计

橡胶弯管成形压胶模的设计结构如图 7-1-2 所示。

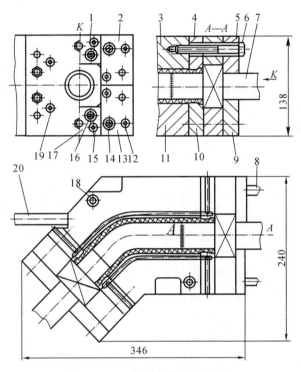

图 7-1-2　橡胶弯管压胶模结构

1—上中定位块;2—上侧定位块;3—上模体;4—上镶块;5—上挡板;

6—螺钉;7—芯轴组件;8—手柄;9—下挡板;10—下镶块;11—下模体;

12,15,19—圆柱销;13—下侧定位块;14,16—沉头螺钉;17—下中定位块;18—定位销;

20—手把;21—活芯轴;22—内堵块;23—主芯轴;24—固定芯轴(件21～件24见图7-1-3)

该模具的结构设计特点如下:

(1)芯轴组件在模具中的定位结构不是传统的圆柱体配合形式的定位结构,而是正方体定位结构。采用这种定位结构,其目的是防止芯轴的转动。因为在该模具使用过程中,芯轴一旦发生转动,就会影响制品零件拐弯处的壁厚均匀性。

(2)正方形定位结构的采用,使模具上模组件和下模组件在定位配合处,由 6 个定位块(即上中定位块、下中定位块及两个上侧定位块和两个下侧定位块)组成的一个包容式的定位组件,可对正方形芯轴端部定位。

当然,上模组件和下模组件在定位配合处,也可以使用两块凹形定位结构零件来实现其对正方形芯轴端部的定位。但是,凹形定位块的加工工艺性要差一些,而 6 块式结构中的上中定位块和下中定位块,在加工中可以与芯轴上的定位正方形一起磨削,达到设计尺寸与公差的要求。

（3）模具两端的上、下挡板，与芯轴组件相应部位为大间隙配合，该部位在径向不起定位作用。

（4）型腔两端的上镶块和下镶块，其作用是成形制品零件两端 0.5 mm×14 mm 的环形槽。同时，它也使型腔两端的结构由台阶式变为直通式。这样的设计方案有利于模具型腔的加工（车削、研磨和抛光）。

（5）对于模具的持拿、挪动、搬移操作等要素，其右边为手柄，其左边为手把。这是根据模具外形的结构形状来设计的。

（6）芯轴组件的结构设计如图 7-1-3 所示。芯轴组件由 4 个零件所构成。

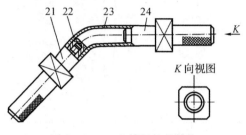

图 7-1-3　芯轴组件的结构
21—活芯轴；22—内堵块；23—主芯轴；24—固定芯轴

从图 7-1-3 可见，芯轴的主体是由主芯轴（管形结构）23、内堵块 22 和固定芯轴 24 焊接在一起的，用以制品零件弯曲拐弯处和右边长端的成形。内堵块和固定芯轴分别从两端封堵管形结构的主芯轴，为胀形脱模奠定了基础。

活芯轴由其端部的螺纹结构与内堵块相连接，其环形端面的接触面必须达到可以密封胶料的设计要求，进而避免胶料受到挤压后流入螺纹连接机构中去。

设计要求当活芯轴拧紧后处于工作状态时，芯轴组件两端的正方形定位机构与弯曲成形部分的轴线要处于一个正确的水平位置上。

芯轴组件与模具两端的正方形定位机构的配合公差，在两个方向上均为 H7/h6。如果定位配合部位的间隙过大，将会使芯轴组件弯曲拐弯处在工作时失去正确的水平位置，从而导致制品零件在此处出现壁厚不均匀的质量问题。

（7）启模后，将芯轴组件连同制品零件一起，移出模具型腔，然后拧下活芯轴，在制品零件的开口端安装插入气动脱模的吹气筒，利用气动装置胀形取件。

7.1.3　模具型腔的尺寸计算

根据该制品零件的用途和使用功能，在判断其尺寸属性时，将橡胶弯管的所有尺寸都视为固定尺寸。

如图 7-1-1 所示，该制品零件的尺寸，除了内径 $\phi42$ mm±0.10 mm 外，其他尺寸都没有标注制造公差。一般来说，在进行模具型腔相关尺寸的设计计算之前，都要先按照表 4-3-1 中 M2 级精度的固定尺寸所规定的数值，给制品零件各个相关尺寸标注制造公差。

确定的橡胶弯管部分尺寸制造公差如图 7-1-4（a）所示。

查表 5-7-2 可知，该制品零件所用橡胶（丁苯橡胶 3309）的硫化收缩率为 1.5%～1.8%。在进行型腔相关尺寸的设计计算时，取其中间值，故为 $S_{cp}=1.65\%$。

应用式（5-7-2）对模具型腔各个相关尺寸进行设计计算。

从图 7-1-4（a）可见，该制品零件除了 $\phi42$ mm±0.10 mm 外，其余各个相关尺寸公差值的分布范围都是横跨（＋）（－）两个区间，而且均为对称分布。因此，在应用式（5-7-2）进行计算时，$\Delta/2$ 取值为零。

下面将对模具型腔各个相关尺寸进行设计计算。

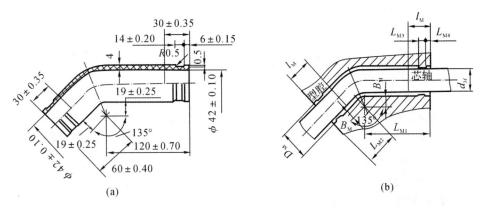

图 7 - 1 - 4　型腔相关尺寸计算示意图

(a)制品零件尺寸及其公差；　(b)模具型腔相关尺寸

7.1.3.1　型腔各相关尺寸的设计计算

$$D_M = \left[(1+S_{ep})D_Z \pm \frac{\Delta}{2}\right] \pm \delta$$

$$= [(1+1.65\%) \times 50 \pm 0]\text{mm} \pm \delta \text{ (mm)} = 50.83 \text{ mm} \pm \delta \text{ (mm)}$$

$$L_{M1} = \left[(1+S_{ep})L_{Z1} \pm \frac{\Delta}{2}\right] \pm \delta$$

$$= [(1+1.65\%) \times 120 \pm 0]\text{mm} \pm \delta \text{ (mm)} = 121.98 \text{ mm} \pm \delta \text{ (mm)}$$

$$L_{M2} = \left[(1+S_{ep})L_{Z2} \pm \frac{\Delta}{2}\right] \pm \delta$$

$$= [(1+1.65\%) \times 60 \pm 0]\text{mm} \pm \delta \text{ (mm)} = 60.99 \text{ mm} \pm \delta \text{ (mm)}$$

$$L_{M3} = \left[(1+S_{ep})L_{Z3} \pm \frac{\Delta}{2}\right] \pm \delta$$

$$= [(1+1.65\%) \times 14 \pm 0]\text{mm} \pm \delta \text{ (mm)} = 14.23 \text{ mm} \pm \delta \text{ (mm)}$$

$$L_{M4} = \left[(1+S_{ep})L_{Z4} \pm \frac{\Delta}{2}\right] \pm \delta$$

$$= [(1+1.65\%) \times 6 \pm 0]\text{mm} \pm \delta \text{ (mm)} = 6.1 \text{ mm} \pm \delta \text{ (mm)}$$

$$B_M = \left[(1+S_{ep})B_Z \pm \frac{\Delta}{2}\right] \pm \delta$$

$$= [(1+1.65\%) \times 19 \pm 0]\text{mm} \pm \delta \text{ (mm)} = 19.31 \text{ mm} \pm \delta \text{ (mm)}$$

以下介绍如何确定上述各计算尺寸的制造公差($\pm\delta$)。

分析型腔加工的工艺。对于该模具型腔的加工,因其型腔为非直通式结构而使加工工艺比较复杂。

拐弯处圆弧过渡变化范围之外的两端为直通式结构的一部分,可以采用车削加工。而拐弯处可先进行粗车加工,留有加工余量,再进行电火花加工,最后由模具钳工进行修研和抛光来达到设计要求。

关于电火花加工的电极形状尺寸设计在此不做讨论。

从型腔的加工工艺来看,其加工精度主要以车削加工为基础,电火花加工主要成形拐弯处的形状,并将两边直筒式孔形连接起来。所以,该型腔相关尺寸制造公差($\pm\delta$)的确定,可以直接按照加工工艺方法和 GB/T 1800.1 — 2009 标准公差数值的规定来进行。

查表 5-8-5 可知,车削加工的公差等级在 IT9～IT7 级。当进行模具型腔尺寸制造公差($\pm\delta$)的选取和确定时,可按照 IT8 级来处理。

再查本书附录 C 标准公差数值(GB/T 1800.1 — 2009)可知,加工尺寸范围为 50～80 mm,IT8 级的标准公差数值为 46 μm,即 0.046 mm;加工尺寸范围为 120～180 mm,IT8 级的标准公差数值为 63 μm,即 0.063 mm;加工尺寸范围为 10～18 mm,IT8 级的标准公差数值为 27 μm,即 0.027 mm;加工尺寸范围为 6～10 mm,IT8 级的标准公差数值为 22 μm,即 0.022 mm;加工尺寸范围为 18～30 mm,IT8 级的标准公差数值为 33 μm,即 0.033 mm。

于是,模具型腔部分相关设计计算尺寸及其公差可以分别标注为:$D_M = 50.83$ mm$\pm$0.046 mm。$L_{M1} = 121.98$ mm$\pm$0.063 mm。$L_{M2} = 60.99$ mm$\pm$0.046 mm。$L_{M3} = 14.23$ mm$\pm$0.027 mm。$L_{M4} = 6.1$ mm$\pm$0.022 mm。$B_M = 19.31$ mm$\pm$0.033 mm。

7.1.3.2　芯轴组件各相关尺寸的设计计算

$$d_M = \left[(1+S_{cp})d_z \pm \frac{\Delta}{2}\right] \pm \delta$$
$$= [(1+1.65\%)\times 42 \pm 0] \text{mm} \pm \delta \text{ (mm)} = 42.69 \text{ mm} \pm \delta \text{ (mm)}$$
$$l_M = \left[(1+S_{cp})l_z \pm \frac{\Delta}{2}\right] \pm \delta$$
$$= [(1+1.65\%)\times 30 \pm 0] \text{mm} \pm \delta \text{ (mm)} = 30.50 \text{ mm} \pm \delta \text{ (mm)}$$

上述各计算尺寸制造公差($\pm\delta$)的确定方法如下:

芯轴组件的设计计算尺寸 d_M 和 l_M,可直接应用模具型腔尺寸制造公差的设计原则(模具型腔相关尺寸制造公差的数值为其制品零件相应尺寸公差数值的 1/5～1/3)确定。

在此,按照制品零件尺寸公差的 1/5 来确定上述设计计算尺寸 d_M 和 l_M 的 $\pm\delta$ 值。其结果:$d_M = \phi42.69$ mm$\pm$0.02 mm,$l_M = 30.50$ mm$\pm$0.07 mm。对 d_M 尺寸及其公差调整为 $d_M = \phi42.70_{-0.03}^{0}$ mm。

7.1.4　模具零件的设计

该模具零件设计的要点已在第 7.1.2 节模具结构的设计中介绍过,模具设计的关键是芯轴组件的设计结构及其两端的正方形定位机构。如果遇到这类模具的设计,则可参照进行设计。

对于模具零件,除芯轴组件中主芯轴 23 选用无缝钢管(弯曲成形)外,其余零件均选用 45 钢。

芯轴组件的表面粗糙度值 Ra 应为 0.10 μm,以利于脱模取件。该制品零件的外表面因安装在易见之处,要求其光泽度要高,所以模具型腔的表面粗糙度值 Ra 应该达到 0.20～0.10 μm,这样才能达到制品零件表面的质量要求。

各个零件以及各个结构要素的表面粗糙度值的设计选择,可按照表 5-9-1 进行设计。

该模具的启模口,可以设计布局在下模组件分型面上两定位销的附近,也可以以对开的结构形式设计布局在上模组件和下模组件分型面上两定位销的附近。

余胶槽的结构形式如图 7-1-2 所示。余胶槽的尺寸参数可按照第 5 章第 5.4.1 节中的相关内容进行设计。

该模具由于外形结构特殊,不会发生翻转倒装等误操作,所以其上、下模组件之间的定位销可以设计成尺寸大小一致的定位销。

在制作芯轴组件时,无缝钢管的壁厚不要选择得太薄(壁厚太薄,则弯曲成形困难,形状很难达到设计要求),壁厚大一些有利于弯曲成形;也可以选择直径稍微大一些的无缝钢管,以车削加工成直径合适的钢管,再进行弯曲加工。

7.2　环形皮囊压胶模

一超声波探测仪器中所使用的环形橡胶皮囊的结构形状与尺寸如图 7-2-1 所示要求设计其成形模具。使用条件和生产情况如下:

工作温度:常温;

工作压力:0.15 MPa;

接触介质:水;

使用胶料:1154;

生产批量:小批量。

7.2.1　制品零件的工艺分析

该制品零件的结构形状比较复杂,内、外形均呈现对称状的"S"形,中间呈现"X"状中空环状体。

该制品零件是超声波探伤仪器的探头架上的一个重要零件。工作时,其外环有金属环箍护着,内环有一金属片支撑。皮囊体受 0.10～0.15 MPa 的压力,囊体浸于水中。

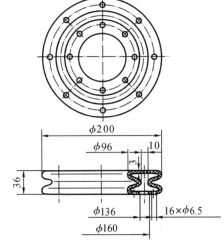

圈 7-2-1　环形皮囊

环形皮囊所用的橡胶为硬度低、弹性好的天然橡胶。虽然形状结构复杂,但制品为纯胶薄壁,这使其在成形之后的脱模取件较为容易。

从该制品零件的形状结构来看,其成形模具无法采用填压式结构。因为分型面无论如何选择与布局,其内、外成形零件在径向和轴向都无法进行相对移动。此时,只可选择压注式模具结构来解决这一问题。

压注式模具的最大优点是,在压注胶料进入模具型腔之前,可以保证构成形腔的各个相关零件的定位面正确吻合与定位,各个分型面的相对位置都能够处于正确的位置,并且非常稳定。采用压注式模具结构,可以有效地解决型腔内气体的排放问题,同时又能够提高制品零件的致密度。

7.2.2　模具结构的设计

由于该制品零件的形状结构比较复杂,所以成形模具的结构相应地也比较复杂。设计时,仍然是以制品零件的截面图形为中心,进行分型面的选择和布局,从分型面扩展到构成模具型腔的几个零件的相互位置和空间定位关系,再完善模具的总体结构。

像这样复杂制品零件的成形模具,不可能在短时间内就绘制好其结构图。其设计步骤仍然是先徒手勾画模具结构草图,反复修改,再以重线确定基本方案,最后根据草图的结构,以详尽的尺寸及比例设计、绘制正式的模具结构图。

该制品零件的成形模具结构设计如图7-2-2所示。

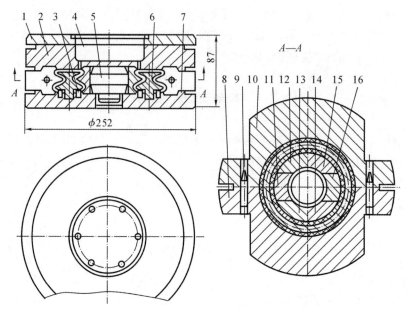

图7-2-2　环形皮囊成形模具结构

1—柱塞固定板；2—上模；3—小型芯；4—柱塞；5—分瓣型芯定位销；

6—内腔型芯；7—下模；8—中模（一）；9—定位销；10—中模（二）；11—分瓣型芯（一）；

12—分瓣型芯（六）；13—分瓣型芯（三）；14—分瓣型芯（四）；15—分瓣型芯（五）；16—分瓣型芯（二）

该模具为整体式压注模，没有独立的压注器，而是将压注器的结构要素与模具的相关零件结合在一起。图7-2-2中上模2，既是成形零件之一的上模，又具备压注器料斗的功能。这种设计方案可使得模具结构紧凑，操作也较为方便。

在上模2容料腔的底部，设计、布局了6个均布的胶料压注孔，即进料孔。进料孔为上小下大的锥孔，这种孔形有利于脱模取件。进料孔分布在制品零件内侧、邻近圆弧过渡的地方，这样设计的目的在于清除6个小胶柱时比在制品零件上面的正中间好操作。同时，进料孔趋向中心内移，可使上模的容料腔和柱塞4的直径缩小，从制造加工角度看（加之柱塞固定板与柱塞为分体镶嵌式结构），这种方案的设计工艺性好，即加工省工省时，节约原材料。

在模具结构中，分瓣型芯定位销5与下模7为大间隙配合，其间隙值可为0.20～0.30 mm，真正的有效定位是通过分瓣型芯（六瓣）与上、下模之间的短锥面定位和与定位销的配合来实现的。

对于成形制品零件内圈形状的内型芯，为了脱模取件方便，设计时化整为零，采用了分瓣结构（分为六瓣），如图7-2-3所示。

成形制品零件外围形状的中模，为模具设计中经常采用的哈夫式结构，即将中模分为两瓣［中模（一）（二）］，从正中

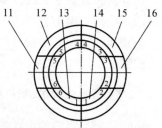

图7-2-3　内型芯结构（六瓣）

11—分瓣型芯（一）；12—分瓣型芯（六）；

13—分瓣型芯（三）；14—分瓣型芯（四）；

15—分瓣型芯（五）；16—分瓣型芯（二）

间对开,组合而成,其目的是利用这种结构来进行脱模取件。中模(一)(二)与上模、下模均为短锥面定位,并由下模、上模从外反包。这样的结构形式增强了中模组件的强度,使模具型腔的工作更加有效。

操作者必须了解模具的结构和成形原理,特别是非整体式结构的中模组件和内型芯分瓣结构,严格按照模具设计所规定合模、启模操作程序进行作业。否则将会造成制品零件难以取出和损伤模具相关零件的严重后果。

从设计意图出发,该模具在生产使用中的操作程序如下所述。

1. 合模的操作程序

(1)将两瓣中模(件号 8 和件号 10)环抱内腔型芯 6 而对合,同时放置于下模 7 中的相应短锥定位机构中和内腔型芯的环形定位槽中,使之相互吻合。

(2)再将图 7-2-3 所示的六瓣内型芯,按照从分瓣型芯(一)到分瓣型芯(六)的顺序进行逆装,即先装件 12[分瓣型芯(六)],依次为件 15[分瓣型芯(五)],件 14[分瓣型芯(四)]、件 13[分瓣型芯(三)]、件 16[分瓣型芯(二)],最后装件 11[分瓣型芯(一)]。装好后如图 7-2-3 中各分块上的标记所示。要轻拿轻装,放置于下模的短锥定位机构中,向外推移,使之基本吻合。

(3)将分瓣型芯定位销 5,轻轻地插入六瓣内型芯组合体的正中间,缓缓转动,使其相互吻合,接触良好。

(4)检查以上各个零件的安装是否到位,核对准确无误后,轻轻合上上模,慢慢地来回转动,使其上各定位短锥机构与下面相应定位机构相吻合。

(5)将称好重的胶料装入上模的容料腔中,平稳地安放柱塞组件。然后,将模具移至硫化压力机的加热板上,开始压注并硫化。

2. 启模取件的操作程序

(1)将卸压后的模具从硫化压力机平板上移至操作台上,启开柱塞组件和上模,清理上模容料腔及 6 个进料孔中和柱塞上的废胶料。

(2)从下模底面中心孔中推出分瓣型芯定位销 5,轻放于模具操作位置前方。

(3)按照顺序,取出六瓣内型芯,即先取分瓣型芯(一),最后取分瓣型芯(六),依次进行(与组装时的顺序相反),取出后依次放置在前方位置。

(4)此时,将环抱着制品零件和内腔型芯 6 的两瓣中模从下模中取下。打开中模(一)和中模(二),放置在操作台的前方。

(5)使用竹制或硬木制作的特殊工具,将内腔型芯从制品零件中剥离出来。

3. 清理污物

对上述分离后的所有零件上的污物进行清理,然后涂以隔离剂,再进入下次模压生产的操作程序。

7.2.3　模具型腔的尺寸计算

该制品零件的结构尺寸如图 7-2-1 所示。从图中可以看出,所有尺寸都没有标注制造公差。因此,在进行其模具型腔的尺寸设计计算之前,首先要按照图 4-3-1 的规定,对该制品零件各个尺寸的属性进行判断(是固定尺寸,还是封模尺寸),然后按表 4-3-1 的规定确定每个尺寸的制造公差数值。

在压注模具结构中,该制品零件的所有尺寸均为固定尺寸。

虽然该制品零件没有密封等特殊使用功能和要求,但是它的形状结构复杂,构成型腔的模具零件多,特别是内圈型芯为六瓣拼合、中模为哈夫结构、内腔型芯形状复杂且加工难度较大。所以,各个尺寸公差均按表 4-3-1 中的 M2 级精度来计算。

查表 4-3-1,确定该制品零件各个尺寸的制造公差如图 7-2-4 所示。

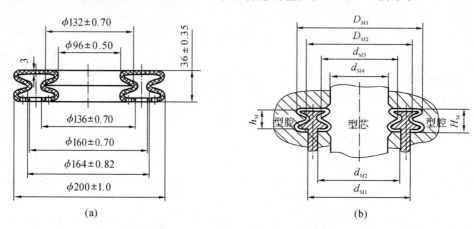

图 7-2-4 型腔尺寸计算示图
(a)制品零件尺寸及其公差; (b)模具型腔尺寸

该制品零件所使用的橡胶牌号为 1154,查表 5-7-2 可知,1154 为天然橡胶,其硫化收缩率为 1.4%～1.6%。通常在进行设计计算时,一般都取其硫化收缩率的中间值即 $S_{cp}=1.5\%$。

应用式(5-7-2),对模具型腔的各个尺寸进行设计计算。

由表 4-3-1 和图 7-2-4 均可看出,该制品零件尺寸公差范围横跨(+)(−)两个区间,而且均为对称分布。所以,在应用式(5-7-2)进行型腔尺寸设计计算时,$\Delta/2$ 取值为零。

对模具型腔各个相关尺寸进行如下设计计算:

$$D_{M1}=\left[(1+S_{cp})D_{Z1}\pm\frac{\Delta}{2}\right]\pm\delta$$
$$=[(1+1.5\%)\times 200\pm 0]\text{mm}\pm\delta\ (\text{mm})=203\ \text{mm}\pm\delta\ (\text{mm})$$

$$D_{M2}=\left[(1+S_{cp})D_{Z2}\pm\frac{\Delta}{2}\right]\pm\delta$$
$$=[(1+1.5\%)\times 164\pm 0]\text{mm}\pm\delta\ (\text{mm})=166.46\ \text{mm}\pm\delta\ (\text{mm})$$

$$H_{M}=\left[(1+S_{cp})H_{Z}\pm\frac{\Delta}{2}\right]\pm\delta$$
$$=[(1+1.5\%)\times 36\pm 0]\text{mm}\pm\delta\ (\text{mm})=36.54\ \text{mm}\pm\delta\ (\text{mm})$$

$$d_{M1}=\left[(1+S_{cp})d_{Z1}\pm\frac{\Delta}{2}\right]\pm\delta$$
$$=[(1+1.5\%)\times 160\pm 0]\text{mm}\pm\delta\ (\text{mm})=162.4\ \text{mm}\pm\delta\ (\text{mm})$$

$$d_{M2}=\left[(1+S_{cp})d_{Z2}\pm\frac{\Delta}{2}\right]\pm\delta$$
$$=[(1+1.5\%)\times 136\pm 0]\text{mm}\pm\delta\ (\text{mm})=138.04\ \text{mm}\pm\delta\ (\text{mm})$$

$$h_M = \left[(1 + S_{cp})h_Z \pm \frac{\Delta}{2}\right] \pm \delta$$

$$= [(1 + 1.5\%) \times 30 \pm 0]\ \text{mm} \pm \delta\ (\text{mm}) = 30.45\ \text{mm} \pm \delta\ (\text{mm})$$

$$d_{M3} = \left[(1 + S_{cp})d_{Z3} \pm \frac{\Delta}{2}\right] \pm \delta$$

$$= [(1 + 1.5\%) \times 132 \pm 0]\ \text{mm} \pm \delta\ (\text{mm}) = 133.98\ \text{mm} \pm \delta\ (\text{mm})$$

$$d_{M4} = \left[(1 + S_{cp})d_{Z4} \pm \frac{\Delta}{2}\right] \pm \delta$$

$$= [(1 + 1.5\%) \times 96 \pm 0]\ \text{mm} \pm \delta\ (\text{mm}) = 97.44\ \text{mm} \pm \delta\ (\text{mm})$$

橡胶模具型腔尺寸制造公差的设计原则是：型腔尺寸的制造公差数值为其制品零件尺寸公差数值的 $1/5 \sim 1/3$。在此，按照 $1/5$ 选取。于是，该模具型腔各个尺寸的制造公差数值分别如下：

D_{M1} —— ± 0.20 mm，D_{M2} —— ± 0.16 mm，H_M —— ± 0.07 mm，d_{M1} —— ± 0.14 mm，d_{M2} —— ± 0.14 mm，h_M —— ± 0.07 mm，d_{M3} —— ± 0.14 mm，d_{M4} —— ± 0.10 mm。

此时对模具型腔的各个尺寸进行尺寸公差标注，如下：

$$D_{M1} = \phi 203_{-0.20}^{\ \ 0}\ \text{mm（成形制品零件的外径，其公差取负值）}$$

$$D_{M2} = \phi 166.46_{-0.16}^{\ \ 0}\ \text{mm}$$

$$H_M = 36.54_{-0.07}^{\ \ 0}\ \text{mm}$$

$$d_{M1} = \phi 162.4_{\ \ 0}^{+0.14}\ \text{mm（成形制品零件的内径，其公差值取为正）}$$

$$d_{M1} = \phi 138.04_{-0.14}^{\ \ 0}\ \text{mm}$$

$$h_M = 30.45_{-0.07}^{\ \ 0}\ \text{mm}$$

$$d_{M3} = \phi 133.98_{\ \ 0}^{+0.14}\ \text{mm}$$

$$d_{M4} = \phi 97.44_{\ \ 0}^{+0.14}\ \text{mm}$$

上述通过计算所得尺寸的公差数值，从制品零件的使用角度看，是没有任何影响的。但是，该模具型腔涉及的零件比较多，各个相关零件之间配合要求严格。因此，必须对构成模具型腔的各个零件的尺寸公差进行严格控制。上述各个尺寸的公差数值显然是太大了，应该进行必要的调整。

该模具型腔部分的加工均可由车削加工来完成。于是，查表 5-8-5 可知，精车加工的公差等级在 IT9～IT7 级之间，在尺寸公差的调整中，按照 IT8 级来进行处理。

查附录 C 标准公差数值（GB/T 1800.1 — 2009）可知，加工尺寸范围为 180～250 mm，IT8 级的标准公差数值为 72 μm，即 0.072 mm；加工尺寸范围为 120～180 mm，IT8 级的标准公差数值为 63 μm，即 0.063 mm；加工尺寸范围为 30～50 mm，IT8 级的标准公差数值为 39 μm，即 0.039 mm；加工尺寸范围为 80～120 mm，IT8 级的标准公差数值为 54 μm，即 0.054 mm。

按照加工方法和 GB/T 1800.1 — 2009 标准公差数值的规定，该模具型腔各个尺寸及其公差可以重新标注如下：

$D_{M1} = \phi 203_{-0.072}^{\ \ 0}$ mm，$D_{M2} = \phi 166.46_{-0.063}^{\ \ 0}$ mm，$H_M = \phi 36.54_{-0.039}^{\ \ 0}$ mm，$d_{M1} = \phi 162.4_{\ \ 0}^{+0.063}$ mm，$d_{M2} = \phi 138.04_{-0.063}^{\ \ 0}$ mm，$h_M = \phi 30.45_{-0.039}^{\ \ 0}$ mm，$d_{M3} = \phi 133.98_{-0.063}^{\ \ 0}$ mm，$d_{M4} = \phi 97.44_{\ \ 0}^{+0.054}$ mm。

按照以下原则，对上述各个尺寸及其公差进行调整。

调整后的尺寸及其公差，既要符合成形制品零件为外径或者为内径的设计原则，又要符合

切削加工的工艺要求(轴类尺寸的加工,其公差为负;孔的加工,其尺寸公差为正)。调整之后的各个尺寸及其公差分别如下:

$D_{M1} = \phi 202.93^{+0.072}_{0}$ mm,$D_{M2} = \phi 166.4^{+0.063}_{0}$ mm,$H_M = \phi 36.5^{+0.039}_{0}$ mm,$d_{M1} = \phi 162.46^{0}_{-0.063}$ mm,$d_{M2} = \phi 138^{+0.04}_{0}$ mm,$h_M = \phi 30.45^{0}_{-0.039}$ mm,$d_{M3} = \phi 134.04^{0}_{-0.063}$ mm,$d_{M4} = \phi 97.44^{+0.054}_{0}$ mm。

7.2.4 模具零件的设计

(1)如图 7-2-1 所示,上模与下模和中模与内圈型芯(六瓣型芯)之间的定位为短锥面定位,其斜度均为 45°。

(2)内圈型芯为六瓣式拼合结构,它的设计在整个模具设计中是最关键的,也是具有一定难度的。内圈型芯的设计如图 7-2-5 所示。

内圈型芯分瓣设计原理:内圈型芯分瓣的设计(也包括分瓣型芯定位销的定位),是将内圈型芯分为 6 块,如图 7-2-5 所示。第一块[上面标记为 5-6,即图 7-2-2 中的件 11(分瓣型芯(一)]或者标记为 2-3,即图 7-2-2 中的件 16[分瓣型芯(二)],要能够从取掉中心分瓣型芯定位销的孔中取出,根据这个道理来选择 D 和 A 的尺寸。D 和 A 的尺寸确定后,B,L 和 C 的尺寸也就随之确定了,要使 L<C,B<A。这样,当取出上面标号为 5-6 和 2-3 两块后,其余 4 块都会非常顺利地从制品零件的内圈中取出。

设计该模具时,$D = \phi 66$ mm,$A = 50$ mm。这两个尺寸确定后,则 $L = 40$ mm,$C = 42.5$ mm,$B = 42$ mm,这样选择的尺寸会有很多组,其选择原则就是要符合 L<C,B<A。

设计时,绘图要按照 1:1 进行。如果零件形状结构小,绘制图形时要进行放大。

六瓣内圈型芯与其中央定位销的配合形式为 $\phi 66\dfrac{h7}{g6}$。

六瓣内圈型芯的中央定位销与下模之间的配合为大间隙配合,其间隙值可在 0.2～0.3 mm选择。

(3)下模与内腔型芯之间为环槽形定位,如图 7-2-6 所示。

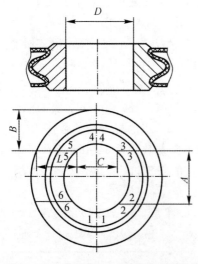

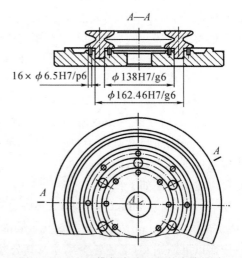

图 7-2-5 内圈型芯分瓣设计原理图　　　　图 7-2-6 下模与内腔型芯的定位设计

在环槽形定位中,内环定位的配合形式为 $\phi138\dfrac{H7}{G6}$,外环定位的配合形式为 $\phi162.46\dfrac{H7}{g6}$。依照这种配合形式,内腔型芯在定位部位外径尺寸计算所得的公差 $d_{M1}=\phi162.46_{-0.063}^{\ \ 0}$ mm 不能满足 $\phi162.46\dfrac{H7}{g6}$ 配合形式的要求。根据 GB/T 1801 — 2009 规定,d_{M1} 的尺寸公差应该为 $_{-0.039}^{-0.014}$ mm。因此,在零件设计中,内腔型芯定位部分的外径应在其零件设计图样上标注为 $d_{M1}=\phi162.46_{-0.039}^{-0.014}$ mm。16 个 $\phi6.5$ mm 的小型芯固定在下模环形定位槽两边的相应位置上,其配合形式为 $\dfrac{H7}{p6}$。

从图 7 - 2 - 6 中可以看到,在下模环形定位槽的下面,设计布局了 6 个与定位槽相通的孔,可以利用此孔在脱模时将被制品零件包着的内腔型芯推出。

(4)如图 7 - 2 - 2 所示,哈夫式中模之间的定位销 9 固定于中模(一)8 上,其配合形式为 $\dfrac{H7}{p6}$。定位销 9 与中模(二)10 为间隙配合,其配合形式为 $\dfrac{H7}{g6}$。

(5)该模具不设计或布局余胶槽,必要时可以开设微型排气槽。启模口的设计布局如图 7 - 2 - 2 所示。

为了脱模方便,对于内腔型芯和内圈六瓣拼合型芯的材料,选用加工性能和抛光性能好的 3Cr2NiMnMo 预硬钢,其余模具零件均选用 45 钢。

内腔型芯和内圈六瓣拼合型芯的表面粗糙度值 Ra 要求达到 $0.20\sim0.10$ μm,上、中、下模型腔的表面粗糙度值 Ra 必须保证在 $0.40\sim0.20$ μm 之间。其他零件表面粗糙度值的设计,可按照表 5 - 9 - 1 的常规设计进行。

7.3 橡胶密封套压胶模

石油勘探仪器检波器中所用的橡胶密封套,其形状结构与尺寸如图 7 - 3 - 1 所示,使用条件和生产情况如下,要求设计其成形模具:

工作温度:$-30\sim50$℃;

工作压力:0.1MPa;

接触介质:空气;

使用橡胶:1 142;

生产批量:中等批量。

7.3.1 制品零件的工艺分析

该制品零件为石油勘探仪器检波器中所使用的橡胶密封套,内装地震波采集器,用来接收地震波的信号。在野外地面裸露工作,冬季可能在 -30℃左右工作,夏季地面温度可能高达 50℃。

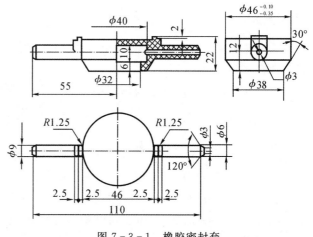

图 7 - 3 - 1 橡胶密封套

橡胶密封套形状结构较为复杂,但尺寸公差要求并不严格。

该制品零件所用橡胶为1142,为柔软且弹性较好的天然橡胶。其成形模具设计可采用填压式结构,无论是抽取细长的芯轴,还是剥落型腔内的型芯都将是十分顺利和方便的。成形模具可以制作4~6副,但要求全部等高;或者设计制作成多型腔结构的成形模具,以便在集中生产压制时,同一机台可以使用多副模具,以提高生产率。

7.3.2　模具结构的设计

该制品零件的成形模具,可以设计成填压式开合模结构,如图7-3-2所示。

结合制品零件的形体结构和使用要求,可以认为这副模具设计得比较好,它以最简单的结构形式、最少的零件数量完成了制品零件的成形与硫化。

芯轴从两端插于型芯的定位孔中,然后再将型芯放置于下模的定位孔中,芯轴上的双耳结构放置在两端挡板的限位槽中后,即可填装胶料,合上上模组件,进行压制。

芯轴与型芯和两端挡板的定位配合形式均为 $\dfrac{H7}{h6}$。

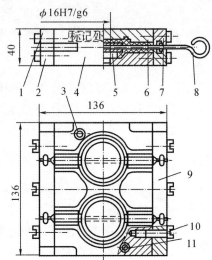

图7-3-2　橡胶密封套压胶模

1—上挡板(左);2—下挡板(左);3,11—定位销;
4—下模;5—型芯;6—上模;7—上挡板(右);
8—芯轴;9—下挡板(右);10—螺钉

两端的上、下挡板,都以螺钉固定并定位。这种没有定位销的结构形式,适宜于要求不是很高的制品零件成形模具的设计。这种结构以螺钉的圆柱部分代替了定位在组装时,但要求模具配合加工必须到位。

上模组件与下模组件之间的定位销固定在下模上,其配合形式为 $\dfrac{H7}{p6}$。定位销与上模为间隙配合,其配合形式为 $\dfrac{H7}{g6}$。

余胶槽开设在下模的分型面上,距离型腔边缘约为3 mm,深度为0.5~0.8 mm,结构为敞开式,如图7-3-2所示。

启模口为对开式结构,设计布局在下模组件与上模组件分型面的四角处,尺寸为4 mm×12 mm。

7.3.3　模具型腔的尺寸计算

该制品零件的结构尺寸如图7-3-1所示。在所有的尺寸中,除了 $\phi 46^{-0.10}_{-0.35}$ mm 外其他尺寸都没有标注制造公差。因此,在进行其模具型腔的尺寸设计计算之前,先要按表4-3-1的规定,判断该制品零件各个尺寸的属性(是固定尺寸,还是封模尺寸)。同时,还要按表4-3-1的规定,确定每个尺寸的制造公差数值。

根据该模具的结构,除了尺寸22 mm为封模尺寸外,其他均为固定尺寸。

该制品零件虽然没有特殊的使用功能与要求,但是由于它的形状结构比较复杂,所以各个尺寸公差均按表 4－3－1 中的 M2 级精度来计算,从严控制对模具的切削加工是有好处的。

查表 4－3－1,确定该制品零件各个尺寸的制造公差如图 7－3－3(a)所示。

该制品零件所使用的橡胶牌号为 1142。查表 5－7－2 可知,1142 为天然橡胶,其邵尔 A 硬度为 45。硫化收缩率为 1.7%～2.0%。通常进行设计计算时,一般都取其硫化收缩率的中间值为 $S_{cp} = 1.85\%$。

应用式(5－7－2)对模具型腔的各个尺寸进行设计计算。

由表 4－3－1 和图 7－3－3(a)可见,该制品零件尺寸公差的分布情况,除 $\phi46_{-0.35}^{-0.10}$ mm 外,其他所有尺寸的公差横跨(＋)(－)两个区间,而且均为对称分布。所以,除 $\phi46_{-0.35}^{-0.10}$ mm 外,当应用式(5－7－2)进行尺寸设计计算时,$\Delta/2$ 取值均为零。

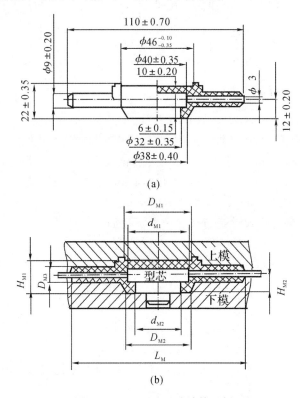

(a)

(b)

图 7－3－3　型腔尺寸计算示例
(a)制品零件尺寸及其公差;　(b)模具型腔尺寸

对模具型腔各个相关尺寸设计计算如下:

$$D_{M1} = \left[(1+S_{cp})D_{Z1} \pm \frac{\Delta}{2} \right] \pm \delta$$

$$= \left[(1+1.85\%) \times 46 - \frac{0.10+0.35}{2} \right] mm \pm \delta \ (mm) = 46.63 \ mm \pm \delta \ (mm)$$

$$D_{M2} = \left[(1+S_{cp})D_{Z2} \pm \frac{\Delta}{2} \right] \pm \delta$$

$$= \left[(1+1.85\%) \times 38 \pm 0 \right] mm \pm \delta \ (mm) = 38.70 \ mm \pm \delta \ (mm)$$

$$D_{M3} = \left[(1+S_{cp})D_{Z3} \pm \frac{\Delta}{2} \right] \pm \delta$$

$$= [(1+1.85\%) \times 9 \pm 0] \text{mm} \pm \delta \text{ (mm)} = 9.17 \text{ mm} \pm \delta \text{ (mm)}$$

$$H_{M1} = \left[(1+S_{cp})H_{Z1} \pm \frac{\Delta}{2} \right] \pm \delta$$

$$= [(1+1.85\%) \times 22 \pm 0] \text{mm} \pm \delta \text{ (mm)} = 22.41 \text{ mm} \pm \delta \text{ (mm)}$$

$$H_{M2} = \left[(1+S_{cp})H_{Z2} \pm \frac{\Delta}{2} \right] \pm \delta$$

$$= [(1+1.85\%) \times 12 \pm 0] \text{mm} \pm \delta \text{ (mm)} = 12.22 \text{ mm} \pm \delta \text{ (mm)}$$

$$L_{M} = \left[(1+S_{cp})L_{Z} \pm \frac{\Delta}{2} \right] \pm \delta$$

$$= [(1+1.85\%) \times 110 \pm 0] \text{mm} \pm \delta \text{ (mm)} = 112.04 \text{ mm} \pm \delta \text{ (mm)}$$

$$d_{M1} = \left[(1+S_{cp})d_{Z1} \pm \frac{\Delta}{2} \right] \pm \delta$$

$$= [(1+1.85\%) \times 40 \pm 0] \text{mm} \pm \delta \text{ (mm)} = 40.74 \text{ mm} \pm \delta \text{ (mm)}$$

$$d_{M2} = \left[(1+S_{cp})d_{Z2} \pm \frac{\Delta}{2} \right] \pm \delta$$

$$= [(1+1.85\%) \times 32 \pm 0] \text{mm} \pm \delta \text{ (mm)} = 32.59 \text{ mm} \pm \delta \text{ (mm)}$$

橡胶模具型腔尺寸制造公差的设计原则:型腔尺寸的制造公差数值,为其制品零件尺寸公差数值的1/5～1/3。在此,按照1/5进行选取。于是,该模具型腔各个尺寸的制造公差数值分别为:D_{M1}—$^{-0.02}_{-0.07}$ mm,D_{M2}—±0.08 mm,D_{M3}—±0.04 mm,H_{M1}—±0.07 mm,H_{M2}—±0.04 mm,L_{M}—±0.14 mm,d_{M1}—±0.07 mm,d_{M2}—±0.07 mm。

此时,对模具型腔的各个尺寸进行尺寸公差标注如下:

$$D_{M1} = \phi 46.63^{-0.02}_{-0.07} \text{ mm}$$

$$D_{M2} = \phi 38.70^{0}_{-0.08} \text{ mm(成形制品零件的外径,其公差取负)}$$

$$D_{M3} = \phi 9.17^{0}_{-0.04} \text{ mm}$$

$$H_{M1} = 22.41^{0}_{-0.07} \text{ mm}$$

$$H_{M2} = 12.22 \pm 0.04 \text{ mm}$$

$$L_{M} = 112.04 \pm 0.14 \text{ mm}$$

$$d_{M1} = \phi 40.74^{+0.07}_{0} \text{ mm(成形制品零件的内径,其公差取正)}$$

$$d_{M2} = \phi 32.59^{+0.07}_{0} \text{ mm}$$

以上通过计算所得尺寸的公差数值,都是以制品零件的制造公差为基础得出的,它不完全符合作为切削加工的模具零件的公差要求规范。因此,应该对其进行必要的调整,使之符合模具设计要求。

该模具零件的各个尺寸的加工,均可由车削加工来完成。查表 5-8-5 可知,精车加工的公差等级为IT9～IT7,在对其尺寸公差的调整中,按照IT8 级来进行处理。

查附录C 标准公差数值(GB/T 1800.1—2009)可知,加工尺寸范围为 30～50 mm,IT8 级的标准公差数值为 39 μm,即 0.039 mm;加工尺寸范围为 6～10 mm,IT8 级的标准公差数值为 22 μm,即 0.022 mm;加工尺寸范围为 10～18 mm,IT8 级的标准公差数值为 27 μm,即 0.027 mm;加工尺寸范围为 18～30 mm,IT8 级的标准公差数值为 33 μm,即 0.033 mm;加工尺寸范围为 80～120 mm,IT8 级的标准公差数值为 54 μm,即 0.054 mm。

按照加工方法和 GB/T 1800.1—2009 标准公差数值的规定,对模具型腔各个尺寸及其

公差,可以重新标注如下:

$D_{M1}=\phi 46.63^{-0.020}_{-0.039}$ mm, $D_{M2}=\phi 38.70^{0}_{-0.039}$ mm, $D_{M3}=\phi 9.17^{0}_{-0.022}$ mm, $H_{M1}=22.41^{0}_{-0.033}$ mm, $H_{M2}=12.22$ mm± 0.027 mm, $L_{M}=112.04$ mm± 0.054 mm, $d_{M1}=\phi 40.74^{+0.039}_{0}$ mm, $d_{M2}=\phi 32.59^{+0.039}_{0}$ mm。

按照以下原则,对上述各个尺寸及其公差进行调整。

调整后的尺寸及其公差,既要符合成形制品零件为外径(或者为内径)的设计原则,又要符合切削加工的工艺要求(轴类尺寸的加工,其公差为负;孔的加工,其公差为正)。调整之后的各个尺寸及其公差分别如下:

$D_{M1}=\phi 46.59^{+0.02}_{0}$ mm, $D_{M2}=\phi 38.66^{+0.039}_{0}$ mm, $D_{M3}=\phi 9.15^{+0.022}_{0}$ mm, $H_{M1}=22.38^{+0.033}_{0}$ mm, $H_{M2}=12.22$ mm± 0.027 mm, $L_{M}=112.04$ mm± 0.054 mm, $d_{M1}=\phi 40.78^{0}_{-0.039}$ mm, $d_{M2}=\phi 32.63^{0}_{-0.039}$ mm。

7.3.4　模具零件的设计

该模具的芯轴,在结构上设计成双耳,以对芯轴在轴向的定位进行限制。芯轴的材料选用 60Si2Mn 钢。

为了脱模、取芯方便,型芯的材料选用抛光性能好的 3Cr2NiMnMo 预硬钢。加工时,可以将其表面抛光到 Ra 0.10 μm 左右。其余模具零件的材料均选用 45 钢。

模具型腔的表面粗糙度值 Ra 为 0.40 μm。其余各结构要素的表面粗糙度值可按照表 5-9-1 的常规设计进行。

7.4　绝缘保护套压胶模

绝缘保护套为一电器产品中所使用的橡胶模制品零件,形状结构及尺寸如图 7-4-1 所示,要求设计其成形模具。其使用条件和生产情况如下:

工作温度:常温;

工作压力:常压;

接触介质:空气;

使用胶料:普通橡胶Ⅱ-1;

生产批量:中批量。

7.4.1　制品零件的工艺分析

该绝缘保护套形状结构较为特殊,主腔体为不通孔型,与之相通且垂直的小腔体为非圆形结构,其上端为半球形,这使得其成形芯棒和型腔相应处的加工有一定的难度。另外,其形状的变化为一细颈结构,这对于脱模来说是一个不利的结构要素。再者,其右侧的分枝式结构。该处的非

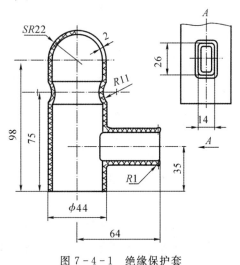

图 7-4-1　绝缘保护套

圆形结构使模具型腔的加工制作、非圆型芯和芯棒的配合加工等都比较困难。

该绝缘保护套所使用的胶料为普通橡胶Ⅱ-1，其邵尔 A 硬度为 55 左右，质地比较柔软，弹性较好。这一性能为生产中的脱模取件增加了有利的因素，给成形芯棒的设计也带来了方便。

该制品零件的壁厚均为 2 mm，这使得设计中的计算变得简单一些。

7.4.2 模具结构的设计

根据该制品零件的形体结构特点，其模具结构的设计如图 7-4-2 所示。

该模具为对开式填压模结构。模具的上模组合体和下模组合体分别由 4 个零件组合而成，其中上、下端模 5 和上、下模体 6 之间为止扣对接、圆柱销定位、螺钉固定，构成型腔的主要部件。止扣处的配合形式为 $\dfrac{H7}{h6}$。

由于芯棒在模具型腔中只有一端实现定位，为了保证其在型腔中的正确位置和使制品零件的壁厚四处均匀一致，芯棒 13 与上、下端板 2 之间定位部分的定位配合间隙要小，定位部分相互配合的有效长度必须按照夹具设计中的有关定位的原则进行设计，即定位配合部分的有效长度为该处定位部分直径的 1.2～1.5 倍左右。将芯棒在型腔中轴向的定位设计成半梯形结构形式。

扁型芯 7 的设计，要与芯棒 13 和上、下侧板 8 全部配合到位，这种结构一般都需配作，所以扁型芯要有上、下面之分。

模具的余胶槽设计布局在下模组件的分型面上，为开放式结构，可以疏导多余胶料流到模具体外。

启模口的设计也布局在下模组件的分型面上，且靠近上、下模组件的导向定位销处，如图 7-4-2 所示。

7.4.3 模具型腔及芯棒的设计计算

该制品零件由于其壁厚要求全部一致，所以，在生产操作时，要求对入模的胶料质量进行严格地控制。因此，在设计其成形模具时，不用考虑飞边对制品零件尺寸的影响。

这样，制品零件的所有尺寸，全部都按照固定尺寸来对待。

如图 7-4-1 所示为该制品零件的所有尺寸，但是，其上全部没有标注制造公差。因此，需要查表 4-3-1，并按表中 M2 级精度所规定的数据来确定制品零件各个尺寸的制造公差。

该绝缘保护套各个尺寸的制造公差如图 7-4-3(a)所示。

该制品零件所使用的胶料为普通橡胶Ⅱ-1 号。查表 5-7-2 可知，该橡胶的平均硫化收缩率为 1.7%～1.9%。

通常，对橡胶硫化成形模具进行设计计算时，一般都取橡胶平均硫化收缩率范围的中间值，即 $S_{cp}=1.8\%$。

应用式(5-7-2)对成形模具的型腔、芯棒以及扁型芯的各个相关尺寸进行设计计算。

从表 4-3-1 和图 7-4-3(a)中可以看出，该绝缘保护套相关尺寸公差的分布都横跨（+）（-）两个区间，而且均为对称分布。所以，在应用式(5-7-2)进行各个尺寸设计计算时，$\Delta/2$ 取值为零，即 $\Delta/2=0$。

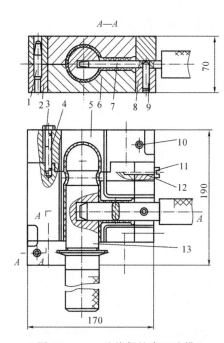

图 7 - 4 - 2　绝缘保护套压胶模

1,9,10—定位销;2—上、下端板;3,11—螺钉;

4,12—圆柱销;5—上、下端模;6—上、下模体;

7—扁型芯;8—上、下侧板;13—芯棒

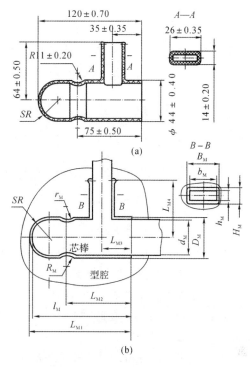

图 7 - 4 - 3　设计计算示例图

(a)制品零件尺寸及其公差; (b)模具型腔及芯棒尺寸

7.4.3.1　对模具型腔的各个尺寸及其公差进行设计计算

$$D_M = \left[(1+S_{cp})D_Z \pm \frac{\Delta}{2}\right] \pm \delta$$

$$= [(1+0.8\%) \times 44 \pm 0]mm \pm \delta \ (mm) = 44.79 \ mm \pm \delta \ (mm)$$

$$B_M = \left[(1+S_{cp})B_Z \pm \frac{\Delta}{2}\right] \pm \delta$$

$$= [(1+1.8\%) \times 26 \pm 0]mm \pm \delta \ (mm) = 26.47 \ mm \pm \delta \ (mm)$$

$$H_M = \left[(1+S_{cp})H_Z \pm \frac{\Delta}{2}\right] \pm \delta$$

$$= [(1+1.8\%) \times 14 \pm 0]mm \pm \delta \ (mm) = 14.25 \ mm \pm \delta \ (mm)$$

$$R_M = \left[(1-S_{cp})R_Z \pm \frac{\Delta}{2}\right] \pm \delta$$

$$= [(1-1.8\%) \times 11 \pm 0]mm \pm \delta \ (mm) = 10.80 \ mm \pm \delta \ (mm)$$

这里需要特别进行说明,设计计算型腔的 R_M 尺寸时,应用式(5-7-2)进行计算,式中不是 $(1+S_{cp})$,而是 $(1-S_{cp})$。这是因为 R_M 的圆心仍然是原来的圆心,位置没有变化,型腔在此处的尺寸收缩增加值,只能由原来所标注的半径值来提供。所以,遇到这种情况时,式(5-7-2)中 $(1+S_{cp})$ 为 $(1-S_{cp})$,设计计算时务必加以注意。

— 435 —

$$L_{M1} = \left[(1+S_{cp})L_{Z1} \pm \frac{\Delta}{2}\right] \pm \delta$$

$$= [(1+1.8\%) \times 120 \pm 0] \text{mm} \pm \delta \text{ (mm)} = 122.16 \text{ mm} \pm \delta \text{ (mm)}$$

$$L_{M2} = \left[(1+S_{cp})L_{Z2} \pm \frac{\Delta}{2}\right] \pm \delta$$

$$= [(1+1.8\%) \times 75 \pm 0] \text{mm} \pm \delta \text{ (mm)} = 76.35 \text{ mm} \pm \delta \text{ (mm)}$$

$$L_{M3} = \left[(1+S_{cp})L_{Z3} \pm \frac{\Delta}{2}\right] \pm \delta$$

$$= [(1+1.8\%) \times 64 \pm 0] \text{mm} \pm \delta \text{ (mm)} = 65.15 \text{ mm} \pm \delta \text{ (mm)}$$

$$L_{M4} = \left[(1+S_{cp})L_{Z4} \pm \frac{\Delta}{2}\right] \pm \delta$$

$$= [(1+1.8\%) \times 35 \pm 0] \text{mm} \pm \delta \text{ (mm)} = 35.63 \text{ mm} \pm \delta \text{ (mm)}$$

如图 7-4-3(b)所示的左端球面半径 SR 不需进行设计计算,其值为 D_M 值的 1/2。

该制品零件上各处的过渡圆角半径为 1 mm,在此不进行设计计算。

橡胶模具型腔尺寸制造公差的设计原则是,型腔尺寸制造公差的数值为其制品零件尺寸公差数值的 1/5～1/3。在此,按 1/5 来进行选取,则该模具型腔各个尺寸的制造公差数值分别为:

D_M—±0.08 mm, B_M—±0.07 mm, H_M—±0.04 mm, R_M—±0.04 mm, L_{M1}—±0.14 mm, L_{M2}—±0.10 mm, L_{M3}—±0.10 mm, L_{M4}—±0.07 mm。

此时,要对模具型腔的各个尺寸进行尺寸公差标注:

$$D_M = \phi 44.79^{\ 0}_{-0.08} \text{ mm(成形制品零件外径者,其公差取负)}$$

$$B_M = 26.47^{\ 0}_{-0.07} \text{ mm}$$

$$H_M = 14.25^{\ 0}_{-0.04} \text{ mm}$$

$$R_M = R10.80^{\ 0}_{-0.04} \text{ mm}$$

$$L_{M1} = 122.16 \text{ mm} \pm 0.14 \text{ mm}$$

$$L_{M2} = 76.35 \text{ mm} \pm 0.10 \text{ mm}$$

$$L_{M3} = 65.15 \text{ mm} \pm 0.10 \text{ mm}$$

$$L_{M4} = 35.63 \text{ mm} \pm 0.07 \text{ mm}$$

上述通过计算所得尺寸的公差数值,都是以制品零件的制造公差为基础而得出的。这些数据不完全符合作为切削加工的模具零件的公差要求规范。因此,有必要对上述尺寸的公差数值进行调整,使之符合模具设计的要求。

上述模具型腔尺寸中的 D_M,R_M,L_{M1},L_{M2},均可由车削加工来完成;B_M,H_M,L_{M4} 则可由铣削加工来完成;L_{M3} 可由磨削加工来完成。

于是,查表 5-8-5 可知,精车加工的公差等级为 IT9～IT7 级,在对其尺寸公差的调整中,按照 IT8 级进行处理。精铣加工的公差的等级为 IT10～IT8 级,在其尺寸公差的调整中,按照 IT9 级进行处量。平磨加工的公差等级为 IT8～IT5 级,在其尺寸公差的调整中,按 IT8 级进行处理。

经过权衡,对上述三种加工方法,全部按 IT8 级进行模具型腔相关尺寸的公差的调整。

查附录 C 标准公差数值(GB/T 1800.1 — 2009),按照表中标准公差数值的规定,对上述各个尺寸及其公差重新标注如下：

$D_M = \phi 44.79_{-0.039}^{0}$ mm，$B_M = 26.47_{-0.033}^{0}$ mm，$R_M = R10.80_{-0.027}^{0}$ mm，$L_{M1} = 122.16$ mm ± 0.063 mm，$L_{M2} = 76.35$ mm ± 0.046 mm，$L_{M3} = 65.15$ mm ± 0.046 mm，$L_{M4} = 35.63$ mm ± 0.039 mm。

按照下述原则，对以上部分尺寸及其公差进行调整。调整之后的尺寸及其公差，既要符合成形制品零件为外径的设计原则，又要符合切削加工要求（即孔的加工，其公差应当为正）。调整之后的尺寸及其公差分别如下：

$$D_M = \phi 44.75_{0}^{+0.039} \text{ mm}, \quad B_M = 26.44_{0}^{+0.033} \text{ mm}, \quad H_M = 14.22_{0}^{+0.027} \text{ mm}, \quad R_M = R10.77_{0}^{+0.027} \text{ mm}.$$

其余 $L_{M1}, L_{M2}, L_{M3}, L_{M4}$ 不需进行调整，可作为最终计算结果。

7.4.3.2　对芯棒的各个尺寸及公差进行设计计算

$$d_M = \left[(1+S_{cp})d_Z \pm \frac{\Delta}{2}\right] \pm \delta$$
$$= [(1+1.8\%) \times 40 \pm 0] \text{mm} \pm \delta \text{ (mm)} = 40.72 \text{ mm} \pm \delta \text{ (mm)}$$

$$l_M = \left[(1+S_{cp})l_Z \pm \frac{\Delta}{2}\right] \pm \delta$$
$$= [(1+1.8\%) \times 118 \pm 0] \text{mm} \pm \delta \text{ (mm)} = 120.12 \text{ mm} \pm \delta \text{ (mm)}$$

$$r_M = \left[(1-S_{cp})r_Z \pm \frac{\Delta}{2}\right] \pm \delta$$
$$= [(1+1.8\%) \times 13 \pm 0] \text{mm} \pm \delta \text{ (mm)} = 12.77 \text{ mm} \pm \delta \text{ (mm)}$$

计算 r_M 时，式（5-7-2）中的 $(1+S_{cp})$ 要变成 $(1-S_{cp})$，其原因与在计算中 R_M 的解释相同。

同样，按照模具型腔尺寸制造公差的设计原则，芯棒相关尺寸的制造公差数值分别如下：d_M—±0.08 mm，l_M—±0.14 mm，r_M—±0.04 mm。

此外，要对芯棒的各个尺寸进行尺寸公差标注：

$$d_M = \phi 40.72_{0}^{+0.08} \text{ mm（成形制品零件内径，其公差取正）}$$
$$l_M = 120.12 \text{mm} \pm 0.14 \text{ mm}$$
$$r_M = 12.77_{0}^{+0.04} \text{ mm}$$

对上述各尺寸的公差数值进行必要的调整，使之符合模具设计的要求。

芯棒的加工是由精车最后完成的。查表 5-8-5 可知，精车加工的公差等级为 IT9～IT7 级。在对芯棒进行尺寸公差的调整中，按照 IT8 级进行处理。

查附录 C 标准公差数值（GB/T 1800.1 — 2009），按照表中 IT8 级所规定的标准公差数值，对芯棒计算所得的各个尺寸及其公差，可重新标注如下：

$d_M = \phi 40.72_{0}^{+0.039}$ mm，$l_M = 120.12 \pm 0.063$ mm，$r_M = 12.77_{0}^{+0.027}$ mm。

按照下述原则，对芯棒的有关尺寸及其公差进行调整。调整后的尺寸及其公差，既要符合成形制品零件为内径的设计原则，又要符合切削加工的常规工艺要求（轴类零件尺寸的加工，其公差为负）。

经过调整之后的各尺寸及其公差分别如下：

$d_M = \phi 40.76_{-0.039}^{0}$ mm,$l_M = 120.12$ mm± 0.063 mm,$r_M = 12.80_{-0.027}^{0}$ mm。

3. 对扁型芯的相关尺寸及公差进行设计计算

$$b_M = \left[(1+S_{cp})b_z \pm \frac{\Delta}{2}\right] \pm \delta$$

$$= [(1+1.8\%) \times 22 \pm 0]\text{mm} \pm \delta \text{ (mm)} = 22.40\text{mm} \pm \delta \text{ (mm)}$$

$$h_M = \left[(1+S_{cp})h_z \pm \frac{\Delta}{2}\right] \pm \delta$$

$$= [(1+1.8\%) \times 10 \pm 0]\text{mm} \pm \delta \text{ (mm)} = 10.18\text{mm} \pm \delta \text{ (mm)}$$

同样,按照模具型腔尺寸制造公差的设计原则,扁型芯相关尺寸的制造公差数值分别如下:

b_M —— ± 0.07 mm,h_M —— ± 0.04 mm。

此时要对扁型芯的上述尺寸进行尺寸公差标注:

$b_M = 22.40_{0}^{+0.07}$ mm(因为该尺寸成形的是制品零件的内孔,所以公差取为正)

$$h_M = 10.18_{0}^{+0.04} \text{ mm}$$

对上面两个尺寸的公差数值进行必要的调整,使之符合模具设计的要求。

扁型芯是由磨削加工来完成的。查表 5-8-5 可知,平面磨削加工的公差等级在 IT8～IT5 级。在对扁型芯尺寸公差进行调整时,可按照 IT6 级进行。

查附录 C 标准公差数值(GB/T 1800.1 — 2009),按照表中 IT6 级所规定的标准公差数值,扁型芯计算所得的两个尺寸及其公差可重新标注如下:

$b_M = 22.40_{0}^{+0.013}$ mm,$h_M = 10.18_{0}^{+0.011}$ mm。

按照下述原则,对扁型芯的两个尺寸及其公差进行调整。调整后的尺寸及其公差,既要符合成形制品零件部位为内腔的设计原则,又要符合切削加工的常规工艺要求(轴类零件尺寸的加工,其公差取为负值)。

经过调整之后,扁型芯的两个尺寸及其公差分别如下:

$b_M = 22.41_{-0.013}^{0}$ mm,$h_M = 10.19_{-0.011}^{0}$ mm。

7.4.4　模具零件的设计

如图 7-4-2 所示,上、下端模 5 和上、下模体 6 之间为止扣对接、圆柱销定位、螺钉紧固式结构。止扣处的配合形式为 $\phi 53 \dfrac{H7}{h6}$。圆柱销的配合形式为 $\phi 8 \dfrac{H7}{p6}$。

芯棒 13 与上、下端板 2 的定位配合形式为 $\phi 40.76 \dfrac{H7}{h6}$ 定位部分的有效长度应为 50～60 mm。

扁型芯 7 与芯棒 13 和上、下侧板 8 之间的配合要求比较严密,以防止胶料受到挤压后钻入配合间隙中,其配合部位应达到 $\dfrac{H7}{g6}$ 的配合要求。

扁型芯 7 与下侧板上固定的定位销的配合为粗配合,即大间隙配合,目的在于对扁型芯的轴向有一个大概的定位。这种结构方式类似于复合定位中的导向定位,其配合间隙可以为 0.5～1.0 mm。

扁型芯所涉及的定位配合,大多数为配作工艺以达到要求。应用配作工艺进行加工,一般来说,像扁型芯这样的零件都会有上、下面之分。因此,在配作加工的过程中,通常都要先做出朝上的方向标记,以方便于配作加工。同时,这些标记也最终留到模具的使用操作过程之中。标记的位置,可以在持拿的手把部位,也可以隐藏在成形制品零件的侧腔部位。

在零件材料的选择方面,芯棒和扁型芯选用抛光性能好的 3Cr2NiMnMo 预硬钢,其余各个构成零件的材料全部选用 45 钢。

芯棒和扁型芯的成形部分的表面粗糙度值 Ra 为 0.20~0.10 μm,这样的表面粗糙度值有利于芯棒和扁型芯的抽拔。

型腔各部分的表面粗糙度值 Ra 应达到 0.40~0.20 μm。

其余各个零件及各个结构要素的表面粗糙度值的确定,按表 5 - 9 - 1 的常规设计要求进行。

如图 7 - 4 - 2 所示模具结构中,上、下侧板 8 与上、下模体 6 之间为圆柱销定位(定位的配合形式为 $\phi \dfrac{H7}{p6}$)、螺钉紧固结构。

上、下端模 5 与上、下模体 6 之间的止扣对接定位部分,可以设计、布局胶料密封槽,设计时参照图 4 - 7 - 60 进行。

在模具的左侧面正中,为明确标出模具编号的位置标记。

在该模具结构中,其芯棒 13 在型腔中的轴向定位是由与上、下端板 2 之间的半梯形结构形式(也可设计成全梯形结构)来实现的。芯棒 13 的轴向定位也可以设计成定位销定位的结构形式。定位结构形式是多种多样的,不必拘泥于某一种结构。

第8章 单型腔模具设计

8.1 枝形橡胶套压注模

以下的枝形橡胶套为一机电产品电气控制部分的绝缘胶套,其形体结构如同树枝一样,腹部略大,其内有一个六方筒形结构。该制品零件的形状、结构与尺寸如图8-1-1所示。

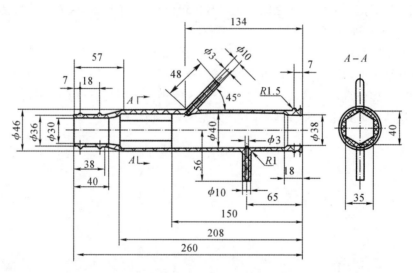

图8-1-1 枝形橡胶套

图8-1-1中的枝形橡胶套的形体结构较为复杂,特别是形体结构的尺寸有近30个,其中25个尺寸都需要进行设计计算。从形体结构来看,两个分枝套管增加了成形模具的复杂系数,从而使其模具设计与制造的难度增大。

该枝形橡胶套上的两个分枝套管,其孔径均为$\phi3$ mm,这样的结构尺寸如果设计制作成填压模结构,则成形模具在生产中的使用操作不但不方便,还会直接影响到成形$\phi3$ mm芯轴的使用寿命,生产率也将是很低的。

图8-1-1中的制品零件的两个分枝套管与主体分布在同一平面上,这种结构形式为其成形模具的结构设计带来了有利条件。因此,该制品零件的成形模具应当设计成压注式开合模结构。有设备条件的厂家,则可将成形模具设计成注压模具结构或者注射模具结构。如果为压注式开合模,则其压注器为独立式专用压注器。压注器应当与模具上平面有准确的定位。

在进行模具型腔的设计尺寸计算时,可将需要作计算的尺寸分为两类,分别进行设计计算(一类是成形制品零件外形的模具型腔各相关尺寸,另一类是成形制品零件内腔各个相关尺寸——大小芯轴上的各个相关尺寸)。

根据上述对图 8-1-1 中的制品零件形状结构特点的分析,其成形模具的结构设计为压注式开合模结构,如图 8-1-2 所示。

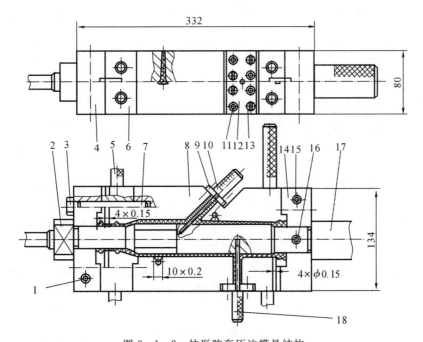

图 8-1-2　枝形胶套压注模具结构

1,15—定位销;2—拉紧螺母;3,13—螺钉;4—上、下端模(左);5—手把;
6—上、下型腔镶块;7,11—圆柱销;8—上、下模体;9—上、下定位块(45°);
10,18—小芯轴;12—上、下定位块;14—上、下端模(右);16—芯轴方向定位销;17—大芯轴

由于该制品零件主体部分为细长形,长度为 260 mm,所以,其成形模具的上、下模组件均为拼合式结构,分别由四块零件拼合而成。四块拼合零件相互之间均为止扣对接、圆柱销定位、螺钉固定。

两个小芯轴均为插装式结构,由固定在上、下模体上的上、下定位块来实现其径向定位,其轴线与上、下模组件的分型面重合。

为了插拔小芯轴时的操作方便,该模具以手把结构代替了手柄结构,以给小芯轴的操作提供应有的空间。

该模具采用了两点式压注进胶的方式,如图 8-1-2 所示。为了表达清楚,图中所示为进料口在下模体上。一般来说,像该模具这样的结构,浇注系统(由主浇道、扇形分浇道和进料口构成)都设计制作在上模体上,如图 8-1-3 所示。

排气口设计在远离进料口的位置,如图 8-1-2 中型腔两端侧面的 4 mm×0.15 mm,这种设计符合如图 5-4-12 所示的排气槽和进料口位置关系的设计原则。进料口的尺寸为 10 mm×0.2 mm 的扇形结构形式。

由于该模具采用了压注进胶结构方式,所以没有必要设计余胶槽结构。压注过程中的多余胶料,在排完气后,自然从排气槽中流出。

两个小芯轴在上、下模组件的分型面上插入大芯轴而进入工作状态。为此,大芯轴 17 的正确位置就由芯轴方向定位销 16 来确定。一般若遇到这种情况,定位机构的设计如图 8-1-4 所示。如果芯轴上的方向定位孔为直通式结构,那就有可能在使用操作中翻转,给操作带来麻烦。设计成如图 8-1-4 所示的结构形式,就可从根本上避免操作中翻转的可能性。

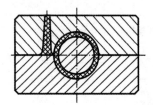

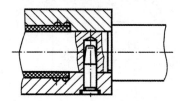

图 8-1-3　浇注系统的设计布局　　　　图 8-1-4　芯轴方向定位机构

启模口位置设计在上模组合体上,其中两个是靠近上、下模组合体的定位销。启模口的尺寸为 4 mm×15 mm×30 mm。

大芯轴 17 的轴向定位由拉紧螺母决定。操作中,装入大芯轴于下模组合体中,再合上上模组合体。在进行压注之前,要轻轻拧紧拉紧螺母。

由如图 8-1-1 所示制品零件的结构尺寸可知,由于其形体结构比较复杂,所以,需要进行设计计算的尺寸很多。为了设计计算方便,特将需要进行设计计算的尺寸分为成形模具型腔尺寸计算和芯轴尺寸计算两类。

如图 8-1-5 和图 8-1-6 所示分别为该制品零件外形各相关尺寸和内腔各相关尺寸的设计计算示意图,计算的方法如同此前各例所述,在此不再赘述。(计算过程参照第 7 章进行,本章及后续章节只讲述橡胶制品成形模具的结构设计,不再重复尺寸的计算过程)。

成形模具零件的设计过程如下所述。

如图 8-1-2 所示,该模具为压注式开合模结构,其上模组件和下模组件均为拼合式结构设计,即分别由四个零件对接拼合而成。四个零件对接拼合形式为止扣结构,三处止扣对接拼合的配合形式均为 $\dfrac{H7}{g6}$。

芯轴左右两端与上、下模组件的配合形式都是 $\dfrac{H7}{h6}$。

两个小芯轴与大芯轴为插装式结构。两个小芯轴与大芯轴和各自的上、下定位块之间的配合形式也为 $\dfrac{H7}{h6}$。

芯轴右端与其方向定位销之间的配合为较大的间隙配合,以便给芯轴与小芯轴之间的配合留出需要调整的余地,其配合形式为 $\dfrac{H9}{g8}$。

上模组件和下模组件除了止扣对接机构之外,还有圆柱销定位和螺钉压紧装置。圆柱销与相应各件之间的配合形式为 $\dfrac{H7}{p6}$。各止扣处可以设计胶料密封槽,设计时可参照图 4-7-60

进行。

对于手柄的设计,以螺纹形式与上、下模组件进行连接。

上、下模组件之间的定位机构为定位销连接,与前面所述开合模结构一样。定位销固定于下模组件上,配合形式为 $\dfrac{H7}{p6}$,与上模组件为间隙配合,配合形式为 $\dfrac{H7}{g6}$,配合的有效长度为 4～5 mm。

模具零件设计中的材料选用:芯轴选用抛光性能好的预硬钢 3Cr2NiMnMo,小芯轴选用弹性好的 60Si2Mn 钢,其余模具零件均选用 45 钢。

为了脱模顺利方便,芯轴(包括两个小芯轴)的表面粗糙度值 Ra 为 0.20～0.10 μm。上、下模组件型腔部分的表面粗糙度值 Ra 全部为 0.40 μm。其余各结构要素的表面粗糙度值,可按照表 5－9－1 常规设计要求进行。

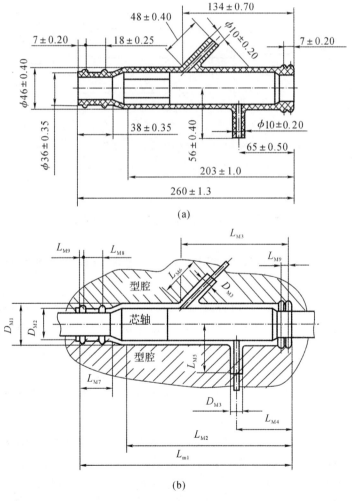

图 8－1－5　型腔尺寸计算示意图

(a)制品零件外形尺寸及公差;　(b)模具型腔尺寸

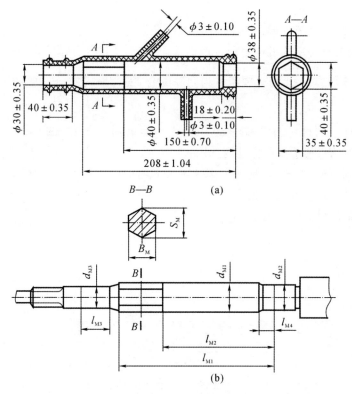

图 8-1-6　芯轴尺寸计算示意图

(a)制品零件内腔尺寸及公差；　(b)芯轴部分尺寸

8.2　橡胶防碰环成形模

石油勘探测井仪器——射孔枪上使用的橡胶防碰环,其结构形状与尺寸如图 8-2-1 所示。

橡胶防碰环也称为抗振环,当射孔枪在测距仪定位之后,引爆其上的定向射孔炮弹,射穿油井套管直至油层,为采油做好工艺准备。此时,由于爆炸反作用力的作用,连接成一体的射孔枪和测距仪就会与油井套管发生猛烈的碰撞。为了保护测距仪和射孔枪不因振动而损坏,在仪器结构中设计了一套抗振机构。图 8-2-1 所示橡胶防碰环就是抗振机构中的减震零件之一,它的作用就像轮船舷外悬挂的护舷一样,在船只之间或进港碰撞时吸收碰撞所产生的能量,以保护船体。

该制品零件的使用功能决定了其尺寸精度要求不高,但工作条件则要求耐高温、耐碱性液体腐蚀和耐矿物油性能比较好,故选用丁腈类橡胶制作。此外,该制品零件对致密度有很高的要求。因此,在设计其成形模具时,选择模具的结构要充分地考虑到这一点,最好是采用压注成形模具结构,或者带有压注结构要素的模具结构。

该制品零件上有六个均布的 $\phi15$ mm 孔,其设计目的是在碰撞之后,橡胶体能充分变形以吸收碰撞能量,并无配合功能要求。

该橡胶防碰环成形压胶模的结构设计如图 8-2-2 所示。

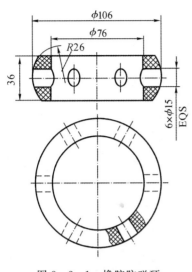

图 8-2-1　橡胶防碰环

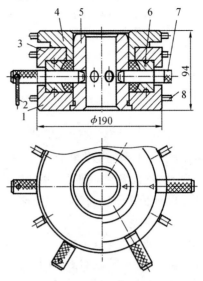

图 8-2-2　橡胶防碰环成形压胶模
1—下模;2—拉环;3—扣板;4—上模;
5—大芯轴;6—中模;7—小芯轴;8—手柄

图 8-2-2 所示橡胶防碰环成形压胶模的设计,有以下几个特点:

(1)橡胶防碰环成形压胶模的结构形式,其实质是一副整体式压注模的结构。模具的中模、扣板和大芯轴在组装之后,形成了可以放置待硫化胶料的料斗,在合上模进行压制时,上模下端的结构与扣板和芯轴进行外、内配合,推动胶料流向模具型腔并充盈其整个空间。上模就像压注器的柱塞一样工作。所以,该模具的结构特点,实际上就是整体式压注模的特点。

由于该模具的中模型腔结构是大肚子形状,在插入 6 个小型芯后,填装胶料的操作是不太方便的,只能填装少部分胶料,所剩空间是比较大的。如果没有扣板而采用平板式上模压制的话,则制品零件的致密度将无法保证。采用图 8-2-2 所示的结构,可以克服上述方案的不足,在填装部分胶料到中模型腔之后,将所余胶料装于扣板和芯轴之间,由上模下部的环形柱塞结构将胶料挤进模具型腔之中。

(2)模具中央的具有成形功能的大芯轴固定在下模上,与下模为过盈配合,其配合形式为 $\dfrac{H7}{p6}$。

(3)中模与下模的配合关系为反包形式定位,其配合形式为 $\dfrac{H7}{g6}$。

(4)六个小芯轴均布在中模上(且在中模水平方向的中线上),小芯轴插入中模,穿过型腔,再插入中央位置的大芯轴中进行定位,并成形制品零件上的 6 个 $\phi 15$ mm 的孔。小芯轴与中模、中央大芯轴的定位配合均为间隙配合,其配合形式为 $\dfrac{H7}{g6}$。

在模具设计中,对于这种多芯轴式的结构来说,一般都是要求均布的。但是,在实际加工制造时,不可能做到绝对的均匀分布,即中模的 6 个定位孔和中央大芯轴上的 6 个定位孔在方向上没有互换性。因此,在设计该模具时,要求中模和中央大芯轴之间有一个方向对模标记,如图8-2-2俯视图所示的三角号标记。在生产操作中,只要中模和大芯轴在这个方向上对正,所有小芯轴都能够顺利地安装成功。

(5)中模与扣板的配合关系,也为反包形式的定位结构,其定位配合为间隙配合,配合形式为$\frac{H7}{g6}$。

(6)扣板与上模和上模与大芯轴之间均为间隙配合,其配合形式均为$\frac{H7}{g6}$,芯轴上端设计锥形倒角,以引导上模能够平稳地向下滑动并挤压胶料进入型腔。

(7)余胶槽设置在中模上,并且远离型腔,这种结构形式有利于提高制品零件的致密度。因为这样以延长多余胶料流动距离来增大其流动的阻力,提高型腔部分胶料的致密度,是行之有效的结构方案之一。

(8)小芯轴上都装有拉环,以便于小芯轴的抽取。小芯轴抽出后,使用专用卸模架将中模、扣板与上模、下模及芯轴分离,然后取出制品零件。

在该成形模具结构的设计中,对中模的壁厚进行设计计算是必要的。因为它是相关零件设计时确定尺寸的基础,有了中模壁厚的计算数据,就使整个模具的外形尺寸设计有了依据。

对于该成形模具中模壁厚进行计算,可不考虑橡胶硫化收缩率这一因素的影响。

已知该模具中模的高度$H=36$ mm(这一高度既是中模的外形高度,也是其型腔高度),中模所用材料为45钢,经热处理后,硬度为32~35HRC(45钢在这种状态下的许用应力$[\sigma]$为80 MPa。通常模具在工作时,硫化压力机通过胶料传递给模具型腔内壁上的单位压力p为20MPa)。根据上述条件,即可计算中模的壁厚。

中模的形状结构和受力状态如图8-2-3所示。

应用式(5-3-6)对中模的壁厚进行计算。

中模的壁厚为

$$\Delta = Kr_2$$

式中,r_2为中模型腔最大处的半径(mm)。

令

$$K = \sqrt{\frac{L}{L-2}} - 1$$

$$L = \frac{[\sigma]}{p} = \frac{80\text{ MPa}}{20\text{ MPa}} = 4$$

查表5-3-1可得

$$K = 0.41$$

所以

$$\delta = Kr_2 = 0.41 \times 53\text{ mm} = 21.73\text{ mm}$$

在设计模具的中模零件时,中模的最小壁厚必须保证不小于21.73 mm。然后,根据模具结构特点,对这一尺寸进行圆整,便可确定其设计尺寸。

关于该制品零件成形模具型腔各相关尺寸的设计计算,可参照图8-2-4所示进行。

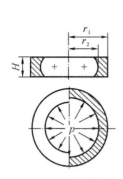

图 8-2-3 中模的形状结构与受力状态

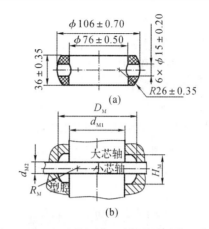

图 8-2-4 型腔相关尺寸的设计计算示意图

(a)制品零件尺寸及公差; (b)模具型腔尺寸

8.3 微电极极板压胶模

石油测井仪器使用的微电极极板,其形状结构及尺寸如图 8-3-1 所示。

该制品零件形体结构较为复杂。尺寸也比较大,在其形体之中有两个复合金属骨架。一个是由厚度为 2.5 mm 的钢板冲裁而成的,中间有一长孔(尺寸为 84 mm×24 mm),其上焊接有四个特制螺母,两端各有一个 ϕ6.5 mm 的圆柱销通孔,两侧分别弯起两个翘脚(长度为 22 mm)的钢制骨架。另一个是中线上一字排开的、间距为 30 mm 的电极头,其上部焊接有 ϕ1.5 mm 的铜质接线柱。

微电极极板的工作面,是其下面半径为 R112 mm 的弧面,其电极头依靠仪器上弹簧的力量紧紧贴附在裸眼井(刚钻开而未下套管的石油探井或生产井)的井壁上,匀速缓慢移动,接收来自地层岩石的测井信号,并传到仪器中进行处理。制品零件的橡胶体对各个电极头起到绝缘和密封地层与井下泥浆的作用。

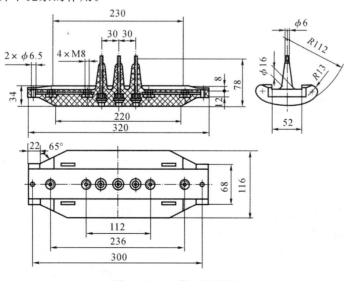

图 8-3-1 微电极极板

根据微电极极板的工作原理,可以判断出该制品零件的成形尺寸要求都不严格。

制品零件中钢制复合骨架上的四个特制螺钉、四个翘脚以及两个 $\phi 6.5$ mm 的圆柱销通孔,为其在模具型腔中的定位提供了可以利用的有利条件。电极头上端焊接的 $\phi 1.5$ mm 钢质接线柱,对于电极头定位的扶正也是有帮助的。

比较难以处理的是电极头下端的定位问题。这个问题可以通过与产品设计人员和工艺人员进行协商解决,即将电极头下端的结构尺寸进行延长,并赋以比较严格的制造公差。制品零件在成形之后,再将电极头下端的延长部分铣削掉,达到制品零件设计图样的要求。

微电极极板成形压胶模的结构设计如图 8-3-2 所示。

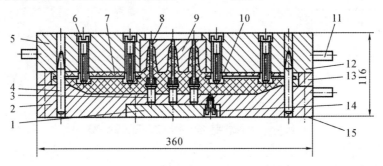

图 8-3-2 微电极极板成形压胶模具

1—定位托板;2—下模;3—电极头;4—定位销;5—上模;6—固定螺钉;7—钢制骨架;8—接线柱;
9—型腔镶块;10—特制螺母;11—手柄;12—圆柱销;13—端模块;14—螺钉;15—内六角螺钉

该成形模具结构的设计特点如下:

(1)除了图 8-3-2 中两个定位销 4 外,上模和下模之间还有两个真正起定位作用的定位销(图中未画出)。这两个定位销都固定在下模上,与下模的配合形式为 $\phi 16 \dfrac{H7}{p6}$。定位销与上模之间为间隙配合,配合的有效长度为 5~8 mm,导向部分的高度为 12~15 mm。定位销与上模之间的定位配合形式为 $\phi 16 \dfrac{H7}{g6}$。

之所以要在上、下模之间设置专门的定位系统,是因为图 8-3-2 中的两个定位销 4,其主要功能是成形制品零件两端中线上的两个 $\phi 6.5$ mm 的孔,同时对钢制复合骨架在模具型腔中进行正确的定位。虽然这两个定位销也是固定在下模上$\left(\text{配合形式为 } \phi 6.5 \dfrac{H7}{p6}\right)$,与上模也是间隙配合$\left(\text{配合形式为 } \phi 6.5 \dfrac{H7}{g6}\right)$,但是,由于其直径小,位置又分布在中轴线上,对上、下模的定位作用的可靠性不是很高。因此,在这副模具的结构设计中,必须有上、下模之间的准确定位系统。

(2)在上模中部设计了型腔镶块,以此来成形制品零件上的三个锥形护线胶柱。这种镶块形式的结构设计,将有利于锥形护线胶柱成形型腔的加工制作。否则,如果上模为整体式结构,其上的三个锥形护线胶柱成形型腔部位的加工将非常困难且费时费工。不仅如此,图 8-3-2 中的型腔镶块 9 在脱模取件操作中,还起着十分积极的作用。即脱模时,卸下四个固定钢制骨架复合骨架的螺钉后,专用卸模架中心的顶块顶动型腔镶块,将制品零件推离上模型腔。

(3)图 8-3-2 中的端模块 13,其作用是使下模型腔两端上部的结构变成直通式结构,有利于型腔的成形加工。模具两端的端模块由圆柱销和内六角螺钉镶嵌在下模型腔的两端。

（4）钢制骨架复合骨架在模具型腔中的定位。从制品零件结构图中可以看出,钢制复合骨架上有三个结构要素可以为其在模具型腔中起定位所用。这三个结构要素,一是两端的 $2 \times \phi 6.5$ mm 的孔,用以控制钢制骨架复合骨架在模具型腔中的左、右位置;二是钢制骨架上焊接有四个特制的 M8 螺母,可以用来固定钢制骨架复合骨架于模具型腔之中;三是钢制骨架上设计了四个翘脚,翘起的高度与四个特制螺母上平面相平齐,这样,当四个螺钉旋入特制螺母,并把钢制骨架复合骨架固定在模具型腔中时,四个特制螺母的上端面和骨架板上的四个翘脚就形成了一线四点式的定位布阵形式,使复合骨架在模具型腔中保持了设计要求的正确位置。

四个特制螺母的位置,也是制品零件在工作时与仪器进行组装的螺纹连接位置。在模压成形过程中,四个螺钉旋入特制螺母,在固定复合骨架的同时,也堵塞了螺孔,避免了胶料受挤而钻入螺孔之中。

（5）电极头复合骨架在模具型腔中的定位。电极头与接线柱是用银焊焊接在一起的。电极头的下部,将其结构尺寸 $\phi 10$ mm 做了工艺延长设计,增加到了 $\phi 12$ mm。这样,电极头就可以插到下模中设置的定位孔中,由固定在下模下面的定位托板支起。电极头与下模的定位配合形式为 $\phi 10 \dfrac{H7}{g6}$。

电极头复合骨架的上部,由接线柱与型腔镶件上三个对应孔来实现其扶正并定位,这样,电极头复合骨架在模具型腔中就得到了可靠的定位。

（6）余胶槽的设计与布局。该模具的余胶槽设计布局在下模分型面上,沿着型腔的轮廓,距离型腔边缘 3～5 mm 进行设计,并从两端通向模具形体之外。

余胶槽为 4 mm×1 mm 的矩形截面结构,以疏导因模具型腔中骨架结构比较复杂且数量较多而造成的填装胶料困难,使装入的多余胶料流到模具形体之外。

（7）该模具不设计布局启模口,因其结构尺寸大、质量也大,所以采用了专用卸模架来启模取件。

8.4　汽车排气弯管成形模具

现有一汽车排气弯管,其形状结构、基本尺寸和实物照片分别如图 8-4-1 和图 8-4-2 所示。

出于对生产厂家技术的保密,制品零件的性能参数及模具型腔尺寸的设计计算,在本书中不做介绍,仅做模具结构的简介。

因汽车相关部位的有限空间及车型的不同,汽车用的排气弯管形状各不相同,且弯曲多变。在这类制品的结构上,为了安装的方便和增强其刚度,形体多具有类似波纹形式的结构,使形状更加异常复杂,给成形模具(型腔及芯轴)的设计与制造加工都带来了难度。如图 8-4-1所示的汽车用排气弯管是比较简单的,现在讨论其成形模具的设计与工作特点。

如图 8-4-1 所示汽车用排气弯管,其成形模具结构设计如图 8-4-3 所示。

在评述该成形模具结构设计特点之前,首先来看看该汽车用排气弯管的形体结构特征。该制品零件的形体结构,除了有一个明显的折弯结构之外,在其一旁偏转了 20°的下端,还有一个枝芽形的小管与主体相通。此外,在主体两端管口处,各有一个扎带槽。形体之上,两段各有一组较深的波纹槽结构(一组为 4 个单元,另一组为 3 个单元)分别分布在折弯处的两端,如图 8-4-1 中主视图所示。

该制品零件成形模具的结构设计特点如下:

(1)图 8-4-3 中的成形模具,是使用于 1 600kN 注压式成形硫化机上而生产的模具。因此,其上模两侧分别安装有挂耳,工作时与注压硫化机上悬梁(俗称中子)相连接,吊装于其上。

(2)模具设计时,必须查阅该硫化成形机的相关技术参数,如两挂耳外侧面之间的距离应当小于硫化机前面两根格林柱之间的实际距离。

(3)由于上模的厚度尺寸较大,因此,直接将挂耳与之相连接,而不设置上模固定板。这样,可使模具结构得以简化。

(4)下模固定板前后两面的开放式固定槽与硫化成形机下热板上的 T 形槽相配合,以便于固定安装。

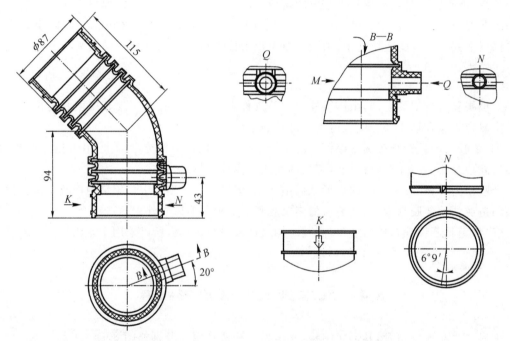

图 8-4-1　汽车排气弯管

图 8-4-2　汽车排气弯管实物照片

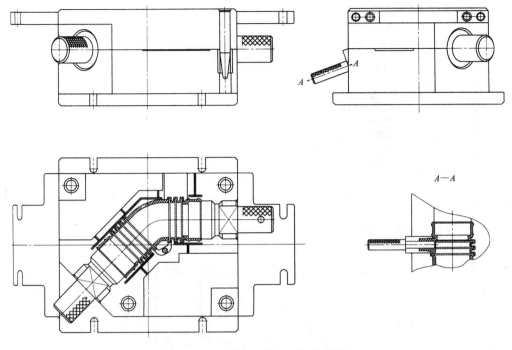

图 8-4-3　汽车用排气弯管成形模具

（5）由于型腔结构的限制，浇注系统的主浇道位置偏离了硫化机的压力中心，如图 8-4-3 所示。

（6）在模压成形时，为了保证能够将飞边减小到最薄的程度以便修除，在模具的分型面上，使其支承面达到最大化，而使分型面的结合面达到合理的最小化。

（7）撕边槽类似于型腔分型面上的外轮廓，并与减小分型面面积的剔除台相通，以导出型腔中的气体和多余的胶料。

（8）成形枝芽型小胶管处，其结构为镶拼式设计，小型芯为活动式的可抽拔式结构。

（9）小型芯与弯管体型中心并不相通，留有一层工艺性隔膜，如图 8-4-4 所示。这一隔膜并非是制品零件本身的结构设计要求，而是制品零件在模制化成形过程中的工艺要求。因此，将其称为工艺性隔膜。

设置工艺性隔膜的目的，是在成形生产时，便于使用压缩空气将制品零件膨胀脱卸。之后，再将其去除。

（10）该成形模具的定位系统有初始定位（4 对导柱导套）系统和目的定位（芯轴两端的圆柱配合）系统。

（11）芯轴为拼合式焊接结构。

（12）芯轴与型腔的加工都是采用立式加工中心完成的。

（13）该成形模具的脱模取件是依靠压缩空气来完成的，所用脱模气筒如图 8-4-5 所示。

在开模之后，将带有制品零件的芯轴一起取出模具型腔，将其一端悬挂于脱模架上，再将脱模气筒插入另一端，脚踩气门开关，向制品零件和成形芯轴之间通入压缩空气，使制品零件胀形，便可将其取下。脱模气筒的使用，如图 8-4-6 所示。

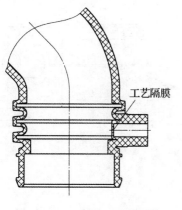

工艺隔膜

图 8-4-4 制品工艺性隔膜

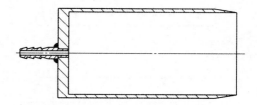

图 8-4-5 脱模气筒

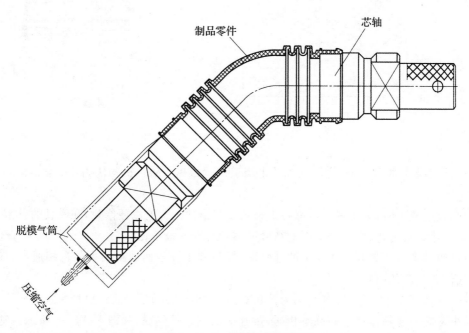

制品零件

芯轴

脱模气筒

压缩空气

图 8-4-6 脱模气筒的使用

　　对于其他类似于如图 8-4-1 所示橡胶弯管的制品(见图 8-4-7~图 8-4-9),其成形模具的设计可参照本例进行。

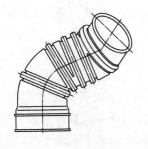

图 8-4-7 橡胶弯管(一)

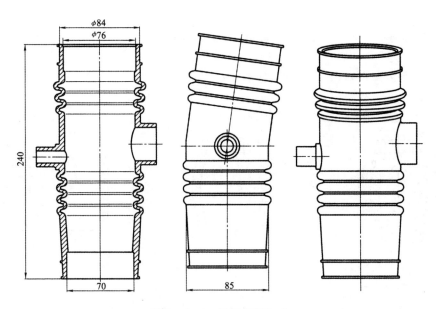

图 8-4-8　橡胶弯管(二)

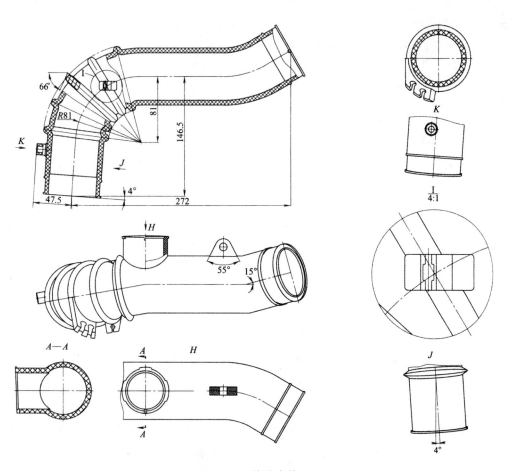

图 8-4-9　橡胶弯管(三)

8.5 减震器成形模(一)

以下的一橡胶减震器,其形体结构如图 8-5-1 所示。图 8-5-2 和图 8-5-3 分别为该减震器的内骨架和外骨架。

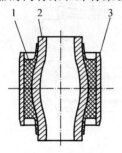

图 8-5-1 橡胶减震器

1—橡胶主簧;2—内骨架;3—外骨架

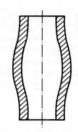

图 8-5-2 内骨架

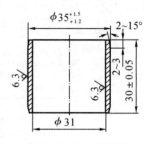

图 8-5-3 外骨架

如图 8-5-1 所示橡胶减震器属于一种常用的减震器,虽然其内骨架为鼓肚形,但不影响它在模具型腔中的定位。这一减震器的主要性能(力学性能)由橡胶主簧来保证,与模具本身没有关系。而且,橡胶体的表观尺寸无严格要求,这给成形模具的设计带来了方便。

该橡胶减震器的成形模具结构设计如图 8-5-4 所示。

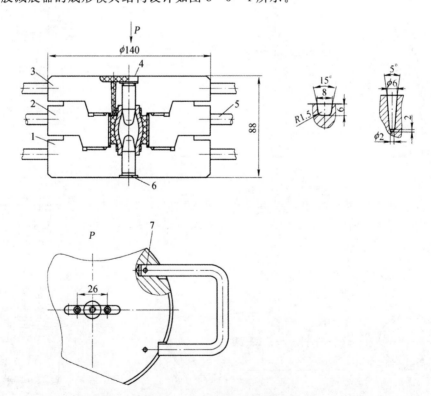

图 8-5-4 减震器成形模具

1—下模;2—中模;3—上模;4—内骨架上定位销;5—手柄;6—内骨架下定位销;7—手柄铆销

图 8-5-4 的模具结构特点如下：

(1)模具的中模和下模、上模和中模之间的定位均为短锥面定位。

(2)在下模的上分型面上和中模的上分型面上均设置有撕边槽，在各分型面的外沿处设置有余胶槽(截面形状为矩形)。撕边槽和余胶槽之间有四条(或者六条)连接槽相连通，如图8-5-5所示。这种结构设计可以使模具具有排气、余胶、撕边的功能，对于制品零件的成形质量和修边操作都具有重要的作用。

(3)浇注系统的分浇道和点浇口的形状与尺寸如图 8-5-4 所示。

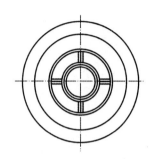

设计该成形模具时应注意以下几个问题：

(1)中模与下模的定位由下分型面和短锥面决定，内外短锥面的有效接触面积不得小于 75%，以红粉研合判断。

(2)在上述定位要素确定之后，下模外侧的上平面与中模外侧的下平面应留有 0.20 mm 左右的间隙。

(3)上模与中模的定位设计同中模与下模的定位设计。

(4)在模具的设计与制造中，要确保对内骨架和外骨架的定位以及封模尺寸的实现。

图 8-5-5　排气、余胶、撕边
结构设计

(5)模具的手柄与上、中、下模的连接手柄用铆销铆死，这种结构形式避免了焊接结构易于使模具变形的弊病和其他结构加工烦琐的情况。

这种结构的模具可用于如图 8-5-1 所示的制品零件在开发初期的样品模具，或者小批量生产的模具。如果进行大批量生产，则要设计多型腔注压成形模具或者多型腔注射成形模具。

如图 8-5-4 所示结构形式的模具，可以使用通用的压注器将胶料注入模具型腔，也可用于注压式橡胶成形硫化机上注胶成形。若选用后者，则模具的投影面积显然要些小。因此，可在模具的上、下两面垫以面积较大的垫板，来保护硫化设备和模具。

8.6　减震器成形模（二）

以下的一橡胶减震器，其形体结构如图 8-6-1 所示。图 8-6-2 和图 8-6-3 分别为该减震器的外骨架和内骨架。

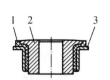

图 8-6-1　橡胶减震器(二)

1—橡胶体；2—内骨架；3—外骨架

图 8-6-2　外骨架

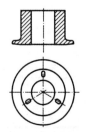

圈 8-6-3　内骨架

该橡胶减震器的成形模具的结构设计如图 8-6-4 所示。

如图8-6-4所示橡胶减震器成形模具的结构特点和如图8-5-4所示橡胶减震器成形模具的结构特点基本相同,只是中模和下模的结构形式有所区别。

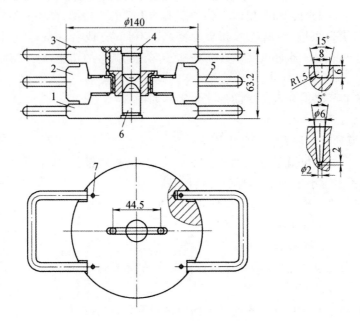

图8-6-4　减震器(二)成形模具

1—下模;2—中模;3—上模;4—内骨架上定位销;5—手柄;6—内骨架下定位销;7—手柄铆销

在设计该成形模具时,其中模上、下两面的定位锥度应该有明显的尺寸差别,以防止误操作,保证模具的使用安全。

8.7　减震器成形模(三)

以下的一橡胶减震器,其形体结构如图8-7-1所示。图8-7-2和图8-7-3分别为该减震器的外骨架和内骨架。

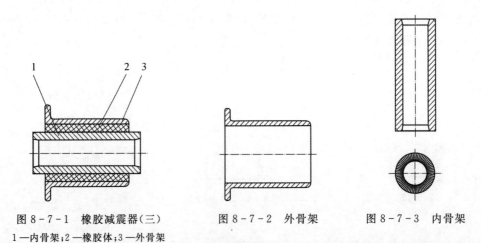

图8-7-1　橡胶减震器(三)　　图8-7-2　外骨架　　图8-7-3　内骨架

1—内骨架;2—橡胶体;3—外骨架

该橡胶减震器成形模具的结构设计如图 8 - 7 - 4 所示。

如图 8 - 7 - 4 所示橡胶减震器的成形模具结构,其特点与图 8 - 5 - 4 所示减震器成形模具的结构特点基本相同,只是在上模的下面(型腔结构)增加了撕边槽、连接槽和跑胶槽。这种结构可以使多余胶料直接排出模具体外。

设计这类成形模具时,要注意内骨架上定位销台肩的高度尺寸,即该尺寸要比浇注系统的深度尺寸大 2.0～2.5 mm。

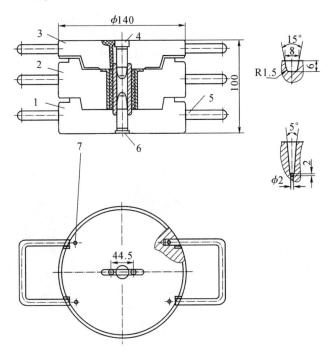

图 8 - 7 - 4　减震器(三)成形模具

1—下模;2—中模;3—上模;4—内骨架上定位销;5—手柄;6—内骨架下定位销;7—手柄铆销

8.8　减震器成形模(四)

以下的一橡胶减震器,其形体结构如图 8 - 8 - 1 所示。图 8 - 8 - 2 和图 8 - 8 - 3 分别为该橡胶减震器的外骨架和内骨架。

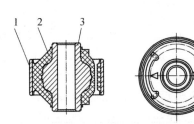

图 8 - 8 - 1　橡胶减震器(四)

1—外骨架;2—橡胶主簧;3—内骨架

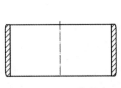

图 8 - 8 - 2　外骨架

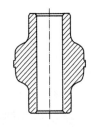

图 8 - 8 - 3　内骨架

在该橡胶减震器的形体结构中,两侧有上下相通的减震变形孔(见图8-8-1)。成形这一结构特征需要对上下模进行定位。此外,为了脱模取件方便,模具可采用哈夫块式中模结构,哈夫块型腔下方可设计制品出模勾起台。

通过上述分析,图8-8-1中的制品零件成形模具的结构设计如图8-8-4所示。

图8-8-4中的成形模具结构的特点如下:

(1)由于减震器橡胶主簧中有两个异形通孔结构,成形该异形孔的型芯分为两个部分,分别在上模和下模。为了成形该异形孔,在模具结构中设置了导柱5和6用以定位。

(2)该模具的中模型腔为哈夫块式结构,且在哈夫块型腔下端设置了勾起台,以方便取件。

(3)上模和中模、中模和下模以及哈夫块与中模均为锥面定位形式,其设计要求与图8-5-4模具相同。

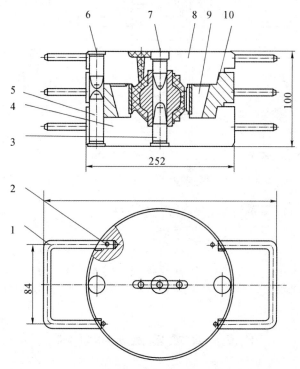

图8-8-4 减震器(四)成形模具

1—手柄;2—手柄铆销;3—内骨架下定位销;4—下模;
5,6—导柱;7—内骨架上定位销;8—上模;9—哈夫块;10—中模块

(4)成形制品零件中的异形孔的结构要素分别为上模和下模为整体式结构。下模上的型芯结构比上模的型芯结构尺寸长,即异形孔中的分型面偏上。这样,便能使制品零件留在中模(哈夫块)型腔之中。上、下型芯部分均可设置脱模斜度。

设计该模具结构时,应当注意,哈夫块的下平面在组装后与下模相应分型面必须留有0.05~0.10 mm的间隙;而哈夫块的上平面则应比中模板10相应的平面高出0.15~0.20 mm。

如果有加工条件,则可在哈夫块分型面上型腔外沿设置撕边槽(余胶槽),以容纳制品成形之后的多余胶料。

8.9　减震器成形模（五）

以下的一异形结构的橡胶减震器，其形体结构如图 8-9-1 所示。图 8-9-2 和图 8-9-3 分别为内骨架和外骨架。

如图 8-9-2 所示可知，该异形橡胶减震器的内骨架是个复合骨架，由一个冲压件和一个芯管焊接组合而成。制品的两个骨架，其外形均为异形结构，这使得模具的结构要复杂许多。

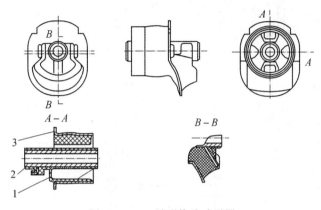

图 8-9-1　异形橡胶减震器
1—橡胶主簧；2—内骨架；3—外骨架

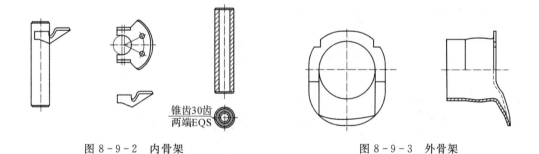

图 8-9-2　内骨架　　　　　　　　　　　　　图 8-9-3　外骨架

如图 8-9-1 所示异形橡胶减震器的成形模具的结构设计如图 8-9-4 所示。

该成形模具的结构设计特点如下：

（1）由于该减震器在内骨架和外骨架上都存在着方向的形体结构要求，因此，对上、下、中模设置了导柱 10 和定位销 9 组成的内外层导柱定位系统。

（2）如图 8-9-1 所示，该橡胶减震器的形体结构要求成形的哈夫块结构形式分为两层，即哈夫块（上）2 和哈夫块（下）4 所示。从其模具的二维（2D）设计图上理解制品零件的形体成形结构还有点困难，参看图 8-9-5 可更加容易理解如图 8-9-4 所示的成形模具结构。

（3）成形制品外形的两层哈夫块也有一个方向问题，所以，两层哈夫块之间设置有定位销，同时与下模之间也有定位销，以保证减震器形体的正确成形。

（4）在哈夫块组的上面和下面块设置了撕边溢胶结构要素。

（5）上模和中模之间，中模和下模之间均为短锥面定位结构。

（6）两层哈夫块之间为台阶式斜分形面，外骨架仿形于下哈夫块之中。

（7）上哈夫块的上面和下哈夫块的下面分别设计有排气、跑胶和撕边结构要素,如图8-9-4所示。

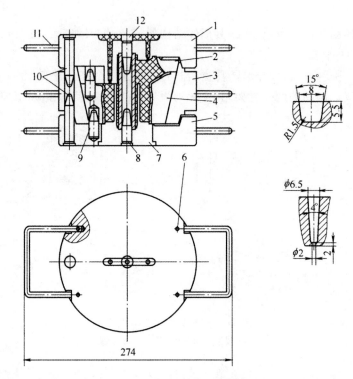

图8-9-4 异形橡胶减震器成形模具

1—上模;2—哈夫块(上);3—中模板;4—哈夫块(下);5—下模;6—手柄铆销;
7—型芯;8—内骨架下定位销;9—定位销;10—导柱;11—手柄;12—内骨架上定位销

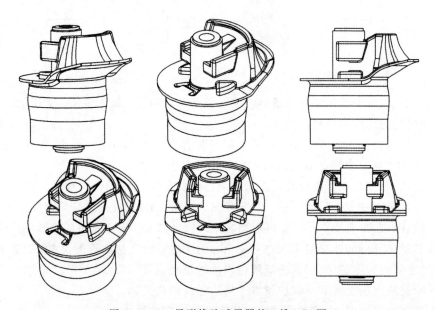

图8-9-5 异形橡胶减震器的三维(3D)图

8.10　吹气脱模防尘罩成形模

以下的橡胶防尘罩,其形状、结构与尺寸如图 8-10-1 所示。

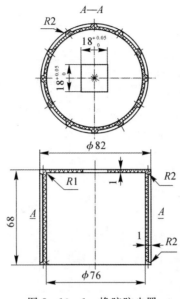

图 8-10-1　橡胶防尘罩

该防尘罩形状比较简单,特点是壁厚较薄,仅为 1 mm。外径之上均匀地布有 12 条半径为 2 mm 的竖肋;上沿和下沿各有一周 1/4 圆形的凸肋,在上平面的中心有一尺寸要求比较严格的正方形孔,方孔的边长为 $18^{+0.05}_{0}$ mm。

根据制品零件的形体结构特点,其成形模具的设计应当选择斜导柱滑块机构、吹气脱模的结构形式。

依据制品形体结构分析,其成形模具的设计如图 8-10-2 所示。

这副成形模具的设计结构有以下几个特点。

(1)该模具为卧式结构,使用于卧式橡胶注射成形机上。

(2)模具由定模部分、动模部分、斜导柱滑块开模机构、导滑板导向机构、压缩空气吹落制品机构、型腔滑块的锁紧机构等部分组成。

(3)导滑板固定于定模板上,形成滑块的导滑槽。滑块在导滑槽中左右对称移动,以便形成开模、合模动作。

(4)垫板与固定板固定在一起组成动模部分的主体,型芯固定在固定板上。

(5)模具的型腔设计在两个对合的滑块上,并悬滑浮动于各导滑板组成的导滑槽中。通过固定于定模板上的导柱和固定于固定板上的导套,实现型芯与滑块上型腔的正确定位,其定位精度决定于导柱、导套的精度。

(6)滑块的开、合移动,是随动模的移动并由斜导柱来驱使的。

(7)为了防止滑块在橡胶注入并充满型腔时受力而产生移动,模具结构中采用了锁紧楔锁紧滑块的锁紧机构。

(8)吹气脱模取件机构设计布局在型芯体内,由气嘴和气管与压缩空气相通。通过模具外侧的联动机构控制气阀,实现开模与吹落制品零件、合模与关闭气阀动作的同步进行及程序化控制。

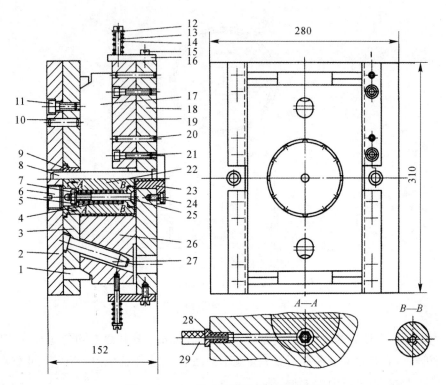

图 8-10-2 防尘罩橡胶注射模具结构

1—锁紧楔;2—底板;3—固定板;4,14—弹簧;5,12—垫片;6—丝堵;7—螺母;
8—导柱;9—导套;10,20—圆柱销;11,13,15,21,24—螺钉;16—支板;17,26—滑块;
18—定模板;19—导滑板;22—型芯;23—浇口套;25—堵杆;27—斜导柱;28—气嘴;29—气管

(9)调整固定于定模板两侧的牵力装置(由图 8-10-2 中的垫片 12,螺钉 13,15,弹簧 14和支板 16 组成),使滑块在开模时受到一个向外的牵力,以辅助斜导柱驱动滑块向外移动。

(10)斜导柱与滑块的配合留有 0.5～1.0 mm 的间隙,以保证在开模的瞬间,使制品滑动,在斜导柱的继续驱动下实现开模。

使用该模具注射成形的制品零件上方设有 $18^{+0.05}_{0}$ mm×$18^{+0.05}_{0}$ mm 的方孔,该孔由专用冲孔模具来完成。

模具使用时,要安装在橡胶注射模具的通用模架上。

该成形模具的设计要注意以下几方面:

(1)滑块在其两侧导滑板所构成的导滑槽中的滑动须平稳、顺畅,不得存在卡滞或爬行跳动等现象。

(2)型芯体内的吹气脱模装置,其堵杆与型芯之间的锥面配合必须严密,锥面的有效接触面积应当大于 80%。否则,橡胶将会被挤入到型芯体内,带来非常大的麻烦。在其工作状态下,弹簧压力要小于压缩空气的压力。

(3)滑块中型腔的设计(见图 8 - 10 - 2),其中有一对竖肋要恰好位于两个滑块的分型面上,12 条竖肋应布局均匀。

(4)型芯固定在固定板上,其配合形式为 H7/k6。

(5)导柱导套分别固定在定模板和固定板上,其配合形式均为 H7/p6,而导柱与导套之间的配合形式则为 H7/f7。

(6)斜导柱与固定板为过渡配合,配合形式为 H7/k6 或 H7/n6。

(7)斜导柱与滑块、滑块与锁紧楔的设计如图 8 - 10 - 3 所示。

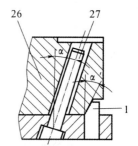

图 8 - 10 - 3　斜导柱、滑块、
锁紧楔的设计

1—锁紧楔;26—滑块;27—斜导柱

斜导柱与滑块之间的配合,应当有 0.5~1.0 mm 的间隙,以保证在开模的一瞬间斜导柱能够对滑块产生一个冲击力,有利于滑块中部的型腔面与制品零件的分离。该间隙还能优先使锁紧楔脱离滑块,避免干涉滑块在导滑槽中的移动。

斜导柱的倾斜角 α 一般为 $15°\sim25°$,多数选取 $20°$,而锁紧楔的楔角 α' 应当大于斜导柱的倾斜角。通常 $\alpha' = \alpha + (2°\sim3°)$。

锁紧楔与滑块之间的有效接触面应当大于 80%,制造时以红粉对研测试为准。

8.11　防护罩橡胶注射成形模

以下的机械装置橡胶防护罩,其形状、结构与尺寸如图 8 - 11 - 1 所示。

该橡胶制品的形体结构简单,但其形体尺寸较大,壁较厚,主体为方形,上部有一圆孔,口沿处有 $R2.5$ mm 的环形凸肋,下部为带有台肩的方形通孔。

该制品尺寸精度要求不高,但外观质量要求较高。所谓外观质量,包括以下几方面要求:

(1)外形表面光泽发亮,无喷霜现象,无气泡,无麻点,表面颜色要均匀而且饱满。

(2)制品表面无流痕,无收缩凹坑,无塌陷变形。

(3)外观无错腔痕迹和飞边修除痕迹,包括浇道口的修除痕迹。

(4)制品外观的标志(包括图案、文字等)按照客户要求制作,字迹和图案清晰、轮廓光亮等。

由此可见,该制品模具的浇注系统不能直接设置在制品表面的任何位置上。但有一点,对于壁厚较厚零件的脱模取件来说,无论其脱模斜度在型腔件上还是在型芯件上,都是非常有利的。

该制品成形模具的结构设计如图 8 - 11 - 2 所示,其结构与同类塑料注射模的结构基本上是相同的,即由动模部分和定模部分所构成。

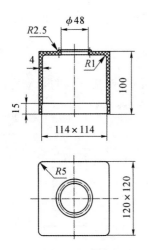

图 8-11-1　橡胶防护罩

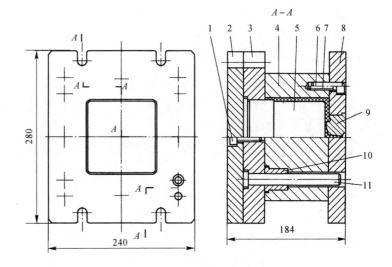

图 8-11-2　防护罩橡胶注射模

1,7—螺钉;2—垫板;3—固定板;4—型腔板;5—型芯;
6—圆柱销;8—定模;9—浇口套;10—导套;11—导柱

　　动模部分由垫板 2、固定板 3 和型芯 5 组成,定模部分由定模 8 和型腔板 4 组成。这是一种结构比较简单的橡胶注射成形模具。

　　型腔板 4、浇口套 9 直接固定在定模板上,型芯 5 和导柱 11 固定在固定板 3 上,并与型腔板 4 连接成为一体。

　　开模后,模具的动模部分随模架的可动部分一起向左移动,制品零件紧包在型芯上被一起带出型腔板,在到达规定的行程处停止移动。此时,用手工方法直接将制品从型芯上取下,再从制品口沿处清除浇注系统废料,便可得到制品零件。

　　这副模具是传统结构,模具固定在橡胶注射模具的通用模架上。其浇注系统的设计如图 8-11-3 所示。

　　橡胶注射模具的通用模架如图 8-11-4 所示。

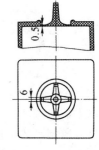

图 8-11-3　浇注系统的设计布局

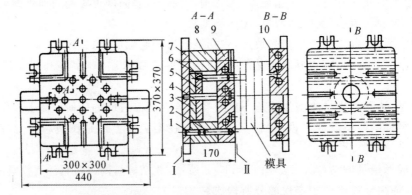

图 8-11-4　橡胶注射模具通用模架

1,2—圆柱销;3—垫板;4—垫板导柱;5—顶板;
6—顶杆;7—垫板;8—垫块;9—动模加热板;10—定模加热板

8.12 特殊结构哈夫式注压成形模具(一)

特殊结构的注压成形模具一定是特殊结构的橡胶制品所需要的成形模具。

所谓特殊结构,就是指它与平常所遇到的橡胶成形模结构具有较大的区别。现在就来讨论一下这类橡胶制品的成形模具。

以下的带有骨架的结构特殊、形体独特的橡胶制品,如图 8-12-1 所示。其成形模具如图 8-12-2 所示。

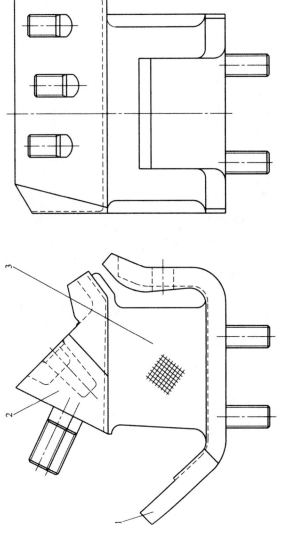

图 8-12-1 特殊橡胶制品(一)

1—骨架(一);2—骨架(二);3—橡胶主簧

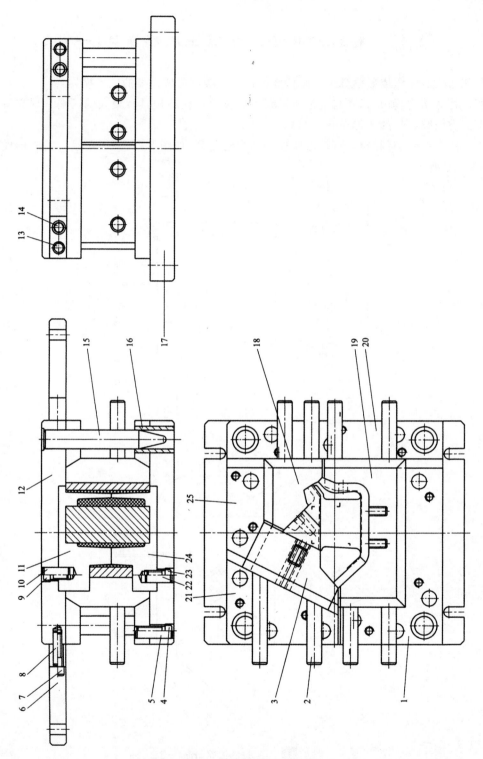

图 8-12-2　特殊制品成形模具(一)

1—定位块(一);2—托柱;3—异形哈夫块(一);4,7,9,14,23—内六角螺钉;

5,8,10,13,22—圆柱销;6—挂耳;11—上型芯;12—上模板;15—导柱;16—导套;17—下模固定板;

18—异形哈夫块(二);19—异形哈夫块(三);20—定位块(二);21—定位块(三);24—下型芯;25—定位块(四)

这副模具的结构特点如下：

(1)该模具为单模独腔结构,模具高度较大,导柱导向距离大,脱模空间要求很大。

(2)模具结构中的哈夫块为异形结构,不平直、不对称、不规则。

(3)由于哈夫块的形状为异形,所以,其定位块既不对称,也不规则。

(4)制品上的骨架造成了多处漏胶的可能,补空堵缺的结构要素较多。

(5)哈夫块上无法设置托条,代替它的是悬臂较长的托柱。

(6)模具的定位块为上、下两组,由多块异形定位块拼合组成,从上、下两个方向"关死"多块哈夫组件。

(7)模具为注压式结构,用于具备 3RT 的注压式橡胶成形硫化机上。

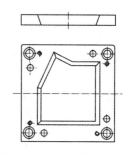

图 8 - 12 - 3　整体式哈夫式定位块

如果有条件,该模具的哈夫式定位块可以设计成整体式结构,如图 8 - 12 - 3 所示。

8.13　特殊结构哈夫式注压成形模具(二)

以下为又一个形体独特的带有异形骨架制品的结构,与如图 8 - 12 - 1 所示橡胶制品类似,如图 8 - 13 - 1 所示。

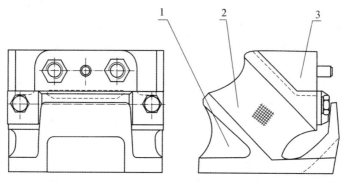

图 8 - 13 - 1　特殊橡胶制品(二)
1—骨架(一);2—橡胶主簧;3—骨架(二)

该制品也同样遇到了成形模具难以设计、样品模具设计方案操作性差、漏胶严重、脱模取件均为手工操作而非常困难等诸多问题。

同样,在研究了其形体结构的特点之后,获得的成形模具结构设计如图 8 - 13 - 2 所示。

该模具的结构特点如下：

(1)与如图 8 - 12 - 2 所示模具结构一样,该模亦为单模独腔结构,模具高度大,导柱导套的开模空间大。

(2)三块异形哈夫块既不对称,又不规则。

(3)托柱悬臂很长。

(4)模具使用于具有 3RT 的橡胶成形硫化机上。

(5)哈夫块的挡铁定位块分为上、下两组,与图8-12-2中模具结构特征基本相同。

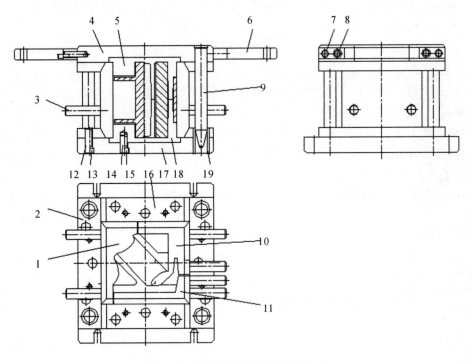

图 8-13-2 特殊制品成形模具(二)

1—异形哈夫块(一);2—挡铁定位块(一);3—托柱;4—上模板;5—上型芯;

6—挂耳;7,12,14—圆柱销;8,13,15—内六角螺钉;9—导柱;10—异形哈夫块(二);

11—异形哈夫块(三);16—挡铁定位块(二);17—下模板;18—下型芯;19—导套

在开模后,模具的下模部分随热板一起移出。然后,由硫化机的第一组RT结构两侧的托板托起镶嵌于各哈夫块外侧的托柱。

由于硫化后橡胶的附着力和骨架上的螺钉等结构要素的悬挂作用,哈夫块组与制品一起被硫化机的托板托起。此时,操作者可将各哈夫块分离开来,将制品取出。

在哈夫块挡铁定位块的设计制作方面,相比之下该副模具的挡铁定位块较为规则。若有条件,亦可将挡铁定位块设计制作成如图8-13-3所示的整体式结构。

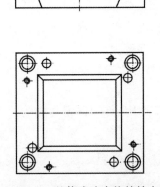

图 8-13-3 整体式哈夫块挡铁定位块

8.14　汽车用皮碗类橡胶制品成形模具

以下的橡胶皮碗的形状结构如图 8 - 14 - 1 所示。该皮碗制品成形模具的设计结构如图 8 - 14 - 2 所示。

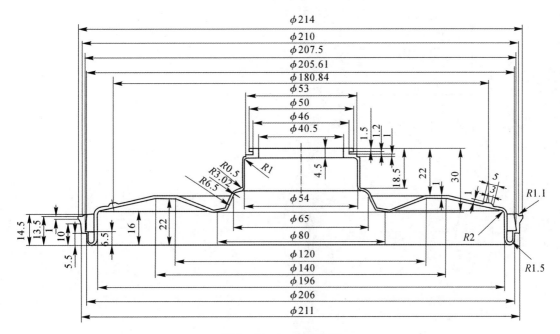

图 8 - 14 - 1　橡胶皮碗

该模具的结构特点如下：

(1)模具形体较大,在 1 500 kN 抽真空平板硫化机上进行生产;

(2)模具的上、下模直接被压板固定在硫化机热板之上;

(3)模具在上、下模型腔外侧的分型面上和中央上方的圆柱形定位柱上均设置有撕边槽;

(4)模具上、下模的承压面在其分型面上,定位机构为上、下模分型面外侧的锥面(半角为 12°)和中央上方的 $\phi41.3$ H8/f8 圆柱配合;

(5)模具的上、下模在最外侧两环形面之间留有 0.10 mm 的间隙,有利于抽真空的完全实现;

(6)撕边槽外侧有 8 条跑胶槽与模体外部相通,有利于抽真空和多余胶料溢出;

(7)模具使用时,入模胶料必须定量化。

如图 8 - 14 - 3 和图 8 - 14 - 4 所示分别为模具的上模、下模结构图。图 8 - 14 - 3 的上模中有 12 个成形制品高为 1 mm、直径为 $\phi5$ mm 的小凸点结构,共圆直径为 $\phi183.85$ mm。由图 8 - 14 - 4 的结构可以看出两种撕边槽、跑胶模的设计布局。

如图 8 - 14 - 5 所示为模具撕边槽、跑胶槽等的相关尺寸,撕边槽为 3 mm×90°上、下对开结构,距离型腔 0.15 mm(即飞边切除刃口的宽度),锥面配合,半角为 12°,中央上方的撕边槽设置在下模上端的圆柱定位面上。

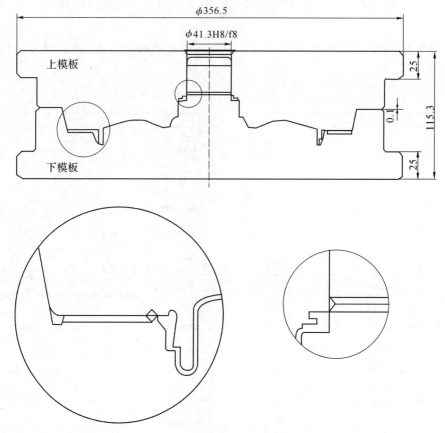

图 8-14-2　橡胶皮碗成形模具

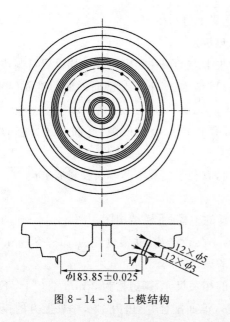

图 8-14-3　上模结构　　　　　　图 8-14-4　下模结构

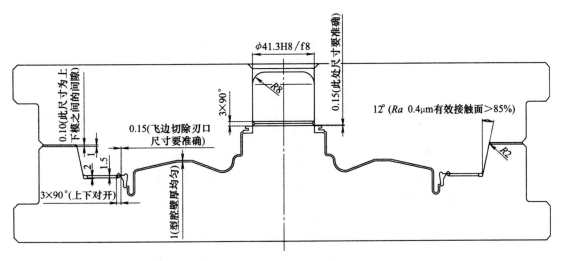

图 8-14-5 型腔之外相关结构要素尺寸

如图 8-14-6 所示为上模部分型腔的有关尺寸,如图 8-14-7 所示为下模部分型腔的
有关尺寸。

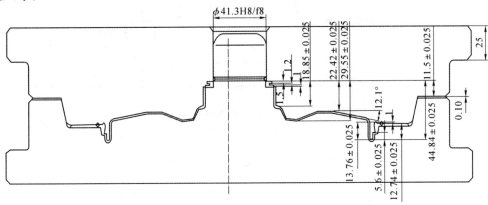

图 8-14-6 上模部分型腔尺寸

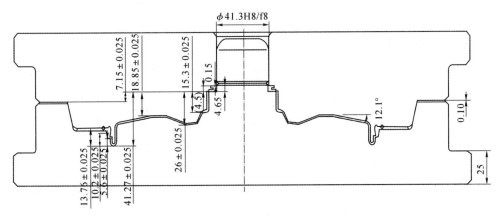

图 8-14-7 下模部分型腔尺寸

如图 8-14-8 和图 8-14-9 所示分别为上、下模型腔各处直径方向的尺寸。

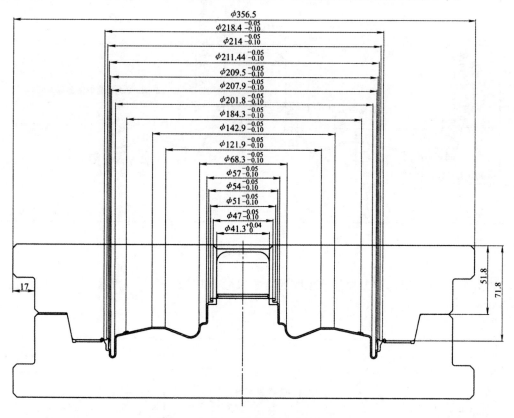

图 8-14-8　上模型腔各相关直径尺寸

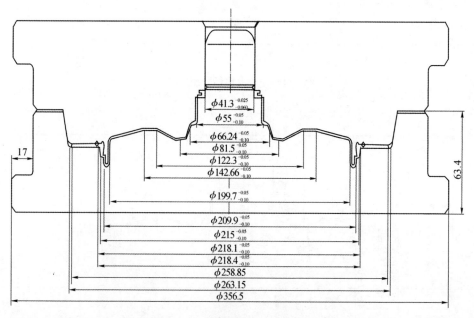

图 8-14-9　下模型腔各相关直径尺寸

如图 8-14-1 的橡胶皮碗要求很高,其模压成形工艺难度也较大,模具的设计必须保证制品质量和有利于成形工艺的实现,上、下模的材料均为 P20+Ni,硬度为 37~41HRC,由数控车床进行加工,型腔部分的形状与尺寸公差由三坐标测量机进行检测。型腔部分的表面粗糙度值 Ra 为 $0.10~0.05~\mu m$。

8.15　凹柱型减震器成形模具

以下的凹柱型减震器,其形体结构如图 8-15-1 所示。

该制品的成形模具设计方案有四种。

如图 8-15-2 所示为凹柱型减震器的样品模具之一。该模具为自注压式结构,型芯由外锥式哈夫块组成,两哈夫块的分型面上有浇注系统,下端面设置有余胶槽。

如图 8-15-3 所示模具利用已有的注胶杯(料斗和柱塞)向模具型腔内注入胶料,模具其余部分结构同图 8-15-2。

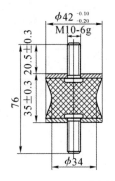
图 8-15-1　凹柱型减震器

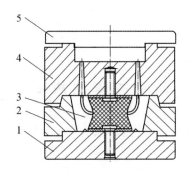
图 8-15-2　模具结构(一)

1—下模板;2—中模板;3—哈夫块;

4—上模板;5—柱塞板

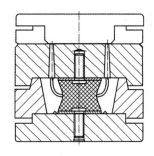
图 8-15-3　模具结构(二)

图 8-15-4 和图 8-15-5 的横式成形模具结构均以已有的注胶杯向模具型腔内注入胶料。图 8-15-4 的结构中制品骨架使用了螺母将其紧固在型腔之中,而图 8-15-5 的结构则直接利用型腔的结构来安装骨架。后者可能会在骨架的外面形成胶皮。这是一副模具的两种用法。

该模具的撕边槽与跑胶槽为一体化设计,由精雕机一次加工完成,

如图 8-15-6 所示为哈夫式结构多型腔模具,适用于生产批量较大的情况。

该模具结构的特点如下:

(1)这副模具为定位式哈夫结构,模比为 1:4。

(2)采用压注器将胶料注入型腔之中。

(3)分浇道分别设置在相邻哈夫块的分型面上。

(4)脱模时可使用磕碰式脱模架,然后手工将哈夫块分开取件。

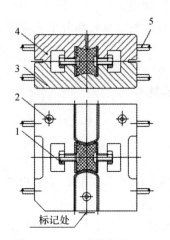

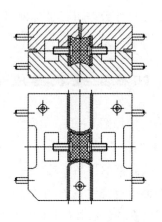

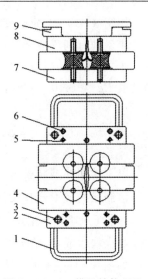

图 8-15-4　模具结构(三)　　　图 8-15-5　不用螺母固定骨架　　　图 8-15-6　模具结构(四)

1—螺母;2—导柱;3—下模板;

4—上模板;5—手柄

1—手柄;2—定位板;

3,6—导柱导套;4—哈夫块组;

5—内六角螺钉;7—下模板;

8—上模板;9—压注器

8.16　空调减震器成形模具

以下的空调机配套减震器,其形体结构如图 8-16-1 所示。

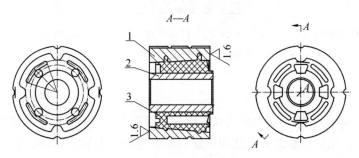

图 8-16-1　空调减震器

1—外骨架;2—内骨架;3—橡胶体

该制品的尺寸精度、几何公差以及胶料的力学性能等要求都很高,样品模具如图 8-16-2 所示。

该模具的结构特点如下:

(1)模具上、中、下模板之间的定位精度高,满足制品设计的相关要求。

(2)模具采用自注压式结构。

(3)上模板兼有料杯的结构。

(4)为方便提取四个点浇口中的赘料,在柱塞下端面的相应位置设计、制作了半圆形环槽。

（5）在上模板下面、下模板上面与外骨架相接触的环面分别设置了环形余胶槽。

（6）手柄与各层模板的连接采用铆接式结构，避免了焊接，保证模板不变形。

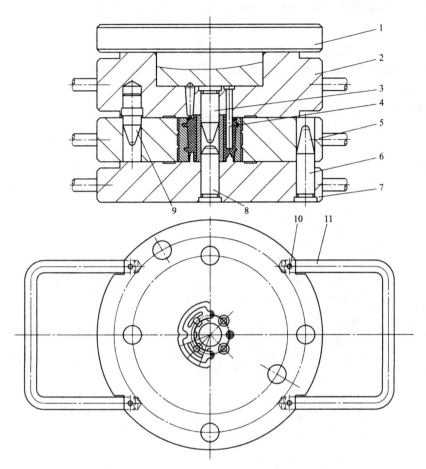

图 8-16-2 空调减震器成形模具

1—柱塞；2—上模板；3,8—内骨架定位销；4—型芯；
5—中模板；6,9—导柱；7—下模板；10—铆销；11—手柄

8.17　橡胶缓冲垫成形模具

橡胶缓冲垫类制品结构各异、品种繁多，限于篇幅，本书仅介绍几种比较典型的缓冲垫成形模具。

8.17.1　橡胶缓冲垫（一）成形模具

橡胶缓冲垫（一）的形状结构如图 8-17-1 所示，从结构可知，该制品的成形有两个难点：一个是位于上面的骨架难以安放，另一个便是胶料入模困难。

针对该制品的结构特点，其成形模具结构的设计方案之一如图 8-17-2 所示。

该模具的结构特点如下：

(1)中模由两块 L 形的哈夫块组成形腔。

(2)两个哈夫块由两套相互跨越的定位系统对其进行定位。这两套定位系统除了定位之外,其中 A,B 两处的定位销能消除各自的哈夫块由于型腔内胶料所产生的内压力而变形。

(3)制品的上骨架依靠磁铁吸附定位、安装在上模板中。

(4)制品的下骨架上的螺钉和弯脚分别伸入各自的孔和槽中。

(5)在两个哈夫块相接触的界面上方,以倒角的方式开设了跑胶槽,用以疏导多余胶料于模具体外。

除了这一模具结构之外,另一模具结构方案如图 8-17-3 所示。

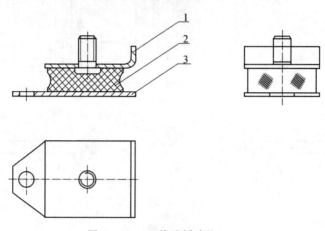

图 8-17-1 橡胶缓冲垫(一)
1—骨架(一);2—橡胶体;3—骨架(二)

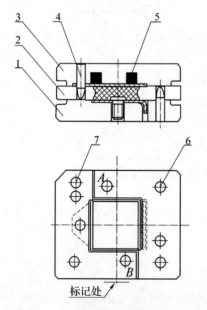

图 8-17-2 成形模具结构(一)
1—下模板;2—哈夫块组件(中模板);3—上模板;
4—骨架定位销;5—磁铁;6,7—哈夫块组定位销

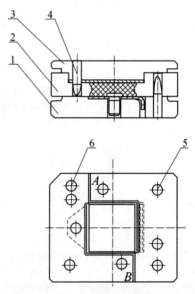

图 8-17-3 成形模具结构(二)
1—下模板;2—哈夫块组件(中模板);3—上模板;
4—骨架定位销;5,6—哈夫块组定位销

该模具与图 8-17-2 的模具结构基本相同,所不同的是制品的骨架定位。其定位方式不再使用磁铁,而是在哈夫块组件的上面设置了凹下的定位台。与哈夫块组件凹下的定位台所对应的,是在上模板的下面设置形状相似的凸台,以压紧制品上骨架到成形位置。

该成形模具的结构形式属于填压模结构。

8.17.2　橡胶缓冲垫(二)成形模具

橡胶缓冲垫(二)的形体结构如图 8-17-4 所示。

该制品的两个骨架形状尺寸相同,但是,由于它们在上、下两面的空间中相互错开了一个角度,给其成形模具的设计带来了一定的难度。

橡胶缓冲垫(二)的成形模具结构如图 8-17-5 所示。

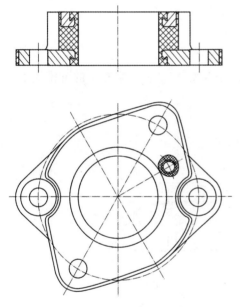

图 8-17-4　橡胶缓冲垫(二)
1—骨架(一);2—橡胶体;3—骨架(二)

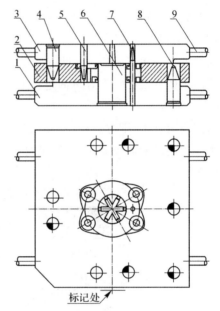

图 8-17-5　橡胶缓冲垫(二)的成形模具结构
1—下模板;2—哈夫块组件(中模板);3—上模板;4,8—导柱;
5—骨架定位销;6—型芯;7—小型芯;9—手柄

该模具的结构特点如下:

(1)哈夫块组件的上面和下面分别有对制品上、下两个骨架外形进行包胶成形的结构要求。

(2)胶料的压入采用压注料斗和柱塞进行,正中的型芯上设置有分浇道,与上模板上的主浇道相对应,进料口为扁平式的。

(3)哈夫块组件与上模板和下模板的定位依靠两定位系统来保证。

(4)骨架在模具型腔中的定位由骨架定位销来实现。

8.17.3　橡胶缓冲垫(三)成形模具

橡胶缓冲垫(三)的形体结构如图 8-17-6 所示。

该缓冲垫对扣式的 L 形骨架之间有 L 形长孔,骨架(一)内有两个螺母与之焊接,骨架(二)上有两个螺钉焊于其上,螺纹部分悬于其下,制品的一侧有凹入形圆弧造型。

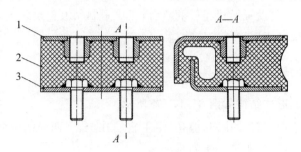

图 8-17-6 橡胶缓冲垫(三)

1—骨架(一);2—橡胶体;3—骨架(二)

针对制品的形体结构特征,其成形模具的设计方案如图 8-17-7 所示。

该模具的结构特点如下:

(1)模具的型腔由下模板 2、斜模块 7、侧模 9、11 以及上模板 4 所组成。

(2)制品中的骨架(二)由螺母固定在上模板之上,骨架(一)安装在型腔中的下模板上,由定位销 1 进行定位。

(3)两侧模由其上、下方导柱 10 和 12 进行定位。

(4)由于该制品形体较大,故在脱模时可使用卸模架。

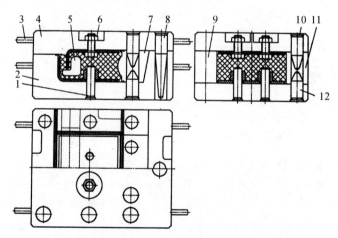

图 8-17-7 橡胶缓冲垫(三)的成形模具结构

1—定位销;2—下模板;3—手柄;4—上模板;

5—型芯;6—螺母;7—斜模块;8,10,12—导柱;9,11—侧模

8.18 橡胶波纹管成形模具

8.18.1 橡胶波纹管成形模具(一)

以下的橡胶波纹管,其形状、结构与尺寸如图 8-18-1 所示。

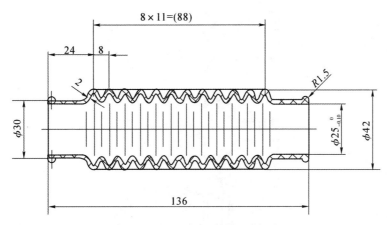

图 8 - 18 - 1　橡胶波纹管(一)

　　该橡胶波纹管的峰径为 $\phi 42$ mm,谷径为 $\phi 25$ mm,壁厚为 2 mm,橡胶邵尔 A 硬度为 65。由于其峰谷直径之比为 42:25=1.68,所以该制品零件成形所用芯轴不宜设计成整体式。加之制品零件两端直筒式结构的长度均为 20 mm,其生产批量又小,如果将其成形芯轴设计成整体式,在没有压缩空气气源的条件下很难(甚至不可能)将硫化后的制品零件从芯轴上剥落下来。

　　因此,设计该制品成形模具时,不能将模具的成形芯轴设计成整体式结构,应当将其设计成组合式结构。

　　现就波纹管成形芯轴组合式结构的设计原理简述如下:

　　将波纹管的成形芯轴设计成组合式结构,要求其易于组装、拆卸;组装成整体之后,要具备工作的可靠性,即结构形状尺寸准确,符合设计要求;各组件之间无间隙,在生产使用中各组件之间无胶料飞边形成。

　　组合式芯轴要有足够的强度,在工作时不因胶料受挤压流动而变形。

　　组合式芯轴的每一个构件都必须能够通过波纹管内最小的凹进部分。如果波纹管的两端或者出口比波纹管内最小的凹进部分还要小,那么必须保证组合构件中最大的件(且为分离之后最终取出的件)能够在制品零件的柔软性变形下取出,或者在较小的弹性变形下取出。如果波纹管口部含有金属骨架,那么必须使组合式芯轴的每一个组件都能够顺利地通过口部。

　　组合式芯轴的分块方法:首先分别作波纹管芯轴成形部分截面的最大圆和最小圆(波纹的凹下部分,或者小于凹下部分的最大出口圆);然后将最大圆进行分块,直接量取各块的最大尺寸(注意:作图要求必须准确,最好采用放大法作图),并和最大出口圆的尺寸进行比较,看其是否能够通过波纹管内的最小口径,即图 8 - 18 - 2 中的谷径 ϕ_2 及波纹管的出口圆。此外,还可以将分块以比较硬的纸块的形式剪切下来做模拟试验,看其是否可以分别通过波纹管的出口。如果必要的话,还可对最小分块作强度校核。

　　在波纹管成形压胶模的设计中,按照上述设计原则对制品零件成形芯轴进行组合式结构设计。

　　如图 8 - 18 - 1 所示橡胶波纹管的成形模具如图 8 - 18 - 3 所示。

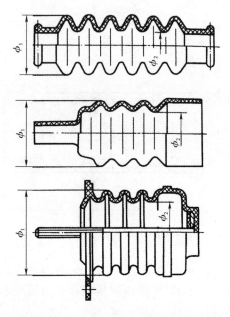

图 8-18-2　橡胶波纹管的峰径和谷径

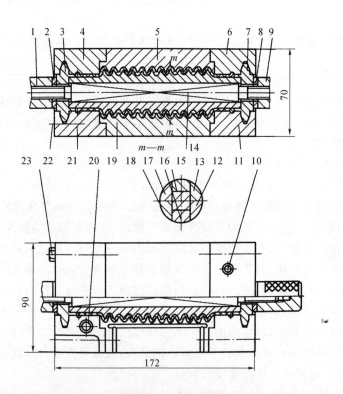

图 8-18-3　橡胶波纹管成形压胶模结构(一)

1,9 —锁母手把;2,8 —垫片;3,7 —紧固定位环;4 —上端模(左);5 —上模体;6 —上端模(右);

10,20 —定位销;11 —下端模(右);12 —芯轴组件(一);13 —芯轴组件(二);14 —方形拉杆;15 —芯轴组件(三);

16 —芯轴组件(四);17 —芯轴组件(五);18 —芯轴组件(六);19 —下模体;21 —下端模(左);22 —圆柱销;23 —螺钉

如图 8-18-4 所示为型腔尺寸计算用图。

该模具的结构设计有以下特点：

(1)模具为开合模结构，上模组件与下模组件均由三块拼合而成，各个构件之间的连接方法为止扣式对接拼合、圆柱销定位和螺钉固定。

(2)止扣对接拼合位置的选择，要使模具型腔的主要段(波纹成形段)的尺寸达到最短，以利于型腔的加工。

(3)模具设计的关键是组合式成形芯轴的设计。

如图 8-18-3 所示，该组合芯轴的成形部分由七个零件组成。这七个零件的相互关系如图 8-18-3 中 m—m 剖面图所示。

构成组合型芯芯轴外层的六个零件紧紧贴附于方形拉杆周围，由方形拉杆对其实行内侧定位。在外层，六个零件的两端所形成的圆的直径与组合芯轴两端紧固定位环的定位孔进行配合，实现成形芯轴组合零件的一体化。

芯轴的两端再由锁母手把同时压紧垫片，使组合芯轴的各构成零件位置完全固定，最终构成组合芯轴的整体。整体化后的组合芯轴，由两端的紧固定位环(件 3 和件 7)与模具的上模组件和下模组件的定位结构要素进行配合，来实现整体化的组合芯轴与模具型腔的定位，以便使波纹型腔内外形状相吻合，壁厚空间一致，保证达到制品零件的设计要求。

(4)组合芯轴截面的设计是该模具设计的关键，其设计要求是组合芯轴要能够顺利分解成为单件并逐一从制品零件中取出，组合芯轴的结构形式如图 8-18-5 所示。

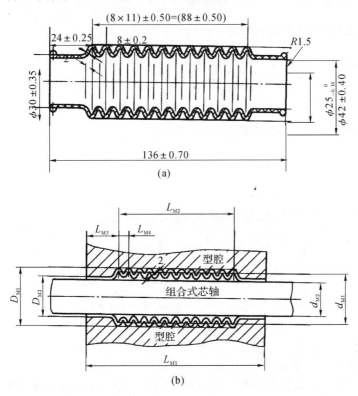

图 8-18-4　模具型腔相关尺寸计算示意图

(a)制品零件尺寸及其公差；　(b)模具型腔相关尺寸

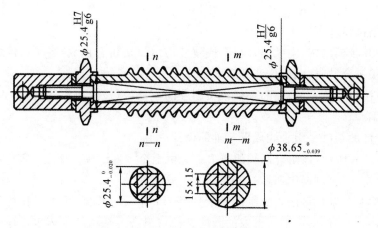

图 8-18-5　组合芯轴的结构形式

关于组合芯轴各个零件的材料选择,方形拉杆及贴附于其周围的 6 个成形零件和两端的紧固定位环,可以选用 CrWMn 或 Cr12MoV 之类的合金工具钢,淬火、回火后其硬度达到 55～58HRC。

组合芯轴各成形件之间、各成形件与方形拉杆之间的结合面和成形表面的表面粗糙度值 Ra 为 0.20～0.10 μm。模具型腔的表面粗糙度值 Ra 为 0.20 μm。其他模具零件及相关结构要素的表面粗糙度,可按表 5-9-1 进行设计。

8.18.2　橡胶波纹管成形模具(二)

以下的橡胶波纹管,其形状、结构与尺寸如图 8-18-6 所示。

该制品零件的形状结构为橡胶波纹筒,从严格的意义上来讲,应当归于囊套类橡胶制品。将其成形芯轴的结构特点列在此处,以便对其结构集中进行图解分析。

该制品零件的成形模具结构如图 8-18-7 所示。

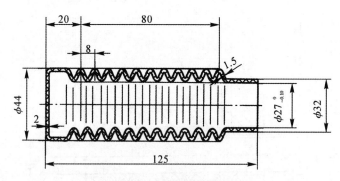

图 8-18-6　橡胶波纹管(二)

该模具的结构特点如下:

(1)与如图 8-18-3 的模具结构一样,该模具的结构形式也是开合模结构。

(2)模具左端的上、下端模与上、下模体之间的连接方式也是止扣对接拼合、圆柱销定位和螺钉固定。

（3）由于制品零件的形状结构为筒状，所以成形其内腔的芯轴为组合式芯轴。

组合式芯轴位于上模组件与下模组件中的定位部分（模具的右端要求定位配合的间隙要小，而定位长度要长）。

（4）模具成形芯轴要设计成组合式结构，这样，通过对芯轴的拆卸来获得制品零件与模具芯轴的分离。

（5）启模口、定位锁以及余胶槽的设计布局如图 8-18-7 所示。

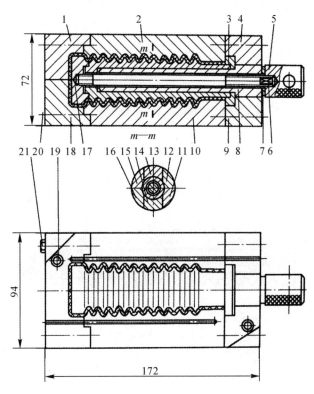

图 8-18-7　橡胶波纹管成形压胶模结构（二）

1—上端模；2—上模体；3—定位环；4—上挡板；5—锁母手把；6—螺杆；7—垫片；8—圆形压杆；
9—下挡板；10—下模体；11—芯轴组件（一）；12—芯轴组件（二）；13—芯轴组件（三）；14—芯轴组件（四）；
15—芯轴组件（五）；16—芯轴组件（六）；17—芯轴组件（七）；18—下端模；19—定位销；20—圆柱销；21—螺钉

如图 8-18-8 所示为模具型腔相关尺寸计算示意图。

组合式成形芯轴的结构设计如图 8-18-9 所示。

组合芯棒各个成形组件（芯轴组件）（一）～（七）以及圆形压杆的材料均选取 Cr12MoV 钢，其硬度在淬火、回火后达到 55～58HRC。

组合芯棒各个成形组件之间的配合面、定位面及成形面的表面粗糙度值 Ra 均为 0.20～0.10 μm。模具型腔的表面粗糙度值 Ra 为 0.20 μm。模具的其他零件及相关结构要素的表面粗糙度值可按照表 5-9-1 进行设计。

8.18.3　橡胶波纹管成形模具（三）

现有一橡胶波纹管，其形状、结构与尺寸如图 8-18-10 所示。

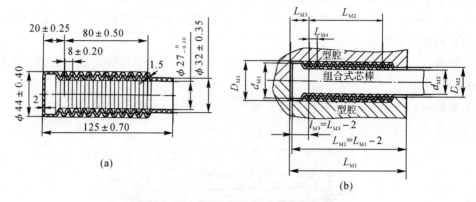

图 8-18-8　模具型腔相关尺寸计算示意图

(a)制品零件尺寸及其公差；　(b)模具型腔相关尺寸

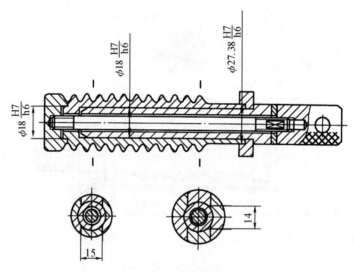

图 8-18-9　组合式成形芯轴的设计

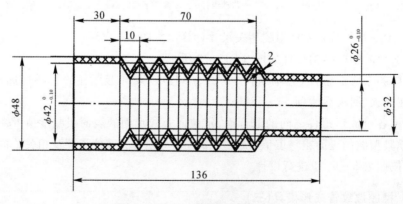

图 8-18-10　橡胶波纹管(三)

该橡胶波纹管的峰谷直径之比为 48∶26＝1.846 2,峰谷尺寸差异较大,由于制品零件生产量不大,其成形模具的芯轴应当设计成组合式结构。

该制品的成形模具结构设计如图 8 - 18 - 11 所示,其型腔相关尺寸计算如图 8 - 18 - 12 所示。

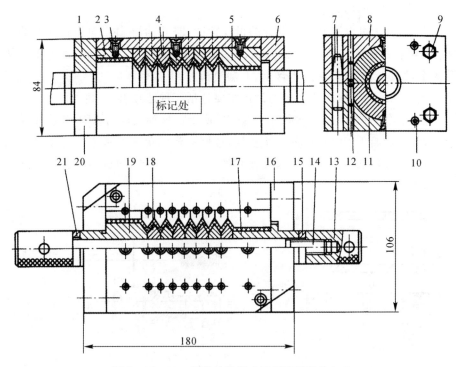

图 8 - 18 - 11　橡胶波纹管成形压胶模结构(三)

1—上端模;2—型腔镶件(一);3—沉头螺钉;4—型腔镶件(二);5—型腔镶件(三);
6—上挡板;7—定位销;8—上模体;9—螺钉;10,12—圆柱销;11—下模体;13—锁母手把;
14—拉杆;15,21—垫片;16—下挡板;17—芯轴组件(一);18—芯轴组件(二);19—芯轴组件(三);20—下端模

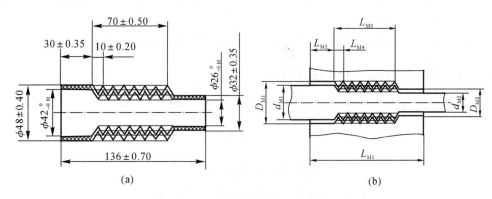

图 8 - 18 - 12　模具型腔相关尺寸计算示意图

(a)制品零件尺寸及其公差;　(b)模具型腔相关尺寸

该成形模具有别于其他成形模具的结构形式,不仅其芯轴是拼合式组装结构,而且型腔也是拼合式结构。

这种结构的特点是可以使形状复杂、加工难度大、要求很高的模具型腔和成形芯轴的加工，变成结构形状简单、加工比较容易、精度易于保证的镶拼零件的加工。

镶拼式型腔如图 8-18-13 所示，镶拼式芯轴如图 8-18-14 所示。

(1)镶拼式型腔结构。如图 8-18-13 所示，镶拼式型腔的镶件有三种(共九件)，其形状结构及与上、下模体的配合形式为 H7/h6。

从图 8-18-13 中可以看到型腔部分的设计特征，即上、下模体与其镶件之间的配合形式为 $\phi62H7/h6$，两者镶嵌到位后，贯以防转销、固定沉头螺钉，最后用线切割加工工艺从正中切割开来，分为上模组件和下模组件(不含上、下端模和上、下挡板)。

(2)镶拼式芯轴结构。镶拼式芯轴的设计主要包括三种芯轴组件(共九件)，三种芯轴组件的结构以及与之配合的拉杆结构，如图 8-18-14 所示。这种设计的原则，是将制品内腔的形状分解成为形状结构简单而又单一的结构要素，按照成形的单元要素来设计模具芯轴的镶拼零件。将这些芯轴成形部分的镶拼件与其他零件一起进行组装，构成一个成形制品零件内腔的镶拼式模具芯轴。

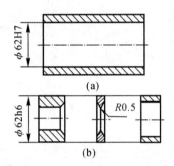

图 8-18-13　镶拼式型腔图解

(a)上、下模体剖视图；　(b)型腔镶件结构图

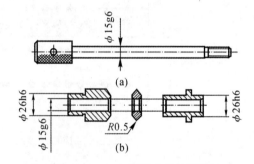

图 8-18-14　镶拼式芯轴图解

(a)拉杆结构图；　(b)芯轴组件结构图

在材料选择方面，必须充分考虑该芯轴的结构特点和在生产使用中频繁拆装的操作特点，其材料选为耐磨性优良的合金工具钢 Cr12MoV。该材料还具有很好的抗腐蚀性能，这对于延长模具使用寿命也是很有利的。

芯轴的三种组件成形表面的表面粗糙度值 Ra 必须达到 $0.20\sim0.10\ \mu m$。

8.18.4　橡胶波纹管成形模具(四)

以下的橡胶波纹管，其形状、结构以及相关尺寸如图 8-18-15 所示。

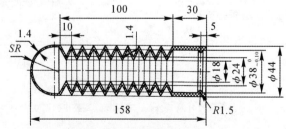

图 8-18-15　橡胶波纹管(四)

这一波纹管的峰径为 $\phi 44$ mm，谷径为 $\phi 18$ mm，峰谷直径之比为 $44:18=2.44$。此值是峰谷直径之比中比较大的结构。根据这一突出的结构特点进行分析，将该制品零件的成形芯轴设计成如图 8-18-9 所示结构形式是非常困难的，或者说几乎就是不可能的；如果将其设计成为如图 8-18-11 中所示的结构形式，那么其脱模取件也非常不方便，生产效率也会很低。

如图 8-18-15 所示橡胶波纹管，其成形模具的结构设计如图 8-18-16 所示。

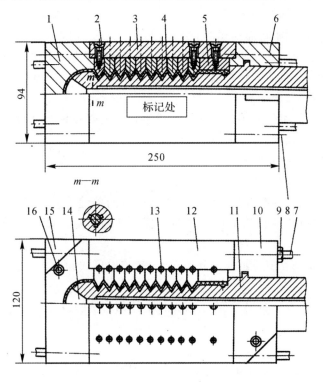

图 8-18-16　橡胶波纹管成形压胶模结构（四）

1—上端模；2—沉头螺钉；3—上模体；4—型腔镶件（一）；5—型腔镶件（二）；6—上挡板；7—手柄；
8—圆柱销；9—螺钉；10—下挡板；11—芯轴；12—下模体；13—防转销；14—堵杆；15—下端模；16—定位销

最终确定的该橡胶波纹管成形模具型腔部分相关尺寸计算及制造公差如图 8-18-17 所示。

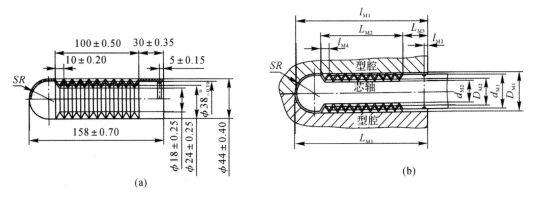

图 8-18-17　模具型腔相关尺寸计算示意图

(a)制品零件尺寸及其公差；　(b)模具型腔相关尺寸

该模具的结构设计特点如下：

(1)模具的型腔为镶拼式结构,这种结构形式解决了整体式型腔由于谷径过小而无法进行车削加工的困难。

(2)成形制品零件腔体的芯轴采用整体式结构,脱模形式为吹气胀形工艺。芯轴的定位端设置有快换旋插装置(图 8-18-16 中未示出),使用操作方便。

(3)芯轴定位部分,其定位长度为定位直径的 1.2~1.5 倍。

(4)设计胀气脱模的堵杆头部密封锥度时,要与芯轴的密封内锥面配作,再进行相互研磨,使密封锥面的有效接触面积达总面积的 80％以上。

(5)上模组件与下模组件之间的定位设计,以开合模定位销的结构形式进行。由于该制品零件的峰谷直径比值较大,所以定位销导向部分的长度在 13~15 mm 范围选取,以保证模压时上模组件合模顺利和安全。

(6)上模组件与下模组件各零件的连接方式为止扣式对接拼合、圆柱销定位和螺钉紧固。止扣部分的定位配合形式为 $\phi66$ H7/h6。

(7)堵杆与芯轴(左端内部)的配合形式为 $\phi10$H7/h6。在这个配合部位开设三处或者四处导气口,如图 18-18-16 中所示的 $m—m$ 剖面图。

(8)芯轴与上、下挡板的配合是保证制品零件质量的关键之一。设计时,不仅要保证径向的定位配合精度和定位长度的合理尺寸,而且要保证芯轴在模具型腔中轴向的正确定位,以保证波纹管壁厚均匀。

(9)启模口设计布局在下模组件的分型面上,其结构形式为对角式斜开型,分别靠近两个定位销。

(10)对于余胶槽的设计布局,可在上模组件上按照传统的设计方法进行。

第9章 分体组合充气成形模具

有些橡胶制品,因其结构复杂、腔体大而口径小等特征而无法进行一次性模压成形。对待这类橡胶制品,可以采用先分体预成形再黏结组合充气硫化成形的工艺方法。

9.1 橡胶混合瓶成形模具

橡胶混合瓶用于具有一定腐蚀性气体和液体的介质的环境之中,因此,其胶料应选择耐化学腐蚀性能好的氟橡胶。如图9-1-1所示制品零件结构特殊、形状复杂、尺寸较大。

该制品零件的模压成形应当先采用分解预成形,然后再拼合半成品,并进行二次充气硫化成形的办法。

对于图9-1-1的橡胶混合瓶这类制品零件,首先要认真研究它的形状结构,以便确定其分解预成形的方案。

所谓分解预成形、拼合充气二次硫化成形法,就是把一些难以一次成形的、形状结构复杂的橡胶制品零件,先分解成为两个部分并分别采用模具进行预成形半硫化处理,从而得到两个分解后的半成品,然后再将两个预成形半成品对接、拼合(在两者对接拼合面上涂以黏结剂)并放置在最终的成形模具中,充以压缩空气或蒸汽,进行定型硫化的工艺方法。

对于混合瓶制品零件(以图9-1-1为例),先将其分解成为如图9-1-2和图9-1-3所示的两部分,并且分别进行预成形处理。

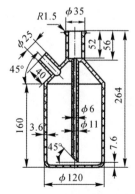
图9-1-1 橡胶混合瓶

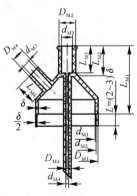
图9-1-2 混合瓶分解形体(一)

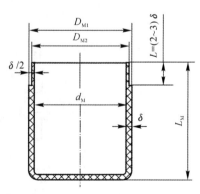
图9-1-3 混合瓶分解形体(二)

对难以一次成形的制品零件,进行分解预成形处理的设计原则如下:

(1)被分解成的两个部分,都要有利于进行预成形处理,即预成形模要易于设计、制造和使用。

(2)分解线(或称为分解面)的选择。如果制品零件形体呈现球形、椭圆形之类,分解线要选择在直径最大的地方;如果制品零件形体呈现瓶状体,选择分解线位置时,要使被分解的两个部分在预成形处理后易于脱模取件,不得使半成品出现难以拼合对接的变形。

(3)对接拼合处接触面的设计。将一个制品零件分解成为两个部分,目的是要再将其对接拼合起来,而且要使对接拼合处的接触面积足够大、黏合牢固可靠,以保证达到耐压和反复变形而不开裂、不脱落的设计要求和使用功能。

以图9-1-1的混合瓶为例,将其形体分解成为图9-1-2和图9-1-3的两个部分,图中给出了对接拼合处接触面的设计尺寸。这种设计形状为圆柱面止扣式对接拼合接触面。如果制品零件的壁厚大于3 mm,还可以将其设计成圆锥面止扣式对接拼合接触面。这种结构形式有利于半成品预成形中的脱模取件,更有利于在最终成形时两个半成品的对接、拼合操作。

(4)在两个预成形半成品分解线附近,成形尺寸要与最终成形模具型腔相应位置的尺寸一致,保证在充气时该部位能够无错位地受压、黏合和硫化。

(5)制品零件上方两个瓶口,是将来在使用时与相应芯轴配合的部位,预成形半成品在该部位的尺寸必须一步到位,达到设计要求。

(6)对于形体尺寸较长的预成形半成品,除分解线附近外,其他尺寸可以比最终成形的模具型腔相应处的尺寸小0.5～0.8 mm。

这样设计有利于两个预成形半成品对接、拼合后能非常方便地装入最终成形的模具型腔之中。最终成形的模具型腔,是按照制品零件的要求设计制造的。在分解线部位处,由充气压力将两个预成形半成品胀形,使之贴附于模具型腔内壁各处定型并硫化。

在设计实践中要掌握以上各条设计原则,灵活运用,不断总结,积累经验,以指导设计工作。

对于图9-1-2的混合瓶上半部分的拼接半成品,其预成形模具的结构设计如图9-1-4所示。

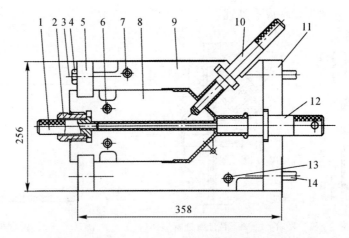

图9-1-4 混合瓶上半部分的拼接半成品预成形模具

1—斜口定位套;2—锁紧螺塞;3—圆柱销;4—螺钉;5—内模挡板;6—内模定位销;

7,13—外模定位销;8—上、下内模;9—上、下外模;10—芯轴(一);11—上、下端板;12—芯轴(二);14—手柄

关于图 9-1-2 中制品的上部分预成形拼接半成品模具型腔的尺寸计算,在此不再赘述。

对于图 9-1-3 的混合瓶下半部分的拼接半成品,其预成形模具的结构设计如图 9-1-5 所示。

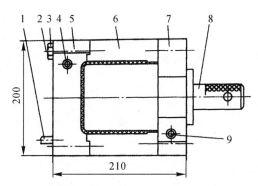

图 9-1-5　混合瓶下半部分的拼接半成品预成形模具

1—手柄;2—圆柱销;3—螺钉;4,9—定位销;

5—上、下端模;6—上、下模体;7—上、下挡板;8—芯轴

由图 9-1-4 和图 9-1-5 的两副半成品预成形模具所压制的混合瓶两个半成品,通过止扣式结构,在涂抹上黏结剂之后,按照黏合的工艺技术要求进行对拼结合,装入图 9-1-6 的总成模具型腔之中,进行二次充气成形并硫化。

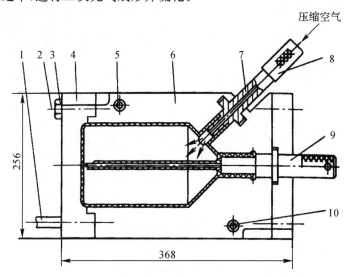

图 9-1-6　混合瓶充气成形二次硫化模具

1—手柄;2—圆柱销;3—螺钉;4—上、下端模;

5,10—定位销;6—上、下模体;7—气嘴;8—气管;9—芯轴(二)

该模具的结构特点如下:

(1)该模具为开合模压注式进胶结构。

(2)结构中的各个成形型芯相互穿插,相互定位。

(3) 型芯在制品相关尺寸许可的情况下,于成形部分设计制作最大的脱模斜度。细长的型芯(件 12)材料选取 60Si2Mn,淬火硬度可在 43~48HRC 范围,成形部分的表面粗糙度值

Ra 必须达到 0.10～0.05 mm。在使用中,每次操作之前都要涂抹脱模剂。

(4)所有芯轴构件(及组件)应设计、制作成两套,以便交替使用,提高工作效率。

如图 9-1-5 所示为混合瓶下半部分拼接件的预成形模具结构,该预成形模具的设计特点如下:

(1)该预成形模具为普通开合式结构,左侧的上、下端模与模具主体为止扣式拼合装配。

(2)在左端的上、下端模(件 5)和右端的上、下挡板上设置定位系统和启模口,呈对角式设计布局,有利于开模。

(3)芯轴(件 8)的设计如图 9-1-7 所示。

在生产过程中,图 9-1-6 中的芯轴(二)(件 9)一直与上半部分半成品在一起,不曾分离。这样可保证混合瓶中细管部分的准确成形。

对于图 9-1-6 所示混合瓶充气成形二次硫化模具型腔各相关尺寸的设计计算,可参照第 8 章所讲方法和如图 9-1-8 所示各尺寸代号进行设计计算。

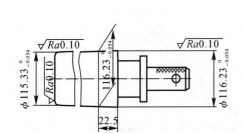

图 9-1-7　芯轴的结构与主要尺寸

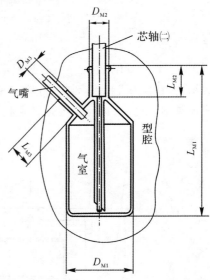

图 9-1-8　二次硫化模具型腔尺寸计算示图

9.2　橡胶波纹管压胶模

某设备使用的超长橡胶波纹管,其结构形状和尺寸如图 9-2-1 所示。

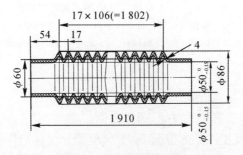

图 9-2-1　橡胶波纹管

该橡胶波纹管为一设备的热风回流管,因其工作条件特殊,故选用了耐候性能及耐热性都很优良的氯丁橡胶 4160。查表 5-7-2 可知,该橡胶的邵尔 A 硬度为 62,其成形工艺性比较好。

该制品零件的结构特点是尺寸较长,直径也比较大,近 2 m 长的橡胶波纹管的成形模具不能采用一般成形模具的设计方法来设计。设计该成形模具前,应首先对生产单位的硫化设备进行了解,即了解有没有可以压制 2 m 长的压胶模的硫化压力机(如果是硫化压力机的加热板的对角线能满足此要求也可以),有没有可以放进 2 m 长模具的硫化罐。

这样长的制品零件,其成形模具一般都是在硫化罐中工作的。因此,该制品零件的成形模具应以在硫化罐中进行硫化这一生产工艺为前提条件来设计。

该制品零件由于尺寸超长,不可能设计成具有芯轴结构的成形模具。一般来说,对于这类超长制品零件,其成形模具都是采用无芯充气式成形模具结构,还要根据波纹的形状、大小,以及加工设备所能加工的最大深度等因素来确定型腔由多少段波纹型腔拼接件来组成。波纹型腔的各个拼接件之间为止扣对接的拼合形式。

由于该制品零件的长度尺寸较长,在其成形模具结构设计中,要采用上、下固定板的结构形式对型腔拼块进行固定。

9.2.1　模具结构的设计

根据对制品零件的工艺分析,应按其在硫化罐中进行硫化的生产工艺来设计其模具。

该模具的特点为充气式成形、在硫化罐中进行硫化的结构形式,如图 9-2-2 所示。

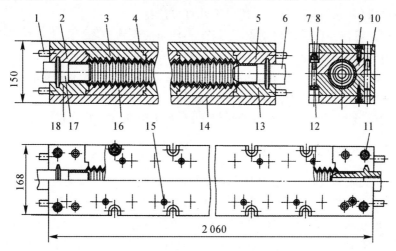

图 9-2-2　橡胶波纹管成形压胶模结构

1—手柄;2—左上端模;3—型腔拼接件上;4—上固定板;5—右上端模;
6—充气型芯;7—紧固螺母;8—垫片;9—内六方螺钉;10—定位销;11—导向销;
12—螺钉;13—右下端模;14—下固定板;15—圆柱销;16—型腔拼接件下;17—堵轴;18—左下端模

该模具的结构设计有以下几个特点:

(1)无芯式充气成形结构。所谓无芯是指在模具的结构中,其成形制品零件的波纹形状段为无芯轴,以压缩空气或做成贴附模具型腔波波纹形表面来成形。图 9-2-2 即为大型、超长橡胶波纹管的典型无芯式充气成形模具结构。

(2)为了成形橡胶波纹管两端有制造公差要求的 $\phi 50_{-0.15}^{0}$ mm 的尺寸,并考虑无芯充气生产工艺的需要,在模具的两端相应部位分别设计了堵轴和充气型芯,以保证 $\phi 50_{-0.15}^{0}$ mm 的尺寸成形和充气生产工艺的实施。

(3)由于制品零件尺寸太长,成形波纹形状的模具型腔不可能设计制作成整体结构,为了制造方便,根据车削加工波纹型腔的能力,将模具型腔设计成分段拼接的组合形式,各段之间为止扣式的对接拼合结构。

(4)由于型腔的拼接件不可能设计得很短,以10个波纹单元形状为一组设计一个型腔拼接件,其长度也有170 mm 之多,这样的长度使型腔拼接件只能采用固定板与型腔拼接件进行固定连接的结构形式,如图9-2-2所示。连接固定采用内六方螺钉和圆柱销。

(5)锁紧机构。该模具在装入半成品(胶管)后,进行充气胀形,使半成品贴附于模具型腔而成形,然后将模具送入硫化罐中进行硫化。这种生产工艺,使模具得不到硫化压力机所施予的压力,为了保证模具型腔的正确位置与形状,设计模具结构时设计了锁紧机构。该模具的锁紧机构如图9-2-2所示,锁紧机械是由紧固螺母7、垫片8、螺钉12和相应位置上型腔拼接件上的特殊缺口所组成的。为了确保制品零件的质量,保证锁紧机构的技术效果,每一对型腔拼接件的两侧分别设计了一个锁紧机构。

(6)上模组件和下模组之间的定位设计。由于该模具结构很长,为了合模操作顺利、方便以及保证模具的使用安全,该模具的定位机构由两套定位系统构成。其中,一套是模具两端最外边的初始定位机构,即由导向销11进行初始定位;另一套是定位销10,即目的定位。

(7)关于对模装置。对模装置的作用是防止上模组件与下模组件由于操作疏忽而倒装。为了防止这种误操作,在模具设计中采用以下几种方法:

1)对四个初始定位导向销的位置做不对称、不均布的设计布局。

2)对四个目的定位的定位销的位置,同样做不对称、不均布的设计布局。

3)对型腔两端的堵轴和充气型芯的定位要素的形状与位置做各不相同的设计。

4)对模具两端的手柄进行不同结构形式的设计。

5)在模具的外形上,设计制作醒目的对模标记,如大倒角、缺口、对模线、刻印文字证号等。

9.2.2 充气成形模具的设计要领

(1)无芯式充气成形模具,适用于形状结构特殊,或者尺寸过长,无法采用芯轴、芯棒成形的橡胶模制品零件,如图9-2-1所示超长型波纹管以及空心 O 形橡胶密封圈、空心橡胶轮胎、各种气密带和出口口径很小的囊套类橡胶制品零件等。

(2)半成品的类型、尺寸及工艺要求。无芯式充气成形模具生产时所使用的半成品一般有两大类:一类是挤压成形的胶管,另一类是模压成形的预成形半成品。如图9-3-1所示无芯式充气成形模具所使用的半成品是挤压成形的胶管;而如图9-3-8所示无芯式充气成形模具所使用的半成品,则是通过专用模具压制而成的预成形半成品。

半成品的尺寸是根据制品零件的相应部位各个尺寸设计或计算(包括按照经验进行估算)得出来的。一般来说,这类制品零件的尺寸不像密封类制品零件要求那么严格。但是,从充气成形的生产工艺出发,凡是与制品零件口部相对应的半成品(或预成形半成品)口部的尺寸,要求其内径必须要略微小于与之配合的模具结构中的堵轴、充气型芯之类的零件的直径尺寸。同时,要求该部位的外径也必须略微大于模具型腔相应成形部位内径的尺寸。通常这种工艺性的过盈量是在 0.20～0.70 mm 的范围内选择。过盈量的数值随着该部位结构尺寸的大小而变化。

在生产工艺中,由于半成品(包括预成形半成品)处在未硫化或初期硫化的状态,所以胶料的塑性特征很强,形状不能固定,常常在自重条件下而变形。因此,半成品备用较多,而尚未入模之前,需要配置合适的定径塞规之类的工艺零件塞入半成品的管口,以防止其口部发生变形给生产操作带来不便。

对于结构为止扣对接拼合形式的预成形半成品和以管形半成品弯绕对接(如空心 O 形橡胶密封圈、气密带、空心轮胎等制品零件的生产制造)的生产操作工艺,一般都要在其对接拼合处涂抹甲苯、胶浆或相关黏结剂进行黏合,然后入模充气成形与硫化。

对于形状结构特殊的橡胶制品零件,要将其分解为两个部分甚至三个部分进行预成形处理(如图 9-1-4 和图 9-3-1 所示的制品零件),那么分解线的位置该如何确定?这一设计原则,可参考本章第 9.1 节橡胶混合瓶成形模具中的叙述。

预成形半成品的硫化时间,一般为制品零件所用胶料的硫化时间的 1/4～1/3。

(3)虽然半成品或预成形半成品在两端口部尺寸的设计,内孔有所缩小而外径有所放大,但是在充气成形的操作中,当半成品入模之后,首先要对模具进行锁紧。对于尺寸结构较小的无芯式充气成形模具,则在硫化压力机上受压锁紧。如果是大型模具,要在硫化罐中进行硫化,如图 9-2-2 所示,即先要通过模具上的锁紧机构对模具实行锁紧,这样,才不至于在充气时出现半成品口部脱落或漏气等现象。

尽管如此,操作工艺要求充气速度不得过快,压力调整幅度不得过大。充气压力一般是在 0.1～0.25 MPa 范围,其原则:半成品壁薄,充气压力要小一些;半成品壁厚,则充气压力可大一些。这种经验对实际生产操作是非常重要的。

(4)对于充气变形量大的制品零件的成形模具,例如图 9-2-2 的波纹管类成形模具,由于半成品的变形要驱赶模具型腔波纹形空间中的空气于模体之外,所以在设计模具时,要留有空气逃逸的通道,即要设计排气槽。这种排气槽,通常都是以微型排气槽的结构形式设计和制作的。

9.2.3　模具零件的设计

(1)由于该模具型腔尺寸太长,不可能设计制作成一段整体式结构。于是,根据车削加工该型腔尺寸和形状所能达到的长度,将模具型腔零件分成若干段。该模具的型腔零件分段如图 9-2-2 所示,模具两端的端模,设计成成形直筒部分和半个波纹形状。其余尚有 106 个波纹结构形状,再将其分为 11 段。其中的 10 段每段为 10 个波纹结构形状,长度为 17.26 mm×10=172.6 mm。另外的 1 段为 6 个波纹结构形状,其长度为 17.26 mm×6=103.56 mm。这样的分段设计,给型腔的加工带来了方便,也使型腔的分段数量比较合理。

(2)如图 9-2-1 所示,型腔左端的 D_{M2} 尺寸是与堵轴和充气型芯分别进行定位配合的,其配合形式为 $\phi 60.85 \dfrac{H7}{g6}$。

(3)型腔各段,包括两端的端模,均为止扣式对接拼合结构。止扣的配合形式为 $\phi 100 \dfrac{H7}{h6}$,

止扣的配合深度为 20 mm。止扣结构的凸凹部位全部朝着一个方向,如果为配合加工,则必须对配合件做出标记。

(4)堵轴、充气型芯与模具两端端模轴向的定位形式为圆环式梯形结构,也可以设计成圆环式矩形结构。为了防止上模组件与下模组件的翻转倒装,可以将上述两种结构形式在模具两端分别设计一种,以示区别。

(5)该模具的初始定位机构和目的定位机构均为四点式。为有利于对模,可在模具的一端,将一个初始定位销与一个目的定位销的位置对调。这样就可以避免生产中有可能出现的误操作(模具一旦倒装,上模组件是无法与下模组件合模的)。

(6)充气型芯的设计。可以将其设计成自闭式气压接头,并与快换旋插接头配合使用。这样就能够使半成品或预成形半成品在模具型腔内,在成形和硫化过程中一直保持一定的内压,有利于提高制品零件的质量。关于自闭式气压接头,可参照车辆轮胎的气门装置进行设计。

(7)每一个型腔拼接件与固定板,都有四个内六方螺钉和两个圆柱销来实现其之间的连接,并构成上模组件和下模组件。

该模具所有零件的材料均选用 45 钢。

模具型腔的表面粗糙度值 Ra 为 0.40～0.20 μm。其他零件以及有关结构要素的表面粗糙度值可按照表 5-9-1 进行设计。

9.3 探测器橡胶套压胶模

以下的水下探测器所使用的橡胶外套,其形状、结构及尺寸如图 9-3-1 所示。

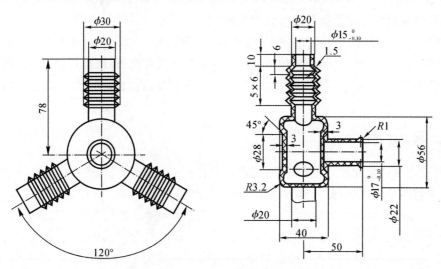

图 9-3-1 探测器橡胶套

9.3.1 制品零件的工艺分析

该制品零件的形状结构非常特殊和复杂,既有囊套类制品零件的结构特点,又有波纹类制品零件的结构特点,这种形状的制品零件是很少见的。因此,它的成形工艺也是比较典型的。

鉴于该制品零件形状结构上具有明显的波纹管制品零件的特征,其成形工艺要采用充气成形的工艺方法。

从该制品零件的形状结构来分析,它是难以采用各类普通橡胶模具结构(如开合模结构、填压模结构、压注模结构以及注射模结构等)来成形的。

对于这种制品零件的成形,应当分解其形体,分别进行预成形处理,然后将预成形半成品对接、拼合装入总成模具之中,利用充气成形和硫化,最后获得制品。

9.3.2　形体分解线位置的确定

由于该制品零件的形体尺寸比较小,它的两部分预成形半成品的分解线的选择只能按图 9-3-2 进行。图中,细实线表示制品零件的结构形状,而粗实线则表示分解线的位置与结构。

分解线将制品零件分解为两个部分,这两个部分在分解线处的尺寸关系如图 9-3-2 所示。分解线位置的确定,因制品零件的形体、尺寸等结构要素的不同而不同。

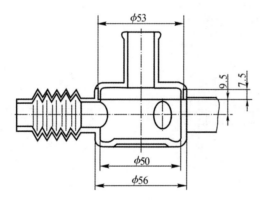

图 9-3-2　分解线位置的确定

9.3.3　预成形模具的设计

将该制品零件分解成为如图 9-3-3 和图 9-3-4 所示的两个部分,并且分别进行预成形半成品的模制化处理。

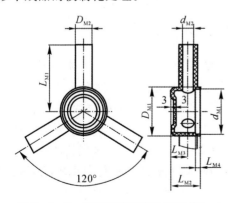

图 9-3-3　探测器橡胶套分解形体(一)

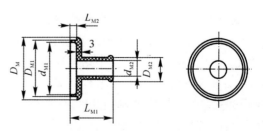

图 9-3-4　探测器橡胶套分解形体(二)

1. 预成形模具(一)的设计

如图 9-3-3 所示预成形半成品的模具设计结构图如图 9-3-5 所示。

该预成形模具的结构特点如下：

(1)模具外形非方非圆,也非正六面形。

(2)三个芯轴位于上模板与中模板之间,并由环形槽定位。

(3)两个定位销位于中线一侧,设置有防错装功能。

(4)芯轴(件 6)的设计如图 9-3-6 所示。

设计芯轴时,其尺寸精度要在制件零件尺寸公差(按照《橡胶制品的公差》GB/T 3672.1 — 2002 中"模压制品的公差"M2 级固定尺寸 F 级的规定)所许可的范围内做最大化的脱模斜度设计,成形部分的表面粗糙度值 Ra 为 0.05 μm。

在芯轴的设计图中,尺寸 P 为芯轴与型芯插入的配合长度。

该芯轴的材料应该选择研磨抛光性能非常优良的预硬钢 8Cr2MnWMoVS。

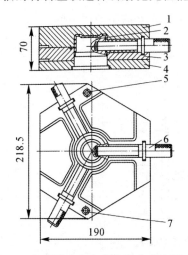

图 9-3-5　探测器胶套主体部分半成品预成形模具

1—上模；2—型芯；3—中模；4—型芯固定板；

5,7—定位销；6—芯轴

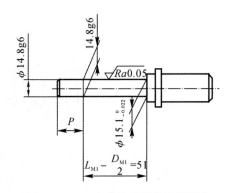

图 9-3-6　半成品成形芯轴的设计

2. 预成形模具(二)的设计

如图 9-3-4 所示预成形半成品的模具设计结构图如图 9-3-7 所示。

由图 9-3-5 和图 9-3-7 两副预成形模具所制作的半成品,可用图 9-3-8 所示的充气成形二次硫化模具来最终成形。

由图 9-3-5 和图 9-3-7 中的两副预成形模具分别压制的探测器胶套主体部分半成品和上端部分半成品,通过各自结构上的止扣形式,在涂抹了黏结剂之后,按照黏合工艺要求进行对接拼合,将模具中的环形波纹型芯按照编号顺序(见图 9-3-8),穿到半成品组合件横向均布的 3 个胶管上。再在两个堵轴和充气型芯的成形面上涂上脱模剂,分别旋塞到胶管的口部,然后装入下模组件中,使各件全部到位。此时,合上上模组件,再将对瓣式结构的哈夫模芯(件 16)安装到上模中央,将上端部分半成品的环形凸肋放入哈夫模芯的环形凹槽中,最后将上堵轴涂以脱模剂旋塞到位,合模操作,即全部完成。

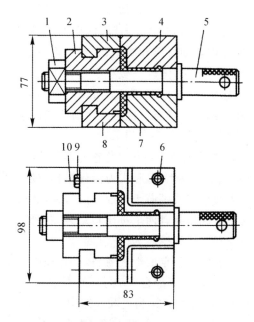

图 9-3-7　探测器胶套上端部分半成品预成形模具

1—拉紧螺母；2—型芯；3—左上模；4—右下模；5—芯轴；

6—定位销；7—右下模；8—左下模；9—螺钉；10—圆柱销

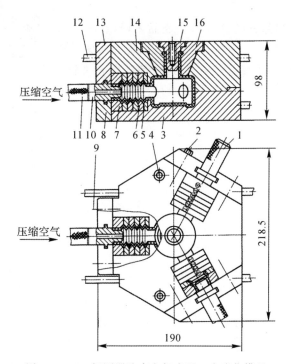

图 9-3-8　探测器胶套充气成形二次硫化模具

1—堵轴；2—螺钉；3—下模板；4—定位销；5—波纹模芯(一)；6—波纹模芯(二)；7—波纹模芯(三)；

8—下挡板；9—圆柱销；10—充气模芯；11—气管；12—手柄；13—上挡板；14—上模板；15—上堵轴；16—哈夫模芯

此时,将模具移至硫化机工作平板上开始加压,然后打开气阀,徐徐通气,逐渐使模具中半成品内的压力升到 0.2 MPa 左右。在硫化机加压、加温的条件下,通过充气使模具中的半成品逐渐变形半贴附于模具型腔内壁而成形和硫化;在到达规定的工艺时间后,便可关闭气阀并放气,卸掉硫化机压力,将模具移出硫化机平板至操作台上,使用拔销器拔出上堵轴,启开上模,取出制品零件,并将其上的堵轴、充气型芯及波纹型芯分别取下,便得到充气式成形的制品零件——探测器胶套。这就是这副模具充气成形二次硫化模压生产的全部操作过程。

充气成形二次硫化模的结构设计特点如下:

(1)该模具波纹形状的型腔部分由三组形状完整的环形波纹模芯所组成,每组都按从 1 至 6 依次排序,为其工作装配位置。这种结构形式为活件结构,使用时将半成品穿于其中(按照从 1 至 6 的顺序进行,再插堵轴和充气模芯于半成品的口部,然后一起装入下模组件之中)。

(2)对接拼装后的预成形半成品共有四个进出口结构,按照充气成形的工艺要求,需要堵死三个口部,在其侧向留一个安装充气模芯为进气口。

(3)横向的堵轴与充气模芯均由各自的上、下挡板进行径向和轴向定位。

(4)哈夫模芯结构与上模体为锥面配合,其配合的有效接触面积必须大于 80%。其上设计有可拆卸和提取的结构要素。

(5)在上堵轴的正中设置了一个不通的螺纹孔,这在启模取件时使用。启模时,既可以用拔销器轻松地将其拔出,也可通过充气将其推出。不过,在使用充气脱模时一定要注意安全问题。

在生产中,对于上端部分的预成形半成品来说,在未进入与主体部分预成形半成品对接拼合入模(充分成形二次硫化模具)之前,无论将其如何摆放都是易于变形的,都会给下一个工序的对接带来不便。为此,需要设计制作专门用来支撑该半成品的工装,如图 9-3-9 所示。

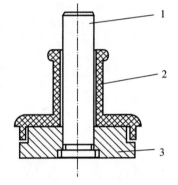

图 9-3-9　半成品支撑座
1—插杆;2—半成品;3—底座

第 10 章 部分橡胶杂件成形模具

10.1 橡胶扶正器成形模具

用于石油测井仪器上,被称为橡胶扶正器的一种六爪形橡胶制品的形状、结构及尺寸如图 10-1-1 所示。

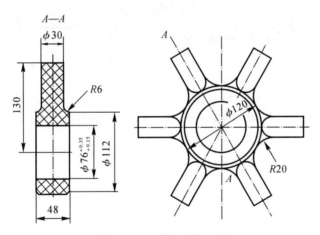

图 10-1-1 橡胶扶正器

橡胶扶正器制品的成形模具的结构设计如图 10-1-2 所示。

可参照图 10-1-3 的型腔相关尺寸的计算示意图,进行该模具的型腔相关尺寸的设计计算。

如图 10-1-2 所示成形模具结构的设计特点如下:

(1)该模具的芯轴固定在下模板上,与下模板为过盈配合,其配合形式为 H7/g6。

(2)上模与芯轴之间为有间隙的定位配合,其配合形式为 H7/g6。

(3)六个圆柱堵块与上、下模六爪型腔延长部分的定位配合为基孔制间隙配合,其配合形式为 H7/h6。六个圆柱堵块分别固定在下模型腔的外缘端部,对型腔进行封堵,其结构形式如图 10-1-2 所示。

(4)方向销的设置。该制品零件有六个均匀分布的支撑爪,虽然模具型腔相应部分也为均布设计,但是各爪分布的实际角度总是有差别的。在模具的使用中,为了保证上、下模板配合的正确性,必须使其与型腔组合加工时的方向相一致。只有这样才不会导致六个圆柱堵块对上、下模板的正确工作位置出现旋转偏移。否则,将会造成模具的损坏。为此,专门设计了方向销。方向销固定在下模板上,与上模板的配合间隙可以设计得大一些(0.50~0.80 mm)。

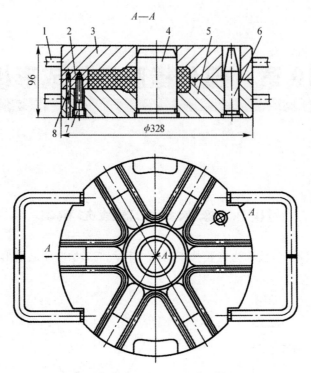

图 10-1-2 橡胶扶正器成形压胶模
1—手柄;2—圆柱堵块;3—上模;4—芯轴;5—下模;6—方向销;7—螺钉;8—圆柱销

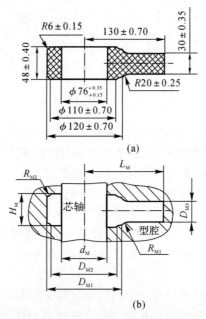

图 10-1-3 型腔相关尺寸的设计计算示意图
(a)制品零件尺寸及公差; (b)模具型腔相关尺寸

(5)余胶槽的设计。由于该制品零件致密度要求比较高,针对成形模具的结构特点,在模压操作中装入模具型腔的胶料是比较多的。为了疏通多余胶料流出模具体外,该模具余胶槽的设计形式同时能实现跑胶槽的作用,如图 10-1-2 所示。

(6)在下模板的侧面无手柄的一侧设计了硫化温度测试孔并装入毡垫或橡胶块(也可能将胶料以合适大小的块塞入孔底,用平端小棒将其捣实,使它在试模过程中硫化并存留在孔底)。

(7)启模口设计布局在下模分型面上。

10.2　σ形橡胶密封条压胶模

以下的一种特殊密封制品——σ形橡胶密封条,其形状、结构及尺寸如图 10-2-1 所示。

该制品通常都是由橡胶压出机挤出成形的。然而,σ形橡胶密封条由于生产批量小,不宜于采用连续挤出成形的生产工艺。同时,因受到没有相应设备的制约,采用模压成形法来满足少量产品生产的需要。

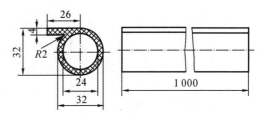

图 10-2-1　σ形橡胶密封条

从该制品零件的设计图可见,尺寸要求并不严格,截面形状各个尺寸均无制造公差标准,而且长度尺寸也并非使用安装时的尺寸。在使用时,还需截取合适的长度和角度,然后拼合黏结成所需要的形状与尺寸。

根据制品零件的形状、结构及尺寸,其成形模具可设计成开合模结构形式。

由于制品零件的长度尺寸比较大,因此其成形模具的长度尺寸也相应地比较大。因此,设计模具时,要注意模具自身的强度与刚度,同时还要提前调查是否具有相应的生产设备(硫化机的相关技术参数),以使设计方案更加可行,符合实际生产情况的工艺性要求。

σ形橡胶密封条制品的成形压胶模的结构设计如图 10-2-2 所示。

该制品零件成形模具的结构设计特点如下:

(1)该成形模具的结构形式为两型腔式开合模结构。在模具结构中,充分地利用了制品零件形状的对称性,设计成两个型腔,并使其共用同一个型芯来成形侧面的外部形状。

根据这一思路,该模具也可以设计成为两个型腔的结构形式。

(2)如图 10-2-2 所示的 σ形橡胶密封条成形模具,外形尺寸窄而长,选择硫化机时,要求工作台的尺寸大一些。也就是说,硫化机工作垫板的对角线尺寸应能够满足模具长度的要求。如果没有合适的平板硫化机,也可以使用小吨位的硫化机,对模具进行分段模压生产。当然,要尽量避免这种生产方式。

(3)模具的芯轴与模具两端上、下挡板之间的定位配合均为间隙配合,其配合形式为 H7/g6。

(4)该成形模具的上模组件和下模组件之间的定位系统为四点式定位机构。在设计该定位机构时,以对角线布局为一对定位销。其中,一对定位销与上模定位配合形式为 $\phi 16H7/g6$,另外一对定位销与上模的定位配合形式为 $\phi 12H7/f6$。这样的设计方案有利于模具在生产使用中合模、启模的操作以及模具的使用安全。两对定位销都固定在下模板上,与下模板为过盈配合,其配合形式为 H7/p6。

(5)在模具芯轴的轴向定位设计上,采用垫片厚度调节法来保证芯轴与型腔的配合精度。

即图 10-2-2 中用垫片 12 厚度来使芯轴另一端与前上、下挡板接触紧密,由锁母拉紧来达到设计要求。这种结构形式,可以使芯轴长度方向的尺寸精度(成形部分的配合)没有要求,便于加工制造。

(6)该模具在开模取件时,应首先松开锁母 17,然后启撬上模组件,将制品零件与芯轴一起脱离下模型腔,放在专用的牵引式脱模装置上进行脱模。

该成形模具型腔相关尺寸的设计计算,可参照图 10-2-3 所示的型腔相关尺寸的设计计算示意图进行。

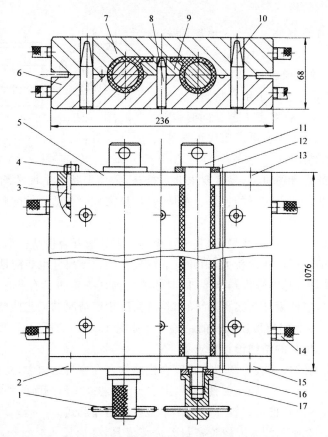

图 10-2-2 σ形橡胶密封条成形压胶模

1—加力棒;2—前挡板(上);3—圆柱销;4—螺钉;5—后挡板(上);6—下模板;7—上模板;
8,10—定位销;9—型芯;11—芯轴;12,16—垫片;13—后挡板(下);14—手把;15—前挡板(下);17—锁母

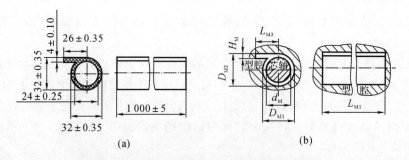

图 10-2-3 型腔相关尺寸的设计计算示意图

(a)制品零件尺寸及公差; (b)模具型腔相关尺寸

通过设计计算,模具芯轴的设计如图 10 - 2 - 4 所示。

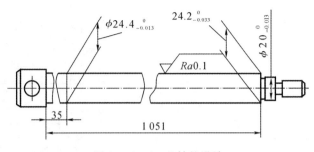

图 10 - 2 - 4　芯轴的设计

10.3　D232 - X 型多芯密封导线成形模具

D232 - X 型多芯密封导线是石油地震勘探场面仪器的配套制品零件,其形状、结构及尺寸如图 10 - 3 - 1 所示。

该制品零件的结构特点是形体内具有的多芯导线,实际上就是一种无固定形状的较为柔软的特殊骨架。

多芯密封导线在制品零件的结构中,要求处于中心位置,不允许在橡胶体内打弯、打折。另外,导线为非高温导线,因此,在制品模压成形的硫化过程中,不得被烫伤和压伤。

对于制品零件自身的设计,应在橡胶体内距离两端 5 mm 之间以浸胶纱带缠包两层,以保证导线不产生松散。这对于模压成形来说是有利的。

根据制品零件的结构特点,其成形模应当采用开合模结构形式。模具的结构设计如图 10 - 3 - 2 所示。

该成形模的结构设计有以下几个特点:

(1)为了保证导线在制品零件的模压生产过程中不被烫伤和压伤,在模具的结构设计中,两端的型芯采用绝热材料聚四氟乙烯来制造。而且,型芯的形状改变了普通开合模结构的两瓣式形状而为整圆形。这样,生产使用时,被缠包好浸胶纱带的导线束分别由两端穿入左、右两个绝热型芯,再包上适量的胶料薄片,连同两个绝热型芯一起放入下模组件中(绝热型芯分别安装到定位槽中),再将导线束两端分别放到模外的拉紧工装中,将其拉直绷紧,便可继续按要求填装胶料,合上上模进行压制。

(2)在模具本体之外,设计制作了专用的托线工装,与模具配套使用。该工装可将导线束从两边托起、拉直。其作用之一是可使导线束基本位于模具型腔正中部。其作用之二是使导线束的两端不与模具两端左、右挡板及硫化机加热平板相接触,避免导线束被烫伤。设计配套工装的目的,就是确保制品零件的质量要求。

(3)同样,为了保证制品零件外露导线不被烫伤,在模具两端的左、右挡板都设计了喇叭口形,以便导线束无接触式地穿过挡板。

模具型腔尺寸的设计计算,可按以上所讲的方法和图 10 - 3 - 3 的示意图来进行。

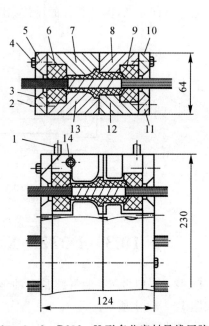

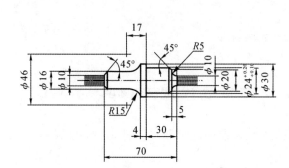

图 10 - 3 - 1　D232 - X 型多芯密封导线

图 10 - 3 - 2　D232 - X 型多芯密封导线压胶模

1—手柄;2—圆柱销;3—左下挡板;4—螺钉;

5—左上挡板;6—左绝热型芯;7—左上模;8—右上模;

9—右绝热型芯;10—右上挡板;11—右下挡板;

12—右下模;13—左下模;14—定位销

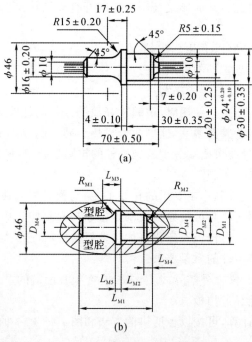

(a)

(b)

图 10 - 3 - 3　型腔尺寸计算示意图

10.4   水箱盖成形模具

　　某外商提供的轿车用发动机水箱盖三维(3D)模型图和二维(2D)设计图分别如图10-4-1和图 10-4-2 所示。

　　除此之外,该外商还提供了水箱盖的几个典型的方向线型三维(3D)图,如图 10-4-3 所示。

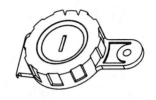

图 10-4-1   水箱盖三维设计图

　　根据提供的三维(3D)模型图,设计二维(2D)生产用图,如图 10-4-4 所示。

　　再根据三维(3D)模型图和如图 10-4-4 所示生产用二维(2D)图,设计该水箱制品零件的橡胶成形模具结构,如图 10-4-5 所示。

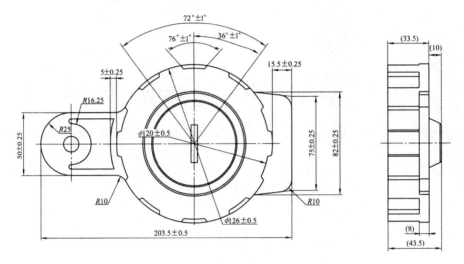

图 10-4-2   水箱盖二维设计图

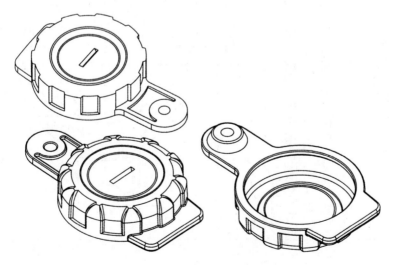

图 10-4-3   水箱三维(3D)图样

该模具的结构设计特点如下：

(1)这副模具用于具有 3RT 功能的注压硫化机上。

(2)模比为 1∶4。

(3)模具为无飞边式结构,小型芯(件 10)的上端面亦开设有撕边槽。

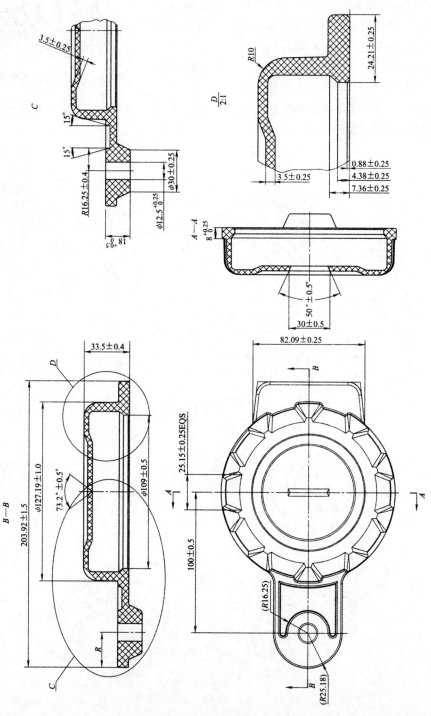

图 10-4-4　二维(2D)生产用图

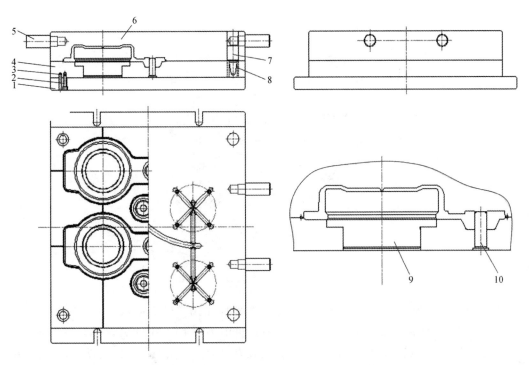

图 10 - 4 - 5　生产用模具二维(2D)图样

1—下模固定板；2—内六角螺钉；3—圆柱销；4—下模板；
5—托柱；6—上模板；7—导柱；8—导套；9—大型芯；10—小型芯

(4)型腔外的撕边槽和跑胶槽相通。

(5)异形型腔为对插式排列,可使模具结构更加紧凑,型腔的设计布局如图 10 - 4 - 6 所示,浇注系统的设计布局如图 10 - 4 - 7 所示。

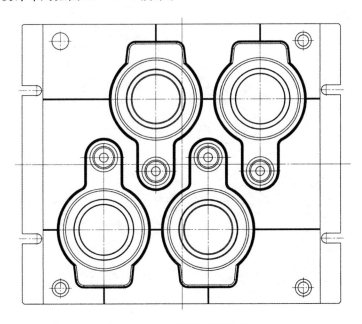

图 10 - 4 - 6　型腔的设计布局

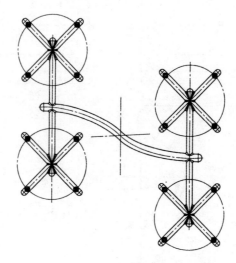

图 10-4-7　浇注系统的设计布局

　　如图 10-4-5 所示成形模具结构的三维爆炸图如图 10-4-8 所示。

　　该模具的每个型腔上设计制作了四个点浇口,见图 10-4-9 中的 A,B,C,D。由于四个点浇口位置的分布特点,入模胶料除了向型腔垂直方向的圆筒状腔体方向流动外,同时也在上平面腔体中流动,如图 10-4-9 所示的箭头方向。

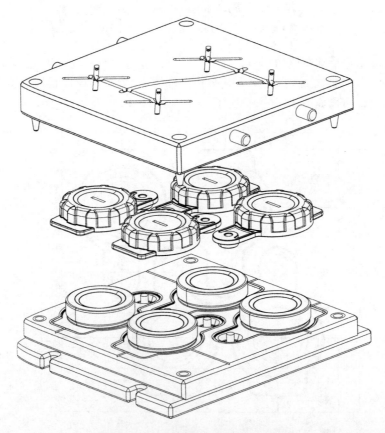

图 10-4-8　模具的三维(3D)爆炸图

图 10 - 4 - 9　点浇口位置

四股料流驱使上平面腔体中的空气聚集在上平面腔体的中央部位。由于这部分气体无法排到模具型腔之外,故常在中心部位形成滞气。为了解决这一问题,可在大型芯上部中央打一存气孔,如图 10 - 4 - 10 所示。

存气孔最好为锥形孔,以便废料排出。如果是直孔,那么就沿孔做一小的倒角,以防止在提取废料时废料断裂在孔中,影响下一节拍的生产。

存气孔形成的废料(小胶柱)如图 10 - 4 - 11 所示,图 10 - 4 - 12 为未清除小胶柱的制品零件三维(3D)图。

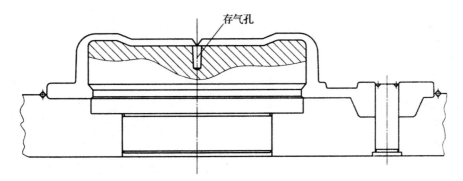

图 10 - 4 - 10　存气孔

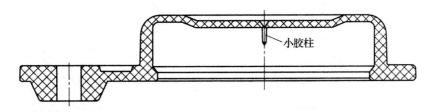

图 10 - 4 - 11　存气孔中的废料

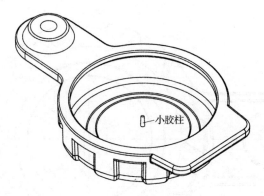

图 10-4-12　水箱盖中存气孔形成的废料

10.5　花瓣形隔块成形模具

以下为探测装置使用的花瓣形橡胶隔块,其形状、结构和尺寸如图 10-5-1 所示。

该制品零件的外形比较复杂,其上均匀地分布了六个缺口式通槽,宽度为 6 mm。通槽底部形状为半径为 3 mm 的半圆形,中央有直径为 $\phi 44^{+0.20}_{0}$ mm 和 $\phi 22^{+0.15}_{0}$ mm 的台阶孔。

花瓣隔块安装在探测器装置的机械运动组件之中,整个装置是在高温(100~125℃)和高压(80~120 MPa)条件下工作的,该制品零件在装置内部也将受到 3.5~6.5 MPa 的反复变化的压力,并有少量矿物油与之接触。因此,从整个使用环境来看,工作条件是比较恶劣的。

该制品零件要求致密度比较高,表面不得有气泡和杂质等缺陷存在。

根据制品零件的设计要求,其成形模具最好采用封闭式填压模结构,以保证其致密度的设计要求。

花瓣形隔块试生产成形压胶模的结构设计如图 10-5-2 所示。

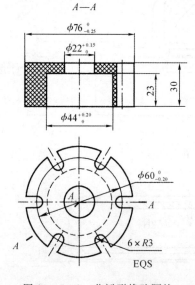

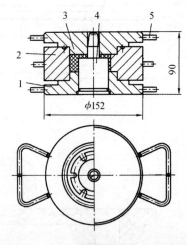

图 10-5-1　花瓣形橡胶隔块

图 10-5-2　花瓣隔块成形压胶模具

1—下模;2—中模;3—上模;4—芯轴;5—手柄

该成形模具结构设计的特点如下：

(1)该模具为封闭式填压模结构，这种结构有利于制品零件致密度的提高。

图 10-5-1 中制品零件上有六个缺口型通槽。在以前的工艺模具结构中，成形其形状的六个相应的凸起均为镶拼式结构，如图 10-5-3 所示。

由于老工艺模具中模的镶拼形式和模具的开放式填压结构，使制品零件的质量达不到设计要求，所以，在对产品质量问题产生原因和以前的工艺模具结构进行分析之后，将成形模具的结构重新设计为如图 10-5-2 所示的封闭式填压模结构，而且将六个凸起的镶拼形式也设计成整体式结构。

如图 10-5-2 所示模具的中模为整体式结构(见图 10-5-4)，该中模成形型腔的切削加工是由车削加工和线切割加工组合完成的。

经过生产实践的检验，如图 10-5-2 所示花瓣隔块成形模具的封闭式填压结构和其中模的整体式结构，可使制品零件的质量得到保证乃至提高。

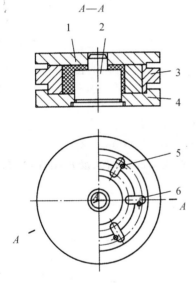

图 10-5-3　花瓣隔块以前的工艺模具结构
1—上模；2—芯轴；3—中模；4—下模；5—圆柱销；6—镶块

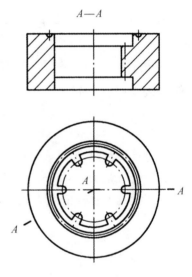

图 10-5-4　中模的整体式结构

(2)在该模具的结构中，芯轴固定在下模上，与下模为过盈配合，其配合形式为 $\dfrac{H7}{p6}$。

(3)中模与下模及中模与上模的定位配合，均为间隙配合，其配合形式都是 $\dfrac{H7}{g6}$。

(4)上模与芯轴也是间隙定位配合，其配合形式也为 $\dfrac{H7}{g6}$。

设计芯轴的上部要有足够长的导向锥度结构和有效定位配合长度，以便使上模在合模之后，能够平稳、准确地滑入中模定位兼成形的型腔之中。

(5)余胶槽设计布局在中模的上平面上，并且以微型排气槽与型腔和模具体外相通，这样设计有利于模具型腔中气体的逃逸和多余胶料的溢出。

该模具为封闭式填压模结构，有必要在其设计中先对中模的壁厚进行计算。因为中模的壁厚是模具外形结构，也是操作要素的启模口设计及其余胶槽设计布局的基础，所以，对于这类模具结构的中模要进行壁厚计算。

以下的计算过程是在没有考虑制品零件的橡胶硫化收缩率情况下进行的。

已知该模具中模的总高度 $H \approx 50$ mm，型腔部分的高度 $h = 30$ mm。中模所使用的材料为 45 钢，经热处理后硬度为 32～35HRC。45 钢在这种状态下的许用应力 $[\sigma] = 80$ MPa。通常，模具工作时，硫化压力机通过胶料传递给模具型腔内壁上的单位压力 $p = 20$ MPa。根据上述条件，计算该模具中模的壁厚。

由于该模具的中模结构比较复杂，为了计算方便，将其形状结构简化成为图 10-5-5 所示的计算简图。

应用式(5-3-6)对该中模的壁厚进行计算。

中模壁厚为

$$\delta = K r_2$$

式中，r_2 为中模型腔的半径(mm)。

令

$$K = \sqrt{\frac{L}{L-2}} - 1$$

$$L = \frac{[\sigma]}{p} = \frac{80 \text{ MPa}}{20 \text{ MPa}} = 4$$

查表 5-3-1 可得

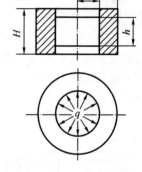

图 10-5-5　中模壁厚的
计算简图

$$K = 0.41$$

所以

$$\delta = K r_2 = 0.41 \times 38 \text{ mm} = 15.58 \text{ mm}$$

通过计算可知，如果该中模的总高度 H 与其型腔成形部位的高度 h 相等，那么中模壁厚的理论数值就是 15.58 mm。

关于模具型腔各相关尺寸的设计计算可参照图 10-5-6 及前述方法进行。

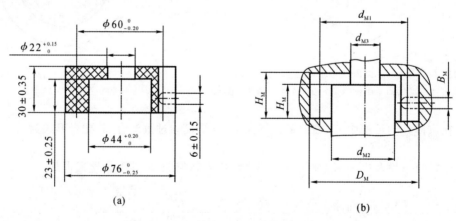

图 10-5-6　型腔相关尺寸的设计计算示意图
(a)制品零件尺寸及公差；　(b)模具型腔相关尺寸

上述模具结构(见图 10-5-2)可在试样模具或者生产设备比较落后的情况下使用。如果生产批量大或者具有橡胶注射成形硫化机时，其成形模具可以设计成如图 10-5-7 所示的多型腔式注射成形模具，或者设计成注压成形模具。

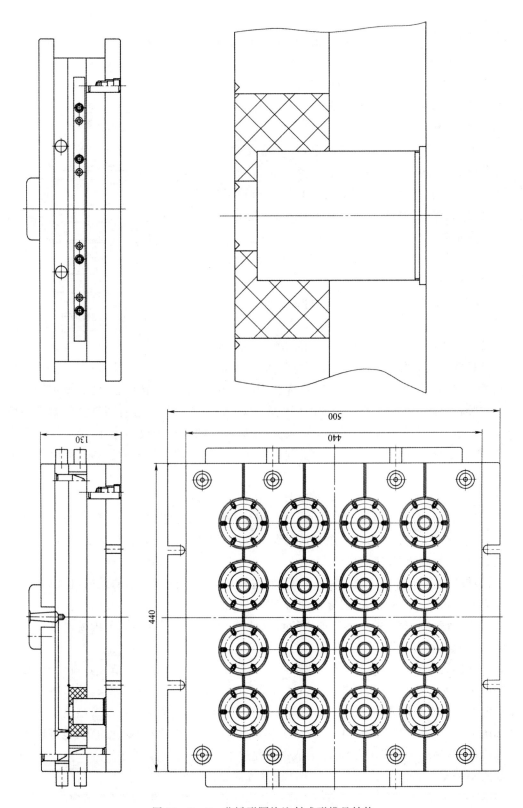

图 10 - 5 - 7　花瓣形隔块注射成形模具结构

10.6 橡胶压杯成形压胶模

在石油井下探测仪器中,橡胶压杯用作对光电信增管和晶体组合体进行压紧固定的防振固定件,其形体结构及尺寸如图 10-6-1 所示。

该制品零件的形状结构比较简单,尺寸精度要求也不是很高,除了 $\phi34^{+0.40}_{+0.20}$ mm 和 $\phi30^{+0.40}_{+0.20}$ mm 外,其余尺寸均无制造公差。此外,在其下端,$\phi3$ mm 不通孔与上部腔体之间有一层厚度为 0.20 mm 的隔膜,是模压成形中要保证的。

该制品零件的工作温度比较高,短时间可达 50℃,所以其材料选用氟橡胶 F101。氟橡胶 F101 的收缩率较大,自黏性比较差,因此,该制品零件的成形模具最好设计成封闭式填压模结构。

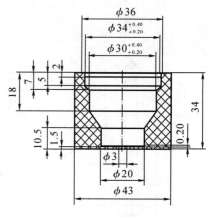

图 10-6-1 橡胶压杯

橡胶压杯成形压胶模的结构设计如图 10-6-2 所示。

该模具的结构为典型的封闭式填压模结构。

模具的型芯镶嵌在上模上,在生产中先将中模套在下模上,旋转压合,使其安装到位。将称量好的胶料填装在中模与下模形成的型腔之中,再合上上模组件进行压制。胶料受到型芯的挤压和中模的约束双重作用,便向上流动,推排型腔中的空气于模具体外,胶料充盈整个模具型腔,多余的胶料由型芯与中模的配合间隙流向余胶槽。这就是该模具的成形原理和工作过程。

从胶料的流动方向来看,这种成形方法,也叫作橡胶的反挤成形法。

该模具的余胶槽设计布局在中模的上面,并有跑胶槽与之相连通。这种余胶槽的结构形式,有利于型腔中空气的逃逸和多余胶料的溢出,可以提高制品零件的致密度,更适宜于自黏性较差胶料(如氟橡胶 F101)的成形。

该模具结构简单,操作方便,特别是填装胶料操作更是如此。简单的结构,也使其制造加工非常方便,而且型腔和型芯的尺寸精度易于得到保证。

如果要对该成形模具的中模壁厚进行设计计算,可按照第 5 章 5.3 节中模壁厚并参照图 10-6-3 中模结构简化图及受力状态进行计算。

该成形模具型腔相关尺寸的设计计算可参照图 10-6-4 及前述各节模具设计示例进行。

如图 10-6-2 所示为试样模具或小批量生产的模具。显然该成形模具是不能形成规模化生产的。为了提高模具生产的产能,其成形模具可以设计成图 10-6-5 多型腔结构形式。

如图 10-6-5 所示模具结构模比为 1:16,可用于橡胶注压成形硫化机上,也可以用于衡阳华意机械有限公司(衡阳华意)的注射成形硫化机上。

如图 10-6-6 所示为该模具结构中浇注系统的设计布局。

如图 10-6-7 所示为该模具结构中浇注系统的各级分浇道和点浇口的结构与尺寸。

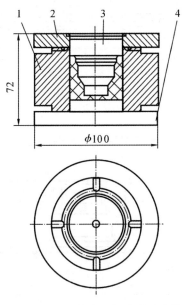

图 10 - 6 - 2　橡胶压杯成形压胶模
1—中模；2—上模；3—型芯；4—下模

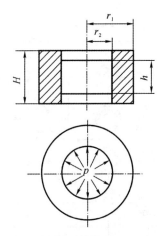

图 10 - 6 - 3　中模结构简化图及受力状态

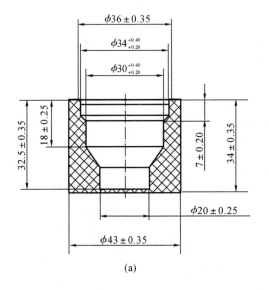

(a)

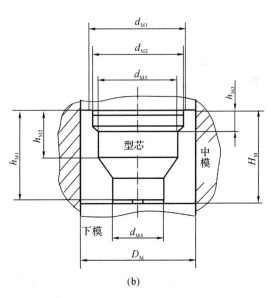

(b)

图 10 - 6 - 4　型腔相关尺寸的设计计算示意图
(a)制品零件尺寸及公差；　(b)模具型腔相关尺寸

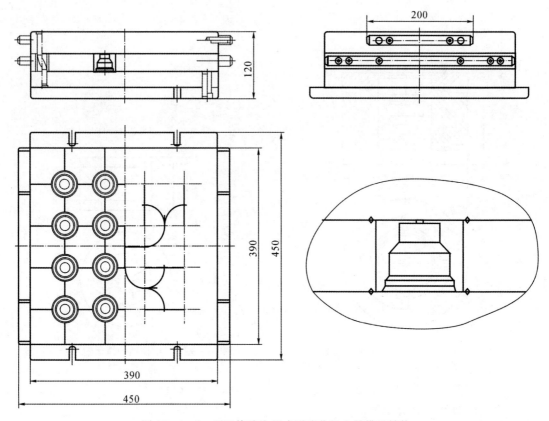

图 10-6-5　用于橡胶注压成形硫化机上的模具结构

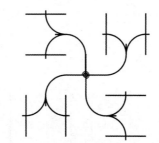

图 10-6-6　浇注系统的设计布局

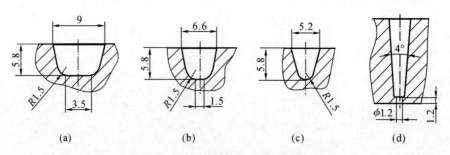

图 10-6-7　各级分浇道和点浇口

(a)一级分浇道；　(b)二级分浇道；　(c)三级分浇道；　(d)点浇口

图 10 - 6 - 8 的模具,其模比更大,为 1:25,它可用于真空平板硫化机上,胶料的入模可使用抽屉式投料器。入模胶料可由预成形机提供,形状为管状类半成品。

如果将其一套型芯全都成套地反过来装在模板中,便可使用块料,模具结构便成为填压式反挤压成形。

该模具的型芯中设置了撕边槽和跑胶槽。

这类模具为浮动式悬挂结构,型芯之间配合精度要求高,且各整型芯在合模后全都等高,而每套型芯与其模板上的孔则为较大间隙配合。

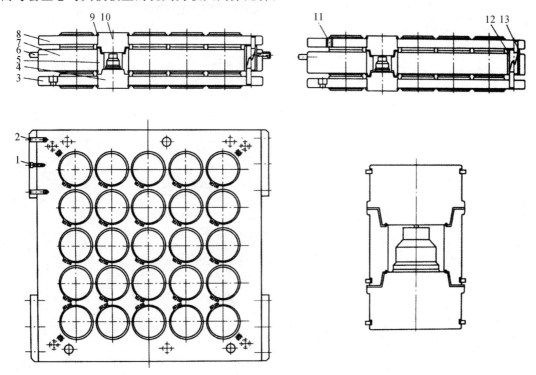

图 10 - 6 - 8　用于真空平板硫化机上的模具结构

1—内六角螺钉;2—圆柱销;3—下模板;4—下型芯;5—中型芯;6—托条;7—中模板;
8—上模板;9—轴用弹性挡圈(卡簧);10—上型芯;11—上模板固定孔;12—导套;13—导柱

10.7　高压输电绝缘子成形模具

高压输电绝缘子过去使用的材料是电工陶瓷,近些年来发展成为使用硅橡胶。

硅橡胶绝缘子的优点是质量轻、耐候老化性能好、制造工艺性好、运输损耗小等,因此世界各国纷纷采用硅橡胶。现对硅橡胶绝缘子成形模具的设计做以下简述。

硅橡胶绝缘子的形体结构如图 10 - 7 - 1 所示。

高压输电用硅橡胶绝缘子的尺寸通常都是比较大的,从图 10 - 7 - 1 中可以看到,该绝缘子的长度为 2 550 mm,橡胶体部分的直径为 500 mm 左右。有的硅橡胶绝缘子长度可达 3~5 m。

从结构方面看,该绝缘子含有两个骨架,均由绝缘性能好的玻璃钢所制。内壳为空管式结构,可使绝缘子的质量更轻。这种结构称为空心式硅橡胶绝缘子。

空心式硅橡胶绝缘子成形模具的结构如图 10-7-2 所示。

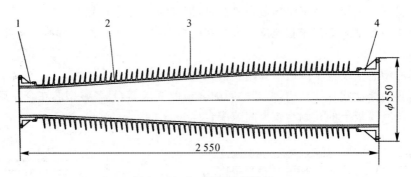

图 10-7-1　硅橡胶绝缘子

1—骨架(一)；2—内壳；3—橡胶体；4—骨架(二)

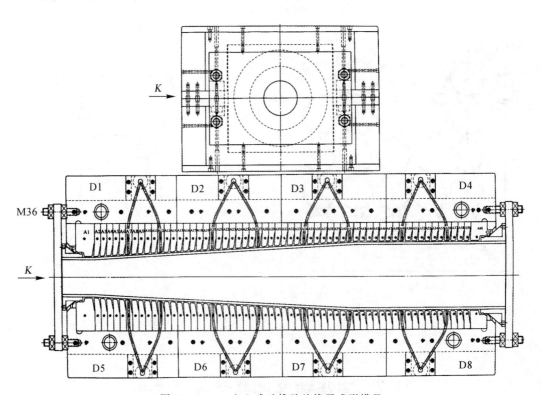

图 10-7-2　空心式硅橡胶绝缘子成形模具

如图 10-7-2 所示空心式硅橡胶绝缘子成形模具的结构特点如下：

(1)该模具的模比为 1∶1。

(2)模具结构的最大特征是镶拼式结构。

(3)模具为注射式结构，浇注系统有 8 个主浇道。

(4)模具用于 10 000 kN 硅橡胶注射硫化成形机。

(5)构成型腔的镶件分别有次序标记。

(6)由于制品的尺寸精度不高，所以关键是内在质量(物理-力学性能、电绝缘性能以及耐候老化性能)要符合设计要求。模具设计时要注意到这一点。

如图 10 - 7 - 3 所示为芯杆式硅橡胶绝缘子,由橡胶体和绝缘芯杆构成。这类制品的长度也是很长的。

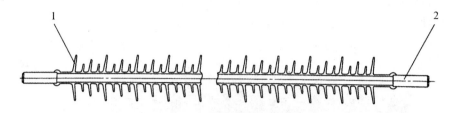

图 10 - 7 - 3　芯杆式硅橡胶绝缘子
1—橡胶体;2—绝缘芯杆

这类绝缘子因其直径尺寸较空心式硅橡胶绝缘子的尺寸小,所以成形模具可设计为两个型腔,以提高生产效率。

如图 10 - 7 - 4 所示为芯杆式硅橡胶绝缘子的成形模具。

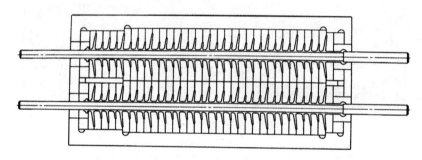

图 10 - 7 - 4　芯杆式硅橡胶绝缘子成形模具(一)

该成形模具的结构设计特点如下:

(1)模比为 1∶2,设备利用率高,能耗成本低。

(2)模具结构也是镶拼式特征。

(3)用于 10 000～24 000 kN 硅橡胶注射硫化成形机上。

(4)对于橡胶体外部形状结构相同而轴向尺寸较长的绝缘子可以分段进行硫化成形,如图 10 - 7 - 5 所示。

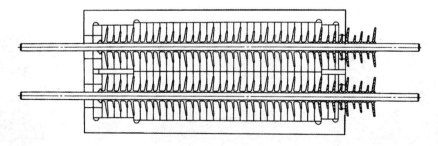

图 10 - 7 - 5　芯杆式硅橡胶绝缘子成形模具(二)

图 10-7-5 中的芯杆式硅橡胶绝缘子成形模具,是一种可以分段成形的模具结构,即用同一副模具可以成形更长尺寸的硅橡胶绝缘子。但是这种成形模具的生产效率较低,而且制品的内在质量较差,也就是说,在两次成形连接处的力学性能相对差一些。

芯杆式硅橡胶绝缘子成形模具的生产实例如下所述。

如图 10-7-6 所示为一芯杆式硅橡胶绝缘子,如图 10-7-7 所示为其单型腔成形模具。

图 10-7-6　芯杆式硅橡胶绝缘子

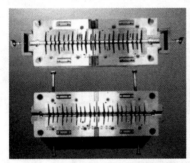

图 10-7-7　芯杆式硅橡胶绝缘子成形模具

如图 10-7-8～图 10-7-14 所示为管状芯杆式橡胶绝缘子的生产过程。

图 10-7-8　上、下模及脱模架　　　图 10-7-9　掉头安装已成形一端的半成品

图 10-7-10　开始合模　图 10-7-11　合模完成,加压、注射胶料　图 10-7-12　硫化完成、开模

图 10 - 7 - 13　取出制品

图 10 - 7 - 14　清理模具,进入下一环节

10.8　弹簧橡胶护套成形模具

以下的石油测井仪器地面部分机械装置所用的弹簧橡胶护套,其形状、结构及尺寸如图 10 - 8 - 1 所示。

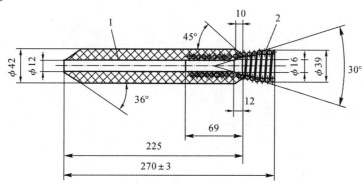

图 10 - 8 - 1　弹簧橡胶护套

1—橡胶护套;2—弹簧

弹簧橡胶护套成形模具的结构设计如图 10 - 8 - 2 所示。

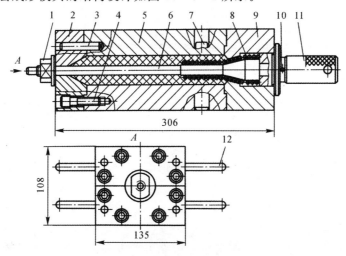

图 10 - 8 - 2　弹簧橡胶护管成形压胶模具

1—拉紧螺母;2—上、下端模(左);3,10—圆柱销;4—螺钉;5—上、下模体;
6—芯轴;7—定位销;8—弹簧;9—上、下端模(右);11—芯轴手把;12—手柄

该模具的结构特点如下：

(1)在该模具结构中，芯轴手把 11 的轴向定位是依靠其右端的手把台肩，由左端的拉紧螺母拉紧贴靠在右端面来实现的。

(2)模具的上模组件和下模组件采用了拼合式结构，分别由三个零件拼合而成。这样，上、下模体的型腔结构变为直通式的，便于加工。

(3)上模组件和下模组件各部零件之间的连接方式均为止扣对接拼合、圆柱销定位和螺钉固定。

(4)该模具的芯轴为拼接式结构，如图 10-8-3 所示。这种结构方式可使加工方便，省工省料，降低了模具成本。

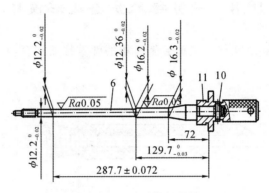

图 10-8-3　芯轴的结构

6—芯轴；10—圆柱销；11—芯轴手把

10.9　橡胶绝缘套成形模具

以下为在石油测井仪器中使用的橡胶绝缘套制品，如图 10-9-1 所示。

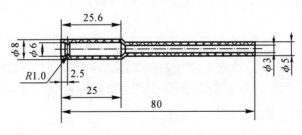

图 10-9-1　橡胶绝缘套

该橡胶绝缘套制品成形压胶模的设计结构如图 10-9-2 所示。

该模具的结构设计特点如下：

(1)该模具为压注式开合模结构。

(2)该模具的模比为 1:6。

(3)在模具结构中，芯轴 1 的轴向定位是依靠上挡板和下挡板上的直通式限位槽来实现的。芯轴结构上的定位台肩厚度与其限位槽的宽度为间隙配合，其配合形式为 H7/g6。

(4)模具的浇注系统为三点式主浇道结构，一点浇注两件。

(5)进胶口为扇形扁平浇口,尺寸为 0.15 mm×(8~10) mm。

(6)启模口分别靠近两个导柱导套。

模具使用的胶料压注器为专用,其结构特点与一般的通用压注器有所不同,如图 10 - 9 - 3 所示。

在该压注器的料斗出胶面上针对模具上平面上的三个进胶主浇道的位置设置了相应的出胶槽。

该压注器与模具之间没有设计定位机构,而是在模具上平面和压注器的侧面分别准确地刻画了中心线。使用时,将压注器侧面的中心线对准模具上模平面的中心线即可。

该模具成形芯轴的设计如图 10 - 9 - 4 所示。

如图 10 - 9 - 5 所示为模具型腔尺寸计算示意图。

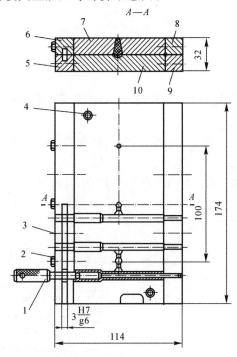

图 10 - 9 - 2　橡胶绝缘套压注式开合模结构

1—芯轴;2—螺钉;3—圆柱销;4—定位销;5—下挡板;

6—上挡板;7—上模板;8—上端模;9—下端模;10—下模板

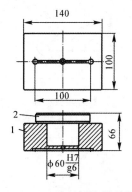

图 10 - 9 - 3　胶料压注器的结构

1—料斗;2—柱塞

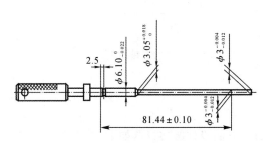

图 10 - 9 - 4　模具成形芯轴的设计

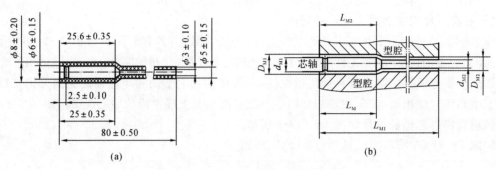

图 10-9-5　模具型腔尺寸计算示意图

(a)制品尺寸及公差；　(b)模具型腔尺寸

10.10　密封插头压胶模具

石油测井仪器中使用了一种特殊的密封插头,其骨架是由瓷管、插针和信号线构成的复合骨架,如图 10-10-1 所示。

根据该制品零件的用途以及复合骨架的结构特点,其成形模具的结构采用压注式结构,如图 10-10-2 所示。

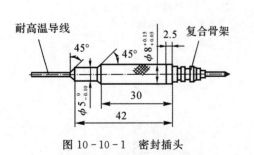

图 10-10-1　密封插头

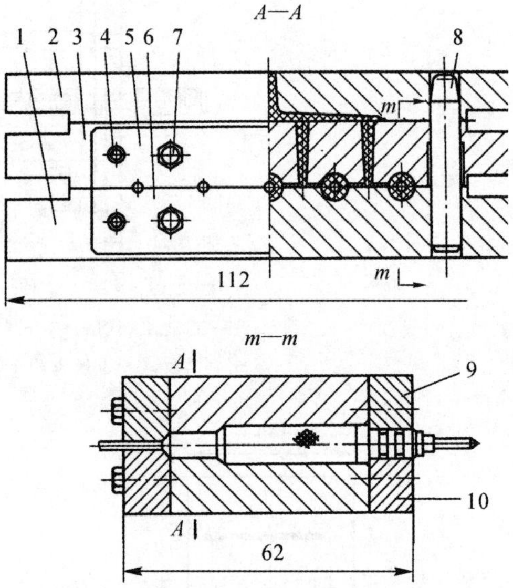

图 10-10-2　密封插头压注式成形模具

1—下模；2—上模板；3—中模；4—圆柱销；
5—上端模；6—下端模；7—螺钉；8—定位销；
9—上挡板；10—下挡板

该模具的设计结构特点如下:

(1)该模具由上模板、中模板和下模板三层构成。上模板与中模板之间为浇注系统的设计空间,中模板和下模板之间为型腔的设计空间。

（2）模具是小型轴类制品零件注压式成形模具的典型结构。

（3）浇注系统为单列式双层结构，如图 10－10－2 所示。

（4）分浇道、进料口和型腔的设计布局如图 10－10－3 所示。

（5）中模板上的垂直浇道采用了点浇口的结构形式，而进料口为扁平浇口。

（6）中模板上的垂直浇道共有四个，按照距离主浇道的远近及平衡注胶量的大小这一设计原则，1 号和 4 号垂直浇道各为一个型腔注胶，而 2 号和 3 号垂直浇道则同时为三个型腔注胶。这样，进料口与型腔之间的搭配可以使模具在工作时进入各个型腔的胶料基本上是平衡的。

如图 10－10－4 所示为模具型腔主要尺寸设计计算的示意图，供设计时参考使用。

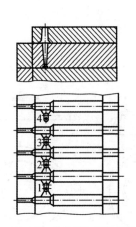

图 10－10－3　分浇道、进料口和型腔

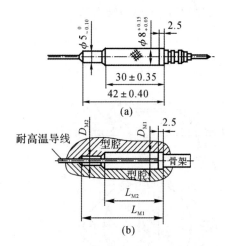

图 10－10－4　型腔尺寸计算示意图

（a）制品零件尺寸及其公差；　（b）模具型腔尺寸

10.11　Z 形橡胶减震器成形模

Z 形橡胶减震器是机械行业中常用的一种减震器，这种减震器的结构虽然不是非常复杂，但是它的成形难度却比较大。

Z 形橡胶减震器的全称为 Z 形橡胶等频减震器，简称为"Z 形减震器"。这种减震器的技术数据见表 10－11－1。

表 10－11－1　Z 形橡胶减震器技术数据

型　号	垂向额定负荷/N	静变形量 mm	固有频率 Hz	外形尺寸 $A/mm \times B/mm \times H/mm$	M/mm	t/mm
Z1	980	≈3	12	$120 \times 95 \times 40$	12	3
Z2	1 960	≈5	10	$170 \times 140 \times 58$	16	4
Z3	3 430	≈7	9	$225 \times 185 \times 75$	18	5
Z4	5 880	≈8.5	8	$250 \times 210 \times 90$	20	6
Z5	9 800	≈10	7	$285 \times 240 \times 110$	24	8

10.11.1 传统成形模具结构设计

以下的 Z 形橡胶减震器，其形状结构与尺寸如图 10-11-1 所示。

Z 形橡胶减震器中含有两个金属骨架，如图 10-11-2 所示。

Z 形橡胶减震器成形模具的结构设计如图 10-11-3 所示。

该 Z 形橡胶减速器的成形模具结构设计有以下特点：

（1）成形制品零件橡胶主簧内侧倒锥形的型芯（组合型芯）共由 11 个零件组成，即由件 4，5，6，7，8，9，10，11，12，13，14 组成。

（2）该模具的中模为哈夫结构。

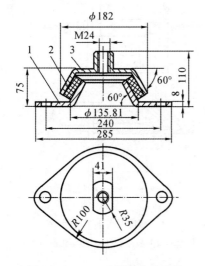

图 10-11-1　Z 形橡胶减震器

1—下骨架；2—橡胶主簧；3—上骨架

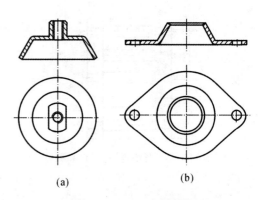

图 10-11-2　金属骨架

(a)上骨架；　(b)下骨架

（3）制品在模压成形时为倒装式，如图 10-11-3 所示。

（4）中模板与下模板的定位为锥面式定位，制品的下骨架在中模板定位，而上模板则浮动定位在下骨架上。

（5）伞状的组合型芯分别紧贴在方芯周围并受到压环 6 的约束，由压紧螺母、垫片和压紧螺杆固定在上骨架上装于下模板之中。

（6）由 11 个零件组成的组合型芯共有两套，可轮流进行拆装和工作。

该模具的工作过程如下：

（1）硫化成形后，打开上模，如图 10-11-4 所示；拧开压紧螺母 4，如图 10-11-5 所示。

（2）如图 10-11-6 所示，从下模上取出制品、组合芯组和中模，再从其上取出垫片 5 和压环 6，如图 10-11-7 所示。

（3）分离哈夫式中模，如图 10-11-8 所示。

（4）从制品中拧出压紧螺杆和方芯，如图 10-11-9 所示。

（5）按照如图 10-11-10 所示，分别取出六块组合型芯，先左右、后上下依次进行，从而得到 Z 形橡胶减震器制品。

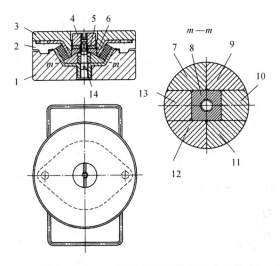

图 10 - 11 - 3　Z 形橡胶减震器成形模具

1—下模；2—中模(哈夫块结构)；3—上模；4—压紧螺母；5—垫片；6—压环；7—型芯组件(一)；8—方芯；
9—型芯组件(二)；10—型芯组件(三)；11—型芯组件(四)；12—型芯组件(五)；13—型芯组件(六)；14—压紧螺杆

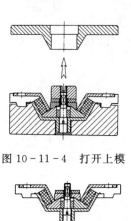

图 10 - 11 - 4　打开上模

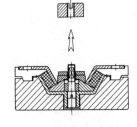

图 10 - 11 - 5　拧开压紧螺母

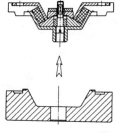

图 10 - 11 - 6　分离于下模

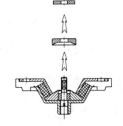

图 10 - 11 - 7　取出垫片和压环

　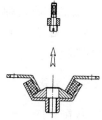　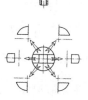

图 10 - 11 - 8　分离中模　　图 10 - 11 - 9　拧出压紧螺杆　　图 10 - 11 - 10　取出型芯(六块)

（6）按图 10－11－8 所示分离了哈夫块式中模之后，便将另一套与上骨架组装的组装件装入下模之中进行模压生产，然后按如图 10－11－9 和图 10－11－10 所示工序卸模取件。

（7）如图 10－11－11 和图 10－11－12 所示是将组合型芯与上骨架组装在一起，然后将组合件放入下模之中，如图 10－11－13 所示。

（8）如图 10－11－14 所示是将哈夫块式中模放在下模之上。

（9）如图 10－11－15 所示是将胶料放入组合体的腔体之中（由上骨架、组合型芯和哈夫块式中模所组成）。

（10）如图 10－11－16 所示是将下骨架放在哈夫块式中模的上方，如图 10－11－17 所示是再合上上模，送入硫化机热板中进行压制成形。

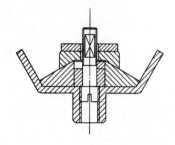 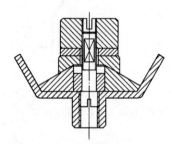

图 10－11－11　型芯骨架　　　　　　　　图 10－11－12　型芯骨架
　　　　　　组装（一）　　　　　　　　　　　　　　组装（二）

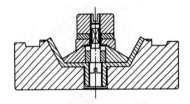 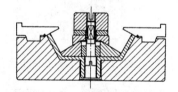

图 10－11－13　组装件放入下模　　　　　图 10－11－14　放置哈夫块式中模

以上所述即为 Z 形减震器的直接模压生产法。

10.11.2　黏合模压生产法模具设计

此外，还有一种生产方式，即黏合模压生产法。该生产方法是在上述模具的基础上变填压装料为预成形半成品入模。

黏合模压生产法是将 Z 形减震器橡胶主簧所需要的胶料，预制成如图 10－11－18 所示的预成形半成品。将这种预成形半成品装入如图 10－11－14 所示模具组合件进行合模压制，该方法技术效果更好，生产工艺更加合理。

图 10－11－15　放入胶料

黏合模压生产法所使用的预成形模具如图 10－11－19 所示。

10.11.3　新型结构的 Z 形橡胶减震器成形模具

为了改善 Z 形橡胶减震器的成形工艺性，在保证不改变其力学性能（动刚度、静刚度等减震性能）的原则下，改变其结构设计，将会给 Z 形橡胶减震器的模压成形带来极大的方便。

例如新型结构的 Z 形橡胶减震器，其结构如图 10－11－20 所示。

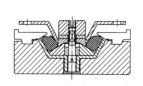

图 10-11-16　安放下骨架

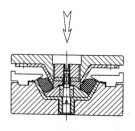

图 10-11-17　合上模

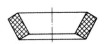

图 10-11-18　预成形半成品

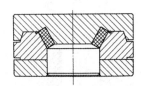

图 10-11-19　预成形模具

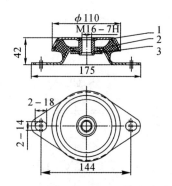

图 10-11-20　新型 Z 形橡胶减震器

1—上盖组件；2—橡胶主簧；3—外骨架

　　如图 10-11-20 所示的 Z 形橡胶减震器,是由图 10-11-21 中橡胶主簧件和图 10-11-22 中的上盖组件所组成的。

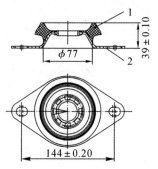

图 10-11-21　橡胶主簧件

1—橡胶主簧；2—骨架底座

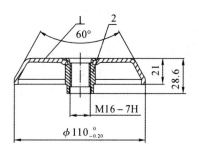

图 10-11-22　上盖组件

1—上盖；2—螺纹套

　　压片如图 10-11-23 所示。骨架底座如图 10-11-24 所示。上盖和螺纹套分别如图 10-11-25 和图 10-11-26 所示。

　　以上就是新的 Z 形橡胶减震器的总成与零部件设计。这种设计方案简化了成形结构和成形工艺过程。

　　由此可知,图 10-11-26 中的螺纹套与图 10-11-25 中的上盖通过铆接成为一个部件(见图 10-11-22)。使用工装,将上盖组件(见图 10-11-22)、硫化成形后的橡胶主簧件(见图 10-11-21)压片铆接在一起,即可完成如图 10-11-20 所示的 Z 形橡胶减震器的制造。

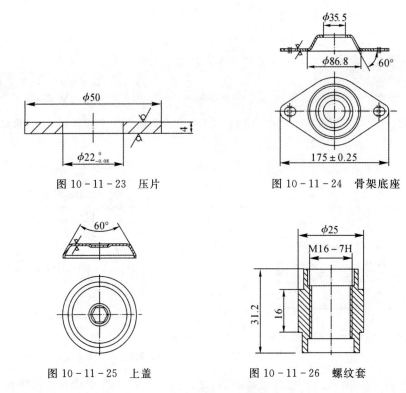

图 10 - 11 - 23　压片　　　　　　　图 10 - 11 - 24　骨架底座

图 10 - 11 - 25　上盖　　　　　　　图 10 - 11 - 26　螺纹套

　　由于制品零件结构的改变,使得橡胶主簧件的成形模具得以实现多型腔化,避免了如图 10 - 11 - 3 所示成形模具操作复杂、生产效率低下的模具结构形式。

　　图 10 - 11 - 20 中新结构 Z 形橡胶减震器中的橡胶主簧件的三维(3D)建模图,如图 10 - 11 - 27 所示。

　　在橡胶主簧件的三维(3D)建模后,对橡胶体部分的尺寸进行硫化收缩的设计计算。然后进行其成形模具的三维(3D)建模。

　　图 10 - 11 - 20 中新结构 Z 形橡胶减震器成形模具的三维(3D)建模如图 10 - 11 - 28 所示。

　　如图 10 - 11 - 29 所示为成形模具的三维(3D)爆炸图。

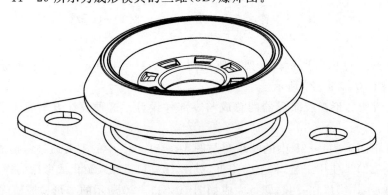

图 10 - 11 - 27　橡胶主簧件的三维(3D)建模图

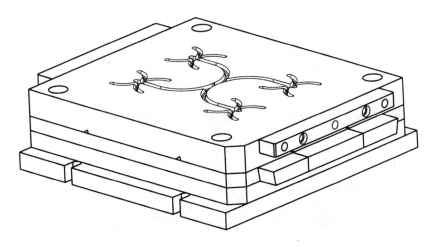

图 10-11-28 新型 Z 形橡胶减震器成形模具三维(3D)建模图

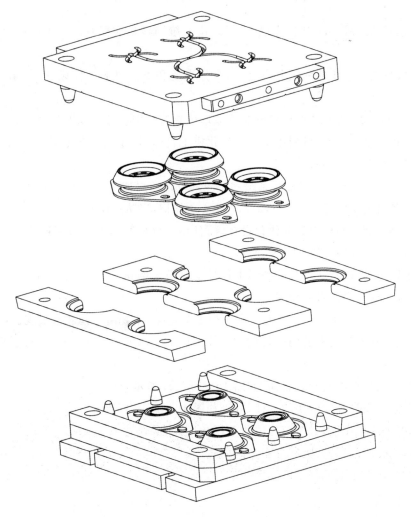

图 10-11-29 成形模具的三维(3D)爆炸图

由图 10 - 11 - 29 可以得到模具浇注系统的设计布局图,如图 10 - 11 - 30 所示。

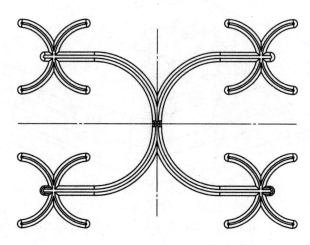

图 10 - 11 - 30　浇注系统的设计布局图

在成形模具的三维(3D)建模完成后,可以由三维图转化为模具的二维(2D)图,如图 10 - 11 - 31 所示。

该成形模具浇注系统的一级分浇道、二级分浇道和点浇口的尺寸设计,如图 10 - 11 - 32 所示。

如图 10 - 11 - 31 所示 Z 形橡胶减震器成形模具的结构设计有以下几个特点:

(1)该模具的结构设计,可使用于注压硫化机上,亦可用于衡阳华意制造的注射硫化机上(该硫化机具有转射板机构)。

(2)模具的模比为 1∶4,其浇注系统和型腔的设计布局如图 10 - 11 - 31 所示。

(3)模具各哈夫块的排序有 1、1,2、2,3、3,4、4 标记,以防止误操作。

(4)上模型腔部分与模板为整体化设计,而且在上模型腔周围开设了撕边槽、连接槽和跑胶槽,相关设计尺寸如图 10 - 11 - 33 所示。

(5)为了防止误操作,在模具的外形上设计了对模大倒角,而且在定位系统中还有一套导柱导套的位置不在相应的对称位置上。

(6)如图 10 - 11 - 24 所示骨架底座在下模上的定位,主要由下模芯来实现。同时,也对骨架底座的圆菱形外形和其上的两个长孔(2 mm×14 mm,2 mm×18 mm)进行了粗定位,如图 10 - 11 - 34 所示。

(7)哈夫块组的设计及型腔布局,如图 10 - 11 - 35 所示。

(8)下型芯的设计和定位块的设计,分别如图 10 - 11 - 36 和图 10 - 11 - 37 所示。为了保证模具成形部分的可靠性,对于定位块与下模板固定,除每边有 2×M12 螺栓外,还设计了五个直径为 16 mm 的圆柱销,且其分布为两列式。

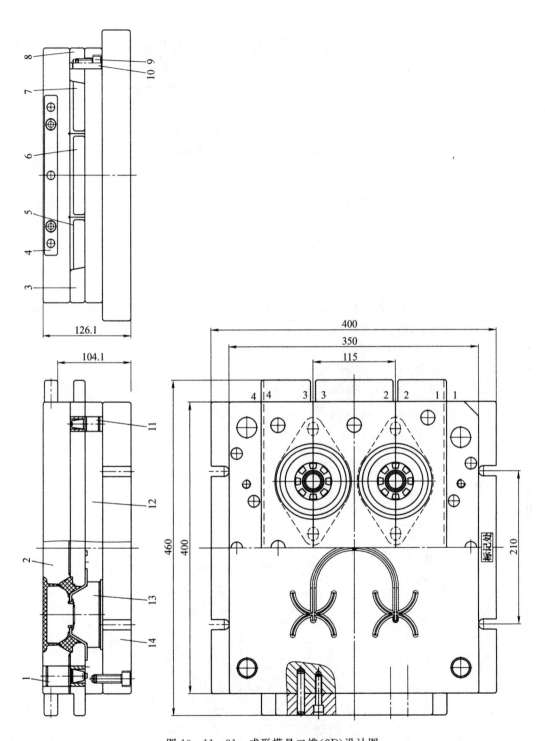

图 10-11-31 成形模具二维(2D)设计图

1,11—导柱导套;2—上模板;3,8—定位块;4—托条组件;

5,6,7—哈夫块组;9—内六方螺钉;10—圆柱销;12—下模板;13—下型芯;14—下模固定板

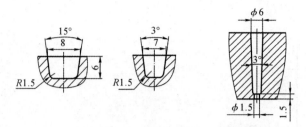

图 10 - 11 - 32 浇注系统各级分浇道和点浇口
(a)一级分浇道； (b)二级分浇道； (c)点浇口

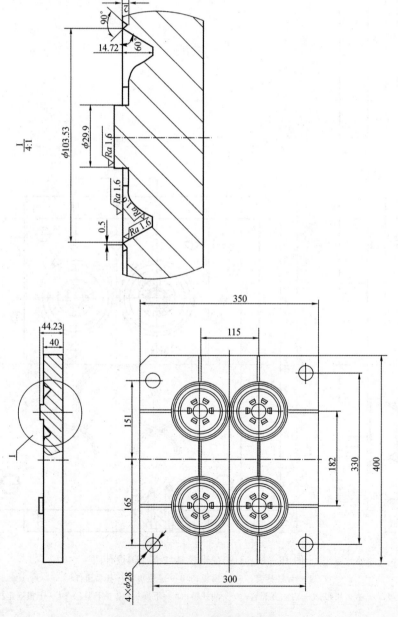

图 10 - 11 - 33 上模部分的设计

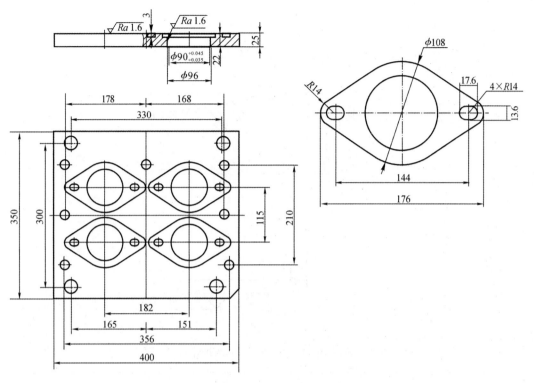

图 10 - 11 - 34　下模板的设计

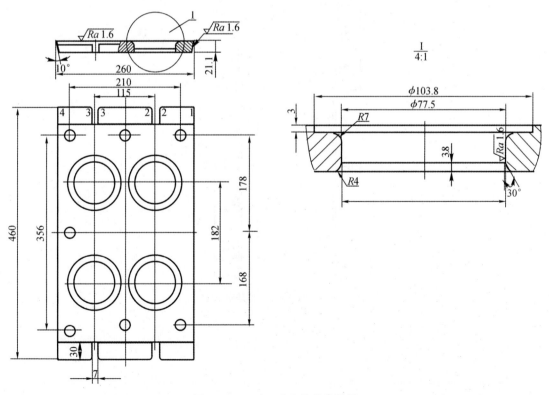

图 10 - 11 - 35　哈夫块组的设计

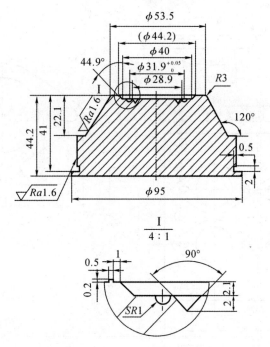

图 10 - 11 - 36 下模芯的设计

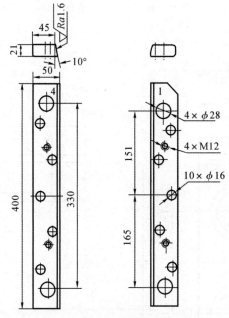

图 10 - 11 - 37 定位块的设计

第 11 章　橡胶性能测试试样成形模具

为了能够获得真实的硫化橡胶的拉伸强度和扯断伸长率等力学性能数据,将为试验所用的以冲裁成形工艺制作的试样,改为以直接使用模压成形工艺制作的试样。这是因为前者在冲裁过程中由于裁刀的磨损、垫板表面的损伤、裁刀修磨的不均匀性以及操作者的冲裁技巧等原因造成试样断面的残缺,形成局部应力集中而导致试验数据不准确。使用无飞边成形模具模压各种试样可以解决这一问题。

在橡胶工业中,对每批混炼好的橡胶,甚至是每一车混炼好的橡胶都要进行相关性能的测试,例如混炼橡胶硫化后的硬度、平均硫化收缩率、拉伸强度、扯断伸长率、扯断永久变形、压缩永久变形以及橡胶与金属黏合强度等物理-力学性能。这些项目的测试关乎橡胶制品能否满足其使用的设计要求,是一项非常重要的基础工作。

其中,硫化橡胶的硬度、平均硫化收缩率、拉伸强度、压缩永久变形和撕裂强度等橡胶试样,都需要相关的模具来制作。

11.1　拉伸强度试样成形模具

在橡胶制品生产中,橡胶力学性能中的拉伸强度是通过哑铃状的试样来测试的。哑铃状试样的形状与尺寸在 GB/T 528 — 2009《硫化橡胶或热塑性橡胶　拉伸应力应变性能的测定》中均有规定。

哑铃状试样的形状与尺寸,如图 11 - 1 - 1 所示。其成形模具的设计如图 11 - 1 - 2 所示。一般橡胶生产厂家所使用的哑铃状试样坯料压胶模如图 11 - 1 - 3 或图 11 - 1 - 4 所示。

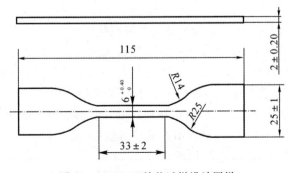

图 11 - 1 - 1　哑铃状试样设计图样

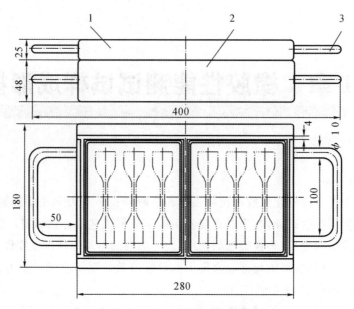

图 11-1-2　试样坯料模具设计图

1—上模板；2—下模板；3—手柄

图 11-1-3　哑铃状试样坯料压胶模(一)

图 11-1-4　哑铃状试样坯料压胶模(二)

该模具结构虽然简单，但也有其特征，具体如下：

(1)这一试样坯料成形模具为开放式填压模；

(2)模具的型腔为两个，每个型腔成形出的胶片，可冲裁三条哑铃状试样；

(3)每个型腔周围都设置有撕边槽，撕边槽之外是疏导多余胶料的跑胶槽，并与模具体外相通；

(4)模具使用于 250 kN 或者 450 kN 普通平板硫化机上；

(5)型腔设置在下模板上，而上模板为平板式，型腔的表面粗糙度值 Ra 为 0.8 μm。

如图 11-1-4 所示坯料的压胶模下模板上型腔的布局、撕边槽和跑胶槽的设计布局等如图 11-1-5 所示，使用该模具模压得到的试样坯料如图 11-1-6 所示。

使用试样切片机(见图 11-1-7)将试样坯料冲切成哑铃状的试样。操作时需要使用试样哑铃试样裁刀(见图 11-1-8)和聚四氟乙烯坯料垫板(见图 11-1-9)，所得试样如图 11-1-10 所示，所余废料如图 11-1-11 所示。

试样制成后，对试样进行编号并准备试验记录表格。橡胶拉伸强度试验使用电子拉力机(见图 11-1-12)进行，按照要求将试样加持在上下钳口中，开机试验，如图 11-1-13 所示为电子拉力机正在做拉伸试验,如图 11-1-14 所示为试样被拉断时的试验状态。

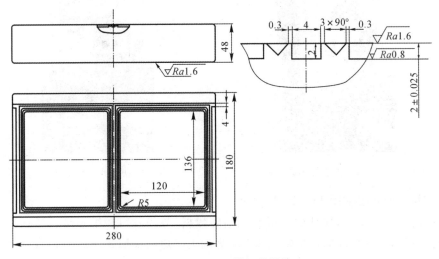

图 11-1-5　下模板的设计

图 11-1-6　试样坯料

图 11-1-7　试样切片机

图 11-1-8　哑铃试样裁刀

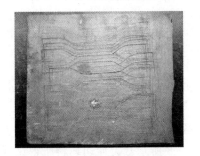

图 11-1-9　试样坯料垫板

图 11-1-10　哑铃试样

图 11-1-11　制作试样后的废料

图 11-1-12　电子拉力机

图 11-1-13 电子拉力机在工作

图 11-1-14 试样被拉断

试样被拉断的状态如图 11-1-15 所示。

为了提高试样的质量,保证试验得到正确的数据、节约胶料和缩短哑铃状试样的制作周期,也可将其成形模具设计成直接模压成形试样的无飞边结构形式,如图 11-11-16 所示。

图 11-1-15 做完试验卸下被拉断的试样

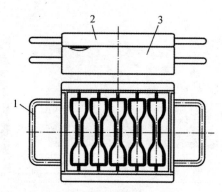

图 11-1-16 新型哑铃状试样直接成形模具
1—手柄;2—上模板;3—下模板

该模具与如图 11-1-2 所示模具结构基本一样,所不同的是图 11-1-16 中的模具可以直接模压出哑铃状试样供测试之用,该模具的哑铃形型腔和其外围的撕边槽、跑胶槽的设计特点同前,在此不赘述。

在此要说明的是,由图 11-1-16 直接成形的哑铃状试样,由于不存在裁刀的磨损、刀刃磕碰及刀刃维修不当等原因,其四周表面没有使用图 11-1-8 所示裁刀冲切坯料所得试样残存的、在拉伸试验中会因为残存断口提前断裂而造成试验数据与胶料性能应具有的真实数据的差异。

下面来看如图 11-1-16 所示模具成形哑铃状试样的生产过程。由图 11-1-16 模具生产的实物下模板如图 11-1-17 所示,成形试样的型腔直接制作在下模板上,撕边槽与型腔之间为无飞边模具结构。图 11-1-18 为试样硫化成形后将其取出模具时的状况,取出的试样与废料连接在一起的实物状态如图 11-1-19 所示。

徒手将试样从废料中撕下来,所得试样和废料分别如图 11-1-20 和图 11-1-21 所示。这样的试样周边没有裁刀冲切造成的残缺,能够真实描述胶料的拉伸性能。同样应对试样进行标识,为试验做好准备。

图 11-1-17　实物模具

图 11-1-18　试样硫化成形后
出模的状况

图 11-1-19　出模后与废料
相连的试样

图 11-1-20　哑铃状试样

图 11-1-21　废料

11.2　撕裂强度裤形试样成形模具

橡胶撕裂强度的裤形试样,是按照 GB/T 529—2008《硫化橡胶或热塑性橡胶撕裂强度的测定(裤形、直角形和新月形试样)》的相关技术内容来制作的。

裤形试样的形状与尺寸如图 11-2-1 所示。

裤形试样的割口是在其外形成形之后,按照规定的部位和尺寸要求由手工切割而成的。割口之后,按如图 11-2-2 所示,将其装夹于试验机上进行测试。

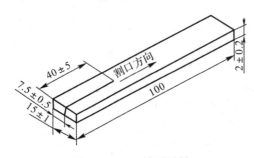

图 11-2-1　裤形试样

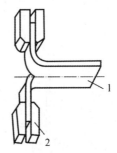

图 11-2-2　裤形试样在试验机上装夹示意图
1—裤形试样;2—试验机夹头

裤形试样一般也是用裁刀从胶片坯料上裁制下来的,与上述哑铃状试样的通常做法一样。

同样,为了节约胶料和缩短试样的制作周期,可根据 GB/T 529—2008 标准的技术要求,用模具来直接成形裤形试样。其成形模具的结构设计,如图 11-2-3 所示。

该模具的结构特点如下:

（1）该模具也是开放式填压模结构，使用于 250 kN，450 kN 或者 800 kN 普通平板硫化机上；

（2）模具的模比为 1：5（或 1：6）；

（3）型腔周围有撕边槽，有与撕边槽截面形状尺寸相同的连接槽与跑胶槽相通。跑胶槽可以疏导多余的胶料流出模具体外，以保证撕边的技术效果；

（4）模具为两板式结构，型腔开设在下模板上，上模板仅为平板，所以，在模具的上、下模板之间可以不设计定位机构。

该模具的模比可以按照企业试验的要求来确定。

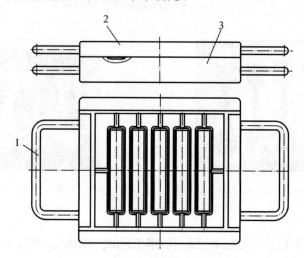

图 11-2-3　无飞边裤形试样成形模具
1—手柄；2—上模板；3—下模版

11.3　撕裂强度无割口直角形试样成形模具

按照 GB/T 529—2008 的规定，无割口直角形试样的形状与尺寸如图 11-3-1 所示。

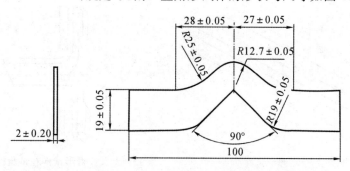

图 11-3-1　无割口直角形试样

制作该试样的裁刀要备一定的专业技术和工艺装备，而且，裁刀崩刃后的修磨也是比较烦琐的。为此，可以直接设计制作该试样的无飞边成形模具。

无割口直角形试样的无飞边成形模具的结构如图 11-3-2 所示。

该模具的结构特点与图 11-2-3 所示裤形试样成形模具的结构特点一样。

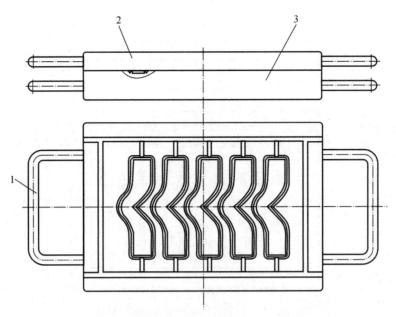

图 11 - 3 - 2　无割口直角形试样无飞边成形模具

1—手柄;2—上模板;3—下模版

11.4　撕裂强度新月形试样成形模具

撕裂强度新月形试样的形状与尺寸,如图 11 - 4 - 1 所示。

新月形试样的形状也是比较复杂的,其裁刀的制作和维修都比较困难。因此,与无割口直角形试样一样,也可以直接设计制作该试样的无飞边成形模具。

新月形试样的成形模具的结构如图 11 - 4 - 2 所示。

该模具的结构设计,其特点与如图 11 - 2 - 3 所示裤形试样成形模具的结构特点相同,在此不再赘述。

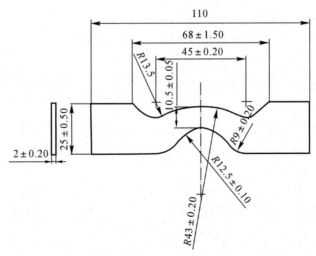

图 11 - 4 - 1　新月形试样

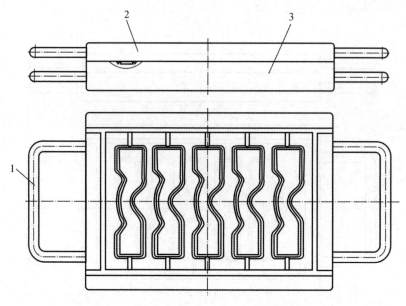

图 11-4-2　新月形试样无飞边成形模具

1—手柄;2—上模板;3—下模版

11.5　橡胶硬度与平均硫化收缩率测试试样成形模具

对于测试硫化橡胶硬度的试样,其形状尺寸无统一规定,但在厚度方面是有要求的。标准试样的厚度一般为 8~10 mm[详见 GB/T 6031 — 2017《硫化橡胶或热塑性橡胶　硬度的测定(10IRHD~100IRHD)》],要求试样两面光滑平整。

对于测试橡胶平均硫化收缩率的试样,并没有统一的标准和要求,可按企业的标准来进行设计与制作。

关于测试橡胶硬度和平均硫化收缩率试样的模具,其结构可以设计成如图 11-5-1 所示形式。该模具的结构比较简单,其特点如下:

(1)模具型腔的形状有四种,均开设在下模板(件 2)上。

(2)成形试样的形状有方形或圆形,尺寸有薄有厚。形状与尺寸的组合与变化都是为了测试硫化橡胶的硬度和硫化收缩率的平均值。

(3)各个型腔的外围均设置有撕边槽,各撕边槽之间有连接槽,并通过跑胶槽与模具体外相通。

(4)各型腔的表面粗糙度值 Ra 为 1.6~0.8 μm。

(5)在模具的一侧安装有手柄,另一侧由合叶将上模板和下模板连接起来。

(6)为了使测试橡胶平均硫化收缩率的计算过程方便,各型腔的相关尺寸均取整数。各个型腔的尺寸如图 11-5-2 所示。

模具的上模板和手柄设计分别如图 11-5-3 和图 11-5-4 所示。

在实际生产与科研中,只要求该模具的设计符合原理,具体结构尺寸、型腔布局并不是固定不变的。图 11-5-5~11-5-7 是实际应用中的橡胶硬度与平均硫化收缩率测试试样及成形模具。

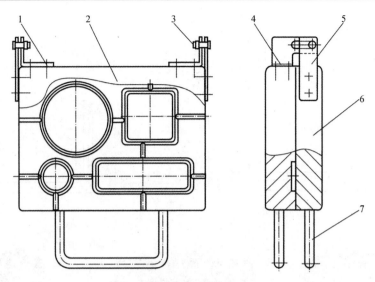

图 11-5-1　橡胶硬度和平均硫化收缩率测试试样模具

1—螺钉；2—下模板；3—螺栓组；4—下合叶；5—上合叶；6—上模板；7—手柄

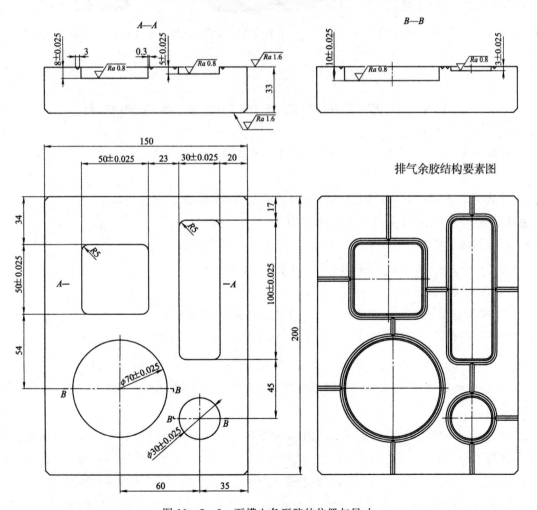

排气余胶结构要素图

图 11-5-2　下模上各型腔的位置与尺寸

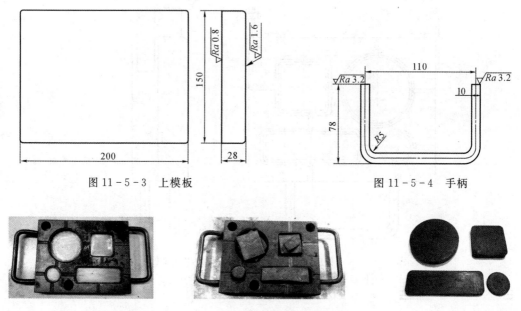

图 11-5-3　上模板　　　　　　　　　　图 11-5-4　手柄

图 11-5-5　成形模具的下模　　图 11-5-6　装料准备模压硫化成形　　图 11-5-7　硫化成形后的试样

11.6　橡胶压缩永久变形测试试样成形模具

橡胶压缩永久变形测试试样的形状与尺寸如图 11-6-1 所示。

该试样是依据 GB/T 7759—1996《硫化橡胶、热塑橡胶　常温、高温和低温下压缩永久变形测定》来设计的。

试样的成形模具分别如图 11-6-2 和图 11-6-3 所示。

如图 11-6-2 所示模具结构的外形为方形,结构特点如下:

(1)该模具的模比为 1∶16。

(2)模具型腔开设在中模板上。为了使测试性能的数据准确,考虑到试样硫化后在高度和直径方向上尺寸的变化,中模板的厚度

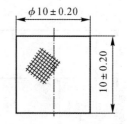

图 11-6-1　橡胶压缩永久变形测试试样

设计为 10.17 mm±0.05 mm,其上型腔的直径尺寸为 10.17 mm±0.02 mm。

(3)在中模板上、下两面型腔周围都设置有撕边槽,相邻的撕边槽相互搭接。这样,有利于清除废料。

(4)外围撕边槽与跑胶槽相通,入模的多余胶料,除存留在撕边槽内,其余可顺畅地疏导到模具体外。

(5)上、下模板无型腔结构要素,加之模具形体较小,所以,模具无导向结构要素,亦无手柄。如果设计制作了定位系统和手柄,则会使模具更加完善,整体性更强,有利于模具的保管。

如图 11-6-3 所示模具结构,其外形为圆形,结构特点如下:

(1)模具型腔为圆周分布,模比为 1∶16。

(2)在型腔内外设置有共用的余胶槽,余胶槽设置在中模板的上、下两面。中模板下面内侧余胶槽的中间有两凹下平台,存留溢出内侧余胶槽的多余胶料。内外余胶槽和型腔之间的最小距离为 0.30~0.50 mm。

(3)上模板下平面和下模板上平面开设有启模口,其形为环状。一般启模口的尺寸为 3 mm×12 mm。

(4)余胶槽内外的溢胶槽(类似于金属锻造模具的飞边桥)的宽度为 3~5 mm。

(5)模具使用时,中模板上带有中央凹下平台的一面朝下、将胶料围成一个圆环、置于中模板的各型腔之上即可。

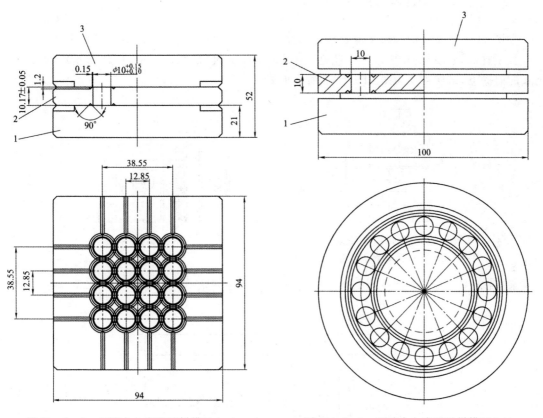

图 11-6-2　压缩永久变形试样模具(一)　　　图 11-6-3　压缩永久变形试样模具(二)

亦可在该模具中心部位设置一定位机构,对模具的保管和持拿都有帮助。

该试样的成形模具还可以设计成自压注结构形式、通用注胶器的结构形式及其他结构形式。至于选用何种结构形式,要视其模具制造条件而定。无论采用哪一种模具结构,其型腔数量都不宜过多。

如图 11-6-4 所示为实际使用中的永久压缩变形试样硫化成形模具。

对于硫化成形的橡胶压缩永久变形测试试样,使用如图 11-6-5 所示永久压缩变形试验夹具进行其性能测试。

图 11 - 6 - 4　实际使用中的永久压缩变形
试样硫化成形模具

图 11 - 6 - 5　永久压缩变形试验夹具

11.7　硫化橡胶与金属黏合强度测定(拉伸法)试样成形模具

如图 11 - 7 - 1 所示为硫化橡胶与金属黏合强度拉伸测定法的试样结构与尺寸公差。

为了提高该试样的模压成形工艺性,在保证试样关键尺寸(3 mm±0.10 mm)×$\phi 40_{-0.10}^{0}$ mm 的前提下,试样可变为图 11 - 7 - 2 所示形式。

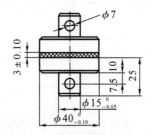

图 11 - 7 - 1　硫化橡胶与金属黏合
强度测试试样

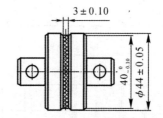

图 11 - 7 - 2　新试样(一)

成形图 11 - 7 - 2 中试样的模具结构如图 11 - 7 - 3 所示。

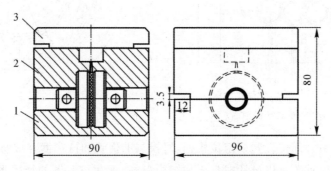

图 11 - 7 - 3　新试样(一)成形模具
1—下模板;2—上模板;3—压注模板

该成形模具的结构特点如下:

(1)该模具采用自压注式开合模结构,单模单腔。

(2)试样骨架在型腔中的定位,要确保试样的尺寸(3 mm±0.10 mm)×$\phi 40_{-0.10}^{0}$ mm。

(3)该试样模具型腔的加工工艺性较差。

同样,为了保证试样关键尺寸(3 mm±0.10 mm)×$\phi 40_{-0.10}^{0}$ mm,可将图 11-7-1 的结构尺寸改为图 11-7-4 的结构尺寸。

成形图 11-7-4 的新试样(二)的模具结构如图 11-7-5 所示。

该成形模具结构的特点如下:

(1)该模具为填压式结构,单模单腔。

(2)试样的两个骨架均在下模(件 1)中进行定位,并保证 (3 mm±0.10 mm)×$\phi 40_{-0.10}^{0}$ mm 这两个关键尺寸。

(3)该模具结构的加工工艺性较好,可以在车床上直接加工完成。

(4)上、下骨架与下模型腔相应处的配合均为 H7/g6,其他相关尺寸如图 11-7-5 所示。

(5)余胶槽与跑胶槽相连接,直通模具体外。

为了满足胶料测试工作的需要,试样的成形模具可设计成如图 11-7-6 所示的多型腔结构形式,这样,该试样的上、下骨架在试验完清除胶料之后可以重复使用。

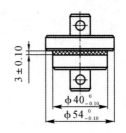

图 11-7-4　新试样(二)

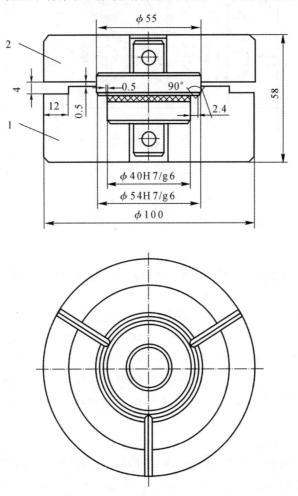

图 11-7-5　新试样(二)成形模具

1—下模板;2—上模板

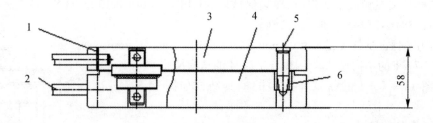

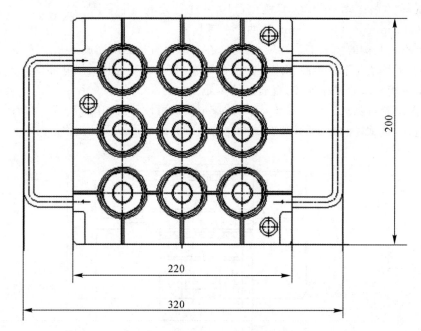

图 11-7-6　新试样(二)多型腔成形模

1—手柄;2—手柄铆销;3—上模板;4—下模板;5—导柱;6—导套

11.8　胶料的注射性能测试模具

胶料注射性能测试指的是对胶料在特定压力、温度条件下流动能力的测试。所谓特定的条件,就是胶料所使用的注压成形机和注射成形机,以及所使用的成形模具的浇注系统的结构、形状与尺寸等影响胶料流动的因素。

胶料流动性能是一个近似的、可以进行比对的概念性数据,可供在模具设计时对型腔的布局设计和浇注系统设计参考。如图 11-8-1 所示为一测试胶料注射能力(流动能力)的模具结构。

该模具设计与使用说明如下:

(1)设计该模具没有统一标准,设计时可按照一个企业的硫化设备进行。

(2)模具的结构可以是注压式结构也可以是注射式结构。与硫化机的安装固定部分设计,按硫化机的相关技术参数进行。

（3）模具型腔结构按螺旋线走向设计，其断面形状与尺寸可参照企业模具设计中浇注系统最末级分浇道断面的形状与尺寸来进行。

（4）螺旋线式型腔要从主浇道中心开始算起，刻记螺旋线型腔的长度。

（5）主浇道正下方，螺旋线正中的冷料穴有一内螺纹式的拉料结构（M8～M12 均可），以便在开模时将主浇道中的废料拉下。

（6）当使用该模具时，也要按所使用胶料的工艺要求对其进行加热和加压，模拟成形条件，以便获得接近于实际情况的胶料流动性能数据。测试时，可以不进行硫化。如果为了对常用的胶料进行流动性能封样，可进行硫化，以便保存。

（7）流动性能好的胶料，充盈螺旋线长度尺寸较大；流动性能差的则螺旋线长度尺寸较小。

此外，该测试模具也可以用于胶料流动性能的配方设计之中，以提高胶料配方设计中的成形工艺性。

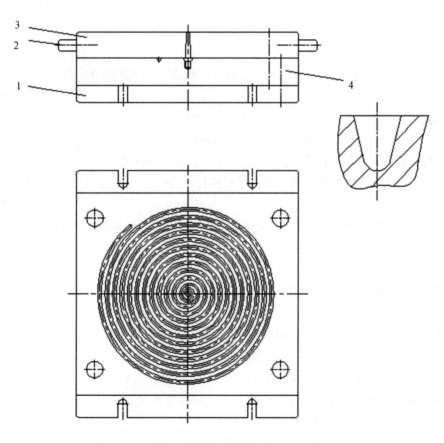

图 11-8-1　测试胶料注射能力的模具结构
1—下模固定板；2—托条；3—上模板；4—下模板

第12章　橡胶防尘罩成形模具

橡胶防尘罩制品的应用范围很广,特别是在汽车行业中更是如此。汽车用橡胶防尘罩,虽然安装体较小,但其作用却是非常重要的。它关乎汽车各控制臂部件的工作是否正常与安全,因此不可等闲视之。这类制品的形状规格很多,设计特点各不相同。以下就其常见的部分橡胶防尘罩的典型成形模具设计特点进行简要介绍。

12.1　较大尺寸防尘罩成形模具

波纹防尘罩的形体结构比较复杂,其设计图如图12-1-1所示。

该制品形体之内虽然没有骨架,但其复杂的内部结构和所用胶料较高的硬度使得硫化成形之后的制品脱模取件甚为困难。这从图12-1-1中可以清楚地看出。

若使用 AutoCAD 软件设计该制品的成形模具时,首先将该制品的图样进行简化处理,如图12-1-2所示。

在简化了的制品图样基础上,构思其成形模具的结构方案,如图12-1-3所示。

波纹防尘罩成形模具结构方案(一)的设计特点如下:

(1)该模具为开放式填压模结构。

(2)模具为常见的单模单腔,模比为1:1。

(3)为了脱模取件方便,模具的型芯为左、右两部分拼合而成。

(4)由于制品左端的120°均布的内部凸台造型与右端下方 ϕ1.8 mm 小孔有方向要求,所以左、右两个型芯在结合处有实现方向定位的方向定位销(二),如图12-1-3中件5所示。

(5)为了能够脱模,成形 ϕ41.8 mm 小孔的小型芯只能安装在下模上,因此,组合式型芯作为一个整体与下模型腔就有方向性定位的要求。故对组合式型芯在下模型腔中正确方向的定位设置了方向定位销(一),如图12-1-3中件4所示。

(6)正是因为该制品的橡胶邵尔 A 硬度为85±3,模具结构为填压式的,所以下模板的厚度尺寸比上模板的厚度尺寸为大。只有下模板的厚度增加,才能将固定于上模板的导柱设计得长一些。这样,只有将两层胶料分别装于下模型腔、组合型芯和上模型腔之间时,上模板上的导柱才能导入下模板的导套孔中。否则,上、下模板的导向机构将是无效的。常会因为上、下模板的错移而使导柱压伤导套(或导向孔),使导套损坏而出现所谓的桃形孔。

(7)为了实现制品的无飞边化,不仅在下模板的分型面上设置了撕边槽和跑胶槽,还专门缩小了下模板分型面上的支承面积。

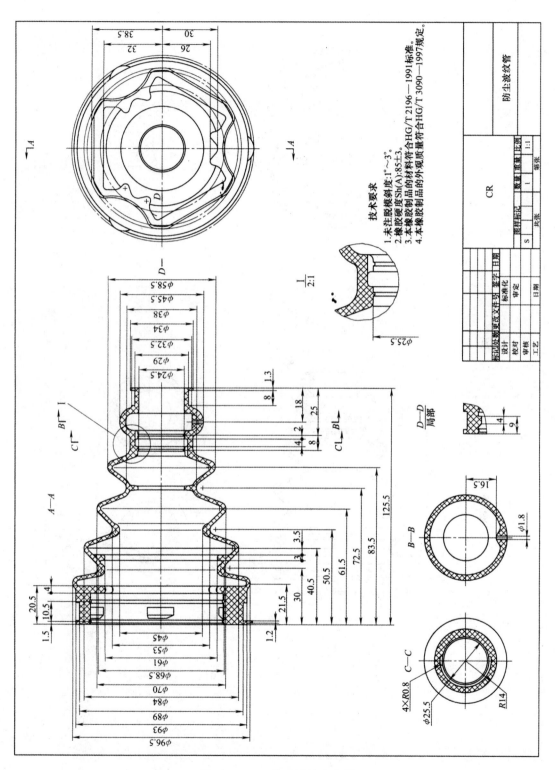

技术要求
1. 未注脱模斜度:1°～3°。
2. 橡胶硬度Sh(A):85±3。
3. 本橡胶制品的材料符合HG/T 2196—1991标准。
4. 本橡胶制品的外观质量符合HG/T 3090—1997规定。

图 12-1-1　橡胶波纹防尘罩

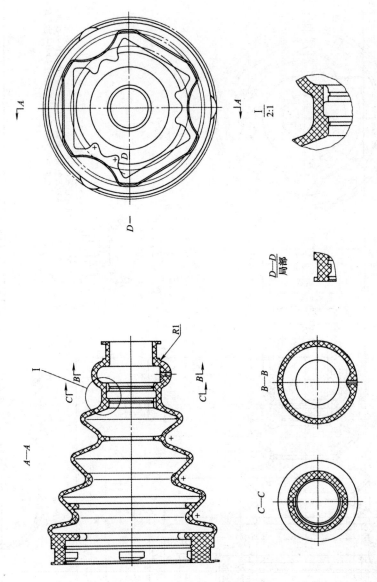

图 12 - 1 - 2　简化后的制品图样

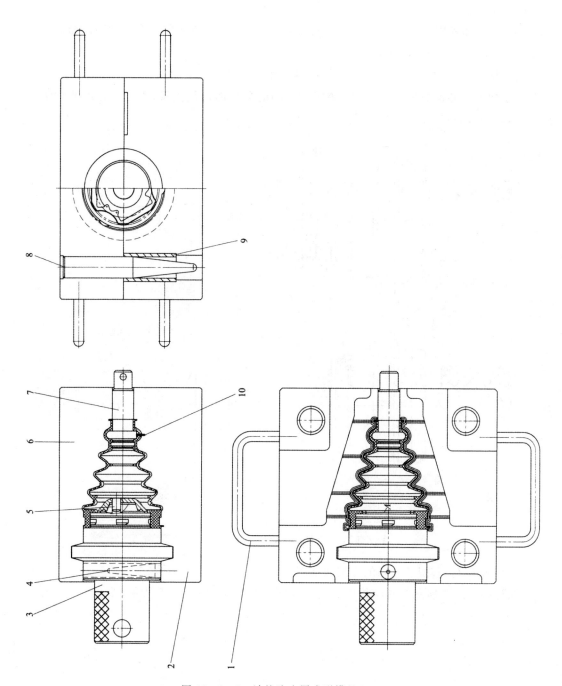

图 12 - 1 - 3　波纹防尘罩成形模具(一)

1—手柄;2—下模;3—型芯(左);4—方向定位销(一);
5—方向定位销(二);6—上模;7—型芯(右);8—导柱;9—导套;10—小型芯

(8)左、右型芯之间除了设置方向定位销(二),即件5之外,二者的界面处还设有锥面止扣式的径向定位结构。

(9)左、右型芯的分型面选择在制品左端均布三个凸台内部三组六个小型径向凸起的中分线上,如图12-1-3的A处所示。

组合型芯(一)的结构设计如图12-1-4所示。

为了使型芯卸取更加方便,将左、右型芯之间的分型面再往内移,于是又有了波纹防尘罩成形模具(二),如图12-1-5所示。

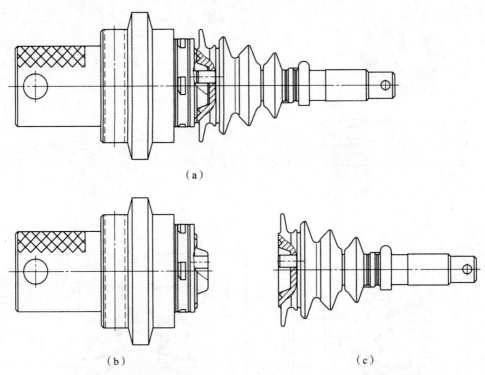

(a)

(b)   (c)

图12-1-4　组合型芯(一)

(a)左右型芯组合状态；　(b)左型芯；　(c)右型芯

该结构中,左、右型芯之间的分型面如图12-1-5中的B处所示。

如图12-1-5所示模具结构中的左、右组合型芯如图12-1-6所示。

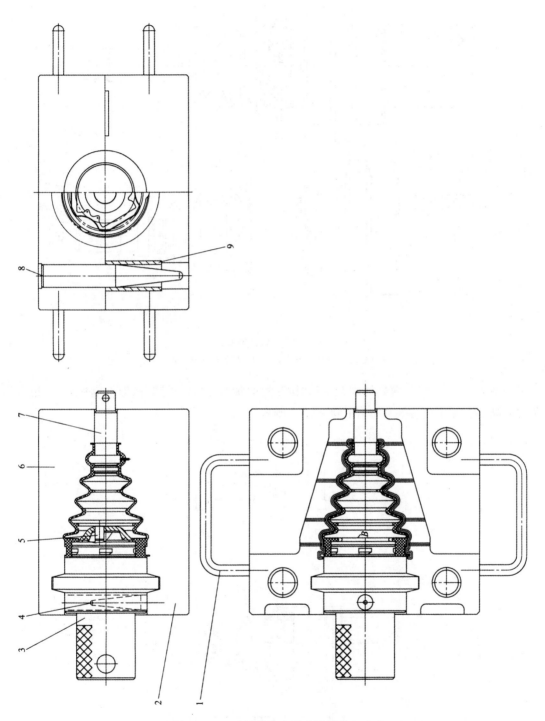

图 12 - 1 - 5　波纹防尘罩成形模具(二)

1—手柄;2—下模;3—型芯(左);4—方向定位销(一);

5—方向定位销(二);6—上模;7—型芯(右);8—导柱;9—导套

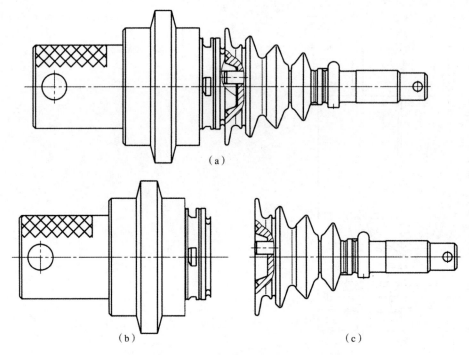

图 12-1-6 组合型芯(二)

(a)左、右型芯组合状态； (b)左型芯； (c)右型芯

如图 12-1-5 所示模具结构在工作时,开模的状态分为三个部分,即上模板部分、组合型芯带制品部分和下模板部分,如图 12-1-7 所示。

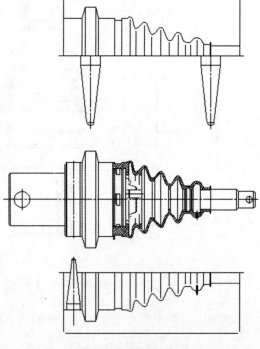

图 12-1-7 开模状态

从下模型腔中取出带有制品的组合型芯,使其相互分型脱模,如图 12-1-8 所示。

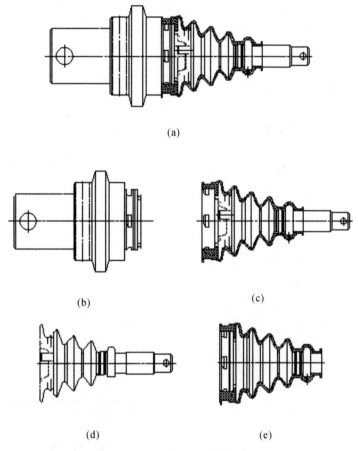

(a)

(b)　　　　　　(c)

(d)　　　　　　(e)

图 12-1-8　型芯与制品的分离
(a)带有制品的组合型芯;　(b)从制品中分离出左型芯;
(c)右型芯仍滞留在制品中;　(d)再从制品中取出右型芯;　(e)制品

　　为了从制品中取出右型芯方便,可在右型芯内锥端面上设置一个 M10 或 M12 的螺纹孔,拧入一吊环,挂在架子上,然后在另一端插入专用气筒,通入压缩空气,胀起制品以使二者分离。

　　上述设计思路存在着一个问题,即胶料在型腔内的流动会钻入左、右两个型芯之间的界面之中,使右型芯向右产生移动。出现这种情况,不仅影响了制品的质量,也使制品左、右两侧的波纹壁厚不均匀,即左边的壁厚大于右边的壁厚。而且,胶料钻入左、右两个型芯之间,形成了一层厚厚的胶膜严重地影响着右型芯从制品中取出。

　　为了防止上述现象出现,并使组合型芯更方便、更安全地安装在下模型芯之中,在如图 12-1-4 所示的模具结构基础上增加了左、右挡板,如图 12-1-9 所示。

　　左挡板 14 和右挡板 8 上的 U 形缺口,可使组合芯轴滑入下模型腔之中。左、右挡板的内侧有一斜面,可以使组合芯轴在轴向上被导入下模型芯中的正确位置。

　　图 12-1-10 为图 12-1-9 的模具在开模后,将组合型芯取出下模型腔,使各个型芯与

制品分离取件以及组合的过程。

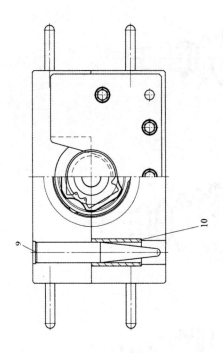

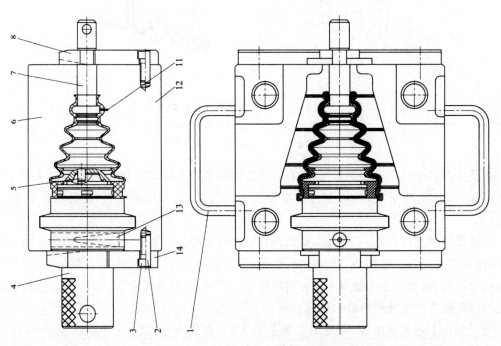

图 12-1-9　波纹防尘罩成形模具(三)

1—手柄；2—圆柱销；3—内六角螺钉；4—左型芯；5—方向定位销(二)；6—上模板；
7—右型芯；8—右挡板；9—导柱；10—导套；11—小定位销；12—下模板；13—方向定位销(一)；14—左挡板

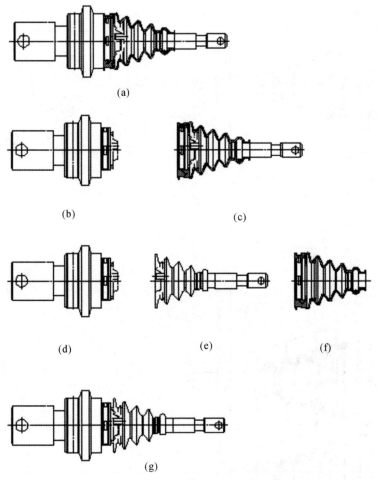

图 12-1-10　组合型芯的分离与取件过程

(a)取离下模型腔的带有制品的组合型芯;　(b)从制品中分离出左型芯;
(c)右型芯仍滞留在制品之中;　(d)同(b);　(e)从制品中取出右型芯;　(f)制品;　(g)左、右型芯再次组合

　　为了提高生产效率,可将该波纹防尘罩成形模具设计成如图 12-1-11 所示的两腔式结构。

　　虽然该模具结构的模比为 1∶2,生产效率得到了提高,但是,模具质量的增大却增加了操作者的劳动强度。

　　为了提高工作效率,减轻操作者的劳动强度,如在有橡胶注压硫化机或注射硫化机的条件下,该制品的成形模具可以设计成如图 12-1-12 所示的结构形式。

　　如图 12-1-12 所示模具仍然是开放式填压模结构,是利用具有 3RT 功能的注压硫化机或注射硫化机来打开模具、托起组合型芯的。

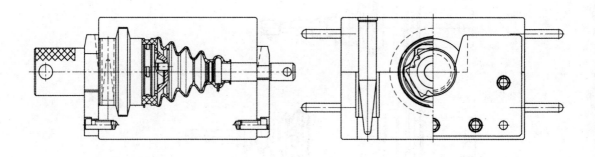

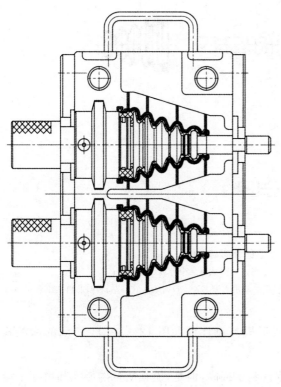

图 12-1-11 波纹防尘罩成形模具(四)

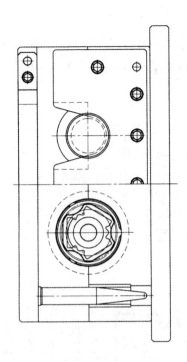

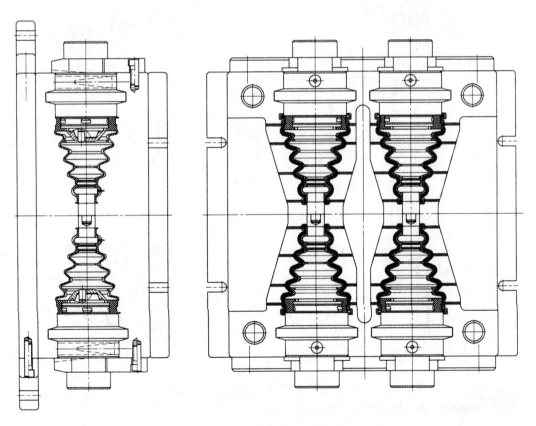

图 12-1-12　波纹防尘罩成形模具(五)

该模具的脱模取件与上述各例相同,其过程如图 12-1-13 所示。

对于波纹防尘罩模具,一般都将其组合型芯制作两套。这是因为这种结构在生产中分离型芯和制品所用的时间较长,使用两套型芯可以缩短操作的辅助时间、提高生产效率、节约电能能耗、降低制造成本。

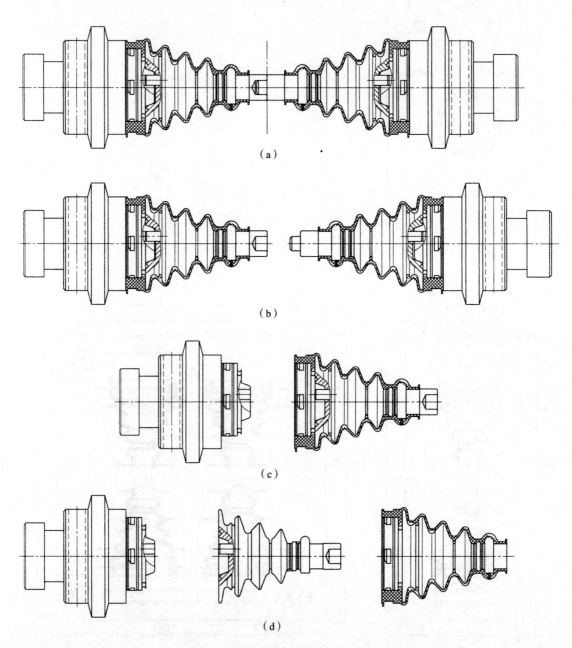

(a)

(b)

(c)

(d)

图 12-1-13　组合型芯的分离与取件

(a)取离下模型腔带有制品的组合型芯;　(b)分离左右型芯组件;　(c)分离左型芯组件中的两个部分;　(d)剥离制品

12.2　汽车活动臂常用橡胶防尘罩成形模具

12.2.1　橡胶防尘罩(一)成形模具

如图 12-2-1 所示为一种纯橡胶防尘罩的结构形状。

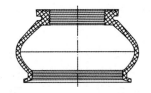

该防尘罩对制品形状设计、胶料的选择、力学性能和耐环境性能要求以及使用寿命等都有严格的要求。因此,在设计其成形模具时,必须保证达到其形状和尺寸要求。

图 12-2-1　橡胶防尘罩(一)

通常,在批量生产之前,首先要设计、制作其样品模具(即习惯称作的实验模具),对使用样品模具所得到的样品进行形状尺寸、物理-力学性能、高低温环境、臭氧环境等各种测试。样品测试合格后,方可设计、制作批量生产所需要的模具(也称量产模具)。

该防尘罩制品的样品模具如图 12-2-2 所示。

在批量生产时,该制品的成形设备为真空式平板硫化机,成形模具的上模板安装在真空平板硫化机的"米"字板上,"米"字板的结构形状如图 12-2-3 所示。下模板安装在硫化机下热板上,安装结构与相关尺寸如图 12-2-4 所示,

在大批量生产之前,第一步是小批量试生产。因此,其成形模具还不能按照大批量生产来设计、制作。用于小批量生产的模具,其结构设计如图 12-2-5 所示。

图 12-2-5 所示的中模框 1 为安装、固定小批量生产用模具中模板的通用模框,其外部结构与真空平板硫化机的中模推起装置相配合。中模框的结构特征如图 12-2-6 所示。

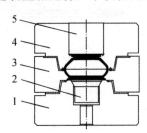

图 12-2-2　橡胶防尘罩(一)样品模具
1—下模板;2—型芯;3—中模板;4—上模板;5—上模板镶件

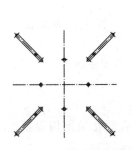

图 12-2-3　硫化机"米"字板

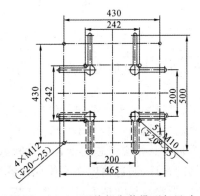

图 12-2-4　下热板安装槽型与尺寸

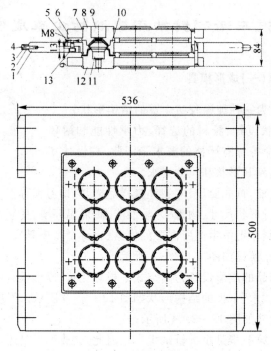

图 12-2-5 小批量试生产模具

1—中模框;2—托条;3—圆柱销;4—内六角螺钉;5—中模板;6—上模板;
7—卡圈(轴用弹性挡圈);8—上型芯;9—上型芯镶块;10—中型芯;11—型芯;12—下型芯;13—紧固螺钉

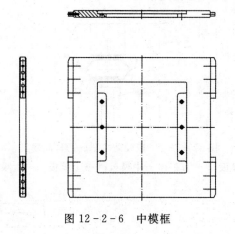

图 12-2-6 中模框

　　小批量试生产模具的模比为 1∶9,其上模板、中模板和下模板分别如图 12-2-7～图 12-2-9 所示。

　　该制品大批量生产模具的设计结构如图 12-2-10 所示,其特征如下:

　　(1)该模具的模比较大,为 1∶25。

　　(2)各模板与其相应型芯的配合为大间隙浮动式悬挂组装。

　　(3)模具的设计、制造精度全部体现在各组型芯及与其配合的相关结构要素之上,如各部分构成型腔的形状与尺寸精度,以及各型芯之间的配合锥度等。

　　(4)通过卡圈,分别将各型芯悬挂安装在各自的模板上。

（5）模具为填压式结构。如果有条件,可将胶料预成形为胶圈,以便于投放。如果还要改进工艺的话,可设计制作投料器。

（6）各型芯可在高精度的数控车床上进行加工。

（7）该模具组装方便,维修简单。

模具所使用的卡圈为俗称,专业名称为轴用弹性挡圈,为国标（GB/T 894.1 — 1986）规定的标准件,其规格尺寸见表 12 - 2 - 1。

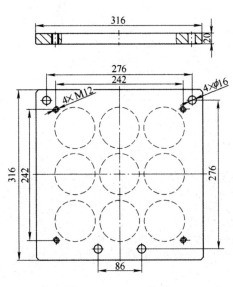

图 12 - 2 - 7　上模板

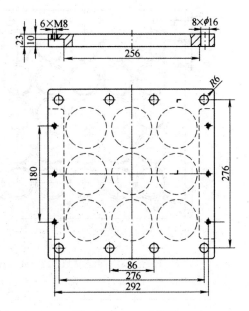

图 12 - 2 - 8　中模板

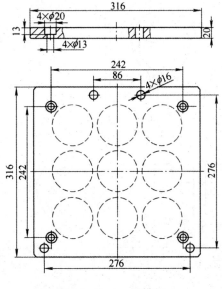

图 12 - 2 - 9　下模板

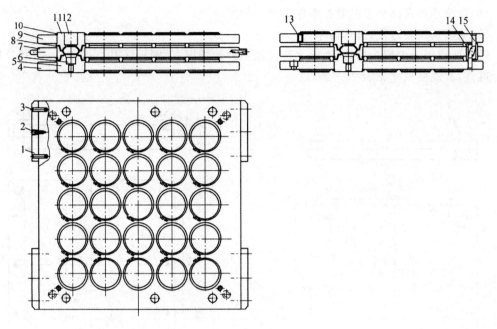

图 12-2-10　大批量生产模具

1—托条；2—内六角螺钉；3—圆柱销；4—下模板；5—下型芯；6—型芯；7—中模板；
8—中型芯；9—上模板；10—卡圈；11—上型芯；12—上型芯镶件；13—上模固定螺纹孔；14—导套；15—导柱

表 12-2-1　轴用弹性挡圈规格尺寸　　　　　　　　　（单位：mm）

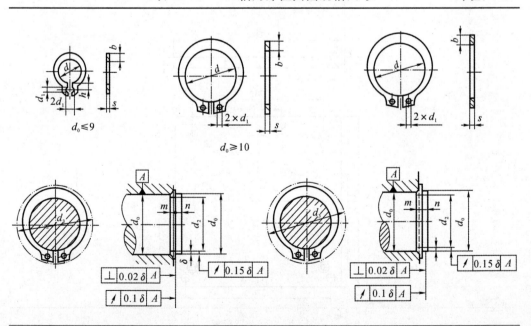

续　表

轴径	挡　圈					沟槽（推荐）			孔	每 1 000 个钢
d_0	d	s	d_1	b	h	d_2	m	$n \geqslant$	$d_3 \geqslant$	挡圈质量/kg
3	2.7	0.4	1	0.8	0.95	2.8	0.5	0.3	7.2	—
4	3.7			0.88	1.1	3.8			8.8	—
5	4.7	0.6		1.12	1.25	4.8			10.7	—
6	5.6		1.2	1.32	1.35	5.7	0.7	0.5	12.2	—
7	6.5				1.55	6.7			13.8	—
8	7.4	0.8		1.44	1.60	7.6	0.9	0.6	15.2	—
9	8.4				1.65	8.6			16.4	—
10	9.3		1.5	1.44		9.6		0.8	17.6	0.34
11	10.2			1.52		10.5			18.6	0.41
12	11			1.72		11.5			19.6	0.50
13	11.9		1.7	1.88		12.4		0.9	20.8	0.53
14	12.9			2.0		13.4			22	0.64
15	13.8	1		2.0		14.3	1.1	1.1	23.2	0.67
16	14.7			2.32		15.2		1.2	24.4	0.70
17	15.7					16.2			25.6	0.82
18	16.5			2.48		17			27	1.11
19	17.5					18			28	1.22
20	18.5					19		1.5	29	1.30
21	19.5			2.68		20			31	
22	20.5					21			32	1.60
24	22.2		2			22.9			34	1.77
25	23.2			3.32		23.9		1.7	35	1.90
26	24.2					24.9			36	1.96
28	25.9	1.2		3.60		26.6	1.3		38.4	2.92
29	26.9			3.72		27.6		2.1	39.8	—
30	27.9					28.6			42	3.32
32	29.6			3.92		30.3		2.6	44	3.56
34	31.5			4.32		32.3			46	3.80
35	32.2		2.5			33			48	4.00
36	33.2	1.5		4.52		34	1.7	3	49	5.00
37	34.2					35			50	5.32
38	35.5			5.0		36			51	5.62

续　表

轴径 d_0	挡　圈					沟槽（推荐）			孔 $d_3 \geqslant$	每1 000个钢挡圈质量/kg
	d	s	d_1	b	h	d_2	m	$n \geqslant$		
40	36.5	1.5	2.5	5.0		37.5	1.7	3.8	53	6.03
42	38.5					39.5			56	6.50
45	41.5					42.5			59.4	7.60
48	44.5					45.5			62.8	7.92
50	45.8	2		5.48		47	2.2		64.8	10.2
52	47.8					49			67	11.1
55	50.8					52			70.4	11.4
56	51.8			6.12		53			71.7	—
58	53.8					55			73.6	12.6
60	55.8					57			75.8	12.0
62	57.8					59		4.5	79	15.0
63	58.8		3			60			79.6	—
65	60.8					62			81.6	18.2
68	63.5			6.32		65			85	21.3
70	65.5					67			87.2	22.0
72	67.5					69			89.4	22.6
75	70.5	2.5				72	2.7		92.8	24.2
78	73.5					75			96.2	26.2
80	74.5			7.0		76.5			98.2	27.3
82	76.5					78.5			101	—
85	79.5					81.5			104	30.3
88	82.5					84.5		5.3	107.3	—
90	84.5			7.6		86.5			110	37.1
95	89.5			9.2		91.5			115	40.8
100	94.5					96.5			121	44.8
105	98	3	4	10.7		101	3.2	6	132	60.0
110	103			11.3		106			136	61.5
115	108			12		111			142	63.0
120	113					116			145	64.5
125	118			12.6		121			151	—
130	123					126			158	75.0
135	128			13.2		131			162.8	—

续 表

轴径 d_0	挡　圈					沟槽（推荐）			孔 $d_3 \geqslant$	每 1 000 个钢挡圈质量/kg
	d	s	d_1	b	h	d_2	m	$n \geqslant$		
140	133			13.2		136		6	168	82.5
145	138					141			174.4	—
150	142			14		145			180	90.0
155	146					150			186	—
160	151					155			190	112.5
165	155.5			14.4		160			195	—
170	160.5	3	4			165	3.2		200	127.5
175	165.5			15		170		7.5	206	—
180	170.5					175			212	142.5
185	175.5			15.2		180			218	—
190	180.5					185			223	157.5
195	185.5			15.6		190			229	—
200	190.5					195			235	172.5

注：1. GB/T 894.1—1986，轴径 $d_0 = 3 \sim 200$ mm，GB/T 894.2—1986，轴径 $d_0 = 20 \sim 200$ mm。

　　2. A 型系采用板材冲切工艺制成，B 型系采用线材冲切工艺制成。

　　3. d_3 为允许套入的最小孔径，$\delta = (d_0 - d_2)/2$。

12.2.2　橡胶防尘罩（二）成形模具

橡胶防尘罩（二）的结构形状如图 12-2-11 所示。

该制品的橡胶成形模具的结构设计如图 12-2-12 所示。

型芯式模具是按照该制品零件的小批量成形模具的结构进行设计的，它就是小批量成形模具的一套型芯。用这套型芯当作样品模具进行样品试制，可获得模具型腔的正确加工数据。一旦制品零件得到确认，便可按照这套型芯进行加工。

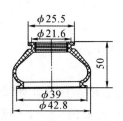

图 12-2-11　橡胶防尘罩（二）

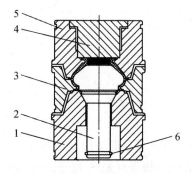

图 12-2-12　成套型芯式模具

1—下型芯；2—内型芯；3—中型芯；

4—上型芯镶件；5—上型芯；6—卡圈

该模具的结构特点如下：

(1)上型芯镶件 4、上型芯 5 的结构形式与图 12-2-2 所示的样品模具的结构形式不同。后者是传统式结构，而图 12-2-12 所示是镶件在上型芯中为两点式镶嵌的结构。这种结构形式的安装组合工艺性较后者为好。

(2)内型芯 2 下端嵌有卡圈 6，避免了内型芯脱离下型芯。这种结构形式在量产模具中非常重要，它避免了内型芯可能被带出下型芯和内型芯，而与下型芯的磕碰。

该防尘罩的小批量成形模具的结构形式与图 12-2-5 所示的模具结构一样。这类成形模具在制作时必须注意：浮动于各模板之间的型芯组一定要高低一致，高度尺寸的误差不要大于 0.03 mm。如图 12-2-11 所示橡胶防尘罩的小批量试产成形模具设计如图 12-2-13 所示。

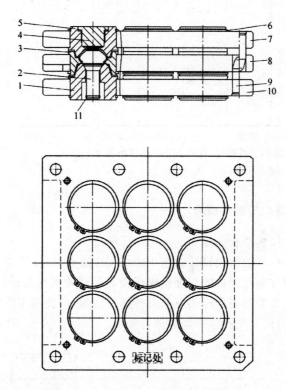

图 12-2-13 小批量试产模具

1—下型芯；2—内型芯；3—中型芯；4—上型芯镶件；5—上型芯；
6—卡圈；7—上模板；8—中模板；9—定位销；10—下模板；11—小卡圈

该成形模具下型芯的结构设计如图 12-2-14 所示，中型芯的结构设计如图 12-2-15 所示，内型芯的结构设计如图 12-2-16 所示，上型芯的结构设计如图 12-2-17 所示，上型芯镶件的结构设计如图 12-2-18 所示。

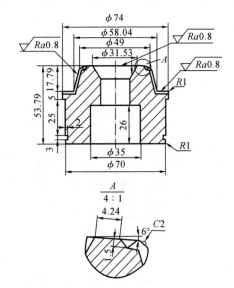

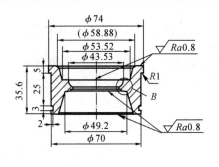

图 12 - 2 - 14　下型芯

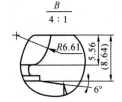

图 12 - 2 - 15　中型芯

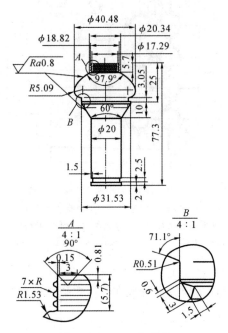

图 12 - 2 - 16　内型芯

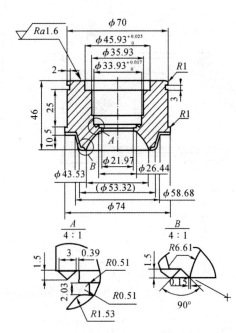

图 12 - 2 - 17　上型芯

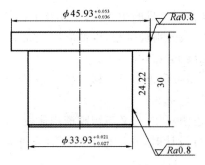

图 12 - 2 - 18　上型芯镶件

12.2.3 橡胶防尘罩(三)成形模具

橡胶防尘罩(三)的结构形状如图 12-2-19 所示。

该制品的橡胶成形模具的结构设计如图 12-2-20 所示。

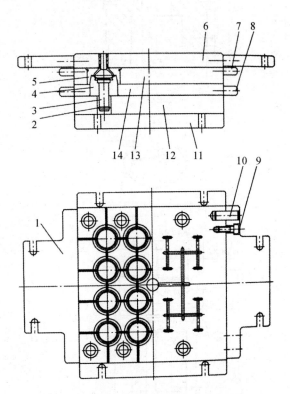

图 12-2-19 橡胶防尘罩(三)

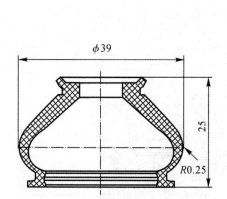

图 12-2-20 橡胶防尘罩(三)成形模具

1—挂耳;2—卡圈;3—内型芯;4—下型芯;5—上型芯;
6—上模板;7—上托条;8—下托条;9—内六角螺钉;
10—圆柱销;11—固定板;12—垫板;13—中模板;14—下模板

该模具的结构特点如下:

(1)由于生产企业没有真空平板硫化机,因此将成形模具设计成在注压式硫化机上使用的结构形式。

(2)模具的模比为 1:16。

(3)浇注系统为平衡式设计。

(4)工作时,上模部分悬挂在硫化机的中子上;中模及下模部分一起随下热板移出,在硫化机卸模机构的作用下,中模和下模分别被推起,以便取件。如果需要,下模垫板移入后,利用下拍动作可将型芯和制品一起推离下型芯的型腔。

(5)型芯下端嵌有卡圈,一是可防止中模上移时将型芯完全带出,二是可防止型芯散落、丢失和磕碰。

(6)在下型芯上开设有撕边槽,同时它又与跑胶槽相连通。

(7)对上型芯和下型芯进行设计时,其锥面处的配合是非常重要的。如图 12-2-21 所示,外锥(型芯)斜度比内锥斜度小 0.5°~1.0°。这样,可确保两构件在锥面上的密封有效性。此外,在锥面配合的上面,在型芯的圆柱部分靠近型腔处设置了撕边槽,确保制品实现无飞边化。

通过该成形模具的三维(3D)图,可以更加直观地显示出其结构特征,如图 12-2-22 所示。

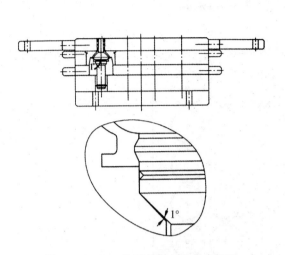
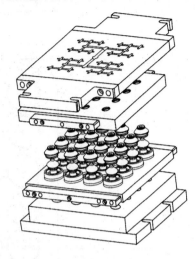

图 12-2-21　锥面定位与密封的设计　　围 12-2-22　成形模具的三维(3D)爆炸图

12.2.4　橡胶防尘罩(四)成形模具

橡胶防尘罩(四)的结构形状如图 12-2-23 所示。

该制品的橡胶成形样品模具如图 12-2-24 所示。

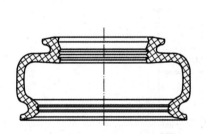
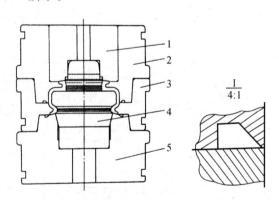

图 12-2-23　橡胶防尘罩(四)　　　　图 12-2-24　样品成形模具

1—上型芯镶件;2—上型芯;3—中型芯;4—型芯;5—下型芯

当批量生产时,其成形模具使用于另一种真空平板硫化机上,模具的设计结构如图 12-2-25 所示。

该模具的特点是其撕边槽与常用的三角形(见图 5-4-3)不同,这样的撕边槽的结构形式是在其底面存在两条尖沟。如果积胶,则比三角形结构的积胶严重一些。或者说,清理其内的残留废胶较难。除此之外,撕边槽加工刀具的刃磨也较三角形的难一些。撕边槽的形状和位置如图 12-2-26 所示。

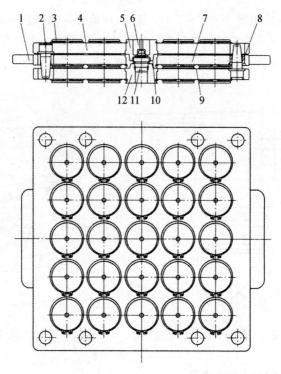

图 12 - 2 - 25　批量生产模具

1—托条;2—导柱;3—卡圈;4—上模板;5—上型芯;
6—上型芯镶件;7—中模板;8—导套;9—下模板;10—中型芯;11—型芯;12—下型芯

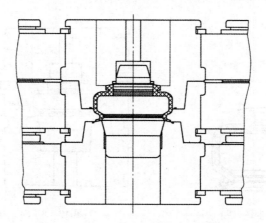

图 12 - 2 - 26　撕边槽的形状与位置

12.2.5　橡胶防尘罩(五)成形模具

橡胶防尘罩(五)的结构形状如图 12 - 2 - 27 所示。

该制品除了在两端内径处有许多沟槽之外,在其上端还有一个环形凸肋。进行成形模具设计时,要特别注意到这一结构要素。

该制品的样品模具如图 12 - 2 - 28 所示。

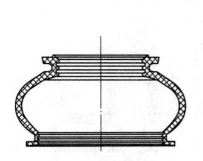

图 12-2-27　橡胶防尘罩(五)

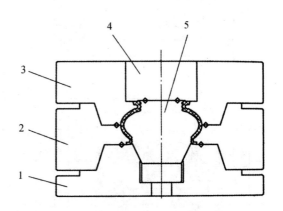

图 12-2-28　橡胶防尘罩(五)的样品模具
1—下模;2—中模;3—上模;4—上模镶件;5—型芯

　　设计该制品批量生产的成形模具时,有三种结构形式可供设计者选择,分别如图 12-2-29~图 12-2-31 所示。

　　图 12-2-29 和图 12-2-30 为注压式硫化机所用模具结构,其中图 12-2-29 为填压式结构,而图 12-2-30 为注压式结构。图 12-2-31 为真空平板硫化机所用的成形模具结构。

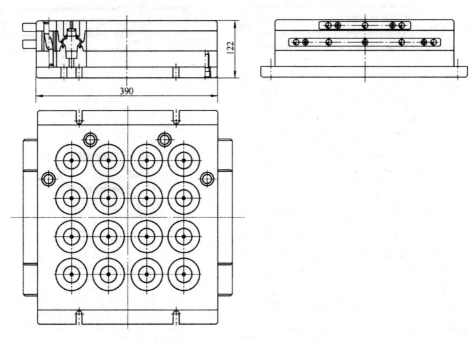

图 12-2-29　填压式模具结构

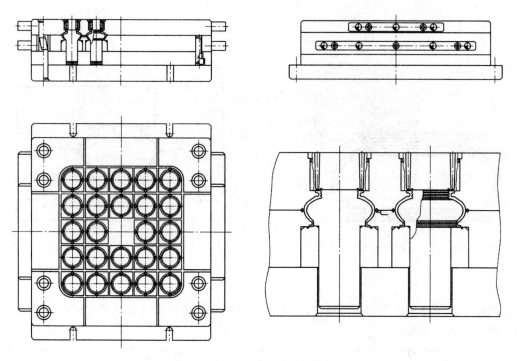

图 12－2－30　注压式模具结构

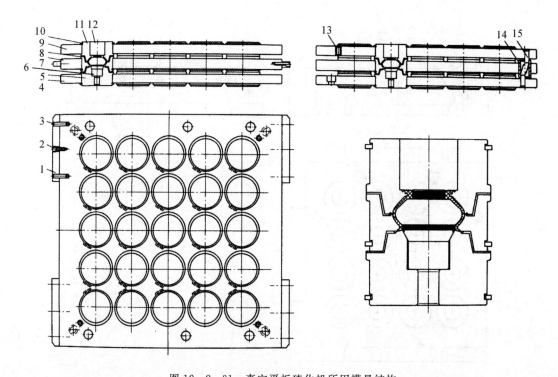

图 12－2－31　真空平板硫化机所用模具结构

1—托板；2—内六角螺钉；3—圆柱销；4—下模板；5—下型芯；6—型芯；7—中模板；

8—中型芯；9—上模板；10—卡圈；11—上型芯；12—上型芯嵌块；13—固定螺纹孔；14—导套；15—导柱

该制品的三种橡胶成形模具特点如下：

(1)这三种橡胶成形模具所使用的注压式硫化成形机和真空平板硫化成形机,均具有 3RT 胶模装置。

(2)图 12-2-30 的模具模比为 1∶24,胶料注射效率和生产率较高。该模具的浇注系统亦为平衡设计,如图 12-2-32 所示。

(3)图 12-2-29 为填压式的模具结构,模比为 1∶16。生产时若能使用预成形的胶料入模,再加上利用投料器填料,就会使生产率大为提高。

(4)图 12-2-31 为真空平板硫化机所用的模具结构,模比为 1∶25。与图 12-2-29 的模具一样,如果生产时能够使用投料器投放预成形的胶料,就会大幅度减少生产辅助时间,使生产率进一步提高。

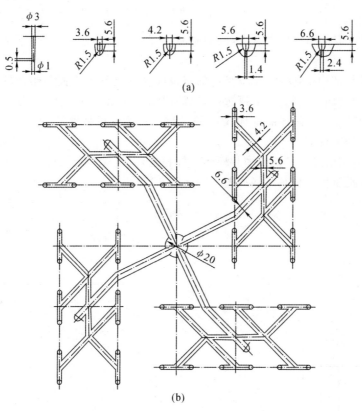

图 12-2-32　浇注系统的设计

(a)点浇口和各级分浇道；　(b)浇注系统设计布局

12.2.6　橡胶防尘罩(六)成形模具

橡胶防尘罩(六)是一种双层波纹形全橡胶制品,其结构形状如图 12-2-33 所示。该制品的样品成形模具有两种结构形式,分别如图 12-2-34 和图 12-2-35 所示。

现在分析这两种样品模具的结构特征。

如图 12-2-34 所示样品模具的型芯件为哈夫块结构。这种结构会使制品外观留下纵向的分型面痕迹。这种痕迹不影响制品的使用要求和自身的物理-力学性能,但是,如果要求分型痕迹为横向设置,即在水平方向分型,则可设计成图 12 – 2 – 35 的样品模具结构。

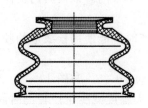

图 12 – 2 – 33 橡胶防尘罩(六)

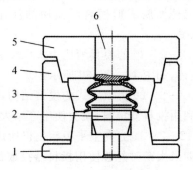

图 12 – 2 – 34 样品模具(一)

1—下模;2—型芯;3—哈夫块;4—中模;5—上模;6—上模镶块

从图 12 – 2 – 35 的结构可以看出,成形制品内部形状的型芯分为上、下两个部分,即下型芯 2 和上型芯 4。

在该样品模具结构中,实现上、下型芯的定位配合的是环形平面与锥面的组合定位要素。此外,在各相关分型面上,都设置有撕边槽,以确保制品的无飞边化。

不管是图 12 – 2 – 34 的样品模具,还是图 12 – 2 – 35 的样品模具,各个主要构件之间的定位都是依靠锥面来实现的。

当然,相关撕边槽要通过跑胶槽与模体之外相通,以疏导多余胶料。

该制品的小批量生产模具结构如图 12 – 2 – 36 所示。

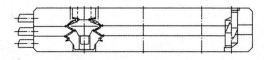

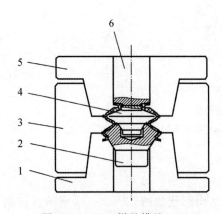

图 12 – 2 – 35 样品模具(二)

1—下模;2—下型芯;3—中模;

4—上型芯;5—上模;6—上模镶块

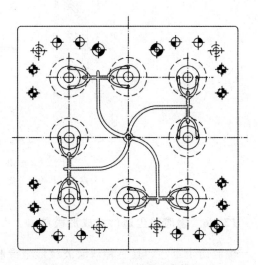

图 12 – 2 – 36 小批量生产模具

该模具的结构特征如下:

(1)因生产批量不大,且根据企业硫化生产设备的情况,将成形模具设计成图 12-2-36 所示的结构,即注压式手动开模取件结构。

(2)模具的模比为 1∶8。

(3)浇注系统为平衡式设计布局。

(4)各层模板的打开通过卸模架来完成。卸模架的工作原理如图 12-2-37 所示。

脱模取件的操作顺序如图 12-2-38 所示。

如果生产批量变大,且有相应的真空型平板硫化机,则可采用如图 12-2-39 所示模具结构。这种结构模具的模比大,生产率高。

该模具的脱模取件工作过程如图 12-2-40 的所示。

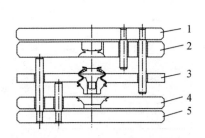

图 12-2-37　卸模架工作原理

1—上脱模架;2—上模板;

3—中模板;4—下模板;5—下脱模架

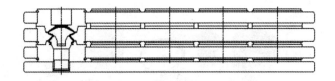

图 12-2-38　取件操作顺序

(a)将被卸模架打开后的中模拿出;　(b)卸下下型芯;

(c)取出制品和上型芯结合体于中模板;　(d)从制品中取出上型芯

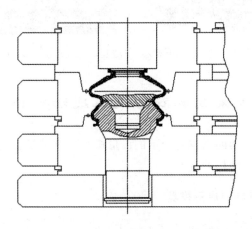

图 12-2-39　大批量生产真空机用模具的结构

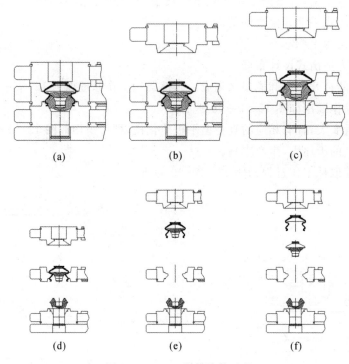

图 12-2-40 脱模取件过程

(a)准备开模； (b)开模(推起上模)； (c)推起中模,下型芯上的卡圈挂在下模板上；

(d)中模继续上行； (e)将制品与上型芯组合体从中模型芯中取出； (f)再从制品中取出上型芯

在这类模具中,成套型芯的实物照片如图 12-2-41 所示,其下型芯、中型芯、上型芯和型芯等的实物照片如图 12-2-42 所示。

图 12-2-41 成套型芯   图 12-2-42 下型芯、中型芯、上型芯、型芯及轴用弹性挡圈照片

12.3 骨架式橡胶防尘罩成形模具

本节主要内容为内含金属骨架的橡胶防尘罩的成形模具。这类橡胶成形模具的结构特点有别于纯橡胶防尘罩成形模具的结构特点。

12.3.1 骨架式橡胶防尘罩(一)成形模具

以下内含骨架的橡胶防尘罩的结构如图 12-3-1 所示。

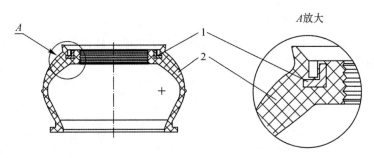

图 12-3-1　骨架式橡胶防尘罩(一)

1—骨架；2—罩体

该防尘罩的小口径部内含一金属骨架。此外,在其外形结构的最大直径处有一截面形状为半圆形的环状小肋,小口径内有多层的三角形凸肋结构。

这一橡胶防尘罩的样品成形模具的结构如图 12-3-2 所示。

该样品模具的上模、中模分别如图 12-3-3 和图 12-3-4 所示,其型芯的结构特点如图 12-3-5 所示。

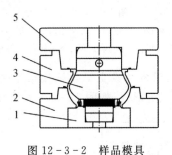

图 12-3-2　样品模具

1—下模镶件；2—下模；3—型芯；4—中模；5—上模

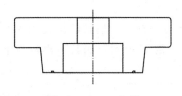

图 12-3-3　上模

图 12-3-4　中模

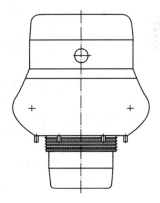

图 12-3-5　型芯

该模具的结构特点在其型芯和下模上。下模组件由下模 2 和下模镶件 1 所组成,下模镶件镶嵌于下模之中,与下模形成一体,如图 12-3-6 所示。

镶嵌于下模中的下模镶件上,有六个支撑金属骨架的凸肋形骨架支点均布其上。而在型芯成形部分的下面环形平面上,也有六个小圆柱凸起(见图 12-3-5),它与下模镶件上的六点小凸肋共同确定金属骨架在橡胶防尘罩中的空间位置。

下模组件和型芯上的金属骨架的定位机构小巧、严谨精密,在加工和使用中均须格外注意。

样品模具本身体积较小,使用操作时,切忌将各个组成零件掉落在地或相互磕碰。

正式量产时的模具结构设计如图12-3-7所示。

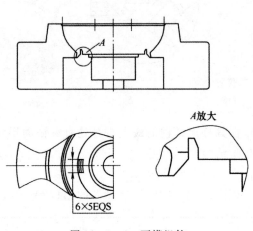

图12-3-6 下模组件

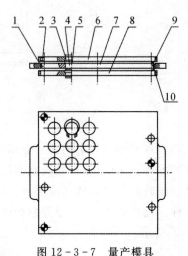

图12-3-7 量产模具

1—导套;2—导柱;3—上型芯;4—中型芯;5—下型芯;
6—上模板;7—中模板;8—下模板;9—导柱;10—导套

另外还有一种量产模具的模比为1:25,模具的上模板与真空平板硫化机米字板连接固定,如图12-3-8所示。而其下模板与下热板的连接固定形式,如图12-3-9所示。

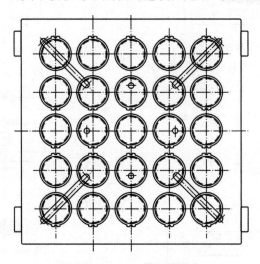

图12-3-8 上模板的固定

12.3.2 骨架式橡胶防尘罩(二)成形模具

以下的骨架式橡胶防尘罩的结构如图12-3-10所示。

该骨架式橡胶防尘罩俯视图中的六个凹穴为圆周均布,其弧长为5 mm。这一结构要素的设计意图,就是配合其他构件上的凸起形状,联合对橡胶防尘罩内的金属骨架进行定位。

这一防尘罩的样品成形模具的结构如图12-3-11所示。

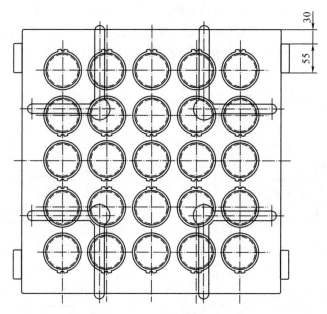

图 12 - 3 - 9　下模板的固定

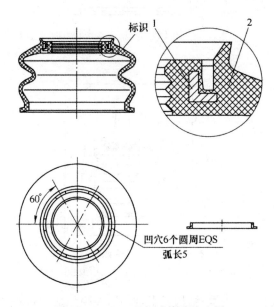

图 12 - 3 - 10　骨架式橡胶防尘罩
1—骨架；2—罩体

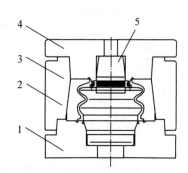

图 12 - 3 - 11　样品模具
1—下模；2—哈夫块；3—中模；4—上模；5—型芯

　　样品模具中上模 4 的结构如图 12 - 3 - 12 所示。上模上的六个长 5 mm 的凸起弧形肋均布在上模的型腔部位，用以限制约束金属骨架的位置，使其得到正确的定位。

　　样品模具中中模 3 的结构如图 12 - 3 - 13 所示，下模 1 的结构如图 12 - 3 - 14 所示。

　　因为所要成形的制品为两层波纹式结构，所以该模具采用哈夫块作为成形型腔的构件，如图 12 - 3 - 15 所示。

　　如图 12 - 3 - 16 所示为该样品模具的型芯。在型芯上部环形平面上，镶嵌有六个金属骨架定位柱。制作这种结构要素时,必须精心操作,使用时也须小心谨慎。

该橡胶防尘罩量产模具的结构形式,可以参照图 12-2-25 的结构形式进行设计,其模芯组的结构如图 12-3-17 所示。这种结构形式在每个型腔中都有一对哈夫块构件,生产操作比较烦琐。

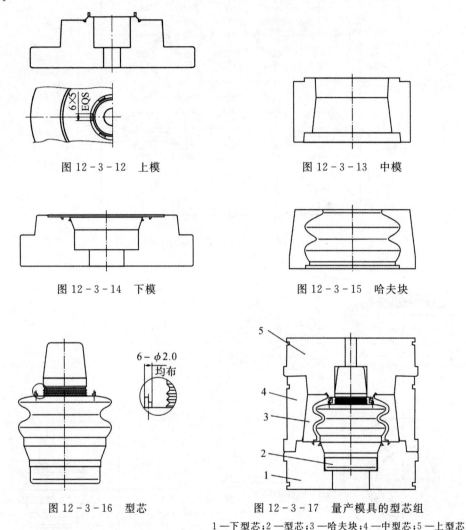

图 12-3-12　上模

图 12-3-13　中模

图 12-3-14　下模

图 12-3-15　哈夫块

图 12-3-16　型芯

图 12-3-17　量产模具的型芯组
1—下型芯;2—型芯;3—哈夫块;4—中型芯;5—上型芯

此外,虽然这副模具已有三处设置了余胶槽(撕边槽)结构要素,但是,在模压成形过程中,胶料毕竟还会在哈夫块之间的分型面上形成飞边。而且,随着模具各零件之间的相互磨损,哈夫块之间的飞边会变厚。因此,若已选择了这种设计方案,建议在哈夫块之间的分型面上也要设计制品撕边槽。同时,也应设置跑胶槽,以将多余胶料导出模具型腔之外。

为了避免以上所述之不足,对于这样的制品,其成形模具可采用图 12-2-31 所示的结构形式。

12.3.3　骨架式橡胶防尘罩(三)成形模具

以下的骨架式橡胶防尘罩结构如图 12-3-18 所示,其样品模具的结构设计如图 12-3-19 所示。

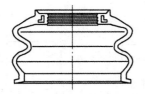

图 12-3-18　骨架式橡胶防尘罩(三)

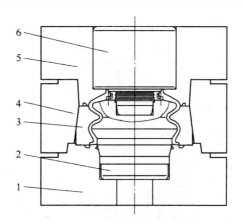

图 12-3-19　样品模具

1—下模;2—型芯(下);3—哈夫块;

4—中模;5—上模;6—固定式型芯(上)

　　该橡胶防尘罩也是两层波纹式结构,样品模具中也使用了哈夫块构件。这种结构形式也是设计者常常采用的设计方案之一。

　　在样品模具结构设计的基础上,该制品量产模具模芯组的结构形式如图 12-3-20 所示。

　　此外,该制品的量产模具可参照图 12-2-10 所示结构形式,使用于真空平板硫化机之上,也可参照图 12-2-31 所示形式。

　　如果受到设备的限制,例如只有注压式硫化机而无真空平板硫化机,则可参照图 12-2-12 所示的结构形式。

　　如图 12-3-20 所示量产模具的型芯组,其型芯(下)2 的结构如图 12-3-21 所示。型芯的上环形平面上均布有六处阶梯式骨架定位柱。这种结构一般都是镶嵌式的。

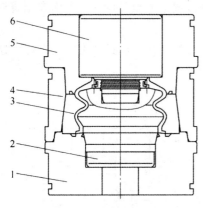

图 12-3-20　量产模具的型芯组

1—下型芯;2—型芯(下);3—哈夫块;

4—中型芯;5—上型芯;6—固定式型芯(上)

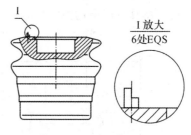

图 12-3-21　型芯(下)

　　型芯组的件 6 为固定式型芯(上),其结构设计如图 12-3-22 所示。在其下部均布的六个小柱,是与图 12-3-20 中的定位柱一起来实现骨架在模具型腔中空间位置有效定位的。

　　该型芯组中的上型芯、中型芯、哈夫块以及下型芯,其结构分别如图 12-3-23~图 12-

3－26所示。

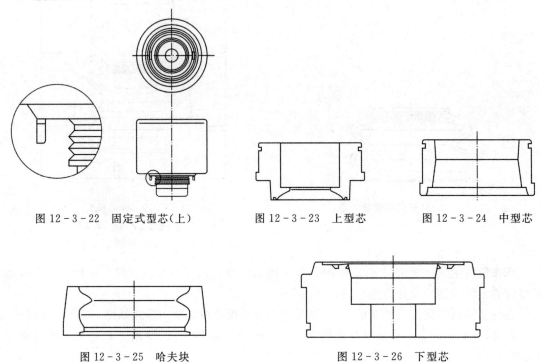

图 12-3-22　固定式型芯(上)　　　图 12-3-23　上型芯　　　图 12-3-24　中型芯

图 12-3-25　哈夫块　　　　　　图 12-3-26　下型芯

　　在图 12-3-19 中,型芯(下)2 和下模 1 的配合锥面上设置了一道撕边槽。此处的撕边槽设计方法可以有所不同,有的设计者将其置于下模内锥面上,有的则将其设置在型芯(下)2 的外锥面上,两者均可。如果要从操作工艺,甚至是制造工艺性能方面来看,后者的设计方案更好一些。

　　以上介绍的是将橡胶防尘罩金属骨架一端向上进行成形的模具设计。下面介绍将橡胶防尘罩金属骨架一端向下放置来成形的模具设计方案。

　　如图 12-3-27 所示是橡胶防尘罩金属骨架一端向下的样品模具结构方案设计。这种结构中的型芯只有一件,比图 12-3-19 结构的制造更为简单。

　　该成形模具量产结构中的型芯组如图 12-3-28 所示。

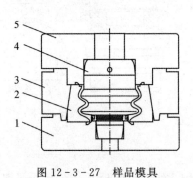

图 12-3-27　样品模具
1—下模;2—哈夫块;3—中模;4—型芯;5—上模

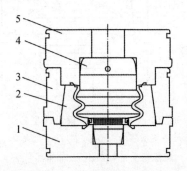

图 12-3-28　量产模具的型芯组
1—下型芯;2—哈夫块;3—中型芯;4—型芯;5—上型芯

　　型芯组中的上型芯 5、中型芯 3、哈夫块 2、型芯 4 以及下型芯 1 的结构分别如图 12-3-

29～图 12 - 3 - 33 所示。

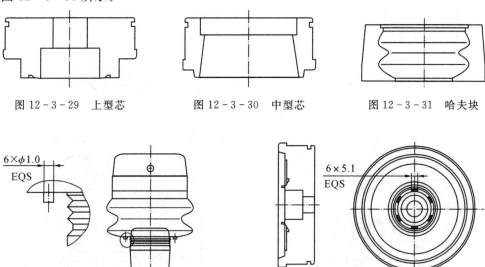

图 12 - 3 - 29　上型芯　　　　图 12 - 3 - 30　中型芯　　　　图 12 - 3 - 31　哈夫块

图 12 - 3 - 32　型芯　　　　　　　　　图 12 - 3 - 33　下型芯

本节所述橡胶防尘罩成形模具,其型芯在轴向尺寸配合方面,与其相关的上模、中模(包括哈夫块)和下模的相关尺寸,设计与加工都是很严格的。设计时要特别注意这一点。

12.3.4　骨架式橡胶防尘罩(四)成形模具

以下的金属骨架的橡胶防尘罩,如图 12 - 3 - 34 所示。

该橡胶防尘罩的结构特点是两端口沿均含有钢制骨架,形状为三波纹结构,波纹壁薄,仅为 0.6 mm。根据上述结构特点设计其样品模具如图 12 - 3 - 35 所示。

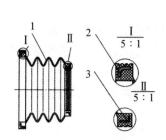

图 1 2-3 - 34　骨架式橡胶防尘罩(四)
1—波纹罩体;2—骨架(一);3—骨架(二)

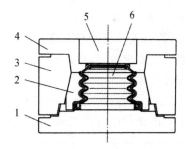

图 12 - 3 - 35　双骨架式橡胶防尘罩样品模具
1—下模;2—哈夫块;3—中模;
4—上模;5—上模镶块;6—型芯

设计样品模具时要解决以下问题:

(1)通过样品模具的设计与制造,摸索其设计中的相关结构与数据。

(2)由于该橡胶防尘罩波纹处壁薄,且要求壁厚均匀,不仅对设计方案、尺寸要求很严格,而且对这类精度模具的加工制造工艺要求也非常严格。

(3)通过试模,对样品进行力学性能的实际测试,并将相关数据反馈给模具的设计与制造部门,为量产模具做好技术准备。

(4)在完成样品模具和试样测试之后,才能设计量产模具。

该橡胶防尘罩的量产模具宜于在抽真空平板硫化机上生产,模具的型芯组如图12-3-36 所示,而模具总成如图12-3-37 所示。

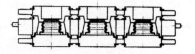

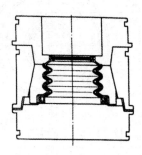

图 12-3-36　量产模具型芯组

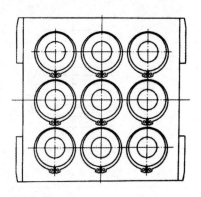

图 12-3-37　量产模具总成

该模具的结构特点和使用方法如下:

(1)受制品尺寸和硫化机热板尺寸所限,模具模比为1:9。

(2)入模胶料为填装式,因制品壁厚尺寸很薄,所以,对入模胶量的偏差要严格控制。不仅如此,在混炼工艺过程中对该制品胶料的控制也要严格按照工艺制度进行,包括胶料在混炼后的常规快检。

(3)因为壁薄,就必须检测其混炼胶的可塑度是否符合工艺规定。若不符合,会影响胶料在模具型腔中的流动与成形。

(4)因为对入模胶量有严格规定,所以,就必须对混炼胶的密度进行严格测试。因为该制品的力学性能要求较高,所以必须严格控制交联反应后橡胶的硬度,以便使制品能够达到使用寿命的设计要求。

(5)该制品的各种性能要求都很高,所以,必须严格控制硫化的时间和硫化温度。这就需要在混炼胶的快检中对其初硫点进行测定,以便得知胶料的焦烧时间,指导模压硫化成形的操作工艺。

(6)使用该模具时,由硫化机的1RT装置进行开模,即将上模部分托起、翻转设定好角度,清理上模镶件上的废胶并喷洒脱模剂。

(7)由硫化机的2RT装置托起中模板,例行清理其上的废胶。

(8)逐一取下各型芯组件中的哈夫块(注意:各哈夫块不得相互磕碰和掉落在地,操作中均应轻拿轻放;必要时可以使用铜制撬棒和铜针,禁止使用钢制撬棒等工具)。

(9)将气筒插入型芯上部的防尘罩制品口沿,通入压缩空气,逐一将制品取出。

(10)取出制品之后,清理各类零部件上的废胶或胶垢,喷洒脱模剂,进入下一成形生产周期。

(11)该模具在哈夫块之间的分型面上,设计、制作了撕边槽,因此,制品外侧分型面的飞边易于和制品分离。

12.3.5　骨架式橡胶防尘罩(五)成形模具

以下的骨架式橡胶防尘罩的结构如图 12-3-38 所示。

该橡胶防尘罩的结构特点是,下方含有钢制骨架。这一结构特点为成形模具的设计、制作以及硫化成形操作工艺都带来了困难。

该制品成形模具的结构如图 12-3-39 所示。

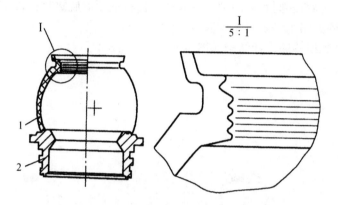

图 12-3-38　骨架式橡胶防尘罩(五)

1—罩体;2—骨架

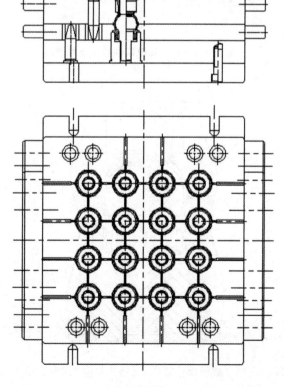

图 12-3-39　骨架式橡胶防尘罩(五)成形模具

该成形模具的结构特点如下：

(1)使用于具有 3RT 的注压式橡胶成形硫化机上。

(2)模具为注压式成形结构。

(3)模比为 1∶16。

(4)浇注系统为平衡式设计。

(5)在分型面上，撕边槽与跑胶槽相通，排除型腔中气体和疏导多余胶料的效果理想。

(6)撕边槽边沿距离型腔 0.15 mm，可实现制品的无飞边化生产。

制品硫化成形之后，连同其内的型芯一起被中模板推动而脱离下模，最后型芯从制品上方被推出，其动作步骤如图 12-3-40 所示。

模具各部分型腔型芯的设计结构如图 12-3-41 所示。

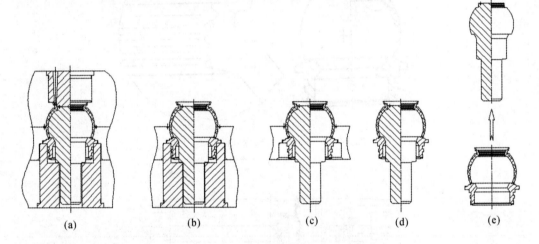

(a)   (b)   (c)   (d)   (e)

图 12-3-40　脱模取件顺序示意图

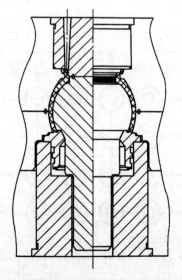

图 12-3-41　成形模具型腔型芯各主要细节部位的结构设计

第13章　常用哈夫式结构橡胶成形模具

哈夫式结构成形模具简称为"哈夫式注压模",有的也叫作两瓣分型注压模。当然,从广义上来说,有的哈夫式结构模的型腔是由三瓣或三瓣以上的拼块组成的。本章中所讲述的是由两瓣组成型腔的哈夫式结构橡胶成形模具。

13.1　直压式减震器结构成形模具

以下的橡胶减震器的结构和相关尺寸如图 13 - 1 - 1 所示。其中的骨架(一)和骨架(二)的结构分别如图 13 - 1 - 2 和图 13 - 1 - 3 所示。

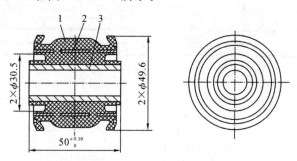

图 13 - 1 - 1　橡胶减震器
1—橡胶主簧;2—骨架(一);3—骨架(二)

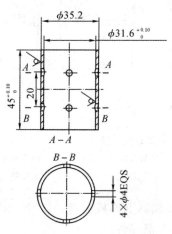

图 13 - 1 - 2　骨架(一)

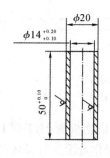

图 13 - 1 - 3　骨架(二)

骨架(一)中开设了八个 $\phi 4$ mm 的孔,称骨架上这样的孔为过胶孔。过胶孔可以使成形模具浇注系统的进胶口(点浇口的数量)得到简化,使减震器的橡胶体不发生缺胶现象,从而保证了制品零件的质量。

根据该制品零件的结构特点,其成形模具应当设计成哈夫式结构形式,如图 13-1-4 所示。

该成形模具结构设计的特点如下:

(1)该模具的结构适合用在具有 3RT 脱模机构的注压成形硫化机上。

(2)模比为 1:12,是量产模具。

(3)在各个型腔两面(哈夫块上、下两面)开设了撕边槽、连接槽和跑胶槽,撕边槽是按照无飞边模具的要求设计的。

(4)在上型芯和下型芯中都有对骨架(二)进行强制封模的结构要素。

(5)在外形结构上模具有对模大倒角,在定位系统中也有对模标志(右下角的导柱导套,其位置偏离了对称的位置),哈夫块和定位块在右面顺序排列标志。

(6)哈夫块的下平面和下模板之间有 0.03~0.05 mm 的距离,上平面比定位块高出 0.15~0.20 mm。

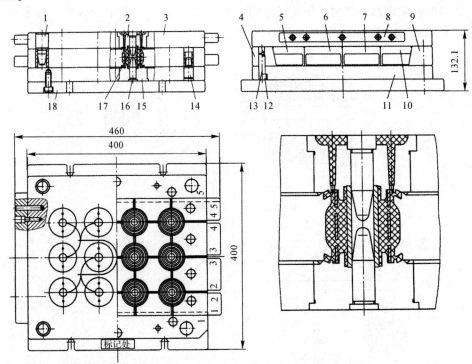

图 13-1-4 橡胶减震器成形模具

1,14—导柱、导套;2—上型芯;3—上模板;4,9—定位块;5,6,7,10—哈夫块组;8—托条组件;11—下模板;12—内六角螺钉;13—圆柱销;15—下型芯;16—骨架(二)下定位销;17—骨架(二)上定位销;18—下模固定板

开模时,由硫化机的 1RT 结构顶起托条,将模具上模板托起。接着,2RT 结构托起哈夫块组。最后由操作者手工打开各个哈夫块,取出制品零件。

如图 13-1-5 所示为成形模具哈夫块组的设计图。图中的 0.5 mm 和 90°为无飞边结构要素的相关设计参数。

哈夫块之间相互位置的标识如图 13－1－5 所示。

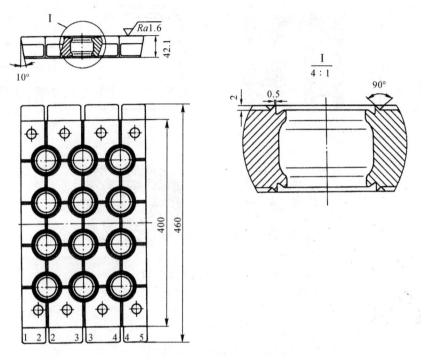

图 13－1－5　哈夫块组结构、尺寸与标识

13.2　路徽型减震器哈夫式结构成形模具

所谓路徽型减震器,是因为该减震器的结构、形状类似于铁路路徽而得名,如图 13－2－1 所示。

这一减震器的结构较为复杂,内含三个骨架,正中的骨架为非直通式结构,其内部为橡胶花键不通孔。

该减震器成形模具的结构设计如图 13－2－2 所示。

该模具的特征如下:

(1)模具结构是模比为 1∶6 的注压式结构。

(2)哈夫块的托起脱模动作,由硫化机两侧托板完成。

(3)哈夫块的相互分离,由操作者使用专用的由黄铜制作的撬棒手工进行。

(4)外侧两哈夫块与定位块之间的配合斜度为 10°(一般可在 7°～12°之间选取)。

(5)对件 6 和件 19 代表的哈夫块,在制品所允许的范围内做了最大脱模斜度处理,且表面粗糙度值 Ra 小于或等于 0.8 μm。

(6)件 19 代表的型芯端面亦设置了撕边槽。

(7)该模具使用于具有悬挂上模部分中子结构的注压成形硫化机上。

设计时,对具有相对活动的定位结构要素要进行防误装操作处理。

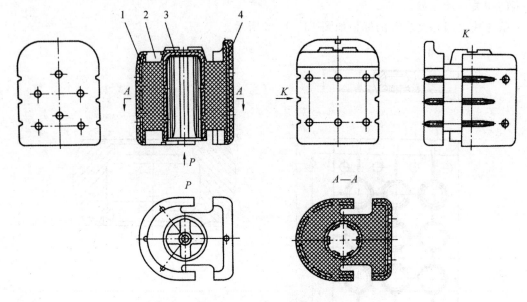

图 13-2-1 路徽型减震器

1—骨架（一）；2—橡胶主簧；3—骨架（二）；4—骨架（三）

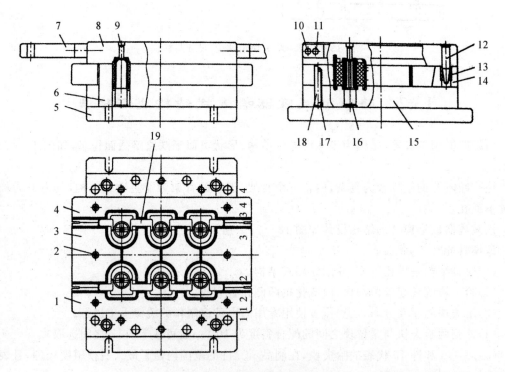

图 13-2-2 橡胶减震器成形模具

1—哈夫块（一）；2—定位销；3—哈夫块（二）；4—哈夫块（三）；5—下模垫块；
6—侧型芯；7—挂耳；8—上模；9—小型芯；10,18—圆柱销；11,17—内六角螺钉；
12—导柱；13—导套；14—定位块；15—下模；16—内型芯；19—共用型芯

这类注压成形模具在设计、加工和组装时的要求如下：

(1)两侧挂耳下平面与上模板上平面平行。

(2)组装挂耳与上模板时，一定要用圆柱销定位，以内六角螺钉固定。

13.3　异形减震器哈夫式注压成形模具

以下的异形减震器的结构如图 13-3-1 所示。

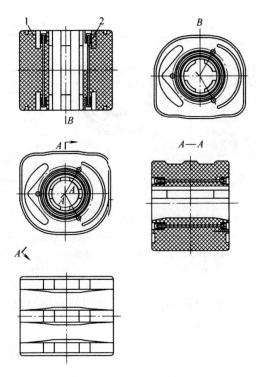

图 13-3-1　异形减震器

1—橡胶主簧；2—骨架

这一异形减震器的哈夫式注压成形模具的结构如图 13-3-2 所示。

异形减震器哈夫式注压成形模具的特征如下：

(1)该模具的模比为 1∶8。之所以取模比为 1∶8，是因为这种结构在注胶过程中，胶料的流动为平衡状态。从理论上讲，每个型腔几乎是同时充满胶料，不存在哪个型腔因失衡而缺胶造成废品。

(2)进胶口为点浇口，尺寸大小合适。胶料通过进料口，在流动速率增大的状态下，胶料的温度会进一步提高(因为胶料的流动速率增大)，有利于充满型腔。

(3)两相对花键型芯的分型面上设置对开撕边槽，有利于清除飞边、满足制品要求。

(4)在上、下模型腔处，设置了型腔芯块(上、下型芯)，方便制造。

(5)上、下型芯为倒装式结构。

(6)在哈夫块之间分型面上的型腔两侧设置了撕边槽。

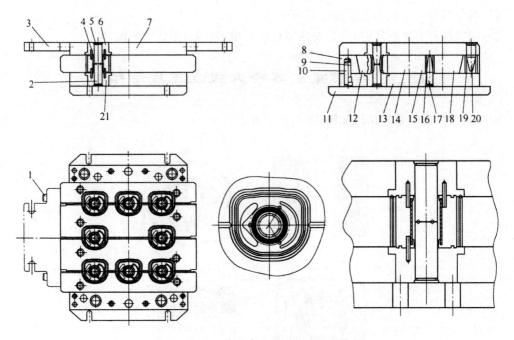

图 13-3-2 异形减震器哈夫式注压模具

1—内六角螺钉及圆柱销;2—花键型芯(下);3—挂耳;4—小型芯;5—花键型芯(上);

6—上型芯;7—上模板;8—定位块;9—内六角螺钉;10—圆柱销;11—下模垫板;12—哈夫块(一);

13—下模板;14—哈夫块(二);15—哈夫块(三);16,19—导套;17,20—导柱;18—哈夫块(四);21—下型芯

该模具的一、二、三级分浇道,其断面形状与尺寸以及点浇口尺寸如图 13-3-3 所示,浇注系统的设计布局如图 13-3-4 所示。

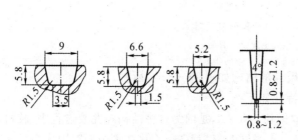

图 13-3-3 各级分浇道与点浇口

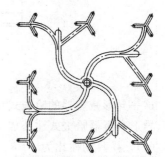

图 13-3-4 浇注系统布局设计

13.4 侧柄式减震器哈夫式注压成形模具

以下的两种侧柄式减震器的结构形式分别如图 13-4-1 和图 13-4-2 所示。

这类减震器的结构特点是外壳为侧柄式骨架,由钢板冲裁弯曲并焊接成形,其上有肋状结构。因此,这种骨架的形状和尺寸的一致性较差。加之折弯成形,使骨架材料在折弯处发生塑性变形,改变了骨架在封模面上的尺寸,给模压时控制胶料的外溢带来了诸多不便。

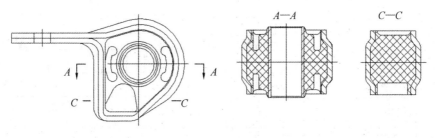

图 13 - 4 - 1　侧柄式减震器(一)

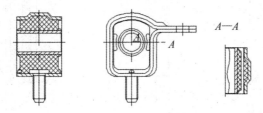

图 13 - 4 - 2　侧柄式减震器(二)

　　为了提高制品的质量,通常对骨架的上、下两面,即封模尺寸的方向进行磨削加工,使封模尺寸符合模制化的技术要求和工艺要求。

　　对于如图 13 - 4 - 1 和图 13 - 4 - 2 所示的侧柄式减震器的成形模,可以将其结构设计成哈夫式注压成形模具形式,也可以设计成哈夫式注射成形模具形式。

　　这两种减震器制品的哈夫式注压成形模具的结构设计,分别如图 13 - 4 - 3 和图 13 - 4 - 4 所示。

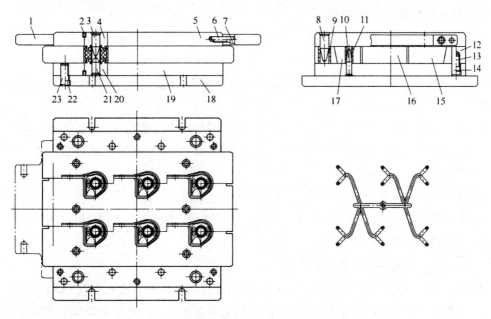

图 13 - 4 - 3　侧柄式减震器哈夫式注压成形模具(一)

1—挂耳;2—骑缝钉;3—内骨架上定位销;4—上型芯;5—上模板;6,14,23—圆柱销;
7,13,22—内六角螺钉;8—导柱;9—导套;10—哈夫块定位销;11—定位销套;12—定位块;
15—哈夫块(一);16—哈夫块(二);17—哈夫块(三);18—下模固定板;19—下模板;20—下型芯;21—内骨架下定位销

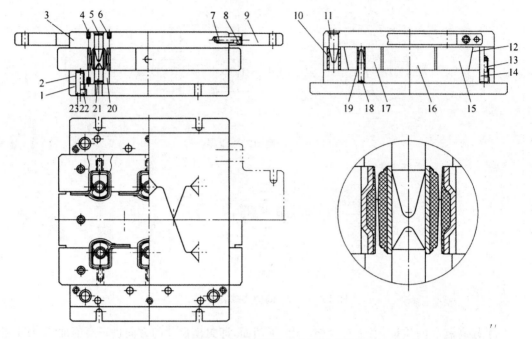

图 13-4-4 侧柄式减震器哈夫式注压成形模具(二)

1—下模固定板;2—下模板;3—上模板;4—骑缝钉;5—内骨架上定位销;6—上型芯;

7,14,23—圆柱销;8,13,22—内六角螺钉;9—挂耳;10—导套;11—导柱;12—靠山;15—哈夫块(一);

16—哈夫块(二);17—哈夫块(三);18—内骨架下定位销;19—定位销套;20—下型芯;21—内骨架下定位销

该模具的结构设计特点如下:

(1)两副模具结构相同,均为模比为1:6的哈夫式注压成形模具结构,使用于1 600 kN注压硫化机上进行生产。

(2)上、下型芯因其为非圆形,故采用直通式嵌入形式;型芯与上、下模板镶嵌时,以骑缝钉予以固定。

(3)所有导柱与定位销,其端部均为球形,并有较大的导向锥角,而有效定位长度尺寸为4~6 mm。如果硫化机性能精良、骨架形状尺寸准确,那么,导柱和定位销可直接选用塑料注射模具所用的标准导柱和定位销。

(4)图13-4-3的模具各哈夫块之间为阶梯式分型面。

(5)在图13-4-4所示模具中,外骨架侧旁的螺杆伸向两侧哈夫块中间,两侧哈夫块相应处有容纳孔,相配合的间隙较大。

(6)两副模具不需开设余胶槽和跑胶槽。

(7)上、下模板中的型芯孔和哈夫块之间的型腔孔,均用线切割机床加工完成。

(8)与其他哈夫式橡胶成形模具一样,定位块上平面比哈夫块上平面低0.15~0.20 mm。

(9)组装后的哈夫块下平面,距离下模板的上平面应留有0.05 mm的间隙。组装模具时,均以塞尺检查。

(10)两副模具工作时的脱模,均是依靠注压硫化机的RT动作来完成的;哈夫块的相互分开,则由手工操作实现。

这种结构的脱模、取件都很方便。

13.5　特殊衬套的哈夫式注压成形模具

以下的特殊衬套结构如图 13-5-1 所示。

该特殊衬套的哈夫式注压成形模具三维(3D)结构图如图 13-5-2 所示。

从图 13-5-2 中可以看出,该模具有的形体结构特征、型腔的设计布局和 1∶12 浇注系统的平衡设计特点。

该模具的三维(3D)爆炸图如图 13-5-3 所示。

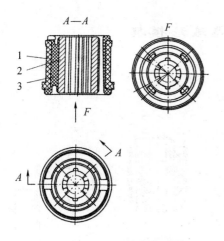

图 13-5-1　特殊衬套结构

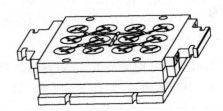

图 13-5-2　特殊衬套成形模具
三维(3D)图

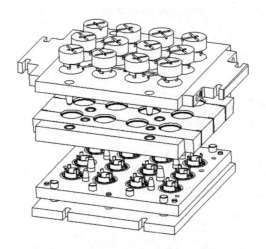

图 13-5-3　模具三维(3D)爆炸图

从模具的三维(3D)图中能够看出上、下型芯的形体结构特征,也可以看出模具各主要部件的形体特征,能够看到模具结构、形体特征的真实性,有助于认识和理解哈夫式注压成形模具。

该模具的结构特征如下:

(1)模比为1∶12,成三行四列式布局。

(2)浇注系统为平衡设计:一级分浇道和二级分浇道呈"工"字形结构;三级分浇道为四组,每组承担三个型腔;每个型芯上方有四级分浇道和两个点浇口,四级分浇道均以三级分浇道为中心线呈轴对称分布。

(3)依靠硫化机两侧的托板,在RT的作用下将哈夫块推离下模板。

(4)哈夫块的相互分离由手工操作进行,易于作业。从图13-5-3中可以看出,哈夫块的两端在两组合界面处均开设有起模口。

13.6 浮动式减震器成形模具

以下的浮动式减震器的结构如图13-6-1所示。

该制品的特点是,在其形体结构之中共有三个骨架,其中有两个骨架都是小半个圆片,形状如图13-6-1(b)所示,还有一个为管状内骨架,如图13-6-1(c)所示。

设计该制品的成形模具结构时,选择了哈夫式注压成形模具,如图13-6-2所示。该模具的结构特点如下:

(1)模比为1∶12。

(2)由于制品为浮动式结构,为了保证制品在开模后能够滞留在中模型腔之中,设计时,可将型芯里的分型面设置在通槽的中线之上;并且在未注尺寸公差的许可范围内,将上型芯的脱模斜度尽可能处理得大一些。

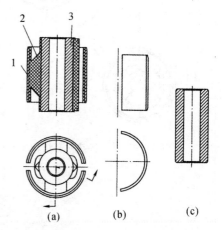

图13-6-1 浮动式减震器
(a)减震器; (b)骨架(一); (c)骨架(二)
1—骨架(一);2—橡胶体;3—骨架(二)

(3)为了在托模时能够让浮动式的制品脱离下型芯,在哈夫块型腔下面设置了勾起台。

(4)哈夫块的分型为手工分型结构。

(5)上型芯为倒装式结构,与上模板的安装配合为两点式过盈配合压装。

该模具的浇注系统设计布局如图13-6-3所示。

该模具的三维(3D)图,如图13-6-4所示。图13-6-5为哈夫块组连续分开的三维(3D)爆炸图。

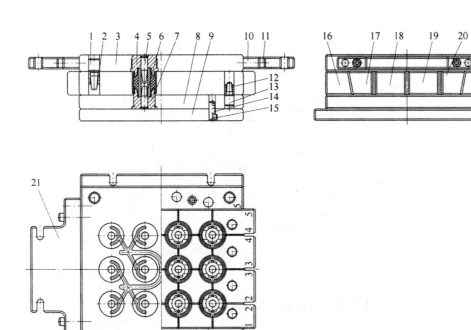

图 13-6-2　浮动式减震器成形模具

1,13—导柱;2,12—导套;3—上模板;4—上型芯;5—内骨架上定位销;6—内骨架下
定位销;7—下型芯;8—下模板;9—下模固定板;10,15—圆柱销;11,14—内六角螺钉;
16—定位块;17—哈夫块(一);18—哈夫块(二);19—哈夫块(三);20—哈夫块(四);21—挂耳

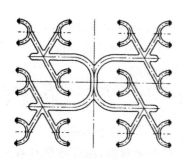

图 13-6-3　浇注系统的布局设计

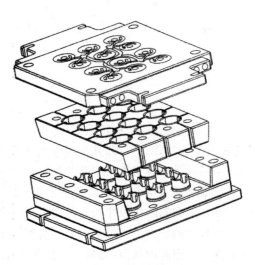

图 13-6-4　模具结构的三维(3D)爆炸图

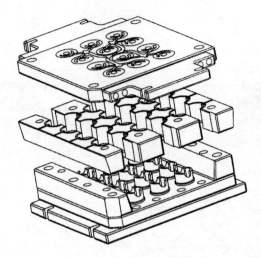

图 13-6-5　哈夫块组连续分开的三维(3D)爆炸图

13.7　悬挂支架成形模具

以下的悬挂支架的结构如图 13-7-1 所示。

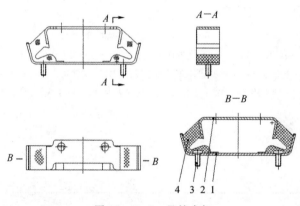

图 13-7-1　悬挂支架

1—骨架(一);2—骨架(二);3—螺钉;4—橡胶体

根据该悬挂支架的结构特点,其成形模具可选用哈夫结构设计方案,如图 13-7-2 所示。该哈夫式成形模具,除了有和其他同类的模具相同的特点之外,还有以下几个特点:

(1)制品的两个骨架是由型芯与相邻的两个哈夫块实现定位的。

(2)成形制品的橡胶体,其型芯只有安装在下模板的一组型芯,而没有对应的上型芯。对该模具的型芯,在制品橡胶体所允许的范围内做最大脱模斜度处理。

(3)模具中的哈夫块(二)两侧开设有相应的孔,用以容纳制品零件上的螺钉。

(4)在各个型腔的周围,即各哈夫块和各型芯的上面开设有余胶槽;跑胶槽沿着哈夫块之间的分型面开设,并通向模具体外。

如图 13-7-2 所示模具是哈夫式注压成形模。为了开模取件更加方便,该制品的成形模具还可以设计成如图 13-7-3 所示的侧拉分型注射模。

该模具的结构特点见第 14 章侧拉分型成形橡胶模具图解与说明。

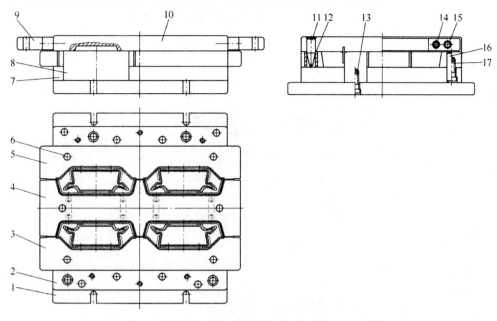

图 13 - 7 - 2　悬挂支架成形模具

1—下模固定板；2—定位块；3—哈夫块（一）；4—哈夫块（二）；5—哈夫块（三）；6—哈夫块定位销；

7—下模板；8—型芯；9—挂耳；10—上模板；11—导柱；12—导套；13，14，17—内六角螺钉；15，16—圆柱销

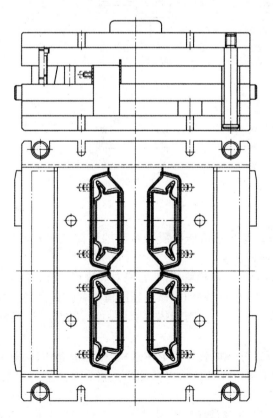

图 13 - 7 - 3　侧拉分型注射成形模具

13.8 液压减震器衬套成形模具

以下的液压减震器衬套结构的二维（2D）设计图如图 13-8-1 所示，图 13-8-2 和图 13-8-3 分别为该减震器的两个骨架。

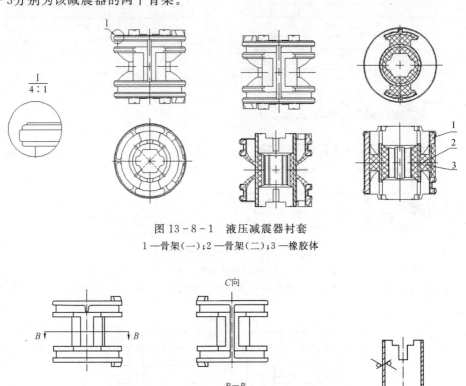

图 13-8-1 液压减震器衬套
1—骨架（一）；2—骨架（二）；3—橡胶体

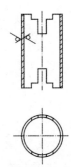

图 13-8-2 骨架（一）　　　　　图 13-8-3 骨架（二）

从图 13-8-1 中可以看出该液压减震器衬套的形体结构和液压减震的原理。其形体结构中有阻尼液仓和阻尼液回流槽。

在设计该液压减震器衬套成形模具之前，首先对其进行三维（3D）建模，如图 13-8-4 所示。

通过三维建模，更加清楚地观察到了该液压减震器衬套的形体结构。同时，还能分析出骨架，特别是骨架（一）与液压减震器衬套形体之间的关系，即有无骨架外露、相关橡胶层是否均匀、厚度是否合理等。

通过三维建模，也可以分析橡胶体的形体结构、阻尼液仓槽体积的大小及阻尼液回流槽设计布局得是否合理。甚至通过模拟还可以预测出该液压减震器衬套的动刚度、静刚度、阻尼特性以及滞后角。

设计模具时，可以直接利用该液压减震器衬套的三维（3D）建模，进行成形模具的三维（3D）设计,如图 13-8-5 所示。由三维图直接获得模具结构的二维(2D)图,如图 13-8-6 所示。

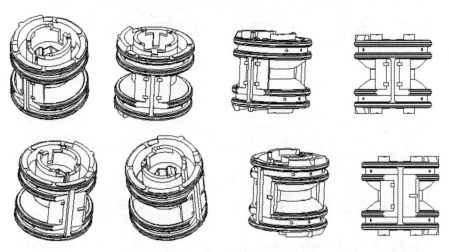

图 13-8-4　液压减震器衬套三维(3D)图

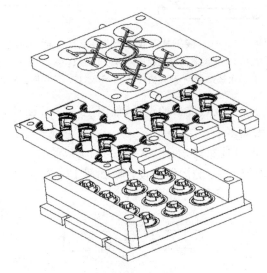

图 13-8-5　液压减震器衬套成形模具三维(3D)爆炸图

从图 13-8-5 中,可以清楚地看出该液压减震器衬套成形模具的层次结构。其结构设计特点如下:

(1)模比为 1:12,成三排四列布局。

(2)模具为哈夫式注压结构,

(3)撕边槽按无飞边结构设计。

(4)连接槽、跑胶槽排气、溢胶顺畅。

(5)定位块与下模板的定位销为三柱式排列设计,刚性好。

(6)哈夫块的上平面比定位块的上平面高 0.3 mm,而下平面和下模板上平面有 0.05 mm 的间隙。

(7)上型芯亦可设计成倒装式结构和两点配合式结构。

(8)哈夫块之间的撕边槽能够确保制品实现无飞边化。

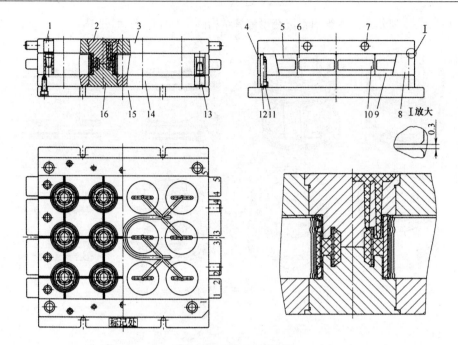

图 13-8-6 液压减震器衬套成形模具二维(2D)图

1,13—导柱;2—上型芯;3—上模板;4,8—定位块;5,6,9,10—哈夫块;

7—托柱;11—内六角螺钉;12—圆柱销;14—下模板;15—下模固定板;16—下型芯

(9)浇注系统的各级分浇道及点浇口的设计,如图 13-8-7(a)所示。该模具的点浇口由于内骨架中含有橡胶体,因此多了一层。

(10)浇注系统与型腔的设计布局,如图 13-8-7(b)所示。

(11)哈夫块组的结构设计和型腔的结构设计图如图 13-8-8 所示。

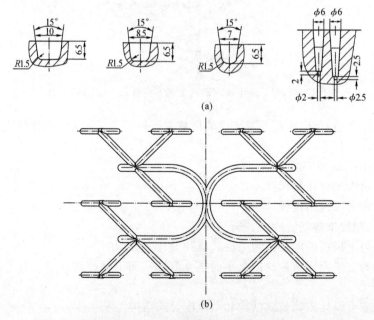

图 13-8-7 浇注系统与型腔的设计布局

(a)各级分浇道与点浇口； (b)浇注系统与型腔的布局设计

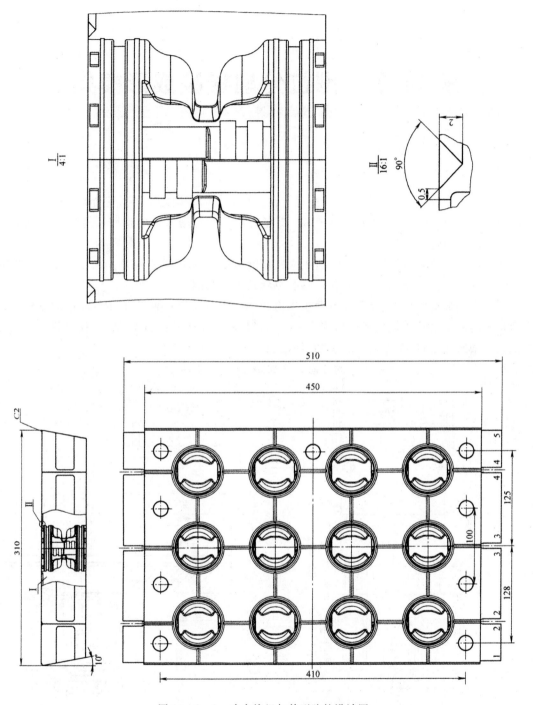

图 13-8-8　哈夫块组与其型腔的设计图

第14章　侧拉分型橡胶成形模具

　　侧拉式分型橡胶成形模具的设计是建立在一个必要的基础之上的。这个必要的基础包含两方面的含义:一方面是为了提高生产率,要有具备侧向拉动开模的橡胶硫化成形机这类设备;另一方面是哈夫分型的技术基础。

　　使用具有侧拉开模功能的硫化机,工人操作的劳动强度小,生产率高。由于自动化程度较高,避免了手工撬动开模的操作动作,因此,也延长了模具的使用寿命。

　　这种橡胶成形硫化机,就是具有两层顶出和一层侧向分型或抽芯的3RT成形硫化机。这类硫化机能够满足哈夫多列多行型腔及侧向分型与抽芯结构形式的模具的开模需要。侧向分型硫化机的操作模式、工作动作分步如下所述。

　　第一步——开模。该硫化机的开模动作如图14-0-1所示。

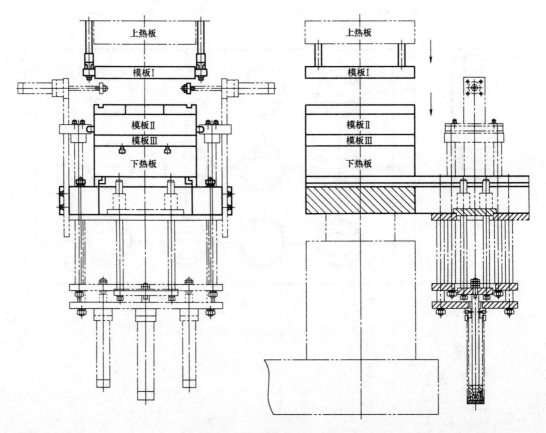

图14-0-1　第一步——开模

　　开模时,模板Ⅰ悬挂于吊模装置的中子之上,模板Ⅱ和模板Ⅲ随同下热板下移到最低位置。

　　第二步——移出。模具在硫化机下热板上的移出如图 14-0-2 所示。所谓移出,就是模板Ⅱ、模板Ⅲ和下热板一起向外移动到操作位置上。

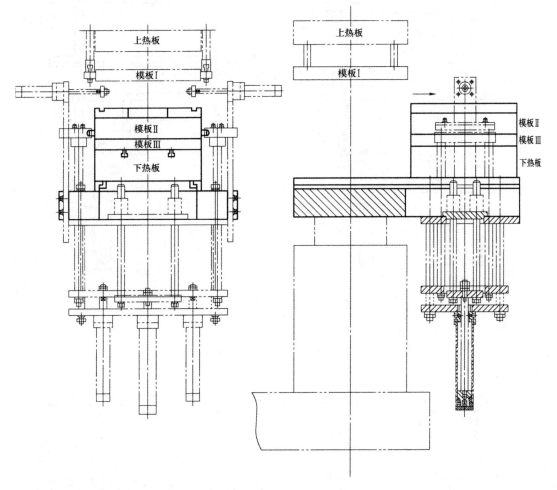

图 14-0-2　第二步——移出

　　第三步——托模。托模就是硫化机两侧的托起机构将模具结构的模板Ⅱ部分(哈夫块组及其托架)托起一定的高度,使模具哈夫块组件下平面离开下模的型芯、定位销及其定位块的最高点或最高平面。同时使其上面的脱模结构要素(侧拉爪孔)进入调整好的侧拉分型位置,如图 14-0-3 所示。

　　通常,托起的高度是可以通过侧拉机构或模板Ⅱ的托起液压缸来调整的。

　　第四步——侧拉分型(或侧向抽芯)。侧拉分型或侧向抽芯由安装在硫化机上的模具上方的横置液压缸来实现,如图 14-0-4 所示。

　　在侧拉分型时,哈夫块在其模具托架上的托条(滑轨)构件上向外滑动。

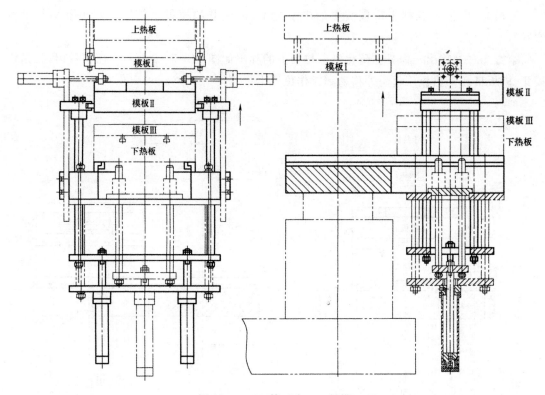

图 14 - 0 - 3 第三步——托模

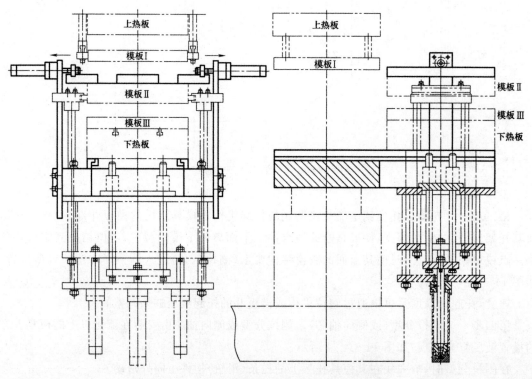

图 14 - 0 - 4 第四步——侧拉分型（或侧向抽芯）

第五步——顶出。如果模具为侧向分型,而制品又滞留在下模的型腔之中,那么,在侧向抽芯或分型之后,可采用下顶出机构来进行顶出脱模,然后将制品取出。

下顶出装置工作时,其顶杆要穿过下热板和模具的下模垫板,再通过模具的顶出机构将制品顶出。

这种硫化机下顶出装置的工作原理如图 14-0-5 所示。下顶出动作的行程也是可以调整的。

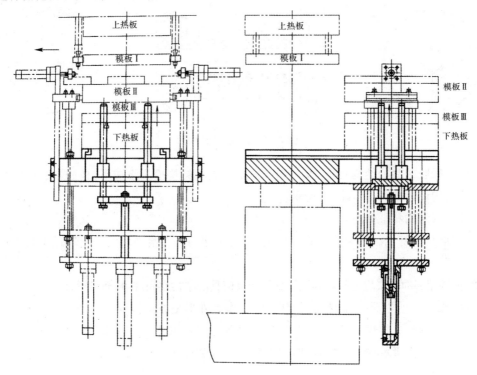

图 14-0-5 第五步——顶出

一般来说,尽可能不采用这种脱模方式。如果确定需要采用这种脱模方式,那么设计模具时,一定要避免完全仿照热塑性塑料注射模具的脱模顶出机构,而是要将模具下方传热面积做最大化处理。

具有侧拉开模的机构装置的硫化机适合于哈夫式结构模具的侧拉开模,这种硫化机的侧拉装置如图 14-0-6 所示。

图 14-0-6 侧拉式脱模硫化机的侧拉脱模机构

14.1　侧拉分型橡胶成形模具(一)

以下的纯橡胶制品为减震缓冲器,其结构特征如图 14-1-1 所示。

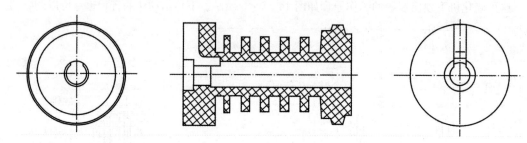

图 14-1-1　制品结构图

根据该橡胶制品的结构特点,即可知其需要哈夫式结构模具来成形,橡胶制品的侧拉式分型模具的结构设计如图 14-1-2 所示。

该模具的结构特征如下:

(1)该模具的基本结构为哈夫式成形模具,所不同的是在哈夫块的下面增设了哈夫块托架结构。

(2)在各相邻的哈夫块之间,增设了拉板(如果模具的结构空间许可,亦可设计为拉钉孔结构)。

(3)模比为 1:12,设计布局成三行四列式,模具外形呈方形体征。

手工分型的哈夫块模具结构如图 14-1-3 所示。模具的浇注系统对应于型腔的设计布局,如图 14-1-4 所示;各分浇道的断面形状与尺寸如图 14-1-5 所示。

该模具的工作原理如下:

模具工作时,第一步是开模。模具的上模板悬挂于硫化机的中子下,下模部分固定在下热板上。开模步骤的模具状态如图 14-1-6 所示。

第二步是硫化机下热板带动模具的下模部分移出至操作者的前面,下模移出后的状态如图 14-1-7 所示。

第三步是托模。对于侧拉模具来说,硫化机的托模,就是指其顶出机构的托板将模具哈夫块组的托架托起,接着再由托架将模具的哈夫块组托起而离开下模板上的定位销及两侧的定位块,如图 14-1-8 所示。

顶出机构托起托架的高度,可以根据模具各部分的相关尺寸事先调整好,即托起之后,使两侧的哈夫块上的专用孔(与侧拉液压缸或气缸前端的侧拉爪相配合的孔)有效地套入侧拉爪上,如图 14-1-9 所示。调整时,不仅要调整托板托起的高度,还要调整侧拉爪水平的伸缩距离、位置以及垂直方向的高度。

第四步是侧拉分型。在程序的控制下硫化机侧拉液压缸开始工作(亦可由手动控制侧拉液压缸的工作),并控制侧向拉动的距离。此时,操作者可从被拉开的哈夫块之间,逐一取出硫化成形后制品零件,如图 14-1-10 所示。

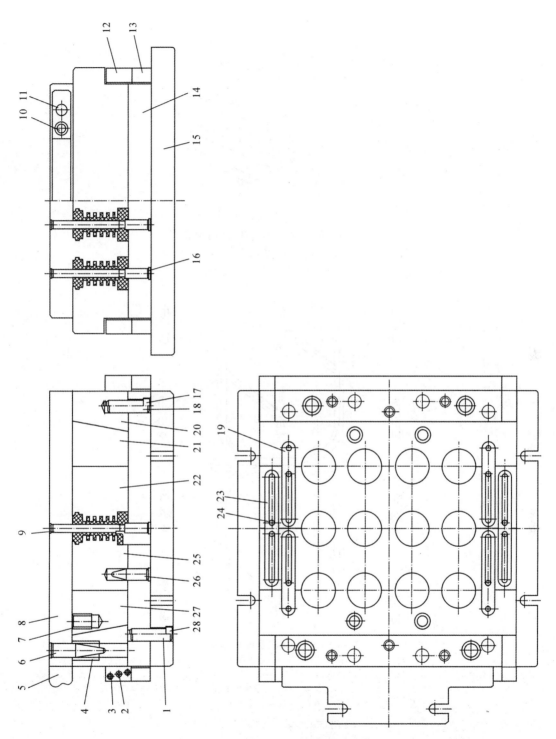

图 14-1-2 侧拉分型模具基本结构图

1—圆柱销；2—内六角螺钉；3—圆柱销；4—导套；5—挂耳；6—导柱；7—导套；

8—上模板；9—上型芯；10—内六角螺钉；11—圆柱销；12—托架上条；13—托架下条；14—下模板；

15—固定板；16—下型芯；17—内六角螺钉；18—圆柱销；19—拉板（一）；20—靠山；21—哈夫块（一）；

22—哈夫块（二）；23—拉板（二）；24—圆柱销；25—哈夫块（三）；26—导柱；27—哈夫块（四）；28—内六角螺钉

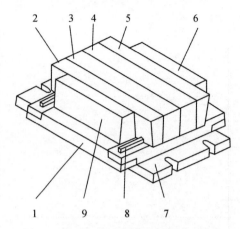

图 14 - 1 - 3　手工分型模具结构示意图

1—哈夫托架;2,5—侧(外)哈夫块;3,4—中(内)哈夫块;

6,9—定位块;7—上模板;8—滑槽块

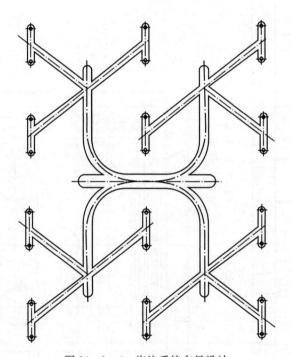

图 14 - 1 - 4　浇注系统布局设计

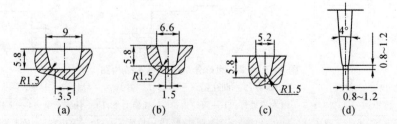

图 14 - 1 - 5　浇注系统各部分尺寸结构

(a)一级分浇道;　(b)二级分浇道;　(c)三级分浇道;　(d)点浇口

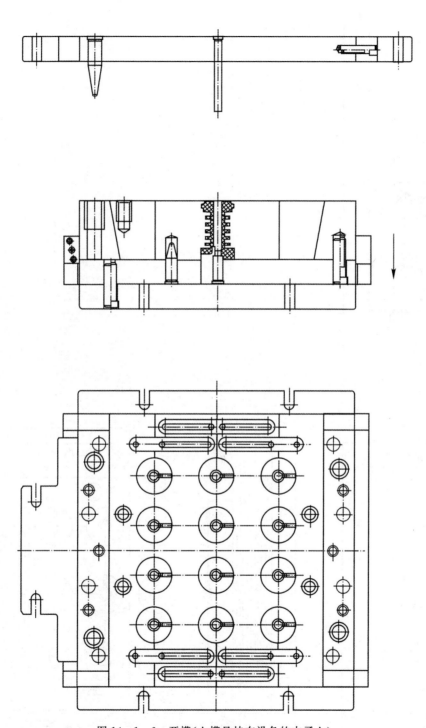

图 14 - 1 - 6　开模(上模悬挂在设备的中子上)

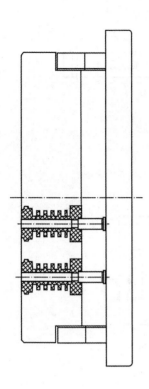

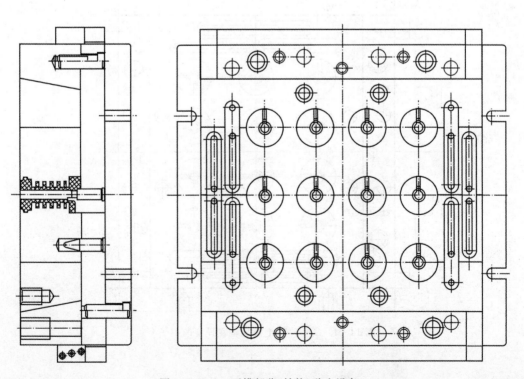

图 14-1-7　下模部分(结构)移出设备

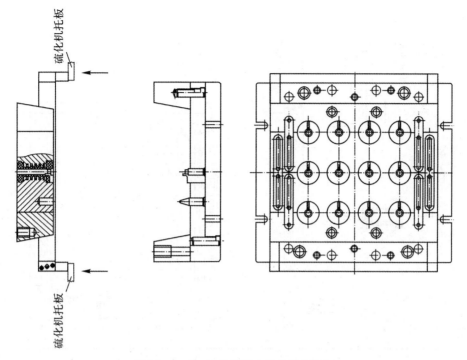

图 14 - 1 - 8　硫化机顶出机构托起托架

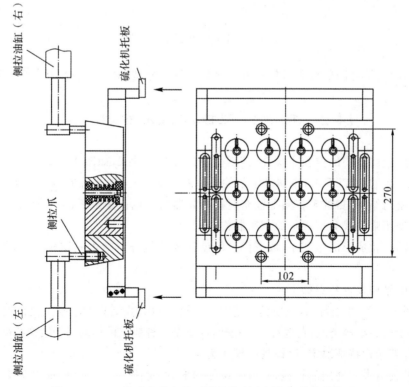

图 14 - 1 - 9　使哈夫块组件两侧的孔套入侧拉机构的侧拉孔

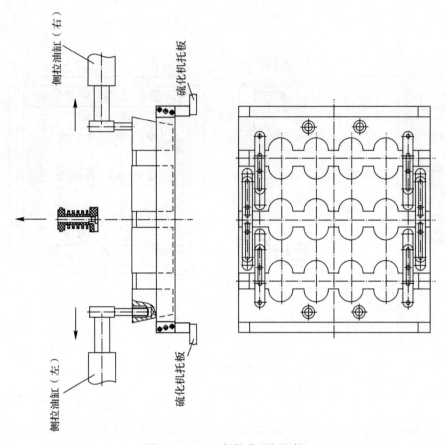

图 14 - 1 - 10　侧拉分型与取件

分型时,哈夫块之间的拉板既拖动着内侧哈夫块的分型,又控制着相互分离的距离。

14.2　侧拉分型橡胶成形模具(二)

汽车液压减震器中的橡胶主簧件,其结构中含有两个骨架,如图 14 - 2 - 1 所示。

由图 14 - 2 - 1 可以看出,该制品下部的外侧有一 R 形凸肋,分布在外径之上,是其配偶件在组装时的密封结构,目的是将阻尼液密封在减震器内。也正是由于这一结构要素,该制品的成形模具要采用哈夫式分型成形原理来制作。

为了提高硫化成形的生产率,成形模具的设计为侧拉分型哈夫式结构模具,如图 14 - 2 - 2 所示。

该模具的结构设计特点如下:

(1)从图 14 - 2 - 2 中可知,该模具的基本结构是在哈夫式结构的基础上设计而成的。与图 14 - 1 - 2 所示模具结构类似,它也有一个托架,这也是这种侧拉模具的一个结构特征。

(2)由骨架结构特征决定,该模具的模比为 1:6。

(3)本模具哈夫块之间的拉板,只有一种结构形式,比图 14 - 1 - 2 的模具简单。

此外,从图 14 - 2 - 2 中还可以看出浇注系统与型芯的设计布局以及各分浇道的形状结构与尺寸。

　　(4)模具的上型芯为倒装式结构,如图 14-2-3 所示。这种倒装式结构,不会因为胶料在型腔内的内压力而上移,也不需要骑缝螺钉固定。

　　侧拉模具的托架结构如图 14-2-4 所示,拉板件的结构设计如图 14-2-5 所示。

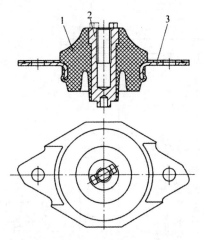

图 14-2-1　减震器橡胶主簧

1—橡胶主簧;2—内骨架;3—复合骨架

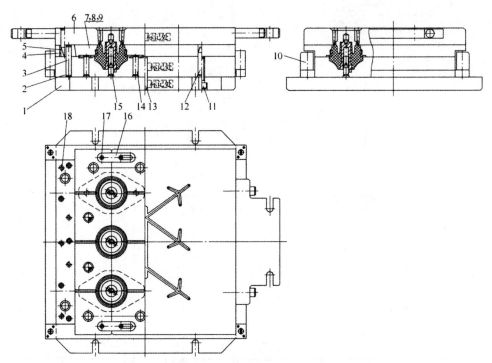

图 14-2-2　液压减震器橡胶主簧侧拉分型模具

1—下模垫板;2—下模板;3,13,17—圆柱销;4—定位块;5—导套;
6—上模总成;7—哈夫块(一);8—哈夫块(二);9—哈夫块(三);10—托架总成;
11—内六角螺钉;12—导柱;14—定位销(一);15—定位销(二);16—拉板;18—螺钉

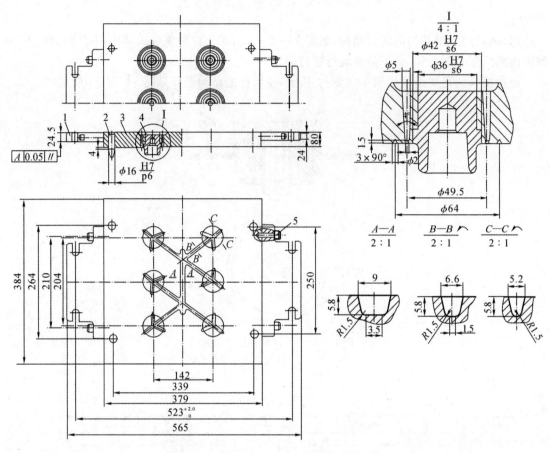

图 14-2-3 上模总成

1—挂耳；2—导柱；3—上模板；4—上型芯；5—内六角螺钉

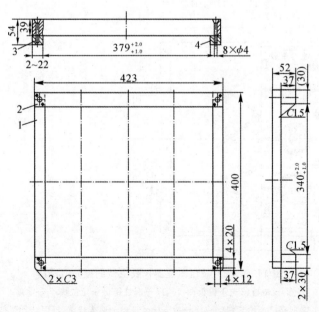

图 14-2-4 托架总成

1—连接条；2—托条；3—螺钉；4—圆柱销

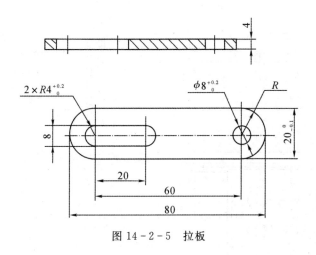

图 14 - 2 - 5　拉板

14.3　侧拉分型橡胶成形模具（三）

以下含有钢制骨架的橡胶制品的结构形状如图 14 - 3 - 1 所示。

成形该橡胶制品的成形模具，与前述侧拉成形模具在结构上有所不同，如图 14 - 3 - 2 所示，称为反装定位哈夫式侧拉橡胶成形模具。

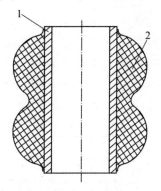

图 14 - 3 - 1　橡胶制品

1—骨架；2—橡胶体

从图 14 - 3 - 2 中可以看出，该模具虽然和前述讨论过的两副模具有不同之处，但是，只要是侧拉分型模具，那它们就有相似之处。例如，该模具的托条 3 和哈夫块滑轨 13 共同构成了一个功能与图 14 - 1 - 2 中的托架上条 12 与托架下条 13 所组成相同的托架托起哈夫块组件的机构。这也与图 14 - 2 - 2 中托架总成 10 的功能是一样的，起着托起哈夫块组件的作用，这是侧拉分型做动作准备的必要构件。

该模具的一个结构特点是哈夫块的定位块为倒装式结构，与热塑性塑料注射成形模具中的楔紧块有相似的结构形式且功能相同；另一个结构特点是在模具开模后，上模板 4 通过吊钉 12 悬吊于上模垫板 5 之上。这是两个显著的结构特点。

下面来看一看该模具工作时的步骤和过程。

如图 14 - 3 - 3 所示为硫化机开模后，上模垫板相对于下模部分相对上移、吊钉头部开始接触上模板的工作步骤。

从图 14 - 3 - 4 中可以看出，上模板的组件中含有两侧的定位块 6 和各行各列的骨架上定位销 8。接着，便是下模部分移出硫化机的模压位置。

当下模部分移出之后，硫化机的脱模机构的托板在程序的驱动下便托起模具两侧的托条 3，从而带动哈夫块滑轨 13 和哈夫块组件一起上升，直至侧拉机构的拉爪伸入两外侧哈夫块的拉爪孔中，如图 14 - 3 - 5 所示。

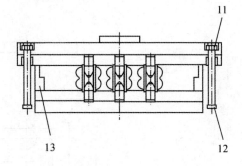

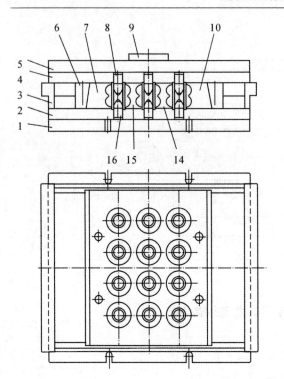

图 14-3-2 反装定位侧拉橡胶成形模具

1—下模垫板;2—下模板;3—托条;4—上模板;5—上模垫板;6—定位块;

7—哈夫块(一);8—骨架上定位销;9—定位圈;10—哈夫块(二);11—螺母;

12—吊钉;13—哈夫块滑轨;14—哈夫块(三);15—哈夫块(四);16—骨架上定位销

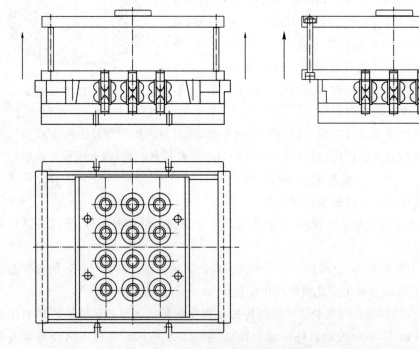

图 14-3-3 开模

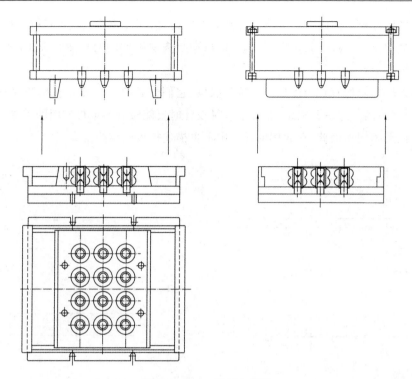

图 14 - 3 - 4　吊挂上模板

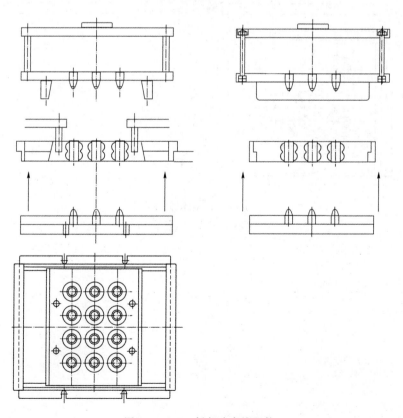

图 14 - 3 - 5　托起哈夫块组件

在哈夫块组件外侧的两个哈夫块上升到调整好的位置时,拉爪已进入其拉爪孔中。此时,程序驱使两个侧拉液压缸开始工作,分别向侧拉动哈夫块组件的两外侧哈夫块,如图 14 - 3 - 6 所示。

各个哈夫块之间均有拉板或拉钉连接和限位,它们使各哈夫块相互被拉开并保持着一定的距离,即开档距离。这一开档距离,要求模具设计时要能够满足取件空间的需要。其原理与前述各侧拉模具相同。因此,在此例的各图中不再描述拉板的结构要素。

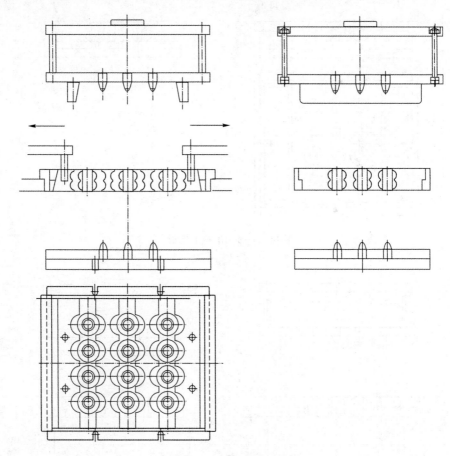

图 14 - 3 - 6　侧拉分型取件

第15章 橡胶制品自动分型模具

本章所要讨论的橡胶制品是在开模后能够自动分型的模具，是指由于自身的结构，在硫化机开模之后，随着机器脱模 RT 机构动作的继续进行，具有自动分型功能的橡胶成形模具。这种模具，既不需要像侧拉模具那样借助于侧拉液压缸打开模具的哈夫块，也不需要像普通哈夫式成形模具那样，要由操作者手工将各个哈夫块别撬开，而是分型取件。

与侧拉分型橡胶模具一样，这种自动分型模具的基础结构，也是哈夫式成形模具。以下就部分橡胶制品自动分型模具的结构特点、工作原理、动作过程以及这类模具的设计方法进行讨论。

自动分型模具实物如图 15-0-1 和图 15-0-2 所示。

图 15-0-1 自动分型模具外观

图 15-0-2 自动分型模具工作状态

在以下的分析讨论中，将橡胶制品自动分型模具简称为"自动分型模具"。

15.1 自动分型模具（一）

带有骨架的橡胶减震器，其结构如图 15-1-1 所示。

该橡胶制品的结构特点是形体之内含有多个钢制骨架，形状各有不同。各个骨架在模具型腔中的定位，是该制品成形模具设计时首先要考虑的问题之一。

此外，这一橡胶制品在结构上有细颈，且其上、下均有钢制骨架遮盖，不可能通过橡胶的变形来实现其脱模，因此，需要选择哈夫式结构来成形。

为了使型腔中各个骨架的安放方便和可靠，将如图 15-1-1 所示制品的成形型腔上、下侧过来进行设计。同时，为了提高生产率，选择该制品成形模具的结构形式为自动分型模具结构，如图 15-1-2 所示。

该自动分型模具的结构特点如下：

(1)模比为 1∶6。

(2)既可以用于注压硫化机,也可以用于华意生产的带有通用上模固定板(转射板)的橡胶注射硫化机,因此在模具浇注系统正中设置主浇道赘物拉出机构,即浇注系统中心的螺纹孔。

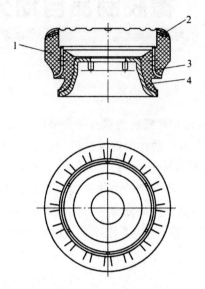

图 15-1-1 橡胶减震器

1—橡胶主簧;2—骨架(一);3—骨架(二);4—骨架(三)

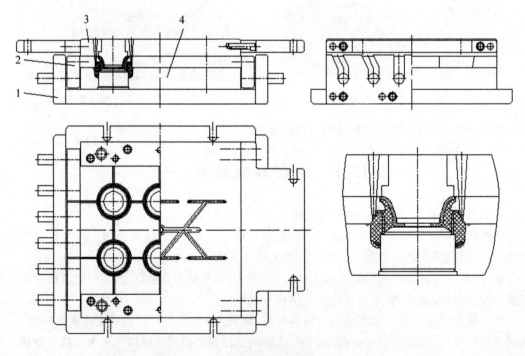

图 15-1-2 自动分型模具结构(一)

1—固定板导向板组件;2—哈夫及其悬挂板组件;3—上模组件;4—下模组件

浇注系统中的各级分浇道、点浇口的形状与尺寸，以及型腔与浇注系统的设计布局，如图15-1-3 所示。

模具的固定板和导向板组件的设计，如图 15-1-4 所示。在固定板的两侧，设置并固定了用于哈夫块自动分型开模的导向板。

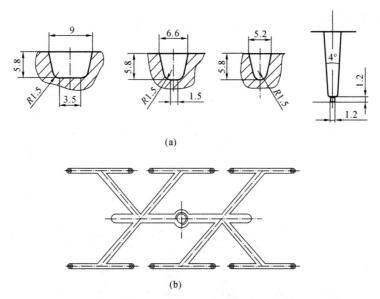

(a)

(b)

图 15-1-3　浇注系统设计

(a)各级分浇道与点浇口；　(b)浇注系统布局设计

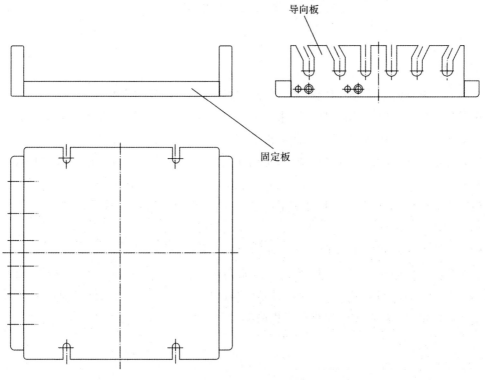

图 15-1-4　固定板开模导向板组件

模具的型腔分布在三块哈夫块所构成的两排分型面上。分型时,中间的哈夫块直接向上移动,而两边的哈夫块先向上移动一段距离后,在硫化机两侧托板的继续推动下,再分别沿着导向槽上段斜轨道向外移动开始分型。

该模具哈夫组件的结构如图 15-1-5 所示。

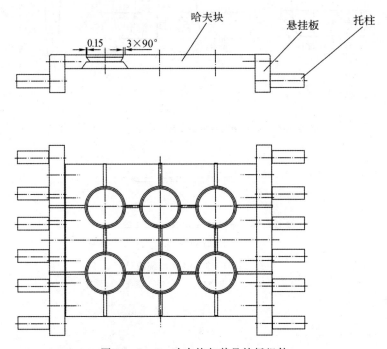

图 15-1-5　哈夫块与其悬挂板组件

在每个哈夫块的两端,都固定有各自的悬挂板,悬挂板的外侧安装有托柱。

在模具的这一机构中,用托柱接受来自硫化机脱模装置两侧托板的向上推力,并通过悬挂板来带动哈夫块向上移动,在导向板的约束下,各个哈夫块进行自动分型。

哈夫块型腔周围均设置有撕边槽,并与相邻的跑胶槽相通。该模具的上模组件如图 15-1-6 所示。

模具的上模组件由上模板、挂耳和上型芯等零件所组成,浇注系统设计、布局在上模板的上面。

模具下模组件的结构如图 15-1-7 所示。

下模组件由下模板、靠山(定位块)及下型芯等零件所组成。定位块与下模板的连接固定方式如图 15-1-7 所示。设计、制作时,固定两者的圆柱销不要排为一排,它们应当像房屋的四根柱子一样排列,这样,才会使组件有更高的可靠性。

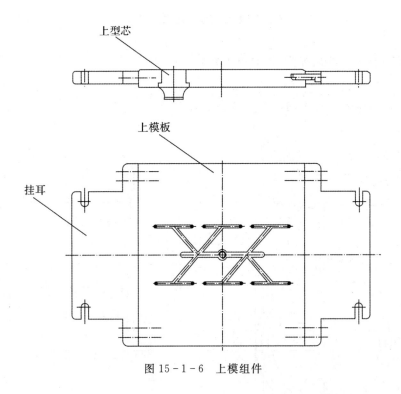

图 15-1-6　上模组件

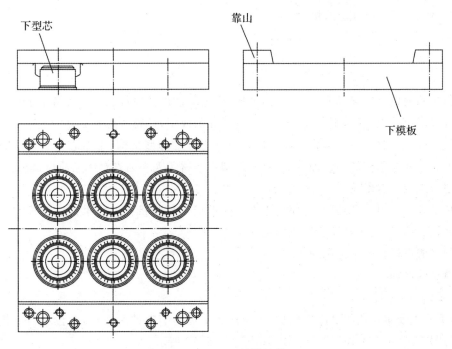

图 15-1-7　下模组件

15.2 自动分型模具(二)

外形带有异样骨架的减震器,其结构如图 15-2-1 所示。

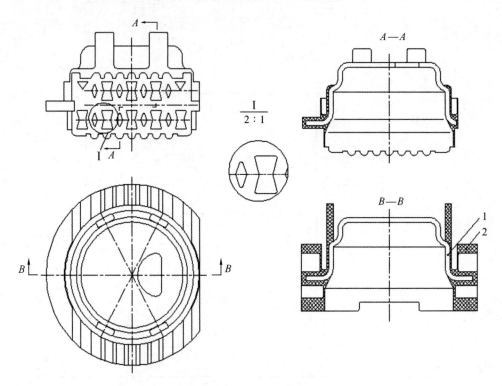

图 15-2-1 异形减震器

1—骨架;2—橡胶主簧

　　该制品的两侧有许多异形孔结构,给成形、脱模取件以及模具的制造都带来了许多困难。

　　进行成形模具设计时,不仅要考虑各个异形孔的成形,还要考虑异形孔的抽芯与取件。因此,根据该制品的结构特点,可将其成形模具设计为自动分型结构、小型芯与哈夫块为一体的结构。虽然这样会给模具的使用带来方便,但却不能避免人为因素对制品质量、模具使用寿命及生产率造成的不良影响。

　　模具设计为注射成形结构,可使用于橡胶注射成形硫化机上。如果拆去上模固定板与定位圈组件,也可将其用于橡胶注压成形硫化机上。

　　该制品成形模具的结构如图 15-2-2 所示。

　　该模具的结构特点如下:

　　(1)模比为 1:4。

　　(2)下模板及定位块组件由下模板、定位块和下型芯等零件所组成,定位块与下模板的连接固定与图 15-1-7 一样,其结构形式如图 15-2-3 所示。

　　哈夫块与悬挂板组件的结构如图 15-2-4 所示。

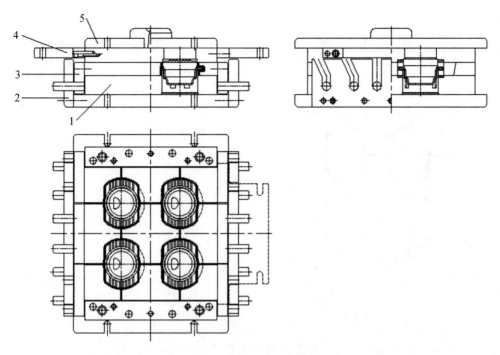

图 15 - 2 - 2 异形制品自动分型模具结构

1—下模定位块组件;2—固定板导向板组件;3—哈夫块及悬挂板组件;

4—上模挂耳组件;5—上固定板定位圈组件

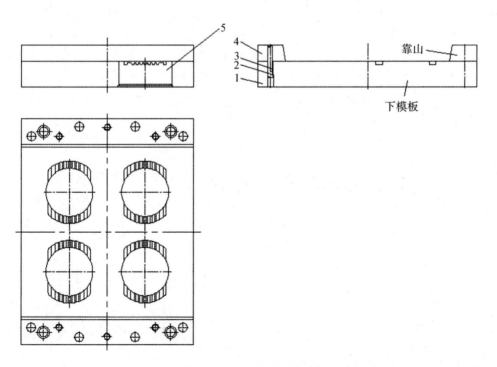

图 15 - 2 - 3 下模定位块组件

1—下模板;2—圆柱销;3—内六角螺钉;4—定位块;5—下型芯

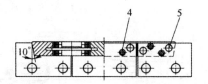

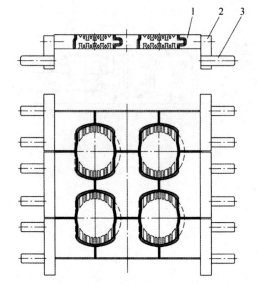

图 15-2-4　哈夫块及悬挂板组件

1—哈夫块；2—悬挂板；3—托柱；4—内六角螺钉；5—圆柱销

成形该制品两侧诸多异形孔的型芯与各哈夫块为一体结构，可由电脉冲机床加工而成，而其电极则由 CNC 铣床或加工中心来加工。电极的设计是很细致的，其形状与尺寸要求很高，在此不再扩展讲述。

从图 15-2-4 中可以看出，由于哈夫块端面的形状尺寸与侧向分型所需尺寸相比较小，为了保证哈夫块在分型时滑动稳定，所以两外侧哈夫块悬挂板的尺寸分别向外做了放大处理。

上模板和挂耳组件的结构如图 15-2-5 所示。

该组件由上模板、挂耳以及上型芯所组成。模具的浇注系统和各级分浇道（包括点浇口）的形状与尺寸如图 15-2-6 所示，从图中可以看出模具型腔与浇注系统的布局关系。

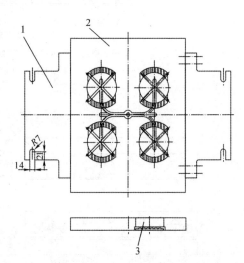

图 15-2-5　上模板和挂耳组件

1—挂耳；2—上模板；3—上型芯

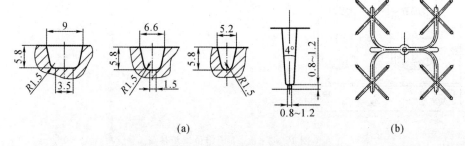

图 15-2-6　浇注系统与各级分浇道

(a)各级分浇道和点浇口；　(b)浇注系统设计布局

模具的固定和导向板组件的结构如图 15-2-7 所示。

在使用这种结构时,应适时地在模具的托柱和导向槽之间加注润滑油。

模具的上固定板与定位圈组件如图 15-2-8 所示。定位圈中的主浇道,通常要设计成完整的结构形式,避免中间存在着两组件组成的界面(在成形工作时,主浇道上出现横向的飞边)。

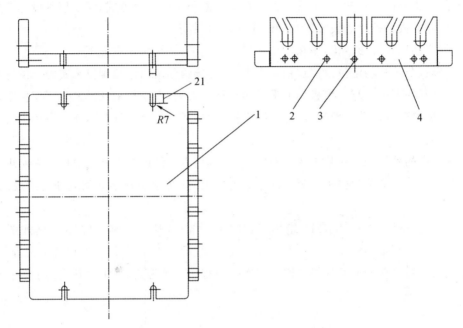

图 15-2-7　固定板分型导向板组件

1—固定板;2—圆柱销;3—内六角螺钉;4—导向板

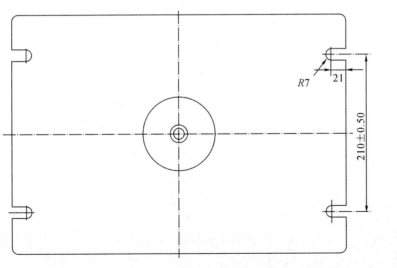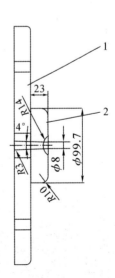

图 15-2-8　上固定板与定位圈组件

1—上固定板;2—定位圈

15.3　自动分型模具（三）

　　某橡胶减震器，其形状结构如图 15-3-1 所示。

　　该制品中含有两个骨架，其中骨架（二）在模具型腔中的定位方式，需要模具设计者进行认真考虑。该制品成形模具的设计结构如图 15-3-2 所示。

　　该模具为注压式成形结构，用在注压成形硫化机上，其结构特点如下：

　　（1）上模板与挂耳的定位由圆柱销来实现，其连接紧固由内六角螺钉来实现。设计与组装时，都要求挂耳的下平面与上模板的上平面相平行。否则，上模板上的导柱与下模板定位块上的导套在开模时会有严重的摩擦，运行不够平稳、顺畅；使用一段时间后，就会导致定位机构因摩擦磨损而失效。

　　（2）制品中的骨架（二）在哈夫块型腔中的定位，是由四件或者六件定位横销来实现的。露出型腔的横销，其上部被削去了一半。这样的定位机构，在制品外形的相应处所形成的凹缺，是制品所许可的。

　　这一自动分型模具的三维（3D）结构图如图 15-3-3 所示。其三维（3D）爆炸图和三维（3D）爆炸着色图分别如图 15-3-4 和图 15-3-5 所示。这几副设计图，可使加工者（特别是模具的组装者）对自动分型模具的结构和工作原理有一个更为直观、更为真实的了解和充分的认识。

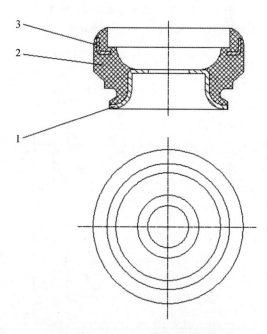

图 15-3-1　橡胶减震器

1—骨架（一）；2—橡胶主簧；3—骨架（二）

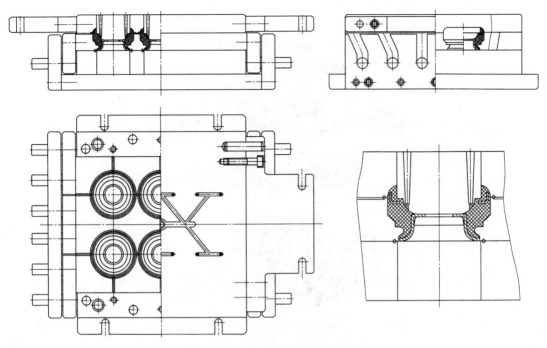

图 15 - 3 - 2　自动分型模具结构

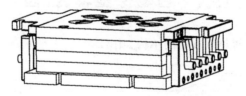

图 15 - 3 - 3　自动分型模具三维(3D)结构图

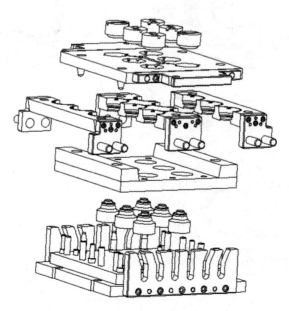

图 15 - 3 - 4　自动分型模具三维(3D)爆炸图

图 15-3-5 自动分型模具三维(3D)爆炸着色效果图

15.4 自动分型模具(四)

汽车发动机配件——密封减震器的结构如图 15-4-1 所示。

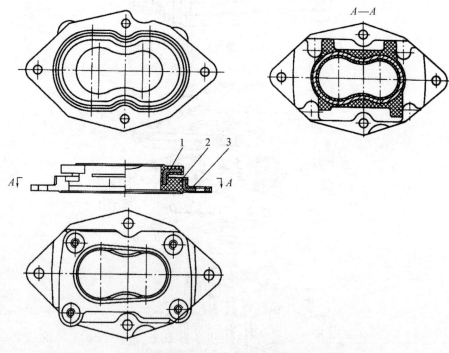

图 15-4-1 密封减震器

1—骨架(一);2—橡胶体;3—骨架(二)

　　该制品中含有两个钢制骨架,在二者之间的橡胶体两侧均有一个薄而深的窄槽。针对这一结构特征,首选哈夫式成形模具。

　　通常所使用的哈夫式成形模具,有的在平板硫化机上使用,有的在注压硫化机上使用,还有的在注射硫化机上使用。由于大部分模具均为手工操作开模分型取件的结构形式,所以,操作者的劳动强度很大,而且,模具的使用寿命较短。

　　在手工操作作业中,难以避免的别撬锤击和哈夫块之间的磕碰,易于使模具的各个组成零部件受到碰伤致损,留下磕碰痕迹乃至变形。这会直接影响制品的表观质量和内在质量,也会影响生产率和模具的正常使用。

　　因此,将通常所使用的模具的传统结构改变为新的自动分型的模具结构是很有必要的。

　　带有密封功能的减震器的新型自动分型模具,其结构设计如图 15 - 4 - 2 所示。

　　对该制品中的骨架在模具型腔中的定位方式分析如下:

　　(1)在哈夫块组成的模具型腔中,制品在模具中的位置与方向如图 15 - 4 - 2 所示。

　　(2)利用骨架(一)上的四个螺纹底孔和底平面,由模具中的骨架定位销 24 来对其定位。

　　(3)利用骨架(二)上的四个通孔,由模具中的骨架定位销 23 来对其定位。

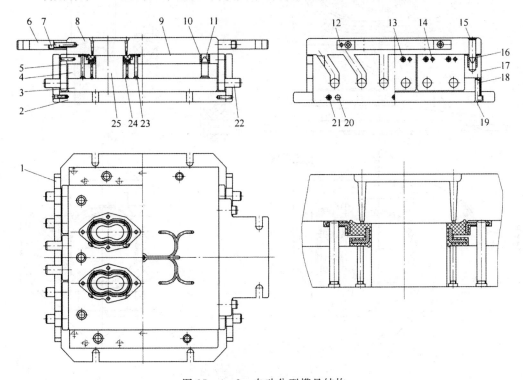

图 15 - 4 - 2　自动分型模具结构

1—导向板;2—下模固定板;3—下模垫板;4—下模板;5—悬挂板;
6—挂耳;7,18—内六角螺钉;8—上模板;9—哈夫块组;10,16—导套;11,15—导柱;
12,14,19,20—圆柱销;13,21—螺钉;17—定位块;22—托柱;23,24—定位销;25—型芯

　　综上所述,可知各骨架在模具型腔中的定位是可靠的。

　　该模具的结构特点如下:

　　(1)模比为 1∶4,使用于注压硫化机上。

　　(2)如果硫化机的热板尺寸许可,模比可以设计为 1∶6 或 1∶8 等。

（3）模具型腔和浇注系统的设计布局如图 15-4-2 所示，每个型腔上方均有两个点浇口。

（4）该制品胶料的硬度较高，因此，点浇口的进料口可适当放大。

（5）上模部分和下模部分的导柱导套布局，已设计了防止误操作的结构方案。

15.5 自动分型模具（五）

发动机配件——密封减震器的结构如图 15-5-1 所示。

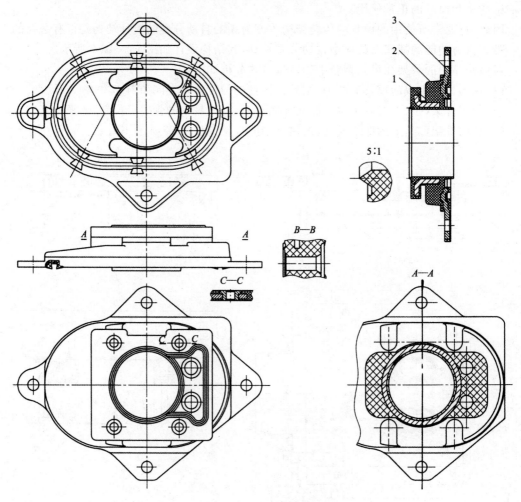

图 15-5-1 密封减震器
1—骨架（一）；2—橡胶体；3—骨架（二）

其实物及其骨架分别如图 15-5-2 和图 15-5-3 所示。

该制品结构与如图 15-4-1 所示制品结构大致是一样的，可归为同类。因此，其成形模具的结构也基本相同，如图 15-5-4 所示。

设计该模具时，也是充分利用了制品所含骨架的结构特点来分别对两个骨架进行定位的。模具的工作原理、开模、分型和取件等都与图 15-4-2 的模具相同。

除了具体尺寸和结构细节之处有所差别外，两副模具在浇注系统的设计方面也有微小区别,即如图 15-4-2 所示模具的浇注系统在一级分浇道的末端设置有冷料穴,而图 15-5-4 所示模具的浇注系统的冷料穴,却设置在二级分浇道的末端(见图 15-5-5)。

此外,如图 15-4-2 所示成形模具为注压成形结构,而如图 15-5-4 所示成形模具为注射成形结构。

图 15-5-2　密封减震器正面和背面照片

图 15-5-3　密封减震器的骨架

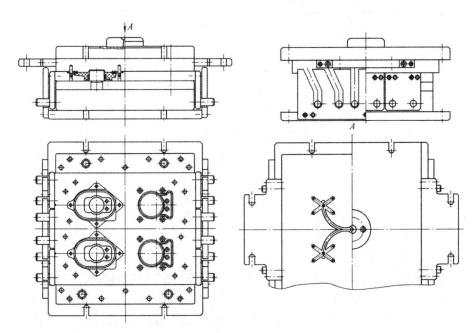

图 15-5-4　自动分型注射成形模具结构

图 15-5-5 浇注系统的冷料穴的位置

15.6 自动分型模具（六）

减震器的结构如图 15-6-1 所示，其体内含有两个金属骨架，形状也有特殊之处。另外，该制品的腰部较细，且形状为齿状，其中有两个凹字形的孔分布于内骨架的两侧。

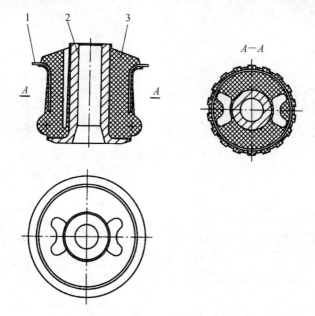

图 15-6-1 减震器制品
1—骨架（一）；2—骨架（二）；3—橡胶主簧

由于该制品的腰颈部形体较小，体内又有骨架所支撑，无法强制脱模取件，故选择了自动分型式成形模具，其结构如图 15-6-2 所示。

该模具的结构特点如下：

（1）由于制品的尺寸比较小，故选择模比为 1∶12，型腔呈三行四列式。

（2）型腔为三行布局，故哈夫块为四块结构设计。正因为如此，这一自动分型模具的导向板与两行式型腔布局模具的导向板有所不同。要使各哈夫块在分型后其间的距离一致，则两外侧的哈夫块移动距离必须两倍于两内侧的哈夫块的水平移动距离。设计模具时要进行认真计算。

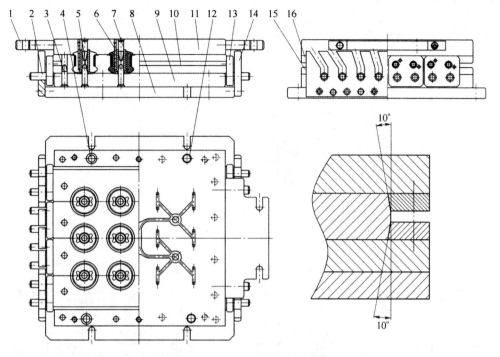

图 15 - 6 - 2　自动分型模具结构

1—挂耳;2—托柱;3,5—定位销;4—导套;6—型芯;7—导销;8—固定板;9—垫板;

10—哈夫块;11—上模板;12—导柱;13—悬挂板;14—导向板;15—下定位块;16—上定位块

(3)对导向板进行设计时,必然考虑到两外侧导向槽之间槽肋的强度问题。

(4)每个型腔的两个凹字形的小型芯,在上模板上的安装方式要以位置准确、固定牢靠为原则。在各种工艺方法中,氧化铜无机黏结的方案,也是可供选择的方法之一。

(5)该自动分型模具的哈夫块采用了上、下两层定位块式结构,这使哈夫组的工作更加可靠。

该模具的型腔与浇注系统的布局设计,如图 15 - 6 - 3 所示。

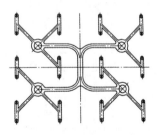

图 15 - 6 - 3　型腔与浇注系统的
布局设计

15.7　自动分型模具(七)

以下的减震器,其外形似圆而非圆,有两处细颈结构,并有内、外两个骨架,其结构如图 15 - 7 - 1 所示。

该制品自动分型模具的结构如图 15 - 7 - 2 所示。

该自动分型成形模具的结构设计特点如下:

(1)该模具由于制品的高度尺寸较大且细颈分型距离也比较大而使得模具自身的高度尺寸也比较大。

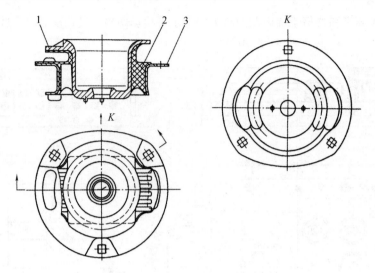

图 15 - 7 - 1　双细颈结构减震器

1—骨架(一);2—橡胶主簧;3—骨架(二)

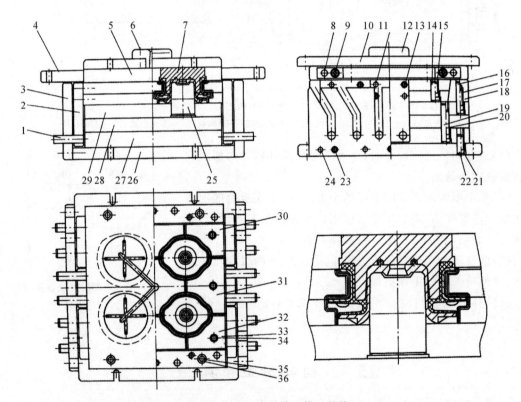

图 15 - 7 - 2　自动分型模具结构

1—托柱;2—悬挂板;3—导向板;4—挂耳;5—上模板;6—螺钉;7—上型芯;

8,11,14,16,19,22,24—圆柱销;9,13,15,17,20,21,23—内六角螺钉;10—上模固定板;

12—定位圈;18—定位块;25—下型芯;26—固定板;27—工艺垫板;28—下模垫板;

29—下模板;30—哈夫块(一);31—哈夫块(二);32—哈夫块(三);33,35—导柱;34,36—导套

(2)为了保证哈夫块组垂直上升的距离和自动分型、能将细颈处的成形机构抽离出制品,

特地在下模垫板之下增设了一块工艺垫板。

(3)该模具的哈夫块由上、下两层所构成,上、下两层由定位销和螺钉连接固定在一起。

(4)在哈夫块之间的分型面上设置了撕边槽。

(5)模比为 1∶4,为注射式成形结构,使用于橡胶注射成形硫化机上。

该模具的三维(3D)设计图如图 15-7-3 所示。从图中可以直接看到模具的外形结构特点,可以看到与硫化机上、下热板安装固定的机构,定位圈的位置,挂耳的形状,托柱与导向板的位置关系,等等。

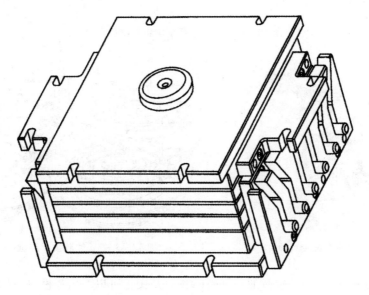

图 15-7-3　模具结构的三维(3D)图

如图 15-7-4 所示为四个制品零件在模具型腔中的阵列三维(3D)图,如图 15-7-5 所示为浇注系统废料的三维(3D)图,如图 15-7-6 所示为浇注系统废料实物照片(已将模具改成废料有提料柱的结构形式),如图 15-7-7 所示为空间注胶时浇注系统和制品关系的三维(3D)图。

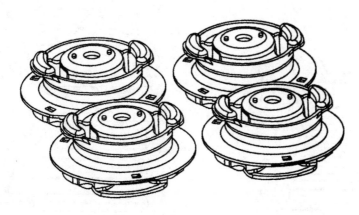

图 15-7-4　制品阵列三维(3D)图

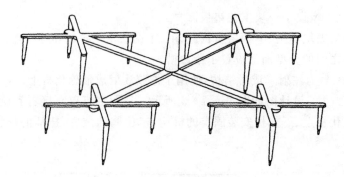

图 15-7-5　浇注系统废料三维(3D)图

图 15-7-6　浇注系统废料照片

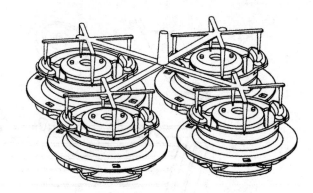

图 15-7-7　注胶关系三维(3D)图

　　如图 15-7-8 所示为该模具的三维(3D)图。从图中可以看出开模、托起上模板和哈夫块自动分型等各个部分的相互关系和位置。

　　如图 15-7-9 所示为开模后,模具下部分移出各个部分的三维(3D)图,从中可以看到四个上型芯与浇注系统的布局设计。此时,上模固定板和定位圈固定在上热板上,开模后与模具其他部分分离。

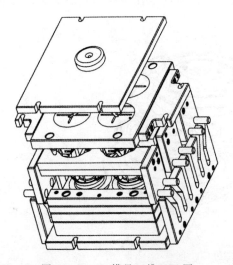

图 15-7-8　模具三维(3D)图

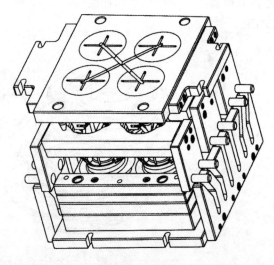

图 15-7-9　模具移出部分的三维(3D)图

现在介绍该模具在设计过程中的思路和设计方法,其他自动分型模具也可按照此设计思路和方法进行设计。

首先(第一步),对制品零件的设计图进行简化处理。在模具的设计中,设计主视图所需要的是制品的剖视图,对应的是布局制品在模具中的型腔位置,如图 15 - 7 - 10 所示。

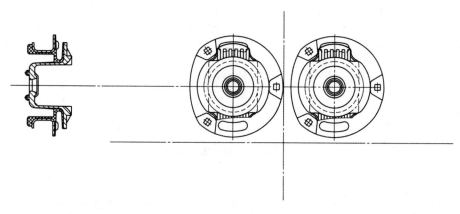

图 15 - 7 - 10　第一步

完成型腔的设计布局,并描述相关分型面上型腔的轮廓分别如图 15 - 7 - 11(第二步)和图 15 - 7 - 12(第三步)所示。

第四步是对哈夫块组及定位块的相关尺寸进行确定和对上、下模具的尺寸(在 CAD 制图时使用 1∶1 的比例)进行初步确定,如图 15 - 7 - 13 所示。

第五步,对导向板的相关尺寸(托起哈夫块的垂直上升距离、分型运动的角度和上升的距离)进行计算和绘制,如图 15 - 7 - 14 所示。

第六步是确定哈夫块悬挂板的尺寸、下型芯的形状与尺寸、下型腔与下模板的固定形式,包括对骨架的定位等,如图 15 - 7 - 15 所示。

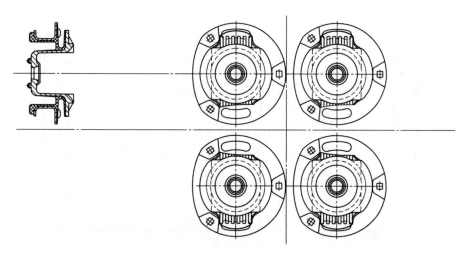

图 15 - 7 - 11　第二步

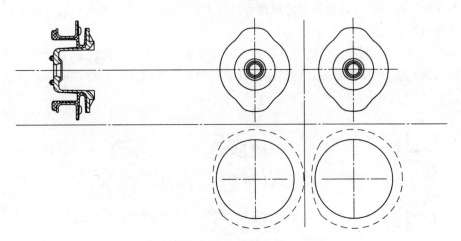

图 15 - 7 - 12　第三步

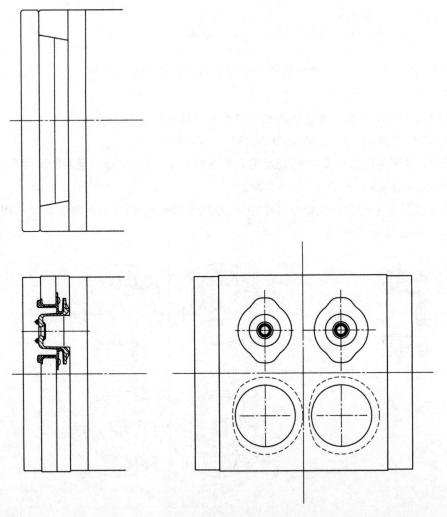

图 15 - 7 - 13　第四步

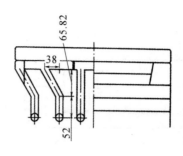

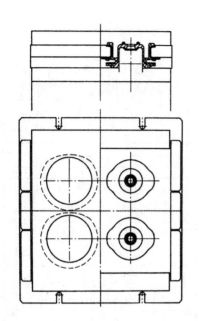

图 15 - 7 - 14　第五步

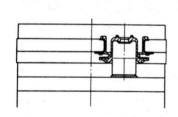

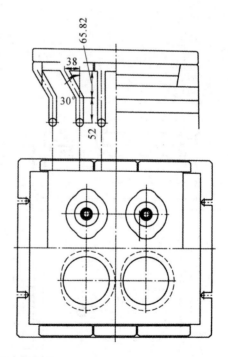

图 15 - 7 - 15　第六步

　　第七步是在第六步的基础上,完善导向板、托柱、固定板以及相关的结构与连接,如图 15 - 7 - 16 所示。

　　第八步是将结构细节完善在主视图、俯视图和左视图上,并绘制上型芯,如图 15 - 7 - 17

所示。

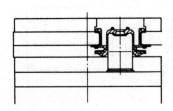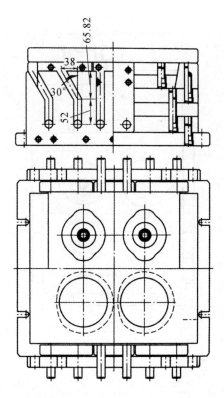

图 15 - 7 - 16　第七步

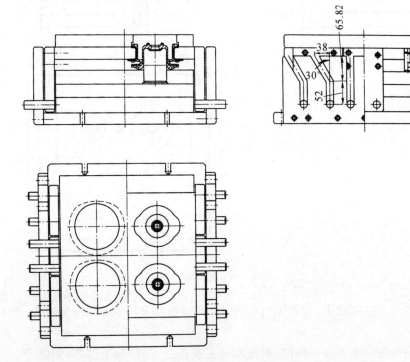

图 15 - 7 - 17　第八步

　　第九步是设计、绘制上模板两侧的挂耳(按照硫化机相关安装的工作参数和模具标准进行),如图 15-7-18 所示。

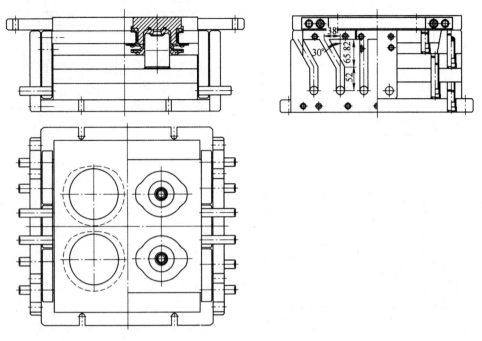

图 15-7-18　第九步

　　第十步是设计上模固定板和定位圈,如图 15-7-19 所示。

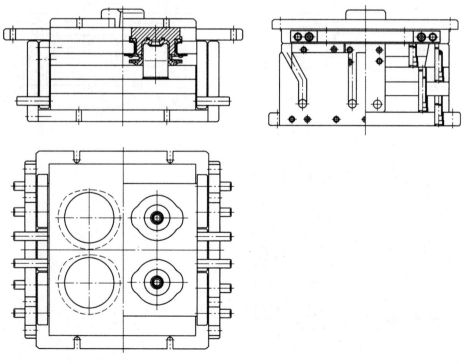

图 15-7-19　第十步

第十一步是调整导向板的高度,如图 15 - 7 - 20 所示。

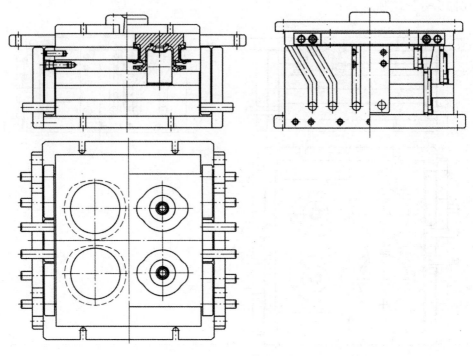

图 15 - 7 - 20　第十一步

第十二步是完善定位及其部分的连接结构要素,如图 15 - 7 - 21 所示。

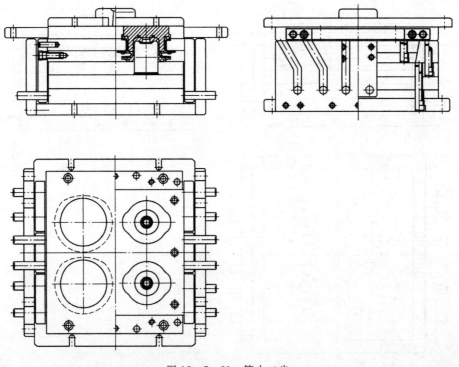

图 15 - 7 - 21　第十二步

第十三步是设计浇注系统、排气、余胶(撕边槽)和跑胶系统,如图 15 - 7 - 22 所示。

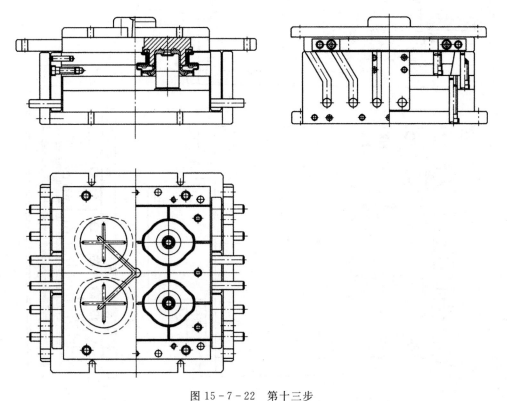

图 15 - 7 - 22　第十三步

15.8　自动分型模具(八)

以如图 14 - 2 - 1 所示的减震器橡胶制品为例,将其成形模具设计成自动分型模具,模具结构如图 15 - 8 - 1 所示。

在该模具结构设计图的俯视图中,其右下角部分为上模固定板和定位圈的形状结构;右上角部分为上模板上平面上的 1/4 浇注系统布局图;左上角部分为构成一个型腔的两个哈夫块及其之间的骨架定位销视图;左下角部分为下模型腔部分的视图,从中可以看出制品外骨架外形定位的机构轮廓。

这一设计方案的模比为 1∶4,也可以设计为 1∶6。

模比的选择,要根据制品生产批量的大小以及橡胶成形硫化设备的生产能力(加热板尺寸的大小)确定。

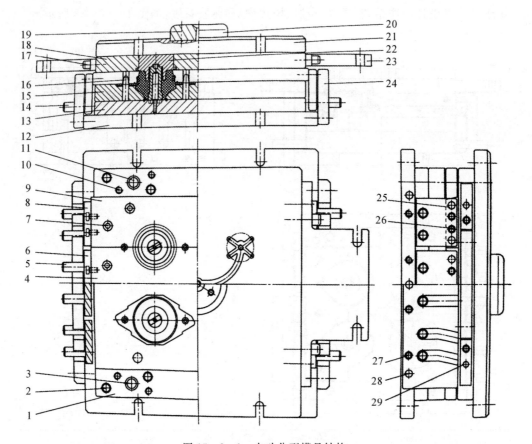

图 15-8-1 自动分型模具结构

1—定位块;2,25,28,29—圆柱销;3—导柱;4—内哈夫块;5,14—托柱;6—悬挂板;
7—哈夫定位销;8—外悬挂板;9—外侧哈夫块;10—定位块固定螺钉;11—导套;
12—固定板;13—下模垫板;15—下模板;16—骨架定位销;17,26,27—内六角螺钉;
18—上模板;19—螺钉;20—定位圈;21—上模固定板;22—型芯;23—挂耳;24—导向板

15.9 自动分型模具(九)

橡胶减震器中含有多件骨架,如图 15-9-1 所示。

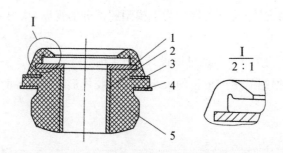

图 15-9-1 多骨架橡胶减震器

1—骨架(一);2—骨架(二);3—骨架(三);4—骨架(四);5—橡胶主簧

由于该制品形体上的细颈结构,选择了哈夫式成形方式。在模具结构方面,因其制品中的几个骨架均纤弱无力,经不起启、撬、抠等手工开模操作,所以采用了自动分型模具结构。

该自动分型模具的结构形式如图 15-9-2 所示。

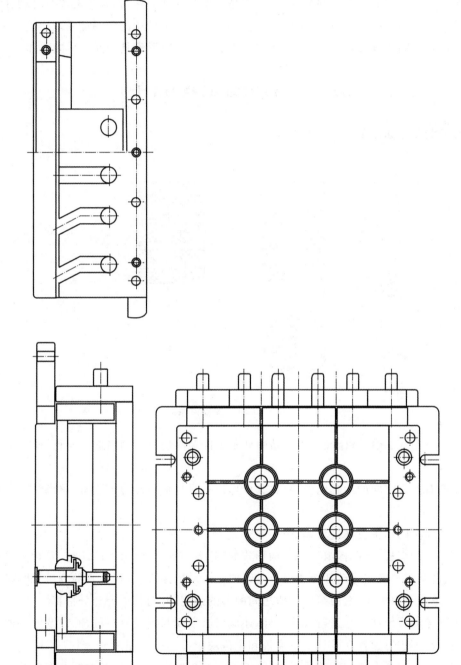

图 15-9-2　多骨架制品自动分型模具

该模具的结构与其他自动分型模具结构的不同之处在于其成形的型芯。从图 15-9-2 中可以看出,该模具的型芯下端设置有一个卡圈(轴用弹性挡圈)。

当硫化机两侧托板托起模具两侧托柱使哈夫组件向上移动到一定距离时,卡圈阻止了型芯的继续上移。在制品唇口的弹性变形下,制品与型芯脱离。然后,各哈夫块在自动分型机构的控制下开始分型。此时,操作者可将滞留在一边哈夫块型腔中的制品徒手取出。

卡圈的这一结构设计,与如图 12-2-39 所示防尘罩成形模具为同工异曲之作。

15.10　自动分型模具(十)

一纯橡胶制品如图 15-10-1 所示。

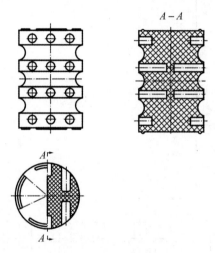

图 15-10-1　橡胶消振器

从图 15-10-1 中可以看出,该制品中分布了许多深浅不一的消振不通孔,这是该制品最大的结构特征。

由于具有两个方向的抽芯动作,故将其成形模具设计成自动分型模具,该模具的结构如图 15-10-2 所示。

该成形模具的结构设计过程如下:

该模具的固定板、导向板组件的结构形式如图 15-10-3 所示。设计时,要对托柱直线上升的距离、自动分型侧向运动的距离以及继续向上运动的距离,进行认真的分析、计算和设计。同时,还要考虑导向板左、右两组导向槽之间的肋的强度,并对其进行充分估算。

除了对导向板形体尺寸进行设计之外,还应对其所用材料及其热处理,以及导向槽内滑动面的表面粗糙度进行选择和设计。下模板和定位块组件的设计如图 15-10-4 所示。

该部件中还包含有工艺调节垫板,这就涉及下模板厚度、工艺调节垫板厚度以及定位块高度等尺寸的计算。

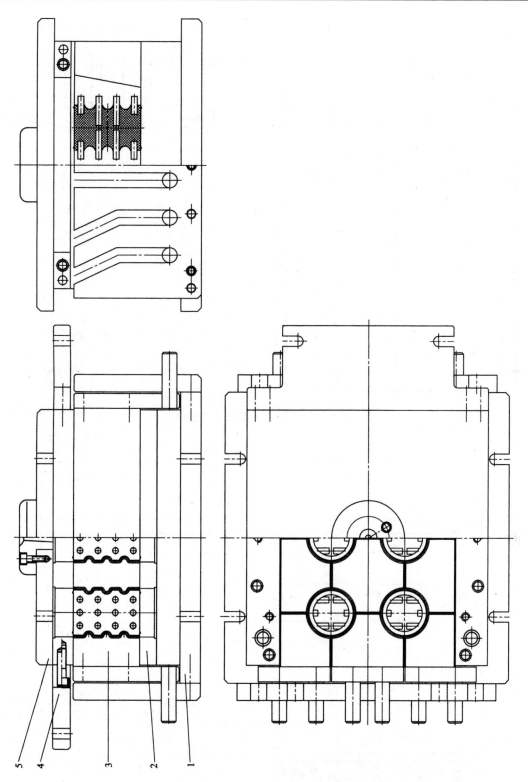

图 15-10-2 纯橡胶制品自动分型成形模具

1—固定板导向板组件;2—下模定位块组件;

3—哈夫块悬挂板组件;4—上模板组件;5—上模固定板组件

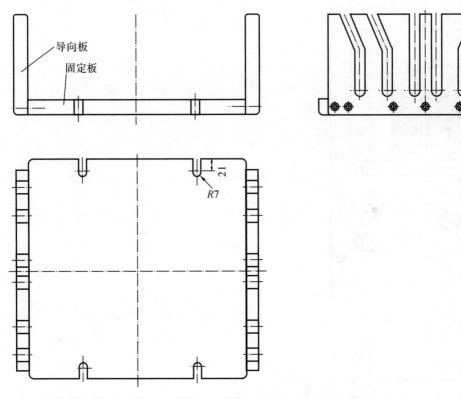

图 15-10-3　固定板、导向板组件

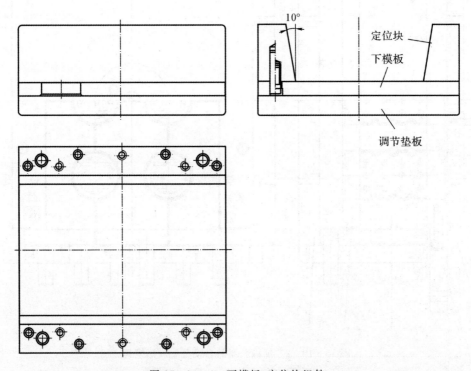

图 15-10-4　下模板、定位块组件

哈夫块组件的结构设计如图 15-10-5 所示。

该组件包含哈夫块、悬挂板和托柱等零件。不用明示,必须在设计图中对各个托柱位置高低的一致性做出合理的明确规定。

此外,还有托柱与悬挂板的垂直度要求,悬挂板与哈夫块上平面(或下平面)的垂直度要求等。

上模板、挂耳组件的结构设计如图 15-10-6 所示。

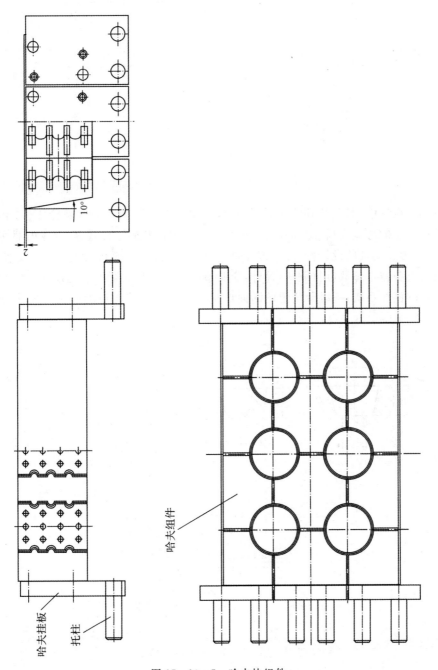

图 15-10-5 哈夫块组件

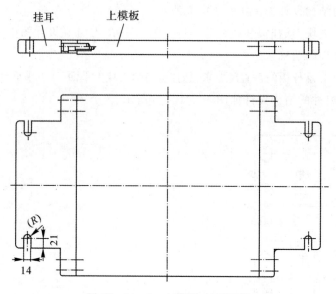

图 15 - 10 - 6　上模板、挂耳组件

在模具的设计中,对于挂耳的外形、与硫化机中子安装的四个开式螺栓槽、与上模板组装之后通过格林柱的总宽度尺寸、挂耳与上模板的连接定位和固定形式等,企业内部均应形成设计的标准化(形成模具的设计标准)。即使是模具供应商,设计模具时也要对模具使用生产单位的硫化机设备技术参数进行调研、设计,应制造出符合客户实际要求的模具。

该模具的浇注系统、各级分浇道的断面形状与尺寸以及点浇口的形状与尺寸的设计布局如图 15 - 10 - 7 所示。

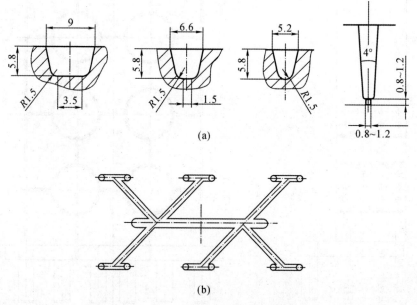

图 15 - 10 - 7　浇注系统的布局设计

(a)各级分浇道和点浇口；　(b)浇注系统布局设计

上模固定板与定位圈组件的结构设计如图 15－10－8 所示。

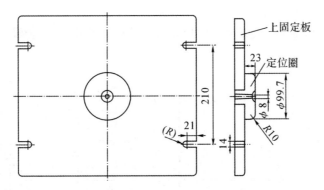

图 15－10－8　上模固定板、定位圈组件

在这一组件中,大多数设计数据与硫化机的安装技术参数有关。如果是对外设计或制造模具,切不可忘记应首先调查客户硫化机的类型、型号和与模具相关的技术参数。

下面介绍自动分型模具的另外一种设计方法与步骤,以供模具设计者和有关工程技术人员参考。

该模具的设计方法与步骤如下:

一般来说,在 Auto CAD 制图中,最好使用 1∶1 的绘图比例并且删去零件图上所有的尺寸公差、表面粗糙度符号等,只留基本图形,以作设计之用。

第一步是确定设计基准。这一步是建立设计图样的基准,如图 15－10－9 所示。

第二步是确定定位块角度与高度。这一步骤如图 15－10－10 所示。通常,哈夫块外侧与定位块的接触面角度可在 8°～12°范围内选择,企业可根据自己的具体情况制定出技术标准。

第三步是确定分型角度和开模点。在设计自动分型模具时,确定分型角度和开模点这项工作至关重要,其做法如图 15－10－11 所示。

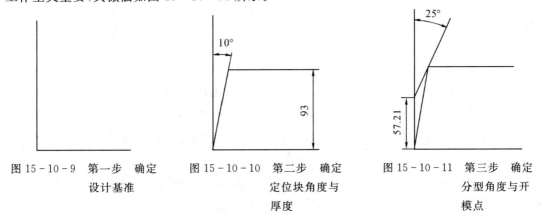

图 15－10－9　第一步　确定
设计基准

图 15－10－10　第二步　确定
定位块角度与
厚度

图 15－10－11　第三步　确定
分型角度与开
模点

第四步是确定分型距离和导向的有效高度。这一步是按照制品细颈处的尺寸来进行计算的,设计时依据制品所需要的导向有效高度来控制自动分型模具的高度尺寸,其绘制设计如图 15－10－12 所示。

第五步是圆整相关尺寸。在设计计算中,有许多尺寸是非整数,应根据模具的设计工艺性将其圆整,如图 15－10－13 所示。

第六步是确定导向槽的尺寸。确定导向槽的尺寸主要是选择托柱的直径,再绘以运动时在导向槽中的间隙,即可得到。

选择托柱直径时,尽可能选用塑料注射模具中的标准导柱,这一步骤的设计如图 15 - 10 - 14 所示。

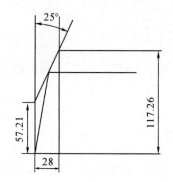

图 15 - 10 - 12　第四步　确定分型距离和导向的有效高度

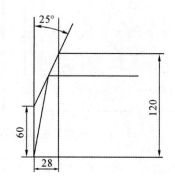

图 15 - 10 - 13　第五步　圆整相关尺寸

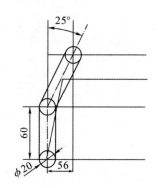

图 15 - 10 - 14　第六步　确定导向槽尺寸

第七步是绘制托柱、导向板等结构。在这一步骤中,要绘制自动分型模具的托柱、导向板、哈夫块悬挂板以及固定板等构件,如图 15 - 10 - 15 所示。

第八步是调整哈夫块及其悬挂板的高度。除了计算(或换算)相关尺寸之外,还要结合设计者实际经验来最后确定悬挂板的高度,如图 15 - 10 - 16 所示。

第九步是确定下模板的厚度。在这一步骤中,结合导向板下部的尺寸(即悬挂下部的相关尺寸)来确定下模板的厚度,如图 15 - 10 - 17 所示。

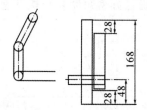

图 15 - 10 - 15　第七步　绘制托柱与导向板

图 15 - 10 - 16　第八步　调整相关构件尺寸

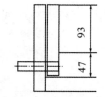

图 15 - 10 - 17　第九步　确定下模板厚度尺寸

第十步是绘制哈夫块及型腔布局。绘制哈夫块及其分型面上的型腔,同时将哈夫块组以及其上的型腔布局绘制在俯视图上,如图 15 - 10 - 18 所示。

第十一步是完善哈夫块等构件。此时,可将哈夫块组件、下模板以及固定板等构件的图形完善并绘制出来,如图 15 - 10 - 19 所示。

第十二步是绘制上模部分。在这一步骤中,绘制上模部分,并完成模具的结构,浇注系统、余胶槽、跑胶槽、定位块的固定方案以及导柱导套的位置等设计,如图 15 - 10 - 20 所示。

第十三步是完成模具总成图样的设计。最后,标注零件号、填写标题栏、拟定技术要求并附上浇注系统的相关图形等。在此,本例不再填写标题栏及编制模具的具体技术要求,如图 15 - 10 - 21 所示。

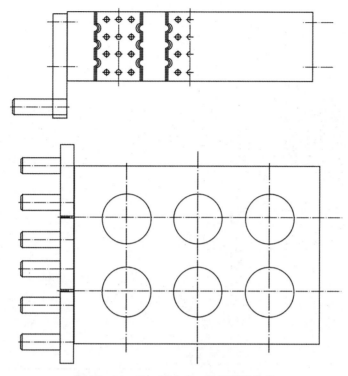

图 15 - 10 - 18　第十步　设计型腔分布

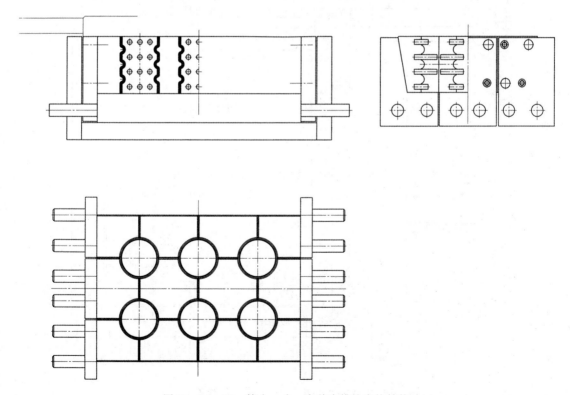

图 15 - 10 - 19　第十一步　完善中模哈夫块结构

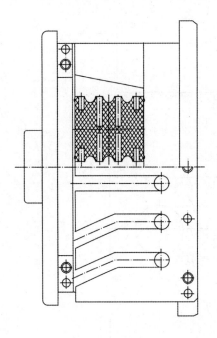

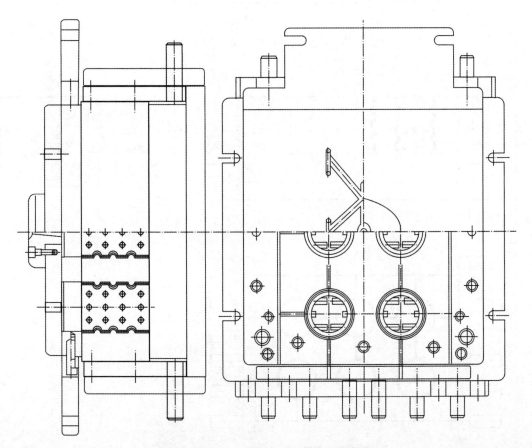

图 15 - 10 - 20　第十二步　设计上模部分

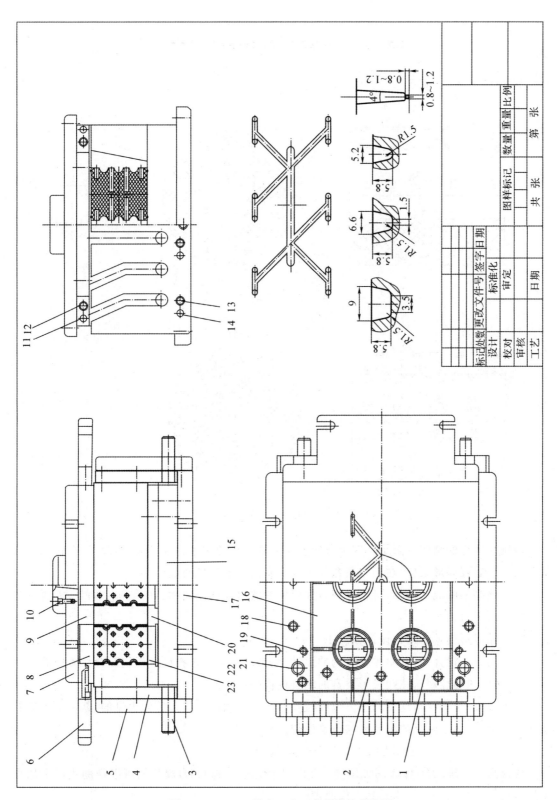

图 15-10-21　第十三步　完善模具总成图

15.11　自动分型模具(十一)

如图 15 - 11 - 1 所示为一纯橡胶制品零件。

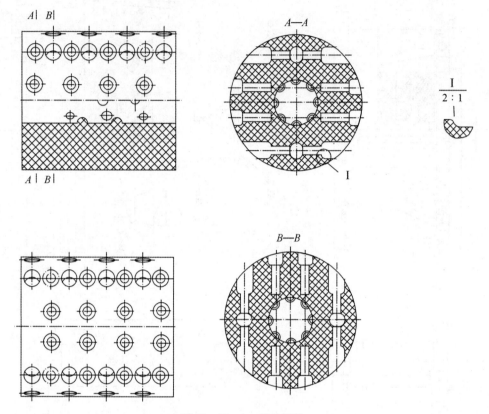

图 15 - 11 - 1　制品零件

　　该制品零件的结构特点是在四个方向上均需要进行抽芯来完成其成形,而且,在每一面外侧的孔中还有圆球形结构,在正中通孔的内径上有许多半球形凸起。

　　设计该制品的成形模具,可参考塑料注射模具的斜导柱侧向抽芯的结构。而且,需要在四个方向同时进行抽芯。

　　该制品成形模具的结构设计如图 15 - 11 - 2 所示。

　　在该模具的设计中,其斜导柱机构的设计、楔紧块角度的选择以及滑块配合相关件的设计等,均可按照热塑性塑料注塑成形模具的相关机构来进行。

　　在橡胶成形模具中,这种四个方位同时抽芯自动分型的结构是比较少见的,其加工制造的工艺要求很高,对于模具的组装要求也是比较高的。

　　该模具的三维(3D)设计图如图 15 - 11 - 3 所示。

　　该模具的三维(3D)爆炸图如图 15 - 11 - 4 所示。三维(3D)爆炸图可以帮助我们更加直观地认识该模具的空间结构及其工作原理。

　　对三维(3D)爆炸图进行着色之后,其结构中的各个零部件的真实性更强,更能展示出各个零部件之间的相互联系和位置,如图 15-11-5 所示。

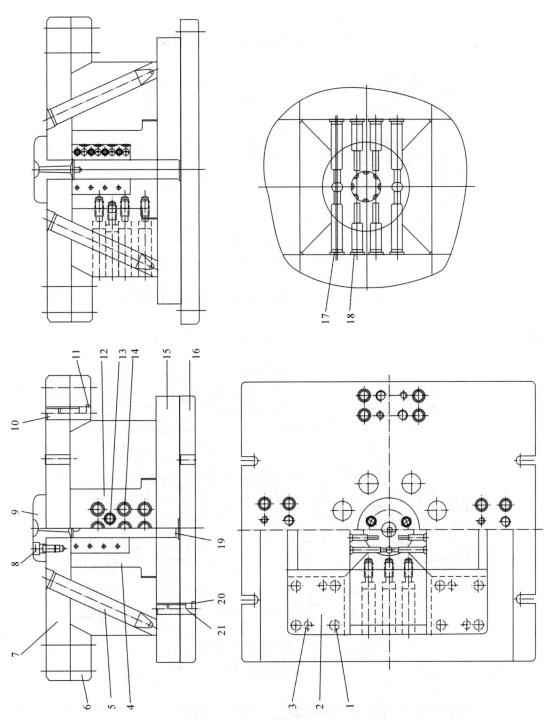

图 15-11-2　四方位同时抽芯自动分型模具

1,10,13,21—圆柱销;2—导轨块;3,8,11,14,20—内六角螺钉;4—滑块;5—斜导柱;6—楔紧块;

7—上模固定板;9—定位圈;12—型芯;15—下模板;16—下模固定板;17—小型芯(一);18—小型芯(二);19—中型芯

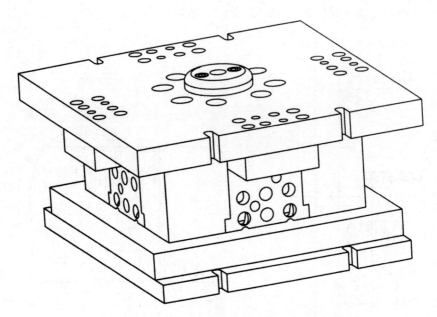

图 15-11-3　四方位同时抽芯模具的三维(3D)外形图

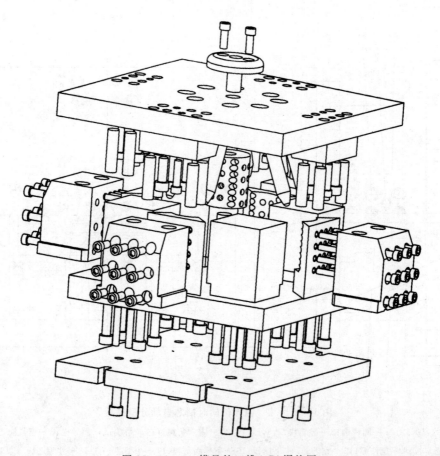

图 15-11-4　模具的三维(3D)爆炸图

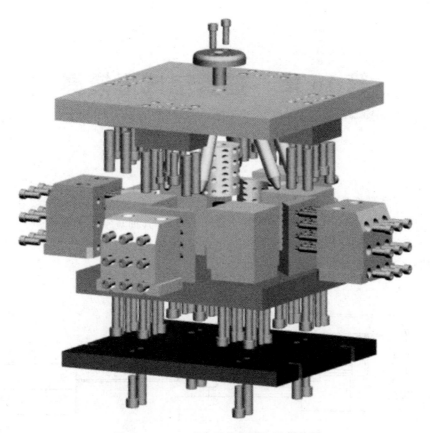

图 15 - 11 - 5　着色后的三维(3D)爆炸图

第16章　抽真空成形模具

在没有抽真空平板硫化机或抽真空注射硫化机等设备的情况下,对于需要在一定真空度条件下才能进行硫化成形的橡胶制品来说,可以设计制作其抽真空成形模具。

使用抽真空成形模具,首先要有一台真空泵,即真空源。

配制抽真空成形模具的抽真空装置如图16-0-1所示。

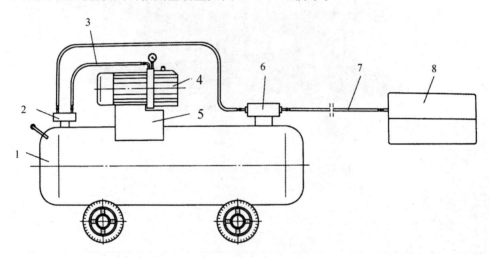

图 16-0-1　抽真空装置
1—真空包;2—三通阀;3,7—抽气管线;4—真空泵;5—支架;6—电磁阀;8—抽真空模具

16.1　抽真空模具(一)

现在以图16-1-1所示联轴器为例,具体分析抽真空成形的必要性与抽真空成形模具的设计。

图16-1-1为一机动车辆的联轴器,为六角形,断面为圆柱体,其上有六个复合钢制骨架。

生产该制品时,需先制作送样样品,由客户进行检测试验,性能合格后才能接单进行批量生产。制作样品的模具称为样品模具(也称为实验模具),该联轴器的样品模具如图16-1-2所示。

该样品模具的特点如下所述。

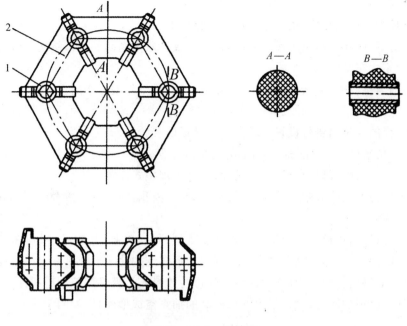

图 16 - 1 - 1　联轴器

1—骨架；2—橡胶体

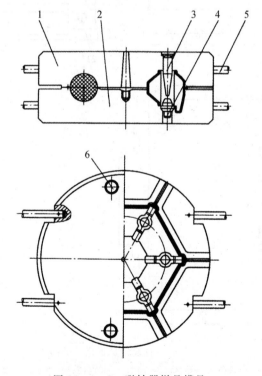

图 16 - 1 - 2　联轴器样品模具

1—上模板；2—下模板；3—骨架定位销（上）；

4—骨架定位销（下）；5—手柄；6—模具定位销

（1）仿形撕边槽（也称为余胶槽）距离型腔 0.15 mm。

（2）该模具为注压式结构，用于注压成形硫化机上。

（3）主浇道下方，在下模正中设置有冷料穴（螺纹孔）；按制品的形体结构，浇注系统的分浇道为对应的六条均布结构。

（4）撕边槽与跑胶槽（多余胶料溢出槽）相通，以便于排除型腔中的空气和疏导多余胶料的溢出。

（5）上、下模的定位销错位设置，以防上、下模板误装。

（6）骨架定位销（下）4 为锥面定位，装卸与取件方便。

（7）手柄与上、下模板以小铆钉固定销死，避免了焊接式连接。

（8）上、下模分型面最大限度地保证了模具的承压面积，并减少了接触面积，同时设置出了三个方向的启模口。

在使用中，虽然由该模具制造出了合格的联轴器样品，但是，其制品中却有一定的不良品比率。不良品的缺陷主要是缺胶，其原因是制品的形体结构使成形模具在上模型腔中存着"屋顶效应"闷气。如果能将型腔中的空气抽出，便可为胶料充盈模具型腔创造条件。

针对上述所出现的问题，设计了生产该制品的抽真空成形模具，如图 16-1-3 所示。

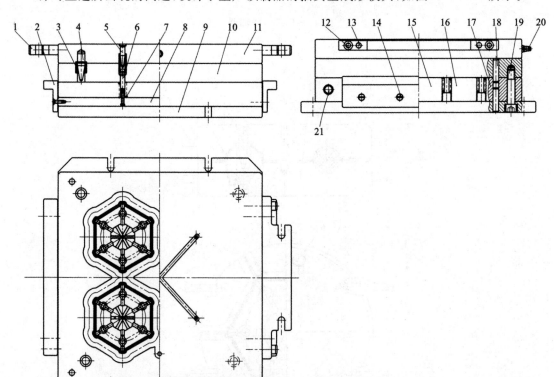

图 16-1-3　抽真空成形模具的结构

1—挂耳；2—托条；3—导套；4—导柱；5—导向销；6—型芯；7—复位弹簧；

8—内托条；9—下垫板；10—下模板；11—上模板；12,19—内六角螺钉；13—圆柱销；

14—螺钉；15—大支承板；16—小支承板；17—外支承板；18—定位销；20—气嘴；21—工艺性手柄

该模具用于 200 t 注压硫化机,其主要结构特征如下:

(1)具有合理的抽真空腔室。

(2)在保证其使用强度条件下,在水平方向上内托条 8 尺寸做到了最小,以保证最大限度地传递硫化热能。

(3)通过硫化机自身的 RT 脱模动作,直接将制品从模具型腔中推出,减少了操作者的劳动强度,提高了工作效率与产能。

(4)避免了"屋顶效应"闷气所造成的缺陷,提高了制品的质量合格率。

(5)上模挂耳与硫化机悬梁(有的也叫中子或吊装)相连接,下模固定在下热板上。

如图 16-1-3 所示联轴器抽真空成形模具,其上、下模板的抽真空室如图 16-1-4 和图 16-1-5 所示。

图 16-1-3 的模具结构为分型面直接接触密封,这种形式要求上、下模板的分型面的表面粗糙度值 Ra 不得大于 0.8 μm。而且,工作时分型面上不得黏附有异物。

除了可采用分型面直接进行密封外,还有一种镶嵌了硅橡胶密封圈的结构形式,如图 16-1-6 所示。

镶嵌密封圈的形式与抽真空平板硫化机中真空罩上的密封圈形式相同。

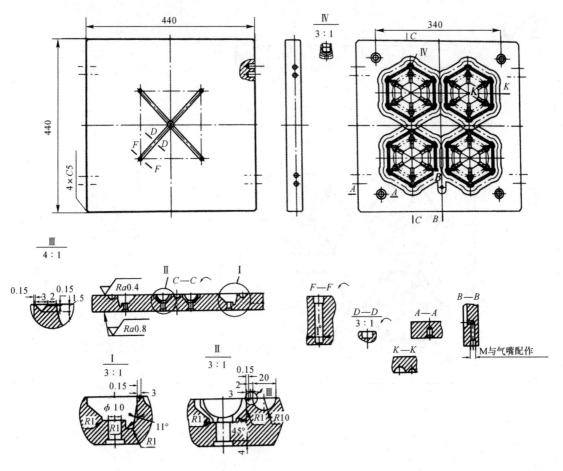

图 16-1-4　上模板

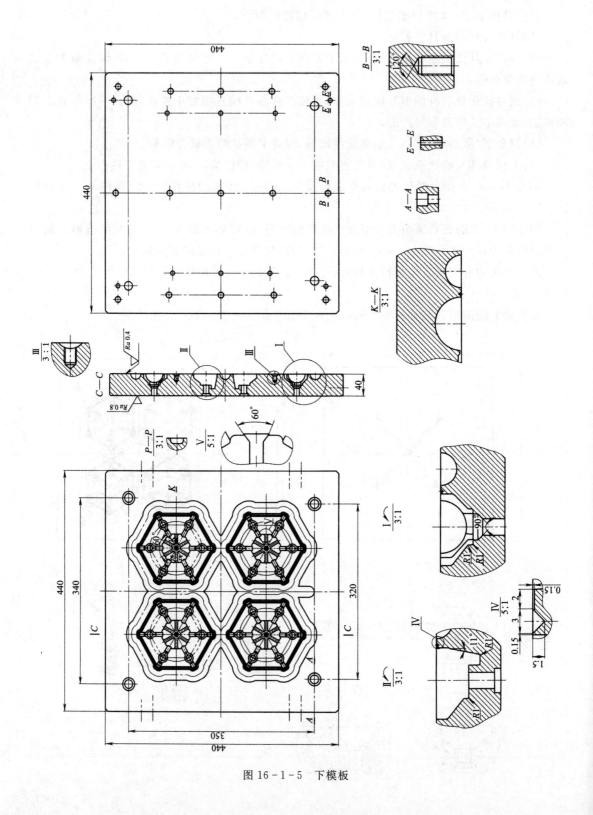

图 16-1-5　下模板

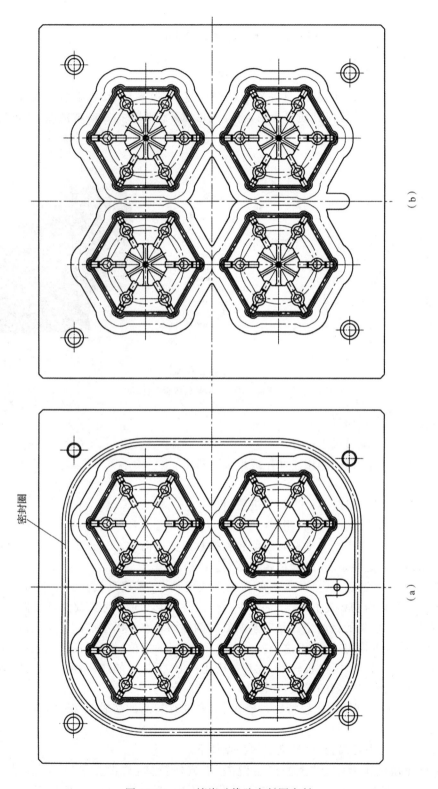

图 16-1-6　镶嵌硅橡胶密封圈密封

(a)上模板(嵌有密封圈)；　(b)下模板

16.2   抽真空模具(二)

某重型卡车所用排气弯管如图 16 - 2 - 1 所示。

该排气弯管的形体尺寸较大,且外部形状结构复杂,胶料硬度较高,充模流动较为困难。为了保证该制品的成形,确保其质量要求,将其成形模具设计为抽真空结构模具,如图 16 - 2 - 2 所示。

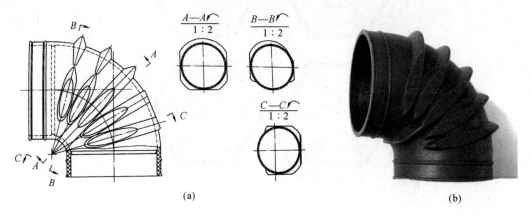

图 16 - 2 - 1   重型卡车排气弯管

(a)排气弯管设计图; (b)排气弯管实物照片

该模具的结构特点如下:

(1)由两板式上、下模板组成。

(2)上模板两侧附有挂耳,用于注压成形硫化机上。

(3)主浇道偏置。

(4)分浇道有四个,进胶口均为扁平进胶口。

(5)抽真空气嘴置于上模板后侧。

(6)余胶槽较大,并有小气槽将其与型腔和抽真空室相沟通。

(7)太阳标为可更换型芯,以满足客户需要。

(8)上、下模板为四点式定位(也可以为三点式定位)。无论是四点式定位还是三点式定位,这种定位系统均为初始定位。定位偶件(导柱、导套)之间的间隙较大,间隙值在 0.30～0.50 mm 范围。该模具的目的定位是芯轴两端的圆柱面和水平面组成的复合定位。

弯管的壁厚是否均匀,取决于这个复合定位系统(目的定位)设计与制作的质量。

(9)因为该模具的上、下模板较厚,故其与硫化机上、下热板的连接,可采用在其前、后两个侧面设计制作凹入式安装槽的形式,如图 16 - 2 - 2 所示。

该模具的型芯 9,其结构比较特殊。硫化后,将带有制品的芯轴从型腔中取出,如图 16 - 2 - 3 所示。

由图 16 - 2 - 3 中可以看出,该型芯的特点如下:

(1)从操作角度来看,芯轴重心严重偏离,不方便持拿,故设置了特殊专用扳手(见图 16 - 2 - 4)。这一特殊专用扳手在模具进行硫化时不用,当开模后,下模部分移出时才安装于型芯两端,以改变型芯持拿时的用力点,不会使型芯发生翻转。

（2）型芯两端分别有两个螺钉固定于其上，以安放特殊专用扳手。

（3）型芯的另一端设置有吊环，以便将带有制品的刚出模的型芯悬挂于脱模架之上。

如图 16-2-5 所示为脱模取件所用的气筒。使用时，将其套入型芯下端，刃口部插入制品与型芯之间，通入压缩空气即可将制品卸取下来。

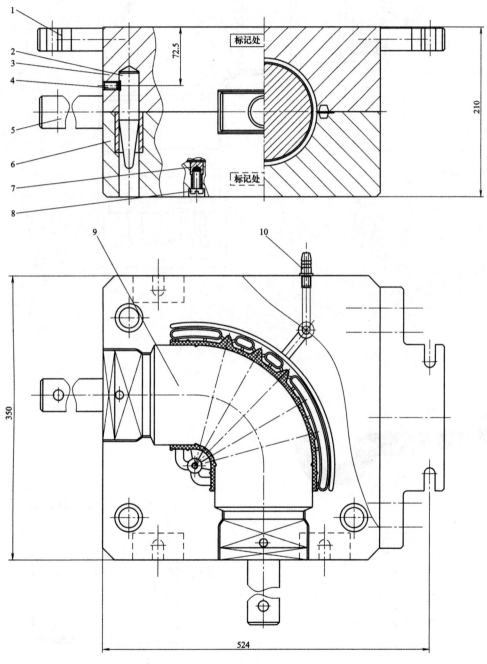

图 16-2-2 排气弯管抽真空成形模具

1—挂耳；2—导柱、导套；3—上模板；4—顶丝；

5—吊环把手；6—下模板；7—太阳标活块；8—螺钉；9—型芯；10—气嘴

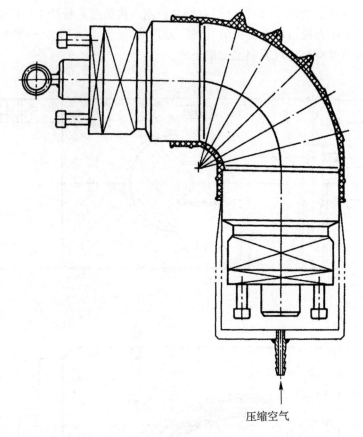

压缩空气

图 16 - 2 - 3   型芯与制品

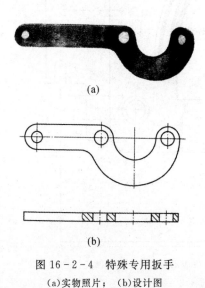

(a)

(b)

图 16 - 2 - 4   特殊专用扳手
(a)实物照片； (b)设计图

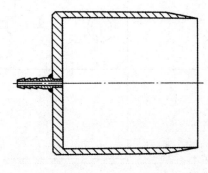

图 16 - 2 - 5   气筒

第17章　确保制品留在中模型腔的模具结构

有一类橡胶制品，或者是制品中的橡胶体形体结构薄弱，承受不了从中模板下方向上顶出脱模的推力而难以脱模取件，或者是外骨架为塑料制品类（例如 PA66，FG30 等），在橡胶成形模具中经过高温之后而易于变形，若随机器开模动作黏附于上模或下模型芯之上，就会造成难以脱模取件的后果，如果强行从上模或下模的型芯上别撬将其取下，就会使制品的外壳变形，从而造成无法修复的缺陷。因此，设计这类橡胶制品的成形模具时，就要千方百计地将制品留在中模型腔之中，再用从下方顶出的办法将其从模具中取出。

17.1　橡胶主簧结构薄弱制品的成形模具结构

如图 17-1-1 所示为橡胶主簧结构薄弱的一种减震器。从制品的结构来看，该减震器中橡胶主簧连接外壳部分左、右两边对称的"S"形结构是薄弱的，无法承受下推脱模的力。

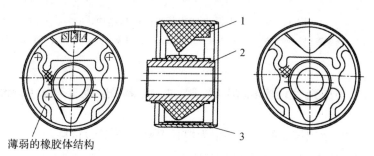

薄弱的橡胶体结构

图 17-1-1　难以脱模的制品
1—橡胶体；2—内骨架；3—外骨架

如果不将制品留在中模，那么，在开模后制品势必会因橡胶体与上型芯或下型芯的包附而黏于上模板或下模板之上，无法将其取下。若要强行从上型芯或下型芯上取下，就会给制品留下创伤，或者使橡胶主簧部分产生一定程度的永久性变形。

针对这种情况，可采用将制品在开模后滞留在中模型腔之中，然后从中模型腔中将其取出的方案。制品的钢质外壳骨架，以其很好的强度和刚度为模具设计者提供了实现这种方案的可能性和条件。

该制品的成形模具设计要点如下：

(1)将型芯成形面积（也可以说成是高度尺寸）较大的一端作为下型芯，而将成形面积较小的一端作为上型芯。

（2）在制品许可的范围内，上型芯的脱模斜度要大于下型芯的脱模斜度，以实现上型芯先脱模分型。

（3）中模型腔的下部设置勾起台结构。这一结构在开模后，随着中模板被托起可挂住制品外壳骨架壁厚外圈的一半，使制品脱离下型芯而分型。通常，勾起台的高度尺寸为 4～6 mm。

（4）设计中模型腔时要有脱模斜度，上大下小，且表面粗糙度值 Ra 不大于 $0.8\ \mu m$，此处为不成形橡胶的表面。

顶出机构的精度要高，脱模取件时，顶柱同时顶着制品外骨架下端的内圈部位和外骨架内侧的橡胶下缘，使之脱模。

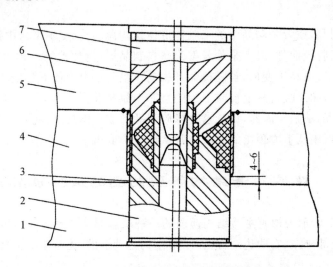

图 17-1-2　制品滞留中模板的模具结构（一）

1—下模板；2—下型芯；3—内骨架下定位销；4—中模板；5—上模板；6—内骨架上定位销；7—上型芯

17.2　外壳为塑料的橡胶减震器的成形模具结构

如图 17-2-1 所示减震器的外壳骨架为塑料 PA66（FG30）材料。

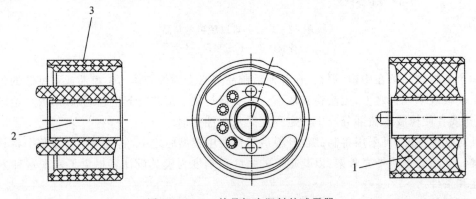

图 17-2-1　外骨架为塑料的减震器

1—橡胶主簧；2—内骨架；3—外骨架

　　该制品的特点是外壳骨架为塑料 PA66(FG30),橡胶主簧虽然有两处较为粗壮的结构与外壳相连接,但是,橡胶体的硬度却比较低,为邵尔 A 45。因此,该减震器成形模具的结构设计如图 17 - 2 - 2 所示。

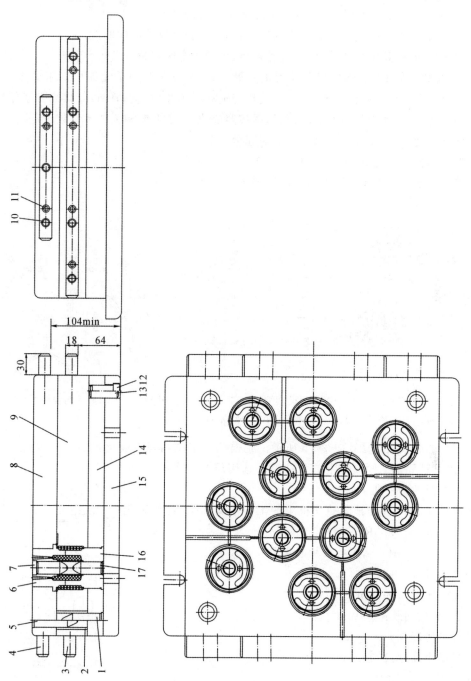

图 17 - 2 - 2　模具结构设计图

1—导柱;2—导套;3—下托条;4—上托条;5—导柱(上);6—上型芯;7,17—骨架定位销;

8—上模板;9—中模板;10,13—圆柱销;11,12—内六角螺钉;14—下模板;15—固定板;16—下型芯该减震器成形模具的结构特点如下：

(1)用于 1 600 kN 注压式 3RT 橡胶成形硫化机。

(2)配置有专用的顶出脱模架，脱模架固定在硫化机的下拍装置(第三个 RT)上。

(3)上模和中模、中模和下模分别有可靠的定位机构。

(4)外壳骨架在中模型腔中的定位，直接借助于外壳外侧的纵向凹缺。

(5)余胶槽和跑胶槽相连通，以排气并存留、疏导多余胶料。

(6)型腔数量为 12，总体排列布局为正方形，每 3 个型腔为一单元而成四组分布，以保证浇注系统的平衡设计。这种方阵布局，可使热能损耗最小化(与三列四行式排列方案相比)。

(7)上模托条和中模托条的空间位置，是按照硫化机 3RT 的相关技术参数设定的。

(8)中模型腔下端设计有制品零件的勾起台。

该模具的各级分浇道的尺寸结构如图 17-2-3 所示。

该模具的型腔与浇注系统的布局设计如图 17-2-4 所示。

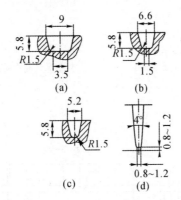

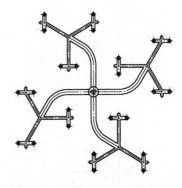

图 17-2-3 各级分浇道的尺寸结构

(a)一级分浇道； (b)二级分浇道； (c)三级分浇道； (d)点浇口

图 17-2-4 型腔与浇注系统布局设计

该模具的脱模架如图 17-2-5 所示。脱模架以定位销装于硫化机的下拍板(顶出装置)之上，并以螺钉固定。脱模架上的顶柱最好选用尼龙棒车削而成，以保护中模板的型腔孔。

该模具在 3RT 注压成形硫化机中的工作情况、3RT 注压硫化机的主要技术参数和 3RT 动作步骤如下：

1.1 600 kN 3RT 注压硫化机的主要技术参数

锁模力：1 600 kN。

最大注压量：1 300 mL。

上、下热板间距：450 mm。

锁模机构行程：350 mm。

模具最小高度：100 mm。

注压压强：125 MPa。

锁模压强：20 MPa。

热板尺寸：480 mm×500 mm。

模具安装 T 形槽距离：210 mm。

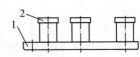

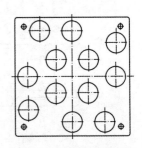

图 17-2-5 脱模架

1—底座；2—顶块

固定模具螺钉:M12(T 形螺钉)。

热板最高硫化温度设置:200℃。

硫化时间设置范围:0～45 min。

排气次数设置范围:0～5 次。

排气开档距离:0～5 mm。

排气时间设置:0～10 s。

2.1 600 kN 3RT 注压硫化机(三顶出机构)的动作分步操作模式

第一步是开模。开模动作如图 17-2-6 所示。图中实线部分为硫化机的可动部分,细双点画线部分为相对不动部分(在图 17-2-6～图 17-2-11 中亦如此)。

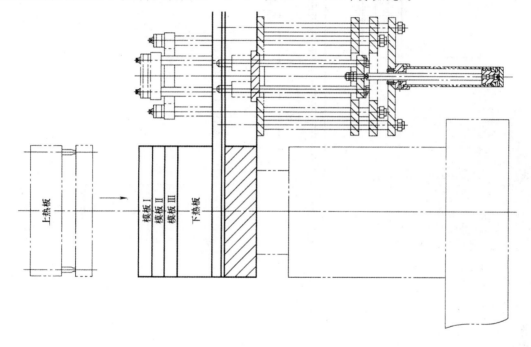

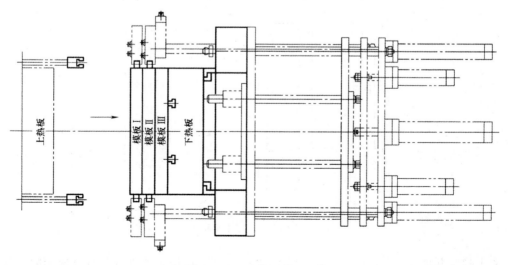

图 17-2-6　第一步　开模

开模时,模具各模板整体同时随下热板下移到最低位置。

第二步是移出。模具整体移出如图 17-2-7 所示,移出的距离为 525 mm。

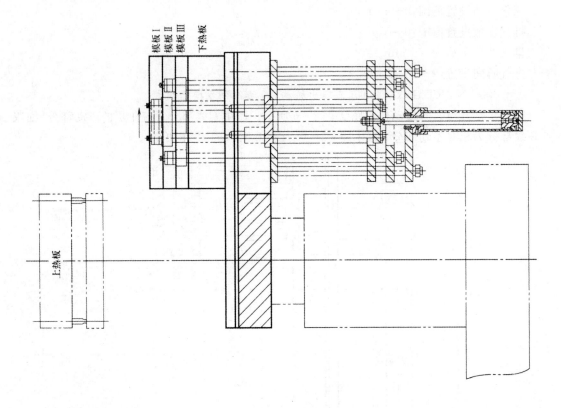

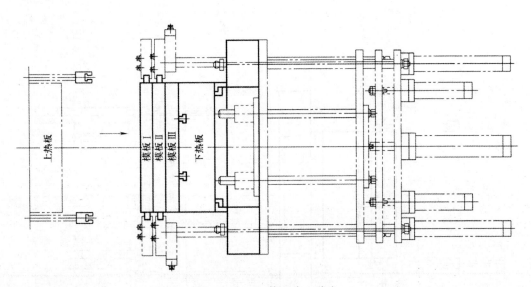

图 17-2-7　第二步　移出

移出是模具整体随下热板移出到操作者的前方。此时,操作者可以非常方便地清除模具上平面(图 17-2-7 模板Ⅰ上面)上的浇注系统赘料。

如果由于制品形体复杂而使模具层次较多时,可将模板Ⅰ固定在吊模装置(中子)上。不过,这样会给清理浇注系统赘料带来不便。

第三步是托模(一)。托模(一)的动作是将模板Ⅰ,即上模板托起,如图 17-2-8 所示。

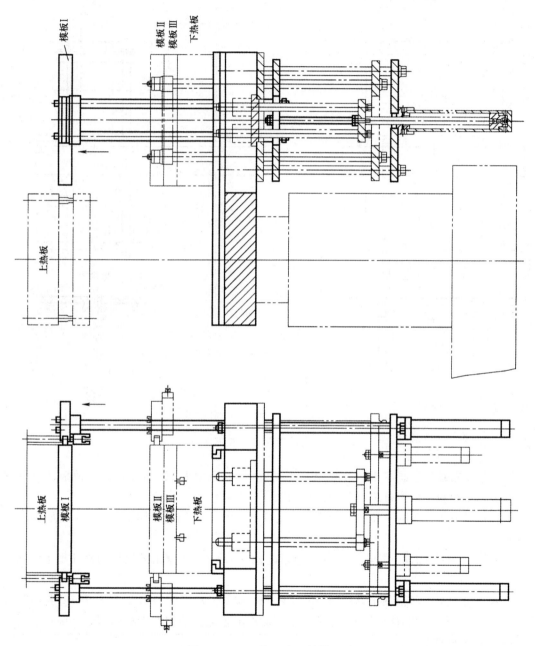

图 17-2-8　第三步　托模(一)

这一步骤是顶出装置将模板Ⅰ托至最大高度(托起距离为 300 mm),托起高度视模具的操作情况而定。

第四步是托模(二)。托模(二)的动作是将模板Ⅱ,即中模板托起,如图17-2-9所示。

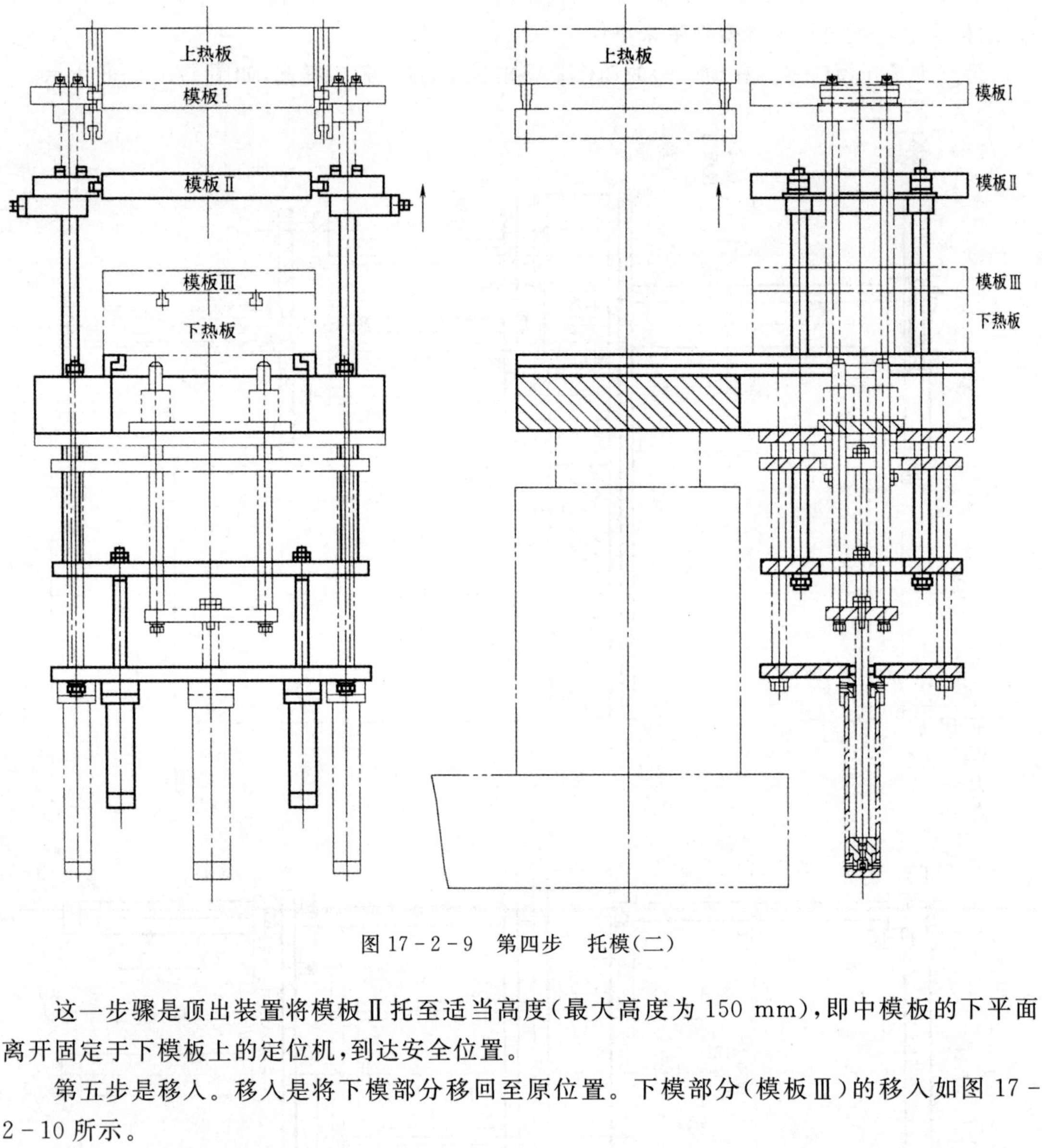

图 17-2-9　第四步　托模(二)

这一步骤是顶出装置将模板Ⅱ托至适当高度(最大高度为 150 mm),即中模板的下平面离开固定于下模板上的定位机,到达安全位置。

第五步是移入。移入是将下模部分移回至原位置。下模部分(模板Ⅲ)的移入如图17-2-10所示。

此时,下模部分随同下热板一起移回到原位置,这为下一步顶出的操作动作让出了空间和位置。

第六步是顶出。所谓顶出,就是将滞留在中模(见图17-2-11中的模板Ⅱ)型腔中的制品顶出。当然,设计和制造模具时,必须保证制品在成形之后滞留在中模的型腔之中。

顶出步骤如图17-2-11所示。

以上所述是 3RT 注压硫化机(三顶出机构)工作动作分步,按其步骤返回,就是一个完整的模压成形周期,即一个生产节拍。

结合图 17-2-2 的模具结构与 3RT 注压硫化机工作原理,可得知该模具的工作过程如下所述。

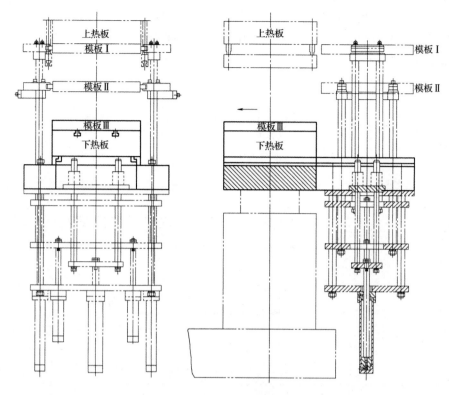

图 17-2-10　第五步　移入

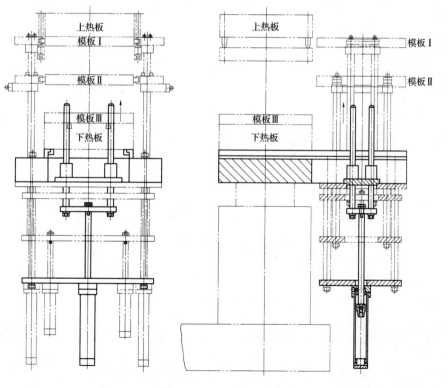

图 17-2-11　第六步　顶出

模压成形时,将该模具正确地安装在 3RT 注压硫化机的下热板上。

在硫化机开模、移出之后,第三步托模和第四步托模分别将上模板和中模板顶起,如图 17-2-12所示。

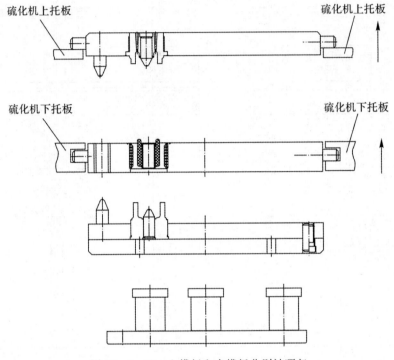

图 17-2-12　上模板和中模板分别被顶起

此后,便是第五步移入,即程序将固定于下热板上的下模部分,随同下热板一起退回到第一步所在的开模位置。呈现在操作者面前的是已经被托起的上模板、中模板以及固定于顶出机构平面上的脱模架,如图 17-2-13 所示。

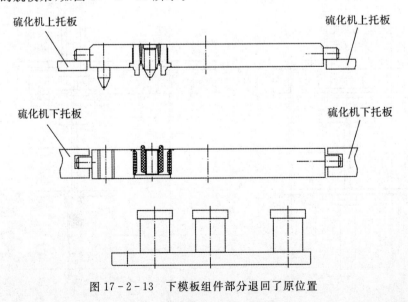

图 17-2-13　下模板组件部分退回了原位置

下模部分移入之后,程序起动第六步顶出,脱模架开始上升,如图 17 - 2 - 14 所示。

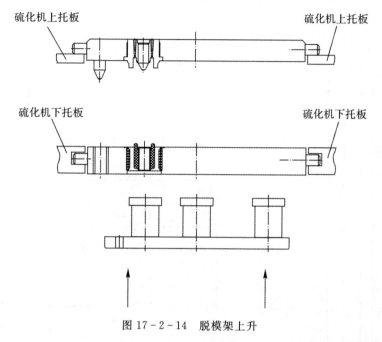

硫化机上托板　　硫化机上托板

硫化机下托板　　硫化机下托板

图 17 - 2 - 14　脱模架上升

在脱模架上升顶出的作用下,滞留在中模各个型腔中模压硫化成形之后的制品零件便被脱模架推出中模型腔,如图 17 - 2 - 15 所示。然后,操作者可直接在中模板上面收取制品零件。

之后即进入下一个硫化成形周期。

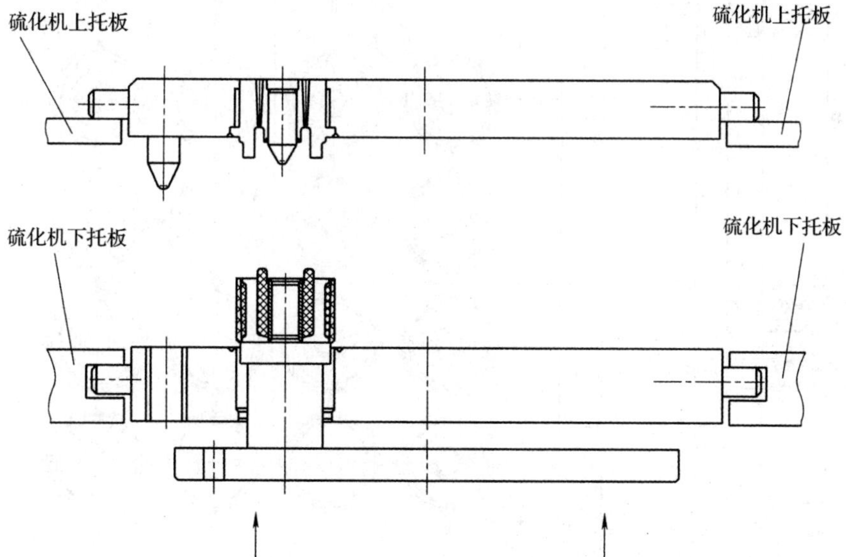

硫化机上托板　　硫化机上托板

硫化机下托板　　硫化机下托板

图 17 - 2 - 15　脱模架顶出制品于中模

对于如图 17 - 2 - 1 所示制品来说,如果生产批量大,为了提高产能和工作效率,还可将其成形模具的结构设计成如图 17 - 2 - 16 所示的结构。

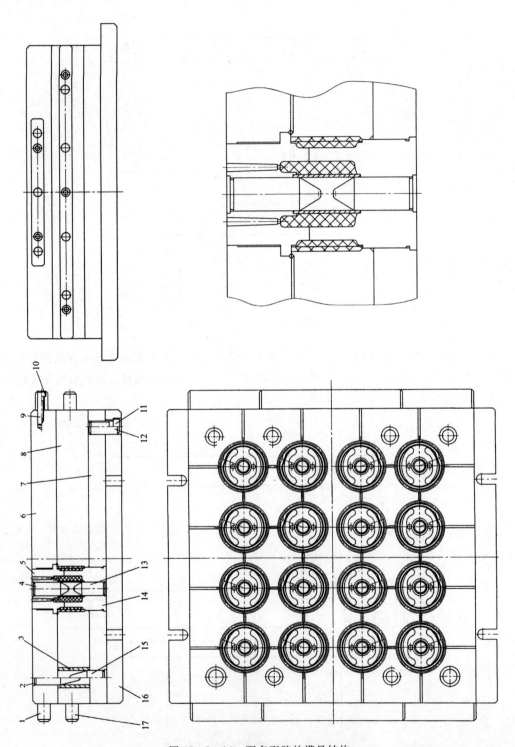

图 17 - 2 - 16　更多型腔的模具结构

1—上托条；2—导柱；3—导套；4—内骨架上定位销；5—上型芯；6—上模板；7—下模板；8—中模板；

9,12—圆柱销；10,11—内六角螺钉；13—内骨架下定位销；14—下型芯；15—下导柱；16—下模固定板；17—下托条

该模具的模比为 1∶16,型腔与浇注系统的设计布局如图 17-2-17 所示。模具仍然是注压式结构,用于具有 3RT 的注压成形硫化机上,该模具的三维(3D)图如图 17-2-18 所示。

设计这类模具时,一定要注意中模板型腔的下方有一个叫作勾起台的结构,它能够保证制品留在中模板型腔之中,为脱模架顶起制品创造条件。

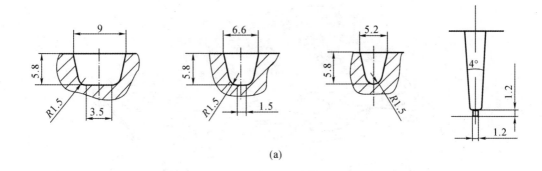

(a)

(b)

图 17-2-17　型腔与浇注系统设计布局

(a)各级分浇道与点浇口;　(b)型腔与浇注系统设计布局

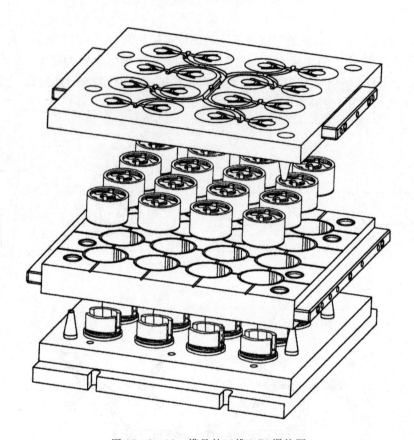

图 17 - 2 - 18   模具的三维(3D)爆炸图

第18章　侧顶式脱模模具

侧顶式脱模模具结构，避免了下顶式脱模的模具结构不利于传导热能的缺点。这类成形模具的结构设计，在最大程度上增加了模具热传导的面积。

18.1　步司成形模具——侧顶式脱模模具（一）

安装于空调风筒上的联轴橡胶减震件——步司的结构如图 18-1-1 所示。由于办公或家居空间静音要求很高，故该制品的设计技术指标要求也很高。因此，对其成形模具的设计要求也是很高的。

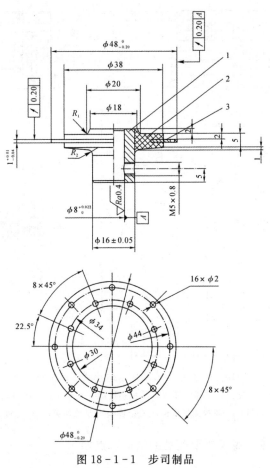

图 18-1-1　步司制品
1—骨架（一）；2—橡胶减震体；3—骨架（二）

该制品的样品成形模具如图 18-1-2 所示。

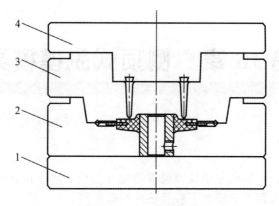

图 18-1-2　样品模具

1—垫板;2—下模板;3—上模板;4—柱塞模板

通过样品模具的设计、试制,客户对样品送样确认之后,即可设计用于批量生产的该制品的成形模具,其结构设计如图 18-1-3 所示。

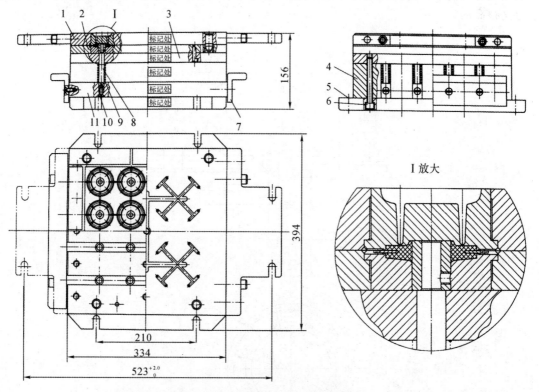

图 18-1-3　步司成形侧顶式注压模具

1—上模组件;2—下模组件;3—下模垫板;4—支承导热板;5—固定板;
6—内六角螺钉;7—脱模侧顶机构;8—推杆;9—复位弹簧;10—螺钉;11—托条

空调风筒减震器侧顶式脱模成形模具的结构特点如下:

（1）该模具为注压式成形模，模比为 1：16。

（2）模具采取了侧向顶出脱模取件机构，设计严谨的侧顶机构可使模具下部分的非传热面积减小到最小。

（3）推杆的复位采用了复位弹簧机构。

（4）模具型腔采用了无飞边化设计，撕边槽由上、下型芯及其安装孔的外侧、内侧倒角所构成，并由连接槽将其与跑胶槽相沟通。

（5）上、下型芯在上、下模板中的安装，采用了孔轴两端配合固定的特殊结构形式，如图 18-1-4 中芯轴孔所示。这种设计，对于模具的安装以及保证装配精度都是有益的。

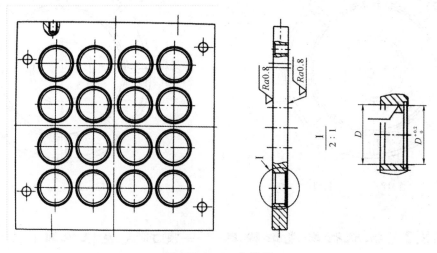

图 18-1-4　上模板

（6）下型芯与下模板的安装配合，以及型腔、撕边槽和跑胶槽的结构设计，如图 18-1-5 所示。

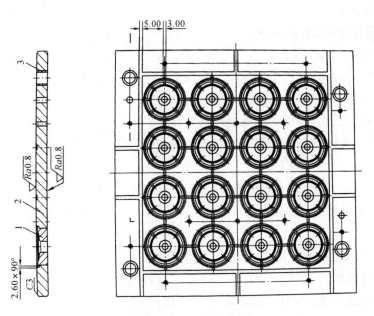

图 18-1-5　下模组件

1—下型芯；2—下模板；3—导套

该模具的上、下型芯如图 18-1-6 和图 18-1-7 所示。

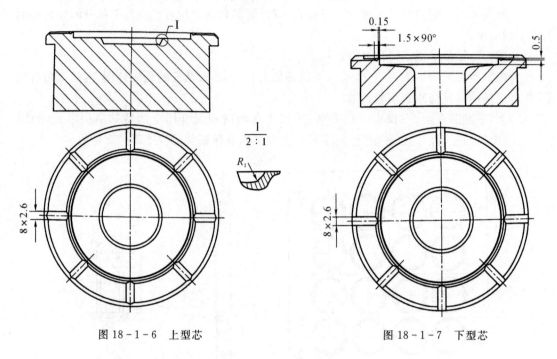

图 18-1-6　上型芯　　　　　　　　图 18-1-7　下型芯

18.2　橡胶衬套成形模具——侧顶式脱模模具(二)

汽车使用的某种橡胶衬套的结构如图 18-2-1 所示。

该橡胶衬套注射成形的侧顶式模具的结构设计如图 18-2-2 所示。

这副成形模具的结构特点如下:

(1)模具为注射式成形结构,用于具有 3RT 的 1 600 kN 橡胶注射成形硫化机上。拆除上模固定板和定位圈后,模具也可以用于具有 3RT 的 1 600 kN 橡胶注压成形硫化机上。该模具结构也可以设计成注压式成形模具,用于具有 3RT 脱模装置的注压成形硫化机上,如图 18-2-3 所示。

(2)如图 18-2-2 所示的侧顶式成形模具,其挂耳与上模板的连接采用了键槽嵌入式连接方法,然后用螺钉紧固。

(3)侧顶机构通过托条连接在一起,工作可靠并且同步,脱模取件方便。

(4)复位弹簧独立装于模具的四角处,工作平稳。

(5)下模板与下模推杆由锥度配合定位。为了保

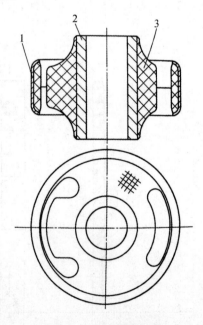

图 18-2-1　橡胶衬套

1—外骨架;2—内骨架;3—橡胶主簧

证锥面处的配合定位结构要素具有密封性,锥孔的角度大 2°,即单边大 1°,如图 18 - 2 - 4
所示。

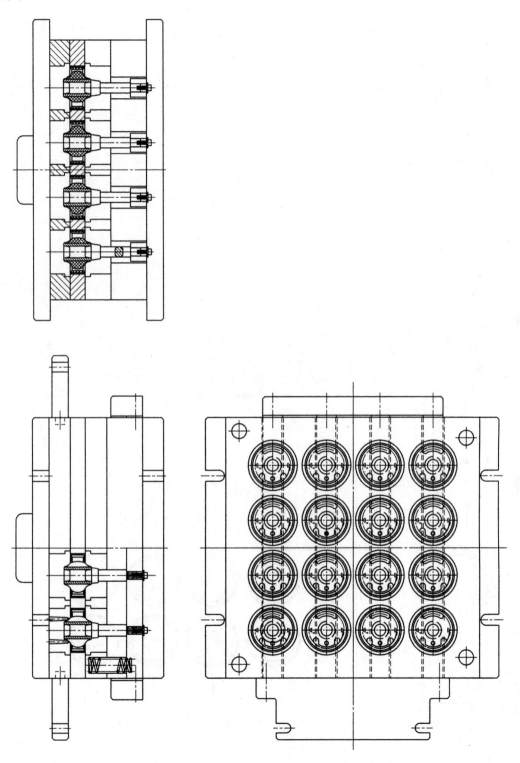

图 18 - 2 - 2　橡胶衬套注射成形侧顶式模具结构

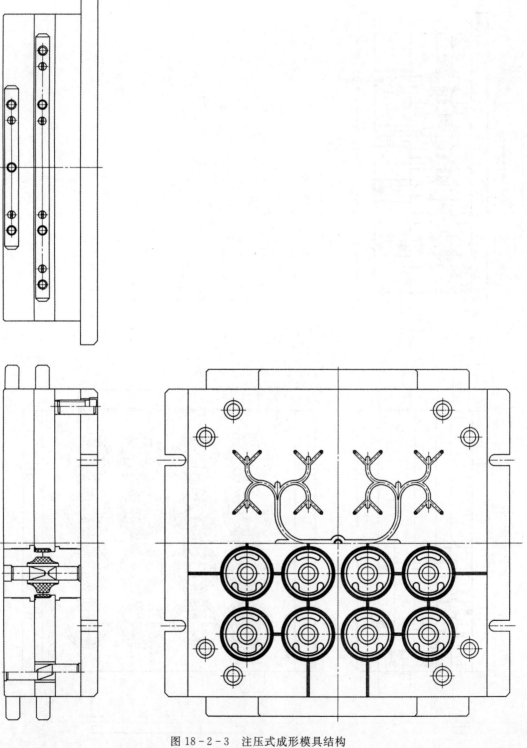

图 18-2-3　注压式成形模具结构

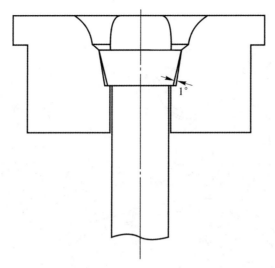

图 18－2－4　锥度定位的密封性设计

（6）为了使胶料在充型时流动得更加顺畅，将其浇注系统设计成圆弧走势，如图 18－2－5 所示。

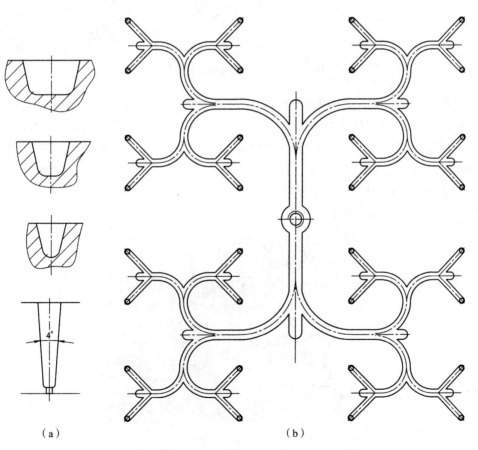

（a）　　　　　　　　　　　　　　　　　　　（b）

图 18－2－5　浇注系统的设计

（a）各级分浇道与点浇口；　（b）浇注系统布局设计

橡胶模具浇注系统各个部分的名称如图18-2-6所示。

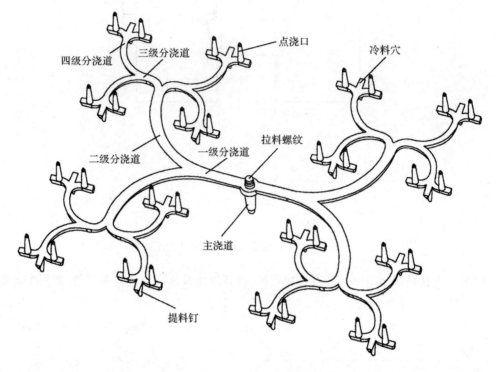

图18-2-6　浇注系统各部分名称

　　主浇道设置在上模板和上模固定板之间的主浇道衬套之中;正对于上模板中央的内螺纹,既有冷料穴的作用,又有拉动主浇道内废料的作用,类似于塑料注射模中的拉料杆;在第四级分浇道的末端,设置了冷料穴,用以容纳胶料前端的冷料和浇道中可能存在的不洁之物;在每个型腔两个点浇口之间的背面设置了提料柱,其形状为锥形(作用有二:一是容纳冷料;二是在除去浇注系统废料时,可以起到提拿的作用)。

　　如图18-2-7所示为这副模具浇注系统的废料实物照片。

图18-2-7　浇注系统废料实物

第19章 其他类型橡胶成形模具设计

19.1 异形外露大骨架减震器注压成形模具

异形外露大骨架减震器的结构如图 19-1-1 所示。

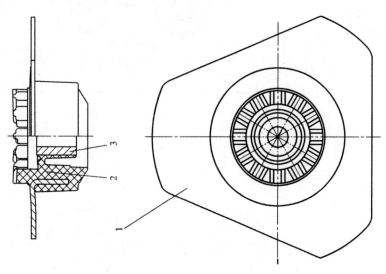

图 19-1-1 异形外露大骨架减震器

1—外露大骨架；2—橡胶主簧；3—内骨架

该制品为钢制外露大骨架，其外露部分的投影面积远远大于减震体橡胶主簧的投影面积。而且外露大骨架的形状并非是完全平面结构，上、下端部的结构造型比较复杂，在其中部还含有一个内嵌骨架，亦为钢质结构。

这个异形外露大骨架减震器注压成形模具的结构设计如图 19-1-2 所示。

该成形模具的结构特点如下：

(1)因制品骨架的投影面积太大，模具的模比为 1:4。

(2)在注压成形硫化机上进行生产。

(3)在中模的上平面上，按照制品骨架的外形和中心部略有凸起的圆形斜台结构，设计有由 CNC 铣床铣削成骨架定位的异形凹状台；开设有撕边槽和跑胶槽，如图 19-1-3 所示。型腔直接加工在中模板上。

上模板上嵌有倒装式型芯，上型芯中央安装有内骨架上定位销，如图 19-1-4 所示（为了

— 703 —

看清结构,在图中删去了剖面线)。

模具配有专用的脱模架,如图 19-1-5 所示。

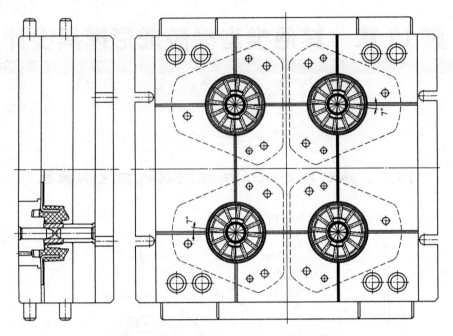

图 19-1-2　异形外露大骨架减震器成形模具

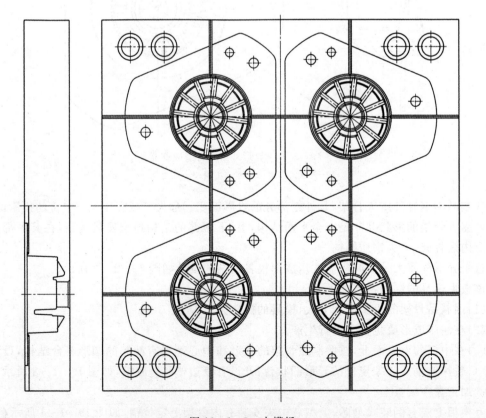

图 19-1-3　中模板

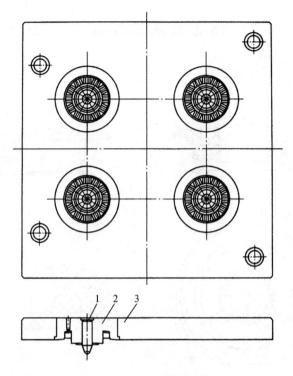

图 19 - 1 - 4　上模板组件
1—内骨架上定位销;2—上型芯;3—上模板

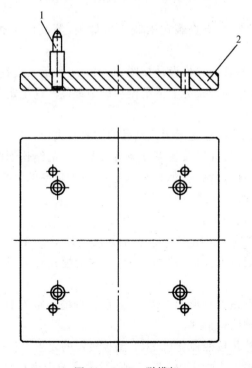

图 19 - 1 - 5　脱模架
1—顶柱;2—脱模架底座

19.2　钵式减震器注压成形模具

钵式减震器,其形体结构如图 19-2-1 所示。

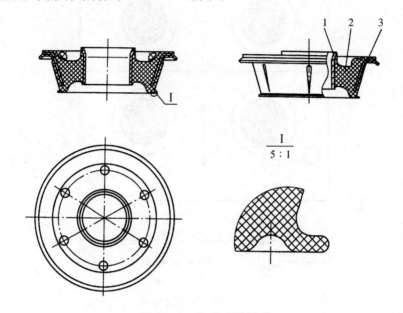

图 19-2-1　钵式减震器
1—内骨架;2—橡胶主簧;3—外骨架

该制品结构的特点是外骨架隐藏在橡胶主簧体内,制品的形体上、下两端均有飞檐式结构。

钵式减震器注压成形模具的结构设计如图 19-2-2 所示。模具的模比为 1:4。

该模具的设计特点就是外骨架的上下定位和居中定位。这个定位设计要求将外骨架隐藏于橡胶体中,十分精巧绝妙。

每个型腔都有六个点浇口,这是因为该制品的注胶量大。

模具的浇注系统的布局设计以及各级分浇道与点浇口的结构如图 19-2-3 所示。

对于图 19-2-2 中的模具结构,如果根据提高生产效率的需要和硫化机技术参数的可能,可设计成图 19-2-4 所示形式。

该模具结构的设计特点如下:

(1)模比为 1:8,生产效率比图 19-2-2 的模具提高了一倍。

(2)在对外骨架进行定位方面也与图 19-2-2 中的模具有不同之处,上、下型芯的定位机构与其型芯均为整体式结构。

(3)型腔外围的撕边槽是三角形无飞边结构,而连接槽和跑胶槽的截面形状为矩形。

(4)导柱采用了另一种结构形式。

(5)上模板两侧的托柱是按照硫化机 1RT 翻板机构的要求设计的。

该模具的三维(3D)建模图如图 19-2-5 所示,模具的中模板结构设计如图 19-2-6 所示。模具浇注系统与型腔的设计布局如图 19-2-5 所示,浇注系统的各级分浇道及点浇口的结构形状与尺寸如图 19 - 2 - 4 所示。

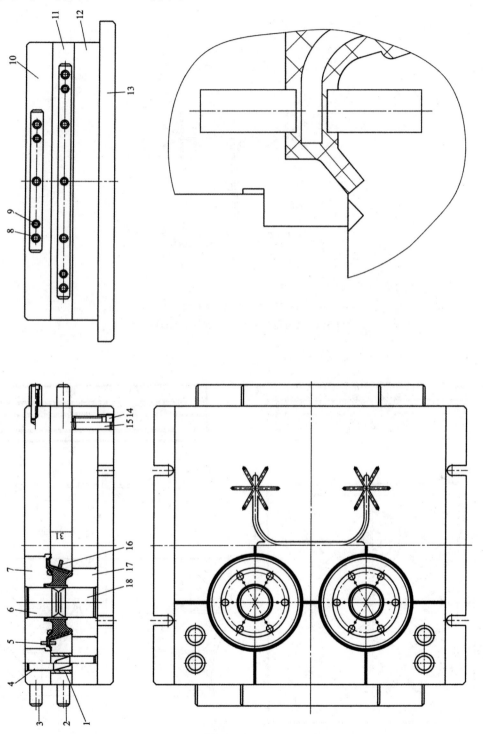

图 19 - 2 - 2　钵式减震器注压成形模具(一)

1—导套;2—下托条;3—上托条;4—导柱;5—外骨架上下定位销;

6—内骨架上定位销;7—上型芯;8,15—圆柱销;9,14—内六角螺钉;10—上模板;

11—中模板;12—下模板;13—下模固定板;16—外骨架径向定位销;17—下型芯;18—内骨架下定位销

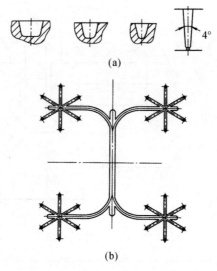

(a)

(b)

图 19 - 2 - 3 浇注系统

(a)各级分浇道和点浇口； (b)浇注系统布局设计

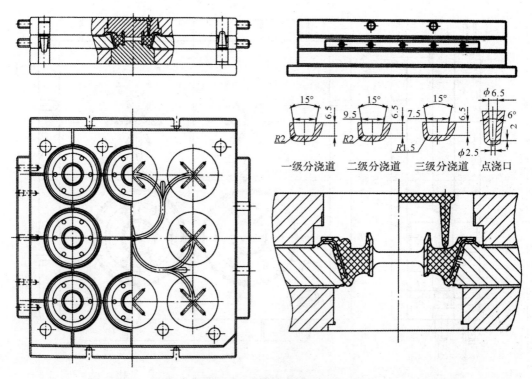

一级分浇道 二级分浇道 三级分浇道 点浇口

图 19 - 2 - 4 钵式减震器注压成形模具(二)

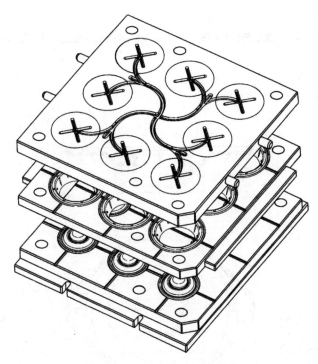

图 19-2-5　三维(3D)建模图

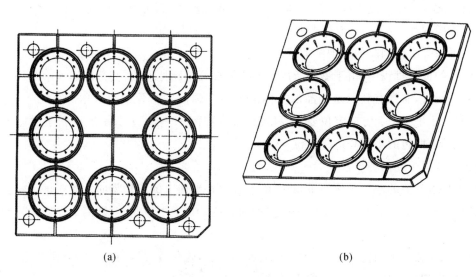

(a)　　　　　　　　　　　　　　(b)

图 19-2-6　中模板结构设计

(a)中模板二维(2D)图；　(b)中模板三维(3D)图

19.3　直托骨架脱模取件注压成形模具

橡胶减震器的结构如图 19-3-1 所示。

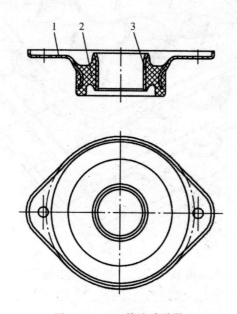

图 19-3-1　橡胶减震器
1—外骨架;2—橡胶主簧;3—内骨架

该制品的外骨架外露在橡胶体外部分的面积是比较大的,可以考虑能否利用骨架的外露部分进行脱模取件。

现在再来分析该制品的其他结构特点。

在制品的成形过程中,由于型腔所成形的主体部分是圆柱形的,其范围远远小于外骨架的投影范围。而且,非常有利的是制品的主体部分与非圆形外露骨架两对称部分无任何关系。因此,骨架在水平面上无方向定位要求,只要放置成如图 19-3-2 所示的有利于脱模取件即可,无须以其上两边的小圆孔进行定位。

该模具有以下突出特点:

(1)模具对骨架的定位操作简单,只要将外骨架水平面上的长轴方向大体摆正在前后方向即可,无须在水平面上对其偏摆角度进行严格的定位。在上下方向上,则由下模型腔的相关部位进行定位。

(2)在下模板周围设置了托架,橡胶硫化成形之后,硫化机两侧的托板向上托起托架,便可将制品从模具型腔中托出,再徒手取出,如图 19-3-3 所示。

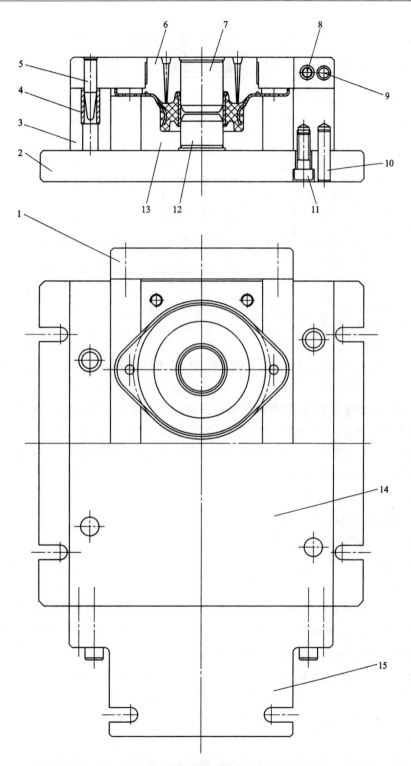

图 19 - 3 - 2 直托骨架脱模的注压成形模具

1—托架;2—下模固定板;3—外板;4—导套;5—导柱;
6—上型芯;7—内骨架定位销(上);8,11—内六角螺钉;9,10—圆
柱销;12—内骨架定位销(下);13—下模板;14—上模板;15—挂耳

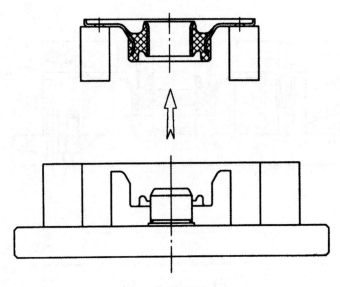

图 19-3-3　托架直托骨架取件

19.4　无飞边成形模具

　　所谓无飞边橡胶成形模具,是指橡胶制品在硫化成形之后,经操作者撕掉废胶边后,残留在制品分型面上的飞边,其尺寸(包括厚度)在 0.20 mm 之下的橡胶成形模具。

　　设计制作无飞边成形模具,对于提高制品的外观质量大有帮助,而且也省去了修除飞边的工序,缩短了制造周期,降低了生产成本。

　　以下讨论一种橡胶制品无飞边注压成形模具的设计实例。

　　现有一橡胶吊环制品,其结构如图 19-4-1 所示。

　　该制品为纯橡胶制品,这类制品的成形模具结构相对简单些。

　　根据制品的结构特点和成形设备情况,其成形模具可设计成无飞边的注射式成形模具结构,如图 19-4-2 所示。

　　该成形模具的上模板设计如图 19-4-3 所示,其上的型腔为简化后的形状。

　　在该模具的设计中,其型腔是紧靠在一起的,这样各型腔外围的撕边槽相互搭接在一起,在硫化成形之后,撕边槽内的废料也相互连接。

　　从图 19-4-3 中可以看到浇注系统的设计布局。在浇注系统的正中间有一结构形式为内螺纹的冷料穴。这一结构可以将主浇道中的赘料在开模时拉下来。

　　该模具为两板式结构,其下模板的结构设计如图 19-4-4 所示。下模板上的型腔为简化后的结构。

　　该模具的无飞边化结构,与普通无飞边模具结构基本相同。不同之处有二:一是该模具没有撕边槽之间的连接槽,而是各撕边槽相邻,相互搭接在一起。二是连接撕边槽和通向模具体外的跑胶槽的连接槽尺寸形状为宽 2 mm,深 0.5 mm 的平底槽。

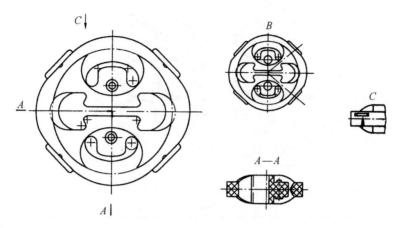

图 19-4-1　橡胶吊环

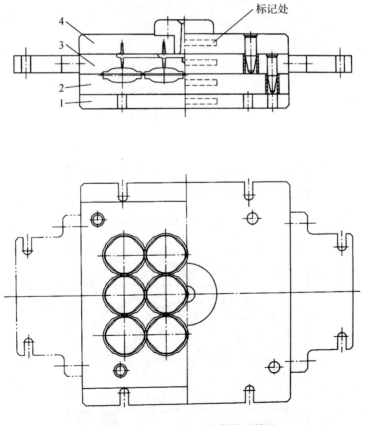

图 19-4-2　无飞边注射成形模具

1—下模固定板；2—下模板；3—上模组件；4—上模固定板组件

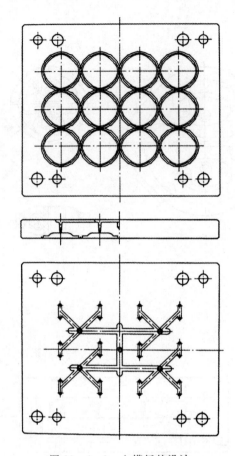

图 19-4-3　上模板的设计

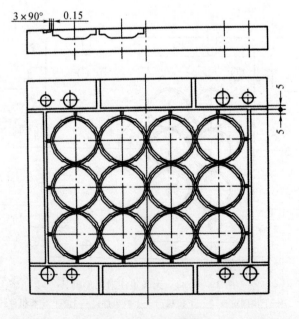

图 19-4-4　下模板的设计

19.5 暗藏式异形分型面模具

在橡胶模具设计中,选择制品的分型面十分重要。

分型面的种类很多,有平面式的、斜面式的、锥面式的,还有几种形式组合式的等。在此,介绍一种暗藏式的异形分型面模具结构。

某减震器的结构如图 19‐5‐1 所示。为了方便理解和想象该制品的空间形体特点,可参见图 19‐5‐2 所示该制品的 3D 建模图。

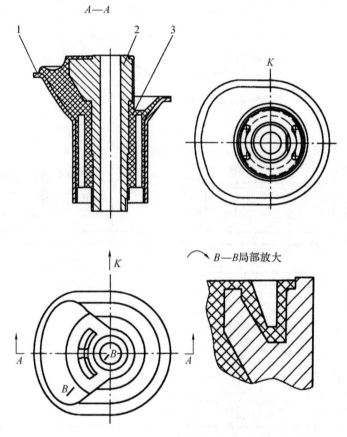

图 19‐5‐1 特种减震器结构

如图 19‐5‐1 和图 19‐5‐2 所示制品结构有两个骨架,即外骨架和内骨架,它们的形状都是异形结构,特别是外骨架,它的上端形状有些像古代人饮酒用的器皿——爵。

此前,这种制品成形模具上、下模的分型面均采用有斜面和平面组合的整体结构形式。这样的分型面不仅切削加工工作量大,而且,型腔口沿处的配合也难以达到橡胶成形的要求,常常因为分型面的制作难度大而使模具在成形过程中或漏胶严重,或压伤骨架,或使修除飞边工作增大,或对制品造成缺陷,从而给制品的质量带来了不良影响。

鉴于上述情况,将该制品成形模具的分型面改为暗藏式独立型腔的异形分型面结构形式。这种特殊分型面成形模具的结构设计,如图 19‐5‐3 所示。

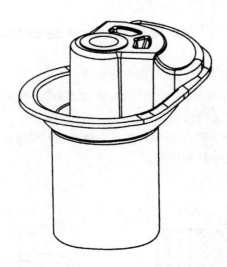

图 19-5-2　特种减震器三维(3D)建模图

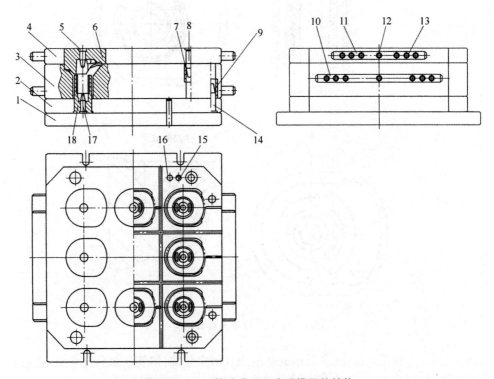

图 19-5-3　特种分型面成形模具的结构

1—下模固定板；2—下模板；3—中模板；4—上模板；5—内骨架上定位销；6—上型芯；7,9—导套；8,14—导柱；
10—下托条；11—上托条；12—内六方螺钉；13,16—圆柱销；15—紧固螺钉；17—内骨架下定位销；18—下型芯

该模具的结构特点如下：

(1)在生产时该模具用于注压式 3RT 橡胶成形硫化机上。

(2)各个型腔的上、下型芯之间分别形成各自独立的分型面，分型面均暗藏于中模板上平面之下，形成暗藏式结构。这一结构的特点可在如图 19-5-4 所示模具 3D 爆炸图上观察到。

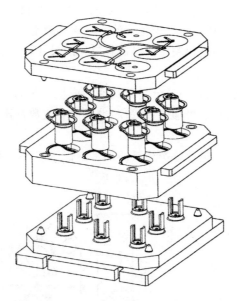

图 19-5-4　暗藏式分型面模具 3D 爆炸图

（3）上型芯 6 的结构特点如图 19-5-5 所示。

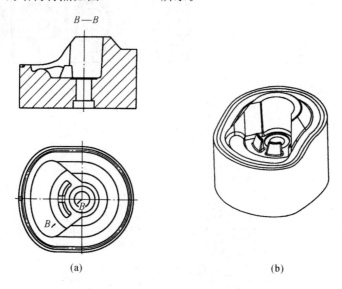

(a)　　　　　　　　　　　　(b)

图 19-5-5　上型芯

（4）上型芯固定于上模板（见图 19-5-6）之上。

（5）容纳外骨架并与之配合的型腔在中模板（型腔板）上，如图 19-5-7 所示。中模板上设置有余胶槽和跑胶槽，二者相互连通且与模具形体之外相通。

（6）下型芯 18 的结构如图 19-5-8 所示，模具组装时镶嵌在下模板（见图 19-5-9）上。

（7）模比为 1∶8。

（8）模具型腔与浇注系统的设计布局，以及各分浇道与点浇口的形状尺寸，如图 19-5-10 所示。

从图 19-5-10 中可以看出,该模具的浇注系统为非平衡设计。这是因为浇注系统的设计受到了制品在成形时的投影特点与橡胶主簧的形状结构影响。

为了改善这一状况,可以调整相关点浇口进料口处的尺寸,以获得注胶过程中各处胶料流动平衡的性能。

该模具加工制造的工艺要求较高。分型面偶件的成形加工,由立式数控铣床或立式加工中心来完成;余胶槽部分采用精雕机加工;下型芯也是由立式数控铣床或立式铣削加工中心来完成的。

现代加工手段的技术支持,可使这类模具的加工制作达到设计要求,并获得良好的技术使用效果。

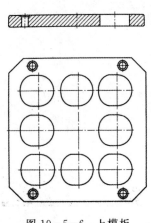

图 19-5-6　上模板

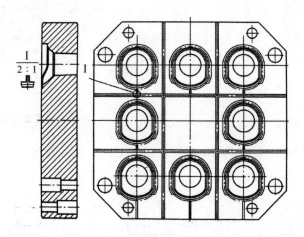

图 19-5-7　中模板(型腔板)

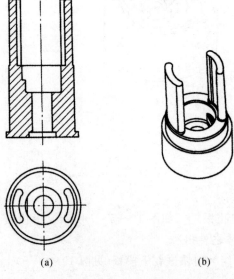

图 19-5-8　下型芯

(a)二维(2D)图;　(b)三维(3D)建模图

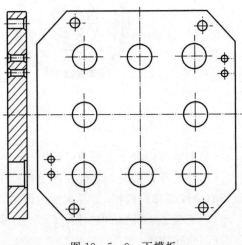

图 19-5-9　下模板

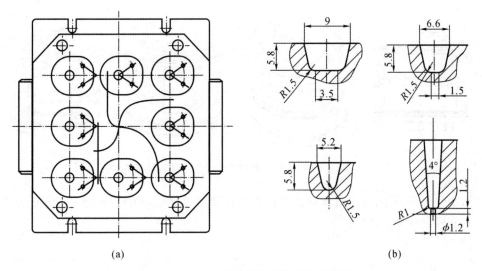

(a)　　　　　　　　　　　　　(b)

图 19 - 5 - 10　型腔与浇注系统的布局设计

(a)上模板组件上型腔与浇注系统布局设计；　(b)各级分浇道与点浇口

19.6　液压减震器衬套（一）成形模具的设计

汽车用液压减震器衬套的结构设计如图 19 - 6 - 1 所示。根据该设计图对其进行三维（3D）建模，如图 19 - 6 - 2 所示。

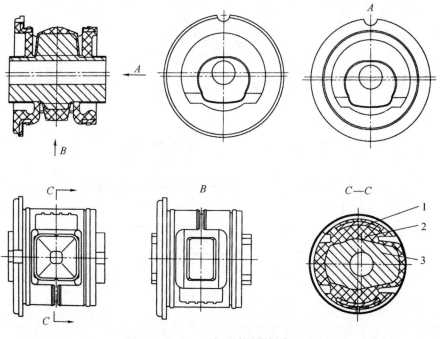

图 19 - 6 - 1　液压减震器衬套（一）

1—外骨架；2—橡胶体；3—内骨架

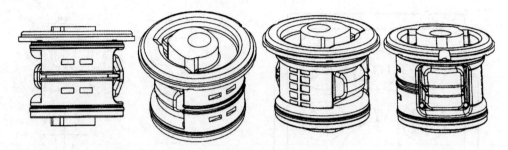

图 19-6-2　液压减震器衬套(一)的三维(3D)建模图

如图 19-6-3 所示为该液压减震器衬套的外骨架设计图,如图 19-6-4 所示为该液压减震器衬套的内骨架设计图。

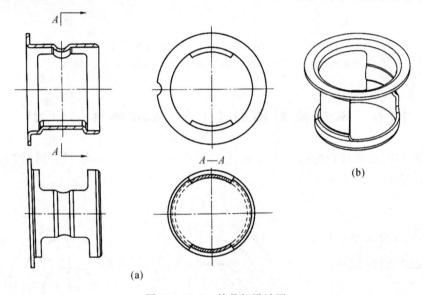

图 19-6-3　外骨架设计图

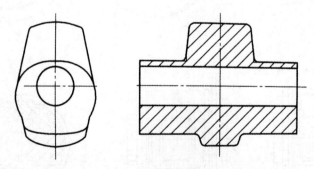

图 19-6-4　内骨架设计图

在该液压减震器衬套制品三维建模的基础上,其成形模具的结构设计如图 19-6-5 所示。

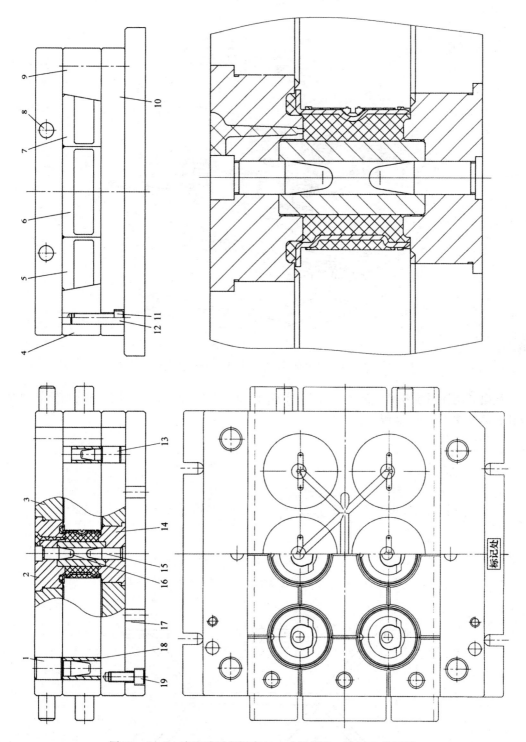

图 19 - 6 - 5 液压减震器衬套(一)成形模具二维(2D)设计图

1,13—导柱;2—上型芯;3—上模板;4,9—挡铁定位块;5,6,7—哈夫块组件;8—托柱;10—下模板;

11,19—内六角螺钉;12—圆柱销;14—下型芯;15—内骨架下定位销;16—内骨架上定位销;17—下模固定板;18—导套

如图 19-6-6 所示为该成形模具的三维(3D)建模图。

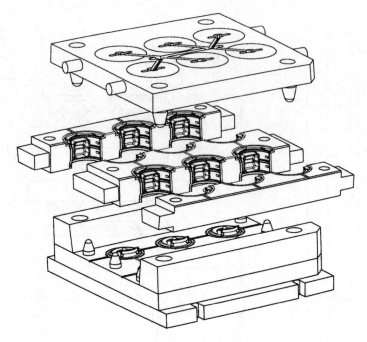

图 19-6-6　液压减震器衬套(一)成形模具的三维(3D)建模图

该模具浇注系统各级分浇道及点浇口的设计如图 19-6-7 所示,浇注系统和模具型腔的设计布局如图 19-6-8 所示。

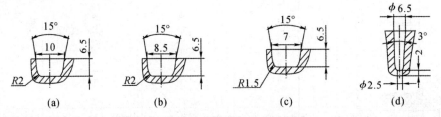

图 19-6-7　各级分浇道和点浇口的设计

(a)—一级分浇道；　(b)二级分浇道；　(c)三级分浇道；　(d)点浇口

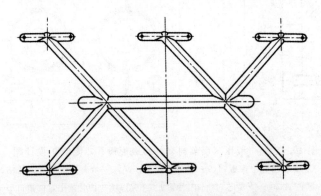

图 19-6-8　浇注系统和模具型腔的布局设计

该模具下模板上疏通多余胶料的跑胶槽设计如图 19-6-9 所示,哈夫块组件的结构设计如图 19-6-10 所示。

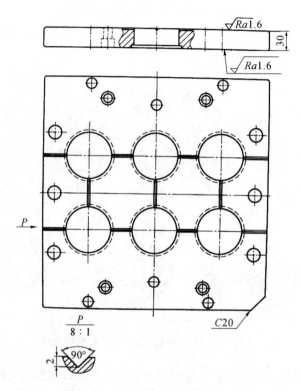

图 19-6-9　下模板跑胶槽的设计

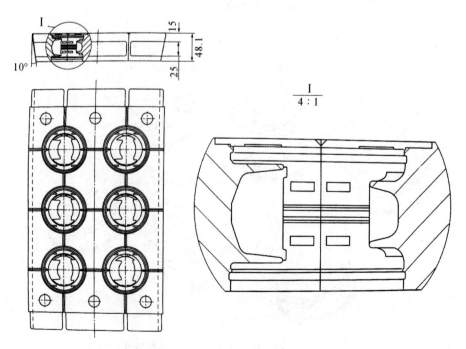

图 19-6-10　哈夫块组件的设计

如图 19-6-11 所示为该模具的浇注系统和型腔的结构关系图,从中可以看出点浇口的进浇口低于型腔的最高环形结构要素。从图 19-6-6 的模具结构图中也可以看出,模具的上分型面(哈夫块组件的上平面)也低于型腔的最高环形结构要素。

这种结构形式形成了"屋顶效应",很有可能在生产时于型腔最高环形结构要素的上面产生"滞气"现象,从而造成制品缺陷。

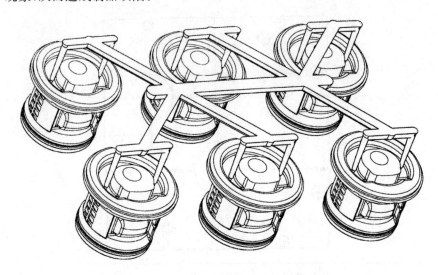

图 19-6-11　浇注系统和型腔的结构关系

一旦出现上述"滞气"缺陷,可在上模型腔垂直于两点浇口连线的最高位置增设"存气孔",将型腔中难以逃逸的空气赶往"存气孔"之中。这样,在生产中,在"存气孔"位置就会出现小胶柱,如图 19-6-12 所示。最后将小胶柱剪除即可。

图 19-6-12　存气孔在制品上残留的胶柱

19.7 液压减震器衬套(二)成形模具的设计

如图 19 - 7 - 1 所示为某液压减震器衬套,在其结构中,两个阻尼腔之间隔离墙的结构特点与前面几例都不相同,橡胶主簧的结构形式也不同。

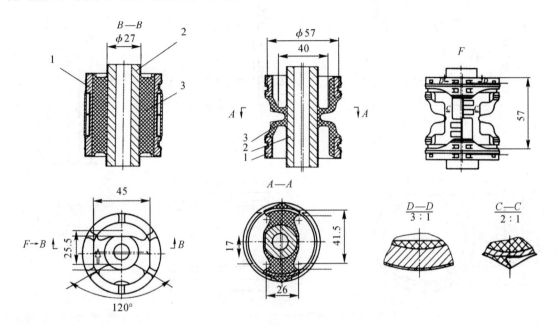

图 19 - 7 - 1 液压减震器衬套(二)
1—外骨架;2—内骨架;3—橡胶主簧

该液压减震器衬套体内的外骨架如图 19 - 7 - 2 所示,内骨架如图 19 - 7 - 3 所示。

该制品零件成形模具的三维(3D)建模图如图 19 - 7 - 4 所示。从图中可以清楚地看出成形模具的结构,各哈夫块上的撕边槽(包括哈夫块之间分型面上的撕边槽)、连接槽、跑胶槽,以及上模板两侧托柱的空间位置和结构,还可以看出下模型芯周围的撕边槽、连接槽和跑胶槽,以及浇注系统的设计布局等结构特点。

如图 19 - 7 - 4 所示三维(3D)建模图可以直接转化为成形模具结构设计的二维(2D)图样,如图 19 - 7 - 5 所示。

该成形模具的突出特点如下:

(1)由于该成形模具在哈夫块组的上、下两面及相互之间都设计布局了撕边槽、连接槽和跑胶槽,所以注胶时,型腔中空气和多余胶料的排出都非常顺畅,制品零件的成形质量也得到了保证。

(2)虽然制品零件形体结构复杂,但成形后飞边撕除的效果良好,使制品零件达到了无飞边化。

(3)外形有明显的对模大倒角(在俯视图的右下角,下模板、挡铁定位块和上模板组装之后整体加工而成)。

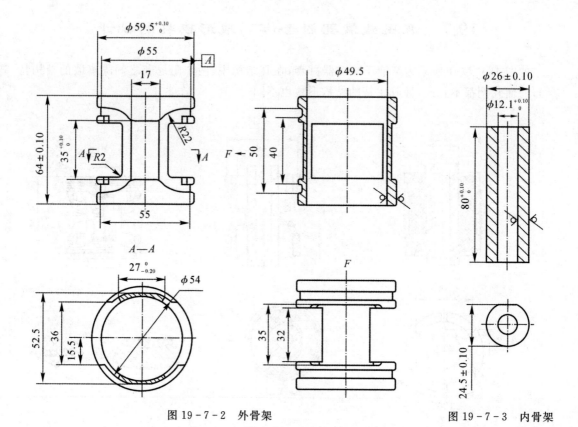

图 19 - 7 - 2　外骨架　　　　　　　　　图 19 - 7 - 3　内骨架

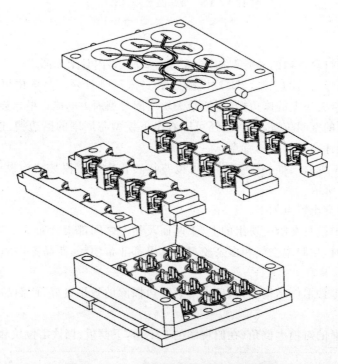

图 19 - 7 - 4　成形模具的三维(3D)建模图

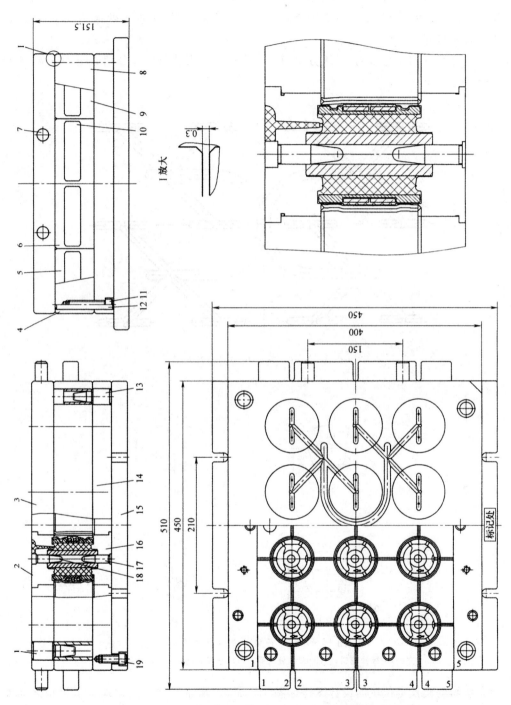

图 19-7-5　液压减震器衬套(二)成形模具二维(2D)设计图

1,13—导柱导套;2—上型芯;3—上模板;4,8—挡铁定位块;

5,6,9,10—哈夫块组;7—托柱;11,19—内六角螺钉;12—圆柱销;

14—下模板;15—下模固定板;16—下型芯;17,18—内骨架下、上定位销

(4)关于哈夫块组前后排列的顺序和方向,在模具的左侧做了1-1,2-2,3-3,4-4,5-5的标识,并且在后面的哈夫块与下模板之间增加了一个对模销,更加有效地防止了误操作,使模具更为安全可靠。

模具浇注系统的设计布局、各级分浇道以及点浇口的形状与尺寸分别如图19-7-6和图19-7-7所示。

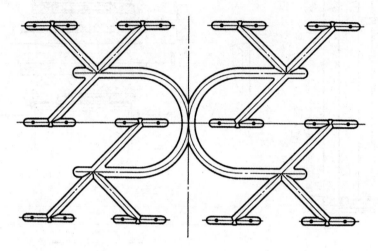

图19-7-6 浇注系统的设计布局

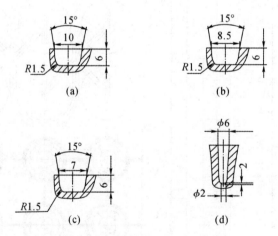

图19-7-7 各级分浇道与点浇口
(a)一级分浇道; (b)二级分浇道; (c)三级分浇道; (d)点浇口

哈夫块组的挡铁定位块的设计图样如图19-7-8所示。挡铁定位块与下模板之间的定位销设计布局为两排四柱式结构,有效地提高了下模组件的刚度。

图19-7-9所示为该成形模具哈夫块组的设计,从中可以看出撕边槽、连接槽和跑胶槽的设计布局,从局部放大图中可以看出型腔内的结构,特别是两个阻尼腔之间隔离墙的结构。

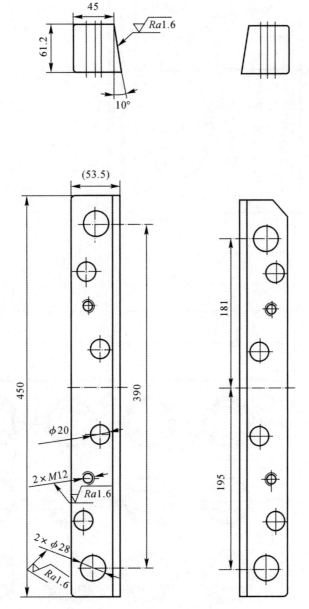

图 19 - 7 - 8　挡铁定位块的设计

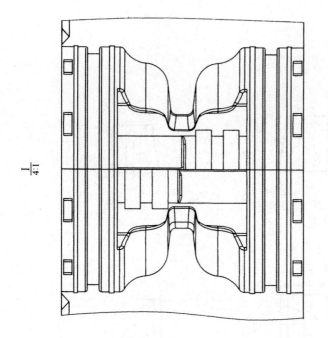

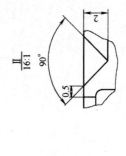

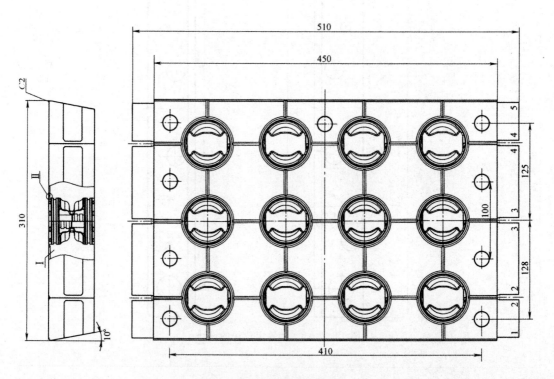

图 19 - 7 - 9 哈夫块组的设计

第 20 章　不正确的模具结构设计

20.1　概念不清的错误结构模具

有的企业目前还存在着一定数量概念不清的错误结构模具设计。

所谓模具设计概念不清,是指橡胶成形模具设计者和制造者没有弄清楚橡胶成形原理和热塑性塑料成形原理的区别是什么,便将与橡胶硫化成形原理截然不同的热塑性塑料成形模具的结构照搬到了橡胶成形模具的结构中来。

首先,看一看热塑性塑料注射成形模具的结构。常见的塑料注射模的基本结构形式如图 20-1-1 和图 20-1-2 所示。

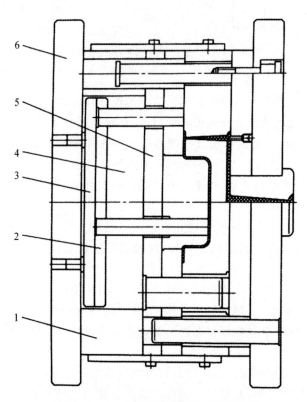

图 20-1-1　点浇口式塑料注射成形模具

1—垫块;2—推杆固定板;3—推板;4—推料机构活动空间;5—支承板;6—动模座板

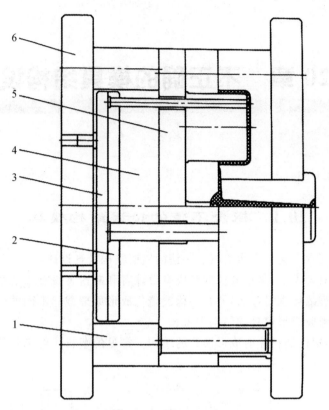

图 20-1-2 平浇口式塑料注射成形模具

1—垫块;2—推杆固定板;3—推板;4—推料机构活动空间;5—支承板;6—动模座板

　　然后,看一看热塑性塑料注射成形原理。简单地说,熔融的塑料流体在注射机所给予压力的作用下,经过模具的浇注系统而充满模具的型腔,在保压的状态下,经过一定时间的冷却硬化而得到塑料制品。塑料注射成形模具是遵循这一基本原理而设计的,在图 20-1-1 和图 20-1-2 中,推料机构活动空间 4 并不影响制品的成形及其质量。

　　了解了塑料注射成形原理之后,再来分析错误的橡胶注射成形模具和注压成形模具的结构设计,分别如图 20-1-3 和图 20-1-4 所示。

　　图 20-1-3 和图 20-1-4 的橡胶硫化成形模具结构之所以是错误的,是因为它们的结构完全采用了塑料注射成形模具结构,不但对橡胶成形过程和橡胶制品质量无益,而且是有害的。

　　橡胶硫化成形的原理:橡胶在硫化机中所给予的压力作用下,经过模具的浇注系统而充满其型腔,在上、下热板经锁模、加热和保压条件下,并经过一定的时间而产生硫化反应,由生橡胶(混炼胶)变成了熟橡胶(交联橡胶),在这一变化过程中,通过模具向胶料提供热能是必不可缺的三大成形工艺条件之一。

　　橡胶加热硫化成形原理和塑料注射冷却成形原理是两种完全不同性质的成形过程。橡胶加热硫化成形是化学变化过程,而塑料注射冷却成形是物理变化过程;前者是加热硫化成形,而后者是冷却硬化成形;前者是不可逆的化学变化过程,而后者则是可逆的物理变化过程(橡胶硫化后,不能在热的作用下再次变成其他形状的橡胶制品,而塑料制品经过再次加热,还可以注射成为其他形状的制品）。

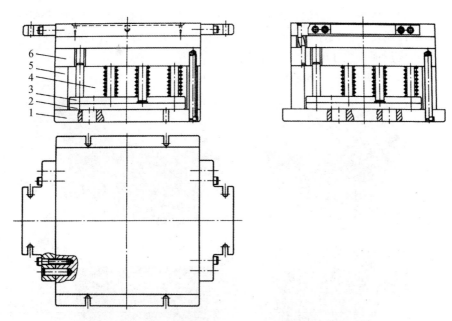

图 20‐1‐3　错误的注压式橡胶硫化成形模具

1—下模座；2—推板；3—推杆固定板；4—推料机构活动空间；5—垫板；6—下模板

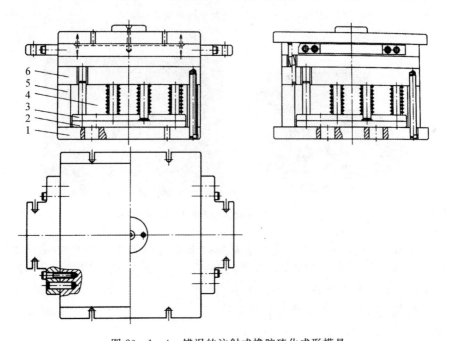

图 20‐1‐4　错误的注射式橡胶硫化成形模具

1—下模座；2—推板；3—推杆固定板；4—推料机构活动空间；5—垫板；6—下模板

　　因此，将橡胶成形模具（无论是注射式结构还是注压式结构）设计制作成热塑性塑料注射成形模具的结构形式是错误的，这就不难理解了。

　　错误的模具结构势必给橡胶制品的质量及其生产过程带来不良的影响。例如，如图 20‐

1-3和图20-1-4所示模具的下模部分与其下模座部分之间,存在着推料机构活动空间,这使型腔中的胶料得不到满足充分硫化的热能,虽然从外观上看制品已成形,而内在却是欠硫状态(其物理-力学性能达不到制品的设计要求)。因为推料机构活动空间在橡胶模具中的存在,通过热对流进行成形而损失了相当部分的热能。

如图20-1-5和图20-1-6所示为这类橡胶成形模具的实物照片。

图20-1-5　部分错误结构模具的外观

图20-1-6　部分错误结构模具的内部结构

为了保证橡制品的内在质量,则要提高下热板的温度(这里需要强调的是,空气是热能的不良导体,也是热能的不良载体。推料机构活动空间的存在,严重地影响着橡胶硫化热能的传导),同时也造成了电能的耗损,从而提高了制品的生产成本。这与"资源节约型生产"是相悖的。

通过上述分析,我们知道了为什么采用图20-1-3和图20-1-4中下顶出脱模机构的设计方案是错误的。

对于需要顶出的橡胶制品来说,设计其成形模具的结构时,应选择合理的侧向顶起结构方案,如前面相关章节图例所示。

设计侧向顶起脱模取件的橡胶模具结构时,要将下模部分的传导热能面积设计到最大,将热能耗损的不利结构因素降到最低。

如图20-1-7所示模具就是一副实际存在的概念不清的错误结构橡胶注射成形模具,虽然垫块 6 有四块围在四边,但仍然解决不了传热效率低下的问题。因此,再一次强调,因为空气是热的不良导体和不良载体,所以这种结构极大地减弱了橡胶硫化所需热能的传递。

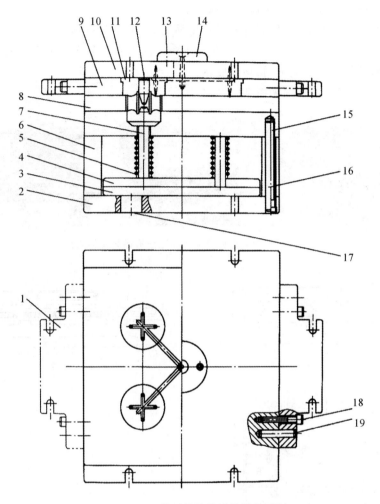

图 20-1-7　错误结构设计的模具图例

1—挂耳;2—底板;3—推板;4—型芯固定板;5—复位弹簧;6—垫块;
7—下型芯;8—中模板;9—上模板;10—上模固定板;11—上型芯;12—内骨架上
定位销;13,15,18—螺钉;14—主浇道衬套(定位圈);16,19—圆柱销;17—下顶孔

20.2　连杆哈夫式注压成形模具结构

我国还有一些企业存在着一种不正确的连杆哈夫式注压成形模具结构,其实物照片如图 20-2-1 所示。

这种连杆哈夫式注压成形模具结构之所以不正确,是因为这种模具结构有以下几个缺点:

(1)这种结构形式决定了各相关哈夫块在脱模时不同步。由于螺钉与连杆长孔之间的间隙大,其组件向上移动时各个哈夫块在上升时有时间差,会使各个哈夫块在分型面上相互摩擦,影响模具精度和使用寿命。

（2）模具结构形式决定了哈夫块的连杆易于变形而失效。

（3）哈夫块排列越多，其连杆就越长，强度、刚度越差。在模具的使用、安装、维护保养、进出库管理等过程中，其连杆易于磕碰受损和变形。

（4）对于制品高度小的模具，其连杆显得单薄无力，更易于变形。

（5）在该模具结构形式中，连接哈夫块与连杆的内六角螺钉的直径尺寸会影响连板的强度。而且，螺钉还易于弯曲变形、损坏和脱落。

该成形模具的结构设计图如图 20-2-2 所示。

图 20-2-1　连杆哈夫式注压成形模具实物照片

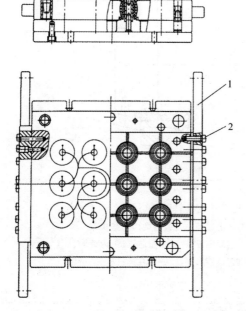

图 20-2-2　连杆哈夫式模具结构设计图
1—哈夫块连杆；2—内六角螺钉

20.3　暗藏式定位块的哈夫式注压成形模具结构

同样，我国一些企业还存在着另一种错误的哈夫注压式模具结构，如图 20-3-1 和图 20-3-2 所示。

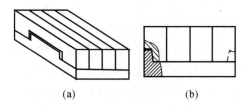

图 20-3-1　暗藏式定位块结构的哈夫模具(一)

(a)模具立体示意图；　(b)暗藏式定位块剖视图

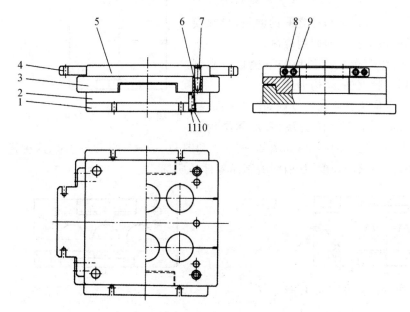

图 20-3-2　暗藏式定位块结构的哈夫模具(二)

1—下模固定板；2—定位块下模板一体化结构；3—外侧哈夫块；
4—挂耳；5—上模板；6—导套；7—导柱；8,11—圆柱销；9,10—内六角螺钉

　　图 20-3-1 和图 20-3-2 的模具结构,即为暗藏式定位块结构的哈夫成形模具。这种结构是错误的,原因在于设计者被其"有益"的一面蒙蔽而忽视结构工艺性错误更为重要的一面。

　　从表面上看,这种结构是将定位块与下模板做成了一体化设计(也可以设计成组合式结构),一体化设计的优点是整体性强,强度高；定位块暗藏于两侧哈夫块之下,结构紧凑；模具小型化,占据空间小；节省模具材料等,这些都是其有益的一面。然而,从其设计工艺性来看,这种结构方案弊远大于利。

　　该模具的工艺性错误如下：

　　(1)定位精度不高。这种结构形式中,两侧哈夫块上有定位销孔与上模部分所对应的定位销(导柱)相配合。但是,由于定位块暗藏于两侧哈夫块之中,无法使定位块与哈夫块在长度方向上进行全程导向和定位。此外,定位块的高度一般仅为哈夫块高度的 1/3 左右,这增加了材料的机械加工切削量,而且这种结构易于使模具在使用中因磨损而失去精度,导致模具提前失效。

　　(2)加工工艺性能差。定位块与下模板合二为一,由整块材料加工而成,要采用切削加工除去大量的多余金属材料,有的甚至还要用线切割加工。这样,消耗了大量的能耗和工时,造成模具成本高。而且,下模板的上平面难以达到设计要求和使用要求,哈夫块凹入的斜面难以加工,很难与定位块斜面的配合达到理想程度,且无法研磨配合。

　　(3)模具使用寿命短。由于定位块与下模板为同一块材料加工而成,因此,大量除去材料加工给剩下的构件带来了新的应力不平衡状态。模具在使用或者放置一段时间之后,整体式构件(定位块与下模板一体化零件)就会产生较大的变形,从而加重了模具相关部件之间的磨损,导致模具提前失效,缩短了模具的使用寿命。

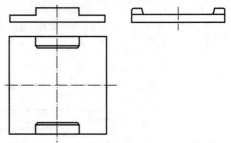

　　当然,也有将暗藏式定位块与下模板分别制作、然后再组装到一起的结构形式。

　　下模板与定位块一体化的设计如图20-3-3所示,哈夫组的前、后两块哈夫块,在形体结构上

图20-3-3　定位块、下模板一体化结构

分别设置有容纳定位块的腔槽,如图20-3-4和图20-3-5所示。总之,这种模具结构难以保证成形模具所要求的精度,从而影响制品零件的质量。

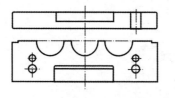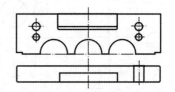

图20-3-4　前哈夫块结构　　　　　　　图20-3-5　后哈夫块结构

　　这种错误的模具结构实物如图20-3-6和图20-3-7所示。

图20-3-6　错误结构模具实物照片(一)　　　　图20-3-7　错误结构模具实物照片(二)

第21章 橡胶模具辅助工装设计

在橡胶模制品零件的生产过程中,常常以其成形模具为中心设计制作一些专用的,或者部分通用的辅助工装,以此来降低生产中的劳动强度、提高制品零件的质量、方便成形模具的制造、延长模具的使用寿命以及提高生产率等。

本章对部分常用辅助工装的结构设计进行简单介绍。

21.1 卸 模 器

在橡胶模制品零件的生产过程中,为了卸模、取件方便,常常借助于卸模器。这类工装也被称为卸模架或者脱模架,有专用和通用之分。

通用卸模器是根据一个生产企业内部产品尺寸系列及其成形模具结构的分类和尺寸系列,设计制作的多副模具所能共同使用的卸模器。而专用卸模器则是针对某一种橡胶模制品零件及其成形模具的特殊结构而设计制作的,不能同其他模具共同使用的卸模器。

21.1.1 撬棒和撬板

通常,在移动式橡胶模具的各个分型面上,相关的模板周边都设计制作有开模用的起撬口,即起模口。开模时,将撬棒或撬板的端部插入起模口,便可通过撬动撬棒或撬板打开模具。

撬棒和撬板一般都是用黄铜来制作的。撬棒俗称铜起子,形状简单,易制。撬板的形状如图 21-1-1 所示。

21.1.2 磕碰式脱模架

磕碰式脱模架也称为撞击式脱模架或撞击架脱模,有的地区还将这类脱模架叫作脱模支架。

磕碰式脱模架的工作原理非常简单,如图 21-1-2 所示。

如图 21-1-3 所示是对小型的哈夫式结构成形模具进行磕碰式脱模。

磕碰式脱模架可以设计成不同的结构形式,以满足各类橡胶成形模具开模之用。图 21-1-4 为整体

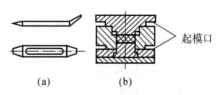

图 21-1-1 撬板与模具的起模口

(a)撬板; (b)模具起模口

式结构,图 21-1-5 为单向调节式结构,图 21-1-6 为双向调节式结构。

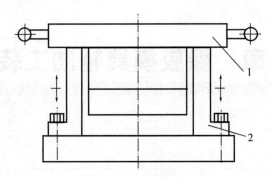

图 21-1-2　磕碰式脱模(一)

1—模具;2—磕碰式脱模架

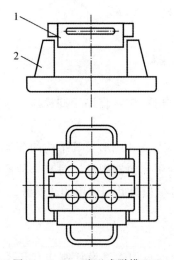

图 21-1-3　磕碰式脱模(二)

1—哈夫式成形模具;2—磕碰式脱模架

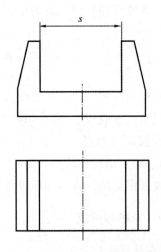

图 21-1-4　整体式磕碰脱模架

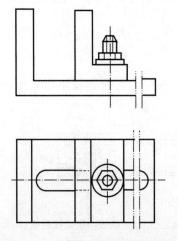

图 21-1-5　单向调节式磕碰脱模架

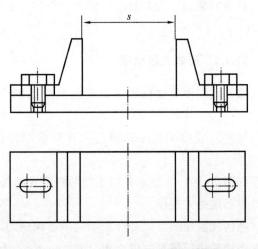

图 21-1-6　双向调节式磕碰脱模架

21.1.3　卸模架

卸模架是橡胶成形模具开模、取件时常用的辅助工装之一,有的地区也将卸模架称为脱模架。

卸模架的结构形式也是多种多样的。图 21-1-7 为单向式卸模架,图 21-1-8 为一个水平分型面成形模具卸模架的结构形式。

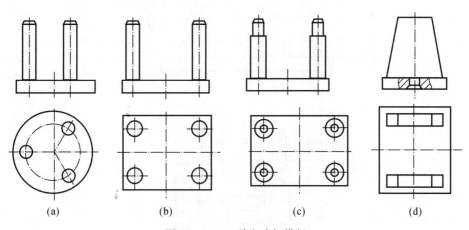

图 21-1-7　单向式卸模架

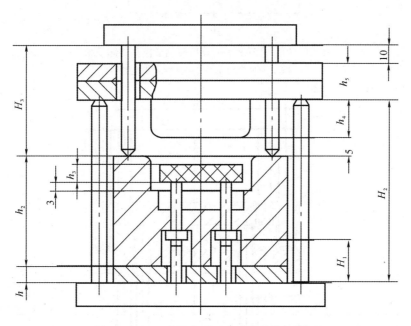

图 21-1-8　水平分型面成形模具的卸模架

如图 21-1-9 所示卸模架则是使用于三层式两个水平分型面结构的卸模架。

两种水平分型面成形模具常用卸模架的结构形式如图 21-1-10 和图 21-1-11 所示。套筒式卸模架如图 21-1-12 所示。组合式卸模架如图 21-1-13 所示。

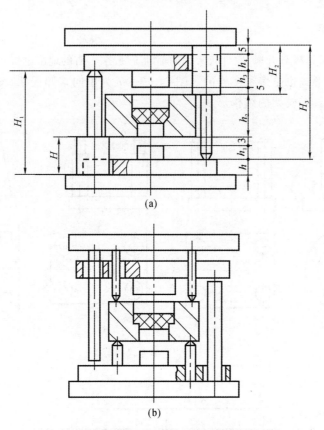

(a)

(b)

图 21-1-9　两个水平分型面成形模具的卸模架
(a)正推式卸模架；　(b)反推式卸模架

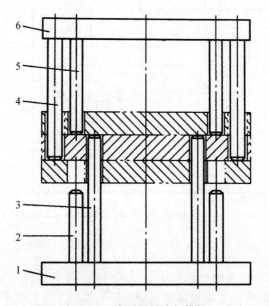

图 21-1-10　常用两层式卸模架(一)
1—下压板；2,3,4,5—顶杆；6—上压板

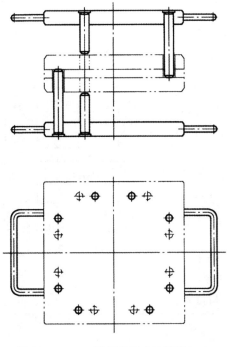

图 21-1-11　常用两层式卸模架(二)

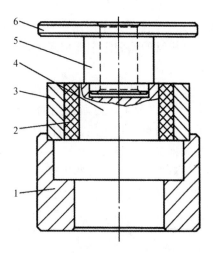

图 21-1-12　套筒式卸模架

1—下压筒;2—制品零件;3—中模体;

4—型芯;5—上压筒;6—上压板

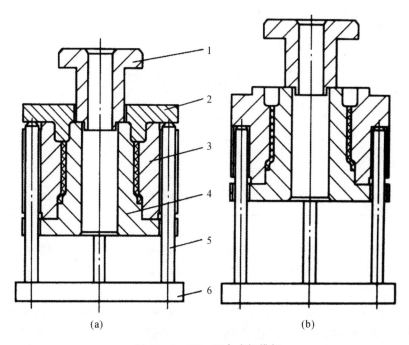

(a)　　　　　　　　　　(b)

图 21-1-13　组合式卸模架

1—上压筒;2—上模板;3—中模板;4—型芯;5—顶杆;6—下压板

21.2　压　注　器

压注器的结构形式如图 21-2-1 所示。

压注器由柱塞和料斗所组成。它是压注式橡胶模具的重要组成部分之一。在使用中,胶料通过压注器的柱塞被强行挤压到模具的型腔之中而成形。压注器的结构一般都非常简单,易于制造。

压注器尺寸的大小是按照模具型腔的大小、浇注系统容积的大小,以及生产时所选用的硫化压力机的吨位来进行设计的。普通型结构压注器的设计可参照表 21-2-1 压注器型号和推荐尺寸进行。

胶料压注器的具体结构设计可根据各个企业内部的生产习惯、模具结构特点而定。表21-2-1可作为设计时的参考。

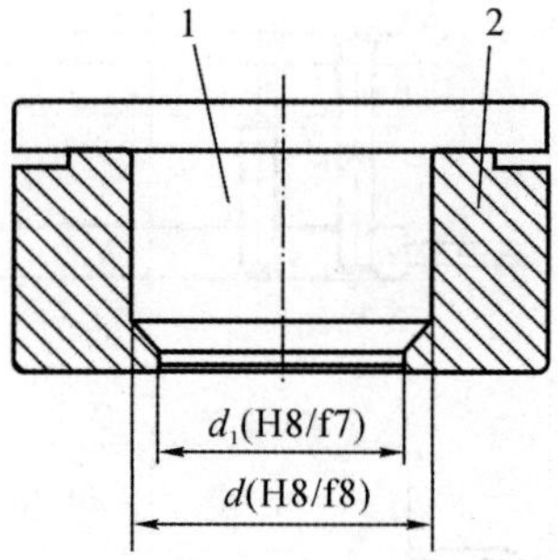

图 21-2-1　胶料压注器
1—柱塞;2—料斗

表 21-2-1　压注器型号与推荐尺寸　　　　单位:mm

图　例	型　号	D	d	d_1	H	h	R
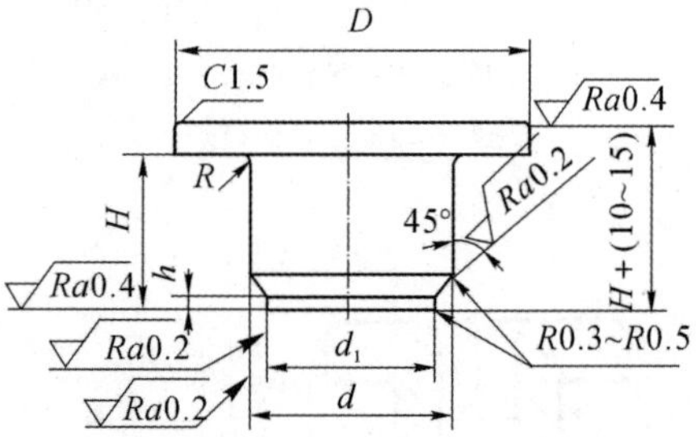	YZQ1	80	$40_{-0.064}^{-0.025}$	$36_{-0.050}^{-0.025}$	$40_{-0.15}^{-0.05}$	3	2
	YZQ2	100	$60_{-0.076}^{-0.030}$	$56_{-0.060}^{-0.030}$	$60_{-0.15}^{-0.05}$	3	2
	YZQ3	120	$80_{-0.090}^{-0.036}$	$74_{-0.060}^{-0.030}$	$80_{-0.15}^{-0.05}$	5	3
	YZQ4	140	$90_{-0.090}^{-0.036}$	$84_{-0.071}^{-0.036}$	$90_{-0.15}^{-0.05}$	5	3
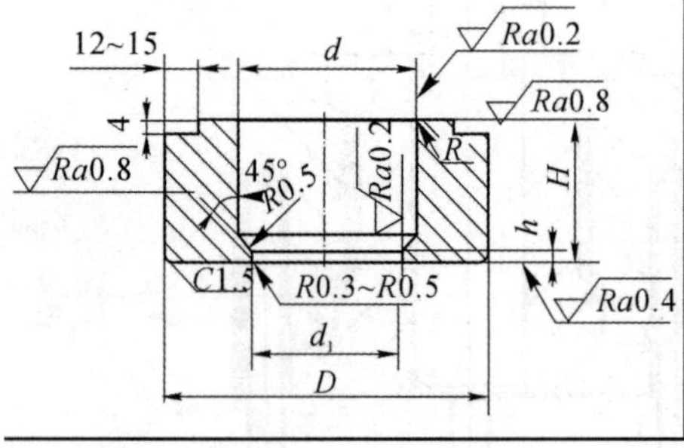	YZQ1	80	$40_{0}^{+0.039}$	$36_{0}^{+0.039}$	$40_{0}^{+0.05}$	3	2.5
	YZQ2	100	$60_{0}^{+0.046}$	$56_{0}^{+0.046}$	$60_{0}^{+0.05}$	3	2.5
	YZQ3	120	$80_{0}^{+0.054}$	$74_{0}^{+0.046}$	$80_{0}^{+0.10}$	5	3.5
	YZQ4	140	$90_{0}^{+0.054}$	$84_{0}^{+0.054}$	$90_{0}^{+0.10}$	5	3.5

压注器的结构形式要根据模具的需要来设计,不必拘泥于某一固定的结构形式,应从生产实际出发,设计出实用性强、结构简单、有利于操作和提高生产率的压注器。例如,某"个性"化的压注器如图 21-2-2 所示。

压注器的料斗和柱塞使用的材料,一般都为 45 钢(料斗还可以选用 40Cr 钢或 50Cr 钢等材料),柱塞热处理后硬度为 42~45HRC,料斗的热处理后硬度为 45~48HRC。料斗的内腔和柱塞的压注工作表面的表面粗糙度值 Ra 为 0.20 μm。

在压注器使用中,料斗布置在压注式压胶模的中线上,料斗的漏胶直径 d_1 必须覆盖模具浇注系统主浇道的上口。压注器型号(料斗的投影面积)的选用,以料斗底部能够覆盖住模具型腔投影面积的 70%～85% 为宜。

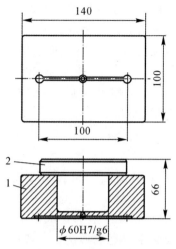

图 21-2-2　三点压注式压注器
1—料斗;2—柱塞

21.3　R 刀及其刃磨工装

21.3.1　R 刀

R 刀(R 成形刀)的主要用途是切削成形 O 形橡胶密封压胶模的型腔。此外,它还用来车削成形 O 形橡胶密封圈压胶模型腔内、外的半圆形,圆形余胶槽以及其他回转型模具型腔的半圆形余胶槽。有时,它还可以用来刨削模具型腔旁边的直通式余胶槽或跑胶槽。

对于 O 形橡胶密封圈成形模具型腔的加工来说,首先遇到的就是刀具问题。R 刀直接影响着模具型腔的形状和尺寸精度,以及表面粗糙度值等质量指标。所以,在 O 形橡胶密封圈成形模具的制造中,必须十分重视 R 刀的几何精度及其切削刃部分的表面粗糙度值。

R 刀的形状结构如图 21-3-1 所示。

在切削加工中,R 刀可以分为粗车 R 刀和精车 R 刀两种。也可以使用一把精车 R 刀进行加工。

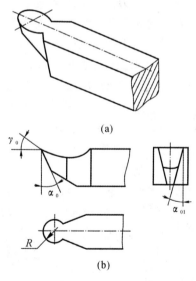

图 21-3-1　R 刀
(a)R 刀三维(3D)图；(b)R 刀三视图

对于 O 形橡胶密封圈压胶模型腔的粗车加工来说,粗车 R 刀可以是 R 形粗车 R 刀,也可以是非 R 形粗车 R 刀(例如 90°尖刀)。R 形粗车刀的半径比 R 形精车刀的半径要小 0.3～0.5 mm。一般来说,精车 R 刀的前角 γ_0 最好为 3°～5°,而粗车 R 刀的前角 γ_0 为 8°～12°。

以下所讨论的 R 刀的几何形状和尺寸精度均为对精车用 R 刀而言。

R 刀的后角 α_0［见图 21-3-1(b)］一般为 $8°\sim12°$。R 刀的后角，从空间看，它近似于锥形角的一部分。而如图 21-3-1(b)中所示的后角 α_{01}，则随着其加工型腔的回转直径大小而变化，即型腔实际回转直径大的，α_{01} 值小，而实际回转直径小的，α_{01} 值大。

在 R 刀成形磨削之后，α_{01} 由手工修磨而成，一般在 $15°\sim20°$，视其加工型腔回转直径的大小而定。

21.3.2　R 刀刃磨工装

R 刀成形磨削的方法，有手工磨削法和机械磨削法两类。

在 R 刀的机械磨削法中，有 R 刀磨削工装刃磨成形法、工具磨床刃磨成形法和光学曲线磨床刃磨成形法。一般应用较为普遍的是如图 21-3-2(a)所示的 R 刀磨削工装刃磨成形法。

该工装结构简单，易于制造，使用灵活，可以固定在工具磨床上进行 R 刀的成形刃磨，也可以与台式砂轮机组合在一起，改装成一个进给机构，实现 R 刀的成形刃磨，还可利用平面磨床进行 R 刀的成形刃磨。

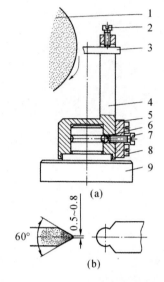

图 21-3-2　R 刀刃磨工装

1—砂轮；2—固定螺钉；

3—R 刀刀坯；4—刀架；5—盖板；

6—钢珠；7，8—螺钉；9—底座

在工具磨床上刃磨时，可更换一个 $60°$ 的砂轮［见图 21-3-2(b)］，或将已有砂轮修整成为 $60°$，砂轮刃磨带的宽度约为 $0.5\sim0.8$ mm，刀坯摆动的角度要大于 $180°$。

由于 O 形橡胶密封圈为强迫性密封元件，使用时均有较大的压缩量，加之其截面尺寸较小，而公差又比较大，所以 O 形橡胶密封圈截面真正的圆度经常不为人们所注意。以上所述 R 刀的成形刃磨方法，磨削出来的 R 刀只能加工出近似半圆（理想半圆）的半圆型腔。有前角和后角的 R 成形刀具，其设计和制造在有关刀具专业书中有详细的讨论。要想得到截面为正圆的理想型腔，则其成形加工所使用的 R 刀应当由专门人员进行设计，用光学曲线磨床等精密设备来磨削成形。

在一般情况条件下（没有高精度成形磨床），使用图 21-3-2 的 R 刀磨削工装精心刃磨 R 刀，基本上可以满足普通 O 形橡胶密封圈对其成形模具型腔加工的需要。

21.4　开合模车削夹具

囊套类和轴类橡胶模制品零件的模具结构，以及橡胶波纹管之类的成形模具结构，均属于开合模结构。

开合模型腔的加工可使用如图 21-4-1 所示开合模车削夹具。

由于该夹具的结构主要由花盘和弯板组成，所以也称为花盘弯板工装。该夹具的优点是在开合模型腔的加工过程中，可以随时打开上模，直接观察模具型腔内部的切削情况，以调整加工方法、刀具位置和角度等。

不同的开合模,其中心位置不相同,型腔的中心可由弯板在花盘上相对于车床中心做上、下调整。

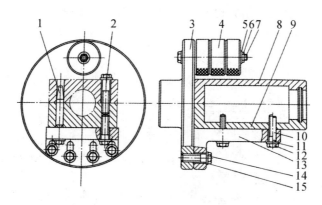

图 21-4-1 开合模车削夹具

1—定位销;2,7,12,14—螺钉;3—花盘;4—平衡块;
5,11,15—垫片;6—螺母;8—上模;9—下模;10—圆柱销;13—弯板

花盘直接安装于车床的主轴上,锁紧保险块的螺钉。一般来说,每次安装花盘时,应根据开合模的中心高度,调节弯板达到其要求。花盘的右端面要求为平面,允许向内微凹,但禁止向外微凸,要用指示表来进行仔细检查。如果达不到要求,则要卸下弯板和平衡块(配重块),将右端面轻轻车一刀。检验合格后,重新安装弯板,调整其高度,找正水平方向,然后将开合模的下模固定在弯板上(由螺钉和圆柱销定位),合上上模,并用螺钉固定压死,即可开始加工。

对于如图 21-4-1 所示的型腔腹径大而口径小的模具,可在加工中途卸掉上模,测量腹径尺寸,重新对刀,继续加工。

对于型腔结构复杂的开合模,可随时打开上模进行各个部位尺寸的测量、对刀以及试切削等来进行型腔的加工。

在操作使用中,可根据模具组合件和弯板的质量,调整平衡块的质量。装夹必须牢固可靠,车床转速不能太高,禁止反转。

21.5 花盘心轴式车削夹具

车制 O 形橡胶密封圈成形模具和其他回转型制品零件成形模具的型腔时,对于模架式结构的型芯,可以使用弹簧卡头来装夹加工,还可以使用高精度的自定心卡盘来装夹进行加工(如将三爪改制成软爪,则装夹效果更好)。

对于 180°分型的模板式结构模具型腔的加工,可使用如图 21-5-1 所示车削夹具。

在使用该车削夹具时,将其花盘固定在车床的主轴上,锁死保险螺钉。花盘中央有可以更换和调节的心轴。被加工模板上定位用的工艺孔依次与花盘中央定位心轴相配合,并用压板压紧在花盘的右端面上。

根据模板在花盘上位置的变化,不断地调整平衡块的质量,以便在加工时使夹具运转平稳,工作安全,并保护车床的精度。

在夹具调整好之后,还要进行安全检查,然后可对模板上的型腔逐个进行加工。

该夹具适宜于对带有工艺性定位孔的方形模板和圆形模板的型腔（多型腔）进行加工。为了保证模具上、下模板的定位质量，对模板上的定位孔与夹具上心轴的尺寸公差应当进行统一设计，这样才能使模具不会发生错腔现象，从而保证制品零件的质量要求。

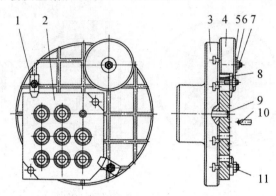

图 21-5-1　花盘心轴式车削夹具

1—压板；2—加工中的模板；3—花盘；4—平衡块；

5—垫片；6—螺母；7,11—T形螺钉；8—支撑块；9—心轴；10—R刀

在进行型腔加工时，应当注意以下几个问题：

（1）R刀一般都要装夹在弹簧刀杆中进行切削加工，这样可以减小振动，提高模具型腔的表面质量，降低其表面粗糙度值。

（2）进行型腔的精加工时，进给量不宜过大，接近最终尺寸时，要求微量进刀、冷却充分，并且切削速度不宜过高。必要时，可用徒手盘动法搬转花盘，进行型腔最后的精车切削。

（3）对于型芯上型腔的加工，如果使用卡盘进行装夹，则要求自定心卡盘精度要高。对于小型芯，可进行标准化、系列化的设计与制造，利用弹簧卡头装夹加工。对于非标准结构的模具型芯，可在加工前车制一个与之配合的弹性套，通过弹性套将型芯装夹在弹簧卡头或者自定心卡盘上进行加工。

如图 21-5-2 所示为花盘心轴式车削夹具的实际应用情况。

图 21-5-2　花盘心轴式车削夹具实例

第22章 压注式和填压式成形 模具标准结构

22.1 压注式成形模具标准结构

在许多橡胶制品的模压硫化生产中,都使用通用的或者专用的料斗和柱塞将胶料压注到成形模具的型腔中去,这种装置就是通常人们说的压注器,也有的称作注压器。有的地区还将压注器的料斗称作料杯。

这类模具的结构类似于塑料成形模具中热固性塑料压注模的结构。在橡胶模具中,将这类模具称为压注式成形模具。对于这一类模具,在一个企业内部可以根据产品类型形成一种标准结构形式。这类模具结构的组合与分类以及卸模架的相关尺寸见表22-1-1,供生产和模具设计时参考。

表 22-1-1 压注模组合分类与尺寸

单位:mm

类 型	组合形式及尺寸

	最大成形直径	50	60	65	72	86	100
主要尺寸	D	90	100	110	120	140	160
	D_1	115	120	130	140	160	180
	D_2	80	90	100	110	130	150
	D_3	70	80	90	100	118	135

件号	名称	数量	尺寸符号	尺 寸		
1	导柱	1		$\phi 8$	$\phi 10$	$\phi 12$
2	浇口板	1	h_1	12	15	
3	凹模	1	H	16~60(按需要确定)		
4	螺钉	3		M8		
5	卸模板	2	h_2	12		
6	卸模杆	6		$\phi 20$		
7	手柄	8		$\phi 8$		
8	销钉	8		$\phi 2$		
9	套筒	4		$\phi 13 \times 35$		
10	下模板	1	h_3	12		
11	固定板	1	h	12	15	
12	导柱	1		$\phi 10$	$\phi 12$	$\phi 14$

圆形压注模

续　表

类　型	组合形式及尺寸

圆形压注模

主要尺寸	最大成形直径	50	60	65	72	86	100
	D	90	100	110	120	140	160
	D_1	115	120	130	140	160	180
	D_2	80	90	100	110	130	150
	D_3	70	80	90	100	118	135

件号	名称	数量	尺寸符号	尺　　寸					
1	浇口板	1	h_1	12				15	
2	固定板	1	h_2	12				15	
3	凹模	1	H	16～60（按需要确定）					
4	螺钉	6		M8					
5	下模板	1	h_3	12					
6	卸模杆	6		$\phi10$					
7	卸模板	2	h_4	12					
8	手柄	8		$\phi8$					
9	销钉	8		$\phi2$					
10	套筒	4		$\phi13\times35$					
11	导柱	1		$\phi8$				$\phi10$	$\phi12$
12	导柱	1		$\phi10$				$\phi12$	$\phi14$

续 表

类 型	组合形式及尺寸

	最大成形直径	50	60	65	72	86	100
	D	90	100	110	120	140	160
主要尺寸	D_1	115	120	130	140	160	180
	D_2	80	90	100	110	130	150
	D_3	70	80	90	100	118	135

圆形压注模

件号	名称	数量	尺寸符号	尺 寸		
1	导柱	1		$\phi10$	$\phi12$	$\phi14$
2	浇口板	1	h_1	12	15	
3	垫板	1	h_2	10	12	
4	导柱	1		$\phi8$	$\phi10$	$\phi12$
5	凹模	1	H	16～60(按需要确定)		
6	顶板	1	h_3	6	8	
7	螺钉	3		M8		
8	卸模板	2	h_4	12		
9	卸模杆	6		$\phi20$		
10	固定板	1	h	12	15	
11	下模板	1	h_5	12		
12	手柄	8		$\phi8$		
13	套筒	4		$\phi13\times35$		
14	销钉	8		$\phi2$		

续 表

类　型	组合形式及尺寸

	最大成形直径	35	45	55	65
主要尺寸	d	50	60	70	80
	D	105	125	140	160
	D_1	85	100	115	130

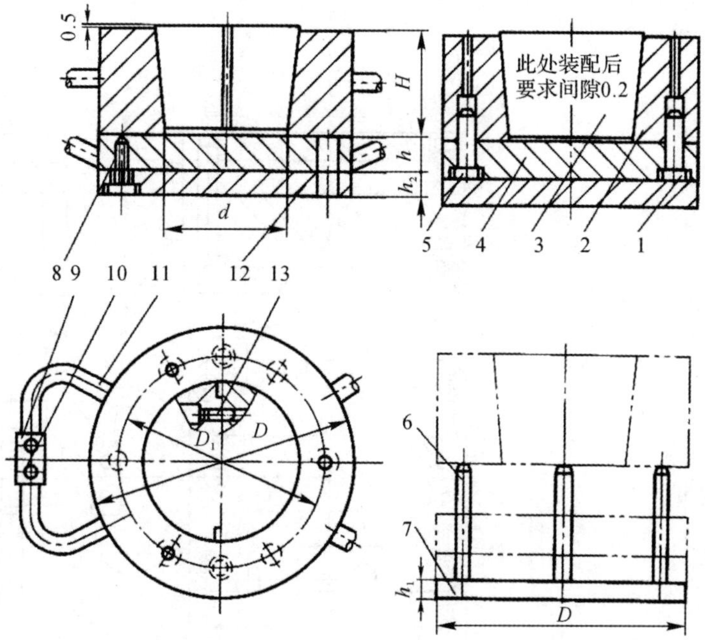

件号	名称	数量	尺寸符号	尺　寸	
1	导柱	1		$\phi10$	$\phi12$
2	模套	1	H	16～60(按需要确定)	
3	凹模	1	H	16～60(按需要确定)	
4	固定板	1	h	12	15
5	导柱	1		$\phi8$	$\phi10$
6	卸模杆	3		$\phi8$	$\phi10$
7	卸模板	1	h_1	12	
8	螺钉	3		M8	
9	套筒	4		$\phi13\times35$	
10	销钉	8		$\phi2$	
11	手柄	8		$\phi8$	
12	下模板	1	h_2	12	
13	销钉	2		$\phi4$	$\phi6$

圆形压注模

续 表

类 型	组合形式及尺寸

最大成形面积	70×30	70×40	90×30	90×40	90×50	100×45	100×55
模板尺寸 $L×B$	125×80	125×90	140×90	140×100	140×110	160×110	160×125
卸模板尺寸 $L'×B'$	100×100	100×115	110×115	110×125	110×130	130×130	130×140
L_1	70	80	80	90	100	100	115
L_2	96	96	115	115	115	135	135
L_3	60	70	70	75	85	85	95
L_4	105	105	120	120	120	135	135
l	44	44	58	58	58	74	74
l_1	11	11	18	18	18	26	26

主要尺寸 （矩形压注模）

件号	名称	数量	尺寸符号	尺　寸
1	固定板	1	h_2	12　　　　　　15
2	浇口板	1	h_1	12　　　　　15
3	卸模板	2	h_3	12
4	卸模杆	8		$\phi 10$
5	销钉	8		$\phi 2$
6	套筒	4		$\phi 13×35$
7	手柄	8		$\phi 8$
8	导柱	1		$\phi 10$
9	导柱	1		$\phi 14$
10	下模板	1	h_4	12
11	凹模	1	H	16～60（按需要确定）
12	螺钉	8		M8

续 表

类型	组合形式及尺寸

矩形压注模	主要尺寸	最大成形面积	70×30	70×40	90×30	90×40	90×50	100×45	100×55
		模板尺寸 $L \times B$	125×80	125×90	140×90	140×100	140×110	160×110	160×125
		卸模板尺寸 $L' \times B'$	100×100	100×115	110×115	110×125	110×130	130×130	130×140
		L_1	70	80	80	90	100	100	115
		L_2	96	96	115	115	115	135	135
		l	44	44	58	58	58	74	74
		l_1	11	11	18	18	18	26	26

件号	名称	数量	尺寸符号	尺　寸	
1	浇口板	1	h_1	12	15
2	凹模	1	H	16～60（按需要确定）	
3	螺钉	4		M8	
4	卸模板	2	h_2	12	
5	卸模杆	8		$\phi 20$	
6	销钉	8		$\phi 2$	
7	套筒	4		$\phi 13 \times 35$	
8	手柄	8		$\phi 8$	
9	导柱	1		$\phi 10$	
10	固定板	1	h	12	15
11	下模板	1	h_3	12	
12	导柱	1		$\phi 14$	

续 表

类 型	组合形式及尺寸

A—A

	最大成形面积	70×30	70×40	90×30	90×40	90×50	100×45	100×55
	模板尺寸 $L×B$	125×80	125×90	140×90	140×100	140×110	160×110	160×125
主要尺寸	卸模板尺寸 $L'×B'$	100×100	100×115	110×115	110×125	110×130	130×130	130×140
	L_1	70	80	80	90	100	100	115
	L_2	96	96	115	115	115	135	135
	l	44	44	58	58	58	74	74
	l_1	11	11	18	18	18	26	26

件号	名称	数量	尺寸符号	尺 寸
1	螺钉	4		M8
2	卸模杆	8		$\phi20$
3	卸模板	2	h_5	12
4	导柱	1		$\phi10$
5	套筒	4		$\phi13×35$
6	销钉	8		$\phi2$
7	手柄	8		$\phi8$
8	下模板	1	h_4	12
9	固定板	1	h	12 / 15
10	导柱	1		$\phi14$
11	顶板	1	h_3	12
12	凹模	1	H	16～60（按需要确定）
13	垫板	1	h_2	10 / 12
14	浇口板	1	h_1	12 / 15

类型栏：矩形压注模

续　表

类　型	组合形式及尺寸

此处装配后要求间隙0.2

矩 形 压 注 模	主要尺寸	最大成形面积	55×25	75×35	95×45
		模板尺寸 $L×B$	120×95	150×115	180×140
		卸模板尺寸 $L'×B'$	100×110	140×125	105×150
		$l×b$	70×40	90×50	110×60
		L_1	100	130	155
		L_2	75	95	115
		L_3	50	75	95

件号	名称	数量	尺寸符号	尺　　寸	
1	凹模	1	H	16~60(按需要确定)	
2	模套	1	H	16~60(按需要确定)	
3	固定板	1	h	12	15
4	螺钉	4		M8	
5	下模板	1	h_1	12	
6	卸模板	1	h_2	12	
7	卸模杆	4		$\phi10$	$\phi12$
8	导柱	1		$\phi8$	
9	导钉	2		$\phi2$	
10	导柱	1		$\phi10$	
11	销钉	8		$\phi2$	
12	手柄	8		$\phi8$	
13	套筒	4		$\phi13×35$	

注:1. 手柄均设在模板的厚度对称中心线上。

2. 表面粗糙度为:成形表面粗糙度值 Ra 为 0.4~0.2 μm,配合表面、接合面、基准面 Ra 为 0.8 μm,其余 Ra 为 6.3~1.6 μm。

22.2　填压式成形模具标准结构

有一类填压式成形模具在橡胶杂件成形中使用很广泛,其结构形式与塑料成形模具中热固性塑料填压式成形模具的相同,一般也都配置有卸模架。这类模具的结构组合与分类以及卸模架的设计尺寸见表 22-2-1。

表 22-2-1　填压模组合分类与尺寸　　　　　　（单位:mm）

类　型	组合形式及尺寸								

圆形填压模	主要尺寸	最大成形直径	50	60	70	80	90	100
		D	90	100	110	120	140	160
		D_1	115	120	130	140	160	180
		D_2	80	90	100	110	130	150
		D_3	70	80	90	100	118	135

件号	名称	数量	尺寸符号	尺　　寸				
1	导柱	1			$\phi 10$		$\phi 12$	$\phi 14$
2	上模板	1	h_1		12			
3	固定板	1	h		$12(H\leqslant 25),15(H>25)$			
4	导柱	1			$\phi 8$		$\phi 10$	$\phi 12$
5	螺钉	6			M8			
6	凹模	1	H	16～40	16～50	20～60	25～60	32～60
7	下模板	1	h_2		12			
8	卸模板	2	h_3		12			
9	卸模杆	6			$\phi 10$			
10	手柄	8			$\phi 10$			
11	销钉	8			$\phi 2$			
12	套筒	4			$\phi 15\times 45$			
H 系列				16,20,25,32,40,50,60,(以产品而定)				

续　表

类型	组合形式及尺寸

$H<40mm$ 时, 不设手柄

主要尺寸								
最大成形直径		30	40	50	60	70	85
	D	80	90	100	110	120	140
	D_1	115	125	135	145	155	175
	D_2	95	105	115	125	135	155
	D_3	80	90	100	110	120	140
	D_4	62	68	78	88	98	118
	D_5	56	66	76	86	96	115
	D'	110	120	130	140	150	170

件号	名称	数量	尺寸符号	尺　寸			
1	上模板	1	h_1	12			
2	上固定板	1	h	$12(H\leqslant25),15(H>25)$			
3	凹模	1	H	$16\sim40$	$16\sim50$	$20\sim60$	$25\sim60$
4	螺钉	9		M8			
5	导柱	2		$\phi12$			
6	垫板	1	h_2	12			
7	导柱	2		$\phi10$			
8	手柄	8		$\phi8$			
9	手柄	4		$\phi8$			
10	下固定板	1	h_3	$12(H\leqslant25),15(H>25)$			
11	下模板	1	h_4	12			
12	卸模板	2	h_5	12			
13	卸模杆	12		$\phi10$			
14	销钉	12		$\phi2$			
15	套筒	6		$\phi13\times35$			
H 系列				$16,20,25,32,40,50,60$(以产品而定)			

类型: 圆形填压模

续 表

类型	组合形式及尺寸

圆形填压模	主要尺寸	最大成形直径	35	45	55	65
		d	50	60	70	80
		D	100	120	140	160
		D_1	105	125	145	165
		D_2	75	90	110	130
		D_3	60	70	75	85
		D_4	38	48	55	65

件号	名称	数量	尺寸符号	尺　寸			
1	压圈	1	H_1	35	40		50
2	卸模杆	3		$\phi8$		$\phi10$	
3	卸模板	1	h_1	12			
4	手柄	4		$\phi8$			
5	销钉	4		$\phi2$			
6	套筒	2		$\phi13\times35$			
7	导钉	2		$\phi4$			$\phi6$
8	销钉	2		$\phi8$			
9	凹模	1	H	50	60	70	80
10	模套	1	H	50	60	70	80
11	固定板	1	h_2	12			
12	下模板	1	h_3	12			
13	螺钉	3		M8			

续 表

类型	组合形式及尺寸			

此处装配后要求间隙0.2

	最大成形直径	55×25	75×35	95×45
	模板尺寸 $L \times B$	115×90	150×115	180×140
	卸模板尺寸 $L' \times B'$	90×100	110×125	130×125
圆形填压模		80×50	100×60	125×75
主要尺寸	$l \times b$	70×40	90×50	110×60
	L_1	90	125	155
	L_2	65	90	115
	L_3	54	74	94
	L_4	24	34	44

件号	名称	数量	尺寸符号	尺　寸		
1	导钉	2		$\phi 4$		$\phi 6$
2	卸模板	2	h_1	12		
3	卸模杆	8		$\phi 10$		
4	销钉	2		$\phi 6$		
5	凹模	1	H	50	70	90
6	手柄	4		$\phi 8$		
7	套筒	2		$\phi 13 \times 35$		
8	销钉	4		$\phi 2$		
9	套板	1	H	50	70	90
10	固定板	1	h	12		
11	螺钉	4		M10		
12	下模板	1	h_2	12		

续表

类型	组合形式及尺寸

	主要尺寸								
	最大成形直径	60×35	60×40	70×40	70×50	70×60	90×50	90×60
	模板尺寸 $L \times B$	125×80	125×90	140×90	140×100	140×110	160×110	160×120
	卸模板尺寸 $L' \times B'$	100×110	100×115	110×115	110×125	110×130	130×130	130×140
	L_1	70	80	80	90	100	100	115
	L_2	105	105	120	120	120	135	135
	L_3	60	70	70	75	85	85	95
	L_4	85	85	95	95	95	115	115
	L_5	25	30	30	40	50	55	60
	l	44	44	58	58	58	74	74
	l_1	11	11	18	18	18	26	26

圆形填压模

件号	名称	数量	尺寸符号	尺寸
1	上模板	1	h_1	12
2	导柱	1		$\phi 14$
3	螺钉	12		M8
4	凹模	1	H	16~40 32~60 40~60
5	垫板	1	h_2	12
6	导柱	1		$\phi 10$
7	上固定板	1	h	12($H \leqslant 25$),15($H > 25$)
8	卸模杆	8		$\phi 20$
9	卸模板	2	h_3	12
10	销钉	12		$\phi 2$
11	套筒	6		$\phi 13 \times 35$
12	手柄	12		$\phi 8$
13	下固定板	1	h_4	12($H \leqslant 25$),15($H > 25$)
14	下模板	1	h_5	12
H 系列				16,20,25,32,40,50,60(以产品而定)

续 表

类型	组合形式及尺寸

圆形填压模	主要尺寸	最大成形直径	70×30	70×40	90×30	90×40	90×50	100×45	100×55
		模板尺寸 $L \times B$	125×80	125×90	140×90	140×100	140×110	160×110	160×125
		卸模板尺寸 $L' \times B'$	100×110	100×115	110×115	110×125	110×130	130×130	130×140
		L_1	70	80	80	90	100	100	115
		L_2	105	105	120	120	120	135	135
		L_3	60	70	70	75	85	85	95
		l	44	44	58	58	58	74	74
		l_1	11	11	18	18	18	26	26

件号	名称	数量	尺寸符号	尺　寸
1	螺钉	8		M8
2	上模板	1	h_1	12
3	固定板	1	h	12（$H \leqslant 25$），15（$H > 25$）
4	凹模	1	H	16～40　　32～60　　40～60
5	导柱	1		$\phi 10$
6	卸模杆	8		$\phi 10$
7	卸模板	2	h_2	12
8	销钉	8		$\phi 2$
9	套筒	4		$\phi 13 \times 35$
10	手柄	8		$\phi 8$
11	下模板	1	h_3	12
12	导柱	1		$\phi 14$
H 系列				16,20,25,32,40,50,60（以产品而定）

附　录

附录 A　橡胶英文缩写及中文名称

ACM	丙烯酸酯橡胶	MFVQ	氟硅橡胶
AU	聚氨酯橡胶（聚酯型）	FPNM	氟化磷腈橡胶
AEM	乙烯-甲基丙烯酸酯橡胶	IIR	丁基橡胶
AFMU	羧基亚硝基氟橡胶	PIB	聚异丁烯橡胶
BIIR	溴化丁基橡胶	IR	聚异戊二烯橡胶
BR	聚丁二烯橡胶（顺丁）	LCBR	低顺式-1,4-聚丁二烯橡胶
CFM	聚氯三氟乙烯橡胶	MQ	甲基硅橡胶
CM	氯化聚乙烯橡胶	MNVQ	腈硅橡胶
CIIR	氯化丁基橡胶	MPQ	甲基苯基硅橡胶
CO(CHR)	均聚型氯醚橡胶	MVQ	甲基乙烯基硅橡胶
COPO	美国乳聚丁苯橡胶	MPVQ	甲基苯基乙烯基硅橡胶
CPE	氯化聚乙烯橡胶	NR	天然橡胶
CR	氯丁橡胶	LNR	液体天然橡胶
CSM	氯磺化聚乙烯橡胶	NBR	丁腈橡胶
CSR	中国标准橡胶	HNBR	氢化丁腈橡胶
EVM	乙烯-乙酸乙烯酯共聚橡胶	PBR	吡啶-丁二烯共聚物
EU	聚氨酯橡胶（聚醚型）	PSBR	丁吡橡胶（吡啶-苯乙烯-丁二烯共聚物）
ECO(CHC)	共聚型氯醚橡胶	PSBRL	丁吡乳胶
ENR	环氧化天然橡胶	SBR	丁苯橡胶
EPDM	三元乙丙橡胶	SMR	马来西亚标准橡胶
EPM	二元乙丙橡胶	SIR	印度尼西亚标准橡胶
ESBR	乳聚丁苯橡胶	SSR	新加坡标准橡胶
EU	聚醚型聚氨酯橡胶	T	聚硫橡胶
FPM(FKM)	氟橡胶	TTR	泰国标准橡胶

SLR	斯里兰卡标准橡胶	TPO	聚烯烃类热塑性弹性体(物理掺混型)
ISNR	印度标准橡胶	RTPO	聚烯烃类热塑性弹性体(反应器型)
SSBR	溶聚丁苯橡胶	TPV	聚烯烃类热塑性弹性体(动态硫化型)
XSBR	羧基丁苯橡胶	YSBR	热塑性苯乙烯-丁二烯共聚物
XSBRL	羧基丁苯乳胶	YSIR	热塑性苯乙烯-异戊二烯共聚物
XNBR	羧基丁腈橡胶	SBS	热塑性苯乙烯-丁二烯-苯乙烯嵌段共聚物
PU	聚氨酯弹性体	SIS	热塑性苯乙烯-异戊二烯-苯乙烯嵌段共聚物
TPU	聚氨酯类热塑性弹性体	SEBS	热塑性聚苯乙烯-聚乙烯-聚丁烯-聚苯乙烯嵌段共聚物
TPE	热塑性弹性体	SEPS	热塑性聚苯乙烯-聚乙烯-聚丙烯-聚苯乙烯嵌段共聚物
TPEE	聚酯类热塑性弹性体		

附录 B 我国目前橡塑模具用钢市场供应资料

表 B-1 龙记钢材——优质模具钢材及特殊钢材一览表

钢厂编号	比较标准及特征	出厂状态及硬度（表面）	碳 C	硅 Si	铬 Cr	镍 Ni	锰 Mn	钼 Mo	钒 V	钨 W	钢材特性	淬硬温度/℃	冷却方式	180℃	225℃	300℃	570℃	钢材一般用途
			典型主要化学成分 分析结果/(%)								法国奥伯杜瓦优质特殊合金钢			回火温度与硬度（HRC）对照				
MEK4	DIN1.8523（高耐磨橡塑模具钢）	预硬至 370~400 HBW	0.4	—	3.0	—	—	1.0	0.2	—	同时兼备高硬度及高韧性之特点，耐磨性良好，可氮化处理，表面硬度可达800HV		预加硬，毋须淬火					要求高硬度、高韧性及高耐磨性之塑胶模具，经氮化后更可提高模具的寿命
X13T6W (236)	改型430 良钢重电渣熔（特级版）	正火至约 240HBW 或以下	0.4	—	14.5	—	—	0.3	—	—	高纯度、高镜面度，抛光性能良好，通过淬火及高温回火，硬度可达50~52HRC，可提高抛光性能及耐磨性		有关于热处理工艺请参阅个别产品目录					要求严格之镜面模，适合注塑医疗配件及塑胶PVC、PA、POM、PC、PA＋GF、EP、PC、PMMA之酸性塑料及塑加阻燃剂之塑料、食品工业机械构件
X13T6W (236H)	改型420 良钢重电渣熔（物级版）	预硬至 290~330 HBW	0.4	—	14.5	—	—	0.3	—	—	高纯度、高镜面度，抛光性能良好、耐磨性及抗锈防酸能力比一般 AISI420 更优越		预加硬，毋须淬火					

续表

钢厂编号	比较标准及特征	出厂状态及硬度（表面）	碳 C	硅 Si	铬 Cr	镍 Ni	锰 Mn	钼 Mo	钒 V	钨 W	钢材特性	淬硬温度 ℃	冷却方式	180℃	225℃	300℃	570℃	钢材一般用途
														硬度（HRC）对照				
SMV3W	H11 电渣重熔	退火至约 235HBW	0.4	1.0	5.0	—	0.4	1.3	0.5	—	材料的化学成分及金相组织经过严格的控制,质量均匀而稳定;材料纯净,比 AISIH13 的韧性更佳,抗热疲劳性优良	有关之热处理工艺请参阅个别产品目录						适合于高要求及中小型之铝合金、锌合金压铸模;可作为注塑 PS、PE、EP 之塑料硬模及热固性塑胶硬模和橡皮模具
ADC3	H11 改良型（HP 精炼）	退火至约 235HBW	0.35	—	5.0	—	—	1.3	0.4	—	材料的化学成分及金相组织经过严格的控制,质量均匀而稳定;韧性超卓、极佳的抗热疲劳性、传热度高、优良的淬性、热处理变形小	有关之热处理工艺请参阅个别产品目录						适合于高要求及大型之铝合金、镁合金压铸模
瑞典—胜百纯洁钢材																		
IMPAX718S	P20 改良型	预硬至 290～330 HBW	0.38	0.3	2.0	1.0	1.4	0.2	—	—	预加硬纯洁均匀,镍的质量分数约为 1.0%	预加硬,毋须淬火						高抛光度及高要求内模件,适合 PS、PE、PP、ABS 与一般未添加（PA、POM 有酸性）防火阻燃之热塑性塑料
IMPAX718H		预硬至 330～380 HBW																

续表

钢厂编号	比较标准及特征	出厂状态及硬度(表面)	典型主要化学成分分析结果/(%)								钢材特性	淬硬温度℃	冷却方式	回火温度与硬度(HRC)对照				钢材一般用途
			碳 C	硅 Si	铬 Cr	镍 Ni	锰 Mn	钼 Mo	钒 V	钨 W				180℃	225℃	300℃	570℃	
EM38		预硬至 350～410HBW	专利合金成分								良好的抛光性及蚀纹加工性、优异的电火花加工及机械加工性能、硬度均匀	预加硬，毋须淬火						热塑性注塑模及挤压模、橡胶模
STAVAX S136	420 电渣重溶	退火至约 250HBW	0.38	0.8	13.6	—	0.5	—	0.3	—	高纯度、高镜面度、抛光性能好、抗锈防酸能力极佳、热处理变形少、通过适当的热处理工艺，硬度可达至 50～52HRC 并可提高抛光性、耐磨性及/或耐腐蚀性	1 025	油、气冷		54	53	—	镜面模及防酸模、高，可保证冷却管道不受锈蚀，适合 PVC、PA、POM、PC、PMMA 塑料及添加阻燃剂之塑料、食品工业机械构件
STAVAX S136H		预硬至 290～330HBW										预加硬，毋须淬火						
STAVAX S136 SUP	420 电渣重溶	退火至约 250HBW(最高)	0.24		13.3	1.4	0.5	0.35	0.35	—	抗蚀能力及韧性较 S136 更佳	1 020	气冷		—	50	49	特别适合用于高精度的大尺寸模具
STAVAX S136 HSUP		预硬至 290～330HBW									抗蚀能力及韧性较 S136H 更佳	预加硬，无须淬火						

续表

钢厂编号	比较标准及特征	出厂状态及硬度（表面）	典型主要化学成分分析结果/（%）								钢材特性	淬硬温度/℃	冷却方式	回火温度与硬度（HRC）对照				钢材一般用途
			碳 C	硅 Si	铬 Cr	镍 Ni	锰 Mn	钼 Mo	钒 V	钨 W				180℃	225℃	300℃	570℃	
POLMAX	420（ESR＋VAR 光学级镜面钢）	退火至约200HBW	0.38	0.9	13.6	—	0.5	—	0.3	—	通过双重熔处理（电渣重熔＋真空重熔），纯结度高，杂质反偏析度大大降低，提供极高的抛光性能，可达到光学级镜面效果。抗锈防锈能力佳，热处理变形小	1 025	油、冷气	54	53	—	—	防酸性高，特别适用于高要求之镜面模，如注塑 CD 光碟、镜片之产品
CORRAX S336	特殊时效不锈钢	固溶处理至约32HRC	0.03	0.3	12.0	9.2	0.3	1.4	—	—	抗腐蚀性极佳，通过简单的时效处理，硬度可提升至 50HRC 而尺寸稳定，焊接性能良好、抛光性能佳	在 425～600℃的范围内进行时效处理，可达至 32～50HRC		—				高腐蚀性塑料模具、医疗和食品工业、工程部件
ELMAX	特殊粉末耐磨不锈钢	退火至约240HBW	1.7	0.8	18.0	—	0.3	1.0	3.0	—	高耐磨、高抗腐蚀性、高抗压强度、热处理变形小	1 080	油、气冷	58	57	57	—	高抗酸及高耐磨、高耐稳定性要求之塑料模具，适合于工程塑料及添加玻璃纤维/阻燃剂之塑料模具、高要求之电子零件模、食品工业的生产设备及配件

续 表

钢厂编号	比较标准及特征	出厂状态及硬度(表面) HBW	典型主要化学成分分析结果/(%)								钢材特性	淬硬温度/℃	冷却方式	回火温度与硬度(HRC)对照				钢材一般用途
			碳 C	硅 Si	铬 Cr	镍 Ni	锰 Mn	钼 Mo	钒 V	钨 W				180℃	225℃	300℃	570℃	
RAMAX 168	420 加硫	预硬至约 330~360 HBW	0.33	0.35	16.7	—	1.35	—	—	—	易切削,高抗酸	预加硬,毋须淬火						长寿命及耐腐蚀之模架。表面粗糙度要求不高,但需耐腐蚀及容易加工之模件及夹具,模杯架与模及热固性塑胶和橡胶
ORVAR 8407	H13 电渣重溶(改良型)	退火至约 185HBW	0.38	1.0	5.3	—	0.4	1.3	0.9	—	热模钢,高韧性及耐热性能良好	1 020	油、气冷	—	52	52	52	金属压铸、挤压模、复模下模、POM、PS、PE、EP 塑胶模
ARNE DF2	01	退火至约 190HBW	0.95	—	0.6	—	1.1	—	0.1	0.6	微变形油钢,耐磨	820	油冷	61	60	57	—	可广泛使用在五金冷冲压、手饰压花模
CALMAX 635	高耐磨多功能模具钢	退火至约 200HBW	0.6	0.35	4.5	—	0.8	0.5	0.2	—	极佳的韧性及耐磨性、淬透及焊接性好,可火焰硬化至 56~60HRC,淬硬层达 5mm 厚	960	气冷	60	58	55	—	适用于抵抗黏着磨损之五金模,如添加增强剂塑料模,压实模等

续 表

钢厂编号	比较标准及特征	出厂状态及硬度（表面）	典型主要化学成分分析结果/（%）								钢材特性	淬硬温度/℃	冷却方式	回火温度与硬度（HRC）对照				钢材一般用途
			碳 C	硅 Si	铬 Cr	镍 Ni	锰 Mn	钼 Mo	钒 V	钨 W				180℃	225℃	300℃	570℃	
XW 42	D2	退火至约210HBW	1.42	0.3	11.2	—	0.4	0.8	0.2	—	耐磨性佳，高抗压强度	1 020	油、气冷	63	62	60	—	冷挤压成形模，螺钉滚齿板，精密五金模具
VANADIS 10	特殊成分粉末钢	退火至280~310HBW	2.9	1.0	8.0	—	0.5	1.5	9.8	—	极高的耐磨性，淬火后保持高的表面硬度，抗压强度及尺寸稳定	1 020	气冷	—	—	62	62	精密冲切硅钢片或电路板冲切，极高的抗磨粒磨损特性
日本大同特殊钢																		
PX88	P20改良型	预硬至290~330HBW	专利合金成分待公布								以焊接裂接开敏感性低的合金设计，大幅度改善焊接性能		预加硬，母须淬火					长期生产通用塑胶模具钢，良好抛光性能
NAK55	P21加硫真空重溶（改良型）	预硬至370~400HBW	0.15	0.3	—	3.0	1.5	0.3	—	—	高硬度，易切割，焊接性良好							高性能塑胶模具，橡胶模具
NAK80	P21真空重溶（改良型）	预硬至370~400HBW	为NAK55的镜面改善材料								高硬度，镜面效果特佳，放电加工良好，焊接性能极佳							电蚀及抛光性能模具

续表

钢厂编号	比较标准及特征	出厂状态及硬度（表面）	典型主要化学成分分析结果/（%）								钢材特性	淬硬温度℃	冷却方式	回火温度与硬度（HRC）对照				钢材一般用途
			碳C	硅Si	铬Cr	镍Ni	锰Mn	钼Mo	钒V	钨W				180℃	225℃	300℃	570℃	
S–Star	SUS420J2电渣重溶（改良型）	预硬到300~330HBW	0.38	0.9	13.5	—	—	0.1	0.3	—	耐蚀、耐磨及高镜面特性。通过适当的热处理工艺，硬度可达到50~52HRC并须淬火	预加硬，毋须淬火						精密塑料模模具、高镜面度模具
S–Star(A)	SUS420J2电渣重溶（改良型）	退火至约229HBW（最高）	专利合金成分待公布								抛光性、耐磨性及/或耐腐蚀性	有关之热处理工艺，请参阅个别产品目录						
DH31–S	SKD61改良型	退火至约235HBW（最高）	专利合金成分待公布								淬透性优良、抗热疲劳韧裂性优良、耐热熔损性良好	1030	气冷				51	中型铝合金、镁冶金压铸部件，铝合金挤压模及长期生产之塑胶硬模
DHA1	SKD61	退火至229HBW（最高）	0.38	0.9	5.0	—	0.4	1.3	1.0	—	热模钢、高韧性及耐热性良好	1030	油、气冷	—	51	51	52	锌合金压铸部件，铝合金挤压模及塑胶硬模
GOA	SKS3改良型	退火至约217HBW	0.86	0.3	0.5	0.25	1.2	0.13	—	0.5	淬透性和耐磨性均良好的合金工具钢	830	油冷	62	60	58	—	适用于冷压加工、冲裁模、成形模，冲头及剪切片模

续表

钢厂编号	比较标准及特征	出厂状态及硬度（表面）	典型主要化学成分分析结果/（%）								钢材特性	淬硬温度/℃	冷却方式	回火温度与硬度（HRC）对照				钢材一般用途
			碳 C	硅 Si	铬 Cr	镍 Ni	锰 Mn	钼 Mo	钒 V	钨 W				180℃	225℃	300℃	570℃	
DC11	SKD11	退火至约255HBW	1.6	0.4	13.0	0.5	0.6	1.2	0.5	—	优秀的耐磨高铬工具钢	1 025	气冷	62	60	58	—	适用于冷挤压成形、拉伸模，及高硬度材料的冲裁模
DC53	SKD11改良型	退火至约255HBW	专利合金成分待公布								高韧性铬钢，淬火及高温回火后硬度仍可达62HRC，对于热处理后需要用电火花线切割加工特别有利，减少开裂现象			请参阅产品目录				冲裁模、深拉模、成形模、轧辊、冲头
美国芬可乐优质工具钢																		
P20 HH	P20改良型	预硬至330～370HBW	0.33	0.3	1.85	0.6	0.9	0.5	—		化学成分经特别配制，加工有良好的锻压工艺及压缩比，综合机械性能比一般的P20钢材更优越		预加加硬，毋须淬火					要求高硬度、高光洁度及耐磨性之塑胶模具，适合制作PS,PE,PP,ABS与未添加阻燃剂之热塑性塑料模具
P20 LQ	P20（光学级镜面钢）	预硬至330～370HBW	0.33	0.45	1.8	0.45	0.8	0.5	—		通过双真空精炼（VAD＋VAR），钢质精纯、硬质夹杂物及偏析大大降低，对于抛光极为有利								适用于要求表面粗糙度达镜面级而无须注塑酸性塑料之模具

续表

钢厂编号	比较标准及特征	出厂状态及硬度(表面)	典型主要化学成分分析结果/(%)								钢材特性	淬硬温度/℃	冷却方式	回火温度与硬度(HRC)对照				钢材一般用途
			碳 C	硅 Si	铬 Cr	镍 Ni	锰 Mn	钼 Mo	钒 V	钨 W				180℃	225℃	300℃	570℃	
龙记优质进品特殊钢材																		
LKM 638	P20	预硬至 270～300 HBW	合金成分待公布								加工性能良好	预加硬，毋须淬火						适用于模架及下模件
LKM 2311	P20	预硬至 280～325 HBW	0.37	—	1.9	—	1.45	0.2	—	—	预硬塑胶模具钢							长期生产高质塑胶模具
LKM 2312	P20 加硫	预硬至 280～325 HBW	0.37	—	1.9	—	1.45	0.2	—	—	极易切削，适宜大批量快速加工							适用于模架及下模件
LKM 738	P20 加线	预硬至 290～330 HBW	0.37	—	2.0	1.0	1.1	0.4	—	—	优质预硬，硬度均匀易切削加工							高韧性及高磨光度模具
LKM 738H		预硬至 330～370 HBW																

续　表

钢厂编号	比较标准及特征	出厂状态及硬度（表面）	碳 C	硅 Si	铬 Cr	镍 Ni	锰 Mn	钼 Mo	钒 V	钨 W	钢材特性	淬硬温度/℃	冷却方式	回火温度与硬度（HRC）对照				钢材一般用途
			典型主要化学成分分析结果/（%）											180℃	225℃	300℃	570℃	
LKM 838H	P20 改良型	预硬至 330~360 HBW	专利申请中								经过特殊的化学成分组合及炼钢工艺，加工性、抛光性、焊接性及蚀纹效果比同硬度之 AISIP20 类钢材更优胜							此材料适合制作要求高抗变形能力、高光亮度及耐磨性之塑胶模具，例加注塑 PS、PE、PP、ABS 等塑胶模具
LKM 818H	P20 改良型	预硬至 330~370 HBW	0.38	0.3	2.0	1.0	1.4	0.2	—	—	预加硬，纯洁均匀，含镍约 1.0%		预加硬，毋须淬火					高抛光度及高要求内模件，适合未添加阻燃剂之热塑性 PS、PE、PP、ABS 塑料
LKM 2711	P20 特级版	预硬至 335~380 HBW	0.55	—	0.7	1.7	0.8	0.25	—	—	高硬度及高韧性							适合于高硬度、高韧性及高磨光度模具，特别适用于大型模具
LKM 420	420	退火至 240HBW（最高）		—	13.0		0.5	—	—	—	防锈性高，可加硬至 50~52HRC 作为塑胶硬模使用		请参阅产品目录					适合需防锈之塑胶模具
LKM 420H	420	预硬至 280~320 HBW	0.38	—	13.0		0.5	—	—	—	防锈性好		预加硬，毋须淬火					

续 表

钢厂编号	比较标准及特征	出厂状态及硬度(表面)	碳 C	硅 Si	铬 Cr	镍 Ni	锰 Mn	钼 Mo	钒 V	钨 W	钢材特性	淬硬温度 ℃	冷却方式	180℃	225℃	300℃	570℃	钢材一般用途
					典型主要化学成分分析结果/(%)									回火温度与硬度(HRC)对照				
LKM 2083	420	退火至240HBW(最高)	0.43	—	13.0	—	0.3	适量	—	—	防酸及抛光性能良好,可加硬至约52HRC,提高抛光性、耐磨性及/或耐腐蚀性	1 020	油、气冷	56	56	55	52	适合酸性塑料,一般 PA、POM 未添加阻燃剂之热塑性塑料,及要求抛光好的模具
LKM 2083H		预硬至280~310HBW									预加硬,防酸及抛光性能良好		预加硬,毋须淬火					
LKM 2316A	SUS 420 J2	退火至230HBW(最高)	0.4	—	16.0	适量	0.5	1.0	—	—	抗腐蚀性效果佳,可加硬至约47HRC,提高抛光性、耐磨性及/或耐腐蚀性	1 020	油、气冷	47	46	45	—	适合高酸性塑料如 PVC 的模具
LKM 2316	SUS 420 J2	预硬至265~310HBW	0.4	—	16.0	适量	0.5	1.2	—	—	预加硬,抗腐蚀性效果佳		预加硬,毋须淬火					
LKM 2316ESR	SUS J2 电渣重溶	预硬至265~310HBW									钢质精纯,适合于高光亮度的模具,抗腐蚀性效果特佳							高光亮度及防酸性高的模具
LKM 2344	H13	退火至180~210HBW	0.38	1.0	5.0	—	0.4	1.3	1.0	—	耐热性特佳,用于压铸模具钢	1 030	油、气冷	—	51	51	52	适合于铝、锌合金压铸模,塑胶模
LKM 2344 SUPER	H13 电渣重溶(改良型)	退火至180~220HBW	0.38	1.0	5.0	—	0.4	1.3	1.0	—	高韧性热模钢,抗冲击强度优于300J	1 030	油、气冷	—	51	51	52	金压铸模、塑胶模

续表

钢厂编号	比较标准及特征	出厂状态及硬度（表面）	典型主要化学成分分析结果/(%)								钢材特性	淬硬温度℃	冷却方式	回火温度与硬度（HRC）对照				钢材一般用途
			碳 C	硅 Si	铬 Cr	镍 Ni	锰 Mn	钼 Mo	钒 V	钨 W				180℃	225℃	300℃	570℃	
LKM 2510	01	退火至约230HBW	0.93	—	0.6	—	1.1	—	0.1	0.6	淬透性和耐磨性良好	820	油冷	62	60	56	—	适用于冷压加工、冲裁模、冲头及剪切片模
LKM 2379	D2	退火至约255HBW	1.55	—	12.0	—	—	0.7	1.0	—	高韧性铬钢	1 020	油、气冷	62	61	59	—	适用于冷挤压成形、拉伸模及不锈钢冲裁模
LKM 2767	6F7（高韧性多功能钢）	退火至262HBW（最高）	0.45	—	1.4	4.1	—	0.3	—	—	极佳的韧性及冲压能力，可淬硬至约50~54HRC	840	油、气冷	57	56	54	—	适用于冷冲压模及剪切片模，可冲裁10 mm以上五金材料
日本新东透气钢																		
Porcerax II PM-35	特殊烧结粉末钢	预硬至350~400HRC	0.01	0.07	16.5	1.2	0.17	1.9	—	—	优质预硬，具透气功能，抗锈防酸能力极佳，易切削，放电加工未成形	预加硬，毋须淬火						适用于塑胶及压铸模具镶件，解决因困气所形成之品质及效率问题
美国 BRUSH WELLMAN 模具合金铍铜			Be铍	Co钴+Ni镍	Cu铜													
Moldmax 40		预硬至36~42HRC	1.9	0.25	97.85						高强度合金铍铜，优良导热性，减少注塑的周期时间及散热效果好							适用于需快速冷却的模芯及镶件

续表

钢厂编号	比较标准及特征	出厂状态及硬度（表面）	典型主要化学成分分析结果/（%）								钢材特性	淬硬温度℃	冷却方式	回火温度与硬度（HRC）对照				钢材一般用途
			碳 C	硅 Si	铬 Cr	镍 Ni	锰 Mn	钼 Mo	钒 V	钨 W				180℃	225℃	300℃	570℃	
美国 ALCOA 合金钢																		
6061-T6/651/6511	6061-T6/651/6511	时效处理至约 95HBW	详细化学成分分析可参考有关技术资料								高抗腐蚀铝合金，优良的接合特点及电镀性	—	—		—	—	—	—	吸塑模，吹塑模，鞋模，超声波焊接机头，机械零件
7075-T651		时效处理至约 150HBW	详细化学成分分析可参考有关技术资料								高强度，高硬度合金铬	—	—		—	—	—	—	机械零件、超声波焊接机头
瑞士 ALCAN 高硬度合金铝																		
CERTAL 7022-T651	AlZn-MgCu0.5	时效处理至 145~170 HBW	详细化学成分分析可参考有关技术资料								高强度，高硬度合金铝，优良的加工性能	—	—		—	—	—	—	塑胶注塑模，吹塑模，加热板，超声波焊接机头，机械零件
国产优质塑胶模具钢																		
舞阳718	P20 加镍	预硬至约 290~340 HBW	0.37	—	2.0	1.0	1.1	0.4	—	—	预加硬质塑胶模具钢	预加硬，毋须淬火							适用于模架及下模件
精选特级黄牌钢材																		
S50C~S55C	1050~1055	退火至约 170~220 HBW	0.5	0.35	—	—	0.8	—	—	—	良好机械加工及切削性特性	800~860℃	水冷		56	52	49	24	适用于塑胶模架配板及机械配件

表 B‑2　德国布德鲁斯(上海信昌)橡塑模具及热作模具大型锻件钢材

区分	材 质 名 称	相 对 规 格	硬度 HRC	适 用 性
预硬型	SPM‑1(1203)	S55C 改良型 咬花 1 号料	11～15	一般大型模具,保证咬花无直线纹。适用一般泛用塑胶(ABS,PP,PU)
	7225MOD	PDS‑3＋0.8％Ni	25～30	一般量产适用,保证咬花无直线纹
	2311 ISO‑BM	PDS‑5,P‑20MOD	29～33	一般量产适用,激光较好,放电咬花效果最佳
	2312 ISO‑BM	PDS‑5＋S	29～33	适合模架、射出成形公模与顶出梢侧,易梢性佳
	2738 ISO‑BM	P20MOD＋1％Ni	29～33	大型模具,内外硬度均匀,放电咬花效果极佳
	BPM	2738 超级改良型	29～33	易加工、易焊补、易抛光,放电咬花佳,导热性较 2738 快 30％
	BPM‑HH	2738 超级改良型(加硬)	33～38	易加工、易焊补、超级易抛光,放电咬花佳,高强度,高寿命,导热性较 2738 快 30％
	2316 MOD	不锈钢	27～33	PVC 模,易抛光,耐酸碱性特佳
	2085	不锈钢	36～40	易加工,为高强度、高硬度的模座材料
	2083‑38	420 不锈钢	36～40	易抛光,放电咬花佳,耐磨蚀,高硬度
	2347 MOD	高级合金钢(FDAC)	38～42	切削性佳,抗热龟裂性高
	2344‑38	SKD‑61	36～40	SKD‑61 耐高温,耐磨耗及耐熔蚀性,用高级模仁及滑块等可氮化电镀,放电咬花特性佳
	2711 ISO‑B	2711	36～40	耐高温、高韧性、可电镀、可氮化、放电咬花极佳
	2714	SKT‑4	40～44	热作锻造模具、冲床锻造的模具零件,高温热裁刀,挤型机零件
淬火回火型	2343 ISO‑B		46～50	铝挤型机盛锭筒,锻造铝压铸模
	2344 ISO‑B	SKD‑61	50～52	工程塑胶模,锻造铝压铸模
	2083 ISO‑B	SUS420J2	50～54	耐磨,耐蚀,用于一般模具,不要求顶级抛光之处
	2767 ISO‑B		50～54	热固性塑胶,热塑性塑胶,加纤强化之塑胶

注:1. MOD 代表改良型。
　　2. ISO‑B 代表超低硫。

表 B－3　浙江桔都优质模具钢材一览表

钢厂名称	钢厂编号	比较标准及特征	出厂硬度	钢材特性	钢材一般用途
	2738	P20＋Ni	预硬至 290～330HBW	预硬良好，大型模具里外硬度均匀，晶粒细小，咬花效果均匀，易加工	高韧性及高磨光模具
	2738H	P20＋Ni	预硬至 330～370HBW		
	2711	P20 特别版	预硬至 315～360HBW	高硬度及高韧性	适合于高硬度、高韧性及高磨光度模具，特别适用于大型模具
	2083	420	退火至 215～240HBW	可加硬至约 52HRC，防酸及抛光性能良好	适合酸性塑料及要求良好抛光的模具
德国进口材料	2083H		预硬至 280～310HBW	预加硬，防酸及抛光性能良好	
	2316	SUS420J2，电渣重熔（改良型）	退火至 230HBW（最高）	预加硬，抗腐蚀效果特佳	表面质量高及防酸性高的模具
	2344	H13	退火至 180～210HBW	耐热特佳，用于压铸模具钢	适用于铝、锌合金冷挤压及热压铸模
	2344S	H13 电渣重熔（改良型）	退火至 180～220HBW	高韧性热模钢，抗冲击强度具钢	
	2379	D2	退火至约 235HBW	高韧性铬钢，极耐磨性	适用于冷挤压成形、拉伸模、冲裁不锈钢片、耐磨性要求极高的塑胶硬模
	IMPAX 718S	P20，改良型	预硬至 290～330HBW	预加硬，纯洁均匀，镍的质量分数约 1.0%	高抛光度及高要求内模件，适合 PA、POM、PS、PE、PP、ABS 塑料
	IMPAX 718H		预硬至 330～370HBW		
瑞典一胜百纯洁钢材	STAVAX S136	420，电渣重熔	退火至约 215HBW	高纯度、高镜面度、抛光性能好，抗锈防酸能力极佳，热处理变形少	镜面模及防酸性高，可保证冷却管道不受锈蚀，适合 PVC、PP、EP、PC、PMMA 塑料、食品工业机械构件
	STAVAX S136H		预硬至 290～330HBW	极高纯洁及镜面度，抗锈防酸能力极佳，热处理变形少	
	OPTIMAX	420（光学极镜面钢）	退火至约 215HBW	极高纯洁及镜面度，抗锈防酸能力极佳，热处理变形少	防酸性高，特别适用于高要求之镜面注塑光学产品

续表

钢厂名称	钢厂编号	比较标准及特征	出厂硬度	钢材特性	钢材一般用途
瑞典一胜百纯洁钢材	CORRAX S336	特殊时效不锈钢	固溶处理至约32HRC	抗腐蚀性极佳，通过简单的时效处理，硬度可提升至50HRC而尺寸稳定，焊接性能良好	高腐蚀性塑料模具，医疗和食品工业，工程部件
	ORVAR 8407	H13，电渣重溶（改良型）	退火至约185HBW	热模钢，高韧性及耐热性能良好	金属压铸，挤压后模，后模下模，PA，POM，PS，PE，EP塑胶模
	ARNE DF2	01	退火至约190HBW	微变形油钢，耐磨	可广泛使用在五金冷冲压，手饰压花模
	XW42	D2	退火至约210HBW	韧性高铬钢，耐磨性佳，高抗压强度	冷挤压成形模，螺钉滚齿板，精密五金模具
	VANADIS10	特殊成分粉末钢	退火至约280~310HBW	极高耐磨性，淬火后保持高的表面硬度，抗压强度及尺寸稳定	精密冲切硅钢片或电路板冲切
	GALMAX 635	高耐磨多功能模具	退火至约200HBW	极佳的韧性及耐磨性，淬透及焊接性好，可火焰硬化至56~60HRC，淬硬层达5 mm厚	适用于抵抗黏着磨损，如添加增强剂塑料模，压实模等
日本大同特殊钢	PX5	P20，改良型	预硬至290~330HBW	以焊接裂开敏感性低的合金成分设计，大幅度改善焊接性能	长期生产通用塑胶模具钢，良好抛光性能
	NAK55	P21加硫，电渣重溶（改良型）	预硬至370~400HBW	高硬度，易切削，加厚焊接性良好	高性能塑胶模具，橡胶模具
	NAK80	P21电渣重溶（改良型）	预硬至370~400HBW	高硬度，镜面效果极佳，放电加工良好，焊接性能极佳	电蚀及抛光性能模具
	PAK90 (S-STAR)	SUS420 J2，电渣重溶（改良型）	预硬至300~330HBW	极佳的耐腐蚀，耐磨及高镜面特性	精密塑料具，高镜面模具
	GOA	SKS3改良型	退火至约217HBW	淬透性和耐磨性均良好的合金工具钢	适用于冷压加工，冲裁，成形模，冲头冲切及片模
	DC11	SKD11	退火至约225HBW	优秀的耐磨高铬工具钢	适用于冷挤压成形，拉伸模，不锈钢片及高硬度材料的冲裁模

续　表

钢厂名称	钢厂编号	比较标准及特征	出厂硬度	钢材特性	钢材一般用途
国产	718	P20+Ni	预硬至290~340HBW	预加硬塑胶模具钢,良好机加工性,高抛光度	适用于要求较高的塑料模具及下模件
	P20	P20	预硬至290~330HBW	预加硬塑胶模具钢,良好机加工工性	适用于要求一般的塑料模具及高要求之框架,下模件
	B30	P20	28~32HRC	非调质预硬钢,抛光性好,易加工	大型模具及有较高抛光特性的模具
	B30H	P20+Ni	33~37HRC	非调质预硬钢,硬度均匀,镜面研磨性良好	适用高抛光塑料模具
精选特级黄牌钢	S50C	1050	预硬至150~220°	良好机械加工及切削性特佳	适用于塑胶模架配板及机械配件

表 B - 4　昆山永大模具、工具用钢表

钢厂名称	HITACHI 日立	JIS 日本	DIN 德国	AISI 美国	GB 中国	特性	出厂状态	主要成分(质量分数,%)											淬火温度/℃	冷却方式	回火温度/℃	硬度(HRC)	主要用途
								C	Si	Mn	P	S	Ni	Cr	W	Mo	V	Co					
热作模具钢	DAC	SKD61	X40Cr MoV51	H13	4Cr5Mo SiV1	高温强度和韧性的平衡性好	球化退火 229HBW 以下	0.39	1.00	0.40	≤ 0.03	≤ 0.01	—	5.15	—	1.40	0.80	—	1 000 ~ 1 050	空冷 (油冷)	550 ~ 650	53 以下	一般铝压铸模、锌压铸模、低压铸造模
	DAC55	SKD61 改		H13 改		耐热裂纹性、耐裂延展性良好、高温强度好	球化退火 241HBW 以下	5Cr - Mo - V - Ni - Co 系											1 000 ~ 1 040	空冷 (油冷)	550 ~ 610	53 以下	高性能压铸模

续表

类别	HITACHI 日立	JIS 日本	DIN 德国	AISI 美国	GB 中国	特性	出厂状态	C	Si	Mn	P	S	Ni	Cr	W	Mo	V	Co	淬火温度/℃	冷却方式	回火温度/℃	硬度(HRC)	主要用途
热作模具钢	FDAC	SKD61 快削	—	H13 快削	—	切削性极佳、顶硬钢材	预硬	0.39	1.00	0.65	≤0.03	≤0.13	—	5.15	—	1.40	0.55	—				38~42	压铸模(小批量、简易模)、塑料模
热作模具钢	YEM	SKD7	X32CrMoV33	H10	—	HATE-BURTYPE模等强水冷热锻造模具用钢	球化退火229HBW以下	0.35	0.40	0.40	≤0.03	≤0.13	—	3.00	—	3.00	0.50	—	1 000~1 050	空冷(油冷)	550~650	53以下	热锻模、挤压模
热作模具钢	YDC	SKD4	—	—	—	高强度热作模具钢	球化退火235HBW以下	0.3	0.25	0.45	≤0.03	≤0.01	—	2.5	5.5	—	0.40	—	1 050~1 100	空冷(油冷)	600~650	50以下	一般铝压铸模、锌压铸模、低压铸造模
热作模具钢	MDC-K	SKD8改良	—	—	—	改善MDC韧性的高强度热作模具钢	球化退火241HBW以下	专利											1 050~1 140	油冷	600~700	55以下	精密热冲压模、温冲压模、压铸模
热作模具钢	DM	SKT4	55NiCrMoV6	—	55Cr-NiMo	锤锻模用钢(预硬化)	球化退火241HBW以下	0.55	0.25	0.80	≤0.03	≤0.01	1.65	1.20	—	0.35	0.15	—	830~880	油冷	400~655	50以下	一般用热锻模
冷作模具钢	SLD	SKD11	X165CrMoV12	D2	Cr12-MoV	耐磨性大的通用冷模具钢、有优良的淬火性、淬火变形小	球化退火248HBW以下	1.50	0.25	0.45	≤0.025	≤0.01	—	12.00	—	1.00	0.35	—	1 000~1 050(980~1 030)	空冷(油冷)	150~250 500~530	58以上	一般冷作模具、成形轧辊、剪切机

续表

HITACHI 日立	JIS 日本	DIN 德国	AISI 美国	GB 中国	特性	出厂状态	C	Si	Mn	P	S	Ni	Cr	W	Mo	V	Co	淬火温度/℃	冷却方式	回火温度/℃	硬度(HRC)	主要用途
SLD8	SKD11改	—	—	—	高温回火62HRC以上,有优良的切削性和韧性	球化退火248HBW以下	Cr-Mo-V系											1020~1040	空冷	520~550	62以上	搓丝模,冷锻模
SLD-MAGIC	—	—	—	—	高温回火62HRC以上,有优良的切削性和耐磨性	球化退火255HBW以下	专利											1010~1040	空冷	480~530	58以上	一般冷作模具,需CVD、TD表面处理模具
ARKI	—	—	—	—	韧性高,切削性良好,淬火性好	球化退火248HBW以下	专利											1010~1040	空冷	150,250,500~530	58以上	钣金用模具,印制电路板板模,脱模模板
SGT	SKS3	—	O1	9CrWMn	有优良的切削性能的通用冷作模具钢	球化退火217HBW以下	0.95	0.25	1.05	≤0.025	≤0.01	—	0.75	0.75	—	—	—	800~850	油冷	150~200	60以上	钣金用模具,量规
YCS3	SKS93	—	W1	—	少量生产用碳素工具钢,油淬火用,热处理容易	球化退火207HBW以下	1.05	0.35	0.80	≤0.025	≤0.01	—	0.40	—	—	—	—	790~850	油冷	150~200	63以上	冷压模,夹具和工具
ACD37	—	—	A6	—	气冷淬火钢,能够改善SGT之淬火性和线切割加工性	球化退火235HBW以下	0.85	0.25	2.10	≤0.025	≤0.01	—	1.20	—	1.50	—	—	830~870	空冷	150~200	58以上	钣金用模具和量规
HMD5	—	—	—	—	火焰淬火用,气冷时硬度高及变形小,焊接性良好	球化退火235HBW以下	Cr-Mo系											940~1100(火焰淬火钢)				钣金用模具

主要成分(质量分数,%)

冷作模具钢

续表

分类	HITACHI 日立	JIS 日本	DIN 德国	AISI 美国	GB 中国	特性	出厂状态	主要成分(质量分数,%)											淬火温度 ℃	冷却方式	回火温度 ℃	硬度 (HRC)	主要用途
								C	Si	Mn	P	S	Ni	Cr	W	Mo	V	Co					
高速工具钢	YXM1	SKH51	S 6-5-2	M2	W6Mo5Cr4V2	耐磨性、韧性大的通用高速钢	球化退火 255HBW 以下	0.85	0.25	0.35	≤0.025	≤0.01	—	4.15	6.50	5.30	2.05	—	1 200 ~ 1240	油冷	550 ~ 570	63 以上	冷锻模、锤锻工具
	YXM4	SKH55	S 6-2-5	M35	W6Mo5Cr4V2Co5	耐磨性、耐烧付性、耐压性大的高速钢	球化退火 277HBW 以下	0.85	0.25	0.35	≤0.025	≤0.01	—	4.15	6.50	5.30	2.05	5.00	1 210 ~ 1 250	油冷	560 ~ 580	64 以上	冷锻模、拉伸模
	YXR3	Matrix 高速钢	—	—	—	58~61HRC 最高的韧性,通用基质高速钢	球化退火 241HBW 以下	专利											1 130 ~ 1 170	油冷	560 ~ 590	57 以上	避免裂纹、缺口用模具
	YXR33	—	—	—	—	耐磨性、耐裂纹性优良	球化退火 241HBW 以下	专利											1 080 ~ 1 160	油冷	550 ~ 600	56 以上	精密锻造模、耐高韧负荷的高热压铸模
	YXR4	—	—	—	—	超高韧性耐磨耗模钢用	球化退火 241HBW 以下	专利											1 120 ~ 1 160	油冷	560 ~ 590	62 以上	冷间锻造冲头
	HAP10	—	—	—	—	高韧性粉末高速钢	球化退火 269HBW 以下	1.30	—	—	—	—	—	5.00	3.00	6.00	4.00	—	1 050 ~ 1 190	油冷	550 ~ 580	62 以上	精密冲压模
	HAP40	SKH40	—	—	—	耐磨性、韧性兼备的通用粉末高速钢	球化退火 277HBW 以下	1.30	—	—	—	—	—	4.00	6.00	5.00	3.00	8.00	1 120 ~ 1 210	油冷	560 ~ 580	64 以上	大量生产用冲压模、轧辊

续表

HITACHI 日立	JIS 日本	DIN 德国	AISI 美国	GB 中国	特性	出厂状态	C	Si	Mn	P	S	Ni	Cr	W	Mo	V	Co	淬火温度/℃	冷却方式	回火温度/℃	硬度(HRC)	主要用途
HAP72	—	—	—	—	高硬度，有最高耐磨性的粉末高速钢	球化退火352HBW以下	2.10	—	—	—	—	—	4.20	9.50	8.30	5.00	9.50	1 180~1 210	油冷	560~580	68以上	长寿命冷塑性加工用，高性能IC模型
CENAI	—	—	P21改	—	镜面性，饰花性放电加工性好，耐腐蚀性高	预硬	专利											预硬钢			38~42	用于办公用具、透明外壳等
HPM38	SUS系	—	420改	—	镜面加工性优良，更好的耐蚀性	球化退火245HBW以下	13Cr(含Mo)											1 000~1 050	空冷	200~500	50~55	CD外壳、夹子、医疗器械等
HPM7	SCM系	—	P20改	—	优良的被削性，好的焊接性，良好的镜面和放电加工性	预硬	专利											预硬钢			29~33	汽车零部件，大批量日常用品模
HPM1	—	—	P21改	—	快削性高硬度的预硬钢	预硬	0.10	≤0.50	1.00	—	0.10	3.00	—	—	0.45	Cu 2.00	Al 1.15	预硬钢			37~41	常用模具(用于制造各种家电产品)
HPM2	SCM, MOD	—	P20改	—	耐压强度，耐磨损性，耐腐蚀性好	预硬	0.35	≤0.50	1.15	—	0.08	—	2.25	—	0.45	—		预硬钢			29~33	不透明成形模、碗模、夹具
HPM31	SKD11改	—	D2改	—	高强度，高韧性，耐蚀耐磨镜面	球化退火248HBW以下	专利											1 000~1 050	空冷	200~550	55~60	工程树脂成形模、IC模、接插件等

左侧分类：高速工具钢（HAP72、CENAI）；塑料模具钢（HPM38、HPM7、HPM1、HPM2、HPM31）

主要成分(质量分数，%)

续 表

钢厂	钢类	钢种 HITACHI 日立	JIS 日本	DIN 德国	AISI 美国	GB 中国	特性	出厂状态	主要成分(质量分数,%)											淬火温度/℃	冷却方式	回火温度/℃	硬度(HRC)	主要用途
									C	Si	Mn	P	S	Ni	Cr	W	Mo	V	Co					
塑料模具钢		PSL	SUS系	—	—	—	具有最高的耐腐蚀性	预硬	≤0.07	≤1.00	≤1.00	≤0.03	0.03	4.75	16.25	—	—	Cu 3.00	—	预硬钢			33~37(F) 38~42(R)	聚氯乙烯成形模,阻燃树脂成形模,精密橡胶型
		YAG	—	—	—	—	拥有最高机械韧性和超镜面	固溶化处理	≤0.03	≤0.10	≤0.10	≤0.01	0.01	18.00	Ti 0.73	5.00	Al 0.20	9.00	—	—	480~520 析出硬化处理	50~57	各种光学透镜,薄片中心铺

表 B - 5 德国高品质模具钢(圣都)一览表

钢厂	钢类	钢种	德国 W.Nr	美国 AISI	日本 JIS	出厂硬度	主要成分(质量分数,%)							特性	淬火温度/℃	回火温度/℃	硬度(HRC)	用途
							C	Si	Mn	Cr	Mo	V	Ni					
德国 KIND 高级特殊钢材	热作模具钢	TQ1				220HBW max	0.36	0.25	0.40	5.20	1.90	0.55	—	顶级品质热作钢,通过运用合金元素的最优重组配比,最新的超纯熔炼和特殊三维锻打等工艺技术使材料具备极佳的韧性和高温强度,耐热疲劳裂纹,抗热冲击开裂和高温耐磨等性能均达到最佳水平	1 010 ~ 1 020	540 ~ 680	<54	高性能要求的,热压铸,热挤压,锻等热作模具,尤适合特长寿命之结构复杂或大型之压铸模;抛光度高的求极高的塑料硬模等

续表

钢厂	钢类	钢种	德国 W.Nr	美国 AISI	日本 JIS	出厂硬度	主要成分（质量分数，%）							特　性	淬火温度/℃	回火温度/℃	硬度（HRC）	用　途
							C	Si	Mn	Cr	Mo	V	Ni					
德国 KIND 高级特殊钢材	热作模具钢	RPU	1.2367 ESR	—	—	220HBW max	0.38	0.40	0.40	5.00	2.80	0.60	—	高温强度、红硬性佳，韧性佳、导热性良，耐热热疲劳性能优越	1 040 ～ 1 080	520 ～ 700	<55	大批量生产之铝、镁合金压铸模，精密压铸模，高温热挤压模，热锻模等
		USD	1.2344 H13M ESR	H13M	SKD 61M	220HBW max	0.40	1.00	0.40	5.20	1.30	1.00	—	耐热疲劳、耐热冲击，高温耐磨等性能优良，韧性良好，淬透性良好、热处理尺寸稳定	1 020 ～ 1 050	520 ～ 700	<55	铝、锌合金等金属压铸模，金属热挤压模，热锻模；高级塑料硬模等
		USN	1.2343 H11M ESR	H11M	—	220HBW max	0.38	1.00	0.40	5.20	1.30	0.40	—	极佳的韧性、延展性，对热冲击不敏感，淬火性能优良	1 000 ～ 1 020	520 ～ 700	<54	铝、锌合金等压铸模，尤适合大尺寸对韧性要求较高之压铸模；铝挤压模；高品质塑料硬模等
	塑料模具钢	N400	1.2767 ESR	—	—	250HBW max	0.45	0.25	0.40	1.35	0.25	—	4.00	高韧性、高硬度，镜面抛光极佳，淬透性极好可空冷淬硬，机加工性极好；抗压强度和高	840 ～ 860	200 ～ 650	<55	适用于对抛光性和耐磨性要求很高的热塑性塑料模具；热固性塑料模具；厚板冲压模具；热锻模等

续表

钢厂	钢类	钢种	德国 W.Nr	美国 AISI	日本 JIS	出厂硬度	主要成分（质量分数，%）							特　性	淬火温度 ℃	回火温度 ℃	硬度 (HRC)	用　途
							C	Si	Mn	Cr	Mo	V	Ni					
德国 KIND 高级特殊钢材	塑料模具钢	RF	1.2083 ESR	420M	SUS 420	240HBW max	0.42	0.40	0.30	13.0	—	—	—	高等级镜面不锈钢，优良的抗腐蚀性、良好的耐磨性、良好的淬透性，热处理变形小	1 000 ～ 1 030	200 ～ 500	<56	适合于抛光性和耐蚀性要求都较高的场合，广泛应用于光学产品、手机等通信产品、包装及食品工业、医疗器械等产品用模具；玻璃模具等
		CMR	1.2316 ESR	420M	—	预硬约 370HBW 或退火	0.40	<1.0	<1.0	16.0	1.20	—	<1.0	极强的抗腐蚀性，比 420 材料有显著提高，镜面加工性优良、韧性、机加工性能均良好	1 020 ～ 1 050	200 ～ 600	<52	塑料侵蚀性较强和潮湿环境中的注塑模具，对镜面性和耐蚀要求有高要求的模具；PVC 挤出模、压制模等
		PLAST1	—	—	—	预硬约 320HBW	0.04	0.40	1.30	12.50	—	—	其他添加	特高性能预硬不锈钢，抗腐蚀性能达到最高等级、加工性能卓越、提高数倍效率、低碳含量使焊接热导率高、热性、韧性均非常出色	预	硬		适合于对耐腐蚀性有极高要求但镜面抛光要求不高的注塑模具、挤出模具、高耐蚀锈的模座框架、耐腐蚀机械零部件等

续　表

钢厂	钢类	钢种	德国 W.Nr	美国 AISI	日本 JIS	出厂硬度	主要成分(质量分数,%)							特　性	淬火温度℃	回火温度℃	硬度(HRC)	用　途
							C	Si	Mn	Cr	Mo	V	Ni					
德国 Gröditz 优质模具钢	塑料模具钢	TGM	—	P20M	—	预硬 28~33 HRC	0.42	0.30	0.90	1.15	0.25	—	≤1.0	材质纯净,硬度均匀,抛光性及蚀花加工性佳,电加工及机加工性能良好		预	硬	良好抛光或蚀花要求的汽车,家电等塑料模及高级注塑模架等
		GD2738	1.2738	P20+NI	—	预硬 29~33 HRC	0.40	0.30	1.50	2.00	0.20	—	1.00	高纯净度,硬度均一,抛光性能优良,良好的机加工性能及氮化性能等		预	硬	适合高抛光度的汽车及家电等产品用大型塑料模,塑料挤出模,高级模座模架,冷冲模垫板等
		XPM	—	—	—	预硬 38~42 HRC	0.26	0.30	1.50	1.50	0.50	—	1.10	新一代高品质塑料模具钢;高纯洁,高淬透性,高均质,低偏析,抛光性极佳,切削性,焊接性优良,韧性佳		高	硬	适合镜面抛光性要求高的模具,尤其适合汽车和家电产品用的大型塑料模,塑料和透明件模具;塑料挤出模具;高级冷冲模垫板等
		GT80	—	P21	—	预硬 38~42 HRC	0.14	0.30	1.40	0.30	0.30	Cu 0.9, Al 0.9	2.80	固溶时效高性能精密塑料模具钢,镜面抛光性极其良好,高耐磨损且韧性良好,焊接性能优越,机械加工性良好,并可实施渗氮处理		高	硬	适合镜面抛光要求很高或精密电,汽车等产品用的IT,家电,汽车等产品用高性能模具,非常适合制作车灯等透明件模具

续 表

钢厂	钢类	钢种	德国 W.Nr	美国 AISI	日本 JIS	出厂硬度	主要成分（质量分数，%）							特 性	淬火温度/℃	回火温度/℃	硬度(HRC)	用 途
							C	Si	Mn	Cr	Mo	V	Ni					
德国 Gröditz 优质模具钢	塑料模具钢	GD2083	1.2083	420	(NA K80)	预硬 28~32 HRC 或退火	0.40	≤1.0	≤1.0	13.0	—	—	—	镜面不锈钢，材质纯净、耐腐蚀性能佳、耐磨性优良、热处理变形率低	1 000～1 020	200～650	<55	阻燃性树脂成型模具、医疗器材、包装用品和光学产品等模具
		GD2316	1.2316	420M	SUS 420	预硬 29~33 HRC	0.38	≤1.0	≤1.0	16.0	1.10	—	—	抗锈蚀性极佳、良好的抛光性能、耐磨性和韧性	预 硬			适用于耐锈和防酸要求较高的模具、典型的如PVC挤出模和注塑模具等
		GD2344	1.2344	H13	SKD61	229HBW max	0.40	1.00	0.40	5.10	1.35	1.00	—	材质纯净均匀、优良的抛光性能、良好的高温耐磨性、耐热性、韧性佳	1 000～1 030	550～700	<55	适用于高耐磨、高抛光度的塑料硬模、压铸模、挤压模等

表 B－6－1 瑞典 UDDEHOLM（上海—胜百）模具用钢一览表

	UDDEHOLM UHB	ASSAB 一胜百	AISI 美国	出厂硬度	主要成分（质量分数，%）							特 性	淬火温度/℃	回火后硬度（HRC）			用 途
					C	Cr	Mn	Si	W	Mo	V			180℃	290℃ 300℃	570℃	
冷作钢	ARNE	DF-3	O1	190HBW	0.95	0.60	1.10	0.60	0.60	—	0.10	不变形模具钢、良好机加工性能	820	62	59	57	薄片冲压模、塑胶小模作

— 791 —

续　表

UDDEHOLM UHB	ASSAB 一胜百	AISI 美国	出厂硬度	C	Cr	Mn	Si	W	Mo	V	特　性	淬火温度/℃	180℃	290℃	300℃	570℃	用途
SVERKER-21	XW-42	D2	210HBW	1.55	11.80	0.40	0.30	—	0.80	0.80	高铬钢,耐磨性佳,抗冲击力强	1025	61	58		520℃ 61	精冲模,压花模,冷锻模,拉伸模,卷边模,磨损性塑料成形模
SVERKER-3	XW-5	D6	240HBW	2.05	12.50	0.80	0.30	1.30	—	—	高碳铬钢,极耐磨损,抗回火软化性强	1050	63	61	60		薄而硬材料(矽钢片)的冲切,陶瓷和磨损性塑料的成形模
RIGOR	XW-10	A2	215HBW	1.00	5.30	0.60	0.30	—	1.10	0.20	空冷淬透性铬钢,韧性极佳,高耐磨损,热处理变形小	960	61	59	58		拉伸模,卷边模,压花模,磨损性塑料成形模
CALMAX 635 专利钢材			200HBW	0.60	4.50	0.80	0.35	—	0.50	0.20	高强度,高韧性,淬透及焊接性好,可火焰硬化至56～60HRC,淬硬层达5 mm	960	59	57	56	400℃ 55	厚板的冲切,拉伸模,压花模,形状复杂的冷挤模,磨损性塑料成形模

冷作钢

续表

钢类	UDDEHOLM ASSAB UHB 一胜百	AISI 美国	出厂硬度	主要成分（质量分数，%）							特　性	淬火温度/℃	回火后硬度（HRC）				用　途
				C	Cr	Mn	Si	W	Mo	V			180℃	290℃	300℃	570℃	
冷作钢	SLEIPNER ASSAB专利钢材	88	235HBW	0.90	7.80	0.50	0.90	—	2.50	0.50	韧性及耐磨性综合性能佳，可提高线切割及磨削的安全性	1 050			520℃ 63	550℃ 61	优良的抗磨粒或混合磨损韧性及良好崩角性能的模具，磨损性成形模，料成形模
	VIKING VIKING专利钢材	—	225HBW	0.50	0.800	—	—	—	1.50	0.50	高耐磨性与高韧性，热处理变形小	1 025	59	57	57		高负荷冲压模，成形模及塑料成形模
	M2 EM2	M2	260HBW	0.90	4.20	—	—	6.40	5.00	1.80	传统高速钢，高耐磨性，高韧性，高抗压强度	1 050~1 220	59~65 (560℃/3×1 h)				冲切，成形和压印等模具及刀具
粉末钢	VANADIS-4 VANADIS-4专利钢材	—	235HBW	1.50	8.00	0.40	1.00	—	1.50	4.00	高耐磨损，高韧性，热处理尺寸稳定性好	1 025	60	57		470℃ 62	优良的抗磨粒或混合磨损韧性及良好崩角性能的模具，磨损性成形模，料成形模
	VANADIS-10 VANADIS-10专利钢材	—	280~310 HBW	2.90	8.00	0.50	0.50	—	1.50	9.80	高耐磨粒磨损性，高韧性，高抗压强度	1 050	63		470℃ 62, 59	500℃ >63, 63	冲压高磨粒磨损材料，精冲模，矽钢片，电路板冲切模，冷镦冲拉伸模，粉末压制模，代替易崩角之硬质合金模具

续表

分类	UDDEHOLM UHB	ASSAB 一胜百	AISI 美国	出厂硬度	主要成分（质量分数，%）							特 性	淬火温度/℃	回火后硬度（HRC）				用途
					C	Cr	Mn	Si	W	Mo	V			180℃	290℃	300℃	570℃	
粉末钢	VANADIS-23	ASP-23	M3：2	260HBW	1.28	4.20	—	—	6.40	5.00	3.10	晶体特细，高速钢，高耐磨性，高韧性，高抗压强度，品质均匀，无偏析，易加工，热处理尺寸稳定性好	1 050 ~ 1 180		59~66 (560℃/3×1 h)			中、高碳钢落料模，粉末压制模，冲切已冷轧钢板或含玻璃纤维带之塑料模
粉末钢	VANADIS-30 专利钢材	ASP-30		300HBW	1.27	4.20	0.30	Co 8.50	6.40	5.00	3.10		1 150 ~ 1 180				66	高速切削刀具，薄片及高磨粒磨损材料冲切成型模，替代易崩角硬质合金
粉末钢	VANADIS-60 专利钢材	ASP-60		340HBW	2.30	4.00	—	Co 10.50	6.50	7.00	6.50		1 150 ~ 1 190				68	
塑胶模具钢	618HH	618HH	P20 MODIFIED	预硬 330~370 HBW	0.37	2.00	1.40	0.30	—	0.20	Ni 1.00	预加硬，纯洁均匀，良好抛光及光蚀刻花性	预硬钢，不须淬火亦可干模腔，凸缘可施火焰硬化，可提高硬度至 52HRC					镜面抛光度要求之塑料模具
塑胶模具钢	IMPAX HIHARD	718HH	P20 MODIFIED	预硬 330~370 HBW	0.37	2.00	1.40	0.30	—	0.20	Ni 1.00	预加硬，高纯净度，优良均一，佳抛光性及光蚀刻花性						适合 PA、POM、PS、PE、PP、ABS 塑料，注塑、吹塑模

续表

	UDDEHOLM UHB	ASSAB 一胜百	AISI 美国	出厂硬度	主要成分（质量分数，%）							特　性	淬火温度/℃	回火后硬度（HRC）				用途
					C	Cr	Mn	Si	W	Mo	V			180℃	290℃	300℃	570℃	
塑胶模具钢	RAMAX2	RAMAX2	420F MODIFIED	预硬 340HBW	Cr-Ni-Mo-V+S合金钢（未公开）							模座模架用不锈钢，抗磨性佳，特殊加硫易切削钢，加工性能，延机展性更佳						高防酸性模具，RAMAX2与S-136，PLOMAX、CORRAX分别配合组成整组不锈钢模，可保证冷却管道不受锈蚀，适合PVC、PP、EP、PC、PMMA塑料，广泛用于光学产品、食品工业及医疗器械等，S-136SUPREME更适合于大尺寸注塑模具，POLMAX更适合于CD、DVD光盘等产品，CORRAX还适合于工程部件产品
	STAVAXESR	S-136 ESR	420ESR MODIFIED	215HBW	0.38	13.60	0.50	0.90	—	—	0.30	超级镜面不锈钢，抗锈蚀能力极佳，优良耐磨性，热处理变形小	1 020	52	51	—	—	
	STAVAX SUPREME	S-136 SUPREME ESR	420ESR MODIFIED	250HBW	Cr-Ni-Mo-V合金钢（未公开）							同上，淬透性极佳，延展性和韧性更佳	1 020	52	50	—	—	
	POLMAX	POL MAX	420ESR MODIFIED	200HBW	0.38	13.60	0.50	0.90	—		0.30	超级镜面不锈钢，抗锈蚀能力极佳，优良耐磨性，热处理变形小	1 025	52	51	—	—	
	CORRAX	CORRAX	—	预硬 ~34HRC	0.03	12.00	0.30	0.30	Ni 9.20	Al 1.40	1.60	析出强化不锈钢，抗锈蚀能力极佳，超极镜面钢，无需淬火，尺寸变化可预见，焊接无需预热	—	—	—	—	525℃ 49	

续表

	UHB UDDEHOLM ASSAB 一胜百	AISI 美国	出厂硬度	C	Cr	Mn	Si	W	Mo	V	特性	淬火温度/℃	180℃	290℃/300℃	570℃	用途
塑胶模具钢	MOLDMAX HH (MM40)	—	36~42 HRC	Be6.9Co＋Ni0.25							高硬度铍铜合金,导热性优良,易加工,抛光性及抗蚀性优良	预加硬不须固熔处理或时效处理				各类塑胶的注塑模,吹塑模的瓶劲,手柄及夹断部件镶件,大型家电注塑模边角的镶件
塑胶模具钢	MOLDMAX XL (MMXL)	—	28~32 HRC	Ni9 Sn6							中硬度铍铜合金,导热性优良,易加工,抛光性及抗蚀性优良					
塑胶模具钢	ELMAX 专利钢材	—	240HBW	1.70	18.00	0.30	0.80	—	1.00	3.00	粉末冶炼,极致纯净,极佳耐磨性,韧性高,防腐蚀性好	1 080	58	57	55	高耐磨防腐蚀长寿命之电子零件模(如IC模等)
塑胶模具钢	ALUMEC (ALU MEC)	—	146~180 HBW	—	—	—	—	—	—	—	抛光性佳之高硬度铝合金,密度:2 830 kg/m³	—	—	—	—	吹瓶模,胶鞋模,塑胶焊接机构件
热作钢	DIEVAR 专利钢材 (DIE VAR)	—	160HBW	Cr-Mo~V 合金钢(未公开)							热模钢,具有极好的抗热龟裂,热冲击开裂,热磨损性能	1 025	585℃ ×2 ×2 h. 50	610℃ ×2 ×2 h. 46	640℃ ×2 ×2 h. 37	压铸,热锻,挤压中高性能要求的模具
热作钢	ORVAR 2M 8402	H13	185HBW	0.39	5.20	0.40	1.00	—	1.40	0.90	热模钢,耐热性良好,组织均匀	1 020	585℃ ×2 ×2 h. 49	610℃ ×2 ×2 h. 47	640℃ ×2 ×2 h. 45	金属热锻模,铝挤压模

续表

UDDEHOLM UHB 一胜百	ASSAB 一胜百	AISI 美国	出厂硬度	C	Cr	Mn	Si	W	Mo	V	特性	淬火温度/℃	回火后硬度(HRC) 180℃	290℃	300℃	570℃	用途
				\multicolumn{7}{}{主要成分(质量分数,%)}											
ORVAR SUPREME	8407	H13 MODIFIED	185HBW	0.39	5.20	0.40	1.00	—	1.40	0.90	热模钢,高韧性及耐热性良好	1 020	585℃ ×2 ×2 h, 49		610℃ ×2 ×2 h, 47	640℃ ×2 ×2 h, 45	金属压铸模;挤压模;PA,POM,PS,PE,EP塑胶模
QRO-90S 专利钢材	QRO-90	—	180HBW	0.38	2.60	0.75	0.30	—	2.25	0.90	高温热作钢、红硬性强、良好韧性、导热性良好、耐热冲击及热疲劳性佳	1 050			610℃ ×2 ×2 h, 50	640℃ ×2 ×2 h, 45	铝、铜合金高温热压压铸模、热锻模、压铸模。预硬处理至37~40HRC(QRO-90HT)可直接用于压铸模具芯棒
HOTVAR 专利钢材	HOT VAR	—	210HBW	0.55	2.60	0.75	1.00	—	2.25	0.85	高温热作钢、红硬性特强、破性良佳、抗热磨损性能及优良的抗热疲劳性能	1 050		585℃ ×2 ×2 h, 55	610℃ ×2 ×2 h, 51		温锻模、级进式自动锻模、热锻模、热校正模、锌合金压铸模、铝管挤压模

热作钢

表 B-6-2 瑞典 UDDEHOLM(上海一胜百)模具钢加工性能与实际应用性能比较表

冷作模具钢系统

UDDEHOLM 瑞典厂牌号	ASSAB 钢种	使用硬度	硬度/抗塑性变形	机加工性能	磨削性能	尺寸稳定性	抗磨粒磨损	抗黏着磨损	延展性/损剪角	韧性/抗整体开裂
ARNE	DF-3	60HRC								

续 表

UDDEHOLM 瑞典原厂牌号	ASSAB 钢种	使用硬度	硬度/抗塑性变形	机加工性能	磨削性能	尺寸稳定性	抗磨粒磨损	抗黏着磨损	延展性/损崩角	韧性/抗整体开裂
CALMAX	635	58HRC								
VIKING	VIKING	58HRC								
RIGOR	XW-10	60HRC								
SLEIPNER	ASSAB88	64HRC								
SVERKER-21	XW-42	60HRC								
SVERKER-3	XW-5	62HRC								
VANADIS-4	V4	60HRC								
VANADIS-10	V10	62HRC								
VANADIS-23	ASP-23	64HRC								
VANADIS-30	ASP-30	66HRC								
VANADIS-60	ASP-60	68HRC								
M2	EM2	62HRC								

冷作模具钢系统

UDDEHOLM 瑞典原厂牌号	ASSAB 钢种	使用硬度	抛光性	抗磨损	韧 性	抗压性能	耐腐性	机加工性能	焊接性能	可氮化性能	可光蚀刻花性
618HH	618HH	330~370HBW									
IMPAX HH	718HH	330~370HBW									
CALMAX	635	58HRC									

续 表

UDDEHOLM 瑞典原厂牌号	ASSAB 钢种	使用硬度	抛光性	抗磨损	韧性	抗压性能	耐腐性	机加工性能	焊接性能	可氮化性能	可光蚀刻花性
STAVAX ESR	S-136ESR	52HRC								*	
STAVAXSUPREMS	S-136Supreme	52HRC								*	
POLMAX	Polmax	52HRC								*	
ORVAR S	8407	52HRC									
SLEIPNER	ASSAB88	62HRC									
RIGOR	XW-10	60HRC									
ELMAX	ELMAX	58HRC									
COORAX	CORRAX	46HRC								*	
VANADIS 23	ASP-23	62HRC									
VANADIS 4	V4	58HRC									
RAMAX 2	Ramax2	350HBW								*	

注：* 为不推荐。

说明：同一系列，同一性能中，线棒愈长，则该性能愈好。

表 B-7-1 德胜塑料模具钢材选材表

中文名称	缩写	模具要求 抗腐蚀	模具要求 耐磨	模具要求 抗拉力	模具寿命	AISI 美国标准	建议采用的模具钢材（德胜钢材）	应用硬度（HRC）	模具尺寸	抛光性能	热处理
丙烯腈-丁二烯-苯乙烯	ABS	不用	低	高	Class 1	6F7	GS-767＋热处理	50~54	大	A-3	要
					Class 1	P20＋VAR	GS-808VAR	38~42	中	A-2	不要
						P20(SUPER)	GS-711＋热处理	50~54	大	A-3	要
					Class 2	P20(SUPER)	GS-711	35~38	大	B-1	不要
					Class 3	P20＋Ni	GS-738	32~35	小	B-2	不要

续 表

中文名称	缩写	模具要求 抗腐蚀	模具要求 耐磨	模具要求 抗拉力	模具寿命	AISI 美国标准	建议采用的模具钢材（德胜钢材）	应用硬度（HRC）	模具尺寸	抛光性能	热处理
	ABS+耐燃剂	中	中	高	Class 1	420Mod ESR	GS-316ESR+热处理	45~48	大	A-3	要
					Class 2	420	GS-083M	32~35	中	A-3	不要
					Class 3	P20(SUPER)	GS-711+氮化	680~720HV	大	B-1	氮化
聚氯乙烯	PVC	高	低	低	Class 1	420Mod ESR	GS-316ESR+热处理	45~48	中	B-1	要
					Class 2	420Mod	GS-316	28~32	大	B-3	不要
					Class 3	420 预硬	GS-083H	30~33	小	B-1	不要
高冲击聚苯乙烯	HIPS	不用	低	中	Class 1	P20+VAR	GS-808VAR	38~42	中	A-2	不要
					Class 2	P20(SUPER)	GS-711+热处理	50~54	大	A-3	要
					Class 3	P20+Ni	GS-738	32~35	大	B-2	不要
	HIPS+GPPS	不用	低	中	Class 1	~P20	P20M	30~35	中	B-3	不要
					Class 2	P20+VAR	GS-808VAR	38~42	中	A-2	不要
					Class 3	P20(SUPER)	GS-711+热处理	50~54	大	A-3	要
		不用	低	中	Class 1	P20+Ni	GS-711	35~38	大	B-1	不要
					Class 2	P20+Ni	GS-738	32~35	大	B-2	不要
					Class 3	P20+VAR	GS-808VAR	38~42	中	A-2	不要
通用聚苯乙烯	GPPS	不用	低	中	Class 1	P20(SUPER)	GS-711	35~38	大	B-1	不要
					Class 2	P20+Ni	GS-738	32~35	大	B-2	不要
					Class 3	~P20	P20M	30~35	中	B-3	不要
聚丙烯	PP	不用	低	高	Class 1	6F7	GS-767+热处理	50~54	大	A-3	要
					Class 2	P20(SUPER)	GS-711	35~38	大	B-1	不要
					Class 3	P20+Ni	GS-738	32~35	中	B-2	不要

续　表

中文名称	缩写	抗腐蚀	耐磨	抗拉力	模具寿命	AISI美国标准	建议采用的模具钢材（德胜钢材）	应用硬度（HRC）	模具尺寸	抛光性能	热处理
聚碳酸脂	PC	不用	中	高	Class 1	420ESR	GS-083ESR+热处理	48~52	中	A-2	要
					Class 2	6F7	GS-767+热处理	50~54	大	A-3	要
						P20+VAR	GS-808VAR+渗氮	680~720HV	中	A-2	氮化
					Class 3	P20(SUPER)	GS-711+渗氮	680~720HV	大	B-1	氮化
						P20+Ni	GS-738+渗氮	680~720HV	大	B-2	氮化
聚甲醛	POM	高	中	高	Class 1	440Mod ESR	GS-361ESR+热处理	54~58	中	B-1	要
					Class 2	420Mod ESR	GS-316ESR+热处理	45~48	大	B-1	要
					Class 3	420Mod ESR	GS-316ESR	28~37	中	B-2	不要
改性聚苯乙烯类	SAN	中	中	高	Class 1	420ESR	GS-083ESR+热处理	48~52	中	A-2	要
					Class 2	420预硬 ESR	GS-083M	32~35	大	A-3	不要
					Class 3	420预硬	GS-083H	30~33	中	B-1	不要
聚甲基丙烯酸甲酯	PMMA	中	中	高	Class 1	420ESR	GS-083ESR+热处理	48~52	中	A-2	要
					Class 2	420预硬 ESR	GS-083M	32~35	大	A-3	不要
					Class 3	420预硬	GS-083H	30~33	中	B-1	不要
聚酰胺	PA	中	中	高	Class 1	440Mod ESR	GS-361ESR+热处理	52~56	中	B-1	要
					Class 2	420Mod ESR	GS-316ESR+热处理	45~48	大	B-1	要
					Class 3	420Mod ESR	GS-316ESR	29~33	大	B-2	不要
						420Mod	GS-316	28~32	中	B-3	不要
低密度聚乙烯	LDPE	不用	低	中	Class 1	P20(SUPER)	GS-711	35~38	大	B-1	不要
					Class 2	P20+Ni	GS-738	32~35	大	B-2	不要
					Class 3	~P20	P20M	30~35	中	B-3	不要

简明图解橡胶成形手册

续表

中文名称	缩写	模具要求			模具寿命	AISI美国标准	建议采用的模具钢材（德胜钢材）	应用硬度（HRC）	模具尺寸	抛光性能	热处理
		抗腐蚀	耐磨	抗拉力							
高密度聚乙烯	HDPE	不用	低	中	Class 1	P20＋VAR	GS－808VAR	38～42	中	A－2	不要
						H13	GS－344HT＋热处理	47～49	大	A－3	要
					Class 2	P20(SUPER)	GS－711	35～38	大	B－1	不要
					Class 3	P20＋Ni	GS－738	32～35	大	B－2	不要

注：1. 模具寿命分类见表 B－7－1(a)。
2. 玻璃纤维附加剂见表 B－7－1(b)。

表 B－7－1(a)　模具寿命分类

分　类	模具寿命	模具钢硬度建议
Class 1	特长寿命	全硬模(45～60HRC)
Class 2	长寿命	预硬模(30～40HRC)
Class 3	一般寿命	预硬模(24～32HRC)

表 B－7－1(b)　玻璃纤维附加剂

无腐蚀	硬度(HRC)	有腐蚀	硬度(HRC)
GS－379	57～61	GS－361	54～58
GS－821(ESR)	56～60	GSP－440V	53～57
GS－323	61－64		

表 B－7－2　德胜塑料模具钢化学成分

典型主要化学成分分析结果（质量分数，%）

德胜钢编号	AISI 美国标准	C 碳	Si 硅	Mn 锰	Cr 铬	Mo 钼	Ni 镍	V 钒	W 钨	硬度(HRC)	其他
GS－738	P20＋Ni	0.40		1.50	1.90	0.20	1.00				
GS－711	P20＋1.7Ni(SUPER)	0.55		0.70	0.70	0.30	1.70	0.10			钙＋
GS－808VAR	P20＋VAR	0.15	0.30	1.50		0.30	3.00				

续表

德胜钢编号	AISI 美国标准	C 碳	Mn 锰	Si 硅	Cr 铬	Mo 钼	Ni 镍	V 钒	W 钨	Ext 其它
		典型主要化学成分分析结果（质量分数,%)								
GS-083	420	0.42			13.0					
GS-083H	420	0.42			13.0					
GS-083ESR	420ESR	0.42			13.0					
GS-083M	420ESR	0.42			13.0					
GS-083VAR	420VAR	0.42			13.0					
GS-316	420Mod	0.36			16.0	1.20				
GS-316ESR	420ESR Mod	0.36			16.0	1.20				
GS-361	440ESR Mod	0.90		<1.00	18.0	1.00		0.10		
GS-344HT	H13	0.35	0.30		5.00	1.35				
GS-344ESR	H13ESR	0.40		1.00	5.30	1.30		1.00		
GS-767	6F7	0.45			1.40	0.30	4.00			
GS-510	01	0.95	1.10	0.30	0.60			0.10	0.60	
GS-821ESR	Super D2	1.10	0.40	0.90	8.25	2.15		0.30		
GS-821	Super D2	1.10	0.40	0.90	8.25	2.15		0.30		
GS-388	M2	0.90			4.10	5.00		1.90	6.40	
GS-379	D2	1.55			12.0	0.70		1.00		
P20M	~P20						专利钢材			
ALUMOLD1							Zn-6.0,Mg-2.4,Cu-1.6			

表 B-7-3　德胜塑料模具钢热处理数据

德胜钢编号	AISI 美国标准	出厂状态	淬硬温度/℃	淬火冷却介质	表面硬度（HRC）经回火温度/℃											
					100	200	300	400	500	550	600	650	700			
GS-738	P20＋Ni	32～35HRC	840～870	油或热浴 180～220℃	51	50	48	46	42		36		28			
GS-711	P20＋1.7Ni(SUPER)	35～38HRC	830～870	油或热浴 180～220℃	56	54	51	47	42		36					
GS-808VAR	P20＋VAR	38～42HRC														
GS-083	420	230MaxHBW	1 020～1 050	油或热浴 500～550℃	56	55	52	51	52		40					
GS-083H	420	30～35HRC	1 020～1 050	油或热浴 500～550℃	56	55	52	51	52		40					
GS-083ESR	420ESR	230MaxHBW	1 020～1 050	油或热浴 500～550℃	56	55	52	51	52		40					
GS-083M	420ESR	30～35HRC	1 020～1 050	油或热浴 500～550℃	56	55	52	51	52		40					
GS-083VAR	420VAR	240MaxHBW	1 020～1 050	油或热浴 500～550℃	56	55	52	51	52		40					
GS-316	420Mod	28～32HRC	1 020～1 050	油或热浴 500～550℃	49	47	46	46	47		32					
GS-316ESR	420ESR Mod	30～34HRC	1 020～1 050	油或热浴 500～550℃	49	47	46	46	47		32					
GS-361	440ESR Mod	265HBW	1 000～1 050	油	58	56	54	54	54	50	40					

续表

德胜钢编号	AISI 美国标准	出厂状态	淬硬温度/℃	淬火冷却介质	表面硬度（HRC）经回火温度/℃								
					100	200	300	400	500	550	600	650	700
GS-344HT	H13	最大170HBW	1 000~1 040	空气、油或热浴 500~550℃	51	51	51	51	52	50	47	34	
GS-344ESR	H13ESR	230HBW	1 020~1 050	空气、油或热浴 500~550℃	53	52	52	54	56	54	50	42	32
GS-767	6F7	最大260HBW	840~870	空气或热浴 180~220℃	56	54	50	46	42		38		
GS-510	01	最大230HBW	780~820	空气、油或热浴 180~220℃	64	62	57	53					
GS-821ESR	Super D2	220HBW	1 030~1 080	空气或热浴		58	56	57	59				
GS-821	Super D2	220HBW	1 020~1 080	空气或热浴		55	53	54	56				
GS-388	M2	250HBW	1 180~1 220	空气或热浴	64	62	60	62	64		62		56
GS-379	D2	250HBW	1 000~1 050 1 050~1 080	空气、油或热浴 500~550℃	63 61	61 60	58 58	58 59	58 62	56 57	50 50		
P20M	~P20	30~35HRC	840~880	油或水	49	49	48	44	38		27		
ALUMOLD1		175~190HBW											

注：本资料为一般建议，仅供参考，若有特殊要求，请与厂家或经销商联系。

表 B-8 部分橡胶模具用钢的各种性能比较

钢 号 类别	牌 号	使用硬度 (HRC)	耐磨性	抛光性能	淬火后变形倾向	硬化深度	可加工性	脱碳敏感性	耐蚀性能
渗碳型	20	30~45	差	较好	中等	浅	中等	较大	差
	20Cr	30~45	差	较好	较小	浅	中等	较大	较差
淬硬型	45	30~50	差	差	较大	浅	好	较小	差
	40Cr	30~50	差	差	中等	浅	较好	小	较差
	CrWMn	58~62	中等	差	中等	浅	中等	较大	较差
	9SiCr	58~62	中等	差	中等	中等	中等	较大	较差
	9Mn2V	58~62	中等	差	小	浅	较好	较大	尚可
预硬型	5CrNiMnMoVSCa	40~45	中等	好	小	深	好	较小	中等
	3Cr2NiMnMo	32~40	中等	好	小	深	好	中等	中等
	3Cr2Mo	40~58	中等	好	较小	较深	好	较小	较好
	8Cr2MnWMoVS	40~42	较好	好	小	深	好	较小	中等
耐蚀型	2Cr13	30~40	较好	较好	小	深	中等	小	好
	1Cr18Ni9Ti	30~40	较好	较好	小	深	中等	小	好
时效硬化型	25CrNi3MoAl	39~42	较好	好	小		好	小	好
	06NiCrMoVTiAl	43~48		好	小		好	小	中等
	10CrNi3MnCuAl	38~45	中等	好	小	深	好	小	中等
	0Cr16Ni4Cu3Nb	42~44	较好	较好	较小	深	好	小	好

附录 C 标准公差数值 (GB/T 1800.1 — 2009)

公称尺寸 mm		公差等级																		
大于	至	IT1	IT2	IT3	IT4	IT5	IT6	IT7	IT8	IT9	IT10	IT11	IT12	IT13	IT14	IT15	IT16	IT17	IT18
		(μm)											(mm)							
—	3	0.8	1.2	2	3	4	6	10	14	25	40	60	0.10	0.14	0.25	0.40	0.60	1.0	1.4
3	6	1	1.5	2.5	4	5	8	12	18	30	48	75	0.12	0.18	0.30	0.48	0.75	1.2	1.8
6	10	1	1.5	2.5	4	6	9	15	22	36	58	90	0.15	0.22	0.36	0.58	0.90	1.5	2.2
10	18	1.2	2	3	5	8	11	18	27	43	70	110	0.18	0.27	0.43	0.70	1.10	1.8	2.7
18	30	1.5	2.5	4	6	9	13	21	33	52	84	130	0.21	0.33	0.52	0.84	1.30	2.1	3.3
30	50	1.5	2.5	4	7	11	16	25	39	62	100	160	0.25	0.39	0.62	1.00	1.60	2.5	3.9
50	80	2	3	5	8	13	19	30	46	74	120	190	0.30	0.46	0.74	1.20	1.90	3.0	4.6
80	120	2.5	4	6	10	15	22	35	54	87	140	220	0.35	0.54	0.87	1.40	2.20	3.5	5.4
120	180	3.5	5	8	12	18	25	40	63	100	160	250	0.40	0.63	1.00	1.60	2.50	4.0	6.3
180	250	4.5	7	10	14	20	29	46	72	115	185	290	0.46	0.72	1.15	1.85	2.90	4.6	7.2
250	315	6	8	12	16	23	32	52	81	130	210	320	0.52	0.81	1.30	2.10	3.20	5.2	8.1
315	400	7	9	13	18	25	36	57	89	140	230	360	0.57	0.89	1.40	2.30	3.60	5.7	8.9

续 表

公称尺寸 mm		公 差 等 级																	
大于	至	IT1	IT2	IT3	IT4	IT5	IT6	IT7	IT8	IT9	IT10	IT11	IT12	IT13	IT14	IT15	IT16	IT17	IT18
		（μm）											（mm）						
400	500	8	10	15	20	27	40	63	97	155	250	400	0.63	0.97	1.55	2.50	4.00	6.3	9.7
500	630	9	11	16	22	32	44	70	110	170	280	440	0.70	1.10	1.75	2.8	4.4	7.0	11.0
630	800	10	13	18	25	36	50	80	125	200	320	500	0.80	1.25	2.00	3.2	5.0	8.0	12.5
800	1 000	11	15	21	28	40	56	90	140	230	360	560	0.90	1.40	2.30	3.6	5.6	9.0	14.0
1 000	1 250	13	18	24	33	47	66	105	165	260	420	660	1.05	1.65	2.60	4.2	6.6	10.5	16.5
1 250	1 600	15	21	29	39	55	78	125	195	310	500	780	1.25	1.95	3.10	5.0	7.8	12.5	19.5
1 600	2 000	18	25	35	46	65	92	150	230	370	600	920	1.50	2.30	3.70	6.0	9.2	15.0	23.0
2 000	2 500	22	30	41	55	78	110	175	280	440	700	1 100	1.75	2.80	4.40	7.0	11.0	17.5	28.0
2 500	3 150	26	36	50	68	96	135	210	330	540	860	1 350	2.10	3.30	5.40	8.6	13.5	21.0	33.0

注:1. 公称尺寸小于或等于 1 mm 时,无 IT14~IT18。

　　2. 公称尺寸大于 500 mm 的 IT1~IT5 的标准公差数值为试行。

附录 D　不同硬度的对照转换关系

JIS-A硬度	90	80	70	60	50	40		30	25	
ASTM硬度							100			
Olsen instr硬度	0	20	40		60	80		120		140
Shore A（邵尔A硬度）	100	90	80 70		60	50	40		30	25
Pusey和Jones硬度	0		50		100	150	200		250	300
Shore C（邵尔C硬度）	100 70 60 50 40 30				20		10			
Shore D（邵尔D硬度）	100 60 40	30	20		10			5		

JIS 弹簧式硬度如图 D-1 所示。

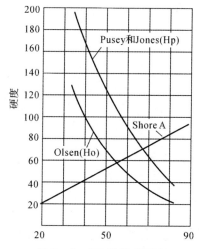

图 D-1　JIS 弹簧式硬度

注:使用图 D-1 可以查到不同硬度之间的对应关系,如 JIS-A40 相当于 Olsen 100,邵尔 A41.5 度。

参 考 文 献

[1] 吴生绪,孔文. 无飞边 O 形圈压胶模[J]. 模具通讯,1984(2):30-32.

[2] 吴生绪. O 形密封圈及其模具[J].石油钻采机械,1985,13(6):51-64.

[3] 吴生绪. 橡胶波纹管成形模具[J]. 金属加工(热加工),1987(9):2-5.

[4] 吴生绪. 橡胶模具设计与制造手册[M].西安:陕西科学技术出版社,1987.

[5] 吴生绪. 橡胶模具设计应用实例[M].北京:机械工业出版社,2004.

[6] 吴生绪,乐学会. 两半模结构多型腔自动分型注射成形模具[J]. 橡胶工业,2007,54(1):45-47.

[7] 吴生绪,包其华,钟新艳. 无机黏结和三酸腐蚀在橡胶模具中的应用[J]. 模具技术,2007(3):42-45.

[8] 吴生绪,张鹰,钟新艳. 模压橡胶制品飞边形成的原理及解决措施[J]. 橡胶工业,2007,54(6):355-357.

[9] 吴生绪. 橡胶成形工业技术问答[M].北京:机械工业出版社,2007.

[10] 吴生绪. 图解橡胶模具实用手册[M].北京:机械工业出版社,2011.

[11] 吴生绪. 图解橡胶成形技术[M].北京:机械工业出版社,2012.

[12] 吴生绪. 橡胶模具设计手册[M].北京:机械工业出版社,2012.